21世纪高等学校土木建筑类
创新型应用人才培养规划教材

# 基础工程

侍　倩　编著

WUHAN UNIVERSITY PRESS
武汉大学出版社

**图书在版编目(CIP)数据**

基础工程/侍倩编著．—武汉：武汉大学出版社，2011.3(2018.1 重印)
高等学校土木建筑工程类系列教材
ISBN 978-7-307-08471-1

Ⅰ.基…　Ⅱ.侍…　Ⅲ.地基—基础(工程)—高等学校—教材
Ⅳ.TU47

中国版本图书馆 CIP 数据核字(2011)第 005275 号

责任编辑:胡　艳　　责任校对:黄添生　　版式设计:支　笛

---

出版发行:**武汉大学出版社**　(430072　武昌　珞珈山)
(电子邮件:cbs22@ whu. edu. cn 网址:www. wdp. com. cn)
印刷:虎彩印艺股份有限公司
开本:787×1092　1/16　印张:22.25　字数:543 千字　插页:1
版次:2011 年 3 月第 1 版　2018 年 1 月第 3 次印刷
ISBN 978-7-307-08471-1/TU·95　定价:40.00 元

---

# 前　言

任何建筑物都建在地层上，因此建筑物的全部荷载都由建筑物下面的地层来承担，受建筑物影响的那一部分地层称为地基；建筑物向地基传送荷载的下部结构称为基础，基础是上部结构和地基的媒介，起承上启下的作用，地基基础是保证建筑物安全和满足建筑物使用要求的关键之一。

一般说来，基础可以分为两类。通常把埋置深度不大(小于或相当于基础底面宽度，一般小于5m)的基础称为浅基础。对于浅层土质不良，需要利用深部良好土层，采用专门的施工方法和机具建造的基础称为深基础。开挖基坑后可以直接修建基础的地基称为天然地基，那些不能满足要求而需要事先进行人工处理的地基，称为人工地基。因此，我们就有天然地基上的浅基础、人工地基上的浅基础、天然地基上的深基础、人工地基上的深基础几种形式，具体选择何种形式，还要经过论证和方案比选才能确定。

建筑基础工程包括基础的设计、施工和监测。其中一些内容在混凝土工程和建筑施工等学科中已有涉及，这里不再赘述。而与岩土工程紧密相关的内容，如基础埋深、地基承载力、地基变形、地基稳定性分析、基坑支护设计、地基处理、桩基础、上部结构，基础地基相互作用等，本书中均会涉及。

基础工程设计包括基础设计和地基设计两部分。基础设计包括基础类型的选择、基础埋深及基底面积大小、基础内力和断面计算、地下结构计算等。地基设计包括地基土的承载力确定、地基变形计算、地基稳定性计算以及是否进行地基处理、如何处理等。

我国改革开放以来，随着大规模现代化建设的需要以及国际上科学的发展和技术的进步，基础工程领域取得了许多新的成就，在设计与施工领域涌现出许多新概念、新方法、新技术。但许多方法尚在不断发展之中，有其适用范围和局限性。因此，本书编写的原则是力争反映国内外学科发展的新技术和新经验，反映基础工程设计和施工的成熟成果和成熟理论。

近几年来，岩土工程领域的许多规程和规范都在不断修订之中，为了适应广大工程技术人员和高等学校学生的学习和使用，本书中的术语、符号、概念、计算理论和方法等都尽量参照新的国家规范、行业规范或地区规程。

本书在编写过程中尽量做到讲清基本概念，深入浅出。既要阐明基本原理和基本方法，又不包罗万象。在文字上力求做到逻辑清晰，语言流畅，概念清楚，计算准确，图表规范，注意科学性、可靠性和先进性。

本书共分7章，包括：绪论、工程勘察、浅基础、连续基础、桩基础、挡土墙、深基坑工程、特殊土地基、托换技术、既有建筑物地基基础。

由于作者水平所限，书中定有遗漏及不妥之处，甚至有可能存在错误，恳请广大读者批评指正。

作　者

2010年9月于珞珈山

# 目　录

# 第1章　绪　　论

## §1.1　地基基础工程实例

建筑物的全部荷载都由建筑物下面的地层来承担，受建筑物影响的那一部分地层称为地基；建筑物向地基传递荷载的下部结构就是基础。

地基和基础是建筑物的根本，又属于地下隐蔽工程。地基和基础的勘察、设计和施工质量直接关系着建筑物的安危。实践表明，建筑物事故的发生，许多与地基基础问题有关，而且，地基基础事故一旦发生，补救并非容易。此外，基础工程费用与建筑物总造价的比例，视其复杂程度和设计、施工的合理与否，可以变动于百分之几到百分之几十之间。因此，地基及基础在建筑工程中的重要性是显而易见的。工程实践中，地基基础事故的出现固然屡见不鲜，然而，只要严格遵循基本建设原则，按照勘察 — 设计 — 施工的先后程序，切实抓好三个环节，那么，地基基础事故一般是可以避免的。以下举两个可以借鉴的实例。

图 1-1-1 是建于 1941 年的加拿大特朗斯康谷仓（Transcona Grain Elevator）地基的破坏情况。该谷仓由 65 个圆筒仓组成，高 31m，宽 23m，其下为筏板基础，由于事前不了解基础下埋藏有厚达 16m 的软粘土层，建成后初次储存谷物，使基底平均压力（320kPa）超过了地基的极限承载力。结果谷仓西侧突然陷入土中 8.8m，东侧则抬高 1.5m，仓身倾斜 27°。这是地基发生整体滑动、建筑物丧失了稳定性的典型例子。该谷仓的整体性很强，筒仓完好无损。事后在下面做了 70 多个支承于基岩上的混凝土墩，使用 388 个 50t 千斤顶以及支撑系统，才把仓体逐渐纠正过来，但其位置比原来降低了 4m。

图 1-1-1　加拿大特朗斯康谷仓的地基事故

某火车站服务楼建于淤泥层厚薄不匀的软土地基上，如图 1-1-2 所示。在上部混合结构的柱下和墙下分别设置了一般的扩展基础和毛石条形基础。设计时未从地基 — 基础 — 上部结构相互作用的整体概念出发进行综合考虑，以致结构布局不当。中间四层的隔墙多、采用钢筋混凝土楼面，其整体刚度和重量都较大。相反，与之相连的两翼，内部空旷，其三层木楼面则通过钢筋混凝土梁支承于外墙和中柱上，因此，重量轻而刚度不足。由于建筑物各部分的荷载和刚度悬殊，建成后不久，便出现了显著的不均匀沉降。两翼墙基向中部倾斜，致使墙体、窗台、窗顶和钢筋混凝土梁面都出现相当严重的裂缝，影响使用和安全。处理时，起先曾将中部基础加宽，继而又一再加固，都未收到预期的效果；后来只得将两翼木楼面改成钢筋混凝土楼面、拆除严重开裂的墙体、更换部分钢筋混凝土梁，才算基本解决问题。

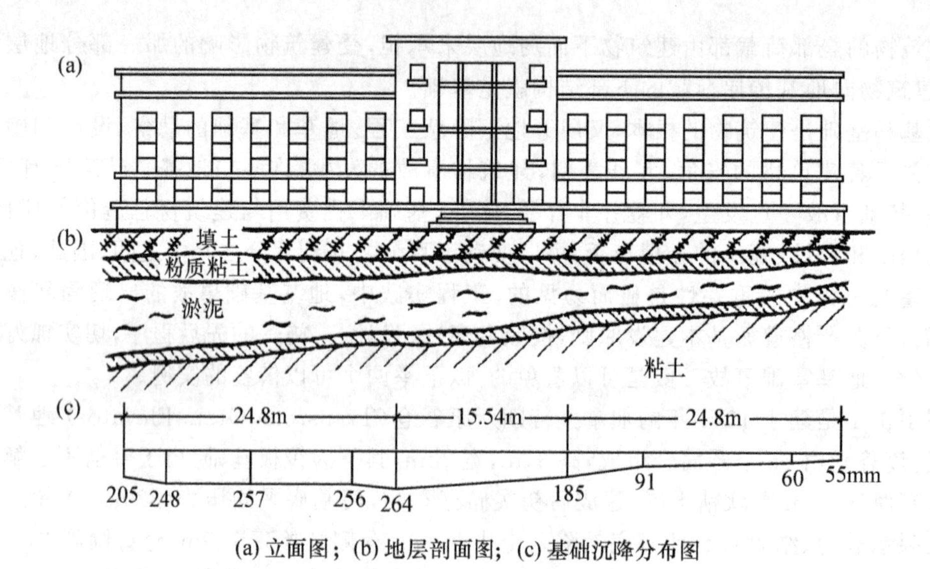


(a) 立面图；(b) 地层剖面图；(c) 基础沉降分布图

图 1-1-2　某火车站服务楼

目前我国正在进行大规模的土木建筑工程建设，但再过 20 年，我国新建工程将基本饱和，那时每年的新建工程开工量将明显减少，而既有建筑物积蓄总量将显著增加。到时既有建筑物的加固改造与病害处理工程将成为建筑市场的主体工程，而这些加固改造和病害处理都属于建筑基础工程的范畴，下面举几个例子加以说明。

都江堰奎光塔建于公元 1831 年，是年代久远的古建筑，但塔体在外力作用下及差异风化条件下产生了不均匀破坏，造成塔体倾斜。通过调查研究分析，奎光塔地基基础未发现不均匀沉降的迹象，也不存在不均匀沉降的条件，地基承载力也是够的，造成奎光塔倾斜的主要原因是地震力作用下，东部塔体被压裂(酥)、西部拉开造成不均匀破坏而向东倾斜，以后的继续发展除地震力的影响以外还与风荷载产生的附加力、砖体本身的强度衰减、偏心荷载的逐渐加剧等有关，如图 1-1-3 所示。最后根据奎光塔的实际，采取了迫降、顶升组合协调纠偏法，在不破坏原塔外貌的前提下将塔身纠偏加固，其作用原理如图 1-1-4 所示。

随着地下逆作法施工技术的发展，地下增层技术有了很大的提高，既满足了人们对建筑物的使用要求，又改善和美化了人类的住行环境。如图 1-1-5 ～ 图 1-1-8 所示。

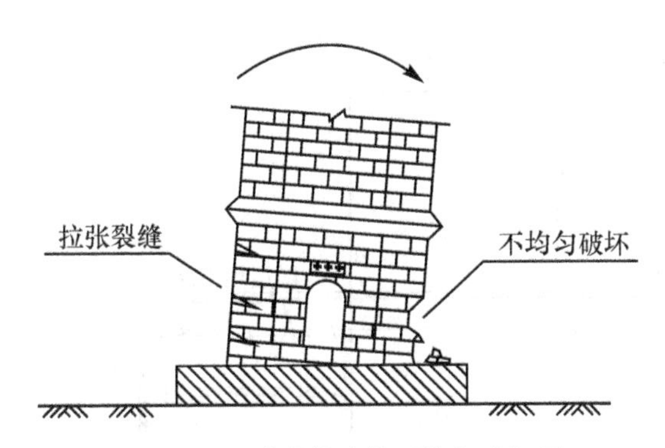


图 1-1-3　建筑物本体不均匀破坏图

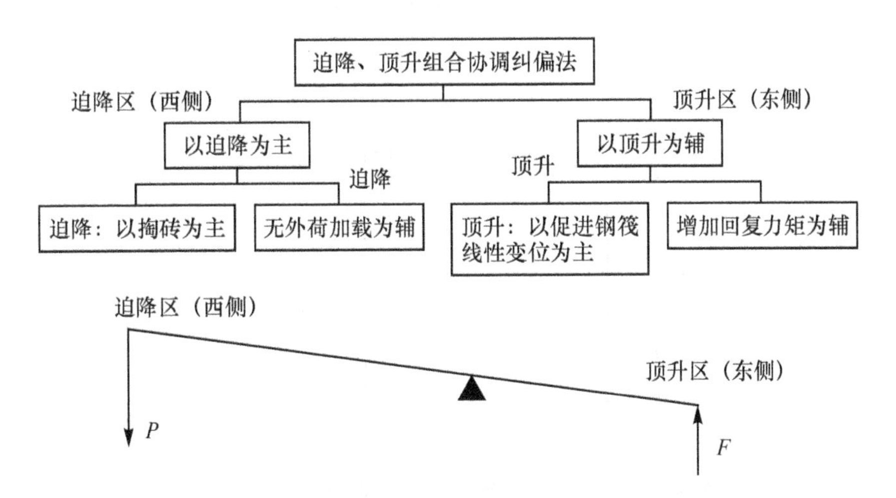


图 1-1-4　迫降、顶升组合协调纠偏法原理图

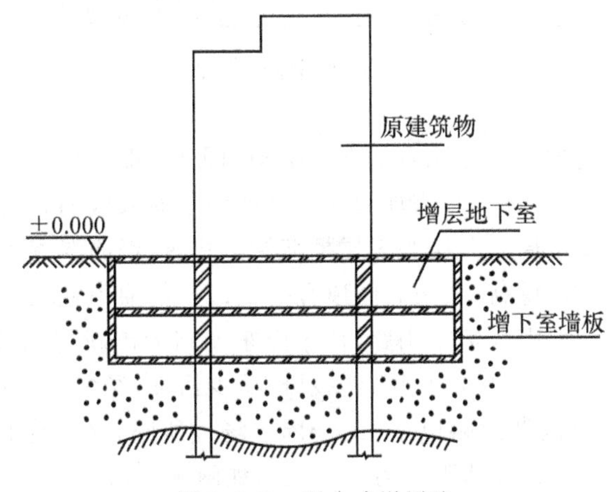


图 1-1-5　混合式增层法

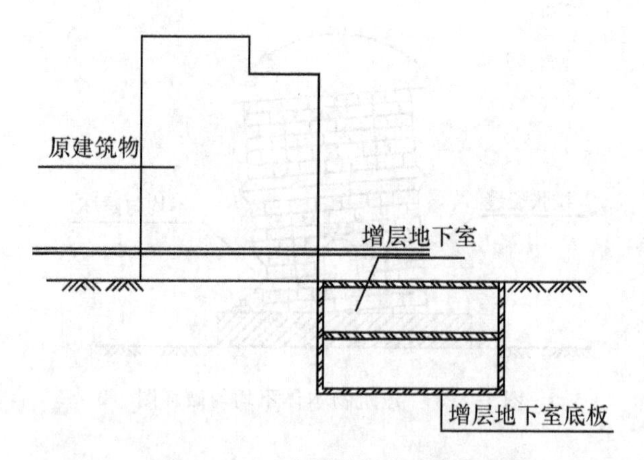


图 1-1-6 水平扩展式改建法

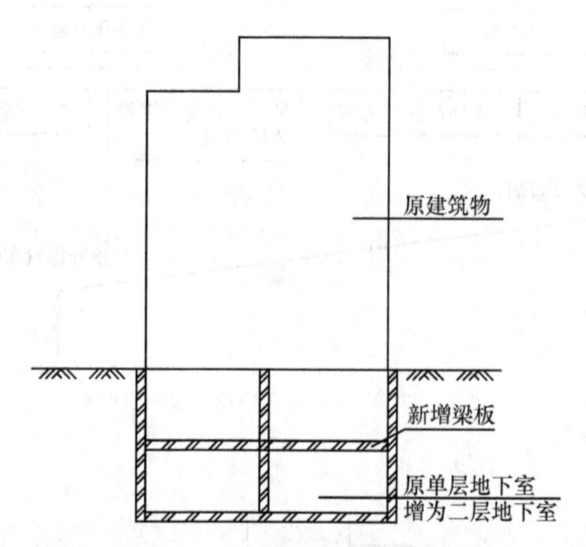


图 1-1-7 地下室室内增加一层

原地下结构空间改建加层是在原有地下室结构内加层，即向外扩建或增层，或向下延伸或增层等增层方式，这种增层方式是增加原地下室的面积而采取的有效增层措施。

山东省临沂市国家安全局办公楼为 8 层框架结构建筑，钢筋混凝土独立基础，建筑面积为 3 500m$^2$，总重 52 243kN，总高 34.5m，楼顶有一 35.5m 的通信铁塔，1999 年 4 月建成并投入使用。该建筑东临沂蒙路，南临银雀山路，位于山东省临沂市新规划的“临沂市人民广场”内。为了不影响广场的建设，同时也为了节约投资、减少污染，经多方论证采用了楼房整体平移技术将该办公楼平移至银雀山路以南。由于周围场地所限，必须先将该建筑物向西平移 96.9m，再向南平移 74.5m，总移动距离为 171.4m，如图 1-1-9 所示。

以上的工程实例，都与基础工程密切相关，都是需要我们引起重视并着力研究的问题。

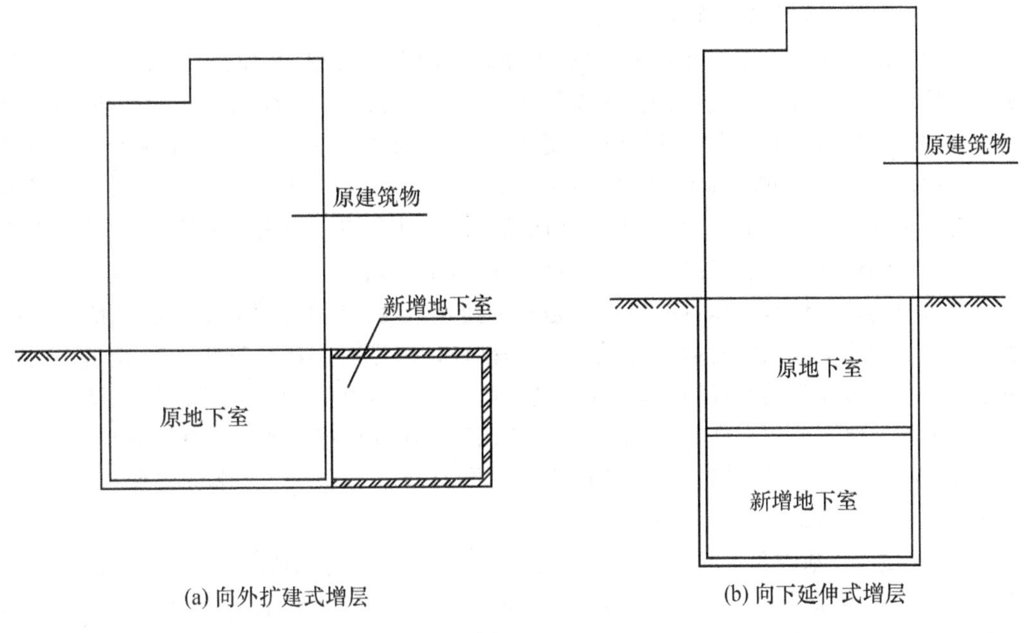


(a) 向外扩建式增层　　(b) 向下延伸式增层

图 1-1-8

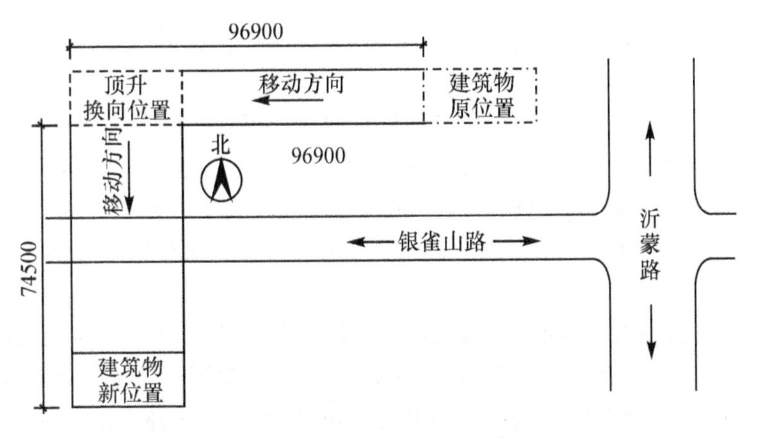


图 1-1-9　总平面图(单位:mm)

# §1.2　地基基础的概念

地基基础的基本概念如下：

1. 天然地基:天然形成的、保持土体天然结构的地基。

2. 人工地基:经过人工处理才能满足要求的地基称为人工地基。

3. 浅基础:通常把埋置深度不大(一般浅于 5m),只需经过挖槽、排水等普通施工程序就可以建造起来的基础统称为浅基础。

4. 深基础：当浅层土质不良时，必须把基础埋置于深处的坚硬地层时，要借助特殊的施工方法，建造起来的各类基础称为深基础。

组成地层的土或岩石是自然界的产物，土和岩石的形成过程、物质组成、工程特性及其所处的自然环境极为复杂多变，因此，在设计建筑物之前，必须进行建筑场地的地基勘察，充分了解、研究地基土(岩)层的成因及构造、地基土(岩)的物理力学性质、地下水情况以及是否存在(或可能发生)影响场地稳定性的不良地质现象(如滑坡、岩溶、地震等)，从而对场地的工程地质条件作出正确的评价，这是做好地基基础设计和施工的先决条件。以上涉及工程地质学和土力学的部分内容，这些是学好本课程的基本知识。

建筑物的建造使地基中原有的应力状态发生变化。这就必须运用力学方法来研究荷载作用下地基土的变形和强度问题，以便使地基基础设计满足两个基本条件：(1) 要求作用于地基的荷载不超过地基的承载能力，保证地基在防止整体破坏方面有足够的安全储备；(2) 控制基础沉降使之不超过允许值，保证建筑物不因地基沉降而损坏或影响其正常使用。研究土的应力、变形、强度和稳定以及土与结构物相互作用等规律的一门力学分支称为土力学。土力学是本课程的理论基础。

建筑物的地基、基础和上部结构三部分，虽然各自功能不同、研究方法相异，然而，对一中等建筑物来说，在荷载作用下，这三方面却是彼此联系、相互制约的整体。目前，要把三部分完全统一起来进行设计计算还有困难。但在处理地基基础问题时，应该从地基 — 基础 — 上部结构相互作用的整体概念出发，全面地加以考虑，才能收到比较理想的效果。

## §1.3　基础工程的特点和学习要求

基础工程涉及工程地质学、土力学、结构设计和施工等若干个学科领域，所以内容广泛、综合性强，学习时应该突出重点，兼顾全面：应重视工程地质的基本知识，培养阅读和使用工程地质勘察资料的能力；必须牢固地掌握土的应力、变形、强度和地基计算等土力学基本原理，从而能够应用这些基本概念和原理，结合相关建筑结构理论和施工知识，分析和解决基础工程问题。

土是岩石风化的产物或再经各种地质作用搬运、沉积、变质而形成的。土粒之间的孔隙被水和气体所填充。所以，土是由固态(颗粒骨架)、液态(水溶液) 和气态物质组成的三相体系。与各种连续体材料(弹性体、塑性体、流体等) 相比较，天然土体具有一系列复杂的物理力学性质，而且容易受环境条件变动的影响。现有的土力学理论还难以模拟，概括天然土层在建筑物作用下所表现出的各种力学性状的全貌。因此，土力学虽是指导地基基础工程实践的重要理论基础，但还不够，还应通过试验、实测并紧密结合实践经验进行合理分析，才能使实际问题得到妥善解决，而且，也只有在反复联系工程实践的基础上，才能逐步提高、丰富对理论的认识，不断增强处理问题的能力。

岩土是一种最复杂的材料，无论何种力学模型都难以全面而准确地描述岩土的性状；岩土具有显著的时空变异性，在复杂地质条件下，再细致的勘察测试也难以完全查明岩土性状的时空分布；岩土又有很强的地区性特点，不同地区往往形成完全不同的特殊性岩土。因此，单纯的理论计算和试验分析常常解决不了实际问题，而需要岩土工程师根据工程所处位置的工程地质情况和工程需求，凭借自己的经验对关键技术问题的把握，进行临场处置。从这个意义上讲，土力学、基础工程、岩土工程等问题至今还是不够严谨、不够完善、不够成熟的技术学科，因而其难度大，潜力也很大。

基础工程是综合性很强的课程，在理论和方法上，需要工程地质学、岩石力学、土力学、结构力学、土工测试、工程机械等多学科的相互渗透；在工程实践中，需要勘察、设计、施工、监测、监理、科研等各方面的密切配合。因此，学习中也要用各学科的知识来解决实际问题，应把实践中遇到的问题用理论加以论证说明，互为补充。

## §1.4 基础工程学科的发展概况

地基基础工程是一项古老的工程技术，追本溯源，我们的祖先早在史前的建筑活动中就已创造了自己的地基基础工程工艺，历代修建的无数建筑物都出色地体现了我国古代劳动人民在基础工程方面的高超水平，如举世闻名、蜿蜒千万里的长城、大运河等，若处理不好有关的地基基础问题，是不可能穿越存在各种复杂地质条件的广阔地区的。再如宏伟壮观的宫殿、寺院，则要依靠精心设计的地基基础，才能度过千百年的风雨侵袭而留存至今。至于遍布祖国各地的巍巍高塔、长桥，正是因为基石牢固，方能历经狂风、暴雨、雷电、强震的考验而安然无恙。但是古代劳动人民的实践经验，主要体现在能工巧匠的高超技艺上，由于当时生产力水平的限制，还未能提炼成为系统的科学理论。

作为近代或现代科学技术的岩土工程是在第二次世界大战后，由欧美等经济发达国家土木建筑工程界为适应工程建设和技术经济高速发展的需要而兴起的一种科学技术，因此在国际上也只有50～60年的发展历史，虽然历史不长，但岩土工程学科近年来在我国发展迅猛，而在其中的基础工程应用技术上其发展也是突飞猛进，如：数百米高的超高层建筑物，百余米深的地下多层基础工程，大型钢厂的深基础，海洋石油平台基础，海上大型混凝土储油罐，人工岛，条件复杂的高速公路路基，跨海大桥的桥梁基础等工程技术，使桩基、墩基、地基处理等不断革新，走向现代。我国改革开放以来，大规模的现代化建设，深圳、广州、上海浦东，以及沿海的中等城市，数以万计的高层建筑，三峡水利工程，南水北调工程，青藏铁路，全国各省市高速公路等成功实践，有效地促进了我国基础工程现代化的发展。随着电子计算机技术与材料科学的进步，以及机械加工与制造技术的提高，基础工程理论必将更好更快地发展。

# 第2章　浅基础常规设计

## §2.1　概　　述

进行地基基础设计时，必须根据建筑物的用途和设计等级、建筑布置和上部结构类型，充分考虑建筑场地和地基岩土条件，结合施工条件以及工期、造价等各方面的要求，合理选择地基基础方案。常见的地基基础方案有：天然地基或人工地基上的浅基础，深基础，深浅结合的基础（如桩—筏、桩—箱基础）等。上述每种方案中各有多种基础类型和做法，可以根据实际情况加以选择。一般而言，天然地基上的浅基础便于施工，工期短、造价低，若能满足地基的强度和变形要求，宜优先选用。地基基础设计应满足的强度和变形条件如下：

1. 基础应有足够的强度、刚度和耐久性；
2. 地基应具有足够的强度和稳定性；
3. 基础的沉降特征值应小于其允许值。

本章主要讨论天然地基上浅基础的设计原理和计算方法，这些原理和方法也基本适用于人工地基上的浅基础。

**【本章主要学习目的】**学习完本章后，读者应能做到：

1. 明了什么是浅基础，什么是深基础；
2. 了解什么是浅基础的常规设计；
3. 掌握基础设计的一般步骤及验算方法；
4. 掌握刚性基础的设计方法；
5. 了解防止建筑不均匀沉降的主要措施。

### 2.1.1　浅基础设计内容

天然地基上浅基础的设计，包括下列各项内容：

1. 掌握场地工程地质条件和地质勘察资料；
2. 了解当地建筑经验、施工条件和就地取材的可能性；
3. 选择基础的材料、类型，进行基础平面布置；
4. 选择基础的持力层，确定基础埋置深度；
5. 确定持力层地基承载力；
6. 根据地基承载力，确定基础底面尺寸；
7. 进行必要的地基验算（持力层强度、下卧层强度、变形、稳定性）；
8. 进行基础结构设计（对基础进行内力分析、截面计算并满足建筑物构造要求）；
9. 绘制基础施工图，提出施工说明。

设计浅基础时要充分掌握拟建场地的工程地质条件和地基勘察资料，例如：不良地质现象和地震断层的存在及其危害性、地基土层分布的均匀性和软弱下卧层情况、各层土的类别及其工程特性指标。地基勘察的详细程度应与地基基础设计等级和场地的工程地质条件相适应，如表 2-1-1 所示。

在仔细研究地基勘察资料的基础上，综合考虑上部结构的类型，荷载的性质、大小和分布，建筑布置和使用要求以及拟建基础对周围环境的影响，即可选择基础类型和进行基础平面布置，并确定地基持力层和基础埋置深度。

上述浅基础设计的各项内容是相互关联的。设计时可以按上述顺序逐项进行设计与计算，若发现前面的选择不妥，则必须修改设计，直至各项计算均符合要求且各项数据前后一致为止。对规模较大的基础工程，还宜对若干可能的方案作出技术经济比较，然后择优采用。

如果地基软弱，为了减轻不均匀沉降的危害，在进行基础设计的同时，尚需从整体上对建筑设计和结构设计采取相应的措施，并对施工提出具体(或特殊)要求。

### 2.1.2 浅基础设计方法

在工程设计中，通常把上部结构、基础和地基三者分离开来，分别对三者进行计算。以图 2-1-1(a) 中柱下条形基础上的框架结构设计为例：先视框架柱底端为固定支座，将框架分离出来，然后按图 2-1-1(b) 所示的计算简图计算荷载作用下的框架内力。再把求得的柱脚支座反力作为基础荷载反方向作用于条形基础上，如图 2-1-1(c) 所示，并按直线分布假设计算基底反力，这样就可以求得基础的截面内力。进行地基计算时，则将基底压力(与基底反力大小相等、方向相反) 施加于地基上，如图 2-1-1(d) 所示，并作为柔性荷载(不考虑基础刚度) 来验算地基承载力和地基沉降。

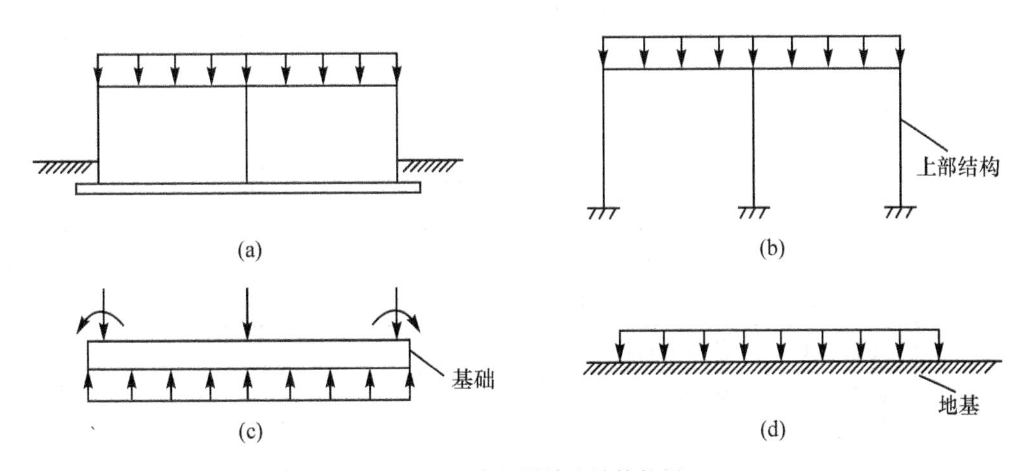


图 2-1-1　常规设计法计算简图

上述设计方法可以称之为常规设计法。这种设计方法虽然满足了静力平衡条件，但却忽略了地基、基础和上部结构三者之间受荷前后的变形连续性。事实上，地基、基础和上部结构三者是相互联系成整体来承担荷载而发生变形的，地基、基础和上部结构原来互相连接或接触的部位，在受荷后一般仍然保持连接或接触，即墙柱底端的位移、该处基础的变位和地基表面的沉降应相一致，满足变形协调条件。显然，地基越软弱，按常规方法计算的结果与实际情况的差别就越大。

由此可见,合理的分析方法,原则上应该以地基、基础、上部结构之间必须同时满足静力平衡和变形协调两个条件为前提。只有这样,才能揭示地基、基础和上部结构在外荷载作用下相互制约、彼此影响的内在联系,从而达到安全、经济的设计目的。鉴于这种从整体上进行相互作用分析难度较大,于是对于一般的基础设计仍然采用常规设计法,而对于复杂的、或大型的基础,则宜在常规设计的基础上,区别情况采用目前可行的方法考虑地基—基础—上部结构的相互作用(见第3章)。

常规设计法在满足下列条件时可以认为是可行的:

1. 沉降较小或较均匀。若地基不均匀沉降较大,就会在上部结构中引起很大的附加内力,导致结构设计不安全。

2. 基础刚度较大。基底反力一般并非呈直线分布,基底反力与土的类别及性质、基础尺寸和刚度以及荷载大小等因素有关。一般而言,当基础刚度较大时,可以认为基底反力近似呈直线分布。对连续基础(指柱下条形基础、柱下交叉条形基础、筏形基础和箱形基础),通常还要求地基、荷载分布及柱距较均匀。

### 2.1.3 地基基础设计原则

1. 对地基计算的要求

根据地基复杂程度、建筑物规模和功能特征以及由于地基问题可能造成建筑物破坏或影响正常使用的程度,《建筑地基基础设计规范》(GB50007—2002)中将地基基础设计分为三个设计等级,如表2-1-1所示。

**表2-1-1　　地基基础设计等级**

| 设计等级 | 建筑和地基类型 |
|---|---|
| 甲级 | 重要的工业与民用建筑物 |
| | 30层以上的高层建筑 |
| | 体型复杂,层数相差超过10层的高低层连成一体建筑物 |
| | 大面积的多层地下建筑物(如地下车库、商场、运动场等) |
| | 对地基变形有特殊要求的建筑物 |
| | 复杂地质条件下的坡上建筑物(包括高边坡) |
| | 对原有工程影响较大的新建建筑物 |
| | 场地和地基条件复杂的一般建筑物 |
| | 位于复杂地质条件及软土地区的二层及二层以上地下室的基坑工程 |
| 乙级 | 除甲级、丙级以外的工业与民用建筑物 |
| 丙级 | 场地和地基条件简单、荷载分布均匀的七层及七层以下民用建筑及一般工业建筑物;次要的轻型建筑物 |

根据建筑物地基基础设计等级及长期荷载作用下地基变形对上部结构的影响程度,地

基基础设计应符合下列规定：

（1）所有建筑物的地基计算均应满足承载力计算的相关规定。

（2）设计等级为甲级、乙级的建筑物，均应按地基变形设计。

（3）表2-1-1所列范围内设计等级为丙级的建筑物可以不作变形验算，若有下列情况之一时，仍应作变形验算。

① 地基承载力特征值小于130kPa，且体型复杂的建筑；

② 在基础上及其附近有地面堆载或相邻基础荷载差异较大，可能引起地基产生过大的不均匀沉降时；

③ 软弱地基上的建筑物存在偏心荷载时；

④ 相邻建筑距离过近，可能发生倾斜时；

⑤ 地基内有厚度较大或厚薄不匀的填土，其自重固结未完成时。

（4）对经常受水平荷载作用的高层建筑、高耸结构和挡土墙等，以及建造在斜坡上或边坡附近的建筑物和构筑物，尚应验算其稳定性。

（5）基坑工程应进行稳定性验算。

（6）当地下水埋藏较浅，建筑地下室或地下构筑物存在上浮问题时，尚应进行抗浮验算。

2. 关于荷载取值的规定

地基基础设计时，所采用的荷载效应最不利组合与相应的抗力限值应按下列规定采用：

（1）按地基承载力确定基础底面积及埋深时，传至基础底面上的荷载效应应取正常使用极限状态下荷载效应的标准组合。相应的抗力应采用地基承载力特征值。

（2）计算地基变形时，传至基础底面上的荷载效应应为正常使用极限状态下荷载效应的准永久组合，不应计入风荷载和地震作用。相应的限值应为地基变形允许值。

（3）计算挡土墙土压力、地基或斜坡的稳定及滑坡推力时，荷载效应应为承载能力极限状态下荷载效应的基本组合，但其分项系数均为1.0。

（4）在确定基础高度、支挡结构截面、计算基础或支挡结构内力、确定配筋和验算材料强度时，上部结构传来的荷载效应组合和相应的基底反力，应取承载能力极限状态下荷载效应的基本组合，采用相应的分项系数。

当需要验算基础裂缝宽度时，应取正常使用极限状态荷载效应标准组合。

（5）由永久荷载效应控制的基本组合值可以取标准组合值的1.35倍。

（6）基础设计安全等级、结构设计使用年限、结构的重要性系数应按相关规范的规定采用，但结构重要性系数 $\gamma_0$ 不应小于1.0。

## §2.2 建筑基础设计方法的进展

建筑基础的分析与设计方法大体经历了三个发展阶段：不考虑共同作用的阶段；仅考虑基础与地基共同作用的阶段；开始全面考虑上部结构与基础和地基共同作用的阶段，这一发展过程是与生产的发展，技术的进步，特别是计算手段的突飞猛进密切相关的。

### 2.2.1 简化计算方法

简化计算方法最基本的特点是将由地基、基础和上部结构构成的一个完整的静力平衡体系分割成三部分，进行独立求解，如图 2-2-1(a) 所示。首先假定上部结构的柱是嵌固在基础上的，如图 2-2-1(b) 所示，按结构力学的方法可以求出结构的内力，包括底层柱的轴力，柱脚处的弯矩和剪力。然后将这些力反向作用在基础梁或基础板上，基础梁或基础板同时承受地基反力，如图 2-2-1(c) 所示，地基反力与上部结构荷载保持静力平衡，并假定其按直线分布，再按结构力学的方法求解基础梁或基础板的内力。在验算地基承载力时，假定基底压力按直线分布，即认为基础是绝对刚性的。在计算地基变形时，又把基础看做是柔性的，基底压力是均布的，如图 2-2-1(d) 所示。显然，简化计算方法的种种假定与整个结构体系的工作状态是不符的，上述种种假定仅仅满足了总荷载与总反力的静力平衡条件，而忽视了上部结构与基础之间以及地基与基础之间的变形连续条件。因而上部结构传递给基础的荷载及地基反力的分布状态都是与实际状态有偏差的。由此也必然造成基础内力计算的偏差和地基计算的偏差。尽管简化计算方法存在这些人所共知的缺点，但许多设计人员还是乐意使用简化计算方法。其原因就在于简化计算方法简单、方便，而且力学概念大致清楚。在实际应用中，设计人员还会根据工程实践经验采取一些措施，例如调整或增大某些部位的地基反力，增加一些构造钢筋等，以保证基础的安全和正常使用。

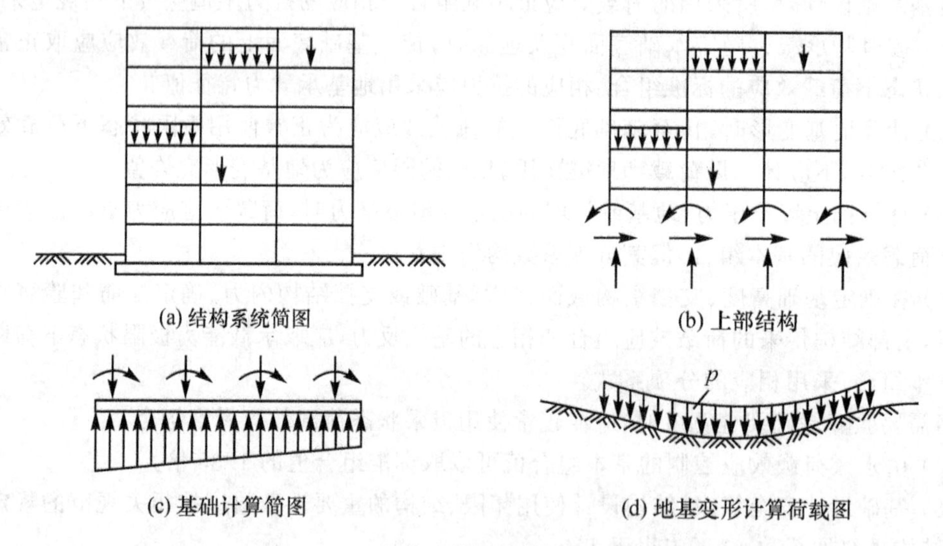


图 2-2-1 结构系统简化计算方法示意图

### 2.2.2 弹性地基梁、板理论分析方法

弹性地基梁、板理论简而言之就是假定地基是弹性体，假定基础是置于这一弹性体上的梁或板，将基础和地基作为一个整体来研究，将基础和地基与上部结构隔断开来，上部结构仅仅作为一种荷载作用在基础上。基础底面和地基表面在负荷而变形的过程中始终是贴合的，亦即二者不仅满足静力平衡条件，而且满足变形协调条件。然后经过种种几何上和物理上的简化，用数学、力学方法求解基础和地基的内力和变形。

弹性地基梁、板是一种习惯上的称谓，因为地基并不是一种完全弹性体，所以不少专家和学者认为将它们称为基础梁和基础板更科学一些。

所谓几何上和物理上的简化，常常是将整个箱形或筏板基础简化成一根梁或一块板，或者从中取一单位宽度的“截条”按“平面问题”进行计算。梁的长度则有“有限长”的或“无限长”的假定，梁的刚度又有“有限刚度”的及“绝对刚性”的假定。而最重要的简化则是地基的简化，也就是将地基简化成什么样的“地基模型”是至关重要的。因为采用不同的地基模型来计算，基础梁、板将会得到不同的内力和变形，基础梁、板不仅仅影响内力的大小，甚至会改变内力的正负号。

确切地说，地基模型就是地基的应力与应变关系的数学表达式，也就是地基中力与形之间的数学关系。

经典土力学论及的地基模型都是弹性模型，即应力与应变之间的关系呈直线关系，如图2-2-2(a)所示。弹性模型主要有文克尔模型和半无限弹性体模型。近代土力学理论则主要论述弹塑性模型，将地基土的应力与应变之间的关系描述成非线性关系，如图2-2-2(b)所示。比较常见的有邓肯—张模型、拉德—邓肯模型、剑桥模型等。无论弹性模型还是弹塑性模型都有丰硕的研究成果，致使地基模型达到100种以上。但真正能进入工程实用阶段的仍然为数不多。而且在我国工程界普遍采用的还是弹性地基模型，如半无限弹性体模型和其派生出来的分层总和地基模型以及文克尔模型等。尽管如此，由于同一地基模型上的基础梁、板又有许多数学解法，从而形成了弹性地基梁、板理论的丰富内容。

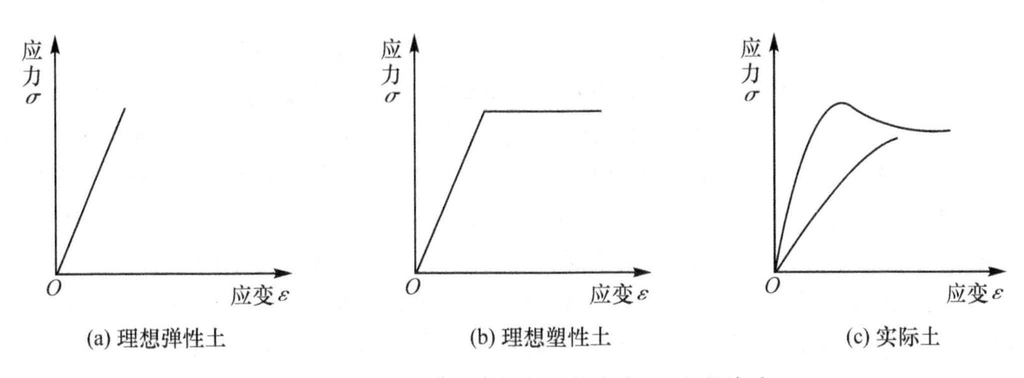

(a) 理想弹性土　(b) 理想塑性土　(c) 实际土

图2-2-2　简化的和实际的土的应力—应变关系

### 2.2.3　上部结构与地基基础共同作用的分析法

上部结构与地基基础共同作用分析方法是把基础、地基和上部结构三者作为一个共同工作的整体来研究的计算方法。该方法最基本的假定是上部结构与基础、基础与地基连接界面处变形是协调的。整个系统是满足静力平衡条件的，上部结构和基础一般由梁、板、柱单元组成，地基则可以选择诸如文克尔、半无限弹性体、分层总和等各种模型。解算这样一个系图，一般可以采用有限单元法、有限条法、有限差分法或解析法，如图2-2-3所示。由于欲求解的未知数的数量很大，求解也是很困难的，在没有电子计算机的时代几乎是不可能的。在使用电子计算机的今天，也需要克服计算机存储量不足的困难，需要采用诸如“子结构”等能减少未知数、节省存储量的计算方法。

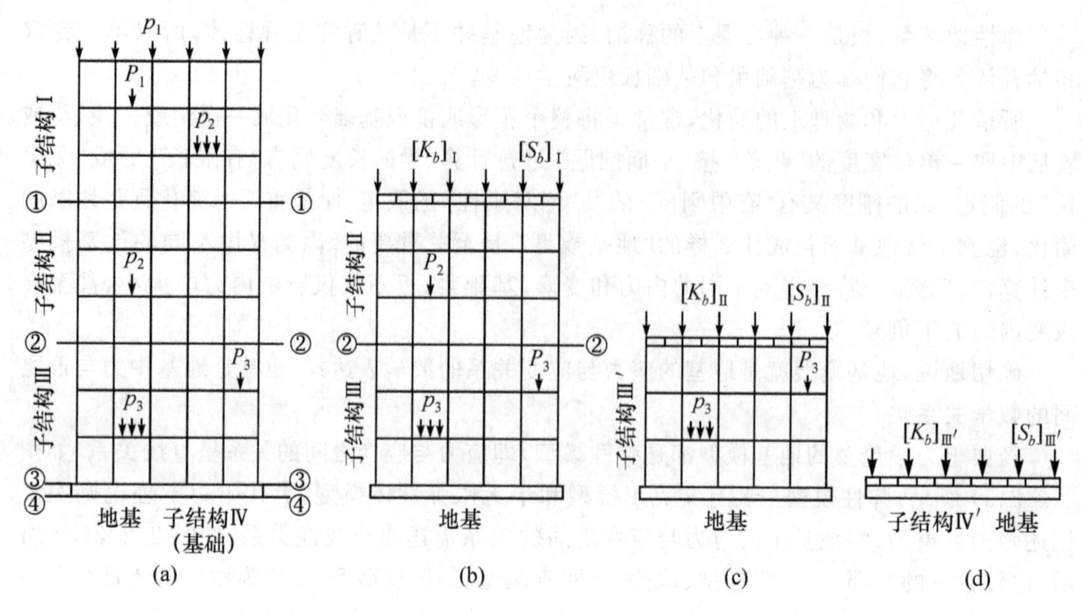


图 2-2-3　高层结构和基础的凝聚与地基共同作用分析示意图

## §2.3　浅基础的类型及适用条件

浅基础是相对深基础而言的,浅基础和深基础的差别主要在设计原则及施工方法上。浅基础设计在按通常方法验算地基承载力和地基沉降时,不考虑基础底面以上土的抗剪强度对地基承载力的作用,也不考虑基础侧面与土之间的摩擦阻力,浅基础可以用通常的施工方法建造,施工条件和工艺都比较简单;深基础包括桩、墩和沉井等,其设计方法与浅基础完全不同,需要考虑侧壁的摩擦阻力对基础稳定性的有利作用,确定深基础地基的承载力的方法也和确定浅基础的地基承载力的方法不同,深基础的施工都要采用特殊的方法,施工条件比较困难,施工的机具也比较复杂。深基础和浅基础的区分很难用一个固定的埋置深度来确定,通常认为基础的埋置深度大于基础宽度时可以作为深基础考虑,但也不是绝对的。

浅基础根据基础的形状和大小可以分为独立基础、条形基础(包括十字交叉条形基础)、筏板基础、箱形基础和壳体基础等。根据所使用材料的性能可以分为刚性基础和柔性基础。

刚性基础通常是指由砖、石、素混凝土、三合土和灰土等材料建造的基础。由于这些材料的抗拉强度比抗压强度低得多,设计时不考虑这类材料的抗拉强度,控制基础的外伸宽度和基础高度的比值(称为刚性基础台阶宽高比)小于一定的数值,如图 2-3-1 所示。刚性基础台阶宽高比的允许值如表 2-3-1 所示。若基础的外伸宽度超出规定的范围,基础会产生拉裂破坏,由于基础的相对高度比较高,几乎不会产生弯曲变形,所以称其为刚性基础。当建筑物荷载比较大而地基又比较软弱时,刚性基础所需要的基础宽度就很宽,相应的埋置深度非常深,这就很不合理,此时需改成柔性基础。

柔性基础是由钢筋混凝土建造的,具有比较好的抗剪能力和抗弯能力,可以用扩大基础底面积的方法来满足地基承载力的要求,而不必增加基础的埋置深度,因此可以适用于荷载比较大,而埋置深度又不容许过深的情况。

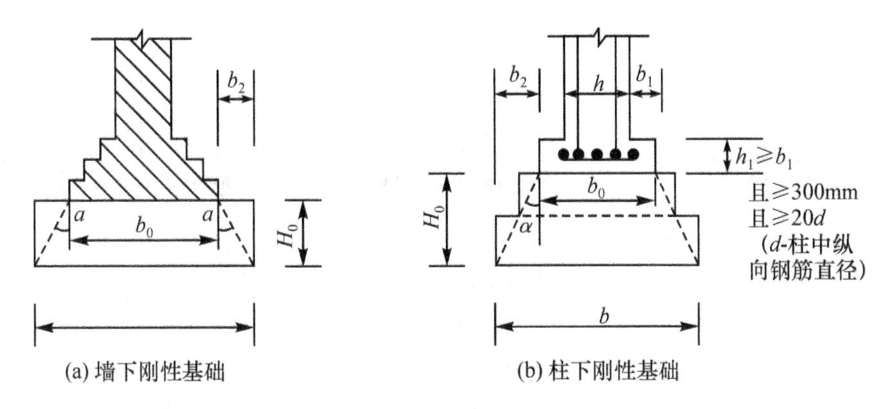


(a) 墙下刚性基础　　(b) 柱下刚性基础

图 2-3-1　刚性基础构造图

表 2-3-1　　刚性基础台阶宽高比的允许值

| 基础材料 | 质量要求 | | 台阶宽高比的允许值 | | |
|---|---|---|---|---|---|
| | | | $p \leqslant 100$(kPa) | $100 < p \leqslant 200$(kPa) | $200 < p \leqslant 300$(kPa) |
| 混凝土基础 | C10 混凝土 | | 1∶1.00 | 1∶1.00 | 1∶1.00 |
| | C7.5 混凝土 | | 1∶1.00 | 1∶1.25 | 1∶1.50 |
| 毛石混凝土基础 | C7.5 ～ C10 混凝土 | | 1∶1.00 | 1∶1.25 | 1∶1.50 |
| 砖基础 | 砖不低于 MU7.5 | M5 砂浆 | 1∶1.50 | 1∶1.50 | 1∶1.50 |
| | | M2.5 砂浆 | 1∶1.50 | 1∶1.50 | |
| 毛石基础 | M2.5 ～ M5 砂浆 | | 1∶1.25 | 1∶1.50 | |
| | M1 砂浆 | | 1∶1.50 | | |
| 灰土基础 | 体积比为 3∶7 或 2∶8 的灰土，其最小干密度：粉土 1.55g/cm³ 粉质粘土 1.50g/cm³ 粘土 1.45g/cm³ | | 1∶1.25 | 1∶1.50 | |
| 三合土基础 | 体积比 1∶2∶4 ～ 1∶3∶6(石灰∶砂∶骨料)，每层虚铺 220mm，夯至 150mm | | 1∶1.50 | 1∶2.00 | |

## 2.3.1　钢筋混凝土独立基础

钢筋混凝土独立基础主要用于柱下，也用于一般的高耸构筑物，如水塔、烟囱等。其构造形式通常有现浇台阶形基础、现浇锥形基础和预制柱的杯口基础，如图 2-3-2 所示。杯口基础可以分为单肢和双肢的杯口基础，分别适用于单肢柱和双肢柱的情况；低杯口基础和高杯口基础；轴心受压柱下基础的底面形状为正方形；偏心受压柱下基础的底面形状为矩形。

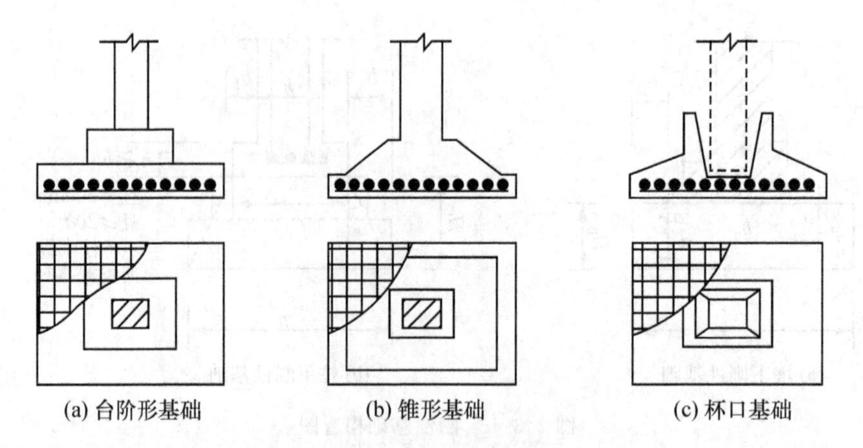


图 2-3-2 钢筋混凝土独立基础示意图

### 2.3.2 钢筋混凝土条形基础

钢筋混凝土条形基础分为墙下钢筋混凝土条形基础和柱下钢筋混凝土条形基础，柱下钢筋混凝土条形基础又可以分为单向条形基础和十字交叉条形基础，其构造分别如图2-3-3和图2-3-4所示。

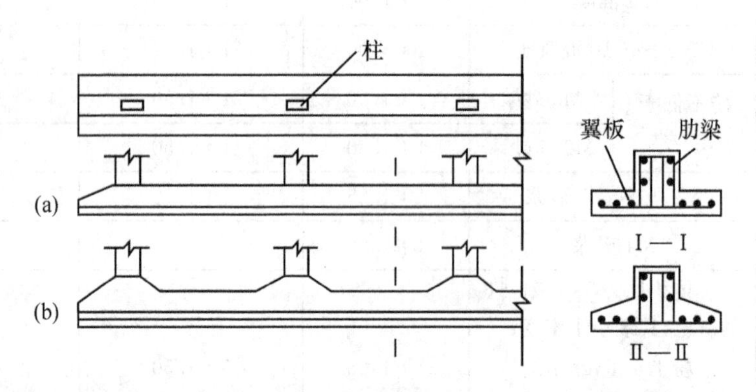


图 2-3-3 单向条形基础示意图

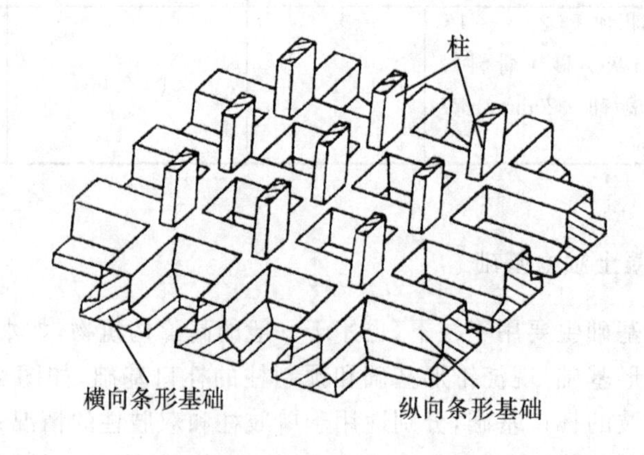


图 2-3-4 十字交叉条形基础示意图

墙下钢筋混凝土条形基础的横截面根据受力条件可以分为不带肋和带肋两种，其构造如图 2-3-5 所示。墙下钢筋混凝土条形基础计算时按平面应变问题考虑，其设计原则基本上与柱下钢筋混凝土独立基础相同。

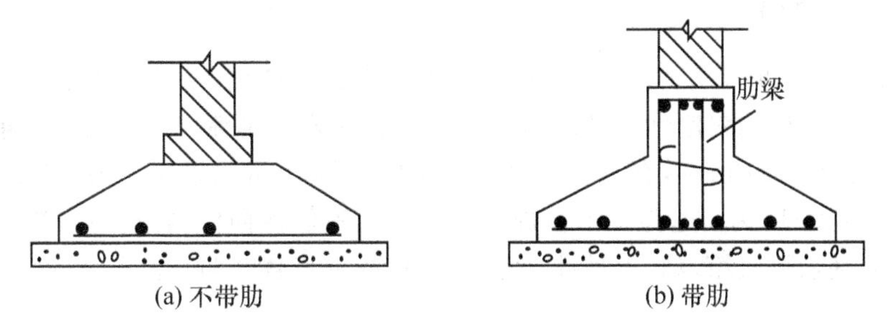


图 2-3-5　墙下条形基础示意图

当地基承载力较低，采用柱下钢筋混凝土独立基础的底面积不足以承受上部结构的荷载时，可以将若干个柱子的基础连成一条构成单向的柱下条形基础。条形基础必须有足够的刚度将柱子的荷载均匀地分布到扩展的条形基础底面积上，并且调整可能产生的不均匀沉降。当单向的条形基础底面积仍不足以承受上部结构荷载时，可以在纵、横两个方向将柱基础连成十字交叉条形基础。

### 2.3.3　筏板基础

当采用墙下条形基础或柱下十字交叉条形基础仍不能提供足够的基础底面积来承受上部结构的荷载时，可以采用钢筋混凝土满堂整板基础，称为筏板基础。筏板基础比十字交叉条形基础具有更大的整体刚度，有利于调整地基的不均匀沉降，能适应上部结构荷载分布的变化。结合使用要求，筏板基础特别适用于采用地下室的建筑物以及大型的储液结构物（如水池、油库等）。

筏板基础分为平板式和梁板式两种类型。平板式筏板基础是一块等厚度的钢筋混凝土平板，如图 2-3-6(a) 所示，筏板的厚度与建筑物的高度及受力条件有关，通常不小于 200mm；对于高层建筑，通常根据建筑物的层数按每层 50mm 确定筏板的厚度。若柱荷载比较大，为了防止筏板被冲剪破坏，可以按图 2-3-6(b) 所示局部加厚柱下的筏板或设置墩基础；当柱距较大、柱荷载相差也较大时，板内会产生比较大的弯矩，应在板上沿柱轴线纵、横

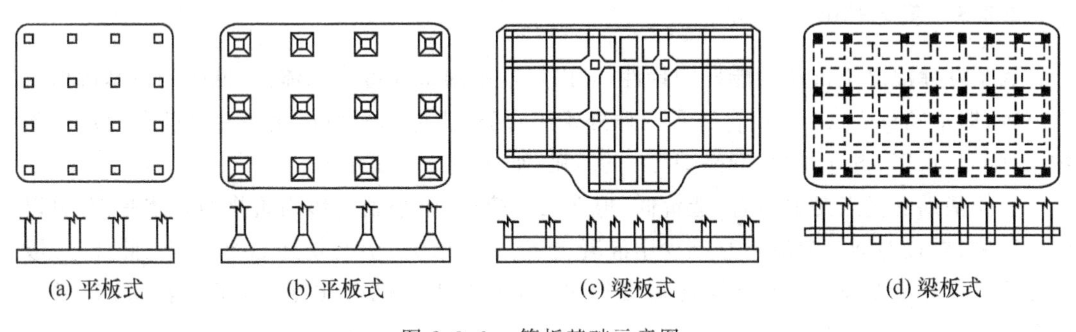


图 2-3-6　筏板基础示意图

向布置基础梁，形成梁板式筏板基础，如图 2-3-6(c)、(d) 所示。梁板式筏板基础能承受更大的弯矩，其刚度主要由基础梁构成，板的厚度就可以比平板式基础小得多。筏板基础的适用范围十分广泛，在多层住宅和高层建筑物中都可以采用。

### 2.3.4 箱形基础

箱形基础由钢筋混凝土底板、顶板和纵、横向的内、外墙所组成，具有比筏板基础大得多的抗弯刚度，可以视做绝对刚性，沉降非常均匀，其相对弯曲通常小于 0.33‰。箱形基础的一般构造如图 2-3-7(a) 所示，有时为了加大底板的刚度，也可以采用如图 2-3-7(b) 所示的“套箱式”的箱形基础。为了避免箱形基础出现过大的整体横向倾斜，应尽量减少荷载的偏心，可以采用箱基悬挑或箱基底板悬挑，使其有效地减少荷载的偏心。

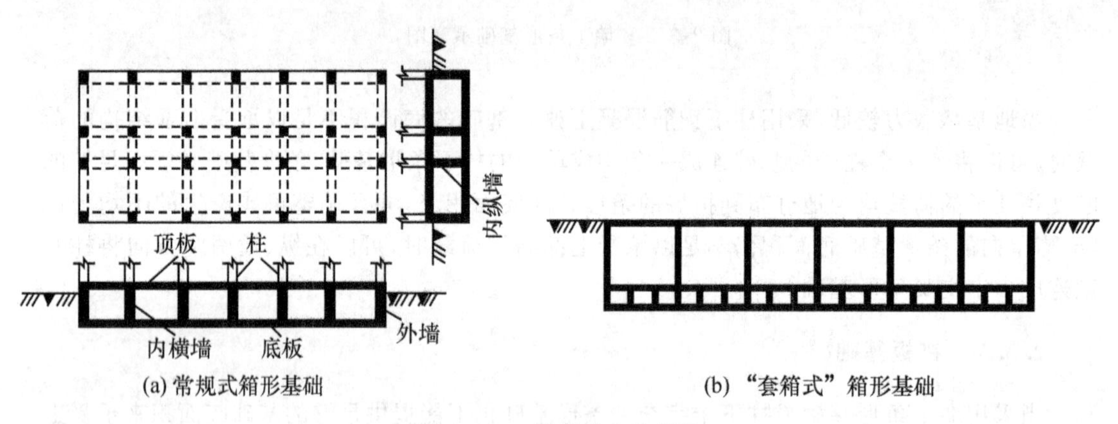


(a) 常规式箱形基础　　(b) “套箱式”箱形基础

图 2-3-7　箱形基础示意图

当地基承载力比较低而上部结构荷载又比较大时，箱形基础可以作为一种方案。由于箱形基础有许多内隔墙，使地下室的空间比较小，对使用有一定的影响。箱形基础的埋置深度比较深，基础空腹，挖去的土比箱形基础的自重大得多，并卸除了基底处原有地基的自重压力，从而大大地减小了作用于基础底面的附加应力，减小了建筑物的沉降，这种基础称为“补偿式基础”。

箱形基础的材料消耗量大，施工要求比较高，还会遇到深基坑开挖带来的困难，采用箱形基础时需要考虑这些不利因素，作技术经济的综合比较后才能确定。

### 2.3.5 壳体基础

为了发挥混凝土抗压性能好的特性，可以将基础的型式做成壳体。常见的壳体基础形式有三种，即正圆锥壳、M 形组合壳和内球外锥组合壳。壳体基础可以用做柱基础和筒形构筑物(如烟囱、水塔、料仓、中小型高炉等) 的基础。如图 2-3-8 所示。

壳体基础的优点是材料省、造价低。根据相关统计，中小型筒形构筑物的壳体基础，可以比一般梁、板式的钢筋混凝土基础少用混凝土 30% ～ 50%，节约钢筋 30% 以上。此外，一般情况下施工时不必支模，土方挖运量也较少。但不太适合机械化施工，工期较长，技术含量高。

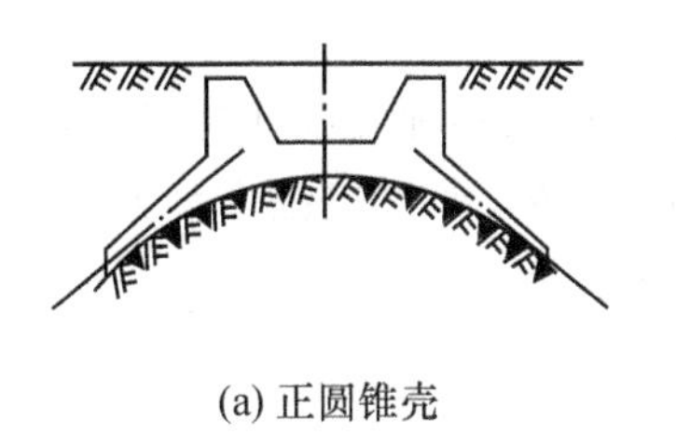
(a) 正圆锥壳

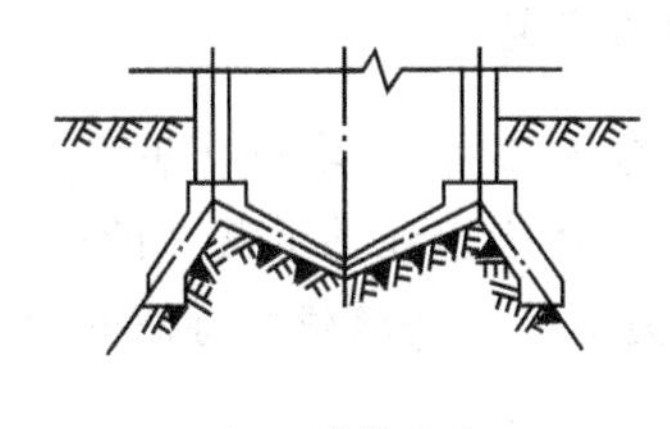
(b) M形组合壳

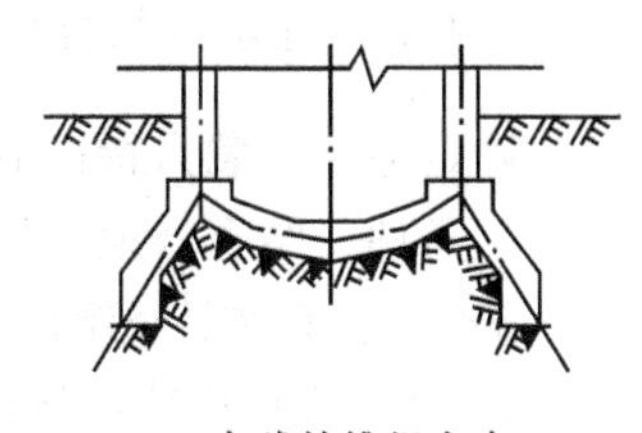
(c) 内球外锥组合壳

图 2-3-8　壳体基础的结构型式示意图

## §2.4　浅基础的地基承载力

### 2.4.1　地基承载力概念

地基承载力是指地基承受荷载的能力。在保证地基稳定的条件下，使建筑物的沉降量不超过允许值的地基承载力称为地基承载力特征值，以 $f_a$ 表示。由其定义可知，$f_a$ 的确定取决于两个条件：(1) 要有一定的强度安全储备，即 $f_a = \frac{p_u}{k}$，式中 $p_u$ 为地基极限承载力，$k$ 为安全系数；(2) 地基变形不应大于相应的允许值。

有人认为地基承载力是一定值，这种概念是错误的。由图 2-4-1 所示的荷载 ～ 沉降关系曲线（$p \sim s$ 曲线）可知，在保证有一定安全储备的前提下，地基承载力特征值 $f_a$ 是允许沉降 $s_a$ 的函数。$s_a$ 愈大，$f_a$ 就愈大；如果不允许地基产生沉降（$s_a = 0$），那么地基承载力将为零。可以说，在许多情况下，地基承载力的大小是由地基变形允许值控制的。对高压缩性的地基而言（见图 2-4-1 中的曲线 2），情况更是如此。因此，地基承载力特征值可以表示为

$$f_a = \alpha \cdot \frac{p_u}{k} \tag{2-4-1}$$

式中：$\alpha$—— 由地基允许变形值控制的系数，$0 < \alpha \leqslant 1$。地基变形控制愈严，$\alpha$ 值愈小；对于无须作地基变形验算的建筑物，可以取 $\alpha = 1$。

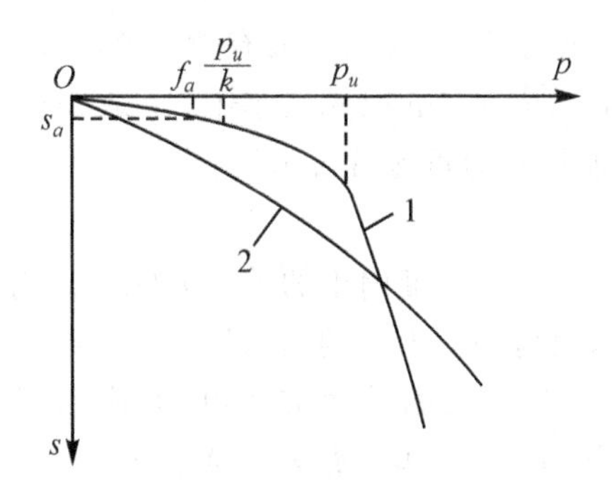


图 2-4-1　荷载 ～ 沉降关系曲线

### 2.4.2 地基承载力特征值的确定

确定地基承载力特征值的方法有多种，在实际工程中，应根据地基基础的设计等级、地基岩土条件并结合当地工程经验选择确定地基承载力的适当方法，必要时可以按多种方法综合确定。这里主要介绍以下四类确定地基承载力特征值的方法。

1. 按土的抗剪强度指标确定

(1) 根据地基极限承载力确定。

根据地基极限承载力 $p_u$ 计算地基承载力特征值的公式为

$$f_a = \frac{p_u}{k} \tag{2-4-2}$$

式中：$k$—— 安全系数，其取值与地基基础设计等级、荷载的性质、土的抗剪强度指标的可靠程度以及地基条件等因素有关，对长期承载力一般取 $k = 2 \sim 3$。

确定地基极限承载力的理论公式有多种，如斯开普顿公式、太沙基公式、魏锡克公式及汉森公式等，这类公式的通式为：

$$p_u = cN_c + qN_q + \frac{1}{2}\gamma BN_r \tag{2-4-3}$$

式中：$N_c$、$N_q$、$N_r$—— 承载力系数，只与 $\varphi$ 有关的函数，不同的理论其值不相同；

$c$、$\varphi$—— 土的粘聚力(kPa) 和内摩擦角(°)；

$q$—— 埋深范围内土重(kPa)；

$\gamma$—— 基础底面处土的重度($kN/m^3$)；

$B$—— 基础宽度(m)。

(2) 相关规范推荐的理论公式。

当荷载偏心距 $e \leqslant \frac{l}{30}$($l$ 为偏心方向基础边长) 时，可以采用《建筑地基基础设计规范》(GB50007—2002) 推荐的、以地基临界荷载 $\frac{p_1}{4}$ 为基础的理论公式来计算地基承载力特征值，其计算公式如下：

$$f_a = M_b\gamma b + M_d\gamma_m d + M_c C_k \tag{2-4-4}$$

式中：$M_b$、$M_d$、$M_c$—— 承载力系数，按 $\varphi_k$ 查表 2-4-1；

$\gamma$—— 基底以下土的重度，地下水位以下取有效重度($kN/m^3$)；

$b$—— 基础底面宽度(m)，大于 6m 取 6m；小于 3m 取 3m；

$\gamma_m$—— 基底以上土的加权平均重度($kN/m^3$)；

$d$—— 基础埋深(m)；

$C_k$、$\varphi_k$ —— 基底以下一倍基宽深度内土的粘聚力(kPa)、内摩擦、角(°) 的标准值。

若建筑物施工速度较快，而地基持力层的透水性和排水条件不良时，地基土可能在施工期间或施工完工后不久因未充分排水固结而破坏，此时应采用土的不排水抗剪强度指标($C_u$，$\varphi_u$) 计算短期承载力，即取 $\varphi_u = 0$，则 $M_b = 0$，$M_d = 1$，$M_c = 3.14$，将 $C_k$ 改为 $C_u$ 则短期承载力公式为

表 2-4-1　　承载力系数 $M_b$、$M_d$、$M_c$

| 土的内摩擦角标准值 $\varphi_k$/(°) | $M_b$ | $M_d$ | $M_c$ |
|---|---|---|---|
| 0 | 0 | 1.00 | 3.14 |
| 2 | 0.03 | 1.12 | 3.32 |
| 4 | 0.06 | 1.25 | 3.51 |
| 6 | 0.10 | 1.39 | 3.71 |
| 8 | 0.14 | 1.55 | 3.93 |
| 10 | 0.18 | 1.73 | 4.17 |
| 12 | 0.23 | 1.94 | 4.42 |
| 14 | 0.29 | 2.17 | 4.69 |
| 16 | 0.36 | 2.43 | 5.00 |
| 18 | 0.43 | 2.72 | 5.31 |
| 20 | 0.51 | 3.06 | 5.66 |
| 22 | 0.61 | 3.44 | 6.04 |
| 24 | 0.80 | 3.87 | 6.45 |
| 26 | 1.10 | 4.37 | 6.90 |
| 28 | 1.40 | 4.93 | 7.40 |
| 30 | 1.90 | 5.59 | 7.95 |
| 32 | 2.60 | 6.35 | 8.55 |
| 34 | 3.40 | 7.21 | 9.22 |
| 36 | 4.20 | 8.25 | 9.97 |
| 38 | 5.00 | 9.44 | 10.80 |
| 40 | 5.80 | 10.84 | 11.73 |

$$f_a = 3.14C_u + \gamma_m d \tag{2-4-5}$$

(3) 几点说明。

1) 按理论公式计算地基承载力时，对计算结果影响最大的是土的抗剪强度指标的取值。一般应采取质量最好的原状土样以三轴压缩试验测定，且每层土的试验不得少于 6 组。

2) 地基承载力不仅与土的性质有关，还与基础的大小、形状、埋深以及荷载情况等因素有关，而这些因素对承载力的影响程度又与土质有关。例如对饱和软土($\varphi_u = 0, M_b = 0$)，增大基底尺寸不可能提高地基承载力；但对 $\varphi_k > 0$ 的土，增大基底宽度将使承载力随着 $\varphi_k$ 的提高而显著增加。

3) 地基承载力随埋深 $d$ 线性增加，但对实体基础(如扩展基础)，增加的承载力将被基础和回填土重量的相应增加部分抵消。特别是对于饱和软土，由于 $M_d = 1$，这两方面几乎相抵而收不到明显的效益。

4）按土的抗剪强度确定的地基承载力特征值没有考虑建筑物对地基变形的要求，因此还应进行地基变形验算。

5）内摩擦角标准值 $\varphi_k$ 和粘聚力 $C_k$ 的确定方法。

① 用若干组试验所得的 $\varphi_i$ 和 $C_i$ 值，分别计算出平均值 $\varphi_m$ 和 $C_m$、标准差 $\sigma_\varphi$、$\sigma_c$ 和变异系数 $\delta_\varphi$、$\delta_c$

$$\mu = \frac{\sum_{i=1}^{n} \mu_i}{n} \tag{2-4-6}$$

$$\sigma = \sqrt{\frac{\sum_{i=1}^{n} \mu_i^2 - n\mu^2}{n-1}} \tag{2-4-7}$$

$$\delta = \frac{\delta}{\mu} \tag{2-4-8}$$

式中：$\mu$—— 某一土性指标平均值；

$\sigma$—— 标准差；

$\delta$—— 变异系数。

② 分别计算若干组试验的统计修正系数 $\psi_\varphi$、$\psi_c$

$$\psi_\varphi = 1 - \left(\frac{1.704}{\sqrt{n}} + \frac{4.678}{n^2}\right)\delta_\varphi \tag{2-4-9}$$

$$\psi_c = 1 - \left(\frac{1.704}{\sqrt{n}} + \frac{4.678}{n^2}\right)\delta_c \tag{2-4-10}$$

③ 计算抗剪强度指标标准值

$$\varphi_k = \psi_\varphi \cdot \varphi_m \tag{2-4-11}$$

$$C_k = \psi_c \cdot C_m \tag{2-4-12}$$

2. *按地基载荷试验确定*

载荷试验包括浅层平板载荷试验、深层平板载荷试验及螺旋板载荷试验。前者适用于浅层地基，后二者适用于深层地基。

下面介绍根据载荷试验成果 $p \sim s$ 曲线确定地基承载力特征值的方法。

（1）$p \sim s$ 曲线有明显的起始直线段和拐点。

对密砂、硬粘土等低压缩性土，其 $p \sim s$ 曲线有明显的直线段和极限值，如图 2-4-2(a) 所示。

① 若 $p_u < 1.5p_1$（$p_1$ 为比例界限荷载），取 $f_a = p_u/2$ (2-4-13)

② 若 $p_u \geqslant 1.5p_1$，取 $f_a = p_1$。 (2-4-14)

式中：$p_1$—— 比例界限荷载，即 $p \sim s$ 曲线直线段末尾所对应的荷载(kPa)；

$p_u$—— 极限荷载(kPa)。

（2）$p \sim s$ 曲线无明显拐点。

对于松砂、填土、可塑粘土等中、高压缩性土，其 $p \sim s$ 曲线往往无明显的转折点，呈渐进型破坏，如图 2-4-2(b) 所示。

软塑或可塑的粘性土，取相对沉降 $s/b = 0.02$ 所对应的荷载为 $f_a$；

砂土或坚硬粘性土，取相对沉降 $s/b = 0.01 \sim 0.015$ 所对应的荷载为 $f_a$。

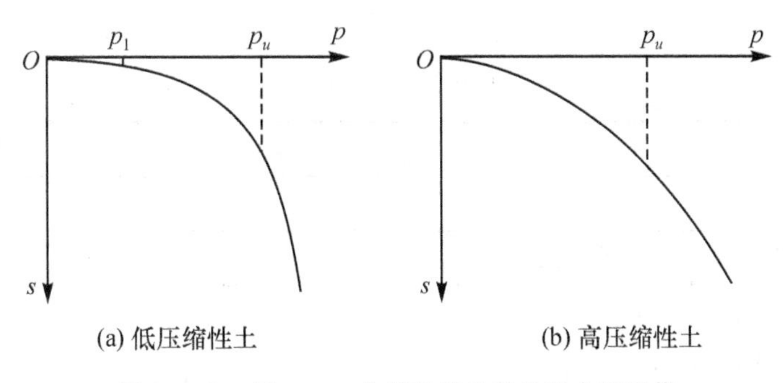

(a) 低压缩性土　　(b) 高压缩性土

图2-4-2　用 $p \sim s$ 曲线确定地基承载力特征值

(3) 对同一土层，应选择三个以上的试验点，当试验实测值的极差(最大值与最小值之差)不超过其平均值的30%时，取其平均值作为该土层的地基承载力特征值 $f_{ak}$。

3. 按相关规范承载力表确定

我国各地区相关规范给出了按野外鉴别结果，室内物理、力学指标，或现场动力触探试验锤击数查取地基承载力特征值 $f_{ak}$ 的表格，这些表格是将各地区载荷试验资料经回归分析并结合经验编制的。表2-4-2给出的是砂土按标准贯入试验锤击数 $N$ 查取承载力特征值的表格。

表2-4-2　砂土承载力特征值 $f_{ak}$　(单位:kPa)

| 土类 \ N | 10 | 15 | 30 | 50 |
|---|---|---|---|---|
| 中砂、粗砂 | 180 | 250 | 340 | 500 |
| 粉砂、细砂 | 140 | 180 | 250 | 340 |

注：现场试验锤击数应经下式修正：$N=\mu-1.645\sigma$，式中 $\mu$ 和 $\sigma$ 分别为现场试验锤击数的平均值和标准差。

当基础宽度大于3m或埋置深度大于0.5m时，用载荷试验或其他原位测试、相关规范表格等方法确定的地基承载力特征值，应按下式进行修正

$$f_a = f_{ak} + \eta_b \gamma (b-3) + \eta_d \gamma_m (d-0.5) \tag{2-4-15}$$

式中：$f_a$—— 修正后的地基承载力特征值(kPa)；

$f_{ak}$—— 地基承载力特征值(kPa)；

$\eta_b$、$\eta_d$—— 基础宽度和埋深的地基承载力修正系数，按基底下土的类别查表2-4-3；

$\gamma$—— 基础底面以下土的重度，地下水位以下取有效重度(kN/m³)；

$b$—— 基础底面宽度(m)，当基底宽度小于3m时按3m考虑，大于6m时按6m考虑；

$\gamma_m$—— 基础底面以上土的加权平均重度，地下水位以下取有效重度(kN/m³)；

$d$—— 基础埋置深度(m)，一般自室外地面标高算起。在填方整平地区，可以自填土地面标高算起，但填土在上部结构施工后完成时，应从天然地面标高算起。对于地下室，若采用箱形基础或筏基，基础埋置深度自室外地面标高算起。当采用独立基础或条形基础时，应从

室内地面标高算起。

表 2-4-3 承载力修正系数

| 土的类别 | | $\eta_b$ | $\eta_d$ |
|---|---|---|---|
| 淤泥和淤泥质土 | | 0 | 1.0 |
| 人工填土 $e$ 或 $I_L$ 大于等于 0.85 的粘性土 | | 0 | 1.0 |
| 红粘土 | 含水比 $a_w > 0.8$ | 0 | 1.2 |
| | 含水比 $a_w \leqslant 0.8$ | 0.15 | 1.4 |
| 大面积压实填土 | 压实系数大于 0.95、粘粒含量 $\rho_c \geqslant 10\%$ 的粉土 | 0 | 1.5 |
| | 最大干密度大于 $2.1\text{t/m}^3$ 的级配砂石 | 0 | 2.0 |
| 粉土 | 粘粒含量 $\rho_c \geqslant 10\%$ 的粉土 | 0.3 | 1.5 |
| | 粘粒含量 $\rho_c < 10\%$ 的粉土 | 0.5 | 2.0 |
| $e$ 或 $I_L$ 均小于 0.85 的粘性土 | | 0.3 | 1.6 |
| 粉砂、细砂(不包括很湿与饱和时的稍密状态) | | 2.0 | 3.0 |
| 中砂、粗砂、砾砂和碎石土 | | 3.0 | 4.4 |

注:1. 强风化和全风化的岩石,可参照所风化成的相应土类取值,其他状态下的岩石不修正;
2. 地基承载力特征值按深层平板载荷试验确定时,$\eta_d$ 取 0。

*4. 按动力触探试验确定*

动力触探试验是使一穿心锤从一定高度自由落下,将带有探头的触探杆打入土中。

(1) 轻便触探试验。

轻便触探试验是采用重 10kg 的穿心锤,让其从 500mm 的高处自由下落,记录穿心锤将探头打入土中 300mm 所用的击数,用 $N_{10}$ 表示。如果要取土,则把探杆取出,锥头改为钻头即可。

因锤击能量有限,只适用于 4m 以内的土层触探试验。

查阅相关规范的表格可以得到粘性土、素填土(由粘性土和粉土组成)的承载力标准值。

(2) 标准贯入试验。

标准贯入试验是将重 63.5kg 的穿心锤提升至 760mm 高,让其自由下落,记录穿心锤将贯入器打入土中 300mm 所用的锤击数,该锤击数为实测击数 $N'_{63.5}$。取出贯入器,可以对土样进行鉴别。

当触探杆长度超过 3m 时,由于钻杆摩擦能量损失,要对实测击数 $N'_{63.5}$ 进行杆长修正,即

$$N_{63.5} = \alpha N'_{63.5} \tag{2-4-16}$$

式中:$\alpha$—— 修正系数,可以查阅相关规范表格。

按修正后的 $N_{63.5}$ 以查阅相关规范表格可以得到砂土、粘性土承载力标准值。

5. 按建筑经验确定

在拟建场地附近，常有不同时期建造的各类建筑物。调查这些建筑物的结构类型、基础类型、地基条件和使用现状，对于确定拟建场地的地基承载力具有一定的参考价值。

在按建筑经验确定承载力时，需要了解拟建场地是否存在人工填土、暗浜或暗沟、土洞、软弱夹层等不利情况。对于地基持力层，可以通过现场开挖，根据土的名称和所处的状态估计地基承载力。这些工作还需在基坑开挖验槽时进行验证。

6. 选择确定地基承载力的方法

(1) 甲级、乙级建筑物：静载荷试验、理论公式计算及其他原位测试法综合确定；

(2) 表 2-5-1 中的丙级建筑物：规范表格法或动力触探法确定；用邻近建筑经验确定；

(3) 表 2-5-1 以外的丙级建筑物：规范表格法或动力触探法；结合理论公式确定。

## §2.5　建筑物变形验算与控制

### 2.5.1　概述

地基土在建筑物荷载的作用下产生竖向和水平向的变形，过大的变形不仅影响建筑物的正常使用，而且还会造成建筑物结构的损坏，危及建筑物的安全，影响工程质量，是一种工程病害。因此，在地基基础设计时，变形验算与控制是一项重要的内容。

### 2.5.2　建筑物变形的特征值

地基变形验算的要求是：建筑物的地基变形计算值 $\Delta$ 应不大于地基变形允许值 $[\Delta]$，即

$$\Delta \leqslant [\Delta] \tag{2-5-1}$$

地基变形按其特征可以分为四种：

1. 沉降量

独立基础中心点的沉降值或整幢建筑物基础沉降值的平均值。

2. 沉降差

相邻两个柱基或两个建筑构件之间沉降的差值。

3. 倾斜

基础倾斜方向两端点的沉降差与其距离的比值。也是指整个建筑物或基础的中轴线偏离铅垂线的程度。

4. 局部倾斜

砌体承重结构沿纵向 6 ～ 10m 内基础两点的沉降差与其距离的比值。

### 2.5.3　建筑物变形的允许值

《建筑地基基础设计规范》(GB50007—2002) 中在制定各类土的地基承载力表时，考虑了一般中、小型建筑物在地质条件比较简单的情况下对地基特征变形的要求。所以，只要是地基条件和建筑类型符合表 2-5-1 要求的丙级建筑物，在按规范中表格提供的承载力确定

基础底面尺寸后，就可以不进行地基特征变形验算。

表 2-5-1　　可以不作地基变形计算设计等级为丙级的建筑物范围

<table>
<tr><td rowspan="2">地基主要受力层情况</td><td colspan="3">地基承载力特征值 $f_{ak}$ (kPa)</td><td>$60 \leqslant f_{ak} < 80$</td><td>$80 \leqslant f_{ak} < 100$</td><td>$100 \leqslant f_{ak} < 130$</td><td>$130 \leqslant f_{ak} < 160$</td><td>$160 \leqslant f_{ak} < 200$</td><td>$200 \leqslant f_{ak} < 300$</td></tr>
<tr><td colspan="3">各土层坡度(%)</td><td>≤5</td><td>≤5</td><td>≤10</td><td>≤10</td><td>≤10</td><td>≤10</td></tr>
<tr><td rowspan="8">建筑类型</td><td colspan="3">砌体承重结构、框架结构(层数)</td><td>≤5</td><td>≤5</td><td>≤5</td><td>≤6</td><td>≤6</td><td>≤7</td></tr>
<tr><td rowspan="4">单层排架结构(6m柱距)</td><td rowspan="2">单跨</td><td>吊车额定起重量(t)</td><td>5～10</td><td>10～15</td><td>15～20</td><td>20～30</td><td>30～50</td><td>50～100</td></tr>
<tr><td>厂房跨度(m)</td><td>≤12</td><td>≤18</td><td>≤24</td><td>≤30</td><td>≤30</td><td>≤30</td></tr>
<tr><td rowspan="2">多跨</td><td>吊车额定起重量(t)</td><td>3～5</td><td>5～10</td><td>10～15</td><td>15～20</td><td>20～30</td><td>30～75</td></tr>
<tr><td>厂房跨度(m)</td><td>≤12</td><td>≤18</td><td>≤24</td><td>≤30</td><td>≤30</td><td>≤30</td></tr>
<tr><td colspan="2">烟囱</td><td>高度(m)</td><td>≤30</td><td>≤40</td><td>≤50</td><td colspan="2">≤75</td><td>≤100</td></tr>
<tr><td colspan="2" rowspan="2">水塔</td><td>高度(m)</td><td>≤15</td><td>≤20</td><td>≤30</td><td colspan="2">≤30</td><td>≤30</td></tr>
<tr><td>容积($m^3$)</td><td>≤50</td><td>50～100</td><td>100～200</td><td>200～300</td><td>300～500</td><td>500～1000</td></tr>
</table>

**注**：1. 地基主要受力层系指条形基础底面下深度为 $3b$($b$ 为基础底面宽度)，独立基础下为 $1.5b$，且厚度均不小于 5m 的范围(二层以下一般的民用建筑除外)。

2. 地基主要受力层中若有承载力特征值小于 130kPa 的土层时，表中砌体承重结构的设计，应符合上述规范第七章的相关要求。

3. 表中砌体承重结构和框架结构均指民用建筑，对于工业建筑可以按厂房高度、荷载情况折合成与其相当的民用建筑层数。

4. 表中吊车额定起重量、烟囱高度和水塔容积的数值系指最大值。

总体来说，凡属下列情况之一者，在按地基承载力确定基础底面尺寸之后，尚需验算地基特征变形是否超过允许值(地基变形允许值按表 2-5-2 中的规定采用)。

1. 设计等级为甲级、乙级的建筑物。

2. 表 2-5-1 所列范围以外的丙级建筑物。

3. 表 2-5-1 所列范围以内的有下列情况之一的丙级建筑物：

(1) 地基承载力特征值小于 130kPa，且体型复杂的建筑物；

(2) 在基础上及其附近地面堆载或相邻基础荷载差异较大，可能引起地基产生过大的不均匀沉降时；

(3) 软弱地基上的建筑物存在偏心荷载时；

(4) 相邻建筑距离过近，可能发生倾斜时；

(5) 地基内有厚度较大且厚薄不均匀的填土，其自重固结尚未完成时。

**表 2-5-2　　　　建筑物的地基变形允许值**

| 变形特征 | 地基土类别 | |
|---|---|---|
| | 中、低压缩性土 | 高压缩性土 |
| 砌体承重结构基础的局部倾斜 | 0.002 | 0.003 |
| 工业与民用建筑相邻柱基的沉降差<br>(1) 框架结构<br>(2) 砌体墙填充的边排柱<br>(3) 当基础不均匀沉降时不产生附加应力的结构 | <br>$0.002l$<br>$0.0007l$<br>$0.005l$ | <br>$0.003l$<br>$0.001l$<br>$0.005l$ |
| 单层排架结构(柱距为6m) 柱基的沉降量(mm) | (120) | 200 |
| 桥式吊车轨面的倾斜(按不调整轨道考虑)<br>纵向<br>横向 | <br>0.004<br>0.003 | |
| 多层和高层建筑的整体倾斜 $H_g \leqslant 24$<br>$24 < H_g \leqslant 60$<br>$60 < H_g \leqslant 100$<br>$H_g > 100$ | 0.004<br>0.003<br>0.0025<br>0.002 | |
| 体型简单的高层建筑基础的平均沉降量(mm) | 200 | |
| 高耸结构基础的倾斜 $H_g \leqslant 20$<br>$20 < H_g \leqslant 50$<br>$50 < H_g \leqslant 100$<br>$100 < H_g \leqslant 150$<br>$150 < H_g \leqslant 200$<br>$200 < H_g \leqslant 250$ | 0.008<br>0.006<br>0.005<br>0.004<br>0.003<br>0.002 | |
| 高耸结构基础的沉降量(mm) $H_g \leqslant 100$<br>$100 < H_g \leqslant 200$<br>$200 < H_g \leqslant 250$ | 400<br>300<br>200 | |

**注**：1. 本表数值为建筑物地基实际最终变形允许值。

2. 有括号者仅适用于中压缩性土。

3. $l$ 为相邻柱基的中心距离(mm)，$H_g$ 为自室外地面起算的建筑物高度(m)。

4. 倾斜是指基础倾斜方向两端点的沉降差与其距离的比值。

5. 局部倾斜指砌体承重结构沿纵向 6 ～ 10m 内基础两点的沉降差与其距离的比值。

一般来说，如果建筑物均匀下沉，那么即使沉降量较大，也不会对结构本身造成破坏，但可能会影响到建筑物的正常使用，或使邻近建筑物倾斜，或导致与建筑物有联系的其他设施的损坏。例如，单层排架结构的沉降量过大会造成桥式吊车净空不够而影响使用；高耸结构(如烟囱、水塔等) 沉降量过大会将烟道(或管道) 拉裂。

砌体承重结构对地基的不均匀沉降是很敏感的，其损坏主要是由于墙体挠曲引起局部出现斜裂缝，故砌体承重结构的地基变形由局部倾斜控制。

框架结构和单层排架结构主要因相邻柱基的沉降差使构件受剪扭曲而损坏，因此其地基变形由沉降差控制。

高耸结构和高层建筑的整体刚度很大，可以近似地视为刚性结构，其地基变形应由建筑物的整体倾斜控制，必要时应控制平均沉降量。

地基土层的不均匀分布以及邻近建筑物的影响是高耸结构和高层建筑物产生倾斜的重要原因。这类结构物的重心高，基础倾斜使重心侧向移动引起的偏心荷载，不仅使基底边缘压力增加且影响抗倾覆稳定性，还会产生附加弯矩。因此，倾斜允许值应随结构高度的增加而递减。

高层建筑物横向整体倾斜允许值主要取决于人们视觉的敏感程度，倾斜值达到明显可见的程度时大致为 1/250(0.004)，而结构损坏则大致当倾斜达到 1/150 时开始。

必须指出，目前的地基沉降计算方法还比较粗糙，因此，对于重要的或体型复杂的建筑物、或使用上对不均匀沉降有严格要求的建筑物，应进行系统的地基沉降观测。通过对观测结果的分析，一方面可以对计算方法进行验证，修正土的参数取值；另一方面可以预测沉降发展的趋势，如果最终沉降可能超出允许范围，则应及时采取处理措施。

在必要情况下，需要分别预估建筑物在施工期间和使用期间的地基变形值，以便预留建筑物有关部分之间的净空、考虑连接方法和施工顺序。一般多层建筑物在施工期间完成的沉降量，对于砂土地基可以认为已完成其最终沉降量的 80% 以上，对于其他低压缩性土可以认为已完成最终沉降量的 50% ～ 80%；对于中压缩性土可以认为已完成最终沉降量的 20% ～ 50%；对于高压缩性土可以认为已完成最终沉降量的 5% ～ 20%。

如果地基变形计算值 Δ 大于地基变形允许值[Δ]，一般可以先考虑适当调整基础底面尺寸(如增大基底面积或调整基底形心位置）或埋深，若仍未满足要求，再考虑是否可以从建筑、结构、施工诸方面采取有效措施以防止不均匀沉降对建筑物的损害，或改用其他地基基础设计方案。

### 2.5.4 沉降计算

1. 沉降的组成

(1) 粘性土地基。

地基最终的沉降量从机理上来分析，是由三个部分组成的，如图 2-5-1 所示，即

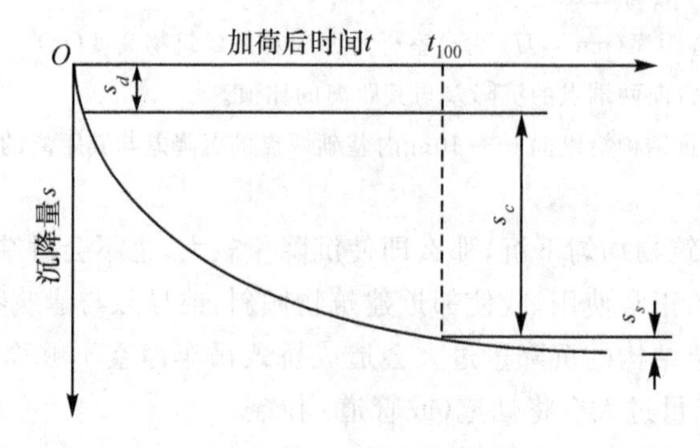


图 2-5-1 粘性土地基沉降的三个组成部分

$$s = s_d + s_c + s_s \tag{2-5-2}$$

式中：$s_d$—— 瞬时沉降（初始沉降、不排水沉降）(mm)；

$s_c$—— 固结沉降（主固结沉降）(mm)；

$s_s$—— 次固结沉降（次压缩沉降、徐变沉降）(mm)。

下面分别介绍这三种沉降产生的主要机理及常用的计算方法。

① 瞬时沉降。瞬时沉降是在施加荷载后瞬时发生的，对于饱和的粘性土来说，在加荷的瞬间，孔隙水来不及排出，沉降是在没有体积变形的条件下产生的，这种变形实质上是通过剪应变引起的侧向挤出，是形状的变形。因此这种瞬时沉降的计算应考虑侧向变形。但是分层总和法等实用的沉降计算方法所应用的单向压缩试验（如薄压缩层地基上大面积均匀堆载）指标中没有反映侧向变形，所以计算结果中没有包括瞬时沉降这一分量。

大比例尺的室内试验及现场实测表明，可以用弹性理论公式来分析计算瞬时沉降，对于饱和的粘性土在适当的应力增量情况下，弹性模量可以近似地假定为常数，即

$$s_d = \frac{p_0 b(1-\mu^2)}{E}\omega \tag{2-5-3}$$

式中：$E$、$\mu$—— 为弹性模量及泊松比，由于这一变形阶段体积变形为零，可以取 $\mu = 0.5$；

$\omega$—— 沉降影响系数；

$p_0$—— 基底附加压力(kPa)；

$b$—— 基础底面宽度(m)。

② 主固结沉降。主固结沉降是在荷载作用下，孔隙水被逐渐挤出，孔隙体积逐渐减小，从而土体压密产生体积变形而引起的沉降，主固结沉降是粘性土地基沉降最主要的组成部分。

在实用中可以采用后面将要介绍的分层总和法等方法计算主固结沉降，只是这些方法是基于侧限假定来计算的，即按一维问题来考虑，虽与实际的二、三维应力状态不符，但由于确定二、三维应力状态下的压缩性指标比较复杂和困难，所以在实际工程中很难严格按二、三维应力状态考虑，采用分层总和法是允许的。

③ 次固结沉降。次固结沉降是指超静孔隙水压力消散为零，在有效应力基本不变的情况下，随时间继续发生的沉降量，一般认为这是在恒定应力状态下，土中的结合水以粘滞流动的形态缓慢移动，造成水膜厚度相应地发生变化，使土骨架产生徐变的结果。

许多室内试验和现场量测的结果都表明，在主固结完成之后发生的次固结的大小与时间的关系在半对数坐标图上接近于一条直线，如图 2-5-2 所示。这样次固结引起的孔隙比变化可以表示为

$$\Delta e = C_\alpha \lg \frac{t}{t_1} \tag{2-5-4}$$

式中：$C_\alpha$ —— 半对数坐标中直线的斜率，称为次固结系数；

$t_1$—— 相当于主固结达到 100% 的时间，根据次固结曲线与主固结曲线切线交点得到；

$t$—— 需要计算次固结的时间。

这样，地基次固结沉降的计算公式即为

$$s_s = \sum_{i=1}^{n} \frac{H_i}{1+e_{0i}} C_{\alpha i} \lg \frac{t}{t_1} \tag{2-5-5}$$

式中：$H_i$—— 第 $i$ 层土的厚度(mm)；

$e_{0i}$—— 第 $i$ 层的原始孔隙比。

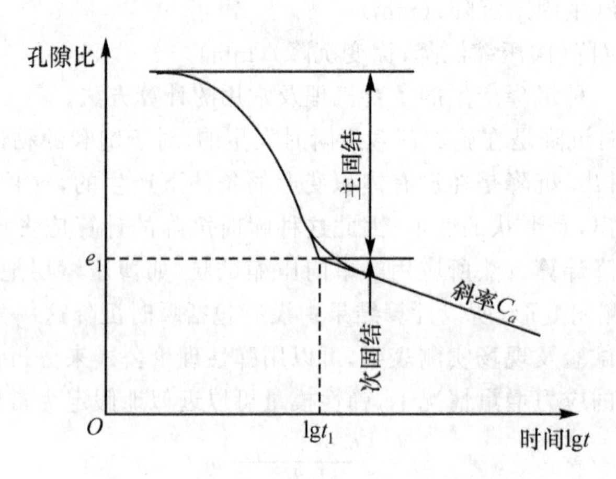


图 2-5-2　孔隙比与时间半对数的关系曲线

事实上这三种沉降并不能截然分开，而是交错发生的，只是某个阶段以一种沉降变形为主而已。不同的土，三个组成部分的相对大小及时间是不同的。例如，干净的粗砂地基沉降可以认为是在荷载施加后瞬间发生的(包括瞬时沉降和固结沉降，此时已很难分开)，次固结沉降不明显。对于饱和软粘土，实测的瞬时沉降可以占最终沉降量的30%～40%，次固结沉降量同主固结沉降量相比较往往是不重要的。但对于含有有机质的软粘土，就不能不考虑次固结沉降。

(2) 无粘性土地基。

$$s = s_d + s_c \tag{2-5-6}$$

无粘性土地基一般不发生次固结沉降，而瞬时沉降和主固结沉降也很难区分开来，一般一起计算，按分层总和法计算即可。

(3) 沉降计算方法。

由于建筑物荷载作用而引起的基础沉降计算方法主要有四类：

① 弹性理论法(直接法)。弹性理论法立论严谨，对于弹性、均质、各向同性的半空间体，其数学解精确。但其本构关系方程有时与实际不符，因而其计算结果与实测值有差异，主要用于计算瞬时沉降量。

② 工程方法(间接法)。工程方法包括压缩仪法、应力路径法、状态边界面法等。这些方法仍利用弹性理论来计算地基中的附加应力，而土的应力 — 应变关系取自试验结果。该方法应用最广，其计算结果可以认为是瞬时沉降和主固结沉降之和(即 $s_d + s_c$)。

③ 经验半经验公式法。经验半经验公式法是利用原位测试结果来推算实际基础沉降，特别是用于计算无粘性土地基沉降。

④ 数值解法。数值解法包括有限元法、有限差分法、集总参数法等。

2. *用弹性理论位移解法计算地基沉降*

用弹性理论位移解法计算地基沉降是基于布西奈斯克课题的位移解，并假定地基是均质的、各向同性的、线弹性的半无限空间，其计算方法分别叙述如下：

(1) 点荷载作用下地表沉降。见公式(2-5-3)。

(2) 绝对柔性基础沉降。矩形柔性基础在均布荷载 $p_0$ 作用下地基任意点的沉降在理论上均是可计算的。如基础中点的沉降 $s_0$ 为

$$s_0 = 4 \cdot \frac{1-\mu^2}{E} w_c \cdot \frac{b}{2} \cdot p_0 = \frac{1-\mu^2}{E} w_c b p_0 \tag{2-5-7}$$

基础平均沉降 $s_m$ 为

$$s_m = \frac{1-M^2}{E} w_m b p_0 \tag{2-5-8}$$

式中：$\mu$—— 泊松比；

$E$—— 弹性模量(估算粘性土瞬时沉降，一般用 $E$ 表示)或变形模量(估算最终沉降量，用 $E_0$ 表示)；

$w_c$—— 中点沉降影响系数，是长宽比的函数，可查相关沉降影响系数表；

$w_m$—— 平均沉降影响系数，是长宽比的函数，$w_c < w_m < w_0$；

$w_0$—— 沉降影响系数，$w_0 = 2w_c$；

$b$—— 基础宽度(m)。

(3) 绝对刚性基础沉降

① 中心荷载作用下，地基各点的沉降相等。矩形基础为

$$s = \frac{1-\mu^2}{E} w_r b p_0 \tag{2-5-9}$$

式中：$w_r$—— 刚性基础的沉降影响系数，$w_r$ 是长宽比的函数。

② 偏心荷载作用下，基础倾斜为

$$\tan\theta = \frac{1-\mu^2}{E} \cdot 8k \cdot \frac{p \cdot e}{b^3} \tag{2-5-10}$$

式中：$b$—— 偏心方向边长(m)；

$e$—— 合力的偏心距(m)；

$k$—— 系数，由长宽比得来。

3. 分层总和法计算沉降

(1) 基本假定。

① 取基底中心点下的地基附加应力来计算各分层土的竖向压缩量；

② 基础的平均沉降量为各分层压缩量之和；

③ 假定地基土只在竖向发生压缩变形，没有侧向变形。

(2) 计算步骤。

1) 地基土分层。成层土的层面(不同土层的压缩性及重度不同)及地下水面(水面上、下土的有效重度不同)是当然的分层界面，分层厚度一般不宜大于 0.4$b$($b$ 为基底宽度。附加应力沿深度的变化是非线性的，土的 $e \sim p$ 曲线也是非线性的，因此分层厚度太大将产生较大的误差)。分层厚度也可以取 1m 左右，但要保证每一个大层中有整数个小层。每一个小层内自重应力及附加应力看做线性分布。

2) 计算地基中自重应力。计算各分层界面处土的自重应力，绘制自重应力分布图，这就是土中的初始应力。土的自重应力应从天然地面起算，地下水位以下应取有效重度，如图 2-5-3 所示。

3）计算地基中的附加应力。计算出每个分层界面处的附加应力，绘出附加应力分布图（见图 2-5-3），但应注意：

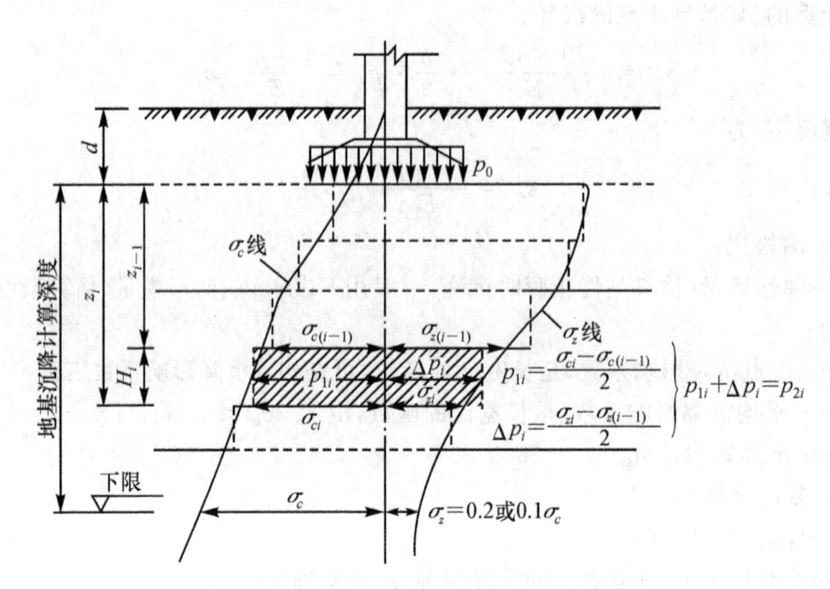


图 2-5-3 分层总和法计算地基最终沉降量

① 基底附加应力 $p_0$

$$p_0 = p - \gamma_0 d = \frac{F+G}{A} - \gamma_0 d \tag{2-5-11}$$

考虑坑底回弹：

$$p_0 = p - \alpha\gamma_0 d \tag{2-5-12}$$

式中：$p$—— 基底压力（kPa）；

$\gamma_0$—— 埋深范围内地基土的加权平均重度（$kN/m^3$）；

$d$—— 基础埋深（m）；

$F$、$G$—— 上部结构荷载、基础及回填土总重（kN）；

$A$—— 基础底面积（$m^2$）；

$\alpha$—— 考虑基坑回弹的修正系数，$0 \leqslant \alpha \leqslant 1$。

② 地基中附加应力 $\sigma_z$。若基土在自重下已压缩稳定，按附加应力计算公式计算；若地基土在自重下尚未固结完成，则附加应力中还应考虑地基土的自重作用；若有水平荷载和相邻建筑，还应考虑其引起的竖向附加应力。

4）确定地基沉降计算的压缩层厚度。由于附加应力随深度递减，自重应力随深度递增，因此，到了一定深度之后，附加应力与地基土的自重应力相比较很小，引起的压缩变形就可以忽略不计，将这个深度范围内土层的总厚度称为压缩层厚度，有的规范将压缩层的下限称为沉降计算深度。一般取地基附加应力等于地基土的自重应力的 20%（$\sigma_z = 0.2\sigma_c$）深度处作为沉降计算深度的限值；若为高压缩性土，则应取地基附加应力等于地基土的自重应力的 10%（$\sigma_z = 0.1\sigma_c$）深度处作为沉降计算深度的限值。

5）计算各分层土的沉降量 $s_i$。根据基本假定 3），可以利用室内压缩试验成果进行计算。

$$s_i = \frac{e_{1i} - e_{2i}}{1 + e_{1i}} H_i = \frac{\Delta p_i}{E_{si}} H_i = m_{vi} \cdot \Delta p_i \cdot H_i = \frac{a_i(p_{2i} - p_{1i})}{1 + e_{1i}} \cdot H_i \tag{2-5-13}$$

根据已知条件，具体可以选用式(2-5-13)中的一个表达式进行计算。

式中：$H_i$—— 第 $i$ 分层土的厚度(m)；

$e_{1i}$—— 对应于第 $i$ 分层土上、下层面自重应力值的平均值 $p_{1i}=\dfrac{\sigma_{c(i-1)}+\sigma_{ci}}{2}$ 从土的压缩曲线上得到的孔隙比；

$e_{2i}$—— 对应于第 $i$ 分层土自重应力平均值 $p_{1i}$ 与上、下层面附加应力值的平均值 $\Delta p_i=\dfrac{\sigma_{z(i-1)}+\sigma_{zi}}{2}$ 之和 $p_{2i}=p_{1i}+\Delta p_i$ 从土的压缩曲线上得到的孔隙比；

$a_i$—— 第 $i$ 分层对应于 $p_{1i}\sim p_{2i}$ 段的压缩系数($\mathrm{MPa}^{-1}$)；

$E_{si}$—— 第 $i$ 分层对应于 $p_{1i}\sim p_{2i}$ 段的压缩模量(MPa)；

$m_{vi}$—— 第 $i$ 分层对应于 $p_{1i}\sim p_{2i}$ 段的体积压缩系数($\mathrm{MPa}^{-1}$)。

6) 计算最终沉降量

$$s=\sum s_i=\sum_{i=1}^{n}\frac{e_{1i}-e_{2i}}{1+e_{1i}}H_i=\sum_{i=1}^{n}\frac{\Delta p_i}{E_{si}}H_i \tag{2-5-14}$$

(3) 简单讨论。

① 分层总和法假设地基土在侧向不能变形，而只在竖向发生压缩，这种假设只有在压缩土层厚度同基底荷载分布面积相比较很薄时才比较接近。如当不可压缩岩层上压缩土层厚度 $H$ 不大于基底宽度之半$\left(即\dfrac{b}{2}\right)$时，由于基底摩擦阻力及岩层层面阻力对可压缩土层的限制作用，土层压缩只出现很少的侧向变形。

② 假定地基土侧向不能变形将使计算结果偏小，取基底中心点下的地基中的附加应力来计算基础的平均沉降导致计算结果偏大，因此在一定程度上得到了相互弥补。

③ 当需考虑相邻荷载对基础沉降影响时，通过将相邻荷载在基底中心下各分层深度处引起的附加应力叠加到基础本身引起的附加应力中去进行计算。

④ 当基坑开挖面积较大、较深以及暴露时间较长时，由于地基土有足够的回弹量，因此基础荷载施加之后，不仅附加压力要产生沉降，初始阶段基底地基土恢复到原自重应力状态也会发生再压缩沉降。简化处理时，一般用 $p-\alpha\sigma_c$ 来计算地基中的附加应力，$\alpha$ 为考虑基坑回弹和再压缩影响的系数，$0\leqslant\alpha\leqslant1$，对小基坑，由于再压缩量小，$\alpha$ 取1，对宽达10m以上的大基坑 $\alpha$ 一般取0。

4. 应力面积法计算沉降

应力面积法是在分层总和法原理的基础上发展的一种计算方法，由于该方法是用积分理论求得应力面积和平均应力系数，计算时可以不受分层厚度的限制，而且是精确解，给计算带来很大的方便，这里介绍《建筑地基基础设计规范》(GB50007—2002)中推荐的公式与配套方法。

《建筑地基基础设计规范》(GB50007—2002)中所推荐的地基最终沉降量计算方法，是另一种形式的分层总和法。该方法也采用侧限条件的压缩性指标，并运用了平均附加应力系数计算，还规定了地基沉降计算深度的标准以及提出了地基的沉降计算经验系数，使得计算成果接近于实测值。

上述规范所采用的平均附加应力系数的意义说明如下：

如图2-5-4所示，因为分层总和法中地基附加应力均按均质地基假设计算，即地基土的

压缩模量 $E_s$ 不随深度而变。即从基底至地基任意深度 $z$ 范围内的压缩量为

$$s' = \int_0^z \varepsilon \mathrm{d}z = \frac{1}{E_s}\int_0^z \sigma_z \mathrm{d}z = \frac{A}{E_s} \tag{2-5-15}$$

式中：$\varepsilon$—— 土的侧限压缩应变，$\varepsilon = \dfrac{\sigma_z}{E_s}$；

$A$—— 深度 $z$ 范围内的附加应力图面积，$A = \int_0^z \sigma_z \mathrm{d}z$。

因为 $\sigma_z = kp_0$（$k$ 为基底下任意深度 $z$ 处的地基附加应力系数），所以附加应力图面积 $A$ 为

$$A = \int_0^z \sigma_z \mathrm{d}z = p_0\int_0^z k\mathrm{d}z \tag{2-5-16}$$

为了便于计算，可以引入一个系数 $\alpha$，并令 $A = p_0 z\alpha$，则式(2-5-15) 可以改写为

$$s' = \frac{p_0 z\alpha}{E_s} \tag{2-5-17}$$

其中

$$\alpha = \frac{\int_0^z k\mathrm{d}z}{z} \tag{2-5-18}$$

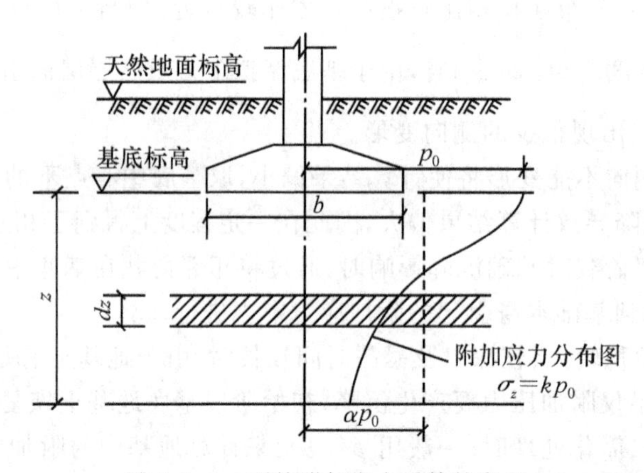


图 2-5-4 平均附加应力系数的意义

上式指明 $\alpha$ 是 $z$ 深度范围内附加应力系数 $k$ 的平均值，所以 $\alpha$ 称为平均附加应力系数。以均布矩形荷载角点下的 $\alpha$ 为例，其值可以将均布矩形荷载角点下的竖向附加应力系数 $k_c$ 代入式(2-5-18) 求得并制成表格。因为 $k_c$ 是矩形长宽比 $\dfrac{l}{b}$ 和深宽比 $\dfrac{z}{b}$ 的函数，所以 $\alpha$ 也应按照这两个比值查取，即 $\alpha = f\left(\dfrac{l}{b}、\dfrac{z}{b}\right)$，从而可得 $z$ 深度范围内的平均附加应力 $\alpha p_0$。此外，矩形荷载面任意点下 $z$ 深度范围内的平均附加应力系数可以按角点法求取。从几何意义上说，以 $z$ 为高、$\alpha p_0$ 为底的矩形面积是 $z$ 深度内附加应力分布曲线所包围的面积的等代面积(见图 2-5-4)。

如图 2-5-5 所示，计算成层地基中第 $i$ 分层的压缩量 $\Delta s_i$ 时，假设地基是具有该分层压缩模量 $E_{si}$ 的均质半空间，设 $s'_i$ 和 $s'_{i-1}$ 是相应于第 $i$ 分层层底和层顶深度 $z_i$ 和 $z_{i-1}$ 范围内土的压缩量，于是，利用式(2-5-15) 和式(2-5-17) 可得第 $i$ 分层压缩量表达式如下

$$\Delta s_i = s'_i - s'_{i-1} = \frac{A_i - A_{i-1}}{E_{si}} = \frac{\Delta A_i}{E_{si}} = \frac{p_0}{E_{si}}(z_i d_i - z_{i-1}\alpha_{i-1}) \qquad (2\text{-}5\text{-}19)$$

式中：$\alpha_i$、$A_i$、$d_{i-1}$、$A_{i-1}$—— 分别为 $z_i$ 和 $z_{i-1}$ 深度范围内的平均附加应力系数和附加应力图面积(图 2-5-5 中面积 1 234 和 1 256)；

$\Delta A_i = A_i - A_{i-1}$—— 第 $i$ 分层范围内的附加应力图面积(图 2-5-5 中面积 3 465)。

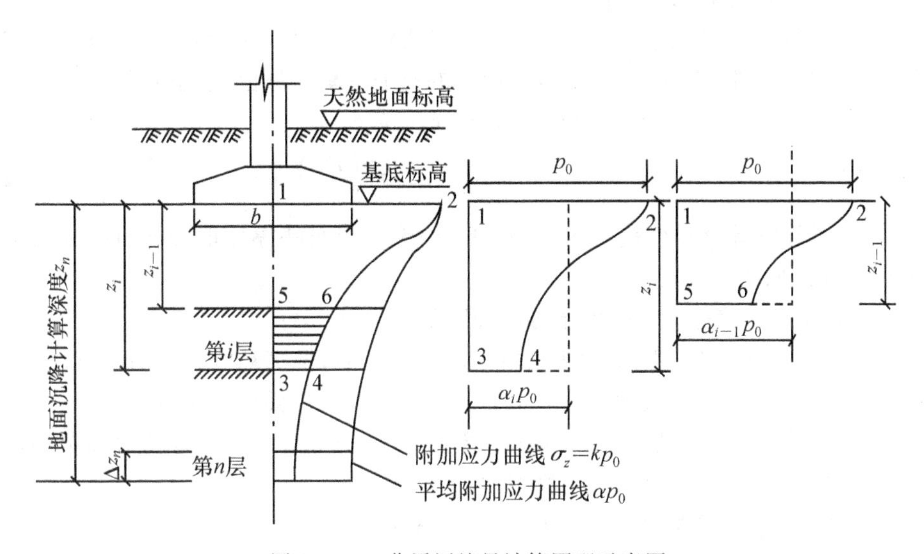


图 2-5-5　分层压缩量计算原理示意图

地基沉降计算深度就是第 $n$ 分层(最底层)层底深度 $z_n$,《建筑地基基础设计规范》(GB50007—2002)中规定 $z_n$ 的确定应满足下列条件：由该深度处向上取按表 2-5-3 中规定的计算厚度 $\Delta z_n$(见图 2-5-5)所得的计算沉降量 $\Delta s'_n$ 应满足下式要求(包括考虑相邻荷载的影响)

表 2-5-3　**计算厚度 $\Delta z_n$ 值**

| $b$(m) | $b \leqslant 2$ | $2 < b \leqslant 4$ | $4 < b \leqslant 8$ | $8 < b \leqslant 15$ | $15 < b \leqslant 30$ | $b > 30$ |
|---|---|---|---|---|---|---|
| $\Delta z_n$(m) | 0.3 | 0.6 | 0.8 | 1.0 | 1.2 | 1.5 |

$$\Delta s'_n \leqslant 0.025 \sum_{i=1}^{n} \Delta s'_i \qquad (2\text{-}5\text{-}20)$$

确定 $z_n$ 的这种规范方法称为变形比法。关于 $\Delta z_n$ 的选定问题上述规范还规定，当无相邻荷载影响，基础宽度在 1 ～ 50m 范围内时，基础中点的地基沉降计算深度也可以按下列经验公式计算

$$z_n = b(2.5 - 0.4\ln b) \qquad (2\text{-}5\text{-}21)$$

式中：$b$—— 基础宽度(m)，$\ln b$ 为 $b$ 的自然对数值。

在沉降计算深度范围内存在基岩时，$z_n$ 可以取至基岩表面为止。

为了提高计算准确度，上述规范规定必须将地基计算沉降量 $s'$ 乘以沉降计算经验系数

$\psi_s$ 加以修正。

综上所述，上述规范推荐的地基最终沉降量 $s$ 的计算公式如下

$$s = \psi_s s' = \psi_s \sum_{i=1}^{n} \frac{p_0}{E_{si}}(z_i d_i - z_{i-1}\alpha_{i-1}) \tag{2-5-22}$$

式中：$s$—— 地基的最终沉降量(m)；

$s'$—— 按规范法计算的地基沉降量(m)；

$\psi_s$ —— 沉降计算经验系数，根据地区沉降观测资料及经验确定，也可以采用表 2-5-4 提供的数值，表 2-5-4 中 $\bar{E}_s$ 为深度 $z_n$ 范围内土的压缩模量当量值，按下式计算

$$\bar{E}_s = A_n/s' = p_0 z_n d_n/s' \tag{2-5-23}$$

或

$$\bar{E}_s = A_n/s' = \sum A_i / \sum\left(\frac{A_i}{E_{si}}\right) \tag{2-5-24}$$

$n$—— 地基沉降计算深度范围内所划分的土层数，其分层厚度取法同前面分层总和法计算中分层厚度的取法相同；

$p_0$—— 对应于荷载标准值时的基础底面附加应力(kPa)；

$E_{si}$—— 基础底面下第 $i$ 层土的压缩模量(kPa、MPa)，按实际应力范围取值；

$z_i$、$z_{i-1}$—— 分别为基础底面至第 $i$ 层土、第 $i-1$ 层土底面的距离(m)；

$d_i$、$d_{i-1}$、$d_n$ —— 分别为基础底面至第 $i$ 层土、第 $i-1$ 层土和第 $n$ 层土底面范围内的平均附加应力系数，可以按上述规范中表格查取；

$A_n$ —— 深度 $z_n$ 范围内的附加应力图面积($m^2$)。

**表 2-5-4**

| $\bar{E}_s$(MPa) / 基底附加压力 | 2.5 | 4.0 | 7.0 | 15.0 | 20.0 |
|---|---|---|---|---|---|
| $p_0 \geqslant f_{ak}$ | 1.4 | 1.3 | 1.0 | 0.4 | 0.2 |
| $p_0 \leqslant 0.75 f_{ak}$ | 1.1 | 1.0 | 0.7 | 0.4 | 0.2 |

注：$f_{ak}$ 为地基承载力标准值。

## §2.6 浅基础设计步骤

### 2.6.1 基础方案的比较与选择

基础设计的第一步是通过方案比较，选择适合于工程实际条件的基础类型。基础是传递上部结构荷载给地基、扩散应力、保持上部结构处于良好工作状态的重要结构，起承上启下的作用。在地质条件比较差的地区，工程成败的关键在于基础工程，基础的造价可能达到总造价的 20%～30%，因此基础设计与施工是工程建设的重要阶段，必须慎重对待。而基础方案的选择则又是有关全局的一步，方案不合理，就无法实现预定的目标。选择基础方案时需要综合考虑上部结构的特点、地基土的工程地质和水文地质条件以及施工的难易程度等因素，经过比较、优化以达到技术先进、经济合理的目的。

下面分别从不同角度探讨各种基础方案的适应性。

1. 从满足地基承载力要求考虑

基础的第一功能是传递荷载、扩散应力，因而必须满足地基强度和稳定性的要求。根据上部结构荷载的大小和地基土的承载能力强弱选择基础类型，尽可能选择简单的基础型式，柱下应首选独立基础，墙下应首选条形基础。当独立基础不能满足承载力要求时宜扩展为条形基础；当单向条形基础底面积不够时可以采用十字交叉条形基础；在条形基础不能满足承载力要求时才采用造价比较高的筏板基础。在这逐步扩大基础底面积的过程中，意味着造价和施工难度不断提高，不到必要时不要采用更复杂的基础类型。采用筏板基础或箱形基础不仅因为基础底面积大，可以减少基底压力，而且由于挖去土的重量大于基础的自重，可以减少作用于基础的荷载，这种基础称为“补偿式基础”，是一举两得的方案。当然，加大埋置深度也能提高地基承载力，但是在层状土地基上，加大埋置深度的作用是十分有限的，有时加大埋置深度使基础底面更接近于下卧软弱层，承载力反而会降低。

2. 从满足建筑物变形要求考虑

建筑物、基础和地基是一个整体，地基的变形引起建筑物的沉降，不同类型的基础，调整不均匀沉降的能力是不同的。当建筑物荷载比较大，而地基土又相对比较软弱时，需要考虑基础对不均匀沉降的调整能力，采用刚度更大的基础。如上部结构为框架结构，地基比较软弱，则柱子之间的距离过大时不均匀沉降将会在结构中产生次应力，容易造成结构的开裂；此时，柱网下的独立基础就不宜采用，而应考虑采用可以调整不均匀沉降的十字交叉条形基础或筏板基础。由于十字交叉条形基础和筏板基础的底面积比较大，减少了基底压力，使不均匀沉降也有所减少。虽然筏板基础具有比条形基础更大的刚度，具有更大的调整不均匀沉降的能力，但由于筏板基础的宽度大，应力传播的深度比条形基础更深，如果深层的土层比较软弱，可能会使沉降量增大，从而产生建筑物的整体倾斜，在软土地区已经发现了不少这类事故的例子。

3. 从建筑物的使用要求考虑

在选择基础方案时，有时建筑物的使用要求决定了基础的类型。例如，当建筑物需要地下室时，筏板基础或箱形基础是最适宜的方案，基础板就可以作为地下室的底板，箱形基础的顶板和底板也就是地下室的顶板和底板，在这种情况下必然优先采用这类基础类型。

### 2.6.2 基础埋置深度的确定

基础埋置深度是指基础底面在室外地坪以下的深度。在满足地基稳定和变形要求的前提下，基础应尽量浅埋，确定基础的埋置深度时应综合考虑下列条件：

1. 建筑物的功能和使用要求

根据建筑设计的要求，确定最小的必要埋置深度。如需要设置地下室，则基础的埋置深度受地下室空间高度的控制，一般就比较深；又如大型设备的基础需要一定的空间布置管线，也要求比较深的基础埋置深度；地下设施的基础埋置深度也决定于设施的空间要求。

2. 基础的类型和构造

不同类型的基础，其构造特点不同，对埋置深度就会提出不同的要求。如箱形基础本身有相当的高度，埋置深度就不会很小；无埋式筏板基础则要求很小的埋置深度；刚性基础由于刚性角的限制，其埋置深度必然大于扩展式基础。

3. 工程地质和水文地质条件

在满足使用要求的前提下，应根据地质条件确定基础底面的标高，考虑施工的可能性和基础工程的经济性，选择合适的地基持力层。有时为了适应地质条件的特点，可能需要修改基础方案，重新选择埋置深度。

4. 相邻建筑物的基础埋置深度

如果新建的建筑物与已有的相邻建筑物距离过近而基坑开挖的深度又深于相邻建筑物的基础埋置深度，则开挖基坑会对相邻建筑物产生不利的影响。解决的办法是减少基础埋置深度，或者增大建筑物之间的距离，若不可能采取上述措施，则必须在基坑开挖时采取可靠的支护措施。

5. 防止地基土冻胀和融陷的不利影响

在寒冷地区，一定深度范围内的土会产生冻结。由于土在冻结时体积膨胀，产生冻胀现象，如果基础埋置在冻结深度范围内，则在冬天因冻胀而上抬；到了春天，冻土融化以后强度降低，产生融陷现象，基础下陷。为了防止产生上述不利的影响，必须将基础埋置在冻结深度以下。

6. 基础应避免受到不利环境的侵蚀

在陆地的建筑物基础，不能暴露在大气中，必须有一定的覆盖土层以保护基础免受损失；在水下的基础还要考虑水流冲刷的影响，将基础埋置在冲刷深度以下。

### 2.6.3 基础底面尺寸的确定

在初步选择基础类型和埋置深度后，就可以根据持力层的承载力特征值计算基础底面尺寸。如果地基受力层范围内存在着承载力明显低于持力层的下卧层，则所选择的基底尺寸尚须满足对软弱下卧层验算的要求。此外，必要时还应对地基变形或地基稳定性进行验算。

除烟囱等圆形结构物常采用圆形（或环形）基础外，一般柱、墙的基础通常为矩形基础或条形基础，且采用对称布置。按荷载对基底形心的偏心情况，上部结构作用在基础顶面处的荷载可以分为轴心荷载和偏心荷载两种。

1. 轴心荷载作用

在轴心荷载作用下，按地基持力层承载力计算基底尺寸时，要求基础底面压力满足下式要求

$$p_k \leqslant f_a \tag{2-6-1}$$

式中：$f_a$—— 修正后的地基持力层承载力特征值(kPa)；

$p_k$ —— 相应于荷载效应标准组合时，基础底面处的平均压力值，按下式计算

$$p_k = \frac{F_k + G_k}{A} \tag{2-6-2}$$

$A$—— 基础底面面积($m^2$)；

$F_k$ —— 相应于荷载效应标准组合时，上部结构传至基础顶面的竖向力值(kN)；

$G_k$ —— 基础自重和基础上的土重(kN)，对一般实体基础，可以近似地取 $G_k = \gamma_G A d$（$\gamma_G$ 为基础及回填土的平均重度，可以取 $\gamma_G = 20\text{kN/m}^3$，$d$ 为基础平均埋深），但在地下水位以下部分应扣去浮托力，即 $G_k = \gamma_G A d - \gamma_w A h_w$（$h_w$ 为地下水位至基础底面的距离）。

将式(2-6-1)代入(2-6-2)，得基础底面面积计算公式如下

$$A \geqslant \frac{F_k}{f_a - \gamma_G d + \gamma_w h_w} \tag{2-6-3}$$

在轴心荷载作用下，柱下独立基础一般采用方形，其边长为

$$b \geqslant \sqrt{\frac{F_k}{f_a - \gamma_G d + \gamma_w h_w}} \tag{2-6-4}$$

对于墙下条形基础，可以沿基础长度方向取单位长度 1m 进行计算，荷载也为相应的线荷载（单位：kN/m），则条形基础的宽度为

$$b \geqslant \frac{F_k}{f_a - \gamma_G d + \gamma_w h_w} \tag{2-6-5}$$

在上面的计算中，一般应先对地基承载力特征值 $f_{ak}$ 进行深度修正，然后按计算得到的基底宽度 $b$，考虑是否需要对 $f_{ak}$ 进行宽度修正。若需要，修正后重新计算基底宽度，如此反复计算一二次即可。最后确定的基底尺寸 $b$ 和 $l$ 均应为 100 mm 的倍数。

2. 偏心荷载作用

对偏心荷载作用下的基础，如果是采用魏锡克公式或汉森公式这类公式计算地基承载力特征值 $f_a$，则在 $f_a$ 中已经考虑了荷载偏心和倾斜引起地基承载力的折减，此时基底压力只需满足条件式(2-6-1)的要求即可。但如果 $f_a$ 是按载荷试验或规范表格确定的，则除应满足式(2-6-1)的要求外，尚应满足以下附加条件

$$p_{k\max} \leqslant 1.2 f_a \tag{2-6-6}$$

式中：$p_{k\max}$—— 相应于荷载效应标准组合时，按直线分布假设计算的基底边缘处的最大压力值(kPa)；

$f_a$—— 修正后的地基承载力特征值(kPa)。

对常见的单向偏心矩形基础，当偏心距 $e \leqslant \frac{l}{b}$ 时，基底最大压力可以按下式计算

$$p_{k\max} = \frac{F_k}{bl} + \gamma_G d - \gamma_w h_w + \frac{6M_k}{bl^2} \tag{2-6-7}$$

或

$$p_{k\max} = p_k\left(1 + \frac{6e}{l}\right) \tag{2-6-8}$$

式中：$l$—— 偏心方向的基础边长，一般为基础长边边长(m)；

$b$—— 垂直于偏心方向的基础边长，一般为基础短边边长(m)；

$M_k$ —— 相应于荷载效应标准组合时，基础所有荷载对基底形心的合力矩(kN · m)；

$e$—— 偏心矩，$e = \frac{M_k}{F_k + G_k}$(m)。

其余符号意义同前。

为了保证基础不致过分倾斜，通常还要求偏心距 $e$ 应满足下列条件

$$e \leqslant \frac{l}{6} \tag{2-6-9}$$

一般认为，在中、高压缩性地基上的基础，或有吊车的厂房柱基础，$e$ 不宜大于 $\frac{l}{6}$；对低压缩性地基上的基础，当考虑短暂作用的偏心荷载时，$e$ 可以放宽至 $\frac{l}{4}$。确定矩形基础底面尺寸时，为了同时满足式(2-6-1)、式(2-6-6)和式(2-6-9)的条件，一般可以按下述步骤进行：

(1) 荷载的确定。

设计地基基础时，所采用的荷载效应最不利组合与相应的抗力限值应符合下列规定：

① 按地基承载力确定基础底面积及埋深时，传至基础底面上的荷载效应应按正常使用极限状态下荷载效应的标准组合。相应的抗力应采用地基承载力特征值。

② 计算地基变形时，传至基础底面上的荷载效应应按正常使用极限状态下荷载效应的准永久组合，不应计入风荷载和地震作用。相应的限值应为地基变形允许值。

③ 计算地基或斜坡稳定时，荷载效应应按承载能力极限状态下荷载效应的基本组合，但其分项系数均为 1.0。

④ 在确定基础截面、计算基础内力、确定配筋和验算材料强度时，上部结构传来的荷载效应组合和相应的基底反力，应按承载能力极限状态下荷载效应的基本组合，采用相应的分项系数。

当需要验算基础裂缝宽度时，应按正常使用极限状态荷载效应标准组合。

(2) 进行深度修正，初步确定修正后的地基承载力特征值。

(3) 根据荷载偏心情况，将按轴心荷载作用计算得到的基底面积增大 10% ～ 40%，即取

$$A = (1.1 \sim 1.4)\frac{F_k}{f_a - \gamma_G d + \gamma_w h_w} \tag{2-6-10}$$

(4) 选取基底长边 $l$ 与短边 $b$ 的比值 $n$（一般取 $n \leqslant 2$），于是有

$$b = \sqrt{\frac{A}{h}} \tag{2-6-11}$$

$$l = nb \tag{2-6-12}$$

(5) 考虑是否应对地基承载力进行宽度修正。若需要，在承载力修正后，重复上述(2)、(3) 两个步骤，使所取宽度前后一致。

(6) 计算偏心距 $e$ 和基底最大压力 $p_{k\max}$，并验算是否满足式(2-6-6) 和式(2-6-9) 的要求。

(7) 若 $b$、$l$ 取值不适当（太大或太小），可以调整尺寸再行验算，如此反复一二次，便可以定出合适的尺寸。

**【工程应用实例】**若场地受到限制或其他原因无法扩大底面积以满足要求，就要采用地基处理方式提高地基承载力，如用石灰桩挤密法。

石灰桩挤密法是采用钢套管成孔，然后在孔中灌入新鲜生石灰块，或在生石灰中掺入适量的水硬性掺合料粉煤灰和火山灰，拔管的同时进行振密（或捣密）使之形成桩体，其作用主要是 ① 成孔挤密作用，② 膨胀挤密，③ 脱水挤密（生石灰应需大量的水），④ 胶凝作用（离子交换），从而使桩周土体的含水率降低，孔隙比减小，挤密了土体，使桩柱体硬化。桩和桩间土共同承担荷载，而此时土体的承载力已提高，桩柱本身承载力也比原软土大，提高地基（复合）的承载力。

强夯法。常以 8 ～ 30t 的重锤（最重可达 200t）和 8 ～ 20m 的落距（最高可达 40m），对地基土施加很大的冲击能，一般能量为 500 ～ 800kN·m，最大加固深度可达 30m，在地基中所出现的冲击波和动应力可以提高土的强度，降低土的压缩性，提高土层的均匀程度，减少可能出现的差异性沉降。

**【例题2-6-1】** 某粘性土重度 $\gamma_m$ 为 $18.2\text{kN/m}^3$，孔隙比 $e=0.7$，液性指数 $I_L=0.75$，地基承载力特征值 $f_{ak}=220\text{kPa}$。现修建一处柱基础，作用在基础顶面的轴心荷载 $F_k=830\text{kN}$，基础埋深为1.0m，试确定方形基础的底面宽度。

**解** (1) 先进行地基承载力深度修正。基础埋深 $d=1.0\text{m}$，查表2-4-2，得 $\eta_d=1.6$，由式(2-4-15)得修正后的地基承载力特征值为

$$f_a=f_{ak}+\eta_d\gamma_m(d-0.5)=220+1.6\times18.2\times(1.0-0.5)=235\text{kPa}$$

(2) 确定基础的底面宽度。

由于埋深范围内没有地下水，$h_w=0$。由式(2-6-4)得基础底面的宽度为

$$b\geqslant\sqrt{\frac{F_k}{f_a-\gamma_G d}}=\sqrt{\frac{830}{235-20\times1.0}}=1.96\text{m}$$

取 $b=2\text{m}$。因 $b<3\text{m}$，不必进行承载力宽度修正。

(3) 地基承载力验算

$$p_k=\frac{F_k+G_k}{A}=\frac{830+20\times2\times2\times1.0}{2\times2}=227.5\text{kPa}<235\text{kPa}$$

故满足要求。不必进行下卧层验算。

**【例题2-6-2】** 试确定图2-6-1中设有吊车的厂房柱下矩形基础的底面尺寸，设

$$F_{HK}=180\text{kN},F_{VK1}=220\text{kN},F_{VK2}=1800\text{kN},$$
$$M_K=950\text{kN}\cdot\text{m}$$

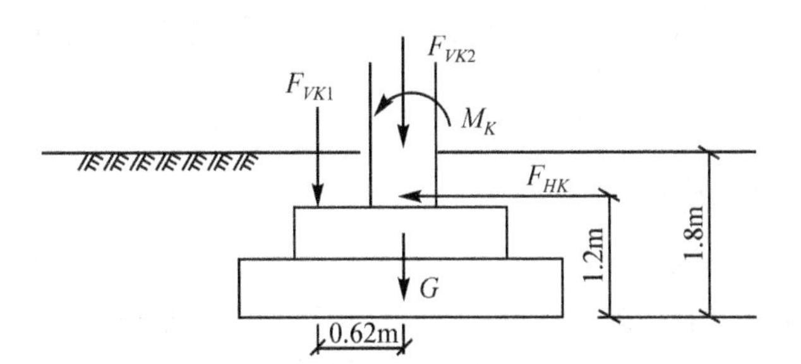


粉质粘土 $\gamma=18\text{kN/m}^3$ $e=0.85$ $f_{ak}=205\text{kPa}$

图2-6-1

**解** (1) 先进行地基承载力深度修正。

设埋深 $d=1.8\text{m}$，$e=0.85$ 的粉质粘土，$\eta_d=1.1$，所以

$$f_a=f_{ak}+\eta_d\gamma(d-0.5)=205+1.1\times18\times(1.8-0.5)=230.7\text{kPa}。$$

(2) 确定基础底面尺寸，荷载偏心

$$A\geqslant\frac{1.3F_k}{f_a-\gamma_G\cdot d}=\frac{1.3\times(1800+220)}{230.7-20\times1.8}=13.6\text{m}^2$$

取基底长短边之比 $n=\dfrac{l}{b}=2$，于是

$$b=2.6\text{m},\qquad l=5.2\text{m}$$

因 $b=2.6\text{m}<3\text{m}$，故 $f_a$ 无需作宽度修正。

(3) 验算偏心距。

基底处的总竖向力　$F_k + G_k = 1800 + 220 + 20 \times 2.6 \times 5.2 \times 1.8 = 2507\text{kN}$

基底处的总力距：$M_k = 950 + 180 \times 1.2 + 220 \times 0.62 = 1302\text{kN} \cdot \text{m}$

偏心距 $e$：$e = \dfrac{M_k}{F_k + G_k} = \dfrac{1302}{2507} = 0.519\text{m} < \dfrac{l}{b} = 0.867\text{m}$

故满足相关要求。

(4) 验算持力层强度

$$p_k = \frac{F_k + G_k}{A} = \frac{2507}{2.6 \times 5.2} = 185.4\text{kPa} < f_a = 230.7\text{kPa}$$

$$p_{k\max} = \frac{F_k + G_k}{A}\left(1 + \frac{6e}{l}\right) = 185.4 \times \left(1 + \frac{6 \times 0.519}{5.2}\right) = 299\text{kPa} > 1.2f_a = 277\text{kPa}$$

故不满足相关要求。

(5) 调整基底尺寸再验算。

取 $b = 2.7\text{m}, l = 5.4\text{m}$，则 $f_a$ 仍为 230.7kPa。而

$$F_k + G_k = 1800 + 220 + 20 \times 2.7 \times 5.4 \times 1.8 = 2545\text{kN}$$

$$M_k = 1302\text{kN} \cdot \text{m}$$

$$e = \frac{M_k}{F_k + G_k} = \frac{1302}{2545} = 0.512\text{m} < \frac{l}{b} = 0.9\text{m}$$

$$p_k = \frac{F_k + G_k}{A} = \frac{2545}{2.7 \times 5.4} = 174.6\text{kPa} < f_a = 230.7\text{kPa}$$

$$p_{k\max} = \frac{F_k + G_k}{A}\left(1 + \frac{6e}{l}\right) = 174.6 \times \left(1 + \frac{6 \times 0.512}{5.4}\right) = 274\text{kPa} < 1.2f_a$$

故满足相关要求，所以 $b = 2.7\text{m}, l = 5.4\text{m}$。

### 2.6.4 地基承载力验算

*1. 持力层地基承载力验算*

对于轴心荷载作用下的基础，可以按式(2-6-1) 验算持力层承载力。对于偏心荷载作用下的基础，应按式(2-6-1) 和式(2-6-6) 验算持力层承载力。

*2. 软弱下卧层地基承载力验算*

当地基受力层范围内存在软弱下卧层(承载力显著低于持力层的高压缩性土层，即当持力层压缩模量与下卧层压缩模量之比大于 3 时，下卧层即为软弱下卧层，或下卧层为淤泥、淤泥质土时也认为是软弱下卧层) 时，除按持力层承载力确定基底尺寸外，还必须对软弱下卧层进行验算。要求作用在软弱下卧层顶面处的附加应力与自重应力之和不超过地基受力层软弱下卧层的承载力特征值，即

$$\sigma_z + \sigma_{cz} \leqslant f_{az} \tag{2-6-13}$$

式中：$\sigma_z$ —— 相应于荷载效应标准组合时，软弱下卧层顶面处的附加应力值(kPa)；

$\sigma_{cz}$ —— 软弱下卧层顶面处土的自重应力值(kPa)；

$f_{az}$ —— 软弱下卧层顶面处经深度修正后的地基承载力特征值(kPa)。

计算附加应力 $\sigma_z$ 时，一般采用简化方法，即参照双层地基中附加应力分布的理论解答按压力扩散角的概念计算，如图 2-6-2 所示。假设基底处的附加压力($p_0 = p_k - \sigma_{cd}$) 往下传递时按压力扩散角 $\theta$ 向外扩散至软弱下卧层表面，根据基底与扩散面积上的总附加压力相

等的条件，可得附加应力 $\sigma_z$ 的计算公式如下：

条形基础
$$\sigma_z = \frac{b(p_k - \sigma_{cd})}{b + 2z\tan\theta} \tag{2-6-14}$$

矩形基础
$$\sigma_z = \frac{lb(p_k - \sigma_{cd})}{(1 + 2z\tan\theta)(b + 2z\tan\theta)} \tag{2-6-15}$$

式中：$b$—— 条形基础或矩形基础的底面宽度(m)；

$l$—— 矩形基础的底面长度(m)；

$p_k$ —— 相应于荷载效应标准组合时的基底平均压力值(kPa)；

$\sigma_{cd}$—— 基底处土的自重应力值(kPa)；

$z$—— 基底至软弱下卧层顶面的距离(m)；

$\theta$—— 地基压力扩散角，可以按表 2-6-1 采用。

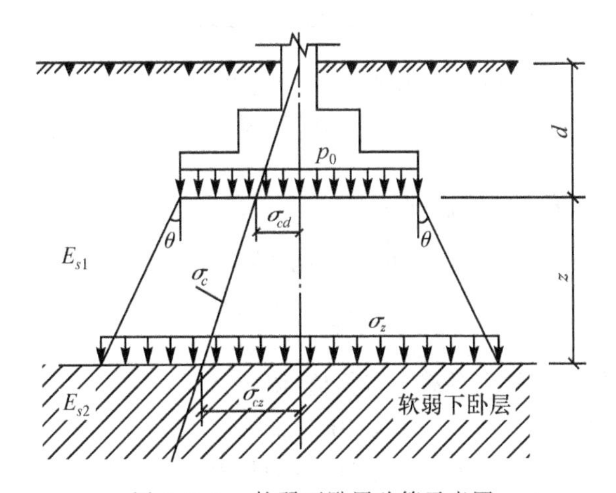


图 2-6-2　软弱下卧层验算示意图

**表 2-6-1　　地基压力扩散角 θ 值**

| $\frac{E_{s1}}{E_{s2}}$ | $z = 0.25b$ | $z \geq 0.50b$ |
|---|---|---|
| 3 | 6° | 23° |
| 5 | 10° | 25° |
| 10 | 20° | 30° |

**注**：1. $E_{s1}$ 为上层土的压缩模量；$E_{s2}$ 为下层土的压缩模量；

2. $z < 0.25b$ 时取 $\theta = 0°$，必要时，宜由试验确定；$z \geq 0.50b$ 时 $\theta$ 值不变。

由式(2-6-14) 可知，如要减小作用于软弱下卧层表面的附加应力 $\sigma_z$，可以采取加大基底面积(使扩散面积加大) 或减小基础埋深(使 $z$ 值加大) 的措施。前一措施虽然可以有效地减小 $\sigma_z$，但却可能使基础的沉降量增加。因为附加应力的影响深度会随着基底面积的增加而加大，从而可能使软弱下卧层的沉降量明显增加。反之，减小基础埋深可以使基底到软弱下卧层的距离增加，使附加应力在软弱下卧层中的影响减小，因而基础沉降随之减小。因此，当存在软弱下卧层时，基础宜浅埋，这样不仅使“硬壳层” 充分发挥应力扩散作用，同时也减小了基础沉降。

**【工程应用实例】** 换土垫层法。如图 2-6-3 所示，将基础底面下处理范围内的软弱土层挖去，然后分层换填强度较大的砂、碎石、素土、灰土、煤渣以及其他性能稳定的材料，并夯（振、压）至要求的密实度。

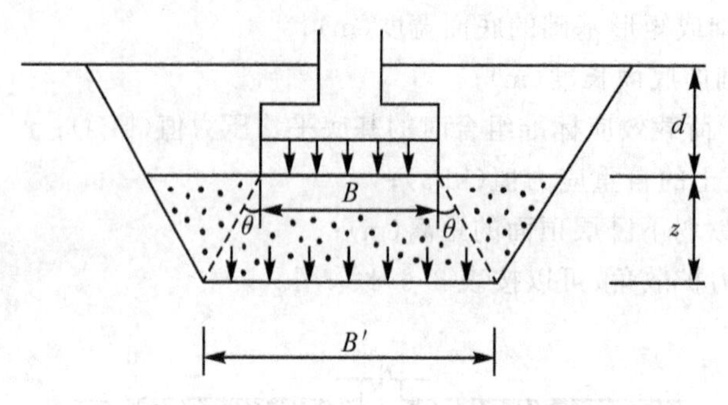


（垫层为中、粗砂或碎石 $\theta = 30°$，其他细料 $\theta = 22°$）

图 2-6-3 换土垫层法示意图

大垫层厚度的确定，要求垫层底部 $\sigma_{cz} + \sigma_z \leqslant f_{az}$ (2-6-16)

$$\sigma_{cz} = \sum \gamma_i h_i \tag{2-6-17}$$

$$\sigma_z = \frac{(p - \gamma_0 d)B}{B + 2z\tan\theta} \tag{2-6-18}$$

式中：$f_{az}$—— 经深度修正的软土承载力特征值(kPa)。

大垫层宽度的确定： $B' \geqslant B + 2z\tan\theta$ (2-6-19)

**【例题 2-6-3】** 如图 2-6-4 所示柱基础，持力层和下卧层的承载力回归修正系数分别为 0.952 和 0.977，验算下卧层。

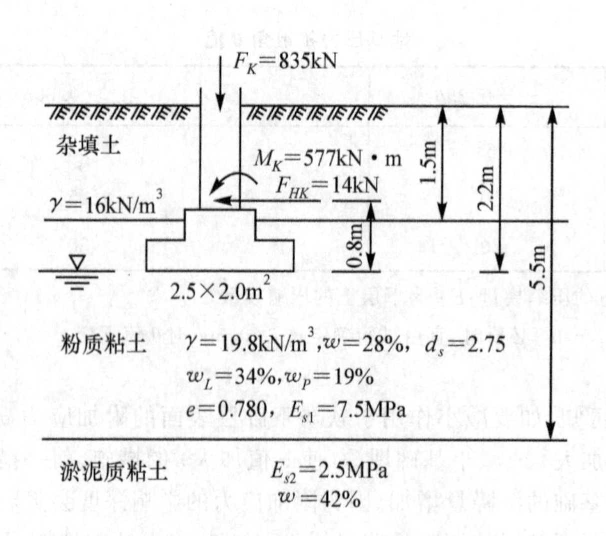


图 2-6-4

**解**　(1) 下卧层承载力特征值 $f_{az}$。

① $w = 42\%$，→ 查表 $f_{ao} = 86\text{kPa}$。

故
$$f_{ak} = \psi_f \cdot f_0 = 0.977 \times 86 = 84\text{kPa}$$

② 深度修正。计算 $\gamma_m$，粉质粘土层

$$\gamma' = \frac{d_s - 1}{1 + e}\gamma_w = 9.83\text{kN/m}^3$$

则
$$\gamma_m = \frac{16 \times 1.5 + 19.8 \times (2.2 - 1.5) + 9.83 \times 3.3}{5.5} = 12.8\text{kN/m}^3$$

又 $f_{ak} = 84\text{kPa} > 50\text{kPa}$　　故 $\eta_d = 1.0$，所以

$$f_{az} = f_{ak} + \eta_d \gamma_m (d + z - 0.5) = 148\text{kPa}。$$

(2) 下卧层顶面处 $\sigma_{cz}$。

$$\sigma_{cz} = \gamma_m (d + z) = 70.4\text{kPa}。$$

(3) 下卧层顶面处 $\sigma_z$。

① 扩散角
$$\frac{E_{s1}}{E_{s2}} = 3, \qquad \frac{z}{b} = \frac{3.3}{2.0} > 0.5$$

故
$$\theta = 23^\circ \qquad (\tan\theta = 0.424)$$

② $p_{ok}$
$$p_k = \frac{F_k + G_k}{A} = \frac{835 + 2.5 \times 2 \times 2.2 \times 20}{2 \times 2.5} = 211\text{kPa}$$

$$p_{ok} = p_k - \gamma_o d = 211 - (16 \times 1.5 + 19.8 \times 0.7) = 173\text{kPa}$$

③ $\sigma_z$
$$\sigma_z = \frac{173 \times 2.5 \times 2}{(2.5 + 2 \times 3.3 \times \tan 23^\circ)(2 + 2 \times 3.3 \times \tan 23^\circ)} = 34\text{kPa}$$

(4) 验算。

$$\sigma_z + \sigma_{cz} = 34 + 70.4 = 104.4\text{kPa} < f_{az}$$

故满足相关要求。

### 2.6.5　沉降验算

建筑物地基基础设计必须同时满足强度和变形两方面的要求，即地基既是稳定的，地基的变形也是为建筑物所允许的。在有些情况下，当强度条件满足相关要求时，变形条件也必然满足相关要求；但有的时候强度条件虽然满足相关要求，变形条件却不一定能够满足相关要求，必须进行沉降验算以判断是否满足变形条件。如果沉降过大，不能满足建筑物的要求，则必须改变基础尺寸，降低基底压力；或者减少荷载，或者加固地基。

沉降的计算和验算采用第 2 章 §2.5 中介绍的方法。

### 2.6.6　地基稳定性验算

(1) 对于经常承受水平荷载作用的高层建筑物、高耸结构，以及建造在斜坡上或边坡附近的建筑物和构筑物，应对地基进行稳定性验算。

在水平荷载和竖向荷载的共同作用下，基础可能和深层土层一起发生整体滑动破坏。这种地基破坏通常采用圆弧滑动面法进行验算，要求最危险的滑动面上诸力对滑动圆弧的圆心所产生的抗滑力矩 $M_r$ 与滑动力矩 $M_s$ 之比应符合下式要求

$$K = \frac{M_r}{M_s} \geqslant 1.2 \tag{2-6-20}$$

式中 $K$ 为地基稳定安全系数。

(2) 如图 2-6-5 所示，对修建于坡高和坡角不太大的稳定土坡坡顶的基础，当垂直于坡顶边缘线的基础底面边长 $b \leqslant 3\text{m}$ 时，若基础底面外缘至坡顶边缘的水平距离 $a$ 不小于 2.5m，且符合下式要求

$$a \geqslant \xi b - \frac{d}{\tan\beta} \tag{2-6-21}$$

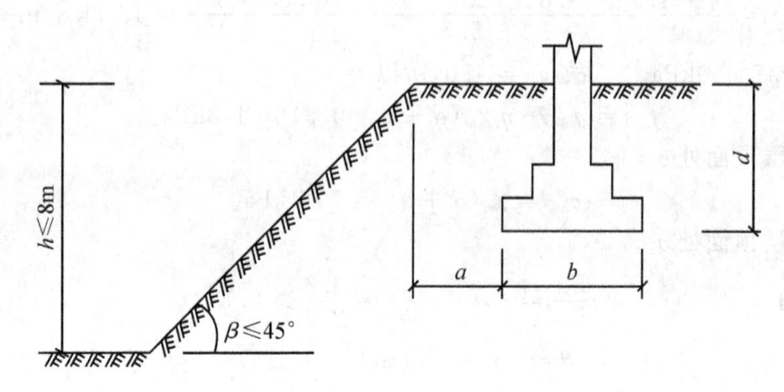


图 2-6-5 基础底面外缘至坡顶的水平距离示意图

则土坡坡面附近由基础所引起的附加压力不影响土坡的稳定性。式中 $\beta$ 为土坡坡角，$d$ 为基础埋深，系数 $\xi$ 取 3.5(对条形基础) 或 2.5(对矩形基础和圆形基础)。

当式(2-6-21) 的要求不能得到满足时，可以根据基底平均压力按圆弧滑动面法进行土坡稳定验算，以确定基础距坡顶边缘的距离和基础埋深。

(3) 基坑工程应进行稳定性验算。

(4) 当地下水埋藏较浅，建筑地下室或地下构筑物存在上浮问题时，尚应进行抗浮验算。

### 2.6.7 基础的构造与设计计算

不同类型的基础，在荷载作用下的工作性状不同，其构造要求和设计计算的内容也不相同。构造和设计计算的内容包括外形尺寸的一般要求、钢筋的截面、数量及布置。钢筋包括受力钢筋和构造钢筋，都必须满足基础的强度、变形和耐久性的要求。

## §2.7 刚性基础设计

刚性基础适用于六层和六层以下(三合土基础不宜超过四层) 的房屋建筑和砖墙承重的厂房。设计时先根据地基承载力确定基础的底面尺寸，同时为了保证基础不发生弯曲破坏，需要通过构造措施来满足基础的强度要求，控制基础的外伸宽度与基础高度的比值在允许范围以内，刚性基础的构造如图 2-7-1 所示，其底面积应符合式(2-7-1) 的要求

$$b \leqslant b_0 + 2H_0\tan\alpha \tag{2-7-1}$$

式中：$b$—— 基础底面积宽度(m)；

$b_0$—— 基础顶面的砌体宽度(m)；

$H_0$—— 基础高度(m)；

$\tan\alpha$—— 基础台阶宽高比的允许值,可以按表 2-3-1 选用($\alpha$ 为基础材料的刚性角)。

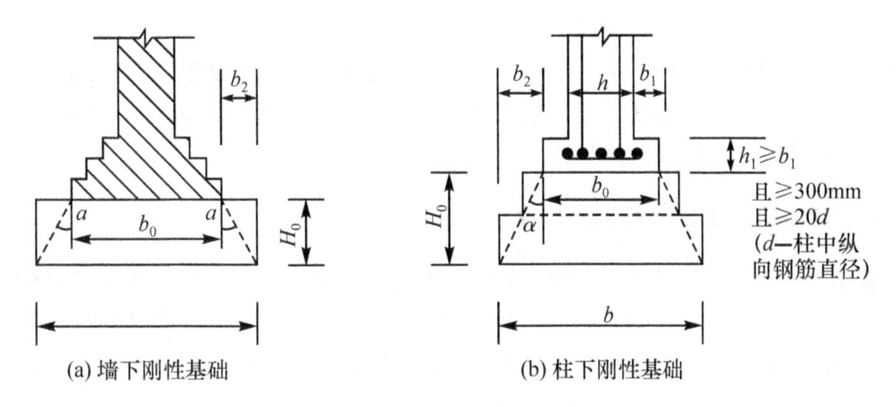


图 2-7-1　刚性基础构造图

阶梯形的毛石基础,每阶伸出的宽度不宜大于 200mm;当基础由不同材料叠合组成时,应对接触部分作抗压验算;对于混凝土基础,当基础底面处的平均压力超过 300kPa 时,尚应按式(2-7-2) 进行抗剪验算

$$V \leqslant 0.07 f_c A \tag{2-7-2}$$

式中:$V$—— 剪力设计值(kPa);

$f_c$—— 混凝土轴心抗压强度设计值(kPa);

$A$—— 台阶高度变化处的剪切断面(m)。

设计时若选用的材料不能满足允许宽高比的要求,应改用刚性角比较大的材料做基础,若仍不能满足,则需改用钢筋混凝土基础。

## §2.8　钢筋混凝土独立基础设计

钢筋混凝土独立基础一般是正方形的,设计时只要确定一个方向的边长,验算一个方向的材料强度;对于矩形基础,根据受力条件确定长宽比和基础底面积,两个方向的尺寸就可以确定,并应按其不利条件验算长边方向的抗弯能力。

### 2.8.1　柱下钢筋混凝土独立基础的一般构造

(1) 阶梯形基础每个台阶的高度一般为 300 ~ 500mm,锥形基础的边缘高度一般不小于 200mm;

(2) 基础混凝土等级不宜低于 C15;

(3) 基础受力钢筋的最小直径不宜小于 $\phi$8mm,钢筋间距不宜小于 200mm;

(4) 基础下需铺设低标号(C5 ~ C10) 混凝土垫层,其厚度一般为 100mm。

### 2.8.2　确定基础底面积

若已知地基承载力 $f_a$,埋置深度 $d$ 也已确定,根据上部结构传至基础顶面的荷载 $F_k$,可以按式(2-8-1) 确定独立基础的底面积($A$)

$$A \geqslant \frac{F_k}{f_a - \gamma_G \cdot d + \gamma_w h_w} \tag{2-8-1}$$

式中各符号意义见式(2-6-3)。

用式(2-8-1)计算时，需要反复试算，因为确定地基承载力时要已知基础宽度，只能先假定基础宽度，如果求得的宽度大于假定的宽度，则用求得的宽度计算地基承载力，再计算基础宽度，直至得到符合要求的结果为止。

### 2.8.3 钢筋混凝土独立基础的抗冲切验算

柱下基础为局部受压，若基础高度不够则易发生冲切破坏，在沿柱边或基础台阶变截面处发生近似于45°方向的斜拉裂缝，形成冲切角锥体，如图2-8-1所示，故必须进行抗冲切验算，即在冲切角锥体以外的地基净反力(即不计基础自重的反力)引起的冲切荷载$Q_c$应小于基础发生冲切的破坏面上的抗冲切强度$[Q]$，即

$$Q_c \leqslant [Q] \tag{2-8-2}$$

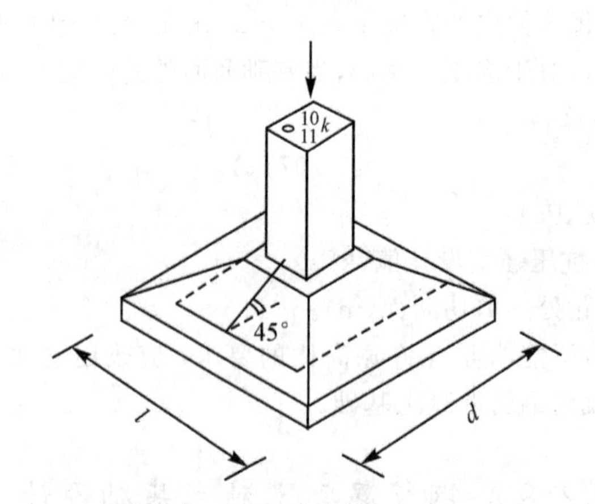


图2-8-1 独立基础冲切破坏锥体

1. 锥形基础

对于如图2-8-2所示的锥形基础：

$$Q_c = p_0[lb - (a_0 + 2b_0)(b_0 + 2h_0)] \tag{2-8-3}$$

$$[Q] = 0.6 f_t b_p h_0 \tag{2-8-4}$$

式中：$p_0$—— 地基净反力，不计基础自重及基础台阶上的土重(kPa)；

$h_0$—— 基础的有效高度(m)；

$f_t$—— 混凝土抗拉强度设计值(kPa)；

$b_p$—— 角锥体破坏面的上边周长与下边周长之平均值(m)，按下式计算

$$b_p = 2\left[\frac{a_0 + (a_0 + 2h_0)}{2} + \frac{b_0 + (b_0 + 2h_0)}{2}\right] = 2(a_0 + b_0 + 2h_0) \tag{2-8-5}$$

根据式(2-8-2)和式(2-8-4)可得柱下独立基础的有效高度$h_0$，即

$$h_0 \geqslant \frac{Q_c}{0.6 f_t b_p} \tag{2-8-6}$$

计算得到有效高度$h_0$以后，则基础的高度$h$为

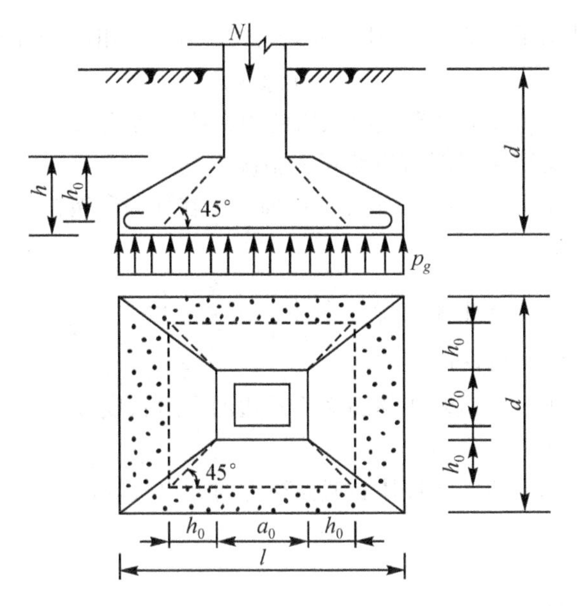


图 2-8-2　锥体基础冲切破坏

$$h = h_0 + \varepsilon \tag{2-8-7}$$

式中：ε—— 基底保护层厚度，当基底有垫层时为 0.035m，无垫层时为 0.070m。

2. 阶梯形基础

对于如图 2-8-3 所示的阶梯形基础，除按上述公式验算冲切破坏外，还应验算变阶处的高度 $h_{01}$，计算方法同前述。

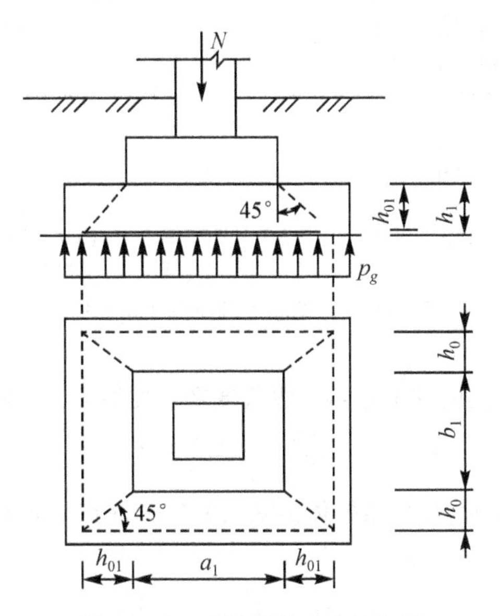


图 2-8-3　台阶形基础冲切破坏

3. 柱下独立基础偏心受荷

若柱下独立基础偏心受荷时，地基反力分布不均匀，此时只需对柱的短边一侧最大净反

力处进行冲切验算，其结果偏于安全，计算公式与式(2-8-6)相同，但冲切荷载为

$$Q_c = p_{0\max} \cdot A \tag{2-8-8}$$

式中：$A$—— 图 2-8-4 中考虑冲切荷载时取用的阴影部分面积($m^2$)。

设计时，阴影部分面积 $A$ 的计算分为两种情况：

(1) 当 $b > (b_0 + 2h_0)$ 时，冲切角锥体的底面积落在底面积范围以内，见图 2-8-4(a)，阴影部分面积 $A$ 由下式计算

$$A = \left(\frac{l}{2} - \frac{a_0}{2} - h_0\right)b - \left(\frac{b}{2} - \frac{b_0}{2} - h_0\right)^2 \tag{2-8-9}$$

式中：$l$—— 矩形基础的长度(m)；

$a_0$—— 矩形基础的冲切破坏锥体斜截面长边的上边长度(m)；

$b$—— 矩形基础的宽度(m)；

$b_0$—— 矩形基础的冲切破坏锥体斜截面短边的上边长度(m)。

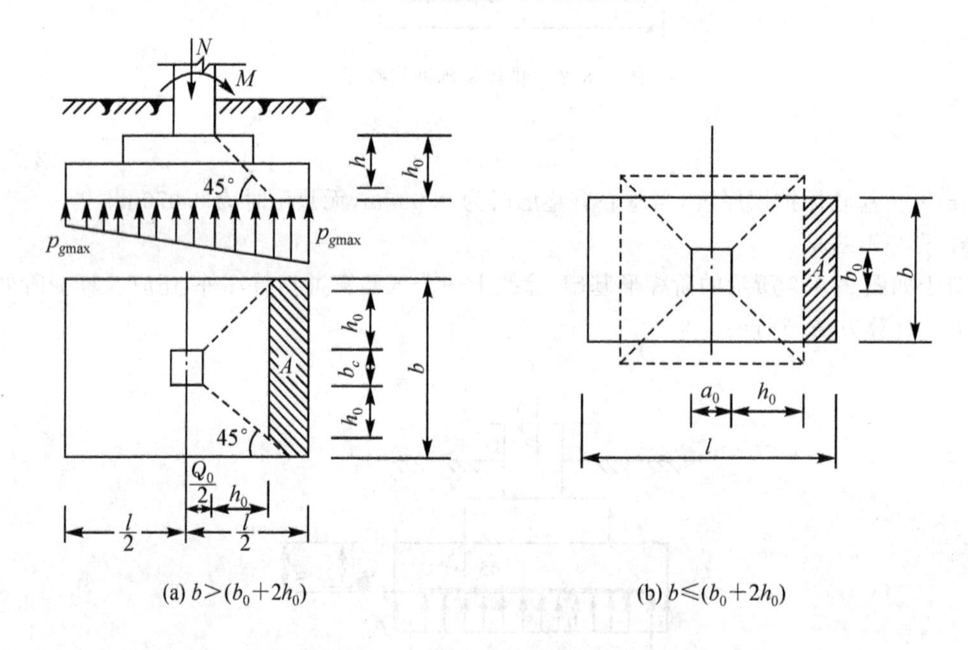


图 2-8-4 偏心受压冲切计算图式

柱边破坏的棱锥体斜截面的上边与下边长度之平均值为 $b_p$，即

$$b_p = \frac{b_0 + (b_0 + 2h_0)}{2} = b_0 + h_0 \tag{2-8-10}$$

(2) 当 $b \leqslant (b_0 + 2h_0)$ 时，冲切角锥体的底面积部分落在基底面积以外，见图 2-8-4(b)，则阴影部分的面积 $A$ 由下式计算

$$A = \left(\frac{l}{2} - \frac{a_0}{2} - h_0\right)b \tag{2-8-11}$$

### 2.8.4 柱下钢筋混凝土独立基础的抗弯验算

柱下钢筋混凝土独立基础在地基反力(应为扣除自重的净反力)作用下，在纵、横两个

方向都要产生弯矩，若弯曲应力超过钢筋混凝土的抗弯强度，就会导致基础的受弯破坏。因此必须计算纵、横两个方向的弯矩，在纵、横两个方向配置钢筋，计算时，将基础板看成是固定在柱子边的倒置悬臂板，最大弯矩作用面在柱边缘处。

对于轴心受压基础，图 2-8-5 给出了基础弯矩计算图，将基础按对角线划分为四块梯形面积，作用于柱边截面 Ⅰ—Ⅰ 的弯矩 $M_{\mathrm{I}}$ 等于作用在面积 1234 上的反力合力 $P_g$ 对 Ⅰ—Ⅰ 截面的力矩，其值为 $P_{g1}e_1$，$P_{g1}$ 值为

$$P_{g\mathrm{I}} = \frac{1}{4}(b+b_0)(l-a_0)p_g \tag{2-8-12}$$

$e_1$ 为面积形心 $A$ 到柱边距离

$$e_1 = \frac{1}{3}\left(\frac{2b+b_0}{b+b_0}\right)\left(\frac{l-a_0}{2}\right) = \frac{1}{6}(l-a_0)\left(\frac{2b+b_0}{b+b_0}\right) \tag{2-8-13}$$

$$M_{\mathrm{I}} = P_{g1}e_1 = \frac{p_g}{24}(l-a_0)^2(2b+b_0) \tag{2-8-14}$$

作用于另一个方向截面 Ⅱ—Ⅱ 上的弯矩也按相同原理由式(2-8-15)求得

$$M_{\mathrm{II}} = P_{g\mathrm{II}}e_2 = \frac{p_g}{24}(b-b_0)^2(2l+a_0) \tag{2-8-15}$$

对于偏心受荷的基础，当偏心距小于或等于 $\frac{1}{6}$ 基础长度时，地基反力为梯形分布，如图 2-8-6 所示。两个方向的弯距可分别按下式计算

$$M_{\mathrm{I}} = \frac{(p_{g\max}+p_{g\mathrm{I}})}{48}(l-a_0)^2(2b+b_0) \tag{2-8-16}$$

$$M_{\mathrm{II}} = \frac{(p_{g\max}+p_{g\min})}{48}(b-b_0)^2(2l+a_0) \tag{2-8-17}$$

式中：$p_{g1}$—— 截面 Ⅰ—Ⅰ 处地基净反力(kPa)。

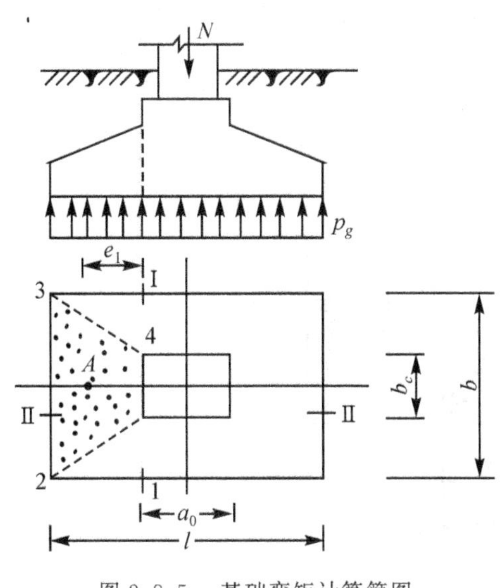


图 2-8-5　基础弯矩计算简图

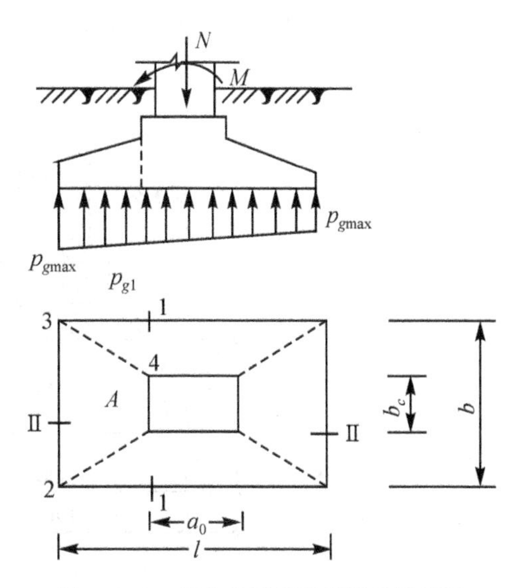


图 2-8-6　偏心受压基础弯矩计算简图

求得弯矩以后，可以用下式计算截面的钢筋面积

$$A_g = \frac{M}{0.9h_0 f_y} \tag{2-8-18}$$

式中：$f_y$—— 钢筋的抗拉强度设计值(kPa)。

**【例题 2-8-1】** 某承重墙厚 240mm，地基土表层为杂填土，厚度为 0.65m，重度 17.3kN/m³；其下为粉土，重度 18.3kN/m³，粘粒含量 $\rho_c = 12.5\%$，承载力特征值为 170kPa，地下水在地表下 0.9m 处，上部墙体传来的荷载标准值为 190kN/m，试设计该墙下独立基础。

**解** (1) 初选基础埋深 $d = 0.8\text{m}$。

(2) 确定基础宽度 $b$。

① 计算持力层承载力特征值

由粉土粘粒含量 $\rho_c = 12.5\%$，查承载力表得 $\eta_b = 0.3, \eta_d = 1.5$

$$f_a = f_{ak} + \eta_d \gamma_m (d - 0.5) = 170 + 1.5 \times \frac{0.65 \times 17.3 + 0.15 \times 18.3}{0.8} \times (0.8 - 0.5) = 177.9\text{kPa}$$

② 基础宽度 $b$

$$b \geqslant \frac{F_k}{f_a \cdot \gamma_G \cdot d} = \frac{190}{177.9 - 20 \times 0.8} = 1.17\text{m}，取 b = 1.2\text{m}$$

(3) 确定基础剖面尺寸。

① 方案Ⅰ：采用 MU10 砖和 M5 砂浆，“二一隔收”砌法砌筑砖基础，砖基础的台阶允许宽高比为 1∶1.5，基底做 100mm 厚素混凝土垫层。则：

基础高度： $$H \geqslant \frac{b - b_0}{2[\tan\alpha]} = \frac{(1200 - 240) \times 1.5}{2} = 720\text{mm}$$

基础顶面应有 100mm 的覆盖土，这样，基础底面最小埋深为

$$d_{\min} = 100 + 720 + 100 = 920\text{mm} > 800\text{mm}$$

不满足相关要求，不能采用。

② 方案Ⅱ：采用砖和混凝土两种材料，下部采用 300mm 厚 C15 混凝土，其上砌筑砖基础，砌法如图 2-8-7 所示。

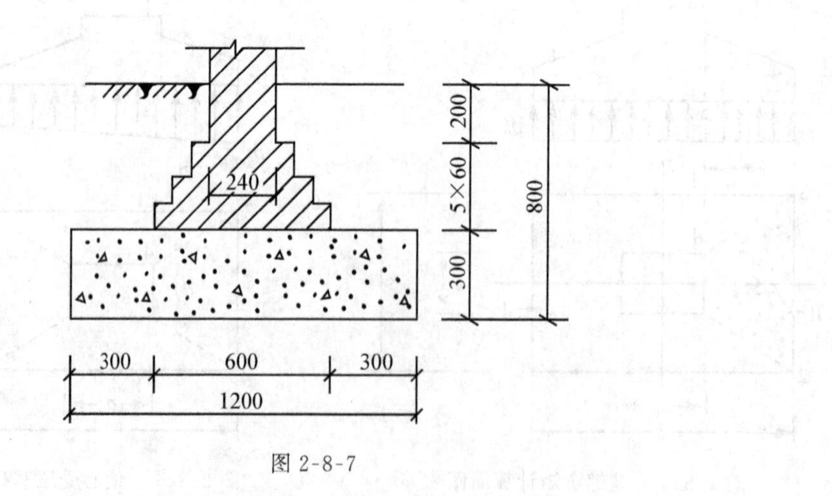


图 2-8-7

**【例题 2-8-2】** 某厂房柱断面 600mm×400mm。基础受竖向荷载标准值 $F = 820\text{kN}$，力

矩标准值 $M_k = 150\text{kN}\cdot\text{m}$。地基土为两层 ① 填土，重度 $\gamma = 17\text{kN/m}^3$，厚度 1.8m；② 粉质粘土：$\gamma = 19.1\text{kN/m}^3$，$d_s = 2.72$，$w = 24\%$，$w_L = 30\%$，$w_p = 21\%$，$f_{ak} = 210\text{kPa}$，厚度未钻穿。基础埋深 1.8m，取基础高度为 600mm，基础底面尺寸为 2.7m × 1.8m，试设计该钢筋混凝土独立基础。

**解**　(1) 基底净反力计算

$$p_{j\max} = \frac{F}{lb} + \frac{6M}{6l^2} = \frac{820}{1.8 \times 2.7} + \frac{6 \times 150}{1.8 \times 2.7^2} = 237.3\text{kPa}$$

$$p_{j\min} = \frac{F}{lb} - \frac{6M}{6l^2} = \frac{820}{1.8 \times 2.7} - \frac{6 \times 150}{1.8 \times 2.7^2} = 100.1\text{kPa}$$

(2) 基础厚度抗冲切验算

由冲切破坏体极限平衡条件得：

$$F_1 \leqslant 0.7\beta_{hp} f_t a_m h_0$$

$$F_1 = p_{j\max} A_1$$

当 $h \leqslant 800\text{mm}$ 时，取 $\beta_{hp} = 1.0$

取保护层厚度为 80mm，则

$$h_0 = 600 - 80 = 520\text{mm}$$

偏心荷载作用下，冲切破坏发生于最大基底反力一侧，如图 2-8-8(a) 所示。

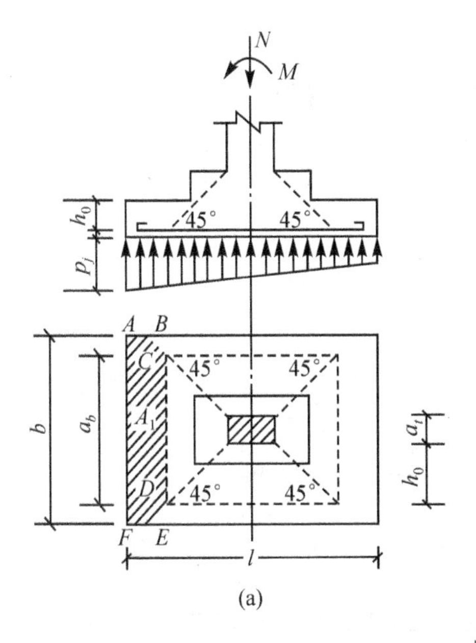


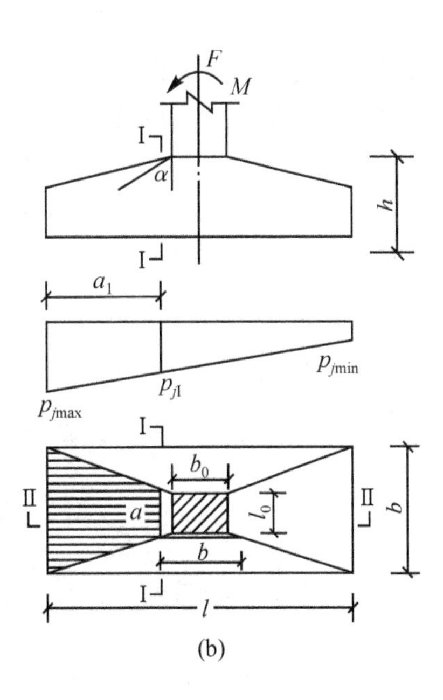


图 2-8-8

如图 2-8-8(b) 所示。

$$A_1 = \left(\frac{l - l_0}{2} - h_0\right)b - \left(\frac{b - b_0}{2} - h_0\right)^2$$

$$= \left[\frac{(2.7 - 0.6)}{2} - 0.52\right] \times 1.8 - \left[\frac{(1.8 - 0.4)}{2} - 0.52\right]^2 = 0.922\text{m}^2$$

$$F_1 = p_{j\max} A_1 = 237.3 \times 0.922 = 218.8\text{kPa}$$

采用 C20 混凝土，其抗拉强度设计值 $f_t = 1.1\text{MPa}$。

$$a_m = b_0 + h_0 = 400 + 520 = 920\text{mm}$$

$$0.7\beta_{hp} f_t a_m h_0 = 0.7 \times 1.0 \times 1.1 \times 10^3 \times 0.92 \times 0.52 = 368.4\text{kN} > F_1$$

基础高度满足相关要求。选用锥形基础，基础剖面如图 2-8-9 所示。

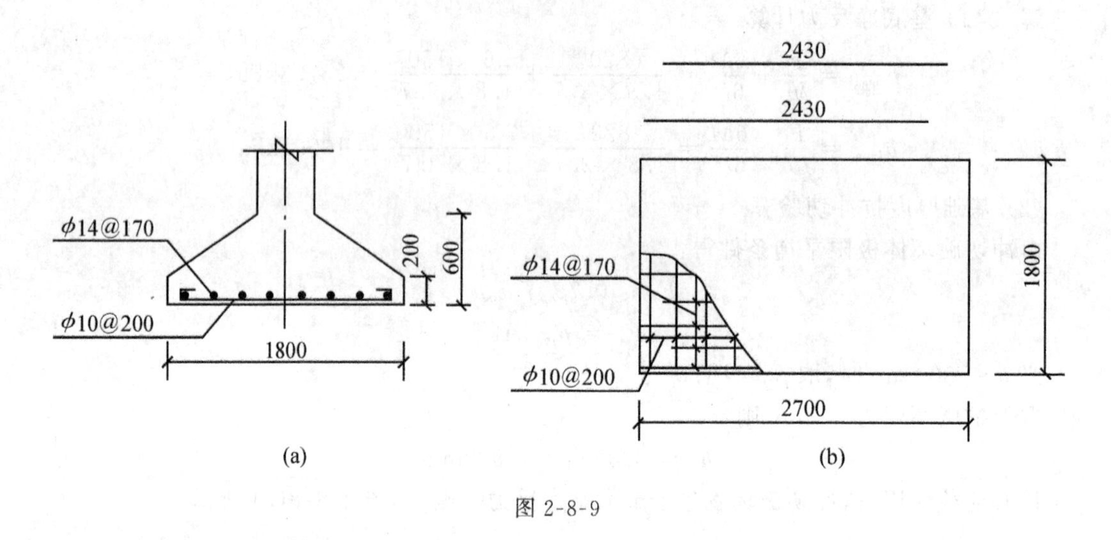


图 2-8-9

(3) 基础底板配筋计算

由图 2-8-9 所示，验算截面 Ⅰ—Ⅰ、Ⅱ—Ⅱ 均应选在柱边缘处，则

$$b' = l_0 = 600\text{mm}$$

$$a' = b_0 = 400\text{mm}$$

截面 Ⅰ—Ⅰ 至基底边缘最大反力处的距离

$$a_1 = \frac{1}{2}(l - l_0) = \frac{2700 - 600}{2} = 1050\text{mm}$$

Ⅰ—Ⅰ 截面处

$$p_{j\text{I}} = p_{j\max} - \frac{p_{j\max} - p_{j\min}}{l} a_1$$

$$= 237.3 - \frac{(237.3 - 100.1) \times 1.05}{2.7} = 183.9\text{kPa}$$

$$M_\text{I} = \frac{1}{12} a_1^2 [(2b + a')(p_{j\max} + p_{j\text{I}}) + (p_{j\max} - p_{j\text{I}})b]$$

$$= \frac{1}{12} \times 1.05^2 \times [(2 \times 1.8 + 0.4)(237.3 + 183.9) + (237.3 - 183.9) \times 1.8]$$

$$= 163.6\text{kN} \cdot \text{m}$$

Ⅱ—Ⅱ 截面处

$$M_\text{II} = \frac{1}{48}(b - a_1^2)(2b + b_1)(p_{j\max} + p_{j\min})$$

$$= \frac{1}{48} \times (1.8 - 0.4)^2 \times (2 \times 2.7 + 0.6) \times (237.3 + 100.1)$$

$$= 82.7\text{kN} \cdot \text{m}$$

选取钢筋等级为 HPB235 级，则 $f_y = 210\text{MPa}$

$$A_{s\text{I}} = \frac{163.6 \times 10^6}{0.9 \times 210 \times 520} = 1664.6\text{mm}^2$$

则基础长边方向选取 $\Phi14@170(A_{s\text{I}} = 1692.9\text{mm}^2)$

$$A_{s\text{II}} = \frac{82.7 \times 10^6}{0.9 \times 210 \times (520 - 14)} = 865\text{mm}^2$$

基础短边方向由构造要求选取 $\Phi10@200\text{mm}(A_{s\text{II}} = 1099\text{mm}^2)$，钢筋布置如图 2-8-9 所示。

## §2.9　减轻不均匀沉降危害的措施

地基的过量变形将使建筑物损坏或影响其使用功能。特别是高压缩性土、膨胀土、湿陷性黄土以及软硬不均等不良地基上的建筑物，由于总沉降量大，相应的不均匀沉降也较大，因此，如果计算时考虑不周，就更易因不均匀沉降而开裂损坏。

不均匀沉降常引起砌体承重结构开裂，尤其是在墙体窗口门洞的角位处。裂缝的位置和方向与不均匀沉降的状况有关。如果墙体中间部分的沉降比两端大（碟形沉降），则墙体两端部的斜裂缝将呈"八"字形，有时（墙体长度大）还在墙体中部下方出现近乎竖直的裂缝。如果墙体两端部的沉降大（倒碟形沉降），则斜裂缝将呈倒"八"字形。当基础下的土层分布较均匀时，易出现碟形沉降，而中部有硬土层凸起的地基会产生倒碟形沉降。当建筑物各部分的荷载或高度差别较大时，重、高部分的沉降也常较大，并导致轻、低部分产生斜裂缝。

对于框架等超静定结构来说，各柱的沉降差必将在梁柱等构件中产生附加内力。当这些附加内力与设计荷载作用下的内力之和超过构件的承载能力时，梁、柱端和楼板将会出现裂缝。

了解上述这些规律，将有助于事前采取措施和事后分析裂缝产生的原因。

如何防止或减轻不均匀沉降造成的损害，是设计必须考虑的问题。解决这一问题的途径有二：一是设法增强上部结构对不均匀沉降的适应能力；二是设法减少不均匀沉降量或总沉降量。具体的措施有：① 采用柱下条形基础、筏形基础和箱形基础等，以减小地基的不均匀沉降；② 采用桩基或其他深基础，以减少总沉降量，这样不均匀沉降也会相应减少；③ 对地基某一深度范围或局部进行人工处理；④ 从地基、基础、上部结构相互作用的观点出发，在建筑、结构和施工方面采取措施，以增强上部结构对不均匀沉降的适应能力，现介绍如下：

### 2.9.1　建筑措施

(1) 建筑物的体型应力求简单，高差不宜过大；

(2) 控制建筑物的长高比，合理布置墙体；

(3) 合理设置沉降缝；

(4) 相邻建筑物基础间应有一定的净距；

(5) 调整建筑物设计标高。

### 2.9.2　结构措施

(1) 减小或调整基底附加应力：设置地下室或调整基底尺寸。

(2) 减轻建筑物自重:减小墙体重量,选用轻型结构或采用轻型基础。

(3) 增强结构刚度和强度:设置圈梁和基础梁(地梁)。

(4) 采用对不均匀沉降欠敏感的结构型式。

### 2.9.3 施工措施

(1) 遵循先重后轻、先高后低的施工程序。

(2) 注意堆载、沉桩和降水等对邻近建筑物的影响。

(3) 注意避免对基土的扰动。

## 习　题　2

[2-1] 某场地土层分布及各项物理力学指标如习题图 2-1 所示,若在该场地拟建下列基础:① 柱下扩展基础,底面尺寸为 2.6m×4.8m,基础底面设置于粉质粘土层顶面;② 高层箱形基础,底面尺寸 12m × 45m,基础埋深为 4.2m。试确定这两种情况下持力层承载力特征值。

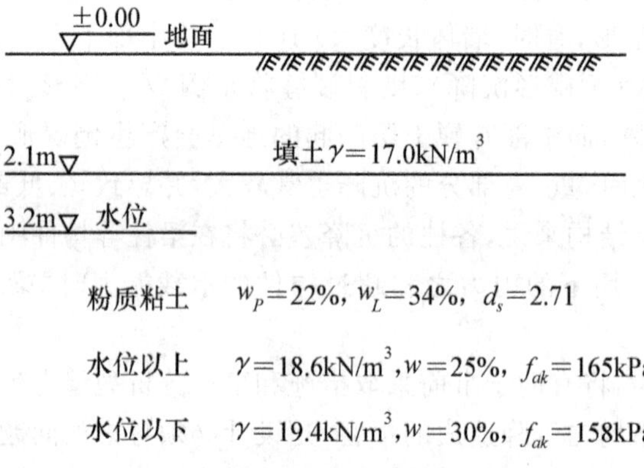

±0.00 地面

−2.1m 填土 $\gamma=17.0\text{kN/m}^3$

−3.2m 水位

粉质粘土 $w_P=22\%$, $w_L=34\%$, $d_s=2.71$

水位以上 $\gamma=18.6\text{kN/m}^3$, $w=25\%$, $f_{ak}=165\text{kPa}$

水位以下 $\gamma=19.4\text{kN/m}^3$, $w=30\%$, $f_{ak}=158\text{kPa}$

习题图 2-1

[2-2] 某框架柱截面尺寸为 40mm × 300mm,传至室内外平均标高位置处的竖向力标准值 $F_k = 700\text{kN}$,力矩标准值 $M_k = 80\text{kN}\cdot\text{m}$,水平剪力标准值 $v_k = 13\text{kN}$;基础底面距室外地坪为 $d = 1.0\text{m}$。基底以上为填土,填土重度 $\gamma_1 = 17.5\text{kN/m}^3$;持力层为粘性土,下卧层为淤泥土,土体物理力学性质指标如习题图 2-2 所示,试确定柱基础的底面尺寸。

[2-3] 建于粉土地基上的地下室底板宽度 $b = 10\text{m}$,长度 $l = 20\text{m}$,埋深 $d = 3\text{m}$,作用于基底的中心荷载设计值 $F_k = 21.96\text{MN}$。粉土的土粒比重 $d_s = 2.67$,孔隙比 $e = 0.815$,不固结不排水抗剪强度 $c_u = 17.5\text{kPa}$。地下水位距地面 2m,水位以上土的重度 $\gamma_0 = 18\text{kN/m}^3$。试根据所给资料以所有可能的方法确定地基承载力特征值,并验算基底面积是否足够。

[2-4] 某承重墙厚 240mm,作用于地面标高处的荷载 $F_k = 180\text{kN/m}$,拟采用砖基础,埋深 1.2m。地基土为粉质粘土,$\gamma = 18\text{kN/m}^3$,$e_0 = 0.9$,$f_{ak} = 170\text{kPa}$。试确定砖基础的底面宽度,并按二皮一收砌法画出基础剖面示意图。

[2-5] 某柱基承受的轴心荷载 $F_k = 1.05\text{MN}$,基础埋深为 1m,地基土为中砂,$\gamma =$

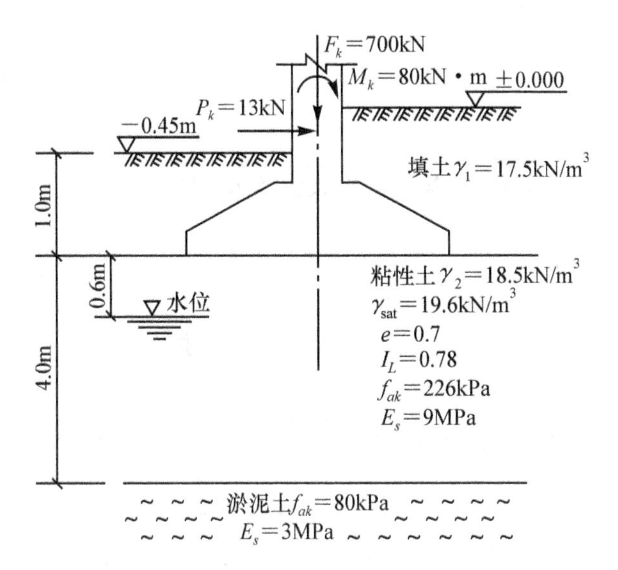


习题图 2-2

$18kN/m^3$，$f_{ak}=280kPa$。试确定该基础的底面边长。

[2-6] 某厂房柱断面为 600mm×400mm。基础受竖向荷载标准值 $F_k=780kN$，力矩标准值 $M_k=120kN\cdot m$，水平荷载标准值 $H_k=40kN$，作用点位置在±0.00 处。地基土上层为填土，厚 1.8m，重度 $\gamma=17kN/m^3$；第二层为粉质粘土，$\gamma=19.1kN/m^3$，$d_s=2.72$，$w=24\%$，$w_L=30\%$，$w_p=21\%$，$f_{ak}=210kPa$。基础埋深为 1.8m，试设计柱下钢筋混凝土独立基础。

[2-7] 某六层砌体承重结构住宅底层 240mm 厚的承重墙传至地面标高处的竖向轴心荷载为 $F_k=187kN/m$。地面下厚度为 4.5m 的粘土层的物理指标：$\gamma=18.5kN/m^3$，$w=32.9\%$，$d_s=2.70$，$w_L=46.1\%$，$w_p=25.0\%$(承载力回归修正系数 $\psi_f=0.898$)。其下为淤泥质粘土：$w=55\%$，$\psi_f=0.947$。地下水位在地面下 2.0m 处。(1) 试设计承重墙基础(用 MU7.5 砖和 M5 砂浆)，取埋深 $d=1.0m$；(2) 验算软弱下卧层$\left(\frac{E_{s1}}{E_{s2}}=3\right)$；(3) 如粘土层厚度为 3.5m，原方案是否适宜？(4) 如地基条件与第 3 项相同，试作出墙下钢筋混凝土基础设计并配筋。

# 第3章 连续基础

## §3.1 概 述

柱下条形基础、交叉条形基础、筏板基础和箱形基础统称为连续基础。连续基础具有如下特点：

(1) 具有较大的基础底面积，能承担较大的建筑物荷载，易于满足地基承载力的要求。

(2) 连续基础的连续性可以大大加强建筑物的整体刚度，有利于减小不均匀沉降及提高建筑物的抗震性能。

(3) 对于箱形基础和设置了地下室的筏板基础，可以有效地提高地基承载力，并能以挖去的土重补偿建筑物的部分(或全部)重量。

连续基础一般可以看成是地基上的受弯构件——梁或板。连续基础的挠曲特征、基底反力和截面内力分布都与地基、基础以及上部结构的相对刚度特征有关。因此，应该从上述三者相互作用的观点出发，采用适当的方法进行地基上梁或板的分析与设计。在相互作用分析中，地基模型的选择是最为重要的。本章将重点介绍弹性地基模型及地基上梁的分析方法，然后阐述其构造要求和简化计算方法。

**【本章主要学习目的】**学习完本章后，读者应能做到：

1. 了解常用的地基模型；
2. 掌握梁式基础简化分析方法、数值分析方法和设计方法；
3. 掌握筏板基础的设计要求以及基础计算方法；
4. 掌握箱形基础结构设计方法；
5. 了解上部结构、基础和地基共同作用的原理和分析方法。

## §3.2 梁式基础

### 3.2.1 适用条件

(1) 上部结构荷载比较大，而地基承载力又较低，需要较大的基础底面积；

(2) 采用单独基础在平面尺寸上受到限制而无法扩展；

(3) 地基地质条件变化较大或局部有不均匀软弱地基；

(4) 各柱荷载差异过大；

(5) 需增加基础刚度，以减少地基变形，防止基础产生过大的不均匀沉降。

### 3.2.2　地基模型

地基模型(亦称为土的本构定律、本构关系)是研究土体在受力状态下的应力—应变关系。广义地说,地基模型研究的是应力、应变、应变率、应力水平、应力历史、应力路径、加载率、时间及温度等之间的函数关系。

由于土性态的复杂性,要用一个普遍都能适用的数学模型来描述土的性态是非常困难的,因此合理地选择地基模型是地基计算的一个重要问题。土的力学模型的选择不一定是唯一的,在选择土的计算模型的过程中,首先必须了解各种地基模型的适用条件,选取的地基模型必须符合或比较符合所分析的地基土的特性,模型的选取应充分考虑到地基土的类型和性质、基础类型和外荷载的性质等因素。

下面简单介绍几种地基模型。

1. 线性弹性地基模型

(1) 文克尔模型(见地基上梁的数值分析)。

(2) 弹性半无限体地基模型。

弹性半无限体地基模型把地基假定为均匀的、各向同性的、弹性的半无限体。如图3-2-1所示,当集中荷载 $P$ 作用在弹性半无限体表面上时,根据布辛奈斯克公式可得到地表面与荷载作用点距离为 $r$ 的点 $i$ 的竖向变形,即

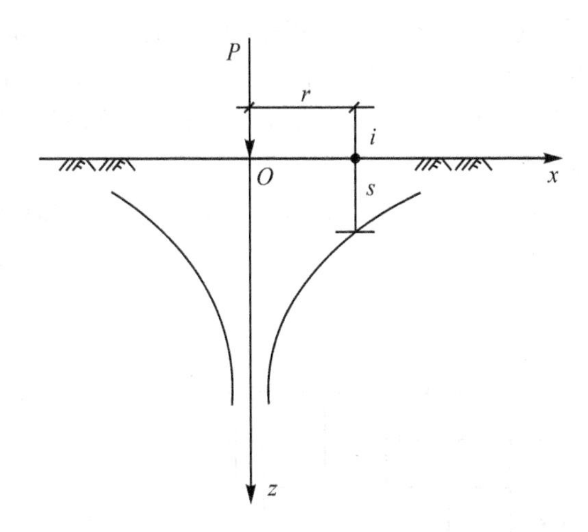


图3-2-1　集中荷载 $P$ 作用在弹性半无限体表面上,$i$ 点的竖向位移

$$s=\frac{P(1-\mu^2)}{\pi Er} \tag{3-2-1}$$

从上式可知,当 $r$ 趋近于0时,将会得到 $s$ 趋向于无穷大的不合理结果。事实上集中荷载是一种假定,荷载总是有作用面积的。如图3-2-2所示,对于在均布荷载下矩形面积中点 $O$ 的竖向变形,可以对式(3-2-1)积分求得

$$s_0=2\int_0^{\frac{a}{2}}2\int_0^{\frac{b}{2}}\frac{P}{ab}\times\frac{(1-\mu^2)}{\pi E}\times\frac{1}{\sqrt{\xi^2+\eta^2}}\mathrm{d}\xi\mathrm{d}\eta=\frac{P(1-\mu^2)}{\pi Ea}F_{ii} \tag{3-2-2}$$

$$F_{ii}=2\frac{a}{b}\left\{-\ln\left(\frac{a}{b}\right)+\frac{b}{a}\ln\left[\frac{a}{b}+\sqrt{\left(\frac{a}{b}\right)^{2}+1}\right]+\ln\left[1+\sqrt{\left(\frac{a}{b}\right)^{2}+1}\right]\right\} \quad (3\text{-}2\text{-}3)$$

式中：$E$、$\mu$——分别为土的变形模量和泊松比。

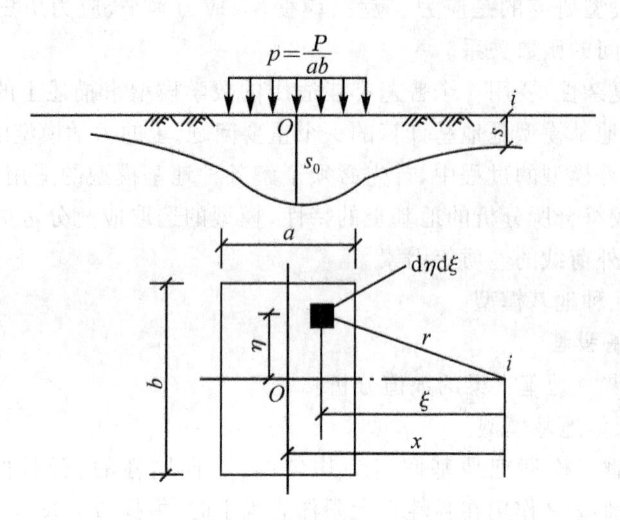


图 3-2-2 矩形均布荷载 $p$ 作用下，矩形面积中点 $O$ 的竖向位移

对于荷载面积以外的任意点变形，同样可以用积分求得，不过计算十分繁琐。

弹性半无限体地基模型考虑了压力扩散作用，比文克尔地基模型更合理一些，但是该模型没有反映地基土的分层特性，且认为压力扩散到无限远，因此，算得的变形往往是偏大的。

(3) 有限压缩层地基模型。

有限压缩层地基模型（分层地基模型，如图 3-2-3 所示）以分层总和法为基础，应用布辛奈斯克公式求得，地基土根据其性质划分为不同厚度的土层，每一土层内的土具有相同的压缩模量。

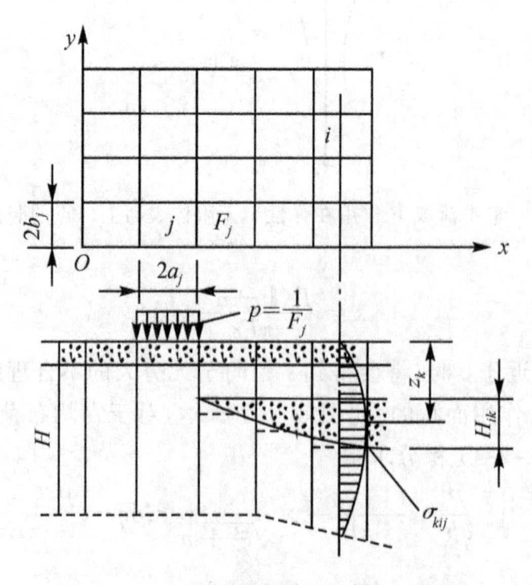


图 3-2-3 有限压缩层地基模型示意图

分层总和法计算基础沉降的一般表达式为

$$s = \sum_{i=1}^{m} \frac{\sigma_{zi}\Delta H_i}{E_{si}} \tag{3-2-4}$$

式中：$\sigma_{zi}$—— 第 $i$ 土层的平均附加应力(kPa)；

$\Delta H_i$—— 第 $i$ 土层的厚度(m)；

$E_{si}$—— 第 $i$ 土层的压缩模量(kPa)；

$m$—— 压缩层范围内土层的分层数。

采用有限压缩层地基模型计算时，对整个基础基底反力与沉降之间的关系可以表示为

$$\{S\} = [N]\{P\} \tag{3-2-5}$$

有限压缩层地基模型的柔度系数按下式计算(见图 3-2-3)，即

$$\sigma_{ij} = \sum_{i=1}^{m} \frac{\sigma_{zijk}\Delta H_{ik}}{E_{sik}} \tag{3-2-6}$$

式中：$\sigma_{zijk}$——$j$ 单元中点处的单位集中附加压力作用下在 $i$ 单元中点下第 $k$ 土层产生的平均附加应力(kPa)；

$\Delta H_{ik}$——$i$ 单元中点下第 $k$ 土层的厚度(m)；

$E_{sik}$——$i$ 单元中点下第 $k$ 土层的压缩模量(kPa)。

有限压缩层地基模型在分析时用弹性理论的方法计算地基应力，用土力学中的分层总和法计算地基变形，能较好地反映基底下各土层的变化特性，实际应用的结果表明，其计算结果更符合实际，因而在我国的建筑工程中被广泛应用。

2. 非线性弹性地基模型

1963 年，库德尔(Konder)提出土的应力-应变关系为曲线型，如图 3-2-4 所示，邓肯(Duncan)和张(Chang)根据这个关系，考虑摩尔-库仑强度理论，导出了双曲线模型的切线模量 $E_i$ 和切线泊松比 $\mu_t$ 的公式，称为 $E$-$\mu$ 模型。

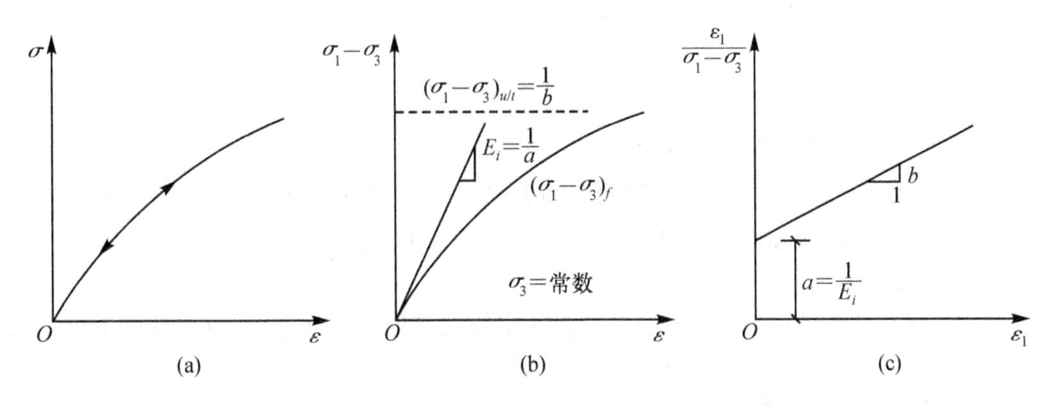


图 3-2-4　非线性弹性地基模型的应力-应变关系曲线

$$E_t = \left[1 - \frac{R_f(1-\sin\varphi)(\sigma_1-\sigma_3)}{2c\times\cos\varphi + 2\sigma_3\sin\varphi}\right]^2 k \times p_a \times \left(\frac{\sigma_3}{p_a}\right)^n \tag{3-2-7}$$

式中：$E_t$—— 地基土的切线模量(kPa)；

$\varphi$—— 土的内摩擦角(°)；

$\sigma_1, \sigma_3$—— 竖向主应力、周围压力(kPa)；

$R_f$—— 破坏比，试样破坏时的主应力差$(\sigma_1-\sigma_3)_f$与轴向主应变趋近于无穷时的主应力差$(\sigma_1-\sigma_3)_{ult}$之比；

$p_a$—— 大气压力(kPa)；

$k$、$n$—— 系数，由三轴试验确定。

同理
$$\mu_t=\frac{G-F\lg\left(\frac{\sigma_3}{p_a}\right)}{1-A^2} \tag{3-2-8}$$

$$A=\frac{(\sigma_1-\sigma_3)d}{kp_a\left(\frac{\sigma_3}{p_a}\right)^n\left[1-\frac{R_f(1-\sin\varphi)(\sigma_1-\sigma_3)}{2c\cos\varphi+2\sigma_3\sin\varphi}\right]} \tag{3-2-9}$$

式中：$\mu_t$ —— 切线泊松比；

$G,F,d$—— 三个试验参数。

由于该模型是非线性弹性地基模型，所以在计算时应采用增量法，能用于上部结构与地基基础共同作用分析。该模型的主要缺点是忽略了应力路径和剪胀性影响。

### 3.2.3 梁式基础简化分析方法

1. 静定分析法

静定分析法是一种已沿用很久的简化分析方法。当柱荷载较均匀，柱距相差不大，基础与地基比较相对高度较大时，可以忽略柱子的不均匀沉降，满足静力平衡条件下梁的内力计算法。地基反力以线性分布作用于梁底，用材料力学的截面法求解梁的内力。该方法不考虑地基基础与上部结构的共同作用，因而在荷载和直线分布的反力作用下产生整体弯曲，所求得的是基础最不利情况下的结果，截面上的弯矩绝对值往往偏大。这种方法适用于柔性的上部结构、且基础刚度比较大的情况。如图 3-2-5 所示，先将柱端视为固端，经上部结构分析得到固端荷载 $P_1\sim P_4$、$M_3$ 和 $M_4$，梁上可能还受有局部分布荷载 $q$。假定基底反力呈直线分布，按静力平衡求出反力的最大值 $p_{max}$ 和最小值 $p_{min}$，即

$$p_{\min}^{\max}=\frac{\sum P}{BL}\pm\frac{6\sum M}{BL^2} \tag{3-2-10}$$

式中：$B$、$L$—— 梁的宽度和长度(m)；

$\sum P$、$\sum M$—— 荷载(不包括梁自重和上覆土重)的合力(kN)和合力矩(kN·m)。

逐个控制截面截取隔离体，按静力平衡理论即可求出梁的内力。

2. 倒梁法

倒梁法是将柱下条形基础看做以柱脚为固定铰支座的倒置连续梁，以线性分布的基底净反力作为荷载，用弯矩分配法或查表法求解倒置连续梁的内力，如图 3-2-6 所示。

(1) 适用条件。

① 由于倒梁法在假定中忽略了基础梁的挠度和各柱脚的竖向位移差，且假定基底净反力为线性分布，故应用倒梁法时应限制相邻柱荷载差不超过 20%，柱间距不宜过大，且应尽量等间距。

② 若地基比较均匀，基础或上部结构刚度较大，条形基础的高度大于$\frac{1}{6}$柱距，则倒梁法计算的内力比较接近实际。

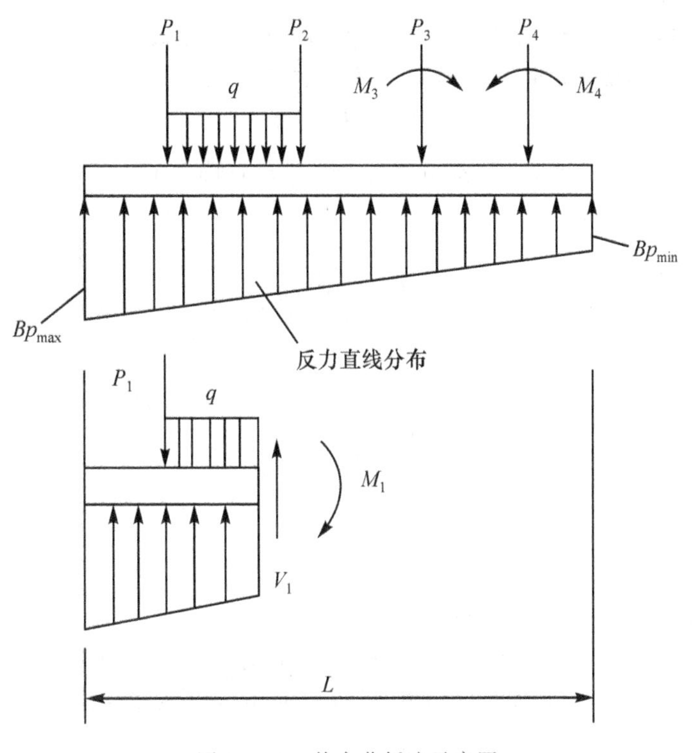


图 3-2-5　静定分析法示意图

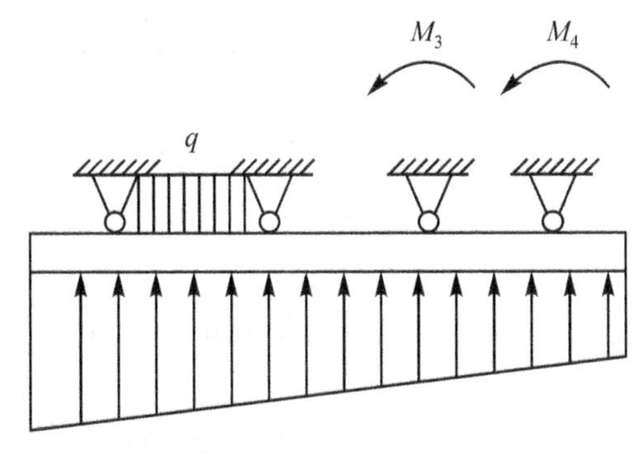


图 3-2-6　倒梁法示意图

(2) 计算步骤。

① 根据初步选定的柱下条形基础尺寸和荷载,求得计算简图。

② 按线性分布计算基底净反力(求法同静定分析法)。

③ 用弯矩分配法或查表法计算弯矩、剪力和支座反力。

④ 调整不平衡力。

⑤ 继续用弯矩分配法或查表法计算内力和支座反力,重复步骤 ④ 直至不平衡力在计算容许精度范围(一般不超过荷载的 20%) 以内。

⑥ 将逐次计算结果叠加,得到内力最终计算值。

(3) 调整不平衡力。

由于倒梁法选用了简化的假定，第一次计算的支座反力 $R_i$ 并不等于柱子传来的荷载 $P_i$，因此应通过逐次调整来消除不平衡力。各柱脚的不平衡力为

$$\Delta P_i = P_i - R_i \tag{3-2-11}$$

将各支座的不平衡力均匀分布在相邻两跨的各$\frac{1}{3}$跨度范围内。

对边跨支座

$$\Delta P_i = \frac{\Delta R_i}{l_0 + \frac{l_1}{3}} \tag{3-2-12}$$

对中间支座

$$\Delta P_i = \frac{\Delta R_i}{\frac{l_{i-1}}{3} + \frac{l_i}{3}} \tag{3-2-13}$$

式中：$\Delta P_i$—— 不平衡均匀力(kN/m)；

$l_0$—— 边跨长度(m)；

$l_{i-1}$、$l_i$——$i$ 支座左、右跨长度(m)。

**【例题 3-2-1】** 某柱下钢筋混凝土条形基础，总长为 20m，基底宽度 $b = 2.4\text{m}$，基础抗弯刚度 $E_cI = 3.8\times10^6 \text{kN}\cdot\text{m}^2$，其他条件如图 3-2-7 所示，试用倒梁法计算地基反力和基础内力。

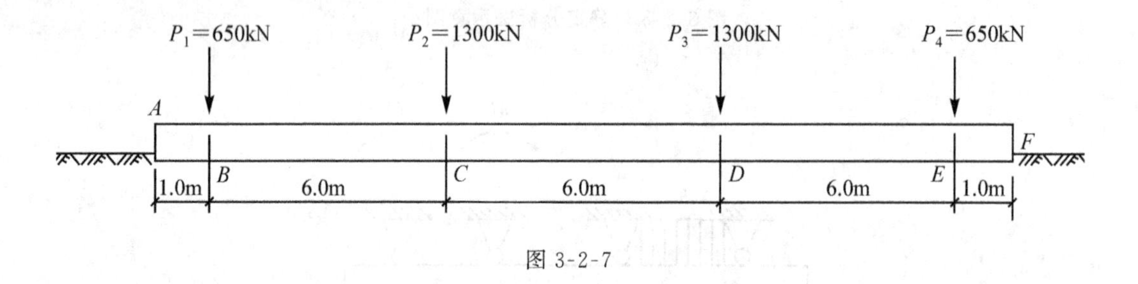


图 3-2-7

**解** (1) 计算地基的净反力。假定基底反力均匀分布，如图 3-2-8 所示，基底反力值为

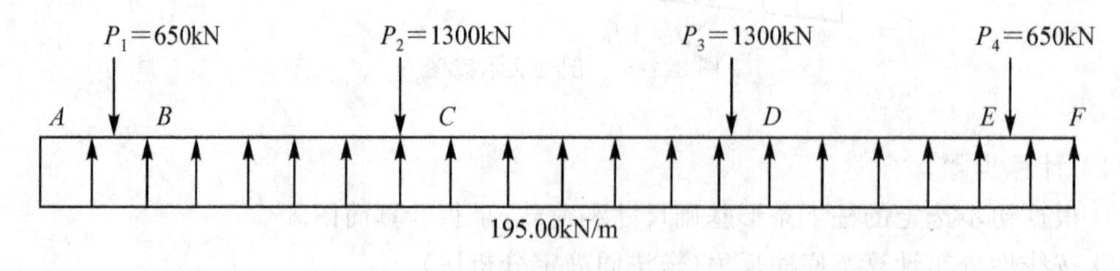


图 3-2-8

$$p = \frac{\sum p}{l} = \frac{2\times(650+1300)}{20} = 195\text{kN/m}$$

(2) 将基础梁当成以柱端为不动支座的三跨连续梁，在基础底面作用以均布反力为

$p=195\text{kN/m}$ 时，各支座反力为

$$R_B = R_E = 682.5\text{kN}$$
$$R_C = R_D = 1267.5\text{kN}$$

均布的地基净反力作用在三跨连续梁内产生的弯矩如图 3-2-9 所示。

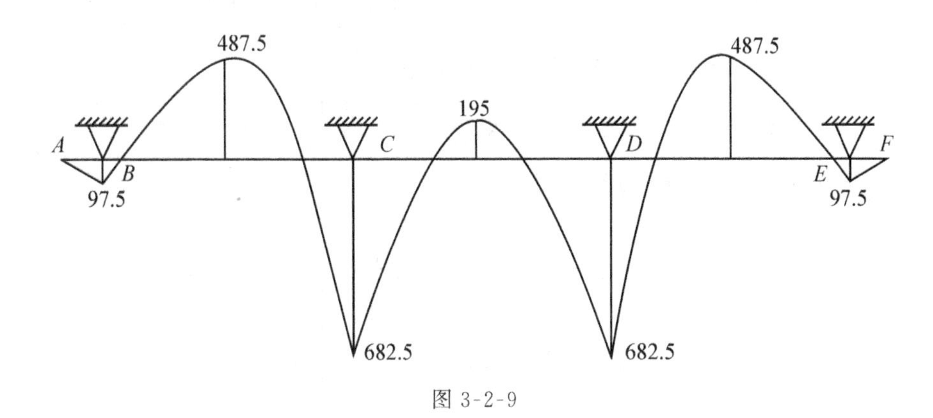


图 3-2-9

(3) 由于支座反力与柱荷载不相等，在支座处存在不平衡力，各支座的不平衡力为

$$\Delta P_B = \Delta P_E = 650 - 682.5 = -32.5\text{kN}$$
$$\Delta P_C = \Delta P_D = 1300 - 1267.5 = 32.5\text{kN}$$

将支座不平衡力均匀分布于支座两侧各$\frac{1}{3}$跨度范围对 $B$、$E$ 支座有

$$\Delta q_B = \Delta q_E = \frac{1}{1+\frac{l}{3}}\Delta P_B = \frac{1}{1+2}\times(-32.5) = -10.83\text{kN/m}$$

对 $C$、$D$ 支座有

$$\Delta q_C = \Delta q_D = \frac{1}{\frac{l}{3}+\frac{l}{3}}\Delta P_C = \frac{1}{2+2}\times 32.5 = 8.13\text{kN/m}。$$

(4) 将均布不平衡力 $\Delta q$ 作用于连续梁上，如图 3-2-10 所示。计算支座反力 $\Delta R'_B$、$\Delta R'_C$、$\Delta R'_D$、$\Delta R'_E$。

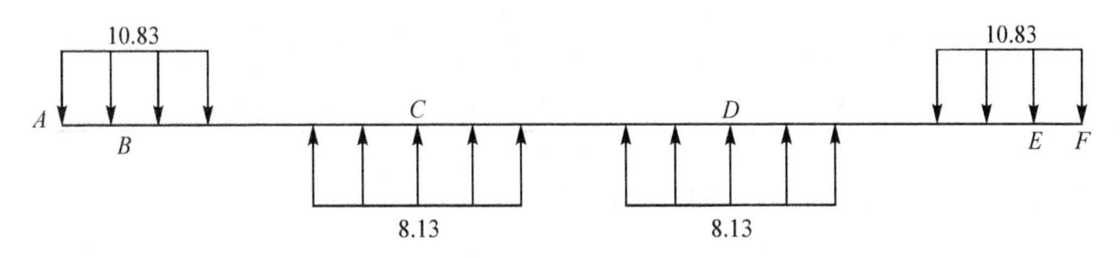


图 3-2-10(单位：kN/m)

① 不平衡力引起的固端弯矩计算，如图 3-2-11 所示。

$$M_{AB} = \frac{\Delta q_1 a^2}{6}\left(3 - \frac{4a}{l} + \frac{3a^2}{2l^2}\right) + \frac{\Delta q_2 a^2}{3}\left(\frac{a}{l} - \frac{3a^2}{4l^2}\right)$$

当 $l=6.0\text{m}, a=2.0\text{m}$(均布荷载作用范围)时

$$M_{BC}=\frac{10.83\times 2^2}{6}\times\left(3-\frac{4\times 2}{6}+\frac{3\times 2^2}{2\times 6^2}\right)+\frac{-8.125\times 2^2}{3}\times\left(\frac{2}{6}-\frac{3\times 2^2}{4\times 6^2}\right)$$

$$=13.24+(-2.71)=10.53\text{kN}\cdot\text{m}$$

$$M_{CB}=\frac{8.125}{-10.83}\times(-13.24)+\frac{(-10.83)}{8.125}\times 2.71$$

$$=9.93-3.61=6.32\text{kN}\cdot\text{m}$$

$$M_{CD}=\frac{-8.125\times 2^2}{6}\times\left(3-\frac{4\times 2}{6}+\frac{3\times 2^2}{2\times 6^2}\right)+\frac{-8.125\times 2^2}{3}\times\left(\frac{2}{6}-\frac{3\times 2^2}{4\times 6^2}\right)$$

$$=-9.93-2.71=-12.64\text{kN}\cdot\text{m}$$

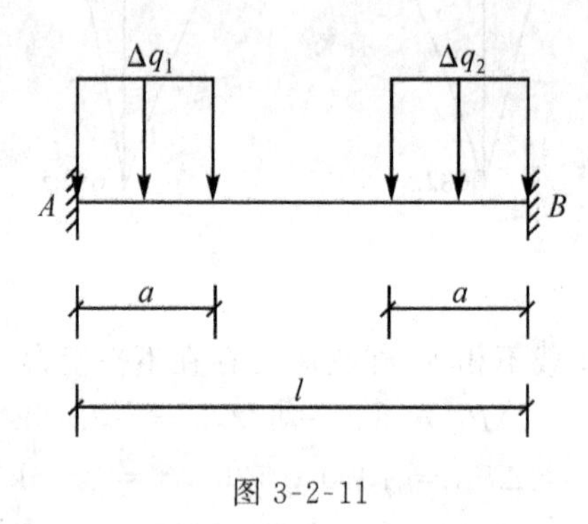


图 3-2-11

$AB$,$EF$ 为悬臂段

$$M_{B左}=M_{E右}=10.83\times\frac{1^2}{2}=5.42\text{kN}\cdot\text{m}$$

② 用弯矩分配法计算不平衡力引起的基础梁弯矩,如表 3-2-1 所示。

**表 3-2-1**

| A | B | | C | | D | | E | F |
|---|---|---|---|---|---|---|---|---|
| 5.42 | −5.42 | 0.439 | 0.571 | 0.571 | 0.439 | 5.42 | −5.42 | |
| | 10.53 | 6.32 | −12.64 | 12.64 | −6.32 | −10.53 | | |
| | | −5.27 | | | 5.27 | | | |
| | −10.53 | 4.97 | 6.62 | −6.62 | −4.97 | 10.53 | | |
| | −5.42 | 6.03 | −6.03 | 6.03 | −6.03 | 5.42 | −5.42 | |

③ 不平衡力引起的基础梁支座反力为

$$\Delta R'_B=\Delta R'_E=\frac{-10.83\times 3\times 5.5+8.125\times 2-6.03}{6}=-28.08\text{kN}$$

$$\Delta R'_C=\Delta R'_D=\frac{10.83\times 3\times 11.5-8.125\times 4\times 6-8.125\times 2-6.03+26.07\times 12}{6}$$

$$=28.08\text{kN}$$

将均布反力 $p$ 和不平衡力 $\Delta q$ 所引起的支座反力叠加,得一次调整后的支座反力为

$$R'_B = R'_E = R_B + \Delta R'_B = 654.4\text{kN}$$

$$R'_C = R'_D = R_C + \Delta R'_C = 1295.6\text{kN}$$

(5) 比较调整后的支座反力和柱荷载，差值在容许范围内，故将均布反力 $p$ 与不平衡力 $\Delta q$ 相叠加得到地基反力分布，如图 3-2-12 所示。

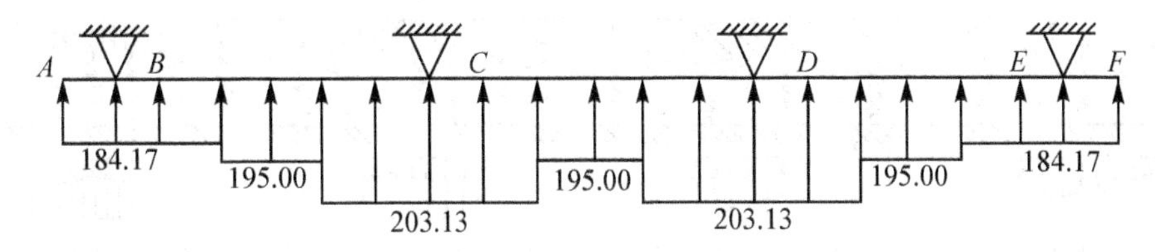


图 3-2-12 (单位:kN)

由地基反力图及外部荷载计算可得基础梁内力图如图 3-2-13 所示。

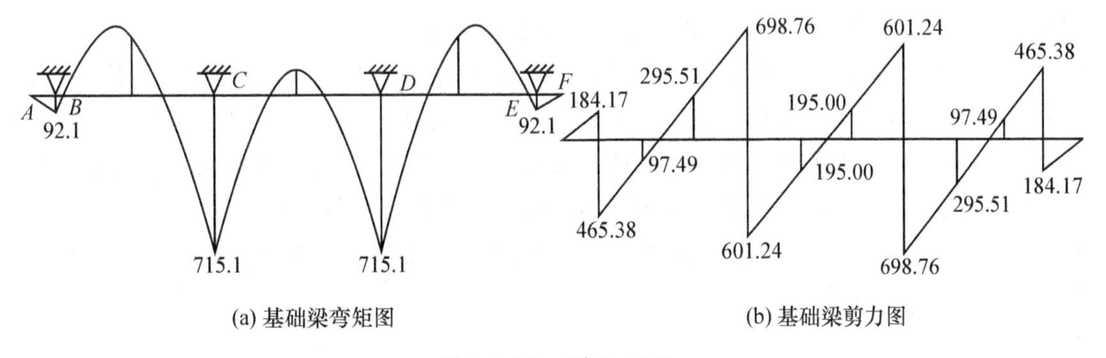


图 3-2-13 (单位:kN)

### 3.2.4 地基上梁的数值分析

1. 文克尔地基上的梁

前述静定分析法和倒梁法没有考虑基础梁与地基之间的共同作用，因此是比较粗略的计算。考虑地基与基础共同作用求解基础梁底面反力、位移及其内力时，首先应将实际工程中类型及性状各异的地基土理想化。使土特性理想化的最简单形式是假设地基土是线性弹性体。1867 年，捷克工程师文克尔(E. Winkler)在计算铁路钢轨时提出的弹簧地基模型就是最早的和常用的一种模型，用这个地基模型可以求出基础梁的解析解。

(1) 文克尔基本假设。

地基上任一点所受的压力强度 $p$ 与该点地基变形量 $s$ 成正比，该点地基变形量与其他各点压强无关，即

$$p = ks \tag{3-2-14}$$

式中：$p$—— 地基上任一点的压力强度；

$k$—— 基床系数；

$s$—— 压力作用点的地基变形量。

以上假设，实质上就是把地基看做是无数小土柱组成，并假设各土柱之间无摩擦力，即将地基视为无数不相联系的弹簧组成的体系。对某一种地基，基床系数为一定值，这就是著名的文克尔地基模型，如图 3-2-14 所示。

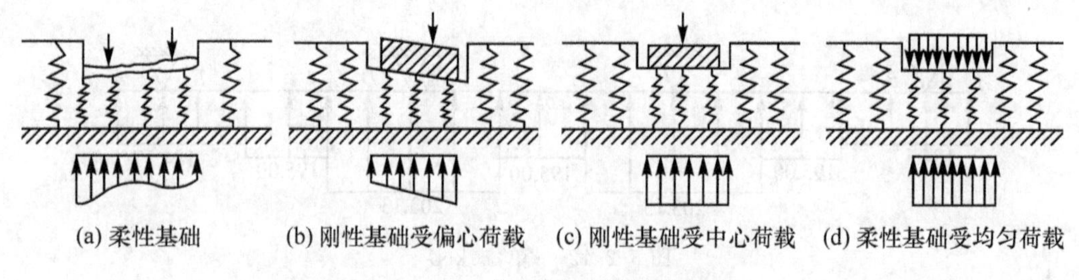


图 3-2-14　文克尔地基模型示意图

从模型上施加不同荷载情况可以看出，基底压力图形与基础的竖向位移图是相似的，绝对刚性基础因基底各点竖向位移呈线性变化，故其反力呈直线分布。

按照文克尔地基模型，地基的沉降只发生在基底范围以内，这与实际情况不符，如图 3-2-15 所示。其原因在于忽略了地基中的剪应力，而正是由于剪应力的存在，地基中的附加应力 $\sigma_z$ 才能向旁扩散分布，使基底以外的地表发生沉降。因此，文克尔地基模型一般适用于抗剪强度很低的半液态土（如淤泥、软粘土等）地基，或基底下塑性区相对较大的情况，以及厚度不超过梁或板的短边宽度之半的薄压缩层地基，因为在以上情况下土的剪应力不会很大。

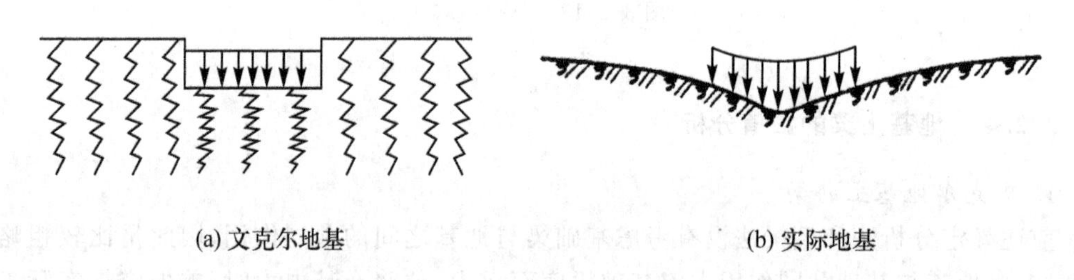


图 3-2-15　文克尔地基变形与实际地基变形比较示意图

（2）基础梁挠曲微分方程。

图 3-2-16 为文克尔地基上的基础梁，梁的宽度为 $B$，取长度为 $\mathrm{d}x$ 的微段进行分析，其上作用有分布荷载 $q$ 等荷载和基底反力 $p$，以及微段左右截面上的弯矩 $M$ 和剪力 $V$，如图 3-2-16(b) 所示。

其力的平衡条件有

$$V-(V+\mathrm{d}V)+p(x)B\mathrm{d}x-q(x)\mathrm{d}x=0$$

由此得到

$$\frac{\mathrm{d}V}{\mathrm{d}x}=Bp(x)-q(x) \tag{3-2-15}$$

则梁的挠曲微分方程为

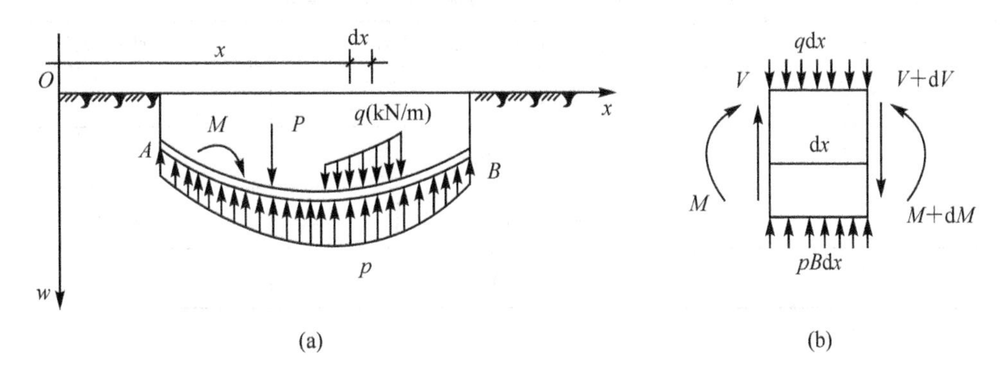


图3-2-16　弹簧地基上的梁及梁元素受力分析示意图

$$EI\frac{d^2w}{dx^2}=-M \tag{3-2-16}$$

对式(3-2-16)两端微分两次，得到

$$EI\frac{d^4w}{dx^4}=\frac{d^2M}{dx^2}=-\frac{dv}{dx}=Bp(x)+q(x) \tag{3-2-17}$$

根据变形协调条件，某处梁的地基沉降$s$应与该点处梁的挠度$w$相等，即$s=w$。于是有

$$p=ks=kw \tag{3-2-18}$$

将上式代入式(3-2-17)得到文克尔地基上梁的挠曲微分方程

$$EI\frac{d^4w}{dx^4}=-Bkw+q(x) \tag{3-2-19}$$

式中：$w$—— 基础梁的挠度；

$E$、$I$—— 基础梁的弹性模量、截面惯性矩；

$p(x)$—— 基底反力；

$q(x)$—— 基础梁上均布荷载。

对梁上荷载$q(x)=0$的区段，式(3-2-19)写为齐次四阶常系数微分方程

$$\frac{d^4w}{dx^4}+4\lambda^4w=0 \tag{3-2-20}$$

式中：$\frac{1}{\lambda}$为弹性特征长度，其中$\lambda=\sqrt[4]{\frac{kB}{4EI}}$；令$l=\frac{1}{\lambda}$，$l$越大，表明梁对地基的相对刚度越大。

梁微分方程的通解为

$$w=e^{\lambda x}(C_1\cos\lambda x+C_2\sin\lambda x)+e^{-\lambda x}(C_3\cos\lambda x+C_4\sin\lambda x) \tag{3-2-21}$$

式中：$C_1$、$C_2$、$C_3$、$C_4$—— 待定积分常数，根据荷载及边界条件确定。

根据荷载作用的位置、相对刚度对计算位移和内力的影响，可以近似划分为四种模式，如表3-2-2所示。

表 3-2-2　按梁长和集中荷载位置共同确定梁的计算模式

| 梁长 $l$ | 集中荷载位置(距梁端为 $x$) | 梁的计算模式 |
|---|---|---|
| $l \geqslant \frac{2\pi}{\lambda}$ | 距两端都有 $x \geqslant \frac{\pi}{\lambda}$ | 无限长梁 |
| $l \geqslant \frac{\pi}{\lambda}$ | 仅距一端满足 $x \geqslant \frac{\pi}{\lambda}$ | 半无限长梁 |
| $\frac{4\pi}{\lambda} < l < \frac{2\pi}{\lambda}$ | 距两端都有 $x < \frac{\pi}{\lambda}$ | 有限长梁 |
| $l \leqslant \frac{\pi}{4\lambda}$ | 无关 | 刚性梁 |

(3) 几种情况的特解。

文克尔地基上的梁在以下几种情况下有特解,如表 3-2-3 所示。

表 3-2-3　文克尔地基上梁的内力的特解

| | 无限长梁受集中力 $p_0$ 作用 | 无限长梁受集中力偶 $M_0$ 作用 | 半无限长梁梁端作用集中力 $p_0$ | 半无限长梁梁端作用力偶 $M_0$ | 有限长梁 |
|---|---|---|---|---|---|
| 挠度 $w$ | $\frac{p_0\lambda}{2kB}A_x$ | $\frac{M_0\lambda^2}{kB}B_x$ | $\frac{2p_0\lambda}{kB}D_x$ | $\frac{-2M_0\lambda^2}{kB}C_x$ | $\frac{p\lambda}{kb}\bar{w}$ |
| 转角 $\theta$ | $\frac{-p_0\lambda^2}{kB}B_x$ | $\frac{M_0\lambda^3}{kB}C_x$ | $\frac{2p_0\lambda^2}{kB}A_x$ | $\frac{4M_0\lambda^3}{kB}D_x$ | |
| 弯矩 $M$ | $\frac{p_0}{4\lambda}C_x$ | $\frac{M_0}{2}D_x$ | $\frac{-p_0}{\lambda}B_x$ | $M_0A_x$ | $\frac{p}{2\lambda}\bar{M}$ |
| 剪力 $V$ | $\frac{-p_0}{2}D_x$ | $\frac{-M_0\lambda}{2}A_x$ | $-p_0C_x$ | $-2M_0\lambda B_x$ | $p\bar{V}$ |

注:$A_x$、$B_x$、$C_x$、$D_x$—— 函数,与 $\lambda x$ 有关,可查表;$p$—— 有限长梁上的集中荷载;$B$—— 梁的宽度;$\bar{w}$、$\bar{M}$、$\bar{V}$—— 梁的挠度、弯矩、剪力系数。

对于多个集中荷载作用时,可以通过叠加方法求得基础内力。

(4) 基床系数 $k$ 的确定。

1) 按荷载板试验结果确定。

取宽度 $B_1$ 为 300mm 的方形荷载板做现场载荷试验,得到荷载—沉降曲线,可得荷载板下的基床系数 $k_p$,即

$$k_p = \frac{p_2 - p_1}{s_2 - s_1} \tag{3-2-22}$$

式中:$p_1$、$p_2$—— 基础(荷载板)底面土的自重应力和土中总应力;

$s_1$、$s_2$—— 对应于 $p_1$、$p_2$ 的沉降量。

$k_p$ 一般不能直接用于实际计算,可以按太沙基建议的方法修正。

2) 理论公式与经验公式。

① 按基础平均沉降 $S_m$ 反算,用分层总和法按土的压缩性指标计算基础的若干点沉降,取其平均值 $S_m$,则基床系数 $k$ 为

$$k = \frac{p}{S_m} \tag{3-2-23}$$

式中：$p$—— 基础所受基底压力。

② 对薄压缩层地基，当压缩层厚度 $H \leqslant \frac{B}{2}$ 时

$$k = \frac{E_s}{H} \tag{3-2-24}$$

式中：$E_s$ —— 地基土的压缩模量。

③ 按变形模量 $E_0$ 换算

$$k = 0.65\sqrt[12]{\frac{E_0 B^4}{E_h I}} \times \frac{E_0}{(1-\mu_0^2)B} \approx 1.2\,\frac{E_0}{(1-\mu_0^2)B} \tag{3-2-25}$$

式中：$E_h$、$I$—— 分别为基础的弹性模量和惯性矩；

$\mu_0$—— 地基土的泊松比。

④ 利用室内固结试验成果

$$k = \frac{1}{m_v H} \tag{3-2-26}$$

式中：$H$—— 取$(0.5 \sim 1)B$；

$m_v$—— 体积压缩系数，$m_v = \frac{1}{E_s} = \frac{a}{1+e}$；

$a$、$e$—— 土的压缩系数和天然孔隙比。

⑤ 用无侧限抗压强度 $q_u$ 折算

$$k = (3 \sim 5)q_u \tag{3-2-27}$$

3）按与弹性半无限体地基模型的计算结果相比较来确定。

**【例题 3-2-2】** 钢筋混凝土条形基础长 $l = 19\text{m}$，宽 $b = 2.4\text{m}$，基础抗弯刚度 $E_c I = 3.8 \times 10^6 \text{kN}\cdot\text{m}^2$，地基为粘性土，基床系数 $k = 5.2 \times 10^3 \text{kN/m}^3$，其他条件如图 3-2-17 所示。试计算文克尔地基上梁的地基反力和基础内力。

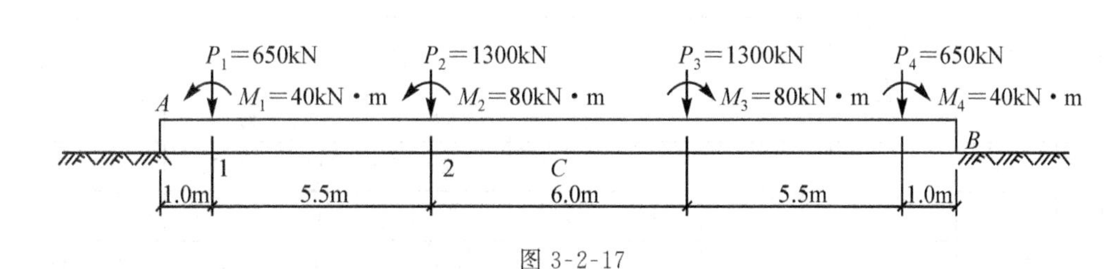


图 3-2-17

**解**　应用无限长梁的解，采用叠加的方法计算有限长梁的地基反力和基础内力。

(1) 基础梁相对刚度计算

$$k_s = kb = 5.2 \times 10^3 \times 2.4 = 12480\text{kN/m}^2$$

$$\lambda = \sqrt[4]{\frac{kb}{4E_c I}} = \sqrt[4]{\frac{5.2 \times 10^3 \times 2.4}{4 \times 3.8 \times 10^6}} = 0.169\text{m}^{-1}$$

(2) 计算方法及计算简图。

① 将有限长梁 Ⅰ 两端延长为无限长梁 Ⅱ，按无限长梁计算 $A$、$B$ 两点 $V_a$，$M_a$ 和 $V_b$，$M_b$，如图 3-2-18 所示。

② 将无限长梁 Ⅲ 的 $A$、$B$ 两点处作用两对边界条件力 $P_A$、$M_A$ 和 $P_B$、$M_B$，使它们在 $A$、

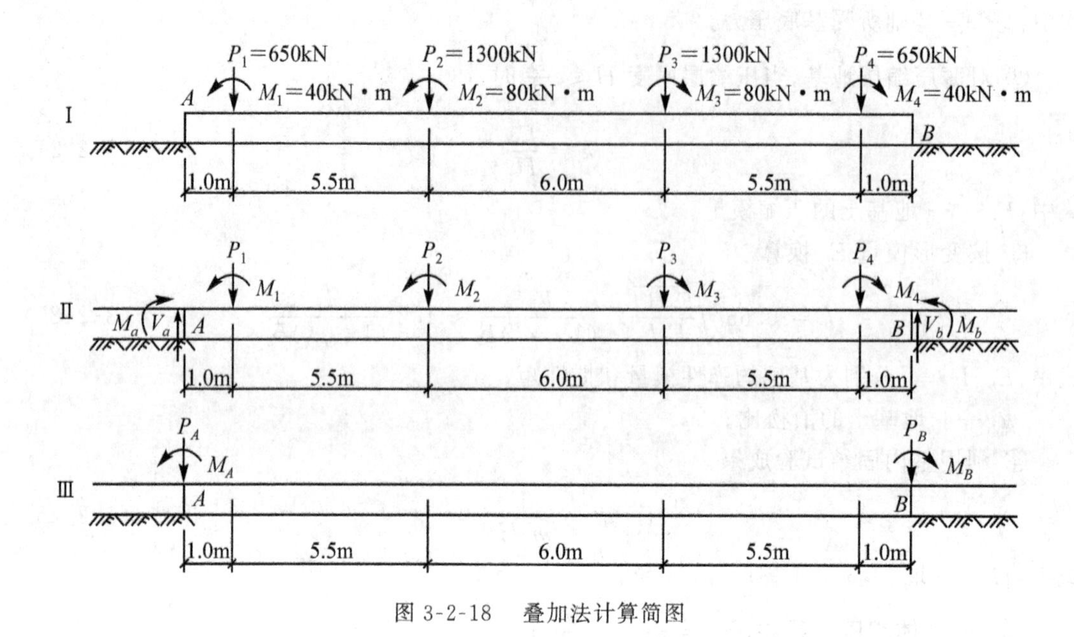

图 3-2-18　叠加法计算简图

$B$ 两点产生的内力与梁 Ⅱ 的 $A$、$B$ 两点处相应内力大小相等方向相反，以消除梁 Ⅰ 沿长为梁 Ⅱ 在梁端产生的附加内力。

③ 计算梁 Ⅱ 与梁 Ⅲ$AB$ 段的内力、挠度，并叠加即得到梁 Ⅰ 的解。

(3) 计算无限长梁 Ⅱ$A$、$B$ 两点的内力 $V_a$，$M_a$ 和 $V_b$，$M_b$。

利用对称性有 $M_a = M_b$，$V_a = -V_b$。相应计算结果如表 3-2-4 所示。

**表 3-2-4**　　**A、B 两点内力计算结果**

| 外荷载 $P$(kN)，$M$(kN·m) | | 外荷载距 $A$ 点的距离(m) | | $A$、$B$ 两点内力 | | | |
|---|---|---|---|---|---|---|---|
| | | $x$ | $\lambda x$ | 系数 | $M_a$(kN·m) | 系数 | $V_a$(kN) |
| $P_1$ | 650 | 1.0 | 0.1693 | $C_x$　0.69003 | 662.315 | $D_x$　0.8322 | 270.645 |
| $M_1$ | −40 | | | $D_x$　0.8322 | 16.644 | $A_x$　0.97436 | 3.299 |
| $P_2$ | 1300 | 6.5 | 1.1000 | $C_x$　−0.14567 | −279.638 | $D_x$　0.15099 | 98.144 |
| $M_2$ | −80 | | | $D_x$　0.15099 | 6.040 | $A_x$　0.44765 | 3.031 |
| $P_3$ | 1300 | 12.5 | 2.1163 | $C_x$　−0.16548 | −317.667 | $D_x$　−0.06245 | −40.793 |
| $M_3$ | 80 | | | $D_x$　−0.06245 | 2.498 | $A_x$　0.04057 | −0.275 |
| $P_4$ | 650 | 18.0 | 3.0474 | $C_x$　−0.05175 | −49.671 | $D_x$　−0.04725 | −15.356 |
| $M_4$ | 40 | | | $D_x$　−0.04725 | 0.945 | $A_x$　−0.04268 | 0.145 |
| $\frac{\pi}{\lambda}=18.589$m | | 总计： | | | $M_a=41.47$ | | $V_a=319.04$ |

(4) 假想边界条件力 $P_A$、$M_A$ 和 $P_B$、$M_B$ 的计算。

由于梁的对称性有 $M_a = M_b, V_a = -V_b$，假想边界条件力计算公式如下

$$P_A = P_B = (E_l + F_l)[(1+D_l)V_a + \lambda(1-A_l)M_a] \tag{1}$$

$$M_A = M_B = -(E_l + F_l)\left[(1+C_l)\frac{V_a}{2\lambda} + (1-D_l)M_a\right] \tag{2}$$

式中

$$A_l = e^{\lambda l}(\cos\lambda l + \sin\lambda l)$$

$$C_l = e^{\lambda l}(\cos\lambda l - \sin\lambda l)$$

$$D_l = e^{\lambda l}\cos\lambda l$$

$$E_l = \frac{2e^{\lambda l}\,\mathrm{sh}\lambda l}{\mathrm{sh}^2\lambda l - \sin^2\lambda l}$$

$$F_l = \frac{2e^{\lambda l}\sin\lambda l}{\sin^2\lambda l - \mathrm{sh}^2\lambda l}$$

由 $\lambda l = 0.1693 \times 19 = 3.2167$ 计算得

$$A_l = -0.04288, C_l = -0.03709, D_l = -0.03999,$$

$$E_l = 4.00666, F_l = 0.02322$$

代入式(1)、式(2)得

$$P_A = P_B = (4.00666 + 0.02322)[(1-0.03999)\times 319.04 + 0.1693\times(1+0.04288)\times 41.466] = 1263.78\text{kN}$$

$$M_A = M_B = -(4.00666+0.02322)\left[(1-0.03709)\times\frac{319.04}{2\times 0.1693} + (1-0.03999)\times 41.466\right] = -3830.04\text{kN}\cdot\text{m}。$$

(5) 计算基础梁各截面的内力及变位。

计算梁Ⅱ与梁Ⅲ$AB$段的内力、挠度，并叠加即得到梁Ⅰ的解。利用结构及荷载的对称性，故仅计算基础梁左半部分 $A$,1,2,$C$ 处的内力及变位。

截面$A$:$M=0$,$V=0$，仅需计算挠度 $w$ 及基底反力 $p_A$，挠度 $w_A$ 计算结果如表3-2-5所示。

**表 3-2-5　　A 点挠度计算结果**

| 外荷载及假想条件力 $P$(kN),$M$(kN·m) | | 至A点的距离(m) $x$ | $\lambda x$ | A点变位 系数 | $w_A$(cm) |
|---|---|---|---|---|---|
| $P_A$ | 1263.78 | 0 | 0 | $A_x$ 1.00 | 0.8572 |
| $M_A$ | −3830.04 | | | $B_x$ 0.00 | 0 |
| $P_1$ | 650 | 1.0 | 0.1693 | $A_x$ 0.97436 | 0.430 |
| $M_1$ | −40 | | | $B_x$ 0.14217 | 0.0013 |
| $P_2$ | 1300 | 6.5 | 1.10 | $A_x$ 0.44765 | 0.3947 |
| $M_2$ | −80 | | | $B_x$ 0.29666 | 0.0055 |
| $P_3$ | 1300 | 12.5 | 2.1163 | $A_x$ 0.04057 | 0.0358 |
| $M_3$ | 80 | | | $B_x$ 0.10296 | −0.0019 |
| $P_4$ | 650 | 18.0 | 3.0474 | $A_x$ −0.04268 | −0.0188 |
| $M_4$ | 40 | | | $B_x$ 0.00458 | −0.0007 |
| $P_B$ | 1263.78 | 19.0 | 3.2167 | $A_x$ −0.04288 | −0.0368 |
| $M_B$ | 3830.04 | | | $B_x$ −0.00289 | 0.0025 |
| | | | | 总计 | $w_A$ = 1.6688cm |

地基反力 $p_A$ 为

$$p_A = k_s w_A = 12480 \times 1.6688 \times 10^{-2} = 208.27\text{kN/m}$$

截面 1 和截面 2 的内力和挠度分别如表 3-2-6、表 3-2-7 所示。

表 3-2-6 截面 1 的内力和挠度计算结果

| 外荷载及假想力 $P$(kN),$M$(kN·m) | | 至 1 点距离(m) | | 变位(cm) | | 弯矩(kN·m) | | 剪力(kN) | |
|---|---|---|---|---|---|---|---|---|---|
| | | $x$ | $\lambda x$ | 系数 | $w_1$ | 系数 | $M_1$ | 系数 | $V_1$ |
| $P_A$ | 1263.78 | 1.0 | 0.1693 | $A_x$ 0.97436 | 0.8352 | $C_x$ 0.69003 | 1287.72 | $D_x$ 0.8322 | −525.86 |
| $M_A$ | −3830.04 | | | $B_x$ 0.14217 | −0.1251 | $D_x$ 0.8322 | −1593.68 | $A_x$ 0.97436 | 315.90 |
| $P_1$ | 650 | 0 | 0 | $A_x$ 1.0 | 0.4409 | $C_x$ 1.0 | 959.83 | $D_x$ 0.1 | ±325 |
| $M_1$ | −40 | | | $B_x$ 0.0 | 0.0 | $D_x$ 1.0 | ±20 | $A_x$ 1.0 | 3.386 |
| $P_2$ | 1300 | 5.5 | 0.9312 | $A_x$ 0.5514 | 0.4862 | $C_x$ −0.0806 | −154.73 | $D_x$ 0.2354 | 153.01 |
| $M_2$ | −80 | | | $B_x$ 0.3160 | 0.0058 | $D_x$ 0.2354 | +9.42 | $A_x$ 0.5514 | 3.73 |
| $P_3$ | 1300 | 11.5 | 1.9470 | $A_x$ 0.0803 | 0.0708 | $C_x$ −0.1851 | −355.33 | $D_x$ −0.0524 | −34.06 |
| $M_3$ | 80 | | | $B_x$ 0.1327 | −0.0024 | $D_x$ 0.0524 | +2.10 | $A_x$ 0.0803 | −0.54 |
| $P_4$ | 650 | 17.0 | 2.8781 | $A_x$ −0.0396 | −0.0175 | $C_x$ −0.0690 | −66.23 | $D_x$ −0.0543 | −17.65 |
| $M_4$ | 40 | | | $B_x$ 0.0147 | 0.0001 | $D_x$ −0.0543 | 1.09 | $A_x$ −0.0396 | 0.13 |
| $P_B$ | 1263.78 | 18.0 | 3.0474 | $A_x$ 0.04268 | 0.0366 | $C_x$ −0.05175 | −96.58 | $D_x$ −0.0473 | −29.89 |
| $M_B$ | 3830.04 | | | $B_x$ 0.00458 | −0.0040 | $D_x$ −0.0473 | 90.58 | $A_x$ 0.04268 | 13.84 |
| 总计 | | | | $w_1 = 1.6532$cm | | $M_2 = 84.19 \pm 20 = 104.19$<br>64.19kN·m | | $V_1 = -118 \pm 325 = 207$<br>−443kN | |

由表中数据得

$$p_1 = k_s w_1 = 12480 \times 1.6532 \times 10^{-2} = 206.32\text{kN/m}$$

$$M_2 = \begin{cases} 104.15 & \text{kN·m(左)} \\ 64.19 & \text{kN·m(右)} \end{cases} \qquad V_2 = \begin{cases} 207.0 & \text{kN(左)} \\ -443.0 & \text{kN(右)} \end{cases}$$

表 3-2-7 截面 2 的内力和挠度计算结果

| 外荷载及假想力 $P$(kN),$M$(kN·m) | | 至 2 点距离(m) | | 变位(cm) | | 弯矩(kN·m) | | 剪力(kN) | |
|---|---|---|---|---|---|---|---|---|---|
| | | $x$ | $\lambda_x$ | 系数 | $w_2$ | 系数 | $M_2$ | 系数 | $V_2$ |
| $P_A$ | 1263.78 | 6.5 | 1.100 | $A_x$ 0.44765 | 0.3837 | $C_x$ −0.1457 | −271.85 | $D_x$ 0.1510 | −95.41 |
| $M_A$ | −3830.04 | | | $B_x$ 0.29666 | −0.2610 | $D_x$ 0.1510 | −289.15 | $A_x$ 0.4477 | 145.13 |
| $P_1$ | 650 | 5.5 | 0.9312 | $A_x$ 0.5514 | 0.2431 | $C_x$ −0.0806 | −77.36 | $D_x$ 0.2354 | −76.51 |
| $M_1$ | −40 | | | $B_x$ 0.3160 | −0.0029 | $D_x$ 0.2354 | −4.708 | $A_x$ 0.5514 | 1.87 |

续表

| 外荷载及假想力 P(kN),M(kN·m) | | 至2点距离(m) | | 变位(cm) | | 弯矩(kN·m) | | 剪力(kN) | |
|---|---|---|---|---|---|---|---|---|---|
| | | $x$ | $\lambda x$ | 系数 | $w_2$ | 系数 | $M_2$ | 系数 | $V_2$ |
| $P_2$ | 1300 | 0 | 0 | $A_x$　1.0 | 0.8818 | $C_x$　1.0 | 1919.67 | $D_x$　1.0 | ±650 |
| $M_2$ | −80 | | | $B_x$　0.0 | 0.0 | $D_x$　1.0 | ±40 | $A_x$　1.0 | 6.77 |
| $P_3$ | 1300 | 6.0 | 1.0158 | $A_x$　0.4986 | 0.4397 | $C_x$　−0.1167 | −224.03 | $D_x$　0.1910 | 124.15 |
| $M_3$ | 80 | | | $B_x$　0.3077 | 0.0057 | $D_x$　0.1910 | −7.64 | $A_x$　0.4986 | −3.38 |
| $P_4$ | 650 | 11.5 | 1.9470 | $A_x$　0.0803 | 0.0354 | $C_x$　−0.1851 | −177.67 | $D_x$　−0.0524 | −17.03 |
| $M_4$ | 40 | | | $B_x$　0.1327 | 0.0012 | $D_x$　−0.0524 | 1.05 | $A_x$　0.0803 | −0.27 |
| $P_B$ | 1263.78 | 12.5 | 2.1163 | $A_x$　0.0406 | 0.0348 | $C_x$　−0.1655 | −308.85 | $D_x$　−0.0625 | −39.49 |
| $M_B$ | 3830.04 | | | $B_x$　0.1030 | 0.0906 | $D_x$　−0.0625 | 119.69 | $A_x$　0.0406 | −13.16 |
| 总　计 | | | | $w_2=1.6571$cm | | $M_2=679.15\pm40$ $=719.15$ 639.15kN·m | | $V_2=32.61\pm650$ $=682.61$ −617.39kN | |

由表中数据得

$$p_2=k_s w_2=12480\times1.6571\times10^{-2}=206.81\text{kN/m}$$

$$M_2=\begin{cases}719.15 & \text{kN·m(左)}\\ 639.15 & \text{kN·m(右)}\end{cases}\qquad V_2=\begin{cases}682.61 & \text{kN(左)}\\ -617.39 & \text{kN(右)}\end{cases}$$

梁中点截面$C$处的内力和挠度，利用结构及荷载的对称性，仅计算基础梁半部分荷载的影响，然后将其结果乘2即可。计算结果如表3-2-8所示。

**表3-2-8　截面C的内力和挠度计算结果**

| 外荷载及假想条件力 P(kN),M(kN·m) | | 外荷载距C点的距离(m) | | C点内力 | | C点位移 | |
|---|---|---|---|---|---|---|---|
| | | $x$ | $\lambda x$ | 系数 | $M_C/2$(kN·m) | 系数 | $w_C/2$(cm) |
| $P_A$ | 1263.78 | 9.5 | 1.6084 | $C_x$　−0.2075 | −387.23 | $A_x$　0.1926 | 0.1651 |
| $M_A$ | −3830.04 | | | $D_x$　−0.0075 | 14.36 | $B_x$　0.2001 | −0.1760 |
| $P_1$ | 650 | 8.5 | 1.4391 | $C_x$　−0.2038 | −195.61 | $A_x$　0.2663 | 0.1174 |
| $M_1$ | −40 | | | $D_x$　0.0312 | −0.62 | $B_x$　0.2351 | −0.0022 |
| $P_2$ | 1300 | 3.0 | 0.5079 | $C_x$　0.2334 | 448.05 | $A_x$　0.8184 | 0.7216 |
| $M_2$ | −80 | | | $D_x$　0.5259 | −21.04 | $B_x$　0.2925 | −0.0054 |
| $\frac{\pi}{\lambda}=18.556$m | | 总计：$M_C=2\times(-142.09)=-284.18$ | | | | $w_C=2\times0.825=1.65$cm | |

(6) 根据计算结果绘制基础梁反力及内力图，如图3-2-19所示。

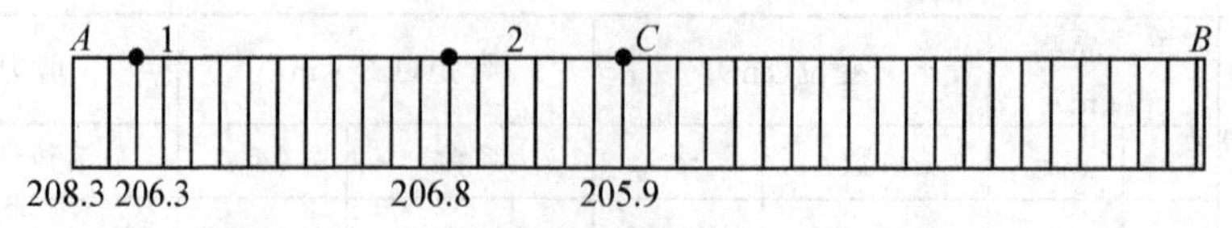

(a) 地基反力分布图p(单位：kN/m)

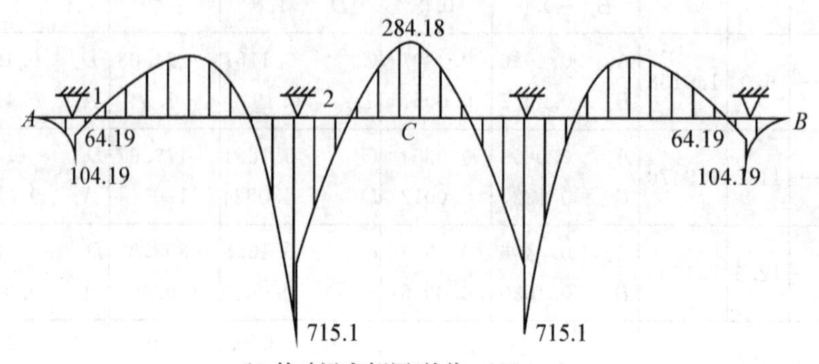

(b) 基础梁弯矩图(单位：kN·m)

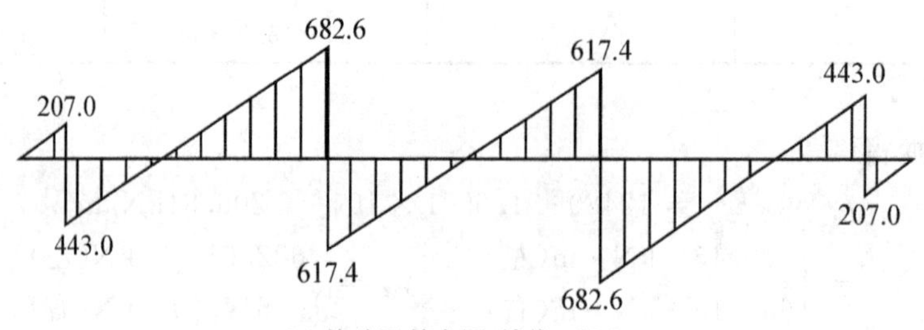

(c) 基础梁剪力图(单位：kN)

图 3-2-19 基础内力图

### 3.2.5 墙下条形基础和柱下条形基础设计

墙下条形基础和柱下条形基础虽然都是条形基础，但是其受力条件不同，因而设计计算方法也不同。墙下条形基础所受的荷载是由墙传来的，每个截面都是相同的，故属于平面问题，只要在长度方向上取 1 延米基础验算就能代表整个基础的承载情况，犹如独立基础一样；而柱下条形基础的荷载是由柱子传给基础梁的，荷载仅分布在局部面积上，然后通过有相当刚度的基础梁传给地基，地基反作用于基础梁。因此柱下条形基础可以看做是一根作用有若干集中荷载并置于地基上的梁，按 T 形截面的梁进行设计。

1. 基础宽度的确定

假定地基反力均匀分布于条形基础的底面，根据满足地基承载力要求的原则，基础宽度 $b$ 可以由下式计算

$$b \geqslant \frac{N}{f - \gamma_G d} \tag{3-2-28}$$

式中：$\gamma_G$—— 基础及其上回填土的平均重度，$kN/m^3$。

2. 构造要求

(1) 墙下条形基础。

在基础纵向应设置分布钢筋，分布钢筋的直径一般为 6 ～ 8mm，间距 250 ～ 300mm，置于受力钢筋的上面。为增强抵抗不均匀沉降的能力，沿纵向可以加设肋梁，并按构造配筋。

(2) 柱下条形基础。

柱下钢筋混凝土条形基础是由一根梁或交叉梁及其横向伸出的翼板所组成。如图 3-2-20 所示。其横截面一般呈倒 T 形。基础截面下部向两侧伸出部分称为翼板，中间梁腹部分称为肋梁。梁高 $H$ 根据计算确定，视柱距和荷载大小而定，一般可以在柱距的 $\frac{1}{8} \sim \frac{1}{4}$ 范围内选择，有时还可以在柱位处局部加高如图 3-2-20 中的 2—2 剖面。翼板厚度不宜小于 200mm，当翼板厚度为 200 ～ 250mm 时，宜采用等厚板；当翼板厚大于 250mm 时，宜采用变厚度板。板面坡度小于或等于 1 : 3。在基础平面布置条件允许的情况下，梁的端部应有伸出的悬臂，其长度宜为第一跨跨距的 0.25 ～ 0.3 倍。这是为了必要时增大基底面积及调整基底形心位置，使基底反力分布比较均匀并满足地基承载力要求之故；如果纵向无法延伸，可以在梁的横向向两侧延伸，以满足上述要求。

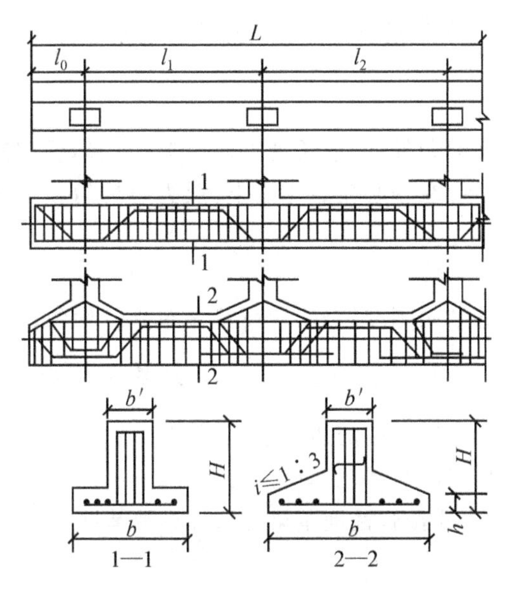


图 3-2-20 柱下条形基础的构造

柱下条形基础的梁宽 $b'$ 应大于该方向柱截面的边长，现浇柱与条形基础梁的交接处，当柱的边长小于 600mm 时，或柱边长虽不小于 600mm，但该边与基础梁纵向平行时，基础梁边与柱边距离的平面尺寸可以取 50mm。当柱的边长等于或大于 600mm，且该边与基础梁纵向垂直时，交接处平面尺寸可大于或等于 100mm，如图 3-2-21 所示。

柱下条形基础的配筋，在纵向一般均配双筋，基础顶面和底面的纵向受力钢筋，应有 2 ～ 4 根通长配置且面积不得少于纵向钢筋总面积的 $\frac{1}{3}$。箍筋直径为 6 ～ 8mm，在距支座轴线为 $(0.25 \sim 0.3)l$（$l$ 为柱距）的一段长度内箍筋宜加密配置，翼板内的受力筋由计算确定，用以承受底板部分的横向弯矩，直径不宜小于 $\phi$10mm，间距不宜大于 200mm。分布筋为 $\phi$8 ～$\phi$10mm，间距 200 ～ 300mm。垫层厚度一般为 100mm。当有垫层时，钢筋保护层的厚度

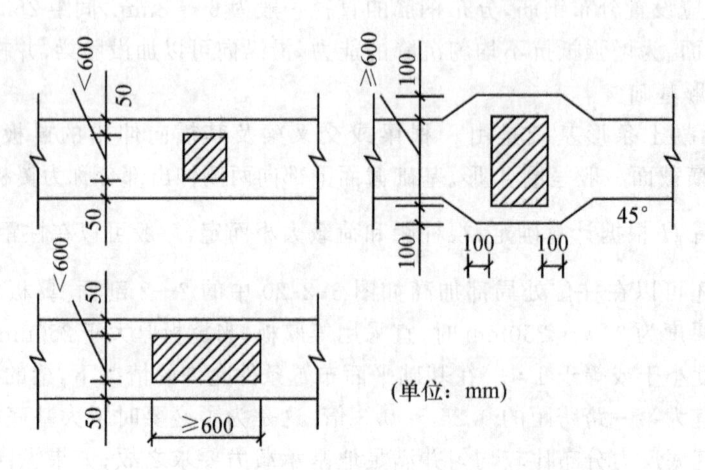


图 3-2-21　现浇柱与条形基础梁交接处平面尺寸

不宜小于 35mm。柱下条形基础的混凝土等级可以采用 C20。

3. 地基反力计算

(1) 墙下条形基础。

墙下条形基础作为平面问题处理，沿长度方向取 1m 计算，横向的地基反力依材料力学知识，其方向按线性分布计算。在轴心荷载作用下，反力是均匀分布的；在偏心荷载作用下，反力呈梯形分布。

(2) 柱下条形基础。

柱下条形基础当其上部结构刚度较好，柱荷载分布比较均匀，内柱的沉降比较接近，梁的高度大于$\frac{1}{6}$柱距，且支承在比较均匀的地基上时，地基反力在纵向也可以按直线分布考虑；计算基础内力时，在条形基础两端的边跨适当增加 15% ～ 20% 的地基反力，以考虑上部结构和地基基础共同作用引起端部地基反力的增加。

当不满足上述条件时，需要按弹性地基梁方法计算地基反力和梁的内力。

4. 基础内力计算

(1) 墙下条形基础。

墙下条形基础破坏只发生在宽度方向，常常由于底板产生斜裂缝而破坏，因此按抗剪强度验算底板厚度，由式(3-2-29) 确定

$$h_0 \geqslant \frac{Q_{\max}}{0.25 f_c} \tag{3-2-29}$$

式中：$f_c$—— 混凝土轴心抗压强度设计值(kPa)；

$Q_{\max}$—— 作用于基础每延米上的最大剪力(kN/m)。

基础配筋所需的钢筋面积由下式计算：

$$A_g = \frac{M_{\max}}{0.9 h_0 f_y} \tag{3-2-30}$$

式中：$f_y$—— 钢筋抗拉强度设计值(kPa)；

$M_{\max}$—— 计算截面所受到的最大弯矩(kN·m)。

上述方法求得的钢筋面积是基础纵向按每延米计的横向受力钢筋的最小配筋面积，沿基础宽度方向设置，其间距应小于等于 200mm，但不宜小于 100mm，一般不配弯起钢筋。

柱下条形基础在埋置深度确定后，和扩展基础一样，还要确定基础底面积、基础高度以及进行截面强度计算。基础底面积按地基承载力计算确定，必要时还需验算地基变形。基础高度按冲切公式、剪切公式计算确定。在进行截面强度计算时首先应求出基础各截面内力值。

如前所述，条形基础的地基反力与内力计算应按考虑上部结构、地基及基础三者共同作用方法分析，或用弹性地基梁法计算。在某些条件下，也可以用简化计算法。目前，在实际工程中，按上部结构刚度、荷载分布状况及地基上压缩性分别采用刚性法（又称为倒梁法）及弹性地基梁法两类分析方法。

如前所述，倒梁法视条形基础为倒置的连续梁，假定地基反力按直线分布，在基底净反力及梁上荷载作用下，计算梁的内力。在比较均匀的地基上，上部结构刚度较大，荷载分布较均匀且条形基础的高度大于$\frac{1}{6}$柱距时，用该方法计算比较接近实际。

大量设计经验指出，当相邻两柱荷载及相邻两柱距之差均不大于较大值的 20% 时，若 $\lambda \bar{l} \leqslant 1.75$（$\bar{l}$ 为柱列下条形基础中两相邻柱距的平均值），则基础可以认为是刚性的，基地反力可以按直线分布计算。由于确定弹性地基梁的弹性特征系数 $\lambda$ 取决于基床系数 $k$ 值，而符合实际的 $k$ 值往往不易确定，因此将不同柱距 $l$ 代入式 $\lambda l \leqslant 1.75$ 作为分析，当基础高跨比大于$\frac{1}{6}$时，对一般柱距及中等压缩性地基都可以考虑地基反力为直线分布。在实际工程中，用梁高大于$\frac{1}{6}$柱距作为采用刚性法的条件之一是比较简便的；但当柱距较大，地基土的压缩变形很小时，宜用 $\lambda l \leqslant 1.75$ 作为确定采用刚性法计算的条件。还需指出，在考虑地基基础相互作用时，由于在协调地基变形过程中将引起端部地基反力的增加。而按直线分布假设计算时，反力在端部仍是按直线变化的，故实际设计时，在条形基础两端边跨宜增加 15%～20% 的地基反力以计算内力，增加受力钢筋面积。

当不满足上述按倒梁法计算内力的条件时，则应按弹性地基梁法计算基础梁的变形和内力。需要说明的是，弹性地基梁计算方法除文克尔地基梁法外，还有其他的地基模型和计算方法，例如双参数模型、三参数模型和半无限弹性体地基模型等，需要时可以参阅相关文献。

### 3.2.6　柱下交叉梁式条形基础

交叉梁式条形基础是由柱网下的纵横两组相互垂直的条形基础构成的一种空间结构，如图 3-2-22 所示，在每一个交叉点处承受柱网传来的集中荷载和力矩，计算比较复杂。目前还没有能考虑上部结构刚度作用的理论计算方法。一般工程设计时只运用柱下单向条形基础的一些简化原则来进行交叉梁式条形基础的简化计算。

作用在交叉梁式条形基础上的上部荷载，通常是由柱网传来的集中力，而且都作用在交叉节点处，因此，这类基础的计算主要是解决节点处荷载在纵、横两个方向上的分配问题。当分配在纵、横两个方向条形基础上的荷载为已知时，即可以分别按单向条形基础的计算方法进行计算。

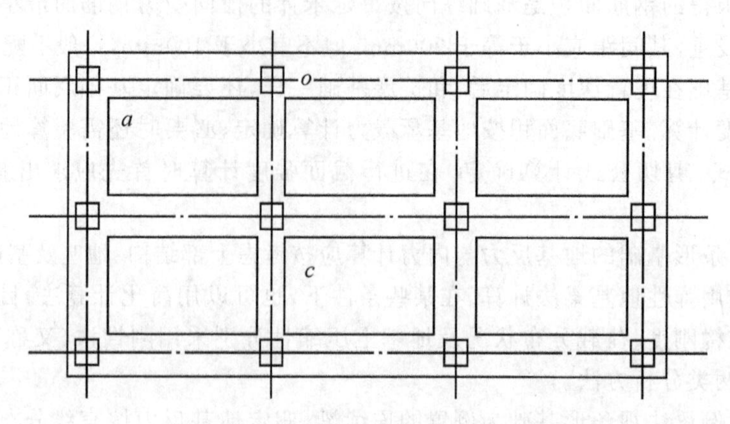


图 3-2-22 交叉梁式条形基础平面图

为简化计算,假定:纵、横条形基础的交点均为铰接;一个方向条形基础有转角时另一个方向的条形基础内不引起内力;节点上两个方向的弯矩分别有纵向和横向条基承担;不计相邻条基上荷载的影响。

柱荷载(节点荷载)的分配原则通常按变形协调条件考虑。由假设可知,纵、横条基节点处只考虑竖向位移协调条件即可。根据这种分配方法,应满足以下两个条件:一是静力平衡条件,即分配在纵、横条基上的两个力之和应等于作用在节点上的荷载;二是竖向变形协调条件,即纵、横条基在节点处的沉降应相等。具体计算方法如下。

1. 边柱节点荷载分配

如图 3-2-23 所示的 $O$ 节点,在节点荷载 $p$ 作用下,交叉条基可以分解为 $p_x$ 作用下的无限长梁和 $p_y$ 作用下的半无限长梁,计算无限长梁在集中力 $p_x$ 作用下节点处($x=0$)的挠度即地基变形量 $w_x$ 为

$$w_x=\frac{p_x\lambda_x}{2kB_x}\mathrm{e}^{-\lambda_x x(\cos\lambda_x x+\sin\lambda_x x)}=\frac{p_x\lambda_x}{2kB_x} \tag{3-2-31}$$

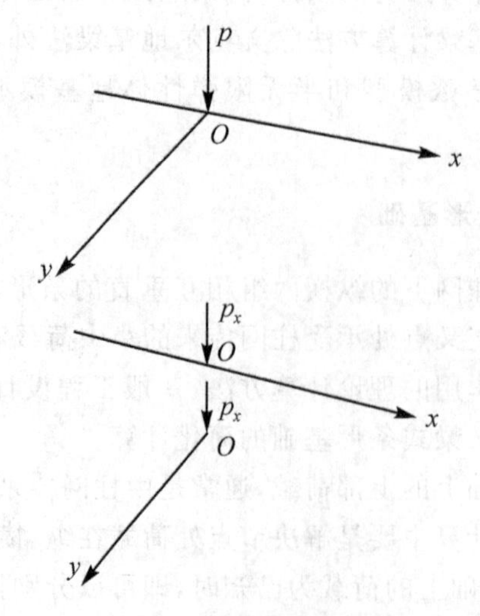


图 3-2-23 节点荷载分配示意图

式中：$k$—— 地基基床系数；

　　$\lambda_x$——$x$ 方向梁的弹性特征系数。

$$\lambda_x = \sqrt[4]{\frac{kB_x}{4E_hJ_x}} \tag{3-2-32}$$

式中：$B_x$——$x$ 方向梁的底面宽度；

　　$E_hJ_x$——$x$ 方向梁的抗弯刚度。

由式(3-2-31) 计算在集中力 $p_y$ 作用下半无限长梁的节点处($y = 0$) 的挠度 $w_y$ 为

$$w_y = \frac{1}{2\lambda_y^3 E_h J_y} p_y e^{-\lambda_y \cos\lambda_y y} = \frac{2p_y\lambda_y}{kB_y} \tag{3-2-33}$$

式中：$B_y$——$y$ 方向梁的底面宽度；

　　$\lambda_y$——$y$ 方向梁的弹性特征系数。

$$\lambda_y = \sqrt[4]{\frac{kB_y}{4E_hJ_y}} \tag{3-2-34}$$

式中：$E_hJ_y$——$y$ 方向梁的抗弯刚度。

由变形协调条件 $w_x = w_y$ 得

$$\frac{p_x\lambda_x}{2kB_x} = \frac{2p_y\lambda_y}{kB_y} \tag{3-2-35}$$

由静力平衡条件得

$$p_x + p_y = p \tag{3-2-36}$$

由式(3-2-35) 和式(3-2-36) 解出

$$\begin{cases} p_x = \dfrac{4B_x\lambda_y}{4B_x\lambda_y + B_y\lambda_x} p \\ p_y = \dfrac{B_y\lambda_x}{B_y\lambda_x + 4B_x\lambda_y} p \end{cases} \tag{3-2-37}$$

2. 中柱和角柱节点荷载分配

图 3-2-22 中交叉条形基础的节点 $c$ 和节点 $a$，在节点荷载作用下，用上述同样原理，可以按两个方向的无限长梁(节点 $c$ 处) 和两个方向的半无限长梁(节点 $a$ 处) 进行计算，仍由变形协调条件和静力平衡条件，可得交叉条形基础中柱节点处两个方向梁所分配的荷载 $p_x$ 和 $p_y$ 为

$$\begin{cases} p_x = \dfrac{B_x\lambda_y}{B_x\lambda_y + B_y\lambda_x} p \\ p_y = \dfrac{B_y\lambda_x}{B_y\lambda_x + B_x\lambda_y} p \end{cases} \tag{3-2-38}$$

角柱节点荷载分配结果 $p_x$ 和 $p_y$ 同式(3-2-38)。

交叉条基每个节点的节点荷载均沿 $x$ 方向和 $y$ 方向分配为 $p_x$ 和 $p_y$ 后，即得纵、横两组单列柱下条基，由于柱荷载分配基于文克尔假设，因此，条基内力计算也宜用文克尔地基模型求解弹性地基上的梁。

**【例题 3-2-3】**　在如图 3-2-24 所示的交梁基础上，已知节点集中荷载 $p_1 = 1200\text{kN}$，$p_2 = 2200\text{kN}$，$p_3 = 2400\text{kN}$，$p_4 = 1600\text{kN}$，基床系数 $k = 6000\text{kN/m}^3$，$E_cI_x = 7.20 \times 10^5\text{kN}\cdot\text{m}^2$，$E_cI_y = 3.1 \times 10^5\text{kN}\cdot\text{m}^2$。试将节点荷载在两个方向进行分配。

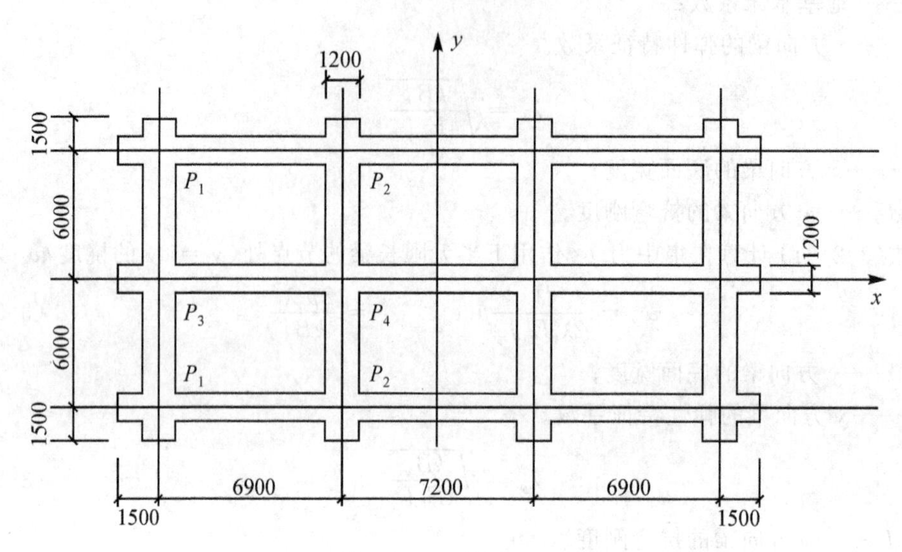

图 3-2-24 （单位：mm）

**解** （1）基础梁相对刚度计算。

由基础梁宽度 $b_x = b_y = 1.2\text{m}, k = 6000\text{kN/m}^3, E_cI_x = 7.20 \times 10^5 \text{kN}\cdot\text{m}^2, E_cI_y = 3.1 \times 10^5 \text{kN}\cdot\text{m}^2$ 得

$$\lambda_x = \sqrt[4]{\frac{kb_x}{4E_cI_x}} = \sqrt[4]{\frac{6000 \times 1.2}{4 \times 7.2 \times 10^5}} = 0.2236(\text{m}^{-1})$$

纵向基础梁

$$S_x = \frac{1}{\lambda_x} = 4.472\text{m}$$

$$\lambda_y = \sqrt[4]{\frac{kb_y}{4E_0I_y}} = \sqrt[4]{\frac{6000 \times 1.2}{4 \times 3.1 \times 10^5}} = 0.276(\text{m}^{-1})$$

横向基础梁

$$S_y = \frac{1}{\lambda_y} = 3.745\text{m}。$$

（2）荷载分配。

利用文克尔地基上无限长梁的解答，采用叠加的方法可以得到有外伸的半无限长梁的解。利用这一解答来进行荷载分配。如图 3-2-25 所示，有外伸的半无限长梁 $o$ 点的竖向位移为

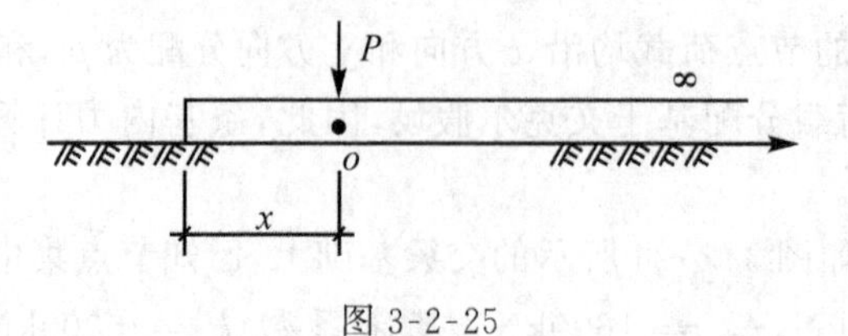

图 3-2-25

$$w_o = \frac{P}{2kbS}[1 + e^{-2\lambda_x(1+2\cos^2\lambda_x - 2\cos\lambda_x\sin\lambda_x)}] = \frac{P}{2kbS}Z$$

当 $x = 0$ 时，为半无限长梁 $Z_x = 4$；当 $x \to \infty$ 时，为无限长梁 $Z_x = 1$。对于 $x$,$y$ 方向均有外伸的角节点 $i$，两个方向的基础梁均可以看成是有外伸的半无限长梁。由位移协调条件 $w_{ix} = w_{iy} = s$ 得

$$\frac{P_{ix}}{2kb_xS_x}Z_x = \frac{P_{iy}}{2kb_yS_y}Z_y$$

又由节点的静力平衡条件 $P_i = P_{ix} + P_{iy}$ 可得

$$P_{ix} = \frac{z_yb_xS_x}{Z_yb_xS_x + Z_xb_yS_y}, P_{iy} = P_i - P_{ix}$$

对于边节点，边基础梁可以视为无限长梁，与之垂直的基础梁可以视为半无限长梁。内节点，可以将两个方向均视为无限长梁。

① 角柱节点 $P_1$ 分配：

对纵向基础梁 $\lambda_x x = 0.2236 \times 1.5 = 0.3354$，计算得 $Z_x = 2.106$

对横向基础梁 $\lambda_y y = 0.276 \times 1.5 = 0.414$，计算得 $Z_y = 1.848$

则

$$F_{1x} = \frac{z_yb_xs_x}{z_yb_xs_x + z_xb_ys_y}P_1 = \frac{1.848 \times 1.2 \times 4.472}{1.848 \times 1.2 \times 4.472 + 2.106 \times 1.2 \times 3.745} \times 1200$$
$$= 614\text{kN}$$

$$F_{1y} = P_1 - F_{1y} = 1200 - 614 = 586\text{kN}。$$

② 边柱节点 $P_2$,$P_3$ 分配：

对 $P_2$：$Z_x = 1$,$Z_y = 1.848$；对 $P_3$：$Z_x = 2.106$,$Z_y = 1$

$$F_{2x} = \frac{z_yb_xs_x}{z_yb_xs_x + z_xb_ys_y}P_2 = \frac{1.848 \times 1.2 \times 4.472}{1.848 \times 1.2 \times 4.472 + 1.2 \times 3.745} \times 2200$$
$$= 1514\text{kN}$$

$$F_{2y} = P_2 - F_{2x} = 2200 - 1514 = 686\text{kN}$$

$$F_{3x} = \frac{z_yb_xs_x}{z_yb_xs_x + z_xb_ys_y}P_3 = \frac{1.2 \times 4.472}{1.2 \times 4.472 + 2.106 \times 1.2 \times 3.745} \times 2400$$
$$= 868\text{kN}$$

$$F_{3y} = P_3 - F_{3x} = 2400 - 868 = 1532\text{N}。$$

③ 内柱节点：

此时，$Z_x = Z_y = 1.0$ 故

$$F_{4x} = \frac{b_xs_x}{b_xs_x + b_ys_y}P_4 = \frac{1.2 \times 4.472}{1.2 \times 4.472 + 1.2 \times 3.745} \times 1600 = 871\text{kN}$$

$$F_{4y} = P_4 - F_{4x} = 1600 - 871 = 729\text{kN}。$$

## §3.3　筏板基础

### 3.3.1　概述

筏板基础是发展较早的一种基础形式，当钢筋混凝土被用于建筑物的基础时，开始较多

使用的是条形基础、独立柱基础和交叉梁基础，由于建筑物荷载越来越大或地基承载力较低，基座所占基础平面的面积越来越大，当达到$\frac{3}{4}$以上时，人们发现采用整板式基础更经济，于是就产生了筏板基础。

箱形基础和筏板基础能够成为高层建筑常用的基础形式，是因为这类基础具有如下一些特点：

(1) 能充分发挥地基承载力；

(2) 基础沉降量比较小，调整地基不均匀沉降的能力比较强；

(3) 具有良好的抗震性能；

(4) 可以充分利用地下空间；

(5) 施工方便；

(6) 在一定条件下是经济的。

另外，地区性的习惯做法，也会影响基础形式的选择。例如深圳市 1996 年 6 月 30 日前竣工和在建的 18 层以上的高层建筑工程总计 430 项，753 幢，其中采用各种形式的桩基为 403 项，筏板基础为 15 项，箱形基础为 2 项，桩箱基础或桩筏基础为 8 项，出现这样的比例，就不仅仅是以技术经济条件衡量的结果了。

筏板基础常用的类型有：平板型筏基、柱下板底加墩型筏基和柱上板面加墩型筏基、梁板型筏基(见图 2-3-6)。

### 3.3.2 筏板基础设计要求

1. 筏板基础的一般规定

(1) 埋深。

当采用天然地基时，筏板基础埋深不宜小于建筑物地面以上高度的$\frac{1}{12}$。当筏板下有桩基时不宜小于建筑物地面以上高度的$\frac{1}{15}$，桩的长度不计入在埋深内。但对于非抗震设计的建筑物或抗震设防烈度为 6 度时，筏基的埋深可以适当减小；如遇到地下水位很高的地区，筏基的埋深也可以适当减小。一般情况下，为了防止建筑物的滑移，设置一层地下室是必要的，这在建筑物的使用上也常常需要。当基础落在岩石上，为设置地下室而需要开挖大量石方时，也允许不设置地下室，但是，为了保证建筑物结构的整体稳定，防止倾覆和滑移，应采用地锚等必要的措施。

(2) 选型。

筏板基础从构造上可以分为梁板式和平板式两种，两者相比较，前者所耗费的混凝土和钢筋都较少，因而也比较经济；但是，平板式对地下室空间高度有利，施工也较便利。因此，筏基形式的选用应根据土质、上部结构体系、柱距、荷载大小及施工条件等综合分析确定。

(3) 筏基的偏心距。

对单幢建筑物，在均匀地基条件下，筏基基底平面形心宜与结构竖向荷载重心重合。若不能重合，在永久荷载与楼(屋) 面活荷载长期效应组合下，偏心距 $e$ 宜符合下式，即

$$e \leqslant 0.1\frac{W}{A} \tag{3-3-1}$$

式中：$W$—— 与偏心距方向一致的基础底面边缘抵抗矩；

$A$—— 基础底面积。

（4）上部结构的嵌固部位。

在进行上部结构计算时，首先应确定其嵌固部位，嵌固部位又直接影响基础弯矩，所以嵌固部位对于结构分析和基础设计都是非常重要的，并且直接与建筑物的经济性和安全性有关，《高层建筑箱形与筏形基础技术规范》(JGJ6—99）中规定了不同结构形式的上部结构嵌固部位的确定原则。但其前提是地下室四周的回填土必须分层夯实，保证回填质量。

2. 筏板基础的构造要求

（1）筏板混凝土。

箱形基础的混凝土强度等级不应低于C20；筏板基础、桩箱基础和桩筏基础的混凝土强度等级不应低于C30。当采用防水混凝土时，防水混凝土的抗渗等级应根据地下水的最大水头与混凝土厚度的比值选用，且其抗渗等级不应小于0.6MPa。对重要建筑宜采用自防水并设架空排水层方案。

（2）基础的防渗措施。

采用筏板基础方案的一个重要目的就是扩大地下室的使用面积，提高地下室的使用功能。因此，对基础的防渗要求越来越高。防渗是一项技术性很强的工作，国内外都在不断地进行研究，至今仍未很好地解决。随之，相应的堵漏技术又发展了起来。防堵结合一般能满足使用要求，但技术要求很高，并且造价也较高。有许多工程采用排水方法解决地下室渗水问题。《高层建筑箱形与筏形基础技术规范》(JGJ6—99）中也建议“对重要建筑宜采用自防水并设架空排水层方案”。

还需强调，当采用刚性防水方案时，应验算底板的抗裂度，这对于有限刚度板更是必要的。

（3）筏基几何尺寸的确定。

严格地说，筏基的几何尺寸应根据地基条件、上部结构体系、墙和柱的布置、荷载大小等条件通过计算分析来确定。但由于筏基的力学性状极其复杂，目前国内外有许多工程师对于筏基的设计采取较保守的简化法。

1）梁板式筏基。

相关规范规定梁板式筏基的板厚不应小于300mm，且板厚与板格的最小跨度之比不宜小于$\frac{1}{20}$；对12层以上的建筑物，梁板式筏基的板厚不应小于400mm，且板厚与最大双向板格的短边净跨之比不得小于$\frac{1}{14}$。

当需要扩大筏板基础底面积时，应优先考虑沿建筑物宽度方向扩展。对基础梁外伸的梁板式筏基，底板排出的长度，以基础梁外皮起算横向不宜大于1200mm，纵向不宜大于600mm。

由于筏基的实际力学状态较难分析，而且其刚度相对箱基要小得多，因此必须重视其构造要求。对于地下室底层柱，剪力墙与梁板式筏基的基础梁的连接构造一定要符合相关规范中的下列规定。

① 当交叉基础梁的宽度小于柱截面的边长时，交叉基础梁连接处应设置八字角，柱角

和八字角之间的净距不宜小于 50mm,如图 3-3-1(a) 所示。

② 当单向基础梁与柱连接时,柱截面的边长大于 400mm,可以按图 3-3-1(b)、图 3-3-1(c) 采用;柱截面的边长小于等于 400mm,可以按图 3-3-1(d) 采用。

③ 当基础梁与剪力墙连接时,基础梁边至剪力墙边的距离不宜小于 50mm,如图 3-3-1(e) 所示。

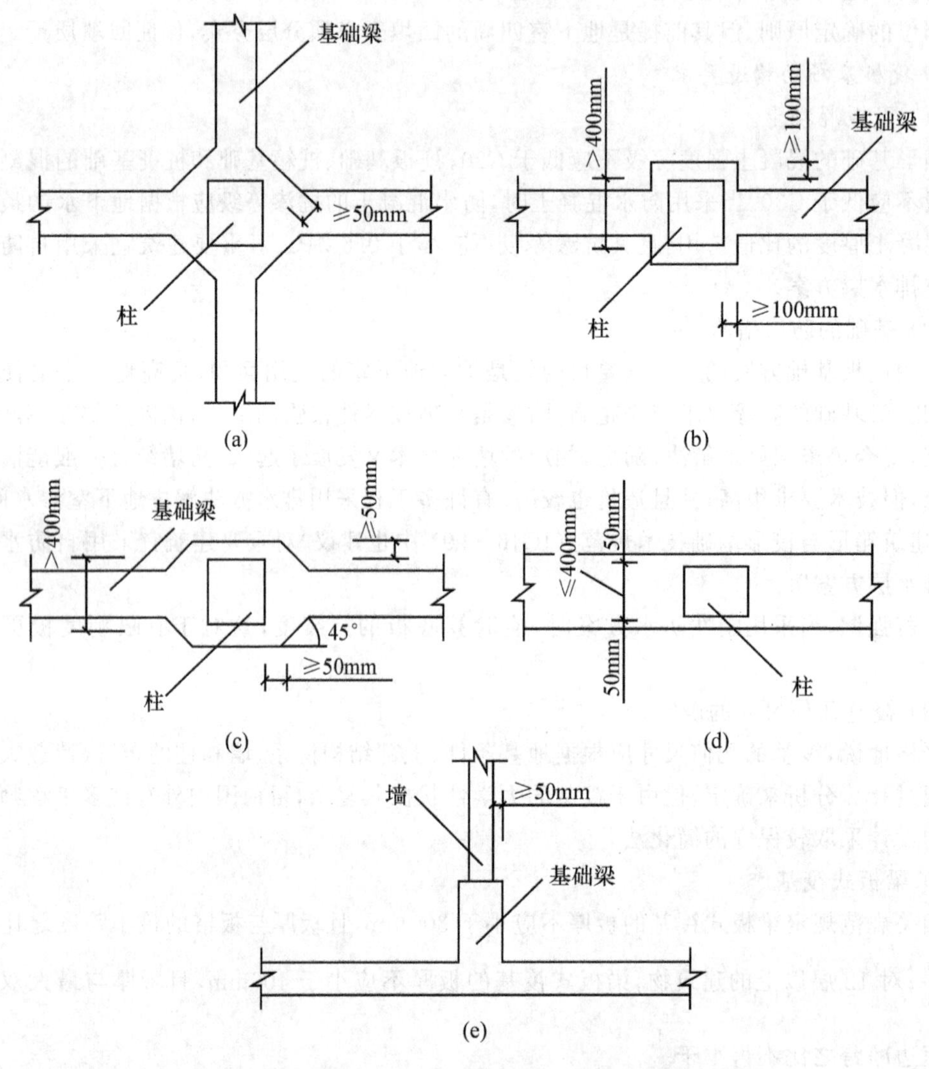


图 3-3-1 基础梁与地下室底层柱或剪力墙连接的构造示意图

2) 平板式筏基。

平板式筏基的厚度应能满足受冲切承载力的要求,尤其应注意边柱和角柱下板的抗冲切验算,板的最小厚度不宜小于 400mm,对平板式筏基,扩大基础面积的原则同梁板式筏基,其挑出长度从柱外皮算起,横向不宜大于 1000mm,纵向不宜大于 600mm。

冲切问题比弯曲和剪切问题更为复杂,对其破坏机理的试验研究和理论分析至今还未得到令人满意的结果,影响筏板基础抗冲切强度的主要因素有:

① 基础材料的特性与质量，包括混凝土强度和配筋率等；

② 冲切荷载的加荷面积、形状与筏板厚度；

③ 地基土的性状与边界约束条件。

（4）筏基的抗弯要求。

抗弯计算是筏基弯曲内力计算的主要内容。较合理的筏基设计方案，取决于所采用的计算方法是否能较准确地反映实际状态。

筏基的强度除了混凝土外，主要取决于抗弯钢筋的配置。最常见的是，筏板的顶面和底面采取连续的双向配筋。对于平板式筏基，柱下板带中在柱宽及其两侧各0.5倍板厚的有效宽度范围内的钢筋配置量应不小于柱下板带钢筋的一半，且应能承受冲切临界截面重心上的部分不平衡弯矩 $M_p$ 的作用，$M_p$ 应按下式计算，即

$$M_p = \alpha_m M \tag{3-3-2}$$

$$\alpha_m = 1 - \alpha_s \tag{3-3-3}$$

式中：$M$—— 作用在冲切临界截面重心上的不平衡弯矩；

$\alpha_s$ —— 不平衡弯矩通过冲切临界截面上的偏心剪力来传递的分配系数。

筏板配筋率一般在0.5%～1.0%为宜。当板厚小于300mm时单层配筋，当板厚等于或大于300mm时双层配筋。受力钢筋的最小直径不宜小于$\phi$8mm，间距100～200mm，当有垫层时，钢筋保护层的厚度不宜小于35mm。筏板的分布钢筋，直径取$\phi$8～$\phi$10mm，间距200～300mm。配筋不宜粗而疏，以有利于发挥筏板的抗弯和抗裂能力。

筏板的配筋除符合相关计算要求外，纵、横方向支座钢筋尚应有0.15%、0.10%的配筋率连通；跨中则按实际配筋率全部贯通。筏板悬臂部分下的土体若可能与筏板脱离，应在悬臂上部设置受力钢筋。当双向悬臂挑出但肋梁不外伸时，宜在板底布置放射状附加钢筋。

（5）其他构造要求。

① 筏板的边角区域是刚度和强度的薄弱环节，因此，应对边角区域采取加强措施。或者增加辐射状钢筋，或者增大配筋量，或者增加厚度。

② 筏基的施工缝或后浇带等垂直接缝，应布置在剪力较小的部位。

③ 为了减小板厚，可以在柱下采取增加弯起钢筋的措施来抵抗冲切。

### 3.3.3　筏板基础计算

高层建筑筏板基础计算包括以下内容：

（1）确定筏板底面尺寸和板厚；

（2）确定筏基的地基反力；

（3）筏板的内力计算及配筋。

1. 筏板基础底面积和板厚确定原则

在根据建筑物使用要求和地质条件选定筏板的埋置深度后，其基底面积按地基承载力确定，必要时还应验算地基变形。为了避免基础发生太大倾斜和改善基础受力状况，在决定平面尺寸时，可以通过改变底板在四边的外挑长度来调整基底形心，使其尽量与结构长期作用的竖向荷载合力作用点重合，以减少基底截面所受的偏心力矩，避免过大的不均匀沉降。

筏板厚度应根据抗剪和抗冲切强度验算确定。初拟尺寸时可以根据上部结构开间和荷载大小凭经验确定，也可以根据楼层层数按每层50mm估算，但不得小于建筑物构造要求。

2. 筏板基础的地基反力

当上部结构刚度较大(如剪力墙体系、填充墙很多的框架体系),且当地基压缩模量 $E_s \leqslant 4\text{MPa}$ 时,筏基下的地基反力可以按直线分布考虑;如果上部结构的荷载是比较均匀的,则地基反力也可以取均匀反力。对筏板厚度大于 $\frac{l}{6}$($l$ 为承重横向剪力墙开间或最大柱距)的筏板且上部结构刚度较大时,筏基下的地基反力仍可以按直线分布确定;当上部结构荷载比较匀称时,筏基反力也可以视为均匀的。为了考虑整体弯曲的影响,在板端一、二开间内的地基反力应比均匀反力增加10%～20%。若不满足上述条件,则只能按照弹性板法来确定地基反力。

3. 筏板基础的稳定性和沉降问题

像其他形式的基础一样,筏板基础必须满足以下要求:具有抵抗剪切破坏的足够安全系数;不会产生过大的沉降。

(1) 稳定性。

① 确定地基承载力。从整体稳定性角度来看,筏板基础是一个大基础,所以确定地基承载力的原理可以适用于筏板基础;对于粗粒土,大的筏板基础的地基极限承载力是很大的;对于粘性土,必须确定深埋土层的抗剪强度参数,以便分析深埋土层破坏的安全系数。

② 处理措施。如果筏板基础深层抗剪破坏的安全系数不足,而把板扩大以减小压力,这样的方法通常对建筑物的稳定性是不起作用且不经济的。在这种情况下,深基础能够给出一个令人满意的解答。也可以采用增大地基土抗剪强度的方法,例如对粘性土地基进行预加荷载法处理,以及对粒状土进行压实处理,等等。

(2) 沉降。

影响筏板基础沉降的因素主要有:相对于地基土压缩性的筏板基础的相对刚度(实际上是筏板连同上部结构的相对刚度);地基土的类别;压缩层的深度;地基土的均匀性;施工方法,等等。所有这些因素对筏板基础的挠度有很大影响,应该慎重地估计这些因素对总沉降的综合影响。

4. 筏板内力计算

(1) 简化计算方法。

1) 刚性板法。

刚性板法是目前国内用得最多的简化方法。《高层建筑箱形与筏形基础设计规范》(JGJ6—99)中规定:当地基比较均匀、上部结构刚度较好,且柱荷载及柱间距的变化不超过20%时,筏基可以仅考虑局部弯曲作用,按倒楼盖法进行计算。

倒楼盖法将基础视为倒置的楼盖,以柱子或剪力墙为支座、地基静反力为荷载,按普通钢筋混凝土楼盖来计算。比如框架结构下的平板式筏基,就可以将基础板按无梁楼盖进行计算。平板可以在纵横两个方向划分为柱上板带和柱间板带,并近似地取地基反力为板带上的荷载,其内力分析和配筋计算同无梁楼盖;又如对框架结构下的带梁式筏基,在按倒楼盖法计算时,其计算简图与柱网的分布和肋梁的布置有关,若柱网接近方形、梁仅沿柱网布置,则基础板为连续双向板,梁为连续梁;若基础板在柱网间增设了肋梁,基础板应视其区格大小按双向板或单向板进行计算,梁和肋均按连续梁计算。

刚性板法的具体计算步骤如下:

① 首先求板的形心，作为 $x$、$y$ 坐标系的原点，如图 3-3-2 所示。

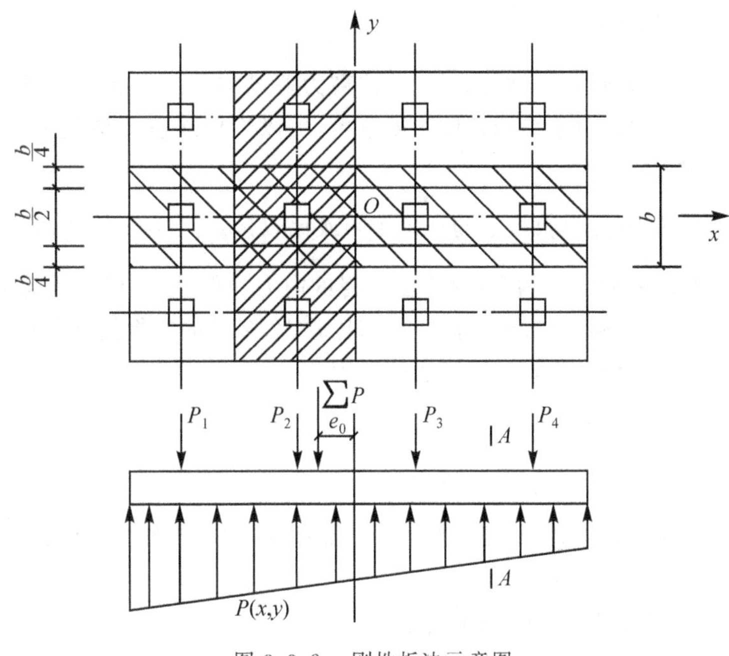


图 3-3-2 刚性板法示意图

② 按下式求板底反力分布

$$p = \frac{\sum P}{A} \pm \sum P \frac{e_x x}{I_y} \pm \sum P \frac{e_y y}{I_x} \tag{3-3-4}$$

$$p_{\min}^{\max} = \frac{\sum P}{A} \pm \sum P \frac{e_x}{W_y} \pm \sum P \frac{e_y}{W_x} \tag{3-3-5}$$

式中：$\sum P$—— 刚性板上总荷载，求筏基内力时不计板自重，故 $p$ 为净反力；

$A$—— 筏板总面积；

$e_x$、$e_y$—— $\sum P$ 的合力作用点在 $x$ 方向、$y$ 方向上距基底形心的距离；

$I_z$、$I_y$—— 基底对 $Ox$ 轴、$Oy$ 轴的惯性矩；

$W_z$、$W_y$—— 基底对 $Ox$ 轴、$Oy$ 轴的抵抗矩。

③ 在求出基底净反力后(不考虑整体弯曲，但在端部 1 ～ 2 开间内将基底反力增加 10% ～ 20%)，可以按互相垂直两个方向作整体分析。根据静力平衡条件，在板任一截面上总剪力等于一边全部荷载和地基反力的代数和；总弯矩等于作用于截面一边的力矩和。例如对截面 $A—A$(见图 3-3-2)，取左边部分时，由 $\sum P = 0$ 和 $\sum M = 0$，可以求出截面 $A—A$ 上的内力。

虽然上述简单的静力平衡原理可以确定整个板截面上的剪力与弯矩，但要确定这个截面上的应力分布却是一个高度超静定的问题。在板截条的计算中，由于独立的板带没有考虑相互间剪力影响，梁上荷载与地基反力常常不满足静力平衡条件，可以通过调整反力得到近似解。对于弯矩的分布可以采用分配法，即将计算板带宽度 $b$ 的弯矩按宽度分为三部分，中间部分的宽度为$\frac{b}{2}$,两个边缘部分的宽度为$\frac{b}{4}$,将整个宽度$b$上的$\frac{2}{3}$弯矩值作用于中间部分,边缘各承担$\frac{1}{6}$弯矩(见图 3-3-2)。

应当指出,采用筒中筒结构、框筒结构、整体剪力墙结构的高层建筑物浅埋筏基或具有多层地下结构的深埋筏基,由于结构整体刚度很大,可以近似地按倒楼盖法计算内力,忽略筏基整体弯矩的影响。

刚性板的简化计算方法要求板上的柱距相同或比较接近且小于$\frac{1.75}{\lambda}$,相邻柱荷载相对均匀,荷载的变化不超过 20%。采用这种方法求得的内力一般偏大,但方法简单、计算容易,且高层建筑物中的筏板基础,其板的厚度一般都比较大,多数的筏板能符合刚性基础板的要求,所以设计人员常用这种方法来计算基底的反力。

上述的$\lambda$为特征系数,即

$$\lambda=\sqrt[4]{\frac{k_0 b}{4E_h J}} \tag{3-3-6}$$

式中:$b$—— 筏板基础条带的宽度,即相邻两行柱间的中心距(见图 3-3-2);

$E_h$—— 混凝土的弹性模量;

$J$—— 宽度为$b$的条带的截面惯性矩;

$k_0$—— 地基上的基床系数。

如图 3-3-3 所示,对于梁板式筏基,可以将地基反力按 45°线划分范围,其阴影部分作为传递到横向肋梁上的荷载,其余部分作为传递到纵向肋梁上的荷载。然后按多跨连续梁分别计算纵向和横向肋梁的内力,这就是所谓的“倒梁法”。但是倒梁法求出的支座反力与原柱荷载不同,两者存在一个差值,可以用“调整倒梁法”进行调整,直到支座反力与原柱荷载趋于一致。

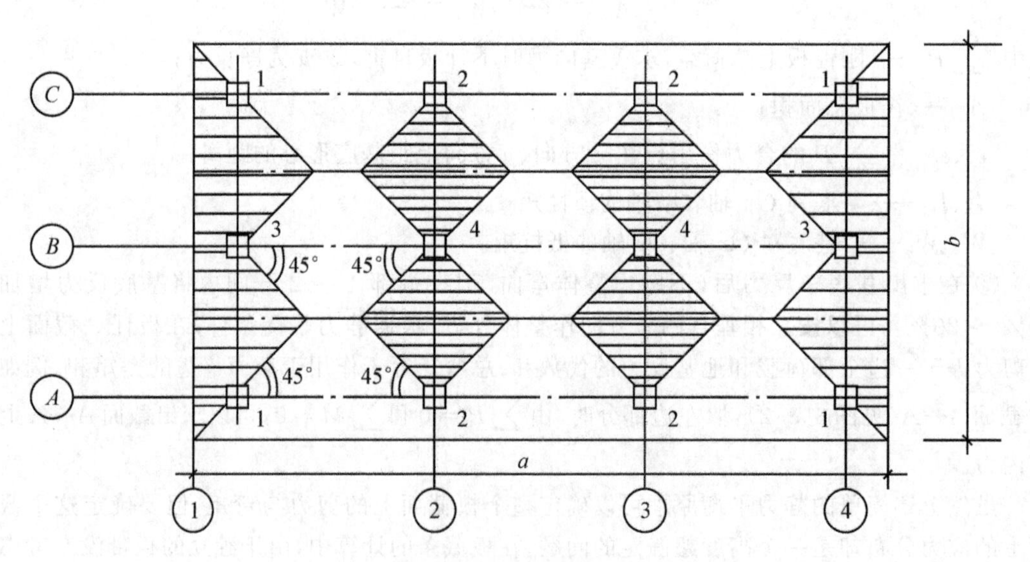


图 3-3-3 筏板基础肋梁上荷载的分布示意图

梁板式筏基计算步骤如下：

① 先计算基底反力，一般认为该基底反力是板上荷载。

② 将板上荷载沿板角45°线划分范围，把梁所负责区或其他集中力的所有荷载分配给相应肋梁（次梁也用该方法计算）。

③ 按连续梁计算相应梁的内力（可以使用“调整倒梁法”）。

④ 若梁间板为矩形，按单向板计算板的内力；若梁间板为正方形，按双向板计算板的内力。

2）近似弹性板分析法。

近似弹性板分析法是美国ACI推荐的方法，当筏基刚度不够大，不能采用倒楼盖法即刚性板法时，可以采用弹性板法。计算步骤如下：

① 按冲切或常规刚性法确定板厚。

② 计算筏板的抗弯刚度 $D$

$$D = \frac{Et^3}{12(1-\mu^2)} \tag{3-3-7}$$

式中：$e$—— 混凝土的弹性模量；

$\mu$—— 混凝土的泊松比；

$t$—— 板厚。

③ 计算有效刚度半径 $l$（柱的影响范围约为 $4l$）

$$l = \sqrt{\frac{D}{k_s}} \tag{3-3-8}$$

式中：$k_s$ —— 地基基床系数。

④ 计算任意点的径向和切向弯矩、剪力和挠度

$$M_r = -\frac{P}{4}\left[Z_4 - \left(\frac{1-\mu}{x}\right)Z'_3\right] \tag{3-3-9}$$

$$M_t = -\frac{P}{4}\left[\mu Z_4 + \left(\frac{1-\mu}{x}\right)Z'_3\right] \tag{3-3-10}$$

$$Q = -\frac{P}{4l}Z'_4 \tag{3-3-11}$$

$$w = \frac{Pl^2}{4D}Z_3 \tag{3-3-12}$$

式中：$P$—— 柱荷载；

$x$—— 间距比$\frac{\gamma}{l}$，如图3-3-4所示；

$Z_i$、$Z'_i$—— 图3-3-4中的系数；

$M_r$、$M_t$ —— 板单位宽度上的径向和切向弯矩；

$Q$—— 板单位宽度上的剪力；

$w$—— 挠度。

⑤ 径向弯矩和切向弯矩转换成直角坐标

$$M_x = M_r\cos^2\theta + M_t\sin^2\theta \tag{3-3-13}$$

$$M_y = M_r\sin^2\theta + M_t\cos^2\theta \tag{3-3-14}$$

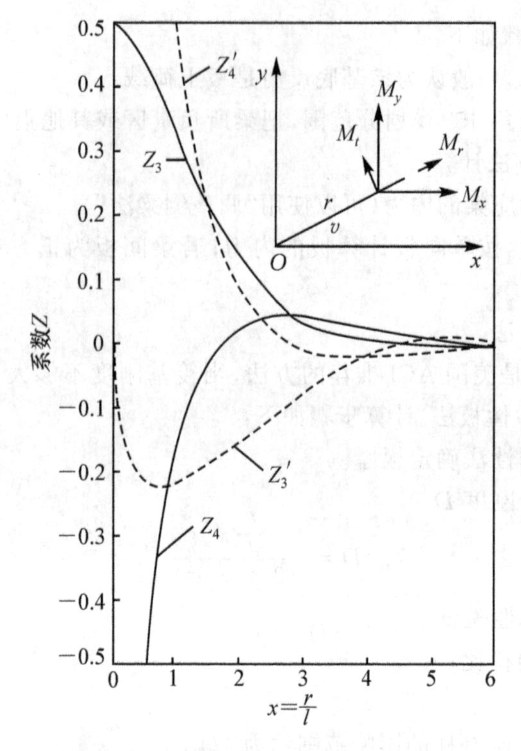


图 3-3-4 剪力、弯矩和挠度的 $Z_i$ 系数

⑥ 当基础板的边缘位于影响半径之内时，应进行下面的修正，计算在影响半径之内垂直于板边缘的弯矩和剪力时，假定板是无穷大的，然后在板的边缘施加方向相反、大小相等的弯矩和剪力。其计算可以采用弹性地基上梁的计算方法。

⑦ 刚性梁墙可以作为通过墙分布到基础板上的线荷载来处理。此时，可以将板分割成正交于墙的一些单位宽度的截条，同样采用弹性地基上梁的计算方法来计算。

⑧ 最后，把每一个单独柱子和墙体所算得的所有弯矩和剪力叠加，就得到总弯矩和总剪力。

(2) 数值计算方法。

① 有限差分法。采用有限差分法分析筏板基础的基本理论是弹性地基上的薄板理论，计算时用一组有限差分方程代替弹性地基上薄板的偏微分方程，作数学上的近似分析。对于等厚度矩形板，当计算网格划分较细时，求得的结果从理论上讲是比较精确的。

② 有限单元法。有限差分法不适用于计算非等厚板、带肋筏板和形状不规则的板，而这些采用有限单元法则很容易解决。例如网格结构的直接单元法，该方法适应性很强，各种不同类型的筏基均可以计算，尤其是分析梁板式筏基最为理想，还可以用于分析十字交叉梁式基础。

## §3.4 箱形基础

### 3.4.1 概述

高层建筑由于其使用功能上的需要，以及充分利用基础埋深的空间，一般都设有地下室。根据需要地下室可能是单层的也可能是多层的。对于多层地下室按其构造可以分为非基础部分和基础部分。非基础部分除外围挡土墙外，其内部的结构布置基本与上部结构相同。基础部分是指直接将上部结构以及地下室非基础部分的荷载传至地基上的那部分结构。箱形基础是高层建筑常用的一种基础形式，箱形基础是由底板、顶板、外围挡土墙以及一定数量内隔墙构成的单层或多层钢筋混凝土结构。箱形基础的优点是：刚度大、整体性好、传力均匀；能适应局部软硬不均匀地基，有效调整基底反力；由于基底面积和基础埋深都较大，挖去了大量的土方，卸除了原有的地基自重应力，因而提高了地基承载力、减小了建筑物的沉降；由于埋深较大，箱形基础外壁与四周土间的摩擦力增大，因而增强了阻尼作用，利于抗震；箱形基础的底板及其外围墙形成的整体有利于防水，还具有兼作人防地下室的优点。适用于高层框架、剪力墙以及框架剪力墙结构。箱形基础存在的问题是：内隔墙相对较多，支模和绑扎钢筋都需要时间，因而施工工期相对较长；此外，使用上也因隔墙较多而受到一定的影响。

箱形基础由于需要进行大面积和较深的土方开挖，相应于基底深度处土的自重应力 $p_z$ 和水压力（即浮托力）$p_w$ 之和 $p_c$（$p_c = p_z + p_w$）在数值上较大，往往能够补偿建筑物的基底压力，即形成补偿性基础。如果基底压力 $p$ 恰好等于 $p_c$，基底附加压力 $p_0$ 为零（$p_0 = p - p_c$）。从理论上讲，如果施工过程中基底土中的有效应力和水压力无任何变化，则地基不会发生任何沉降，也不存在承载力的问题。但实际上并不是这样。基底土由于开挖会产生回弹，加载又会产生再压缩；由于风力和地震力作用将形成倾覆力矩，在基础边缘处产生很大的压力，因此承载力和沉降问题仍是存在的，然而这种补偿性措施确实起到了减少地基沉降和提高地基稳定性的作用。目前高层建筑大多采用的是 $p > p_c$ 的情况，即欠补偿，当 $p < p_c$ 时，即超补偿时，在浮托力较大时，建筑物可能“浮起”，应特别加以注意。

在实际工程中，应根据地基土质条件，上部结构的情况、使用要求及施工条件等因素考虑其补偿程度。根据经验，对于高层建筑，采用全补偿基础（$p = p_c$）要求的地下室深度可以参照表3-4-1。

**表3-4-1　　箱形基础采用完全补偿式基础的地下室层数**

| 高层建筑总层数 | 20 | 30 | 40 | 50 |
|---|---|---|---|---|
| 要求地下室的层数 | 3 | 5 | 6 | 8 |

**注**：1. 上部结构的重量按每层 $6.5kN/m^2$ 计。

2. 地下室平均层高为4m。

### 3.4.2　箱形基础几何尺寸的确定

1. 箱形基础的平面尺寸

箱形基础的平面尺寸通常是先根据上部结构底层平面尺寸或地下室的平面尺寸，按荷载分布情况和经验计算地基承载力、沉降量和倾斜值后确定。若不满足要求，则需调整基础底面积，将基础底板一侧或全部适当挑出，或将箱形基础整体扩大，或增加埋深，以满足地基承载力和变形允许值的要求。当需要扩大基底面积时，宜优先扩大基础的宽度，以避免由于加大基础的纵向长度而引起箱形基础纵向整体挠曲的增加。当采用整体扩大箱形基础方案时，扩大部分的墙体应与箱形基础的内墙或外墙拉通连成整体，如图 3-4-1 所示。箱形基础扩大部分的墙体可以视做由箱形基础内、外墙伸出的悬挑梁，计算时扩大部分的墙体根部受剪截面宜符合 $V \leqslant 0.15 f_c b h_0$ 的要求，其中 $V$ 为墙根部的剪力设计值，$b$ 和 $h_0$ 分别为扩大部分墙体的厚度和墙的有效高度，$f_c$ 为单位面积的抗剪力。

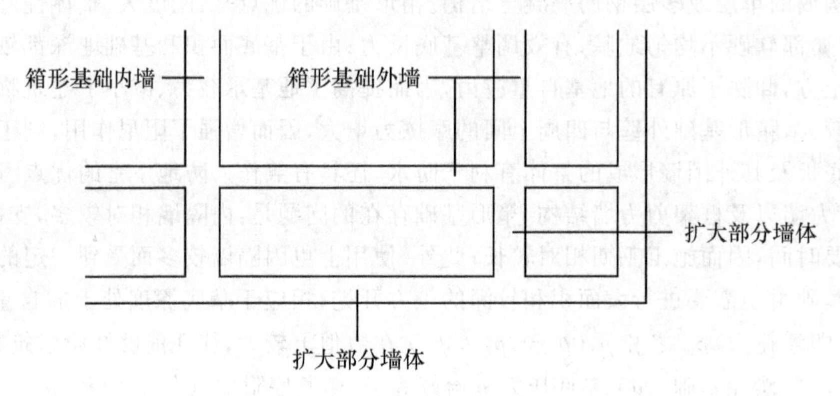


图 3-4-1　整体扩大箱形基础平面示意图

高层建筑的箱形基础基底平面形心宜与结构竖向永久荷载重心重合。因为在地基土较均匀的条件下，建筑物的倾斜与偏心距 $e$ 和基础宽度 $B$ 的比值 $\frac{e}{B}$ 有关，在地基土相同的条件下，$\frac{e}{B}$ 越大则倾斜越大，高层建筑由于质心高，重量大，当箱形基础由于荷载重心与基底平面形心不重合开始产生倾斜后，建筑物总重对箱形基础基底平面形心将产生新的倾覆力矩增量，而倾覆力矩的增量又将引起新的倾斜增量，这种相互影响可能随着时间而增长，直至地基变形稳定(或丧失稳定)为止。因此，设计时应尽量使结构竖向永久荷载的合力通过基底平面形心，避免箱形基础产生倾斜，保证建筑物正常使用。当偏心不可避免时，在荷载效应准永久组合下，偏心距 $e$ 宜符合下式要求，即

$$e \leqslant 0.1 \frac{W}{A} \tag{3-4-1}$$

式中：$W$—— 与偏心矩方向一致的基础底面边缘抵抗矩；

$A$—— 基础底面积。

2. 箱形基础的高度

箱形基础的高度应能满足承载力和刚度的要求，其值不宜小于箱形基础长度的 $\frac{1}{20}$，也不应小于 3m。《高层建筑箱形与筏形基础设计规范》(JGJ 6—99) 中提出的上述要求，旨在保证箱形基础具有一定的刚度，能适应地基的不均匀沉降，减少不均匀沉降引起的上部结构附加应力。大量已建工程的统计资料表明，箱形基础由于使用功能的要求，其高度都在 3m 以上，箱形基础的高度与长度的比值最大为 $\frac{1}{21.1}$。

沉降观测和研究分析表明，箱形基础最大纵向相对挠度 $\frac{\Delta s}{L}$ 一般都出现在上部结构施工到 3 ～ 5 层时。出现的时间与土质情况、施工条件、上部结构刚度大小以及刚度形成的时间

有关。因此，研究箱形基础刚度的重点应该放在楼身施工的早期阶段。

为保证上部结构和箱形基础在使用荷载下不致出现裂缝，《高层建筑箱形与筏形基础设计规范》(JGJ 6—99) 中在确定箱形基础高度与长度的比值时，曾利用实测纵向相对挠曲值来反演箱形基础的抗裂度，结果发现，一般情况下按《高层建筑箱形与筏形基础设计规范》(JGJ 6—99) 中确定的箱形基础高度，其抗裂度可以满足混凝土结构设计规范的要求。

3. 箱形基础的内外墙

箱形基础的墙体是连接箱形基础顶板、底板，使箱形基础具有足够的整体刚度和承载力，并把上部结构的竖向荷载安全地传到地基上的重要构件，箱形基础的外墙沿建筑物四周布置，内墙沿上部结构柱网和剪力墙的位置均匀布置。墙体水平截面总面积不宜小于箱形基础外墙外包尺寸的水平投影面积的$\frac{1}{10}$。

《高层建筑箱形与筏形基础设计规范》(JGJ 6—99) 中提出的箱形基础墙体面积率，旨在保证箱形基础的整体刚度，这样的指标在一般的工程中基本上都能达到。在软土地区，满足该指标，即使纵向挠曲较大的箱形基础，其抗裂度一般都能符合上述规范的要求。在硬土地区，由于箱形基础的纵向相对挠曲较小，在满足抗裂要求的条件下可以根据实际情况适当放宽。对平面尺寸长宽比大于 4 的箱形基础，纵向墙体水平截面面积不得小于箱形基础外墙外包尺寸水平投影面积的$\frac{1}{18}$。箱形基础的外墙厚度不应小于 250mm，内墙厚度不应小于 200mm；当箱形基础兼作人防地下室时，其外墙厚度还应根据人防等级，按实际情况计算后确定。

4. 箱形基础的底板、顶板

箱形基础底板、顶板的厚度应根据荷载大小、跨度、整体刚度、防水要求确定。底板厚度不应小于 300mm，且板厚与最大双向板区格的短边尺寸之比不小于$\frac{1}{14}$。顶板厚度一般不应小于 100mm，且应能承受由整体弯曲产生的压力，当考虑上部结构嵌固在箱形基础顶板上时，顶板厚不宜小于 200mm。对兼作人防地下室的箱形基础基底、顶板的厚度，按实际要求计算后确定。

5. 箱形基础的墙体洞口

箱形基础墙体的洞口应设在墙体剪力较小的部位，门洞宜设在柱间居中部位，洞边至上层柱中心的水平距离不宜小于 1.2m，以避免洞口上的过梁由于过大的剪力造成截面承载力不足。

如图 3-4-2 所示，墙身由于设置了门洞其刚度必然受到削弱，削弱的程度直接与门洞的大小有关。相关文献指出，考虑竖向剪切变形，推导出洞口位置任意条件下，每间洞口对墙体刚度的折减系数 $C$ 的通式为

$$C=\frac{n}{m+n-mn} \tag{3-4-2}$$

式中：$n$—— 洞口上过梁的截面高度与箱形基础净高比值；

$m$—— 洞口宽度与柱间中心距的比值。

6. 配筋

墙体内应设置双面钢筋，横向、纵向钢筋不应小于 $\phi10@200$。除上部为剪力墙外，内墙、

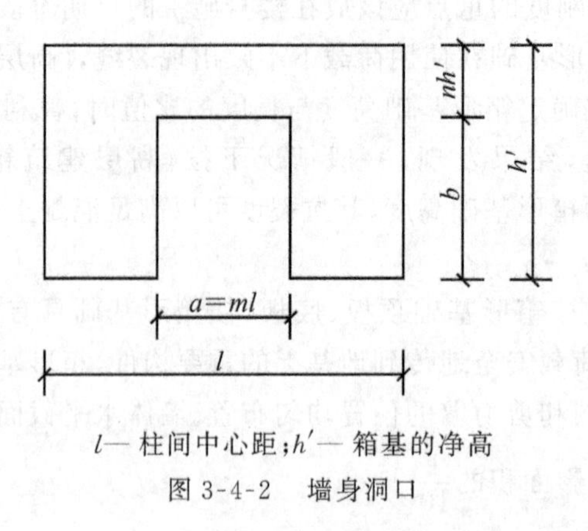


$l$— 柱间中心距；$h'$— 箱基的净高

图 3-4-2　墙身洞口

外墙的墙顶处宜配置两根不小于 $\phi$20mm 的钢筋。

在岩石地基、密实的碎(砾) 石土、砂土地基上的箱形基础或上部结构为剪力墙体系、层数为 20 层以上的框架、框架 — 剪力墙体系的箱形基础，其顶板、底板可以仅考虑局部弯曲作用，计算时顶板取实际荷载，底板反力可以简化为均布基底反力并扣除底板自重。考虑到整体弯曲影响，顶板、底板钢筋配置量除满足设计要求外，纵、横方向的支座钢筋尚应有 $\frac{1}{3} \sim \frac{1}{2}$ 贯通全跨，且配筋率应分别不小于 0.15%、0.10%，跨中钢筋按实际配筋率全部连通。

7. 混凝土

箱形基础混凝土强度等级不应低于 C20，抗渗标号不应低于 $S_6$，当箱形基础的长度超过 40 ～ 60m 时，为了避免因温差在混凝土中产生应力，应设置贯通箱形基础横断面的后浇带，带宽不宜小于 80cm，后浇带处钢筋必须连通并适当加强。

8. 埋置深度

箱形基础的埋深除应满足地基承载力、地基稳定及地基变形条件外，还必须满足其最小埋深要求，即对地震区，埋深不宜小于建筑物高度的 $\frac{1}{10}$；一般情况下，埋深不小于建筑物高度的 $\frac{1}{12}$。这是从抗震设计和防止高层建筑整体倾斜方面考虑的，相关实践和研究表明：建筑物倾斜 $\frac{1}{250}$ 时，就可以被肉眼觉察到，且可以造成建筑物的损坏；当建筑物倾斜 $\frac{1}{150}$ 时，即开始结构破坏，而埋深与地基变形有密切的关系，增大埋深可以减少地基中的附加应力，减小地基变形，但同时也带来土方量大、施工困难等问题，故应综合考虑才能确定一个安全、经济、合理的埋深。

### 3.4.3　箱形基础结构设计

箱形基础结构设计内容包括顶板、底板、内墙、外墙及门洞过梁等构件的强度计算、配筋和构造要求。强度计算是以内力(弯矩、剪力) 为依据的，而地基反力的大小从分布直接影响内力值，因而，地基反力的求解是箱形基础设计的关键。

1. 地基反力的确定

(1) 地基反力及其分布形式。

高层建筑物皆由上部结构和基础两部分构成，建筑物的荷载通过基础传递给地基，在基础底面和与之相接触的地基之间便产生了接触压力，基础作用于地基表面单位面积上的压力称为基底压力。根据作用力与反作用力原理，地基又给基础底面大小相等的反作用力，这就是地基反力(以往又称为基底反力)。

相关实验表明，影响地基反力分布形式的因素较多，如基础和上部结构的刚度、建筑物的荷载分布及其大小、基础的埋置深度、基础平面的形状和尺寸、有无相邻建筑物的影响、地基土的性质(如土的类别、非线性、蠕变性)、施工条件(如施工引起的基底土的扰动)等。

对于柔性基础，由于其刚度很小，在竖向荷载作用下没有抵抗弯曲变形的能力，能随着地基一起变形。因此，地基反力的分布与作用与基础上的荷载分布是一致的，如图 3-4-3 所示。柔性基础在均布荷载作用下，其沉降特点是中部大、边缘小。

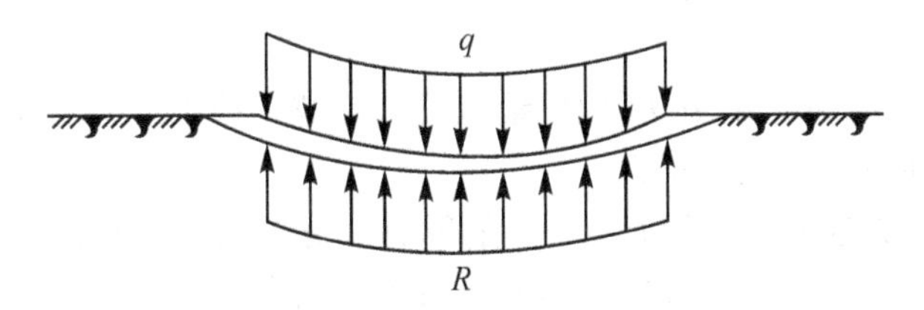


图 3-4-3　荷载作用下柔性基础地基反力分布形式示意图

刚性基础受荷载后基础不发生挠曲，且地基与基础的变形协调一致。因此，在轴心荷载作用下地基表面各点的竖向变形值相同。相关理论计算与试验均表明，轴心受荷时刚性基础典型的地基反力分布曲线形式有：凹抛物线形，马鞍形，凸抛物线形，钟形。如图 3-4-4 所示。当荷载较小时，地基反力分布曲线呈凹抛物线形或马鞍形；随着荷载的增大，位于基础边缘部分的地基土产生塑性变形区，边缘地基反力不再增大，而荷载增加部分则由中间部分的土体承担，中间部分的地基反力继续增大，地基反力分布曲线逐渐由马鞍形转变为抛物线形；当荷载接近地基土的破坏荷载时，地基反力分布曲线又由抛物线形变成钟形。

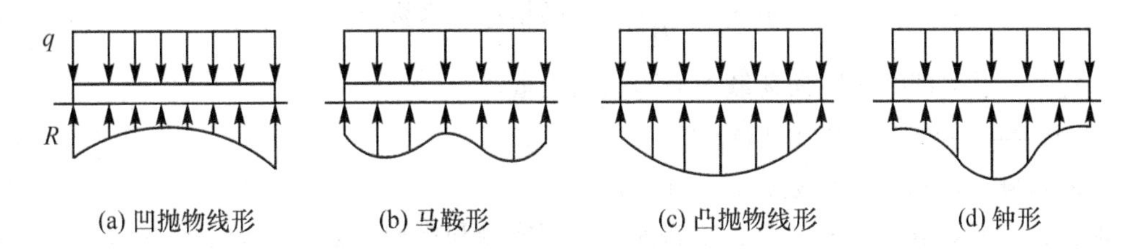


图 3-4-4　轴心荷载下刚性基础地基反力分布形式示意图

在实际工程箱形基础地基反力测试中，常见的地基反力分布曲线是凹抛物线形和马鞍形，一般难以见到凸抛物线形和钟形。其主要原因是测试时地基承受的实际荷载很难达到考虑各种因素的设计荷载值。同时，设计采用的地基承载力也有一定的安全系数，因此，地基难以达到临塑状态。相关测试还表明，地基反力分布一般是边端大、中间小，反力峰值位于边端附近;并且,基础的刚度越大,反力越向边端集中。

(2) 地基反力计算方法。

在高层建筑箱形基础内力分析与计算中,地基反力的计算与确定占有比较重要的地位。这是因为地基反力的大小及分布形状是决定箱形基础内力的最主要因素之一,地基反力不仅决定内力的大小,在某些情况下甚至可以改变内力(主要是整体弯矩)的正负号。同时,一旦确定了地基反力的大小与分布形状,箱形基础的内力计算问题就迎刃而解了。

正是由于地基反力计算的重要性及复杂性,国内外许多学者对此做了大量的研究工作,提出了多种计算方法。每种计算方法采用的基本假定或地基计算模型不尽相同,因而计算出的地基反力分布形状差异较大。在实际工程计算中,一般采用一种地基计算模型,有时也可以根据施工条件和地基土的特性将地基土进行分层,联合使用两种地基计算模型。随着电子计算机技术的飞速发展,在地基反力计算中考虑影响地基反力的因素也在逐步增加,原来比较复杂的问题变得相对容易。但是,到目前为止,还没有一种能包含各种因素、影响且符合实际情况的地基反力的计算方法。各种计算方法的出现,也与当时的计算手段有关。

1) 刚性法。

刚性法是一种简单、近似的方法,假定地基反力是按直线变化规律分布的,利用材料力学中有关计算公式即可求得地基反力。

假定地基反力按直线分布,其力学概念清楚,计算方法简便。但是,实际工程中只有当基础尺寸较小时(如独立柱基、墙下条基),地基反力才近似直线分布。对于高层建筑箱形基础,由于其尺寸很大,地基反力受多种因素的影响而呈现不同的分布情况,并非简单的直线分布。

2) 弹性地基梁法。

若箱形基础为矩形平面,可以把箱形基础简化为工字等代梁,工字形截面上、下翼缘宽度分别为箱形基础顶板宽、底板宽,腹板厚度为在弯曲方向墙体厚度之总和,梁高即箱形基础高度,在上部结构传来的荷载作用下,按弹性地基上的梁计算基底反力。

3) 实测地基反力系数法。

实测地基反力系数法是将箱形基础底面(包括悬挑部分,但不宜小于 0.8m) 划分为 40 区格,每区格地基反力 $p_i$ 为

$$p_i = \frac{\sum p}{LB} \times \text{该区格反力系数} \tag{3-4-3}$$

式中:$\sum p$—— 上部结构竖向荷载加箱形基础重量;

$L$、$B$—— 分别为箱形基础长、宽。

箱形基础各区格反力系数如表 3-4-2 所示。

地基反力系数表是在一定条件下将原体工程实测和模型试验数据经整理、统计、分析后获得的,在使用该表时一定应注意其适用范围和注意事项。

① 基础的刚度是影响地基反力分布的重要因素之一。地基反力系数表适用整体刚度较好的箱形基础和其他类型的刚度基础。

② 地基反力系数表适用于建筑物基础下主要受力层范围内地层比较均匀、上部结构及其荷载分布比较均匀对称、基础底板悬排不大于 0.8m 的单幢建筑物。

表 3-4-2 箱形基础基底反力系数表

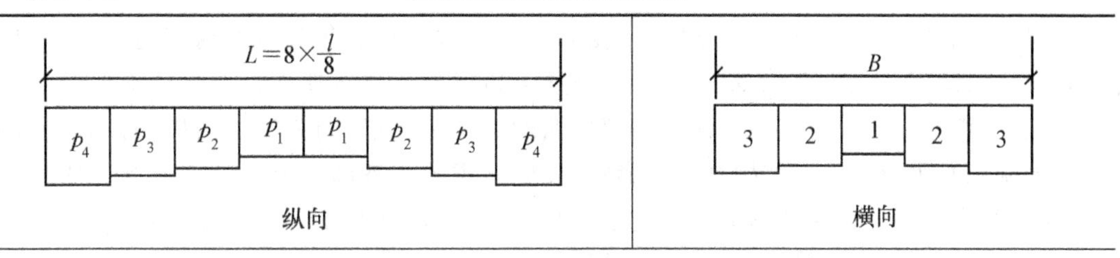


一般第四纪黏性土

| $\frac{L}{B}$ | 纵向<br>横向 | $p_4$ | $p_3$ | $p_2$ | $p_1$ | $p_1$ | $p_2$ | $p_3$ | $p_4$ |
|---|---|---|---|---|---|---|---|---|---|
| 3～4 | 3 | 1.282 | 1.043 | 0.987 | 0.976 | 0.976 | 0.987 | 1.043 | 1.282 |
| | 2 | 1.143 | 0.930 | 0.881 | 0.870 | 0.870 | 0.881 | 0.930 | 1.143 |
| | 1 | 1.129 | 0.919 | 0.869 | 0.859 | 0.859 | 0.869 | 0.919 | 1.129 |
| | 2 | 1.143 | 0.930 | 0.881 | 0.870 | 0.870 | 0.881 | 0.930 | 1.143 |
| | 3 | 1.282 | 1.043 | 0.987 | 0.976 | 0.976 | 0.987 | 1.043 | 1.282 |
| 4～6 | 3 | 1.229 | 1.042 | 1.014 | 1.003 | 1.003 | 1.014 | 1.042 | 1.229 |
| | 2 | 1.096 | 0.929 | 0.904 | 0.895 | 0.895 | 0.904 | 0.929 | 1.096 |
| | 1 | 1.082 | 0.918 | 0.893 | 0.884 | 0.884 | 0.893 | 0.918 | 1.082 |
| | 2 | 1.096 | 0.929 | 0.904 | 0.895 | 0.895 | 0.904 | 0.929 | 1.096 |
| | 3 | 1.229 | 1.042 | 1.014 | 1.003 | 1.003 | 1.014 | 1.042 | 1.229 |
| 6～8 | 3 | 1.215 | 1.053 | 1.013 | 1.008 | 1.008 | 1.013 | 1.053 | 1.215 |
| | 2 | 1.083 | 0.939 | 0.903 | 0.899 | 0.899 | 0.903 | 0.939 | 1.083 |
| | 1 | 1.070 | 0.927 | 0.892 | 0.888 | 0.888 | 0.892 | 0.927 | 1.070 |
| | 2 | 1.083 | 0.939 | 0.903 | 0.899 | 0.899 | 0.903 | 0.939 | 1.083 |
| | 3 | 1.215 | 1.053 | 1.013 | 1.008 | 1.008 | 1.013 | 1.053 | 1.215 |

软土地基

| $\frac{L}{B}$ | 纵向<br>横向 | $p_4$ | $p_3$ | $p_2$ | $p_1$ | $p_1$ | $p_2$ | $p_3$ | $p_4$ |
|---|---|---|---|---|---|---|---|---|---|
| 3～5 | 3 | 0.906 | 0.966 | 0.814 | 0.738 | 0.738 | 0.814 | 0.966 | 0.906 |
| | 2 | 1.124 | 1.197 | 1.009 | 0.914 | 0.914 | 1.009 | 1.197 | 1.124 |
| | 1 | 1.235 | 1.314 | 1.109 | 1.006 | 1.006 | 1.109 | 1.314 | 1.235 |
| | 2 | 1.124 | 1.197 | 1.009 | 0.914 | 0.914 | 1.009 | 1.196 | 1.124 |
| | 3 | 0.906 | 0.966 | 0.814 | 0.738 | 0.738 | 0.814 | 0.966 | 0.906 |

③ 基础埋深对地基反力分布有一定影响。基础埋深越大，地基反力越趋向平缓。

④ 有相邻建筑物的地基反力会比无相邻建筑物影响时更均匀平缓，即中部地基反力增加，而端部地基反力有所降低。

⑤ 地基局部不均匀和上部结构荷载及刚度分布不均匀的影响。

4）可变地基系数法。

可变地基系数法包括 Zeevaert 提出的可变基床系数法（轮算法）；叶于政、孙家乐对北京中医院大楼计算分析所用方法；陈皓彬提出的改进链杆法等。

2. 箱形基础内力计算

箱形基础作为一个箱形空格结构，承受着上部结构传来的荷载与不均匀地基反力引起的整体弯曲；同时，其顶板、底板还承受着分别由顶板荷载与地基反力引起的局部弯曲。因此，顶板、底板的弯曲应力应按整体和局部弯曲的组合来决定。相关实测结果和计算分析表明，箱形基础必须考虑上部结构刚度的影响，即应考虑地基基础与上部结构的共同作用，这种整体的共同作用分析在计算上比较复杂，距实用也尚有距离。目前可供实用的处理方法就是考虑上部结构两种极端的情况，采用不同的弯曲内力分析方法。

(1) 箱形基础的变形和受力特性。

箱形基础的工作机理是非常复杂的，箱形基础不仅与地基刚度、基础刚度、上部结构刚度有关，而且与施工速度、施工顺序以及施工期间的温度高低有关，其特性如下。

1) 箱形基础纵向挠曲变化规律与上部结构刚度的影响。若箱形基础压缩层范围内沿竖向和水平向土层较均匀时，基础的沉降值随楼层的增加而增加，但其纵向挠曲曲线的曲率并不随着荷载的增大而始终增大。最大曲率出现在施工期间的某一临界层（一般为 5 ～ 10 层），该临界层与上部结构的形式及影响其刚度形成的施工条件有关。

2) 基底反力分布规律与上部结构刚度及地基变形的影响。当荷载小于挖土重量时，地基处于回弹再压缩阶段，其实测反力较均匀，当上部结构刚度逐渐形成，上部结构的重量接近或大于挖土重量时，边缘处基底反力逐渐增大；但随着附加应力再增大，边缘土反力因地基出现塑性变形其增量又略小于中部。

3) 实测钢筋应力偏低原因分析。大量工程实测的整体弯曲钢筋应力都不大，一般只有 20 ～ 30kPa，远低于钢筋计算应力，其原因为：

① 上部结构参与工作；

② 箱形基础端部土壤出现塑性变形；

③ 箱形基础纵（横）墙参与了工作；

④ 箱形基础底板混凝土参与了工作；

⑤ 基底与土壤之间的摩擦力影响。

4) 上部结构刚度对箱形基础是有贡献的，但又是有限的。

(2) 弯曲内力分析方法。

箱形基础作为承上启下的空腹结构，除了承受上部结构传来的荷载以及地基不均匀反力所引起的整体弯矩外，其顶板、底板还承受由顶板荷载、地基反力产生的局部弯矩。合理的分析方法应考虑地基、基础和上部结构的共同作用。尽管共同作用在分析方法和地基模型上都不断进行改进，但计算上仍然十分复杂，距实际应用还有一定的距离。大量相关实测资料、理论研究都表明，箱形基础受力的全过程明显存在两个不同阶段：第一阶段，在上部结构刚度尚未完全形成，或在基底压力不超过原生土压力时，箱形基础的整体弯曲应力达到最大值；第二阶段，箱形基础由于上部结构参与工作，或因地基出现塑性变形，使箱形基础在第一阶段已形成的弯曲曲率减小，从而减小了第一阶段中箱形基础已产生的弯曲应力，但箱形基础底板的局部弯曲应力因地基的反力增加而达到最大值。在前面有关箱形基础的变形和受力特点中已经叙述了箱形基础的纵向挠曲曲率是不大的，上海软土地区箱形基础的最大纵向相对挠曲也只不过$\frac{3}{10000}$。这种现象，并不因上部结构体系是剪力墙结构或框架结构或框剪结构而异。因此《高层建筑箱形与筏形基础技术规范》(JGJ6—99) 中提出在满足该规范要求的条件下，当地基压缩层深度范围内的土层较均匀，且上部结构为平面、立面布置较规则的高层剪力墙、框架、框剪结构时，箱形基础可以不进行整体弯曲计算，箱形基础的顶板、底板可以仅按局部弯曲计算。作为考虑整体弯曲的措施，在构造上将局部弯曲计算出来的顶板、底板纵、横方向的支座钢筋的 $\frac{1}{3} \sim \frac{1}{2}$ 贯通全跨，且贯通钢筋的配筋率分别不小于 0.15%、0.10%；跨中钢筋按实配钢筋全部连通。

由于箱形基础最大纵向相对挠曲，一般出现在上部结构施工到 3 ～ 5 层、上部结构刚度尚未形成期间。因此，对层数不多、带地下室的框架结构，当功能需要采用箱形基础兼作地下室，或箱形基础持力层为软弱地基时，箱形基础需同时考虑整体弯曲和局部弯曲的作用。

1）上部结构为现浇剪力墙体系。

在上部结构为现浇剪力墙体系的情况下，箱形基础可以视为筏板基础上的一个地下层，因为此时箱形基础的外墙及不小内墙实际上是上部结构竖向承重构件的一部分。由于整个建筑物刚度很大，箱形基础整体弯曲甚小，可以忽略不计，故顶板、底板仅按承受局部弯曲来分析。箱形基础内、外墙成为顶板、底板的可靠支座。这样，底板按倒楼盖计算，顶板按普通楼盖计算。若箱形基础兼作人防地下室，则顶板上荷载还须按人防要求取定。箱形基础外墙按多跨连续双向板计算，作用在外墙上的荷载为土压力 $P_E$，当地下水位在基底以上时，尚有水压力 $P_W$。内墙一般按其构造配筋，必要时按抗剪验算。对于整体弯曲的影响，可以在构造上加以考虑：即钢筋配置量除应满足上述计算要求外，其纵、横方向支座钢筋中应分别有 0.15%、0.1% 配筋率的钢筋连通配置，而跨中钢筋则按实际配筋率全部连通。

当上部结构为框架剪力墙体系时，如果有一定数量的剪力墙布置在纵向，则其反力在基底并不均布，往往向剪力墙下集中。按许多实际工程的实测资料，实际发生的整体弯曲，甚至局部加整体弯曲的应力都很小，底板钢筋应力常在 20 ～ 30N/mm$^2$，远小于钢筋强度设计值。因此，对于这种情况，一般仍可以参照上部结构为现浇剪力墙体系来处理。

2）上部结构为框架体系。

上部结构为框架体系时，与上述情况相比较，整体刚度较小，特别是在填充墙还未砌筑、上部结构刚度尚未完全形成时，箱形基础整体弯曲应力比较明显。因此对这种结构体系，箱形基础按局部加整体弯曲计算是比较安全合理的。由于箱形基础本身是一个比较复杂的空间体系，严格分析仍较困难，实际工程中按以下方法计算。

① 框架结构抗弯刚度的近似计算。计算整体弯曲应力应考虑上部结构的共同作用，1953 年梅耶霍夫(Meyerhof) 提出了计算框架结构抗弯刚度的近似方法，即一层框架(上、下横梁各取一半，连同各柱及填充墙) 的等代抗弯刚度 $E'_a J'_B$ 可以按下式计算，即

$$E'_B J'_B = E_b J_b \left[1 + \frac{K_u + K_1}{2K_b + K_u + K_1}\left(\frac{L}{l}\right)^2 + \frac{1}{2} \times \frac{E_w J_w}{E_b J_b}\left(\frac{L}{h}\right)^2\right] \tag{3-4-4}$$

式中：$E_b$、$J_b$ —— 框架梁柱的混凝土弹性模量、梁惯性矩；

$K_u$、$K_1$、$K_b$ —— 上柱、下柱和梁的线刚度，分别为 $K_u = \frac{J_u}{h_u}$，$K_1 = \frac{J_1}{h_1}$，$K_b = \frac{J_b}{l}$；

$J_u$、$h_u$ —— 上柱截面惯性矩和柱高度；

$J_1$、$h_1$ —— 下柱截面惯性矩和柱高度；

$J_b$、$l$ —— 梁截面惯性矩和梁跨度；

$L$—— 上部结构弯曲方向的总长度；

$E_w$、$J_w$ —— 弯曲方向与箱形基础相连的无洞口连续钢筋混凝土墙的弹性模量与截面惯性矩，$J_w=\dfrac{bh^3}{12}$；

$h$—— 混凝土墙的总高度；

$b$—— 混凝土墙的总厚度。

② 整体弯矩对箱形基础的分配

上部结构等代刚度。如图 3-4-5 所示的采用箱形基础的框架结构。首层有连续的混凝土墙，其上共有 $n$ 层纯框架。柱距相等，总长 $L=ml$。由式(3-4-4)可以给出上部结构的等代抗弯刚度 $E_BJ_B$ 的计算公式为

$$E_BJ_B=\sum_{i=1}^{n}\left[E_bJ_{bi}\left(1+\frac{K_{ui}+K_{li}}{2K_{bi}+K_{ui}+K_{li}}m^2\right)\right]+E'_wJ'_w \tag{3-4-5}$$

$$E'_wJ'_w=\begin{cases}\dfrac{E_wJ_w}{2}\left(\dfrac{L}{h}\right)^2\beta & \text{（墙身无洞口）}\\ E_wJ_w & \text{（墙身有小面积洞口）}\end{cases} \tag{3-4-6}$$

式中：$\beta$—— 弯曲方向与箱形基础相连的无洞口连续混凝土墙等代刚度的折减系数，可以按表 3-4-3 和图 3-4-6 取用；

$m$—— 弯曲方向上部框架结构的节间数；

$n$—— 建筑物层数。

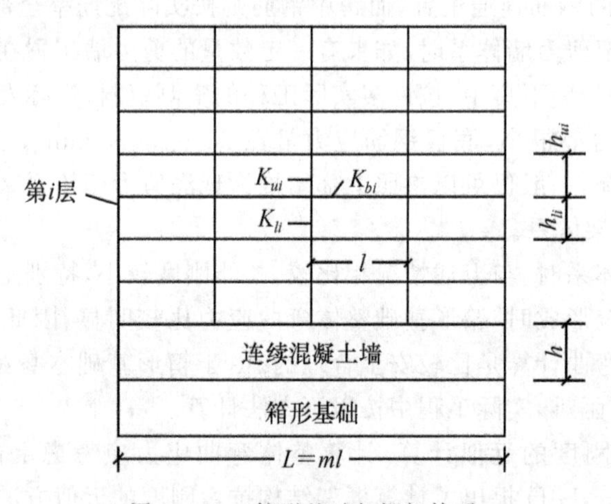


图 3-4-5 箱形基础与框架体系

表 3-4-3 等代刚度折减系数 $\beta$ 值

| $\frac{L}{h}$ | ≤3 | 4 | 5 | 6 | 7 | 8 | 9 | 10 | 12 | 14 | 16 | 18 | 20 |
|---|---|---|---|---|---|---|---|---|---|---|---|---|---|
| $\beta$ | 0.8 | 0.65 | 0.55 | 0.45 | 0.40 | 0.35 | 0.30 | 0.25 | 0.20 | 0.16 | 0.14 | 0.12 | 0.10 |

当上部结构为框剪体系，但在弯曲方向剪力墙长度很小时，亦视为纯框架，应按式(3-4-7) 计算等代刚度。

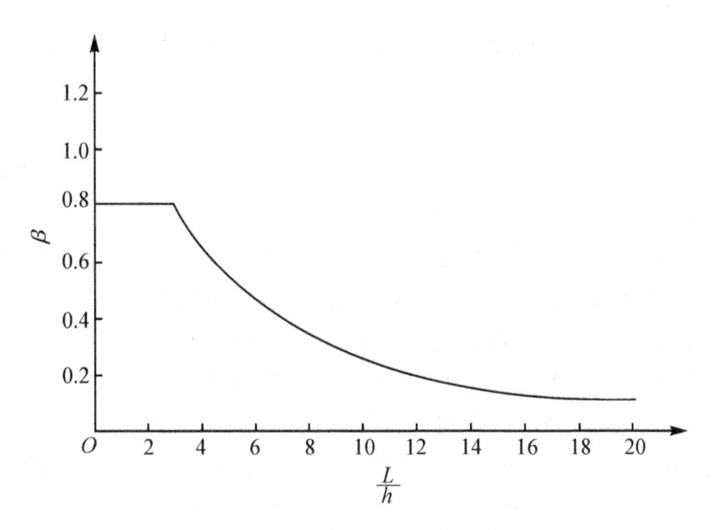


图 3-4-6　等代刚度折减系数 $\beta$

箱形基础等代刚度

$$E'_gJ'_g = E_gJ_g\left(1+\frac{K_{lg}}{2K_{bg}+K_{lg}}m^2\right) \tag{3-4-7}$$

式中：$E_g$、$J_g$—— 箱基混凝土的弹性模量、截面惯性矩；

$K_{bg}$、$K_{lg}$—— 线刚度。

整体弯曲弯矩　设由基底反力和上部荷载经静定梁分析得到的整体弯曲弯矩为 $M$，则由箱形基础承担的整体弯曲弯矩 $M_g$ 为

$$M_g = \frac{E'_gJ'_g}{E'_gJ'_g + E_BJ_B}M \tag{3-4-8}$$

上部结构承担的整体弯曲弯矩 $M_B$ 为

$$M_B = \frac{E_BJ_B}{E'_gJ'_g + E_BJ_B}M \tag{3-4-9}$$

3）局部弯矩与叠加。

基底反力按实用反力系数或其他有效方法确定，扣除箱形基础底板自重后，作为计算局部弯矩的荷载。顶板按实际荷载。视顶板、底板为周边固定的双向连续板计算局部弯曲的弯矩值。对底板，则将局部弯矩值乘以 0.8 后取用，与整体弯矩进行叠加。其顶板、底板的整体弯曲与局部弯曲的配筋应综合考虑，以充分发挥各截面钢筋的作用。

在计算箱形基础结构内力时，荷载中可以不计风荷载及设计烈度小于或等于 8 度时的地震荷载。即在一般情况下，只考虑垂直恒载，不考虑水平荷载。这是由于箱形基础自身纵横墙密度大、整体性好以及土的阻尼作用，使地震波对地下结构的破坏作用减小，从而使箱形基础具有良好的抗震性能；另外，通过对若干典型工程的试算表明，按上述规则设计的箱形基础，能够抵抗 8 级地震。

# §3.5 上部结构与地基基础的共同作用

## 3.5.1 概述

1. 高层建筑与地基基础共同作用的概念

高层建筑与地基基础共同作用是把高层建筑、基础和地基(有桩基础,包括桩)三者看成一个整体,并应满足地基、基础与上部结构三者在接触部位的变形协调条件。

利用共同作用来分析上述三者的内力和变形的方法称为共同作用分析方法。

在讨论共同作用分析方法前,先介绍常规设计方法。常规设计方法首先把上部结构隔离出来,并用固定支座来代替基础,以求得上部结构的内力和变形以及支座反力,但是支座是没有任何变形的,如图 3-5-1(a) 所示;接着把支座反力作用于基础上,用材料力学方法求得地基反力,由于地基反力是线性分布的,就得到了基础的内力和变形,如图 3-5-1(b) 所示;最后把地基反力作用在地基或桩上来设计桩数或校核地基强度和变形,如图 3-5-1(c) 所示。这种设计方法忽略了基础的变形和位移,人为地把基础和上部结构分开计算,这是不切合实际的。工程实践检验发现,上部结构实际内力往往与常规设计理论值有很大差距,底层梁柱和边跨梁柱尤为明显,甚至出现严重开裂;相反,基础的内力则比常规设计理论值小得多。因此,上部结构与地基基础共同作用问题在工程实践中被提出来了。

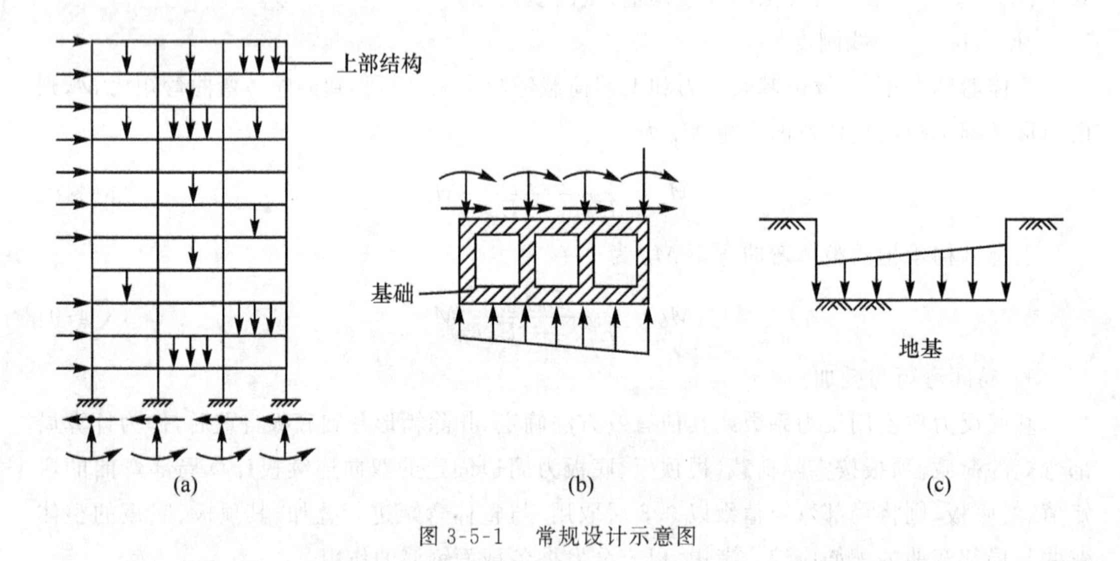


图 3-5-1 常规设计示意图

因为地基土属于半无限体,所以高层建筑与地基基础的共同作用通常都是三维空间问题,如图 3-5-2(c) 所示,计算工作量非常大。另外,地基土是三相体,由于水的存在,使地基土的物理力学性质与钢、木和混凝土力学性质截然不同,这就使高层建筑与地基基础共同作用分析难度大大增加,故分析是相当复杂的。为方便起见,可以考虑地基与基础的共同作用或基础与上部结构的共同作用,如图 3-5-2(a)、图 3-5-2(b) 所示。或简化为二维问题来进行共同作用分析。

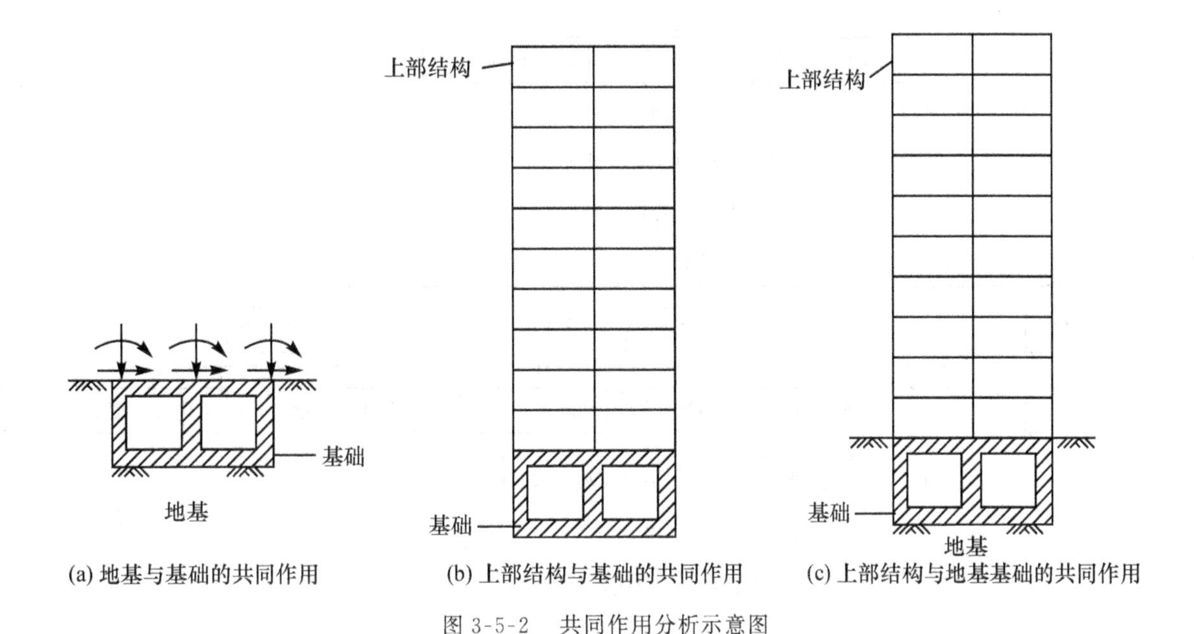


图 3-5-2　共同作用分析示意图

2. 高层建筑与地基基础共同作用的研究内容和影响因素

高层建筑与地基基础共同作用的研究内容和影响因素如图 3-5-3 所示。

### 3.5.2　共同作用分析方法

本节主要讨论子结构分析方法。

1. 刚度矩阵的凝聚

为了便于阐明子结构分析方法的原理，可以以一个平面框架结构为例，如图 3-5-4 所示。现把结构内的节点自由度区分为内节点自由度（以 $i$ 表示）和边界节点自由度（以 $b$ 表示），则结构内的总自由度为 $n$，即 $n = i + b$。整个结构的节点位移 $\{U\}$ 和荷载 $\{P\}$ 的关系可以写出平衡方程为

$$\{P\} = [K]\{U\} \tag{3-5-1}$$

式中：$[K]$—— 整个结构的刚度矩阵（$n \times n$）。

把式(3-5-1) 用分块矩阵形式表示，则

$$\begin{Bmatrix} P_i \\ P_b \end{Bmatrix} = \begin{bmatrix} K_{ii} & K_{ib} \\ K_{bi} & K_{bb} \end{bmatrix} \begin{Bmatrix} U_i \\ U_b \end{Bmatrix} \tag{3-5-2}$$

式中：$\{U_i\}$、$\{U_b\}$—— 内节点和边界节点位移的列向量；

$\{P_i\}\{P_b\}$—— 相应于内节点和边界节点位移的荷载列向量。

展开上式得

$$\{P_i\} = [K_{ii}]\{U_i\} + [K_{ib}]\{U_b\} \tag{3-5-3}$$

$$\{P_b\} = [K_{bi}]\{U_i\} + [K_{bb}]\{U_b\} \tag{3-5-4}$$

将式(3-5-3) 移项后为

$$\{U_i\} = [K_{ii}]^{-1}(\{P_i\} - [K_{ib}]\{U_b\}) \tag{3-5-5}$$

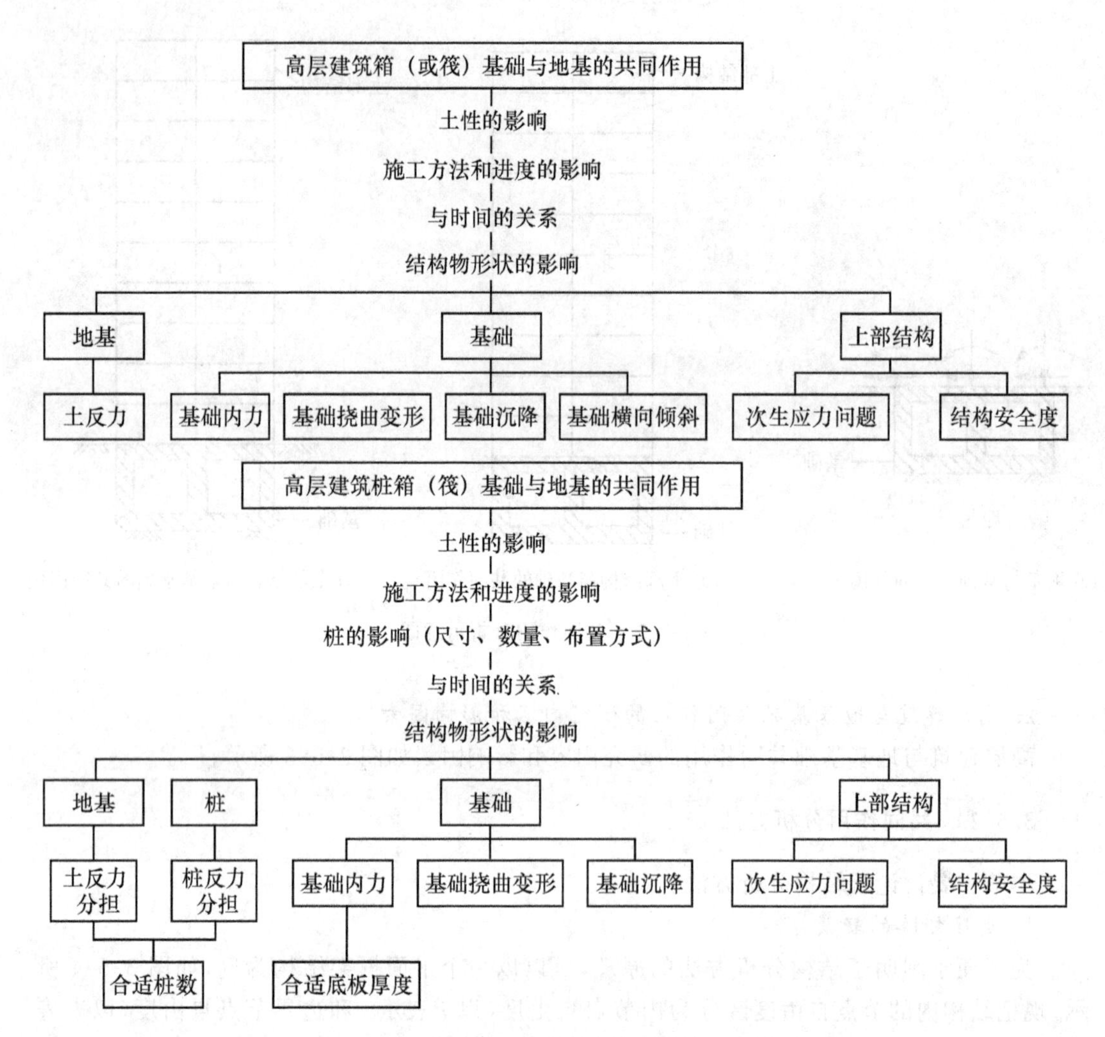


图 3-5-3 共同作用的研究内容和影响因素框图

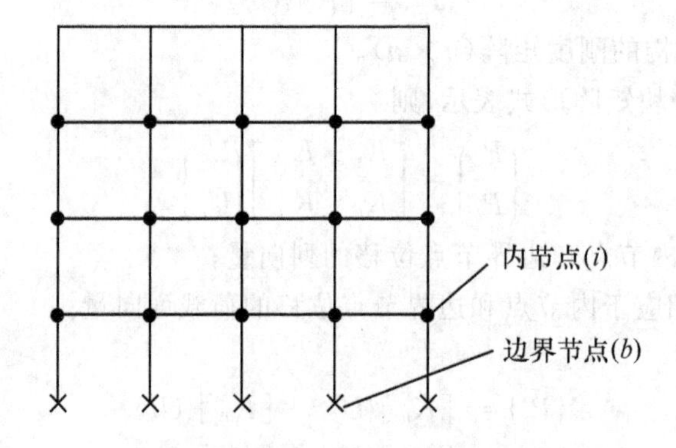


图 3-5-4 框架结构的内节点与边界节点

将式(3-5-5)代入式(3-5-4),得

$$\{P_b\}-[K_{bi}][K_{ii}]^{-1}\{P_i\}=([K_{bb}]-[K_{bi}][K_{ii}]^{-1}[K_{ib}])\{U_b\} \tag{3-5-6}$$

令

$$\{S_b\}=\{P_b\}-[K_{bi}][K_{ii}]^{-1}\{P_i\} \tag{3-5-7}$$

$$[K_b]=[K_{bb}]-[K_{bi}][K_{ii}]^{-1}[K_{ib}] \tag{3-5-8}$$

则

$$\{S_b\}=[K_b]\{U_b\} \tag{3-5-9}$$

式中:$\{S_b\}$、$[K_b]$—— 分别为凝聚后的等效边界荷载列向量、边界刚度矩阵。

式(3-5-7)的物理意义是:内节点自由度消失后,在边界节点上的等效荷载$\{S_b\}$系由原先作用的边界节点上的荷载$\{P_b\}$和内节点上的荷载向边界节点位移时的贡献两部分荷载所组成。

式(3-5-8)的物理意义是:凝聚后的等效边界刚度矩阵是由所有内节点固定时,边界节点处的刚度矩阵$[K_{bb}]$和考虑到内节点实际并非固定而必须作出修正的刚度矩阵所组成。

上部结构的求解问题就可以按下述步骤进行:

(1) 刚度矩阵的凝聚,按式(3-5-7)计算等效边界荷载列向量$\{S_b\}$和按式(3-5-8)计算等效边界刚度矩阵$[K_b]$;

(2) 按式(3-5-9)求解边界节点位移$\{U_b\}$,此时,求得所需的方程阶数要比原结构的少得多;

(3) 按式(3-5-5)回代求解内节点位移$\{U_i\}$。

综上所述,刚度矩阵凝聚的过程,实质上是消去内节点自由度的过程。通过凝聚,整个结构的位移分解为先求边界节点位移$\{U_b\}$和后求内节点位移$\{U_i\}$两个过程。

考虑到高层建筑的层数较多,应用上述公式时,先要根据结构节点(如框架结构、剪力墙结构等)以及计算机的存储量,将整个结构分割成若干个子结构,按照规定的顺序进行各个子结构刚度和荷载的凝聚,最后实现整个结构刚度和荷载的凝聚。

2. 子结构分析的位移法 —— 线性地基模型

实际工程中的结构相当复杂,因此,应用上述公式时,先要根据结构特点以及计算机的存储量,将整个结构分割成若干个子结构,然后选择合适方法求解整个结构的位移和内力,以图 3-5-5 所示的框架、基础、地基为例说明。

整个结构分成若干个子结构(以 Ⅰ、Ⅱ、Ⅲ、Ⅳ 表示);子结构的边界有四个,以 ①、②、③、④ 表示。按串联顺序进行各子结构刚度矩阵凝聚。

(1) 凝聚过程。

① 先把子结构 Ⅰ 向边界 2 进行凝聚(即消去子结构 Ⅰ 的内节点自由度),将式(3-5-8)、式(3-5-9)算得子结构 Ⅰ 的边界刚度矩阵$[K_B]_{\mathrm{I}}$与边界荷载$\{S_B\}_{\mathrm{I}}$叠加到子结构 Ⅱ 上,形成子结构 Ⅱ′。

② 把子结构 Ⅱ′ 向边界进行回凝聚,依次逐个进行,直到上部结构刚度和荷载全部凝聚到基础 Ⅳ 上,值得注意的是,此时子结构 Ⅳ′ 为已考虑上部结构效应的基础。

③ 对子结构 Ⅳ′ 进行有限单元分析。

对基础进行离散,根据地基,基础接触界面上的变形协调,静力平衡条件来求解离散单元的位移。

子结构 Ⅳ′ 的平衡方程组为

$$([K_F]+[K_B]_{\mathrm{III}'})\{U\}_{\mathrm{IV}'}=\{S_B\}_{\mathrm{III}'}-\{R\} \tag{3-5-10}$$

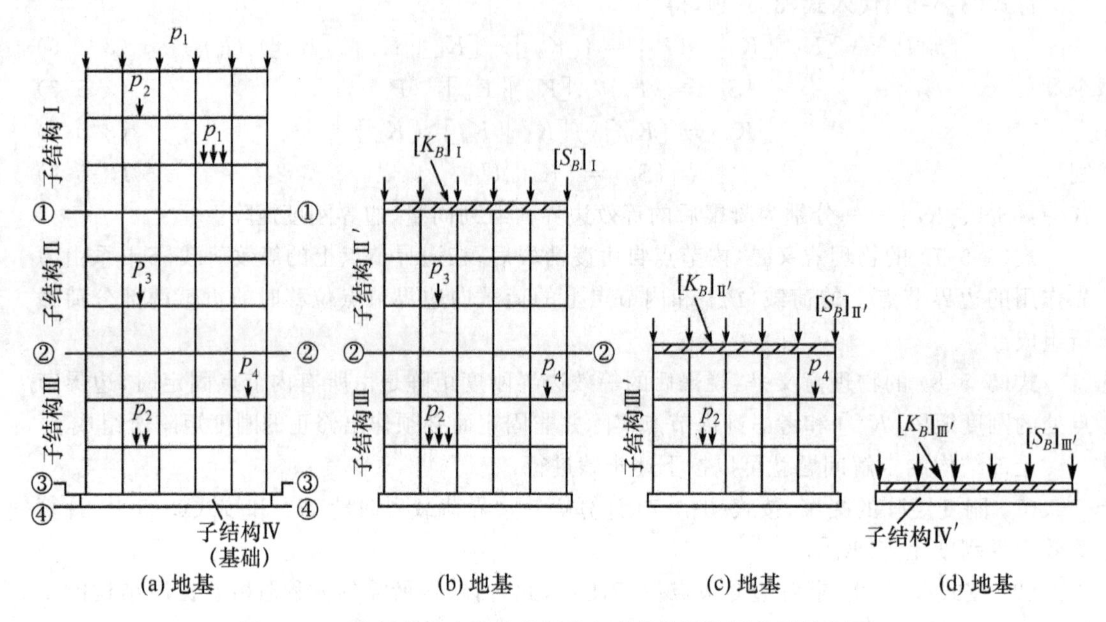


图 3-5-5　高层结构和基础的凝聚与地基共同作用分析示意图

式中：$\{U\}_{\text{Ⅳ}'}$—— 子结构 Ⅳ′ 的广义位移列向量；

$[K_F]$—— 子结构 Ⅳ 的刚度矩阵；

$[K_B]_{\text{Ⅲ}'}$—— 上部结构的等效边界刚度；

$\{S_B\}_{\text{Ⅲ}'}$—— 上部结构的等效边界荷载列向量；

$\{R\}$—— 基底接触压力列向量(未知)。

基底接触压力$\{R\}$与选择的地基模型有关，如图 3-5-6 所示，可以参照前述内容，统一表达成

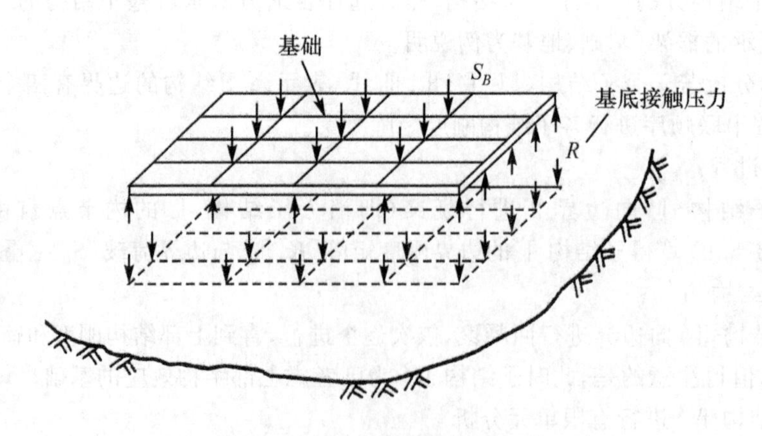


图 3-5-6　基底接触压力示意图

$$\{S\}=[f]\{R\} \tag{3-5-11}$$

或

$$\{R\}=[f]^{-1}\{S\}=[K_s]\{S\} \tag{3-5-12}$$

式中：$[K_s]$—— 地基刚度矩阵。

根据地基与基础接触面上的变形协调条件$\{S\}=\{U\}_{\text{Ⅳ}'}$，则式(3-5-12)可以写成

$$([K_F]+[K_B]_{\text{Ⅲ}'}+[K_s])\{U\}_{\text{Ⅳ}'}=\{S_B\}_{\text{Ⅲ}'} \tag{3-5-13}$$

求解式(3-5-13)方程组，可以得到考虑上部结构刚度后的基础[子结构(Ⅳ′)]的位移$\{U\}_{\text{Ⅳ}'}$。

(2) 回代过程。

按式(3-5-10)对各子结构Ⅲ′、Ⅱ′、Ⅰ′逐个回代，求得上部结构各节点的位移和内力。

从上述可见，每次计算仅涉及一个子结构，方程组的阶数远比原整个结构为少；通过刚度矩阵的凝聚，最后归结为地基上基础梁(或板)的计算问题。计算机容量的要求大大减小。

3. 子结构分析的位移法 —— 非线性地基模型

(1) 刚度矩阵凝聚。

由于这里仅考虑地基土的非线性特性，上部结构的应力-应变关系仍作为线弹性处理；于是，参照上述方法凝聚，最后得子结构Ⅳ′的方程式。为了表达方便，将式(3-5-11)改写为

$$[K]\{U\}=\{P\}-\{R\} \tag{3-5-14}$$

式中
$$[K]=[K_F]+[K_B]_{\text{Ⅲ}'},\{P\}=\{S_B\}_{\text{Ⅲ}'},\{U\}=\{U\}_{\text{Ⅳ}'}$$

(2) 增量法求解。

在非线性地基中，变形模量随应力水平而变，并非常数，如图3-5-7所示。因此，必须用非线性分析方法(迭代法、增量法)进行求解，除了应力软化材料外，增量法能用于其他类型的非线性计算问题，此外增量法还能较全面地描述荷载-位移的整个变化过程，如图3-5-8所示，因而被广泛地采用。

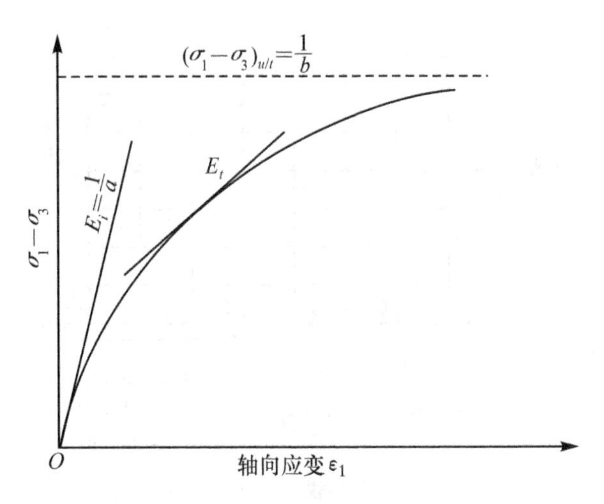


图3-5-7　土的应力-应变关系

4. 多层多跨框架结构与地基基础的共同作用

选用多层八跨框架结构为分析对象，如图3-5-9所示。

(1) 层数与上部结构刚度的关系。

通过不同层数$n_s$的计算，发现框架结构刚度随层数的增长，当达到某一层数后，便趋于

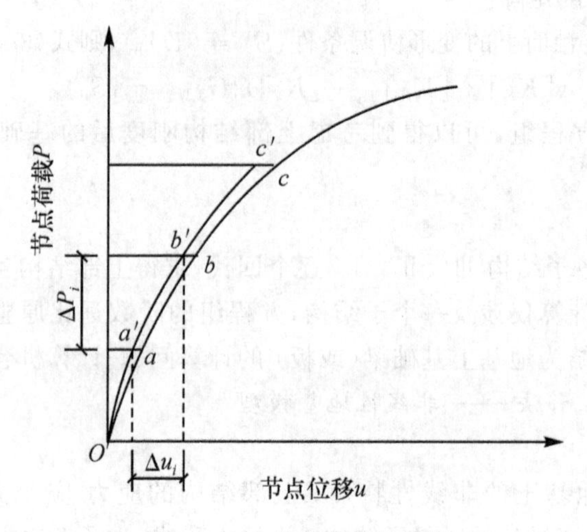


图 3-5-8 节点荷载和位移

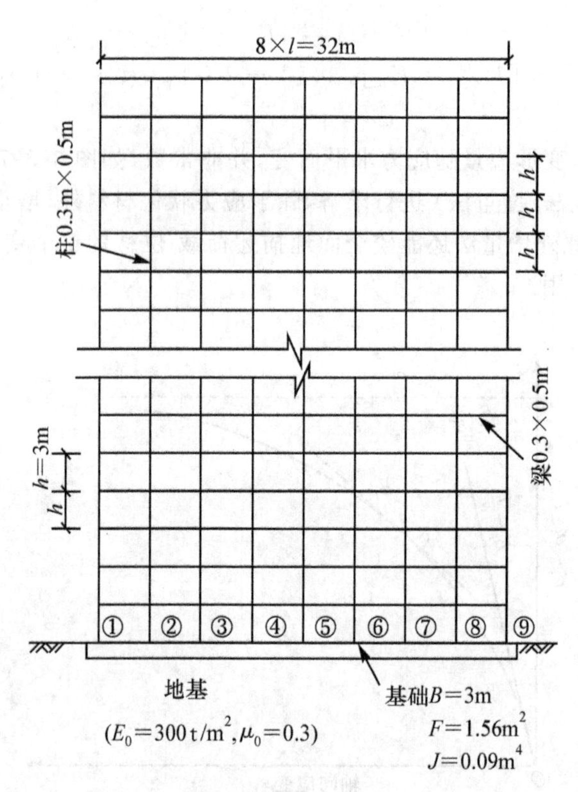


图 3-5-9 节点荷载(边柱 15t,内柱 30t)

稳定。

柱底处的边界刚度矩阵$[K_B]=[K_{bb}]-[K_{bi}][K_{ii}]^{-1}[K_{ib}]$中,每个节点有三个自由度,即水平位移$u$、竖向位移$v$和角位移$\theta$。其子矩阵为

$$\begin{bmatrix} K_{uu} & K_{\sigma v} & K_{\sigma u} \\ K_{vu} & K_{vv} & K_{vu} \\ K_{\sigma u} & K_{\sigma v} & K_{\theta\theta} \end{bmatrix} \tag{3-5-15}$$

上部结构刚度(包括水平刚度 $K_{uu}$、竖向刚度 $K_{vv}$ 及抗弯刚度 $K_{\theta\theta}$)给予基础的贡献并不等同。

① $K_{uu}$ 和 $K_{\theta\theta}$,层数较少时略有增加,$n_s = 3$ 以后保持为常量。

② $K_{vv}$,随 $n_s$ 以某种规律增长,当达到某一"临界层数"时,趋于停止(本例情况下为 15 层)。

因此,上部刚度随层数的变化主要体现在竖向刚度 $K_{vv}$ 的增加,而上部刚度对基础的贡献有一定限度。

(2) 柱荷载的重分布。

随着建筑物层数增加,作用在基础上的柱荷载也将逐渐增大,但柱荷载绝不是竖向楼层荷载的简单叠加。在实际工程中,柱脚也并非像常规计算所认为的固定不动。由于上部结构具有一定的刚度,当基础产生盆形(碟形)沉降后,边柱因与基础紧密接触而加载,内柱受到拉伸而卸荷,各楼层柱荷载尤其是底层柱荷载重分布的结果,必将引起上部结构和基础内力的变化。

不论建筑物层数为多少,边柱总是加载,其幅值随 $n_s$ 而变,当 $n_s = 15$ 时,可以增加 40%;内柱普通卸荷,以中柱尤甚,可达 10%;当层数 $n_s$ 为某一定值时,同一层次柱子加载卸荷的代数和恒为零。

(3) 基础内力的分布。

上部刚度参与作用后,基础内力分布有较大变化。按常规方法计算,基础内力不但较大,且在支座和跨中断面处的弯矩均是同一符号(见图 3-5-10 左半部分)。按共同作用分析,不仅数值减小,而且在符号上也发生变化(见图 3-5-10 右半部分)。当层数较少时(如 $n_s = 1$),二者相差甚微。

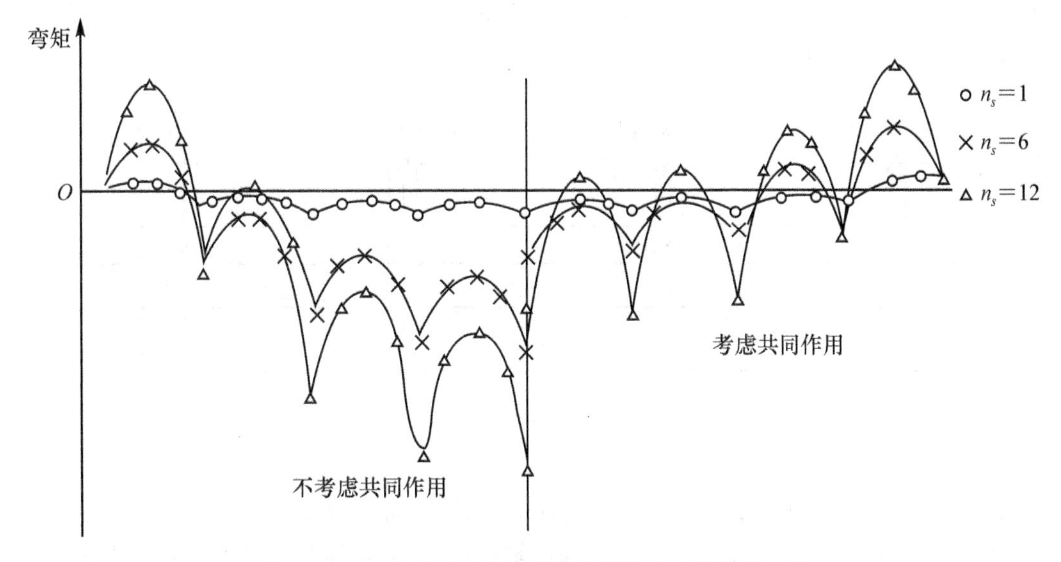


图 3-5-10　考虑与不考虑共同作用的内力计算值比较

(4) 框架结构内力的分布。

考虑共同作用后,因梁、柱受差异沉降的影响,内力(弯矩)普通大于常规法的计算值(这里仅给出层数 $n_s$)。值得注意的是,柱脚产生的相对变位和转角,使得底层及二层、三层的柱子首先感受影响并出现较大弯矩。

## 习题 3

[3-1] 习题图 3-1 中承受对称柱荷载的钢筋混凝土条形基础的抗弯刚度 $E_cI = 4.3 \times 10^3 \text{MPa} \cdot \text{m}^4$,长 $l = 17\text{m}$,底面宽 $b = 2.5\text{m}$。地基土的压缩模量 $E_s = 10\text{MPa}$,基岩面位于基底以下 5m 处。试计算基础中点 $c$ 处的挠度、弯矩和基底净反力。

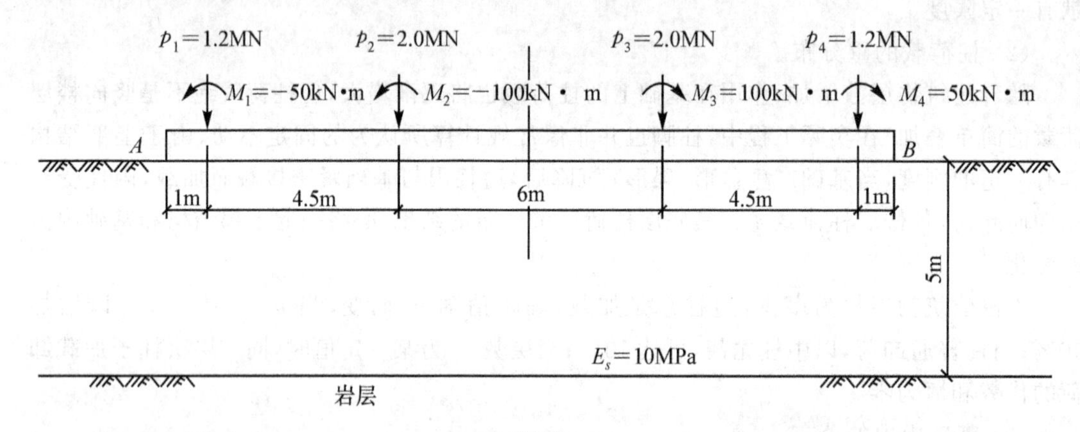


习题图 3-1

[3-2] (1) 将习题图 3-1 中的柱荷载 $p_2$ 改为 2.6MN 后重新计算;(2) 取 $E_cI = 4.3 \times 10^2 \text{MPa} \cdot \text{m}^4$ 再计算一次,并比较两次计算的结果。

[3-3] 习题图3-3中的柱下条形基础,已选取基础埋深为1.5m,修正后的地基承载力特征值为126.5kPa,图中的柱荷载均为设计值,标准值可近似取为设计值的0.74倍。试确定基础底面尺寸,并用倒梁法计算基础梁的内力。

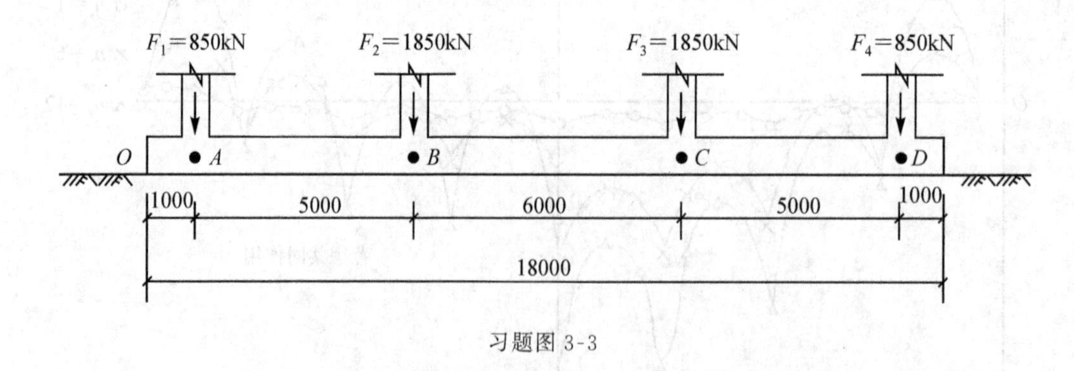


习题图 3-3

[3-4] 按静定分析法计算习题图 3-3 的柱下条形基础的内力。

[3-5] 习题图 3-5 为一柱下交叉条形基础轴线图。$x$、$y$ 轴为基底平面和柱荷载的对称

轴。$x$、$y$ 轴纵、横梁的宽度和截面抗弯刚度分别为 $b_x = 1.4\text{m}. b_y = 0.8\text{m}, EI_x = 800 \text{MPa} \cdot \text{m}^4, El_y = 500\text{MPa} \cdot \text{m}^4$。基床系数 $k = 5.0\text{MN/m}^3$，已知柱的竖向荷载 $p_1 = 1.3\text{MN}$，$p_2 = 2.0\text{MN}$，$p_3 = 2.2\text{MN}$，$p_4 = 1.5\text{MN}$。试将各柱荷载分配到纵、横梁上（提示：可按长梁计算挠度影响系数 $\overline{w}_x$ 和 $\overline{w}_y$）。

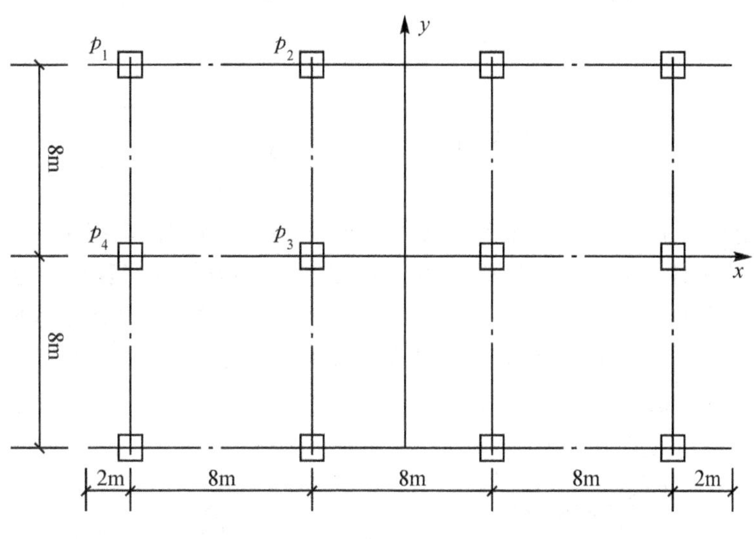


习题图 3-5

# 第4章 挡土墙

## §4.1 概述

挡土墙广泛应用于房屋建筑、水利、铁路、公路、港湾等工程。建造挡土墙的目的在于支挡墙后土体，防止土体产生坍塌和滑移。在山区平整建筑场地时，为了保证场地边坡稳定，需要在每级台地边缘处建造挡土墙[见图 4-1-1(a)]，地下室外墙和室外地下人防通道的侧墙也是挡土墙[见图 4-1-1(b)]。此外，桥梁工程的岸边桥台[见图 4-1-1(c)]、散体材料堆场的侧墙[见图 4-1-1(d)]也是挡土墙。

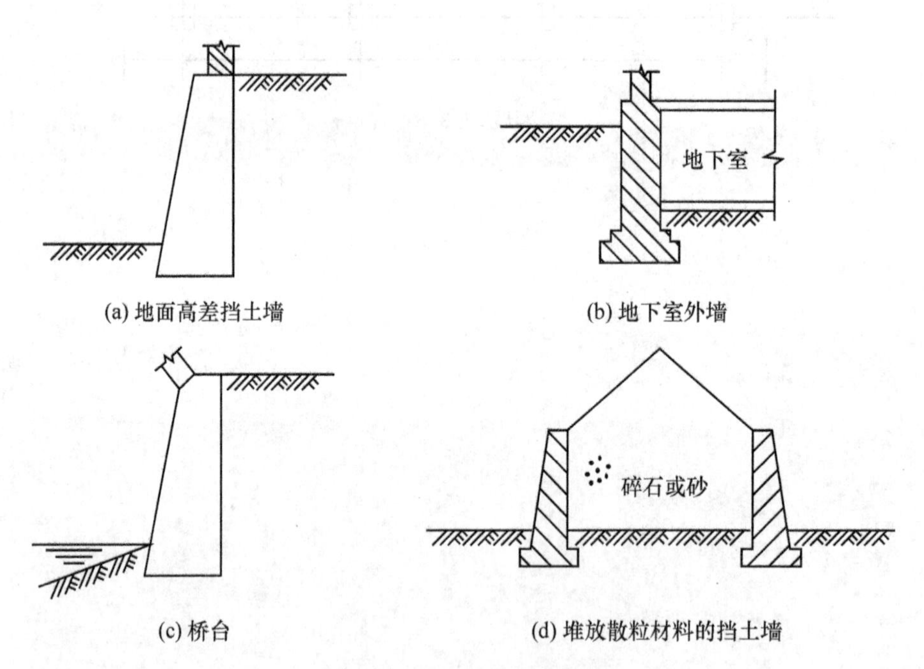

(a) 地面高差挡土墙　(b) 地下室外墙
(c) 桥台　(d) 堆放散粒材料的挡土墙

图 4-1-1　挡土墙应用举例

**【本章主要学习目的】**学习完本章内容后，读者应能做到：

1. 了解挡土墙的类型、特点及适用范围；
2. 会计算作用在挡土墙上的主要永久荷载；
3. 会进行挡土墙的计算和验算。
4. 明了重力式挡土墙、悬臂式挡土墙和扶壁式挡土墙计算的异同点。

# §4.2　挡土墙的类型

挡土墙的种类繁多，表4-2-1列出了目前国内常用的挡土墙型式、特点及其适用范围。

表4-2-1　　挡土墙类型及其适用范围

| 类型 | 结构示意图 | 特点及适用范围 |
| --- | --- | --- |
| 重力式 | 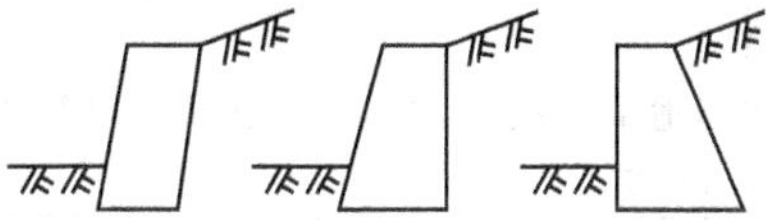 | 1.依靠墙自重承受土压力，保持平衡；<br>2.一般用浆砌片石砌筑，缺乏石料地区可以用混凝土；<br>3.型式简单，取材容易，施工简便；<br>4.当地基承载力低时，可以在墙底设钢筋混凝土板，以减薄墙身，减少开挖量。<br>适用于低墙，地质情况较好，有石料地区。 |
| 半重力式 | 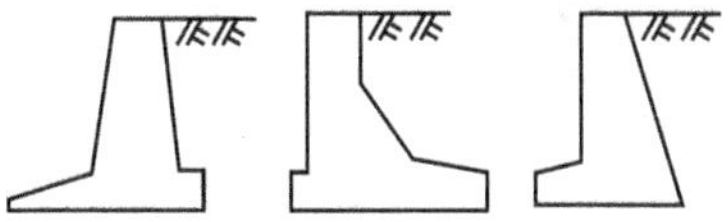 | 1.用混凝土浇筑，在墙背设少量钢筋；<br>2.墙趾展宽，或基底设凸榫。以减薄墙身、节省圬工。<br>适用于地基承载力低，缺乏石料地区。 |
| 悬臂式 | 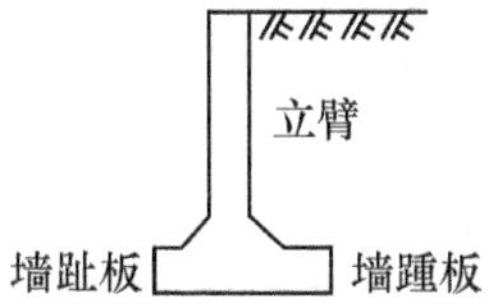 立臂 墙趾板 墙踵板 | 1.采用钢筋混凝土，由立臂、墙趾板、墙踵板组成，断面尺寸小；<br>2.墙过高，下部弯矩大，钢筋用量大。<br>适用于石料缺乏，地基承载力低地区，墙高6m左右。 |
| 扶壁式 | 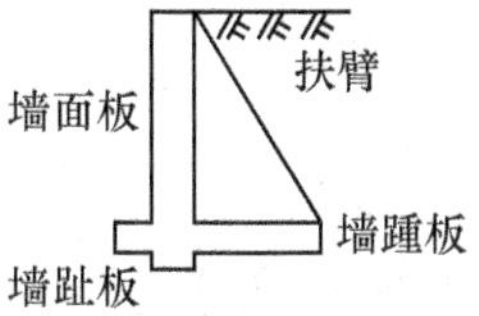 扶臂 墙面板 墙踵板 墙趾板 | 1.由墙面板、墙趾板、墙踵板、扶壁组成；<br>2.采用钢筋混凝土。<br>适用于石料缺乏地区，挡土墙高于6m，较悬臂式经济。 |
| 锚杆式 |  锚杆 肋柱 挡土板 | 由肋柱、挡土板、锚杆组成，靠锚杆的拉力维持挡土墙的平衡。<br>适用于挡土墙高＞12m，为减少开挖量的挖方地区，石料缺乏地区。 |
| 锚定板式 | 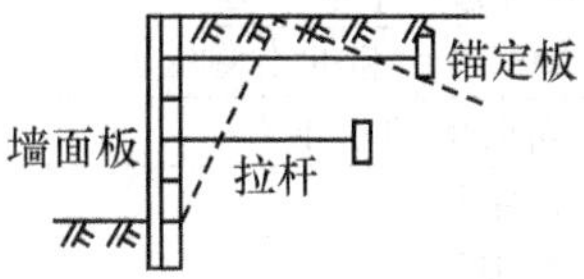 锚定板 墙面板 拉杆 | 1.结构特点与锚杆式相似，只是拉杆的端部用锚定板固定于稳定区；<br>2.填土压实时，钢拉杆易弯，产生次应力。<br>适用于缺乏石料，大型填方工程。 |
| 加筋土式 | 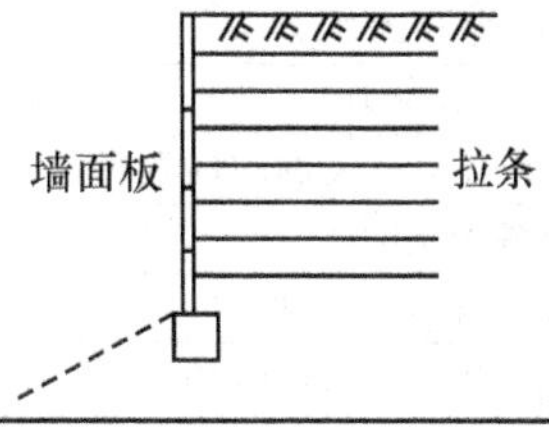 墙面板 拉条 | 1.由墙面板、拉条及填土组成、结构简单、施工方便；<br>2.对地基承载力要求较低。<br>适用于大量填方工程。 |

续表

| 类型 | 结构示意图 | 特点及适用范围 |
|---|---|---|
| 板桩式 | 墙面板<br>板桩 | 1.深埋的桩柱间用挡土板拦挡土体；<br>2.桩可以用钢筋混凝土桩、钢板桩，低墙或临时支撑可以用木板桩；<br>3.桩上端可自由，也可锚定。<br>适用于土压力大，要求基础深埋，一般挡土墙无法满足时的高墙、地基密实。 |
| 地下连续墙 | 地下连续墙 | 1.在地下挖一狭长深槽，内充满泥浆，浇筑水下钢筋混凝土墙；<br>2.由地下墙段组成地下连墙，靠墙自身强度或靠横撑保证体系稳定。<br>适用于大型地下开挖工程，较板桩墙可以得到更大的刚度、更大的深度。 |

## §4.3 作用在挡土墙上的荷载

### 4.3.1 荷载(或作用)的分类

施加于挡土墙的荷载(或作用)，按时间分类列于表4-3-1中。

表4-3-1 荷载(或作用)分类表

| 荷载(或作用)分类 | | 荷载(作用)名称 |
|---|---|---|
| 永久荷载(作用) | | 挡土墙结构重力 |
| | | 填土重力 |
| | | 填土侧压力 |
| | | 填土上的有效永久荷载 |
| | | 墙顶与第二滑裂面之间的有效荷载 |
| | | 计算水位的浮力及静水压力 |
| | | 预加力 |
| | | 混凝土收缩及徐变影响力 |
| | | 基础变位影响力 |
| 可变荷载(作用) | 基本可变荷载(作用) | 车辆荷载引起的土侧压力 |
| | | 人群荷载，人群荷载引起的土侧压力 |
| | 其他可变荷载(作用) | 水位退落时的动水压力 |
| | | 流水压力 |
| | | 波浪压力 |
| | | 冻胀压力和冰压力 |
| | | 温度影响力 |
| | 施工荷载 | 与各类型挡土墙施工有关的临时荷载 |
| 偶然荷载(作用) | | 地震作用力 |
| | | 滑坡、泥石流作用力 |
| | | 作用于墙顶护栏上的车辆碰撞力 |

### 4.3.2 常用作用力的计算

(1) 填土上的有效永久荷载、车辆荷载、人群荷载等均可以换算为等代均布土层厚度计算,然后依据土力学原理计算土压力;

(2) 填土侧压力也按土力学原理计算主动土压力、被动土压力;

(3) 水压力、土浮力等按水力学原理计算。

### 4.3.3 土压力计算

作用在挡土墙上时主要外荷载为土压力。设计挡土墙时首先应确定作用在墙背上土压力的性质、大小、方向和作用点,严格来说,土压力的计算是比较复杂的,土压力的计算不仅与土的性质、填土的过程和墙的刚度、形状等因素有关,还取决于墙的位移。

土压力的计算有多种理论和方法,为简化起见,除了板桩墙外,一般假定墙是刚性的,并沿用朗肯和库仑的理论和计算方法。

以下为挡土墙设计中常见的挡土墙及其土压力计算方法,现加以简单介绍。

1. 经典土压力理论

(1) 朗肯土压力理论。

朗肯土压力理论,属于古典土压力理论之一,因其概念明确,方法简便,故沿用至今,朗肯土压力理论研究了半无限弹性土体中处于极限平衡条件的区域内的应力状态,继而导出极限应力的理论解。

为了满足土体的极限平衡条件,朗肯在其基本理论的推导中,作出了如下的一些假定:① 墙是刚性的,墙背铅直;② 墙背填土表面是水平的;③ 墙背光滑与填土之间没有摩擦力。因此,墙背土体中的应力状态可以视为与一个半无限体中的情况相同,而墙背可以假想为半无限土体内部的一个铅直平面。

当铅直墙背被土推离土体时,随着位移渐增,土体在一定范围内可以逐渐达到主动极限平衡状态,如图 4-3-1(a)、(c) 所示。即在该区域内的土体各点,都产生了两组相互呈 $90°-\varphi$ 角的剪破面。由于墙背是铅直而光滑的,所以,墙后土体各点的铅直面与水平面都是主平面。在这两个面上剪应力都为零。在主动极限平衡状态时,土的自重压力 $\sigma_{cz}(=\gamma z)$ 是大主应力 $\sigma_1$,而水平方向作用的土压力 $\sigma_a$ 是小主应力 $\sigma_3$。因此,求解主动土压力就是根据铅直方向的大主应力(土重),去求解水平方向的小主应力(土压力)。可以应用土体极限平衡条件下 $\sigma_1$ 与 $\sigma_3$ 的关系式求解。主动土压力强度的分布形式如图 4-3-1(b) 所示。

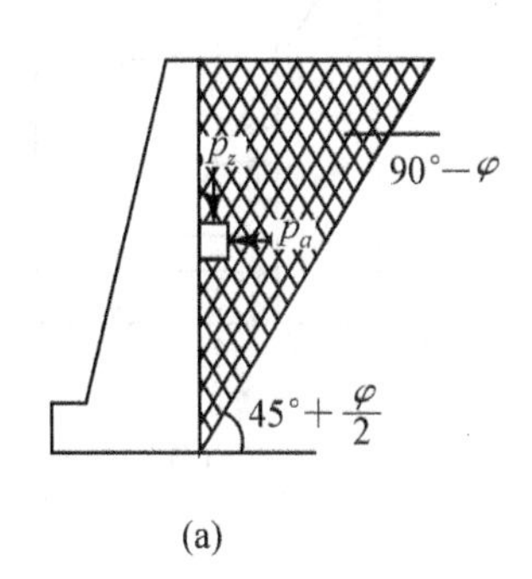

(a)

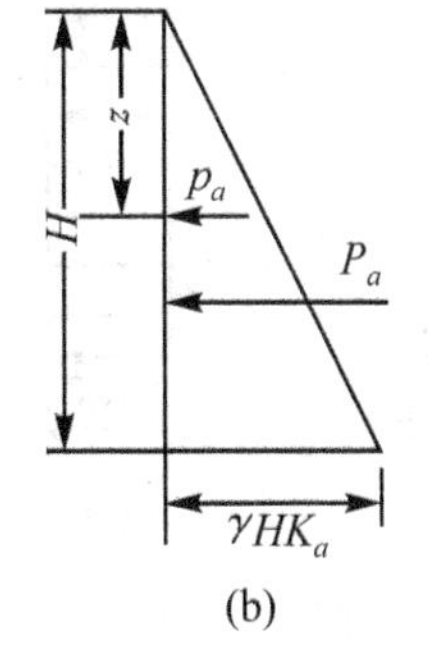

(b)

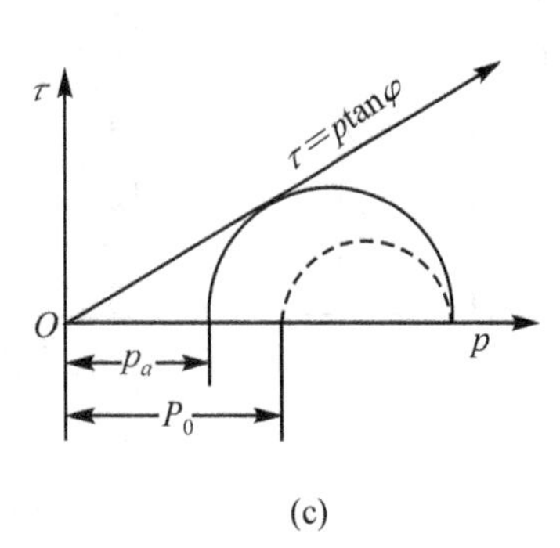

(c)

图 4-3-1　无粘性土主动土压力

因此，朗肯主动土压力计算公式为

$$\sigma_a = \sigma_{cz} \times K_a - 2c\sqrt{K_a} = \gamma z K_a - 2c\sqrt{K_a} \tag{4-3-1}$$

$$K_a = \tan^2\left(45° - \frac{\varphi}{2}\right) \tag{4-3-2}$$

式中：$K_a$—— 主动土压力系数，无因次；

$\gamma$—— 墙后填土的重度(kN/m$^3$)；

$c$、$\varphi$—— 土体的粘聚力(kPa)和内摩擦角(°)。

① 无粘性土。

按式(4-3-1)，可得：

$$\sigma_a = \gamma z \cdot K_a \tag{4-3-3}$$

墙后填土为均质的，土的 $\varphi$ 值与 $\gamma$ 值都为定值时，主动土压力强度与深度成正比。土压力强度分布图形是三角形[见图 4-3-1(b)]，若墙高为 $H$，填土面与墙高齐平，则作用于墙背的总主动土压力为

$$E_a = \frac{1}{2}\gamma H^2 K_a \tag{4-3-4}$$

$E_a$ 的作用点在距墙底的$\frac{H}{3}$处，作用方向水平。

② 粘性土。

$$\sigma_a = \gamma z K_a - 2c\sqrt{K_a} \tag{4-3-5}$$

从式(4-3-5)中可见，粘性土的主动土压力是由两个部分组成的，对给定的土，式(4-3-5)右侧的第一项取决于土的重度与所在深度，即 $\sigma_{cz} = \gamma z$，为三角形分布，而与土的粘聚力无关。第二项是由粘聚力因素造成的，起到降低土压力的作用(故为负值)，随深度成矩形分布，如图 4-3-2(b)、(c) 所示。将这两个图形叠加起来，便可以看出，在某一深度 $z_0$ 处的土压力值为零，即令式(4-3-5)为零而得

$$\sigma_a = \gamma z_0 K_a - 2c\sqrt{K_a} = 0$$

则

$$z_0 = \frac{2c}{\gamma\sqrt{K_a}} \tag{4-3-6}$$

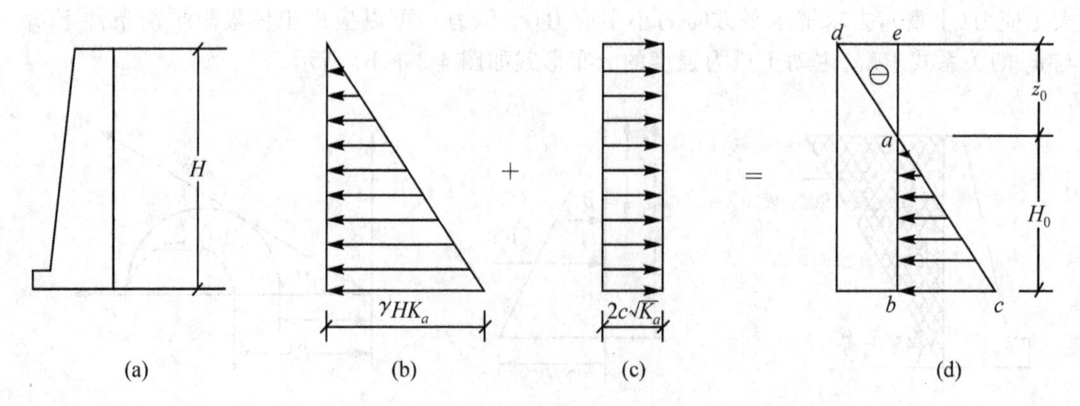


图 4-3-2　粘性填土的主动土压力

在 $z_0$ 深度内，图 4-3-2(d) 虽出现土压力为负值，但实际上不能认为该深度内会产生土与墙之间的拉力。因为土的抗拉强度很低，稍微超过，即会开裂，所以，这一部分只能起到抵消该部分土压力的作用。即 $z_0$ 以内三角形部分不再对墙产生主动土压力。于是，作用于墙背 $(H-z_0)$ 高度内的总土压力如图 4-3-2(d) 的 $\triangle abc$ 所示，即

$$E_a = \frac{1}{2}\gamma H^2 K_a - 2cH\sqrt{K_a} + \frac{2c^2}{\gamma} \tag{4-3-7}$$

这个力的作用点在墙底以上 $\dfrac{H-z_0}{3}$ 处。

(2) 库仑土压力理论。

法国工程师库仑根据城堡中挡土墙设计的经验，研究在挡土墙背后土体滑动楔块上的静力平衡，从而提出了一种土压力计算理论。由于其概念简明，且在一定条件下较符合实际，故这一古典土压力理论也沿用至今。

库仑理论假定挡土墙是刚性的，墙背填土是无粘性土。当墙背受土推力前移达到某个数值时，土体中一部分有沿着某一滑动面发生整体滑动的趋势，以致达到主动极限平衡状态，如图 4-3-3 所示。这时，墙背上所受的力是主动土压力。

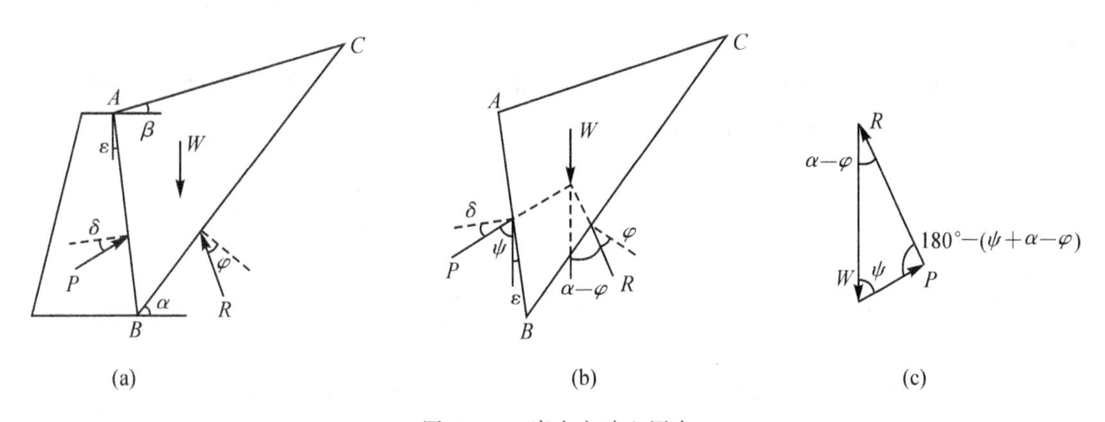


图 4-3-3　库仑主动土压力

除此以外，库仑理论在分析主动土压力时，还有三个基本假定：

① 挡土墙受土堆力前移，使三角形土楔 $ABC$ 沿着墙背 $AB$ 和滑动面 $BC$ 下滑；

② 滑动面 $BC$ 是一个平面(垂直于底面)；

③ 土楔 $ABC$ 整个处于极限平衡状态。墙对土楔的反力 $P$ 与墙身法线成 $\delta$ 角而向上作用，但不考虑楔体本身的变形。

取土楔 $ABC$ 为脱离体，土楔在下述三个力的作用下达到静力平衡。其一是墙对土楔的压力 $P$，其作用方向与墙背面的法线成 $\delta$ 角($\delta$ 角为墙与土之间的外摩擦角)；其二是滑动面 $BC$ 上的反力 $R$，其方向与 $BC$ 面的法线成 $\varphi$ 角($\varphi$ 为土的内摩擦角)；其三是土楔 $ABC$ 的重力 $W$，$W$ 的大小和方向均为已知。因土的重度 $\gamma$、墙背倾角 $\varepsilon$、填土表面与水平面夹角 $\beta$ 部已给定，所以，只要假设滑动面与水平面的夹角为 $\alpha$，便可以根据 $W$、$P$、$R$ 三力构成力的平衡三角形，如图 4-3-3(c) 所示，利用正弦定律，得

$$\frac{P}{\sin(\alpha-\varphi)}=\frac{W}{\sin[180°-(\psi+\alpha-\varphi)]}$$

所以
$$P=\frac{W\sin(\alpha-\varphi)}{\sin(\psi+\alpha-\varphi)} \tag{4-3-8}$$

其中
$$\psi=90°-(\delta+\varepsilon) \tag{4-3-9}$$

假定不同的 $\alpha$ 角可以画出不同的滑动面，就可以得出不同的 $P$ 值。但是，计算的最终目的是为了寻求最不利的滑动面位置，故只有相应于某个特定的 $\alpha$ 值的最危险假设滑动面，才能产生最大的 $P$ 值。而与其大小相等，方向相反的力，即为作用于墙背的主动土压力，以 $E_a$ 表示。

由于 $P$ 是 $\alpha$ 的函数，按 $\frac{dP}{d\alpha}=0$ 的条件，可以用数解法求出 $P$ 为最大值时的 $\alpha$ 角。然后代入式(4-3-8) 求得主动土压力为

$$E_a=\frac{1}{2}\gamma H^2\frac{\cos^2(\varphi-\varepsilon)}{\cos^2\varepsilon\cos(\varepsilon+\delta)\left[1+\sqrt{\frac{\sin(\varphi+\delta)\sin(\varphi-\beta)}{\cos(\delta+\varepsilon)\cos(\varepsilon-\beta)}}\right]^2}=\frac{1}{2}\gamma H^2K_a \tag{4-3-10}$$

式中：$\gamma$、$\varphi$—— 分别为填土的重度($kN/m^3$) 与内摩擦角(°)；

$\varepsilon$—— 墙背与铅直线的夹角。以铅直线为准，顺时针为负，称仰斜；反时针为正，称俯斜；

$\delta$—— 墙背外摩擦角(°)，由试验或按规范确定。《建筑地基基础设计规范》(GB50007—2002) 规定如表 4-3-2 所示；

$\beta$—— 填土表面与水平面所夹坡角(°)；

$K_a$—— 主动土压力系数，无因次，为 $\varphi$、$\varepsilon$、$\beta$、$\delta$ 的函数，可以查阅相关著作。

**表 4-3-2　　填土对挡土墙墙背的外摩擦角 $\delta$**

| 挡土墙情况 | 外摩擦角 $\delta$ |
|---|---|
| 墙背平滑，排水不良 | $(0\sim0.33)\varphi_k$ |
| 墙背粗糙，排水良好 | $(0.33\sim0.50)\varphi_k$ |
| 墙背很粗糙，排水良好 | $(0.50\sim0.67)\varphi_k$ |
| 墙背与填土之间不可能滑动 | $(0.67\sim1.00)\varphi_k$ |

注：$\varphi_k$ 为墙背填土的内摩擦角标准值。

2.复杂条件下主动土压力计算

(1) 墙后填土面上有均布荷载时的主动土压力。

① 均布荷载从墙背开始分布的情况。

均布荷载从墙背开始分布的情况下，主动土压力为(采用库仑公式)：

$$E_a=\frac{1}{2}\gamma LH(H+2h_0)K_a \tag{4-3-11}$$

如图 4-3-4 所示，土压力作用点至计算土层底边的距离为

$$z=\frac{H}{3}\left(1+\frac{h_0}{H+2h_0}\right) \tag{4-3-12}$$

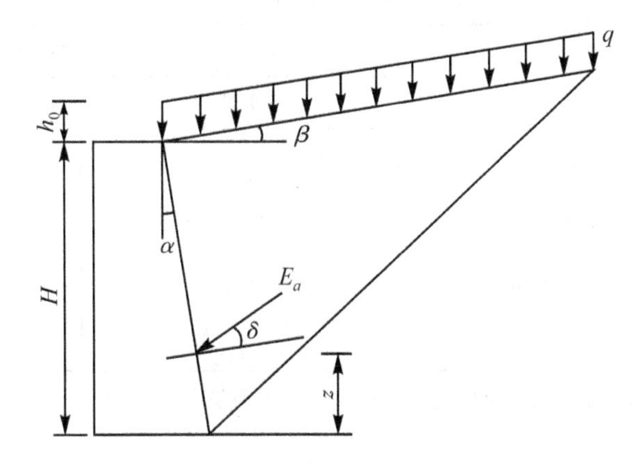


图 4-3-4　填土表面作用均布荷载示意图

附加均布荷载 $q$ 换算为等代均布土层厚度 $h_0$，可以按下式计算

$$h_0=\frac{q}{\gamma(1+\tan\alpha\tan\beta)L} \tag{4-3-13}$$

库仑理论主动土压力系数 $K_a$ 可以按下式计算：

砂性土填料

$$K_a=\frac{\cos^2(\varphi-\alpha)}{\cos^2\alpha\cdot\cos(\alpha+\delta)\left[1+\sqrt{\dfrac{\sin(\varphi+\delta)\sin(\varphi-\beta)}{\cos(\alpha+\delta)\cos(\alpha-\beta)}}\right]^2} \tag{4-3-14}$$

粘性土填料

$$K_a=\frac{\cos^2(\varphi_0-\alpha)}{\cos^2\alpha\cdot\cos(\alpha+\delta)\left[1+\sqrt{\dfrac{\sin(\varphi_0+\delta)\sin(\varphi_0-\beta)}{\cos(\alpha+\delta)\cos(\alpha-\beta)}}\right]^2} \tag{4-3-15}$$

式中：$E_a$—— 作用于挡土墙墙背上的主动土压力(kN)；

$z$—— 土压力作用点至计算土层底边的距离(m)；

$L$—— 挡土墙计算长度(m)，可以取单位长度计算；

$\gamma$—— 墙后填料重度(kN/m$^3$)；

$h_0$—— 附加均布荷载的换算土层厚度(m)；

$\varphi$—— 墙后砂性土填料内摩擦角(°)；

$\varphi_0$—— 墙后粘性土填料的综合内摩擦角(°)，可以按下式确定

$$\varphi_0=\arctan\left[\tan\varphi_a+\frac{c_a}{\gamma H}\right] \tag{4-3-16}$$

$\varphi_a$—— 试验测定的粘性土填料内摩擦角(°)；

$c_a$—— 试验测定的粘性土填料的粘聚力(kPa)；

$H$—— 挡土墙高度(m)；

$\alpha$—— 墙背与铅直面夹角(°)，以竖直面为基准，顺时针为负，逆时针为正；

$\beta$—— 填土面与水平面夹角(°)，以水平面为基准，顺时针为负，逆时针为正；

$\delta$—— 墙背与填土之间的外摩擦角(°)，按表 4-3-3 取值。

表 4-3-3 墙背与填料间的外摩擦角

| 墙身材料 | 墙背填料 | |
|---|---|---|
| | 渗水填料 | 非渗水填料 |
| 混凝土，钢筋混凝土 | $\frac{1}{2}\varphi$ | $\frac{2}{3}\varphi$ 或 $\frac{1}{2}\varphi_0$ |
| 片、块石砌体，墙背粗糙 | $\frac{1}{2}\varphi \sim \frac{2}{3}\varphi$ | $\frac{2}{3}\varphi \sim \varphi$ 或 $\frac{1}{2}\varphi_0 \sim \frac{2}{3}\varphi_0$ |
| 干砌或浆砌片、块石砌体，墙背很粗糙 | $\frac{2}{3}\varphi$ | $\varphi$ 或 $\frac{2}{3}\varphi_0$ |
| 第二破裂面土体 | $\varphi$ | $\varphi_0$ |

注：(1)$\varphi$ 为填料的内摩擦角，$\varphi_0$ 为粘性土填料的综合内摩擦角；(2) 当 $\delta > 30°$ 时，取 $\delta = 30°$

② 填土表面为折线型且均布荷载从墙后某一点开始分布。

如图 4-3-5 所示，填土表面折线型，均布荷载从填后某一点开始分布。

$$
\begin{cases}
\tan\theta = -\tan\psi \pm \sqrt{(\cot\varphi + \tan\psi)(\tan\psi + A)} \\
\psi = \alpha + \varphi + \delta \\
A = \dfrac{ab + 2h_0(b + d) - H(H + 2a + 2h_0)\tan\alpha}{(H + a)(H + a + 2h_0)} \\
E_a = \dfrac{1}{2}\gamma H^2 K K_1 \\
E_{ax} = E_a \cos(\alpha + \delta) \\
E_{ay} = E_a \sin(\alpha + \delta) \\
k = \dfrac{\cos(\theta + \varphi)}{\sin(\theta + \psi)}(\tan\theta + \tan\alpha) \\
K_1 = 1 + \dfrac{2a}{H}\left(1 - \dfrac{h_3}{2H}\right) + \dfrac{2h_0 h_4}{H^2} \\
h_1 = \dfrac{d}{\tan\theta + \tan\alpha} \\
h_3 = \dfrac{b - a\tan\theta}{\tan\theta + \tan\alpha} \\
h_4 = H - h_1 - h_3 \\
z_y = \dfrac{H}{3} + \dfrac{a(H - h_3)^2 + h_0 h_4(3h_4 - 2H)}{3H^2 K_1} \\
z_x = B - z_y \tan\alpha
\end{cases}
\tag{4-3-17}
$$

破裂角 $\theta$ 计算公式中 $\pm\sqrt{(\cot\varphi + \tan\psi)(\tan\psi + A)}$ 项，$\psi < 90°$ 时取正号；$\psi > 90°$ 时取负号。

式中：$a$—— 挡土墙顶面填土高度(m)；

$b$—— 墙顶后缘至路基边缘的水平投影长度(m)。

其余符号意义同前，公式中符号注释或标注如图 4-3-5 所示。

当填料为粘性土时，可以用综合内摩擦角 $\varphi_0$ 替代以上公式中的 $\varphi$ 进行计算。

③ 填土面水平且均布荷载从墙后某一点开始分布。

填土面水平且均布荷载从墙后某一点开始分布的情况，其土压力计算可以用以下公式，其土压力分布图如图 4-3-6 所示。

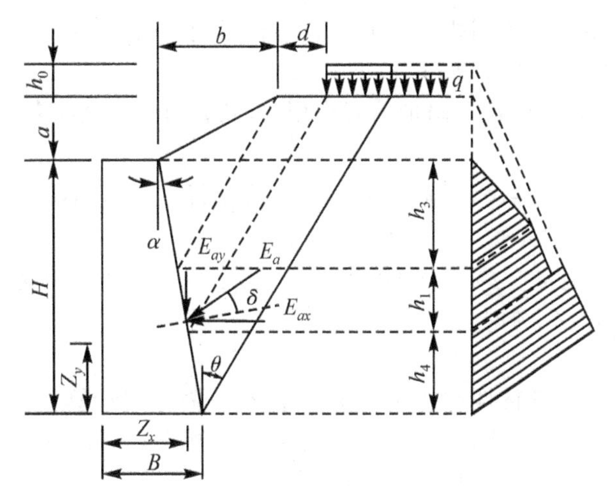


图 4-3-5 挡土墙填土顶面作用附加均布荷载示意图

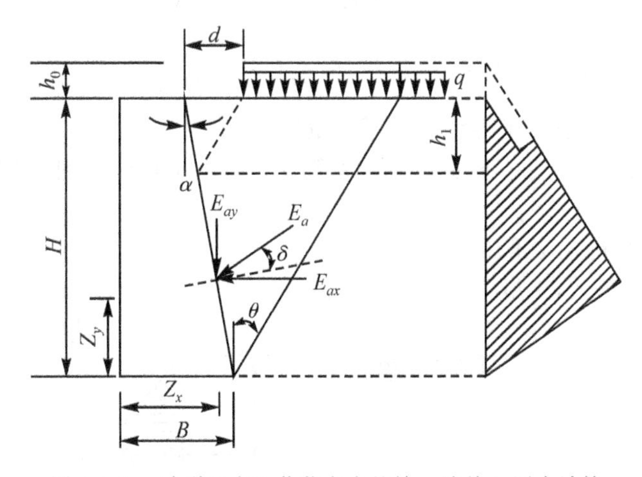


图 4-3-6 破裂面交于荷载之内的挡土墙的土压力计算

$$
\begin{cases}
\tan\theta = -\tan\psi \pm \sqrt{(\cot\varphi + \tan\psi)(\tan\psi + A)} \\
\psi = \alpha + \varphi + \delta \\
A = \dfrac{2dh_0}{H(H+2h_0)} - \tan\alpha \\
E_a = \dfrac{1}{2}\gamma H^2 K K_1 \\
K = \dfrac{\cos(\theta+\varphi)}{\sin(\theta+\psi)}(\tan\theta + \tan\alpha) \\
K_1 = 1 + \dfrac{2h_0}{H}\left(1 - \dfrac{h_1}{H}\right) \\
h_1 = \dfrac{d}{\tan\theta + \tan\alpha} \\
z_y = \dfrac{H}{3} + \dfrac{h_0(H-2h_1)^2 - h_0 h_1^2}{3K_1 H^2} \\
z_x = B - z_y \tan\alpha
\end{cases}
\tag{4-3-18}
$$

破裂角计算中正负号取值同式(4-3-17),其余符号同式(4-3-18),标注于图 4-3-6 中。

(2) 填土面水平且无附加荷载作用。

墙顶填土面水平($\beta=0$)且无附加荷载作用时,破裂面与竖直面夹角 $\theta$ 的正切值可以按下式计算

$$\tan\theta=-\tan\psi\pm\sqrt{(\cot\varphi+\tan\psi)(\tan\psi-\tan\alpha)} \tag{4-3-19}$$

$$\psi=\alpha+\delta+\varphi \tag{4-3-20}$$

根号前的正负号取法:当 $\psi<90°$ 时,取正号;当 $\psi>90°$ 时,取负号。

其余计算方法同式(4-3-18)。

(3) 填土分层。

当墙后填料的物理力学特性有变化或受水位影响,需分层计算作用于墙背上的主动土压力时,仍可以采用库仑公式计算,并假定上、下填料层相平行,将上层填料重量作为附加均布荷载,作用于下层填料顶面上,其计算公式如下

$$E_{a2}=\left(\gamma_1H_1H_2+\frac{1}{2}\gamma_2H_2^2\right)K_{a2} \tag{4-3-21}$$

$$Z_2=\frac{H_2}{3}\left(1+\frac{\gamma_1H_1}{2\gamma_1H_1+\gamma_2H_2}\right) \tag{4-3-22}$$

式中:$\gamma_1$、$\gamma_2$—— 分别为上层、下层填料的平均重度,水下用饱和重度($kN/m^3$);

$H_1$、$H_2$—— 分别为上层、下层填料的厚度(m),若上层顶面有附加均布荷载则要换为换算高度 $h_0$ 计入 $H_1$ 中;

$K_{a2}$—— 下层填料主动土压力系数。

其余符号见以上公式,土压力及分布图如图 4-3-7 所示。

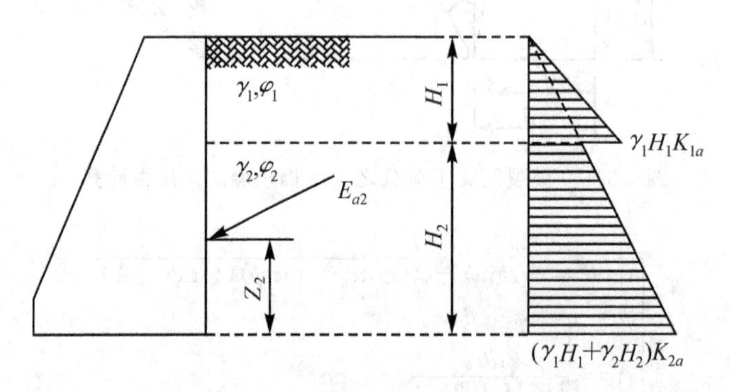


图 4-3-7 不同填料层的土压力计算图

(4) 第二破裂面土压力计算。

1) 判定第二破裂面产生的条件。

① 墙背倾角 $\alpha$ 大于第二破裂面产生的临界角 $\alpha_{cr}$,即 $\alpha>\alpha_{cr}$;

② 作用于墙背上的下滑力,小于墙背处的抗滑力。

2) 第二破裂面临界破裂角 $\alpha_{cr}$ 的确定。

$\alpha_{cr}$ 的确定应根据墙背倾角、墙后填料的物理力学参数及边界条件进行计算。如图 4-3-8 所示,对于填土表面有坡度的挡土墙应取

$$\alpha_{cr}=\frac{90°-\varphi}{2}+\frac{\beta-\varepsilon}{2} \tag{4-3-23}$$

$$\theta_i=\frac{90^\circ-\varphi}{2}-\frac{\beta-\varepsilon}{2} \tag{4-3-24}$$

$$\varepsilon=\sin^{-1}\left(\frac{\sin\beta}{\sin\varphi}\right) \tag{4-3-25}$$

式中：$\alpha_{cr}$—— 第二破裂面临界破裂面(°)；

$\theta_i$—— 第一破裂面与竖直面间夹角(°)；

$\alpha$—— 墙背倾角，当为L形墙背时，为假想墙背(计算截面后踵点与墙背顶点的连线)与竖直面的夹角。

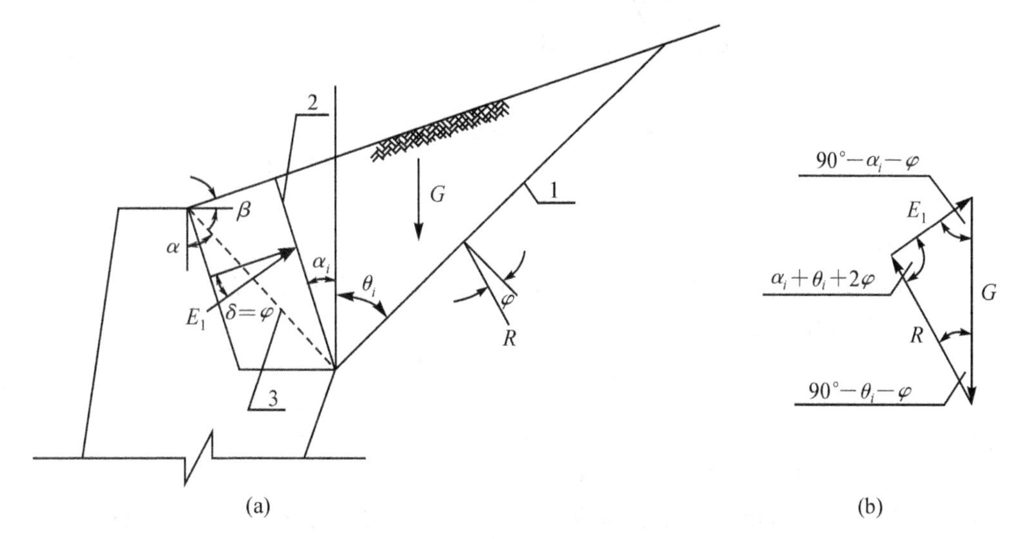


1— 第一破裂面；2— 第二破裂面；3— 假想墙背

图 4-3-8　第二破裂面计算图

3）第二破裂面土压力计算。

第二破裂面土压力计算可以根据折线墙背上的填土高度、附加荷载的位置等条件分类计算，下面给出路肩式挡土墙的第二破裂面土压力计算

$$\begin{cases}\alpha_{cr}=\theta_i=45^\circ-\dfrac{\varphi}{2}\\ K_a=\tan\left(45^\circ-\dfrac{\varphi}{2}\right)\cdot\sec\left(45^\circ-\dfrac{\varphi}{2}\right)\\ E_{a1}=\dfrac{1}{2}\gamma H_1(H_1+2h_0)K_a\\ E_{1x}=E_{a1}\sin\left(45^\circ-\dfrac{\varphi}{2}\right)\\ E_{1y}=E_{a1}\cos\left(45^\circ-\dfrac{\varphi}{2}\right)\\ z_{1y}=\dfrac{H_1}{3}\left(1+\dfrac{h_0}{H_1+2h_0}\right)\\ z_{1x}=B-z_{1y}\tan\alpha_{cr}\end{cases} \tag{4-3-26}$$

公式中符号意义和规定如图 4-3-9 所示。

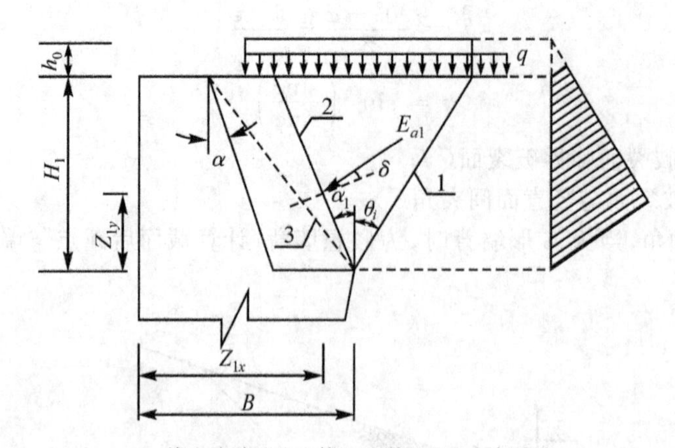


1— 第一破裂面；2— 第二破裂面；3— 假想墙背

图 4-3-9 路肩式挡土墙第二破裂面土压力计算示意图

(5) 墙后有限范围填筑填料的挡土墙。

位于挖方地段，墙后仅有限范围填筑填料的挡土墙，当填料破裂面为沿挖方界面滑动时，可以按下式计算作用于墙背上的主动土压力

$$E_a = G\frac{\sin(\theta - \delta_1)}{\cos(\alpha + \delta + \delta_1 - \theta)} \tag{4-3-27}$$

式中：$\theta$—— 坚硬坡面的坡度角，一般大于或等于 45°；

$\delta$—— 滑动楔体与墙背之间的摩擦角，按表 4-3-3 取值；

$\delta_1$—— 滑动楔体与挖方坡面之间的摩擦角，当挖方坡面为软质岩石，坡面较光滑时；$\delta_1 = \dfrac{2\varphi}{3}$；当坡面粗糙或作成台阶时：$\delta_1 = \varphi$；

$G$—— 有限范围破坏楔体的重力(kN)。

其余符号及土压力分布如图 4-3-10 所示。

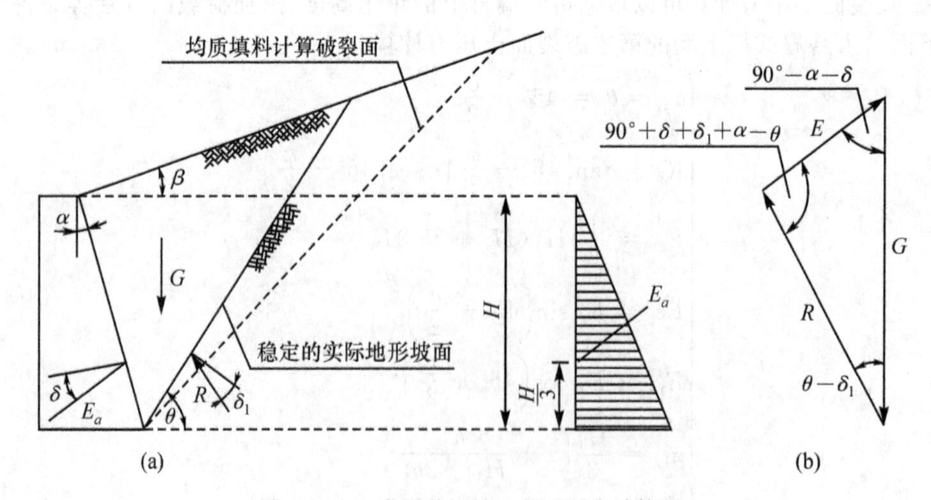


图 4-3-10 有限范围填土的土压力计算图

(6) 静止土压力。

如图4-3-11所示，作用于墙背上的静止土压力与墙背形式无关，作用在墙背深度为H处的静止土压力，可按下列公式计算

$$\sigma_0 = K_0 H \tag{4-3-28}$$

砂性土填料 $$K_0 = 1 - \sin\varphi \tag{4-3-29}$$

粘性土填料 $$K_0 = 1 - \sin\varphi_0 \tag{4-3-30}$$

式中：$\sigma_0$—— 距填土表面深度为H处墙背的静止土压力强度(kPa)；

$H$—— 计算点距填土表面的深度(m)；

$K_0$—— 静止土压力系数。

当墙后填土表面水平时，作用于墙背单位长度上的静止土压力合力 $E_0$

$$E_0 = \frac{1}{2}\gamma H^2 k。 \tag{4-3-31}$$

静止土压力之合力，作用于距墙底三分之一墙高处。

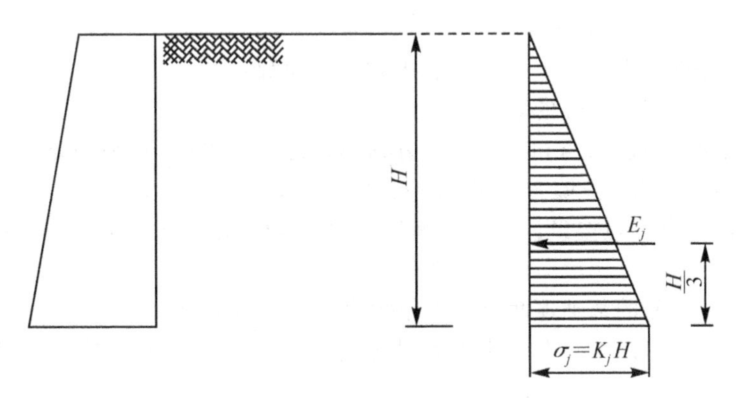


图4-3-11 路肩式挡土墙的静止土压力计算图

(7) 墙前被动土压力。

如图4-3-12所示，挡土墙单位长度上，墙前被动土压力可以按朗肯土压力理论计算

$$E_p = \frac{1}{2}\gamma h_2(h_2 + 2d)\tan^2\left(45° + \frac{\varphi}{2}\right) \tag{4-3-32}$$

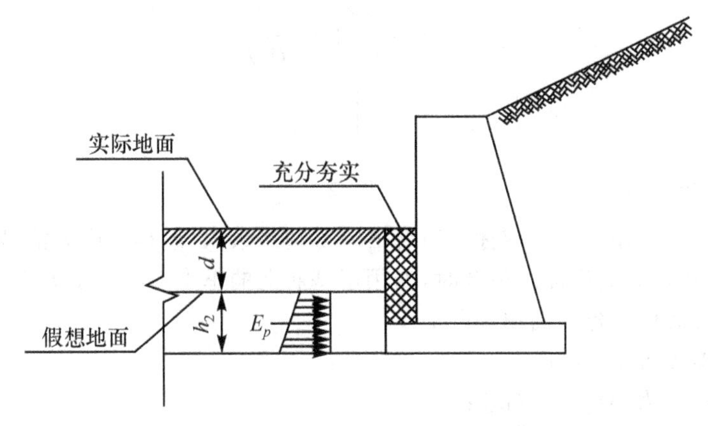


图4-3-12 墙前被动土压力计算图

式中：$E_p$—— 被动土压力(kN)；

$\gamma$—— 墙前土体的重度($kN/m^3$)；

$d$—— 实际地面至假想地面的高度(m)；

$h_2$—— 计算截面至假想地面的高度(m)；

$\varphi$—— 墙前土体内摩擦角(°)。

## §4.4 挡土墙基础设计和稳定性验算

### 4.4.1 挡土墙基础的一般构造

1.挡土墙的基础类型

除特殊地基情况需采用桩基础外，挡土墙基础一般宜采用明挖基础。明挖基础宜设置在地质情况较好的地基上，当地基为松软土层时，可以采用换填、砂桩、搅拌桩等方法处理地基。

2.挡土墙基础埋置深度的确定

(1) 当冻结深度小于或等于 1.0m 时，基底应在冻结线以下不小于 0.25m，并应符合基础最小埋置深度不小于 1.0m 的要求。

(2) 当冻结深度超过 1.0m 时，基底最小埋深不小于 1.25m，还应将基底至冻结线以下 0.25m 深度范围的地基土换填为弱冻胀材料。

(3) 受水流冲刷时，应按设计洪水频率计算冲刷深度，基底置于局部冲刷线以下不小于 1.0m。

(4) 路堑式挡土墙的基础顶面应低于路堑边沟底面不小于 0.5m。

(5) 在风化层不厚的硬质岩石地基上，基底宜置于基岩表面风化层以下；在软质岩石地基上，基底最小埋深不小于 1.0m。

### 4.4.2 地基计算

1.挡土墙明挖基础底面的压应力

挡土墙明挖基础底面的压应力可以按下列公式计算

$$p_{\max} = \frac{N_k}{A}\left(1 + \frac{6e_0}{B}\right) \tag{4-4-1}$$

$$p_{\min} = \frac{N_k}{A}\left(1 - \frac{6e_0}{B}\right) \tag{4-4-2}$$

$$e_0 = \left|\frac{M_k}{N_k}\right| \tag{4-4-3}$$

以上公式的适用条件为

$$e_0 \leqslant \frac{B}{6} \tag{4-4-4}$$

式中：$p_{\max}$、$p_{\min}$—— 采用荷载效应标准组合的基底边缘最大、最小压应力值(kPa)；

$N_k$—— 采用荷载效应标准组合时，作用于基底上的垂直力(kN/m)；

$A$—— 基础底面每延米面积($m^2$)；

$B$—— 基础底面宽度(m)；

$e_0$—— 基底合力的偏心距(m)；

$M_k$—— 采用荷载效应标准组合时，作用于基底形心的弯矩(kN·m)。

2. 设置在岩石地基上的挡土墙明挖基础

如图4-4-1所示，当 $e_0 > \frac{B}{6}$ 时，不计基底承受拉应力，仅按受压区计算基底最大压应力（图4-4-1），可以按下列公式计算

$$p_{\max} = \frac{2N_k}{3a_1} \tag{4-4-5}$$

$$p_{\min} = 0 \tag{4-4-6}$$

垂直于基底面的合力对受压边缘的力臂 $a_1$，可按下式计算：

$$a_1 = \frac{B}{2} - e_0 \tag{4-4-7}$$

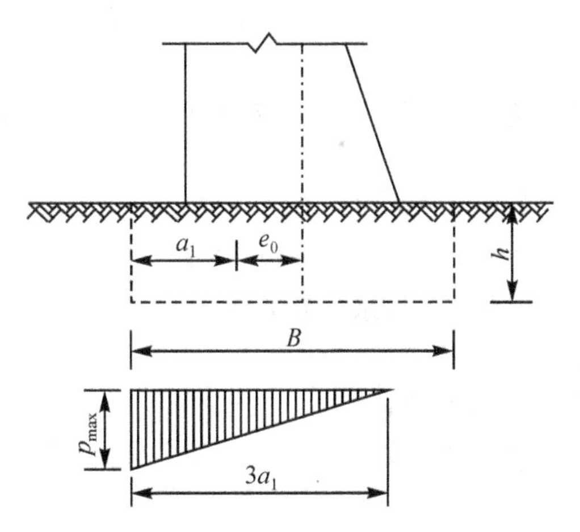


图4-4-1 岩石地基应力重分布图

3. 挡土墙地基的承载力特征值 $f_a$

应根据地质勘测、原位测试、荷载试验、调查、对比邻近已建构造物的地基承载力资料及经验、理论公式的计算数据，综合分析后确定。

挡土墙基础底面置于软土地基上时，可以按下式计算基底最大压应力值

$$p_{\max} = \gamma_1(h + z) + \alpha(p - \gamma_2 h) \tag{4-4-8}$$

式中：$h$—— 基底埋深(m)，当受水流冲刷时，由一般冲刷线算起；

$z$—— 基底到软土层顶面的距离(m)；

$p$—— 基底平均压应力(kPa)；

$\alpha$—— 土中附加应力系数，查相关规范；

$\gamma_1$—— 深度 $(h+z)$ 范围内各土层的加权平均重度 $(kN/m^3)$；

$\gamma_2$—— 基底以上土的重度 $(kN/m^3)$，地下水位以下取浮重度。

当挡土墙基础宽度 $B$ 大于2m，基础埋深 $h$ 大于3m，且 $h/B \leqslant 4$ 时，修正后的地基承载力特征值 $f_a$ 可以按下式确定

$$f_a = f_{ak} + k_1\gamma_1(B - 2) + k_2\gamma_2(h - 3) \tag{4-4-9}$$

式中：$f_{ak}$—— 地基土承载力特征值(kPa)；

$B$—— 基础底面宽度，当 $B < 2$m 时取2m，当 $B > 10$m 时按10m计；

$k_1$、$k_2$—— 地基承载力特征值的宽度、深度修正系数。

4. 基底压力应符合以下要求

$$p \leqslant f_a \tag{4-4-10}$$

$$p_{\max} \leqslant kf_a \tag{4-4-11}$$

式中：$k$—— 地基承载力特征值提高系数 $k$，根据《公路工程抗震设计规范》(JTJ004-89) 采用，一般为 1.00 ～ 1.50。

### 4.4.3 稳定性验算

1. 挡土墙的滑动稳定方程与抗滑动稳定系数

(1) 滑动稳定方程：

$$[1.1G + \gamma_{Q1}(E_y + E_x \tan\alpha_0) - \gamma_{Q2}E_p\tan\alpha_0]\mu + (1.1G + \gamma_{Q1}E_y)\tan\alpha_0 - \gamma_{Q1}E_x + \gamma_{Q2}E_p > 0 \tag{4-4-12}$$

式中：$G$—— 墙身重力、基础重力、基础上填土的重力及作用于墙顶的其他竖向荷载的标准值(kN)；

$E_y$—— 墙后主动土压力标准值的竖向分量(kN)；

$E_x$—— 墙后主动土压力标准值的水平分量(kN)；

$E_p$—— 墙前被动土压力标准值的水平分量(kN)；

$\alpha_0$—— 基底倾斜角(°)；

$\mu$—— 基底与地基间的摩擦系数；

$\gamma_{Q1}$、$\gamma_{Q2}$—— 主动土压力分项系数、墙前被动土压力分项系数。

(2) 抗滑动稳定系数 $K_s$：

$$K_s = \frac{[N + (E_x - 0.3E_p)\tan\alpha_0]\mu + 0.3E_p}{E_x - N\tan\alpha_0} \tag{4-4-13}$$

式中：$N$—— 基底上作用力的合力标准值的竖向分量(kN)。

2. 倾斜基底挡土墙的滑动稳定方程

采用倾斜基底的挡土墙，还需验算沿墙踵处地基土水平面滑动的稳定性。

(1) 滑动稳定方程

$$(1.1G + \gamma_{Q1}E_y)\mu_n + 0.67cB_1 - \gamma_{Q1}E_x > 0 \tag{4-4-14}$$

式中：$B_1$—— 挡土墙基底水平投影宽度(m)；

$\mu_n$—— 地基土内摩擦系数，$\mu_n = \tan\varphi$；

$c$、$\varphi$—— 地基土的粘聚力(kPa)、内摩擦角(°)。

(2) 抗滑动稳定系数 $K_s$：

$$K_s = \frac{(N + \Delta N)\mu_n + cB_1}{E_x} \tag{4-4-15}$$

式中：$\Delta N$—— 倾斜基底与水平滑动面间的土楔重力标准值(kN)，用下式计算。

$$\Delta N = \frac{\gamma}{2}B^2\sin\alpha_0\cos\alpha_0 \tag{4-4-16}$$

式中：$\gamma$—— 地基(岩) 土的重度，透水性的水下地基用浮重度(kN/m$^3$)。

3. 挡土墙的倾覆稳定方程与抗倾覆稳定系数

(1) 倾覆稳定方程，见图 4-4-2。

$$0.8Gz_G+\gamma_{Q1}(E_yz_x-E_xz_y)+\gamma_{Q2}E_pz_p>0 \tag{4-4-17}$$

式中：$z_G$—— 墙身重力、基础重力、基础上填土的重力及作用于墙顶的其他竖向荷载的合力重心到墙趾的距离(m)；

$z_x$—— 墙后主动土压力的竖向分量到墙趾的距离(m)；

$z_y$—— 墙后主动土压力的水平分量到墙趾的距离(m)；

$z_p$—— 墙前被动土压力的水平分量到墙趾的距离(m)。

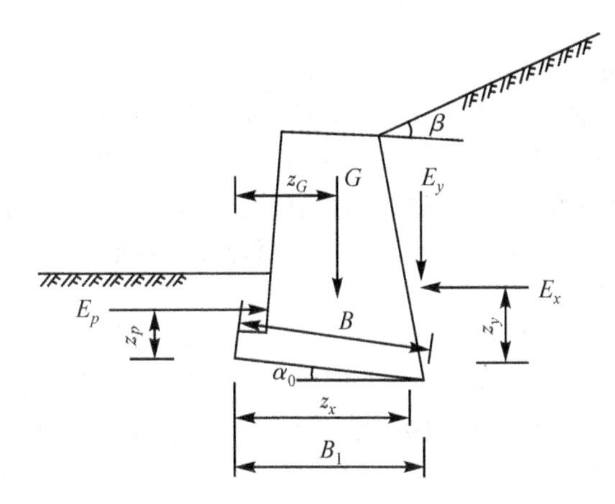


图 4-4-2 一般地区挡土墙上的作用力

(2) 抗倾覆稳定系数 $K_t$

$$K_t=\frac{Gz_G+E_yz_x+E_pz_p}{E_xz_y} \tag{4-4-18}$$

4. 稳定性措施

(1) 挡土墙设计为滑动稳定控制时，可以采取下列增加抗滑动稳定性措施：

① 采用倾斜基底；

② 采用凸榫基底，凸榫应设置在坚实地基上；

③ 采用桩基础。

(2) 挡土墙设计为倾覆稳定控制时，可采取下列增加抗倾覆稳定性措施：

① 扩展挡土墙基础的前趾，当刚性基础的前趾扩展受刚性角限制时，可采用配筋扩展基础；

② 调整墙面、墙背坡度；

③ 改变墙身形式，可采用衡重式、扶壁式等抗倾覆稳定性较强的挡土墙形式。

# §4.5 重力式挡土墙

## 4.5.1 重力式挡土墙的选型

重力式挡土墙由墙身和基础组成，可以不设基础。按墙背常用线形，可以分为仰斜式、重直式、俯斜式、凸折式、衡重式、台阶式等类型，如图 4-5-1 所示。

选择合理的挡土墙墙型，对挡土墙的设计具有重要意义，主要有下列几点：

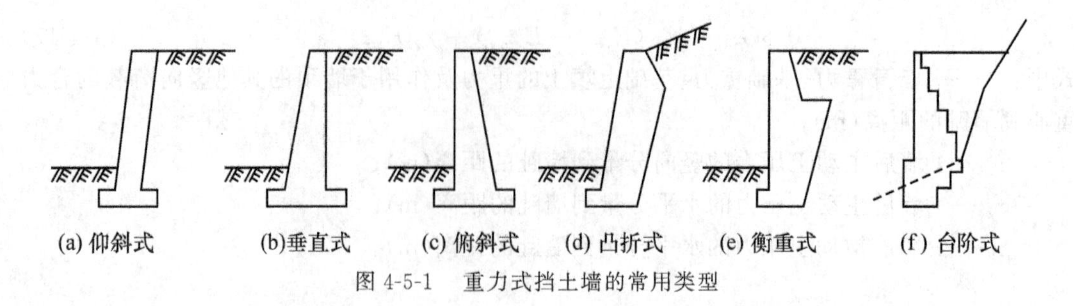


图 4-5-1　重力式挡土墙的常用类型

1. 使墙后土压力最小

重力式挡土墙按墙背的倾斜情况分为仰斜式、垂直式和俯斜式三种。仰斜式墙主动土压力最小，俯斜式墙主动土压力最大，垂直式墙主动土压力处于仰斜式和俯斜式两者之间，因此仰斜式墙较为合理，墙身截面设计较为经济，应优先考虑应用。在进行墙背的倾斜类型选择时，还应根据使用要求、地形条件和施工等情况综合考虑确定。

2. 墙的背坡和面坡的选择

在墙前地面坡度较陡处，墙面坡可以取1：0.05～1：0.2，也可以采用直立的截面。当墙前地形较平坦时，对于中、高挡土墙，墙面坡可以用较缓坡度，但不宜缓于 1：0.4，以免增高墙身或增加开挖宽度。仰斜墙墙背坡愈缓，则主动土压力愈小，但为了避免施工困难，墙背仰斜时其倾斜度一般不宜缓于 1：0.25。面坡应尽量与背坡平行，如图 4-5-2 所示。

3. 基底逆坡坡度

在墙体稳定性验算中，倾覆稳定较易满足要求，而滑动稳定常不易满足要求。为了增加墙身的抗滑稳定性，将基底做成逆坡是一种有效的办法，如图 4-5-3 所示。对于土质地基的基底逆坡一般不宜大于 0.1：1($n$：1)。对于岩石地基一般不宜大于 0.2：1。由于基底倾斜，会使基底承载力减少，因此需将地基承载力特征值折减。当基底逆坡为 0.1：1 时，折减系数为 0.9；当基底逆坡为 0.2：1 时，折减系数为 0.8。

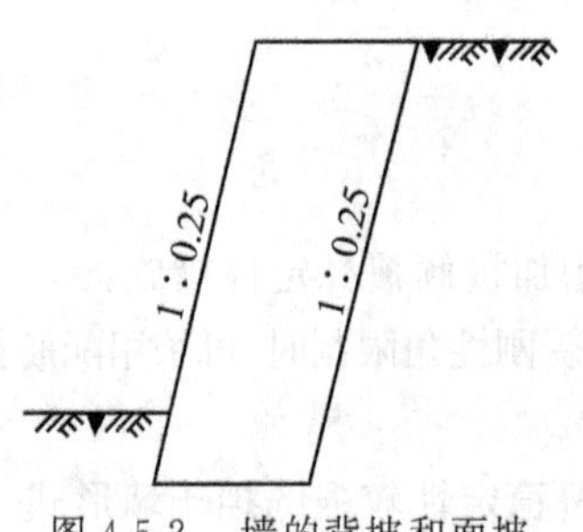


图 4-5-2　墙的背坡和面坡

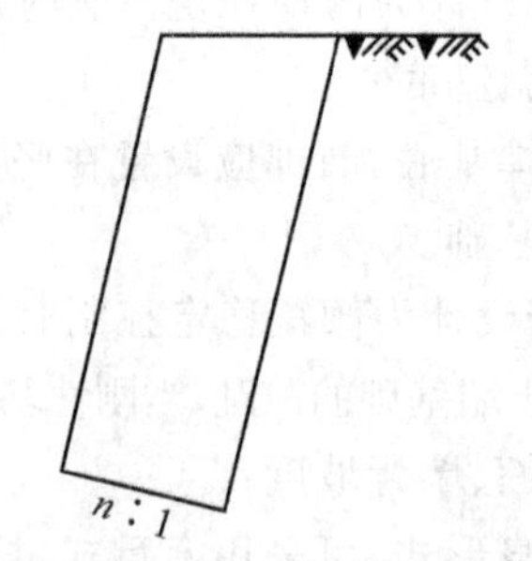


图 4-5-3　墙底逆坡示意图

4. 墙趾台阶

当墙身高度超过一定限度时，基底压应力往往是控制截面尺寸的重要因素。为了使基底压应力不超过地基承载力，可以加墙趾台阶，如图 4-5-4 所示，以扩大基底宽度，这对挡土墙的抗倾覆和抗滑动稳定都是有利的。

墙趾高 $h$ 和墙趾宽 $a$ 的比例可以取 $h：a = 2：1$，$a$ 不得小于 20cm。墙趾台阶的夹角一般应保持直角或钝角，若为锐角时不宜小于 60°。此外，基底法向反力的偏心距必须满足 $e \leqslant 0.25b$($b$ 为无台阶时的基底宽度)。

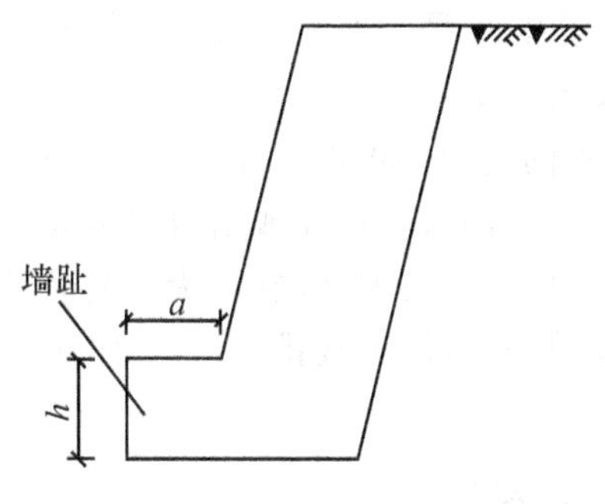


图 4-5-4　墙趾台阶示意图

### 4.5.2　重力式挡土墙的构造

1. 重力式挡土墙的埋置深度

重力式挡土墙的埋置深度(如基底倾斜,则按最浅的墙趾处计算),应根据持力层地基土的承载力、冻结因素确定。土质地基一般不小于 0.5m。若基底土为软弱土层,则按实际情况将基础尺寸加深加宽,或采用换土、桩基或其他人工地基等。若基底层为岩石、大块碎石、砾砂、粗砂、中砂等,则挡土墙基础埋置深度与冻土层深度无关(一般挡土墙基础埋置在冻土层以下 0.25m 处);若基底为风化岩层,除应将其全部清除外,一般应加挖 0.15m ~ 0.25m。若基底为基岩,则挡土墙嵌入岩层的尺寸应不小于表 4-5-1 中的规定。

表 4-5-1　　挡土墙基础嵌入岩层尺寸表

| 基底岩层名称 | $h$(m) | $l$(m) | 示意图 |
| --- | --- | --- | --- |
| 石灰岩、砂岩及玄武岩 | 0.25 | 0.25 ~ 0.5 | 基岩, $h$, $l$ |
| 页岩、砂岩交互层等 | 0.60 | 0.6 ~ 1.5 | |
| 松软岩石,如千枚岩等 | 1.0 | 1.0 ~ 2.0 | |
| 砂岩砾岩等 | ≥1.0 | 1.5 ~ 2.5 | |

2. 墙身构造

重力式挡土墙各部分的构造必须符合强度和稳定的要求,并根据就地取材,经济合理,施工方便,按地质地形等条件确定。一般块石挡土墙顶宽不应小于 0.4m。

3. 排水措施

雨季时节,雨水沿坡流下。如果在设计挡土墙时,没有考虑排水措施或因排水不良,将会使墙后土的抗剪强度降低,导致土压力增加。此外,由于墙背积水,又增加了水压力。这是造成挡土墙倒塌的主要原因。

为了使墙后积水易于排出,通常在墙身布置适当数量的泄水孔,图 4-5-5 为两个排水较好的方案。泄水孔的尺寸根据排水量而定，可以分别采用 50mm × 100mm、100mm × 100mm、150mm × 200mm 的矩形孔，或采用 50 ～ 100mm 的圆孔。孔眼间距为 2 ～ 3m。若挡土墙高度大于 12m，则应根据不同高度加设泄水孔。如墙后渗水量较大，为了减少动水压力对墙身的影响，应增密泄水孔，加大泄水孔尺寸或增设纵向排水措施。在泄水孔附近应用卵石、碎石或块石材料覆盖，做滤水层，以防泥砂淤塞。为了防止墙后积水渗入地基，应在最低泄水孔下部铺设粘土层并夯实，且布设散水或排水沟，如图 4-5-5 所示。

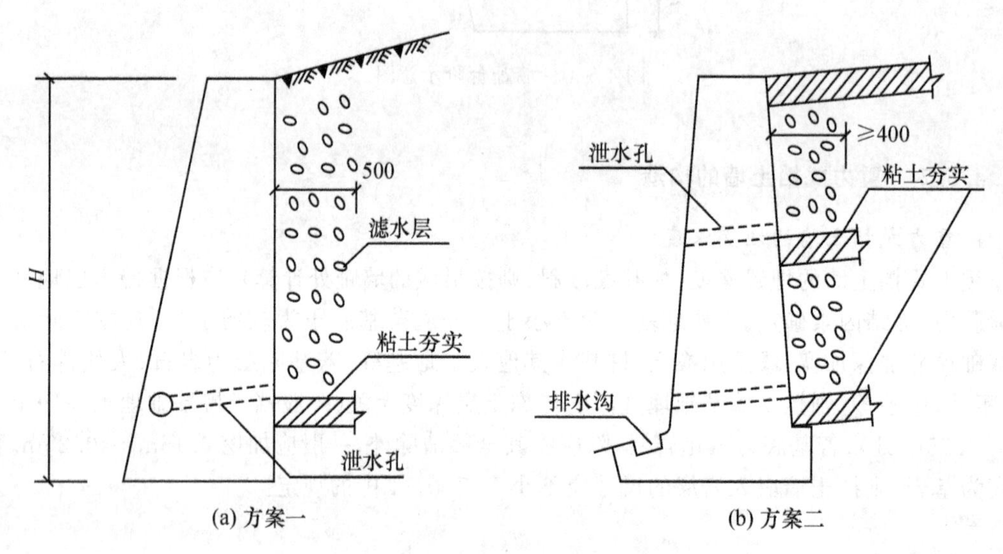


图 4-5-5　挡土墙的排水措施示意图

4. 填土质量要求

选择质量好的填料以及保证填土的密实度是挡土墙施工的两个关键问题。根据土压力理论进行分析，为了使作用在挡土墙上的土压力最小，应该选择抗剪强度高、性质稳定、透水性好的粗颗粒材料作填料，例如卵石、砾石、粗砂、中砂等，并要求这些材料含泥量小。如果施工质量能得到保证，填料的内摩擦力大，对挡土墙产生的主动土压力就较小。

实际工程中的回填土往往含有粘性土，这时应适当混入碎石，以便易于夯实和提高其抗剪强度。对于重要的、高度较大的挡土墙，用粘性土作回填土料是不合适的，因为粘性土遇水体积会膨胀，干燥时又会收缩，性质不稳定，由于交错膨胀与收缩将会在挡土墙上产生较大的侧应力，这种侧应力在设计中是无法考虑的，因此会使挡土墙遭到破坏。

不能用的回填土为淤泥、耕植土、成块的硬粘土和膨胀性粘土，回填土中还不应夹杂有大的冻结土块、木块和其他杂物，因为这类土产生的土压力大，对挡土墙的稳定极为不利。

在季节性冻土地区，不应使用冻胀性材料作填料。

浸水挡土墙的墙背填料为粘土时，每隔 1.0 ～ 1.5m 的高度应铺设厚度不小于 0.3m 的排水垫层。

对于常用的砖、石挡土墙，当砌筑的砂浆达到强度的 70% 时，方可回填，回填土应分层夯实。

5. 沉降缝和伸缩缝

由于墙高、墙后土压力及地基压缩性的差异，挡土墙宜设置沉降缝；为了避免因混凝土及砖石砌体的收缩硬化和温度变化等作用引起的破裂，挡土墙宜设置伸缩缝。沉降缝与伸缩缝，实际上是同时设置的，可以把沉降缝兼作伸缩缝，一般每隔 10 ～ 20m 设置一道，缝宽约 2cm，缝内嵌填柔性防水材料。

6. 挡土墙的材料要求

石料：石料应经过挑选，在力学性质、颗粒大小和新鲜程度等方面要求一致，不应有过分破碎、风化外壳或严重的裂缝。

砂浆：挡土墙应采用水泥砂浆，只有在特殊条件下才采用水泥石灰砂浆、水泥粘土砂浆和石灰砂浆等。在选择砂浆强度等级时，除应满足墙身计算所需的砂浆强度等级外，在构造上还应符合相关规则要求，在 9 度地震区，砂浆强度等级应比计算结果提高一级。

7. 挡土墙的联结方式

挡土墙端伸入路堤内不应小于 0.75m，可以采用锥坡与路堤相连。锥坡宜采用植被保护措施或植被防护与工程防护相结合措施。

挡土墙端部嵌入原地层的最小深度，土质地层不应小于 1.5m；风化严重的岩石不应小于 1m；风化轻微的岩石不应小于 0.5m。

当所采用挡土墙与路堤或原地面连接困难时，可在其端部采用其他端墙方式过渡。

8. 挡土墙的砌筑质量

挡土墙施工必须重视墙体砌筑质量。挡土墙基础若置于岩层上，应将岩层表面风化部分清除。条石砌筑的挡土墙，多采用一顺一顶砌筑方法，上下错缝，也有少数采用全顶全顺相互交替的作法，一般应保证搭缝良好，安稳砌正。采用毛石砌筑的挡土墙，除应尽量采用石块自然形状，保证各轮顶顺交替、上下错缝的砌法外，还应严格保证砂浆水灰比符合要求、填缝紧密、灰浆饱满，确保每一块石料安稳砌正，墙体稳固。

砌料应紧靠基坑侧壁，使之与岩层结成整体，待砌浆强度达到 70% 以上时，方可进行墙后填土。

在松散坡积层地段修筑挡土墙，不宜整段开挖，以免在墙体完工前，土体滑下；宜采用马口分段开挖方式，即跳槽间隔分段开挖。施工前应先作好地面排水。

### 4.5.3 重力式挡土墙的计算

重力式挡土墙的计算通常包括下列内容：

(1) 抗倾覆验算；

(2) 抗滑移验算；

(3) 地基承载力验算；

(4) 墙身强度验算；

(5) 抗震计算。

1. 挡土墙抗倾覆验算

如图 4-5-6 所示，在挡土墙抗倾覆稳定验算中，将土压力 $E_a$ 分解为水平分力 $E_{ax}$ 和垂直分力 $E_{ay}$。显然，对墙趾 $O$ 点的倾覆力矩为 $E_{ax} \cdot z_y$，而抗倾覆力矩则为 $G \cdot z_G + E_{ay} \cdot z_x$。为了保证挡土墙的稳定，应使抗倾覆力矩大于倾覆力矩，两者之比称为抗倾覆安全系数 $K_t$，即

$$K_t = \frac{G \cdot z_G + E_{ay} \cdot z_x}{E_{ax} \cdot z_y} \geqslant 1.6 \tag{4-5-1}$$

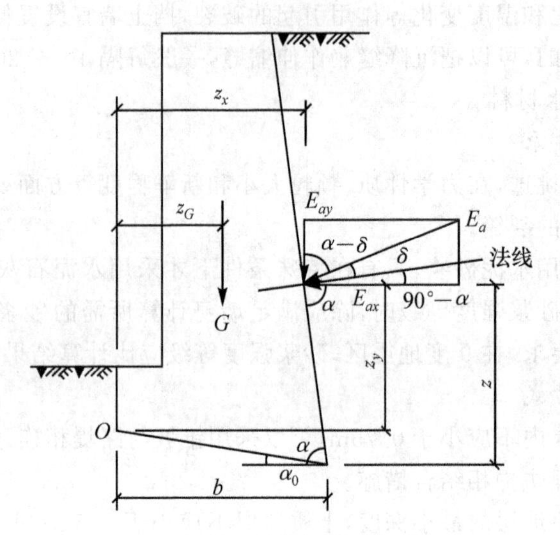


图 4-5-6 挡土墙抗倾覆验算示意图

式中：$K_t$—— 挡土墙抗倾覆安全系数；

$G$—— 每延米挡土墙的重力(kN/m)；

$E_{ax}$—— 每延米主动土压力的水平分力(kN/m)

$$E_{ax} = E_a \cdot \sin(\alpha - \delta) \tag{4-5-2}$$

$E_{ay}$—— 每延米主动土压力的垂直分力(kN/m)

$$E_{ay} = E_a \cdot \cos(\alpha - \delta) \tag{4-5-3}$$

$z_G$、$z_x$、$z_y$—— 分别为 $G$、$E_{ay}$、$E_{ax}$ 至墙趾 $O$ 点的距离(m)

$$z_x = b - z \cdot \cot\alpha \tag{4-5-4}$$

$$z_y = z - b \cdot \tan\alpha_0 \tag{4-5-5}$$

式中：$b$—— 基底的水平投影宽度(m)；

$z$—— 土压力作用点离墙踵的高度(m)；

$\alpha$—— 墙背与水平线之间的夹角(°)；

$\alpha_0$—— 基底与水平线之间的夹角(°)。

若墙背铅直，则 $\alpha = 90°$；基底水平，则 $\alpha_0 = 0$；那么

$$E_{ax} = E_a \cdot \cos\delta \tag{4-5-6}$$

$$E_{ay} = E_a \cdot \sin\delta \tag{4-5-7}$$

$$z_x = b \tag{4-5-8}$$

$$z_y = z \tag{4-5-9}$$

若地基较软弱，在挡土墙倾覆的同时，墙趾可能陷入土中，因而力矩中心 $O$ 点向内移动，抗倾覆安全系数 $K_t$ 将会降低，故在采用式(4-5-1)时应考虑地基土的压缩性。

2. 挡土墙抗滑移验算

在抗滑移稳定性验算中，采用如图 4-5-7 所示的挡土墙，将主动土压力 $E_a$ 及挡土墙重力 $G$ 各分解为平行与垂直于基底的两个分力；滑移力为 $E_{at}$，抗滑移力为 $E_{an}$ 及 $G_n$ 在基底产生的摩阻力。抗滑移力和滑移力的比值称为抗滑移安全系数 $K_s$，即

$$K_s = \frac{(G_n + E_{an})\mu}{E_{at} - G_t} \geqslant 1.3 \tag{4-5-10}$$

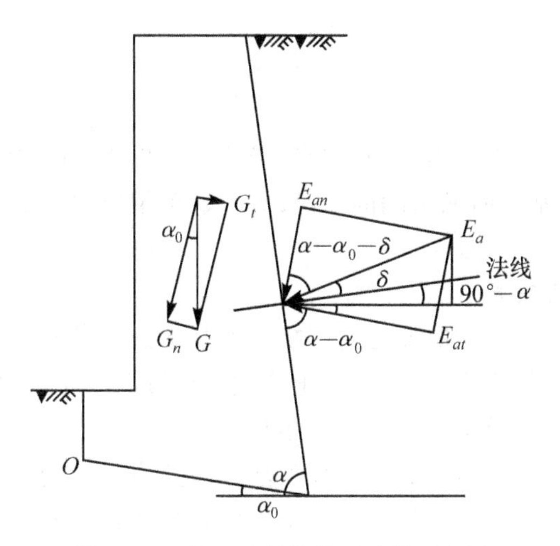


图 4-5-7　挡土墙的抗滑移验算示意图

式中：$K_s$—— 抗滑移安全系数；

$G_n$—— 垂直于基底的重力分力(kN/m)

$$G_n = G \cdot \cos\alpha_0 \tag{4-5-11}$$

$G_t$—— 平行于基底的重力分力(kN/m)

$$G_t = G \cdot \sin\alpha_0 \tag{4-5-12}$$

$E_{an}$—— 重直于基底的土压力分力(kN/m)

$$E_{an} = E_a \cdot \cos(\alpha - \alpha_0 - \delta) \tag{4-5-13}$$

$E_{at}$—— 平行于基底的土压力分力(kN/m)

$$E_{at} = E_a \cdot \sin(\alpha - \alpha_0 - \delta) \tag{4-5-14}$$

$\mu$—— 挡土墙基底对地基的摩擦系数，由试验确定，当无试验资料时，可以参考表 4-5-2。

**表 4-5-2　　挡土墙基底对地基的摩擦系数 $\mu$ 值**

| 土的类别 | | 摩擦系数 $\mu$ |
|---|---|---|
| 粘性土 | 可塑 | 0.25～0.30 |
| | 硬塑 | 0.30～0.35 |
| | 坚硬 | 0.35～0.45 |
| 粉土 | 稍湿 | 0.30～0.40 |
| 中砂、粗砂、砾砂 | | 0.40～0.50 |
| 碎石土 | | 0.40～0.60 |
| 岩石 | 软质岩 | 0.40～0.60 |
| | 表面粗糙的硬质岩 | 0.65～0.75 |

**注**：1. 对于易风化的软质岩石和塑性指数 $I_p$ 大于 22 的粘性土，基底摩擦系数应通过试验确定。

2. 对于碎石土，密实的可以取高值；稍密、中密及颗粒为中等风化或强风化的取低值。

若墙背垂直时，则 $\alpha = 90°$；基底水平，$\alpha_0 = 0$；那么

$$G_n = G \tag{4-5-15}$$

$$G_t = 0 \tag{4-5-16}$$

$$E_{an} = E_a \cdot \sin\delta \tag{4-5-17}$$

$$E_{at} = E_a \cdot \cos\delta \tag{4-5-18}$$

挡土墙的稳定性验算通常包括抗倾覆和抗滑移稳定验算。对于软弱地基，由于超载等因素，还可能出现沿地基中某一曲面滑动的情况，对于这种情况，应采用圆弧法进行地基稳定性验算。

3. 挡土墙地基承载力验算

挡土墙地基承载力验算与一般偏心受压基础地基承载力的验算方法相同，先求出作用在基底上的合力及其合力的作用点位置。挡土墙重力 $G$ 与土压力 $E_a$ 的合力 $E$ 可以用平行四边形法则求得。如图 4-5-8 所示，将合力 $E$ 作用线延长与基底相交于点 $m$，在 $m$ 点处将合力 $E$ 再分解为两个分力 $E_n$ 及 $E_t$，其中 $E_n$ 为垂直于基底的分力（即为作用在基底上的垂直合力 $N$），对基底形心的偏心距为 $e$，可以根据偏心受压计算公式计算基底压力并进行验算，如图 4-5-9 所示。

$$E = \sqrt{G^2 + E_a^2 + 2G \cdot E_a \cdot \cos(\alpha - \delta)} \tag{4-5-19}$$

$$\tan\theta = \frac{G \cdot \sin(\alpha - \delta)}{E_a + G\cos(\alpha - \delta)\delta} \tag{4-5-20}$$

垂直于基底的分力为

$$E_n = E \cdot \cos(\alpha - \alpha_0 - \theta - \delta) \tag{4-5-21}$$

$$E_t = E \cdot \sin(\alpha - \alpha_0 - \theta - \delta) \tag{4-5-22}$$

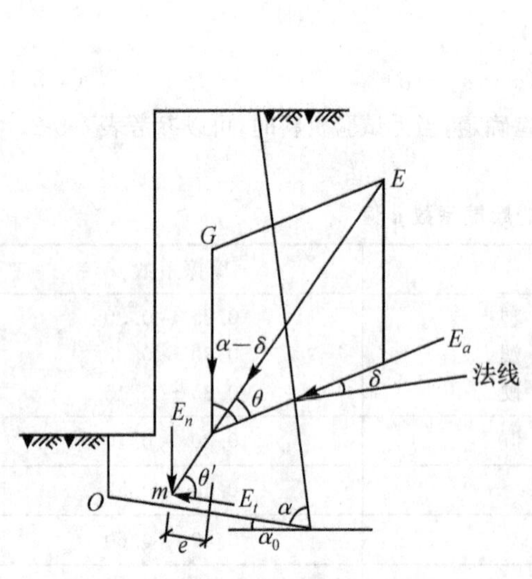


图 4-5-8 地基承载力验算示意图（一）

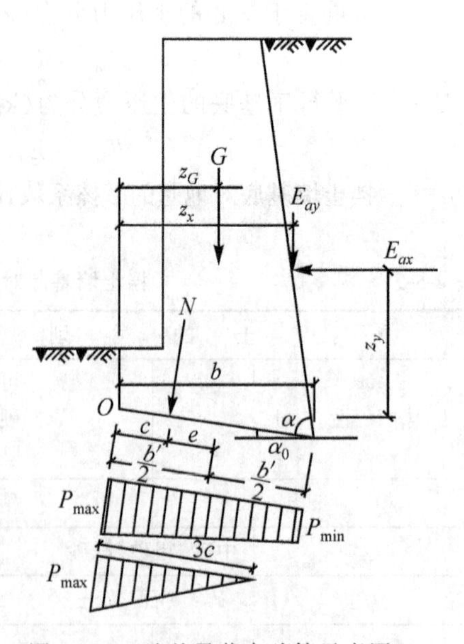


图 4-5-9 地基承载力验算示意图（二）

如图 4-5-9 所示，可以按下述方法求出基底合力 $N$ 的偏心距 $e$：先将主动土压力分解为垂直分力 $E_{ay}$ 与水平分力 $E_{ax}$，然后将各力 $G$、$E_{ay}$、$E_{ax}$ 及 $N$ 对墙趾 $O$ 点取矩，根据合力矩等于各分

力矩之和的原理，便可以求得合力 $N$ 作用点对 $O$ 点的距离 $c$ 及对基底形心的偏心距 $e$。

$$N \cdot c = G \cdot z_G + E_{ay} \cdot z_x - E_{ax} \cdot z_y$$

$$c = \frac{G \cdot z_G + E_{ay} \cdot z_x - E_{ax} \cdot z_y}{N} \tag{4-5-23}$$

$$e = \frac{b'}{2} - c \tag{4-5-24}$$

$$b' = \frac{b}{\cos\alpha_0} \tag{4-5-25}$$

式中：$b'$—— 基底斜向宽度(m)。

验算挡土墙的地基承载力按下式进行：

当偏心距 $e \leqslant \frac{b'}{6}$ 时，基底压力呈梯形或三角形分布(见图 4-5-9)。

$$P_{\substack{\max \\ \min}} = \frac{N}{b'}\left(1 \pm \frac{be}{b'}\right) \leqslant 1.2 f_a \tag{4-5-26}$$

当偏心距 $e > \frac{b'}{6}$ 时，则基底压力呈三角形分布(见图 4-5-9)。

$$P_{\max} = \frac{2N}{3c} \leqslant 1.2 f_a \tag{4-5-27}$$

式中：$f_a$—— 修正后的地基承载力特征值，当基底倾斜时，应乘以 0.8 的折减系数。

若挡土墙墙背垂直、基底水平，则 $\alpha = 90°$，$\alpha_0 = 0$，$b' = b$，将这一组值代入上述各式计算，此时 N 垂直，基底水平，宽度 b、c 及 e 均为水平距离。

当基底压力超过地基土的承载力特征值时，可以增大底面宽度。

4. 挡土墙墙身强度验算

重力式挡土墙一般用毛石砌筑，需验算任意墙身截面处的法向应力和剪切应力，这些应力应小于墙身材料极限承载力。对于截面转折或急剧变化的地方，应分别进行验算。就是说，墙身强度验算取墙身薄弱截面进行，如图 4-5-10 所示，取截面 I-I，首先计算墙高为 $h'_r$ 时的土压力 $E'_a$ 及墙身 $G'$，用前面的方法求出合力 $N$ 及其作用点，然后按砌体受压公式进行验算。

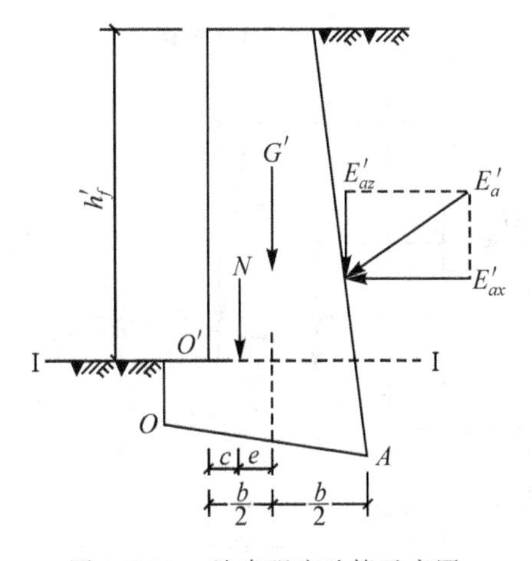


图 4-5-10 墙身强度验算示意图

(1) 抗压验算。

$$N \leqslant \gamma_a \cdot \phi \cdot A \cdot f \tag{4-5-28}$$

式中：$N$—— 由设计荷载产生的纵向力(kN)；

$\gamma_a$—— 结构构件的设计抗力调整系数，取 $\gamma_a = 1.0$；

$\phi$—— 纵向力影响系数，根据砂浆强度等级 $\beta$、$\frac{e}{h}$ 查《砌体结构规范》(GB50003—2001)中的相关表格求得；

$\beta$—— 高厚比 $\beta = \frac{H_0}{h}$；在求纵向力影响系数时先对 $\beta$ 值乘以砌体系数，对粗料石和毛石砌体为 1.5；$H_0$ 为计算墙高取 $2h'_r$($h'_r$ 为墙高)；$h$ 为墙的平均厚度；

$e$—— 纵向力的计算偏心距(m)；$e = e_k + e_a$；$e_k$ 为标准荷载产生的偏心距，$e_a$ 为附加的偏心距，$e_a = \frac{h_r}{300} \leqslant 20\text{mm}$；

$A$—— 计算截面面积($\text{m}^2$)，取 1m 长度；

$f$—— 砌体抗压设计强度(kPa)。

(2) 抗剪验算。

$$Q \leqslant \gamma_a (f_v + 0.18\sigma_u) \cdot A \tag{4-5-29}$$

式中：$Q$—— 由设计荷载产生的水平荷载(kN)；

$f_v$—— 砌体设计抗剪强度(kPa)；

$\sigma_u$—— 恒载标准值产生的平均压应力(kPa)。

(3) 挡土墙的抗震计算。

计算地震区挡土墙时需考虑两种情况，即有地震时的挡土墙和无地震时的挡土墙。在这两种情况的计算结果中，选用其中墙截面较大者。这是因为在考虑地震附加组合时，安全度降低，有时计算出的墙截面可能反而比无地震时的小，此时，则应选用无地震时的墙截面。

1) 如图 4-5-11 所示，按倾覆验算

$$K_t = \frac{G \cdot z_G + E_{ay} \cdot z_x}{E_{ax} \cdot z_y + F \cdot z_w} \geqslant 1.2 \tag{4-5-30}$$

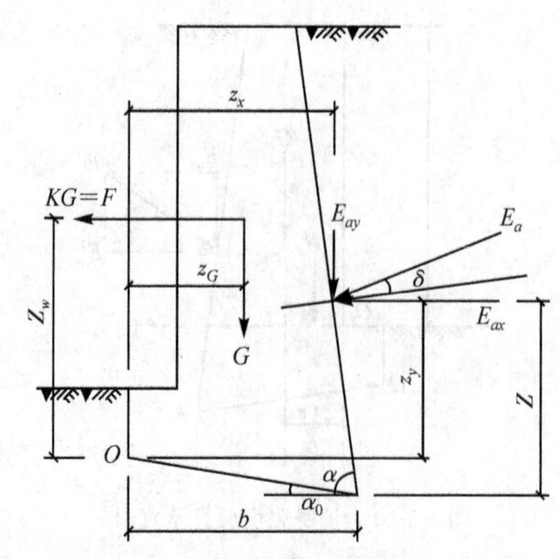


图 4-5-11 抗倾覆验算(有地震力)示意图

2）如图 4-5-12 所示，抗滑移验算

$$K_s = \frac{(G_n + E_{an} + F \cdot \sin d_0)\mu}{E_{at} - G_t + F \cdot \cos\alpha_0} \geqslant 1.2 \tag{4-5-31}$$

式中：$F$—— 地震力，$F = k \cdot G$。

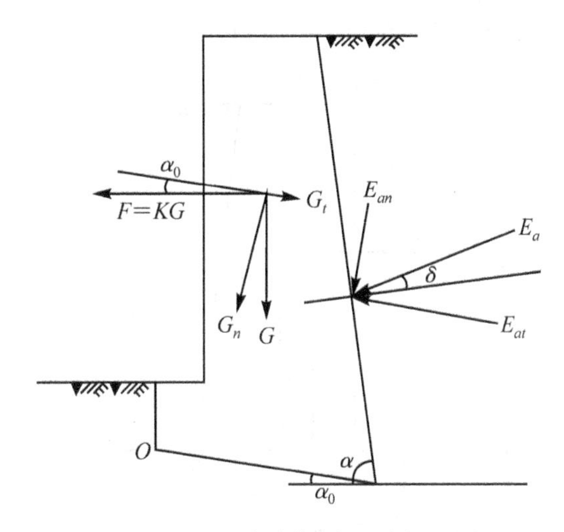


图 4-5-12　抗滑移验算（有地震力）示意图

3）如图 4-5-13 所示，地基承载力验算。

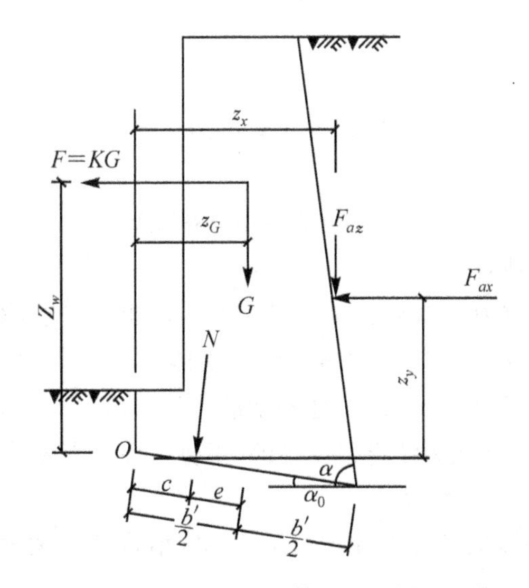


图 4-5-13　地基承载力验算（有地震力）示意图

当挡墙底面处合力的偏心距 $e < \frac{b}{6}$ 时

$$p_{\substack{\max \\ \min}} = \frac{N + F\sin\alpha_0}{b'}\left(1 \pm \frac{be}{b'}\right) \leqslant 1.2 f_a \tag{4-5-32}$$

当挡墙底面处合力的偏心距 $e > \frac{b'}{6}$ 时

$$p_{\max} = \frac{2(N + F\sin\alpha_0)}{3c} \leqslant 1.2 f_a \tag{4-5-33}$$

式中
$$c = \frac{G \cdot z_G + E_{ay} \cdot z_x - E_{ax} \cdot z_y - F \cdot z_w}{N + F\sin\alpha_0} \tag{4-5-34}$$

4) 如图 4-5-14 所示，墙身强度验算(图 4-5-14)

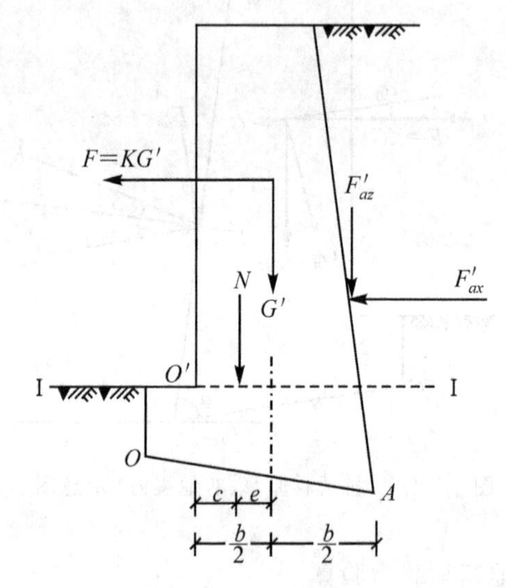


图 4-5-14　墙身强度验算(有地震力)示意图

① 抗压验算

$$N \leqslant \gamma_a \cdot \phi \cdot A \cdot f \tag{4-5-35}$$

② 抗剪验算

$$Q \leqslant \gamma_a (f_v + 0.18\sigma_u) A \tag{4-5-36}$$

计算 $Q$ 值时，要考虑地震力 $F$。

**【例题 4-5-1】**某砌体重力式挡土墙墙高 H = 5m，填土面水平，墙后填土为无粘性土，其物理力学性质指标：$c = 0, \varphi = 30°, \gamma = 19\text{kN/m}^3$。砌体重度 $\gamma_t = 22\text{kN/m}^3$，填土对墙背的外摩擦角 $\delta = 20°$，基底摩擦系数 $\mu = 0.55$，地基承载力特征值 $f_{ak} = 180\text{kPa}$。试按等腰梯形断面设计该挡土墙。设计时始终认为墙身强度足够，不进行墙身强度验算。

**解**:(1) 初步拟定挡土墙断面尺寸

重力式挡土墙墙顶和墙底拟定为水平面，因砌体结构墙顶宽度不小于 0.5m，取 $b_1 = 0.6\text{m}$；墙底宽度可以取 $\left(\frac{1}{2} \sim \frac{1}{3}\right)H$，取为 $b_2 = 2.2\text{m}$；对等腰梯形断面，根据墙顶宽度和墙底宽度，确定墙面和墙背坡度为 1 : 0.16，墙背为俯斜墙背，墙背倾角为正，按下式确定

$$\varepsilon = \arctan\left(\frac{b_2 - b_1}{2H}\right) = \arctan\left(\frac{2.2 - 0.6}{2 \times 5}\right) = 9.09°$$

(2) 挡土墙的自重及重心

挡土墙自重 $G = \frac{1}{2}(b_1 + b_2) \cdot H \cdot \gamma_t = \frac{1}{2} \times 2.8 \times 5 \times 22 = 154\text{kN/m}$

自重重心距墙趾的距离 $z_G = \frac{b_2}{2} = \frac{2.2}{2} = 1.1\text{m}$

(3) 计算土压力

计算主动土压力系数

$$K_a = 0.297 + (0.337 - 0.297) \times \frac{9.09 - 0}{10 - 0} = 0.37$$

土压力 $E_a = \frac{1}{2}\gamma H^2 k_a = \frac{1}{2} \times 19 \times 5^2 \times 0.37 = 87.9\text{kN/m}$

土压力水平分量

$$E_{ax} = E_a \cos(\varepsilon + \delta) = 87.9 \times \cos(9.09 + 20) = 76.8\text{kN/m}$$

土压力垂直分量

$$E_{ay} = E_a \sin(\varepsilon + \delta) = 87.9 \times \sin(9.09 + 20) = 4.27\text{kN/m}$$

土压力作用点距墙趾垂直距离 $z_y$ $z_y = \frac{1}{3}H = 1.67\text{m}$

土压力作用点距墙趾水平距离 $z_x$

$$z_x = \frac{b_2 - b_1}{2} + b_1 + \frac{2}{3} \cdot \frac{b_2 - b_1}{2} = 1.93\text{m}$$

(4) 抗倾覆稳定性验算

$$K_t = \frac{Gz_G + E_{ay}z_x}{E_{ax}z_y} = \frac{154 \times 1.1 + 42.7 \times 1.93}{76.8 \times 1.67} = 1.96 > 1.6$$

故满足相关要求。

(5) 抗滑移稳定性验算

$$K_s = \frac{(G + E_{ay})\mu}{E_{ax}} = \frac{(154 + 42.7) \times 0.55}{76.8} = 1.41 > 1.3$$

故满足相关要求。

(6) 地基承载力验算

作用于挡土墙基底的总垂直力

$$N = G + E_{ay} = 154 + 42.7 = 196.7\text{kN/m}$$

$N$ 作用点距墙趾的距离

$$x_f = \frac{(Gz_G + E_{ay}z_x - E_{ax}z_y)}{N} = 0.63\text{m}$$

偏心距 $e = \frac{b_2}{2} - x_f = 1.1 - 0.63 = 0.47 < \frac{b_2}{4} = 0.55$

故满足要求。

基底压力最大值 $p_{\max} = \frac{2N}{3x_f} = \frac{2 \times 196.7}{3 \times 0.63} = 208.1\text{kPa}$

基底压力平均值 $p = \frac{N}{b_2} = \frac{196.7}{2.2} = 98.35\text{kPa}$

故 $p < f_a$

$$p_{\max} < 1.2f_a = 216\text{kPa}$$

故满足相关要求。

(7) 由上述可见，挡土墙初步拟定尺寸满足相关要求，以此作为设计尺寸，设计完成。

**【例题 4-5-2】** 某挡土墙高 $H=5\text{m}$，墙背垂直光滑，墙后填土水平，挡土墙采用 M5 水泥砂浆，MU10 毛石砌筑，砌体重度 $\gamma_t=22\text{kN/m}^3$，填土内摩擦角 $\varphi=30°$，粘聚力 $c=0$，填土重度 $\gamma=18\text{kN/m}^3$，地面荷载 5.0kPa，基底摩擦系数 $\mu=0.5$，地基承载力特征值 $f_a=220\text{kPa}$，试验算挡土墙的稳定性及强度。挡土墙尺寸如图 4-5-15 所示。

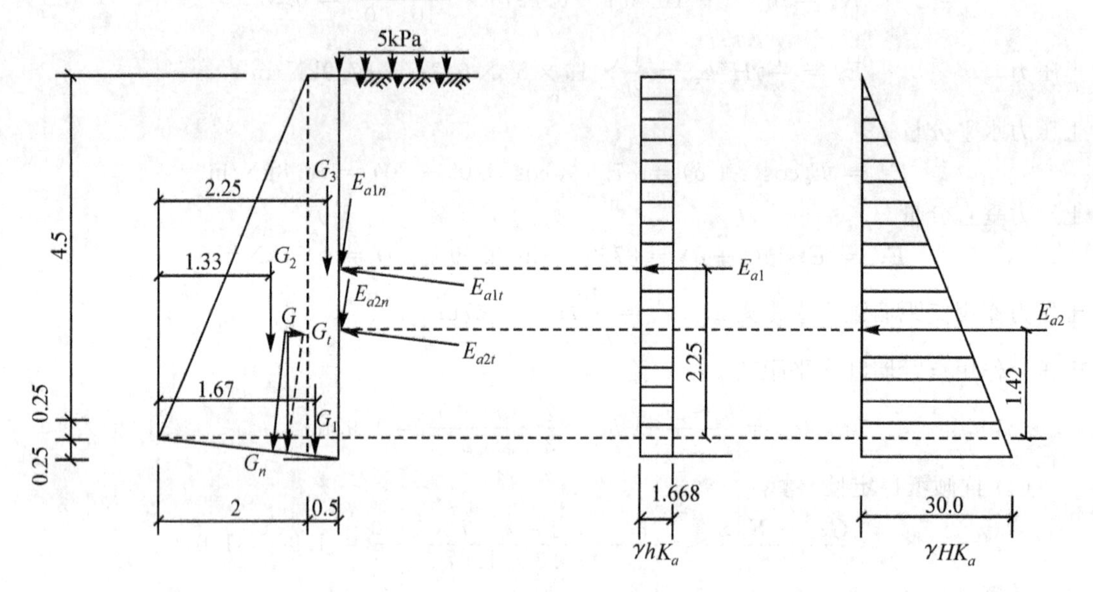


图 4-5-15

**解：**(1) 计算主动土压力 $E_a$。

将地面荷载换算成土层厚度或直接计算均可。

$$K_a=\tan^2\left(45°-\frac{\varphi}{2}\right)=\tan^2\left(45°-\frac{30°}{2}\right)=\frac{1}{3}$$

换算土层厚度

$$h=\frac{q}{\gamma}=\frac{5}{18}=0.278\text{m}$$

$$\gamma hK_a=18\times0.278\times\frac{1}{3}=1.668\text{kPa}$$

$$\gamma(h+H)K_a=18\times(0.278+5)\times\frac{1}{3}=31.668\text{kPa}$$

$$31.668-1.668=30\text{kPa}$$

主动土压力合力 $E_a$：

$$E_{a1}=1.668\times5=8.34\text{kN/m}(\text{矩形面积})$$

$$E_{a2}=\frac{1}{2}\times30\times5=75\text{kN/m}(\text{三角形面积})$$

$$E_a=83.34\text{kN/m}。$$

(2) 抗倾覆验算：

$$G_1 = \frac{1}{2} \times 2.5 \times 0.25 \times 22 = 6.875\text{kN/m}$$

$$G_2 = \frac{1}{2} \times 2 \times 4.75 \times 22 = 104.5\text{kN/m}$$

$$G_3 = 0.5 \times 4.75 \times 22 = 52.25\text{kN/m}$$

抗倾覆安全系数 $K_t$：

$$K_t = \frac{6.875 \times 1.67 + 104.5 \times 1.33 + 52.25 \times 2.25}{8.34 \times 2.25 + 75 \times 1.42} = \frac{268.029}{125.265} = 2.14 > 1.6$$

满足要求。

(3) 抗滑移验算。

$$\begin{cases} \tan\alpha_0 = \dfrac{0.25}{2.5} = 0.1 \\ \sin\alpha_0 = 0.0995 \\ \cos\alpha_0 = 0.995 \end{cases}$$

$$E_{a1t} = E_{a1}\cos\alpha_0 = 8.34 \times 0.995 = 8.298\text{kN/m}$$

$$E_{a1n} = E_{a1}\sin\alpha_0 = 8.34 \times 0.0995 = 0.830\text{kN/m}$$

$$E_{a2t} = E_{a2}\cos\alpha_0 = 75 \times 0.995 = 74.625\text{kN/m}$$

$$E_{a2n} = E_{a2}\sin\alpha_0 = 75 \times 0.0995 = 7.463\text{kN/m}$$

$$\sum G = G_1 + G_2 + G_3 = 163.625\text{kN/m}$$

$$G_t = \sum G \cdot \sin\alpha_0 = 163.625 \times 0.0995 = 16.281\text{kN/m}$$

$$G_n = \sum G \cdot \cos\alpha_0 = 163.625 \times 0.995 = 162.81\text{kN/m}$$

抗滑移安全系数 $K_s$

$$K_s = \frac{(162.81 + 0.83 + 7.463) \times 0.5}{8.298 + 74.625 - 16.281} = \frac{85.552}{66.642} = 1.28 < 1.3,$$

略小于 1.3，稍有不满足相关要求。

(4) 地基承载力验算。

合力 $N$ 对 $O$ 点的距离 $c$：

$$c = \frac{268.029 - 125.265}{162.81} = 0.877\text{m}$$

$$e = \frac{b'}{2} - c$$

$$b' = \frac{b}{\cos\alpha_0} = \frac{2.5}{0.995} = 2.513\text{m}$$

$$e = \frac{2.513}{2} - 0.877 = 0.3795\text{m}$$

$e < \dfrac{b'}{6} = \dfrac{2.513}{6} = 0.418\text{m}$，基底压力呈梯形分布：

$$p_{\substack{\max\\\min}} = \frac{N}{b'}\left(1 \pm \frac{6e}{b'}\right) = \frac{162.81}{2.513}\left(1 \pm \frac{6 \times 0.3795}{2.513}\right) = \begin{cases} 123.48 \\ 6.09 \end{cases} < 1.2 \times 220\text{kPa}$$

故满足相关要求。

(5) 墙身强度验算。

① 抗压强度验算。

土压力强度：

墙顶 $$\gamma h K_a = 18 \times 0.278 \times \frac{1}{3} = 1.668\text{kPa}$$

Ⅰ—Ⅰ截面 $$\gamma(h+H)K_a = 18 \times (0.278+3) \times \frac{1}{3} = 19.668\text{kPa}$$

$$19.668 - 1.668 = 18\text{kPa}$$

则
$$E'_{a1} = 1.668 \times 3 = 6.004\text{kN/m}$$

$$E'_{a2} = \frac{1}{2} \times 3 \times 18 = 27\text{kN/m}$$

$$G'_2 = \frac{1}{2} \times 1.26 \times 3 \times 22 = 41.58\text{kN/m}$$

$$G'_3 = 0.5 \times 3 \times 22 = 33\text{kN/m}$$

合力 $N'$ 对 $o'$ 的距离 $c'$：

$$c' = \frac{41.58 \times 0.84 + 33 \times 1.51 - 6.004 \times 1.5 - 27 \times 1}{74.58} = \frac{48.7512}{74.58} = 0.654\text{m}$$

对截面形心偏心距 $e'$

$$e' = \frac{b}{2} - c = \frac{1.76}{2} - 0.654 = 0.226\text{m}$$

设计荷载 $N$

$$N = 1.2(G'_2 + G'_3) = 1.2 \times 74.58 = 89.5\text{kN/m}$$

墙身平均厚度 $\bar{h}$

$$\bar{h} = \frac{0.5+1.76}{2} = 1.13\text{m}$$

抗力调整系数 $$\gamma_a = 1.0$$

截面积 $$A = 1.76 \times 1 = 1.76\text{m}^2$$

毛石砌体抗压设计强度(水泥砂浆的强度折减系数为 0.85)：

$$f = 0.38 \times 0.85 = 0.323\text{MPa} = 323\text{kPa}$$

高厚比 $\beta = \frac{H_0}{\bar{h}} = \frac{2 \times 3}{1.13} = 5.31$，毛石砌体取 $\beta = 5.31 \times 1.5 = 7.965$

标准荷载产生的偏心距 $e_k = 0.226\text{m}$，附加偏心距 $e_a$

$$e_a = \frac{3000}{300} = 10\text{mm} < 20\text{mm}$$

纵向力的计算偏心距 $e = e_k + e_a = 0.226 + 0.01 = 0.236\text{m}$

$$\frac{e}{\bar{h}} = \frac{0.236}{1.13} = 0.209$$

由砂浆强度等级、$\beta$ 及 $\frac{e}{h}$ 查《砌体结构设计规范》(GB50003—2001)得纵向力影响系数 $\phi = 10.58$

$$\gamma_a \phi A f = 1.0 \times 10.58 \times 1.76 \times 323 = 329.72\text{kN} > 89.5\text{kN}$$

② 抗剪强度验算。

设计荷载 $Q = 1.2E'_{a2} + 1.4E'_{a1} = 1.2 \times 27 + 1.4 \times 6.004 = 40.81\text{kN/m}$

毛石砌体设计抗剪强度 $f_v = 0.11 \times 0.075 = 0.0825\text{MPa} = 82.5\text{kPa}$

恒载标准值产生的平均压应力 $\sigma_u = \dfrac{N}{A}$

$$\sigma_u = \frac{G'_2 + G'_3}{A} = \frac{74.58}{1.76} = 43.38\text{kPa}$$

$$\begin{aligned}\gamma_a(f_v + 0.18\sigma_u)A &= 1.0 \times (82.5 + 0.18 \times 43.38) \times 1.76 \\ &= 158.9\text{kN/m} > 40.81\text{kN/m}\end{aligned}$$

故满足相关要求。所以，整个设计除抗滑移稳定安全系数1.28稍小于1.3外，其他均满足相关要求，可以在基底下加凸榫，也可以适当增大挡土墙断面尺寸。

## §4.6 悬臂式挡土墙

当现场地基土较差或缺少石料时，可以采用钢筋混凝土悬臂式挡土墙，墙高可以大于5m，截面常设计成L形。

### 4.6.1 悬臂式挡土墙的构造特点

如图4-6-1所示，悬臂式挡土墙是将挡土墙设计成悬臂梁形式，$\dfrac{b}{H_1} = \dfrac{1}{2} \sim \dfrac{2}{3}$，墙趾宽度$b_1$约等于$\dfrac{1}{3}b$。

墙身(立壁)承受着作用在墙背上的土压力所引起的弯曲应力。为了节约混凝土材料，墙身常做成上小下大的变截面，[见图4-6-1(a)]。有时在墙身与底板连接处设置支托[见图4-6-1(b)]，也有将底板反过来设置[见图4-6-1(c)]，但比较少见。

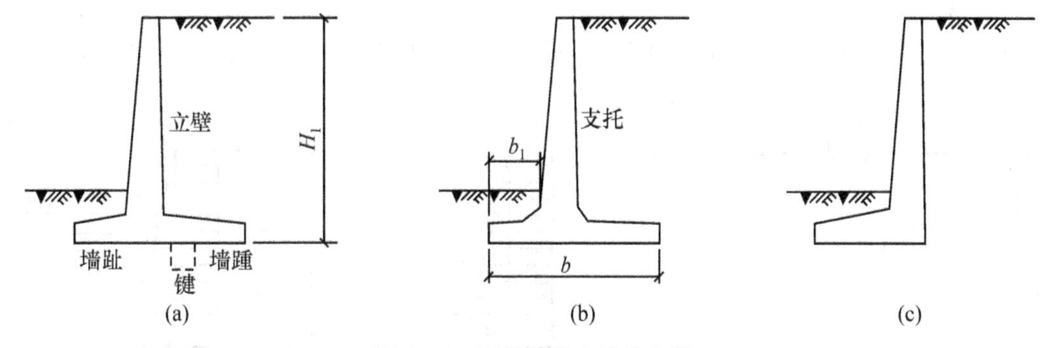


图4-6-1 悬臂式挡土墙示意图

墙趾和墙踵均承受着弯矩，可以按悬臂板进行设计。墙趾和墙踵宜做成上斜下平的变截面，这样不但节约混凝土，而且有利于排水。基础底板的厚度宜与墙身下端相等。

当采用双排钢筋时，墙身顶面最小宽度宜为200mm；如果墙高较小，墙身较薄，墙内配筋采用单排钢筋，则墙身顶面最小宽度可以适当减小。墙身面坡采用1∶0.02～1∶0.05，底板最小宽度为200mm，若挡土墙高超过6m，宜加扶壁柱。

挡土墙后应做好排水措施，以消除水压影响，减少墙背的水平推力。通常在墙身中每隔 2 ~ 3m 设置 一个 100 ~ 150mm 孔径的泄水孔。墙后做滤水层，墙后地面宜铺筑粘土隔水层，墙后填土时，应采用分层夯填方法。在严寒气候条件下有冻胀可能时，最好以炉渣填充。

一般每隔 20 ~ 25m 设一道伸缩缝，当墙面较长时，可以采用分段施工以减少收缩影响。

若挡土墙的抗滑移不满足要求，可以在基础底板加设防滑键。防滑键设在墙身底部，如图 4-6-1(a) 中虚线所示，键的宽度应根据剪力要求，其最小值为 30cm。

钢筋布置的构造要求按相关设计规范的规定处理。墙身受拉一侧按计算配筋，在受压一侧为了防止产生收缩与温度裂缝也要配置纵向、横向的构造钢筋网 $\phi10@300$，其配筋率不低于 0.2%。当计算截面有效高度为 $h_0$ 时，钢筋保护层应取 30mm；对于底板，不小于 50mm，无垫层时不小于 70mm。

配置于悬臂式挡土墙中的主钢筋，直径不宜小于 12mm，主钢筋间距不应大于 0.2m。前趾板上缘、后踵板下缘，应对应配置不小于 50% 主筋面积的构造钢筋。挡土墙外侧墙面应配置分布钢筋，直径不应小于 8mm，每延米墙长上，每米墙高需配置的钢筋总面积不宜小于 $500mm^2$，钢筋间距不应大于 300mm。

立壁外侧钢筋与立壁外侧表面的净距不应小于 35mm；立壁内侧受力主筋与内侧表面的净距不应小于 50mm；后踵板受力主筋与后踵板顶面的净距不应小于 50mm；前趾板受力主筋与趾板底面的净距不应小于 75mm。位于侵蚀性气体区或海洋大气环境下，钢筋的混凝土保护层应适当加厚。

### 4.6.2 悬臂式挡土墙的计算方法

悬臂式挡土墙的计算，包括确定侧压力、墙身(立壁) 的内力及配筋计算、地基承载力验算、基础板的内力及配筋计算、抗倾覆稳定验算、抗滑移稳定验算等。在一般情况下，取单位长度为计算单元。

1. 确定侧压力

(1) 无地下水(或排水良好) 时。

如图 4-6-2(a) 所示，主动土压力 $E_a = E_{a1} + E_{a2}$。当墙背直立、光滑、填土面水平时

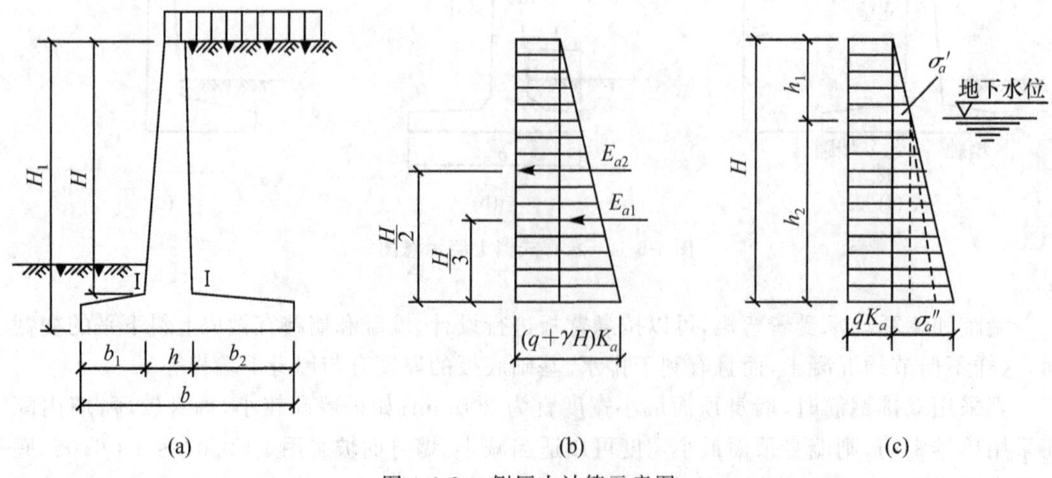


图 4-6-2 侧压力计算示意图

$$K_a = \tan^2\left(45° - \frac{\varphi}{2}\right) \tag{4-6-1}$$

$$\begin{cases} E_{a1} = \frac{1}{2}\gamma H^2 \tan^2\left(45° - \frac{\varphi}{2}\right) \\ E_{a2} = qH\tan^2\left(45° - \frac{\varphi}{2}\right) \end{cases} \tag{4-6-2}$$

式中：$E_{a1}$—— 由墙后土体产生的土压力(N/m，kN/m)；

$E_{a2}$—— 由填土面上均布荷载 $q$ 产生的土压力(N/m，kN/m)；

(2) 有地下水时。

如图 4-6-2(b) 所示，有地下水时确定挡土墙侧压力按以下两种情况处理。

① 地下水位处

$$\sigma'_a = \gamma h_1 \tan^2\left(45° - \frac{\varphi}{2}\right) \tag{4-6-3}$$

② 地下水位以下

$$\sigma'_a = \gamma h_1 \tan^2\left(45° - \frac{\varphi}{2}\right) + (\gamma_{sat} - \gamma_w)h_2 \tan^2\left(45° - \frac{\varphi}{2}\right) + \gamma_w h_2$$

$$\sigma'_a = [\gamma h_1 + (\gamma_{sat} - \gamma_w)h_2]\tan^2\left(45° - \frac{\varphi}{2}\right) + \gamma_w h_2 \tag{4-6-4}$$

2. 墙身内力及配筋计算

挡土墙的墙身按下端嵌固在基础板中的悬臂板进行计算，每延米的设计弯矩值为

$$M = \gamma_0\left(\gamma_G E_{a1} \cdot \frac{H}{3} + \gamma_Q E_{a2} \frac{H}{2}\right) \tag{4-6-5}$$

式中：$\gamma_0$—— 结构重要性系数，对于重要的构筑物取 $\gamma_0 = 1.1$，对于一般的构筑物取 $\gamma_0 = 1.0$，对于次要的构筑物取 $\gamma_0 = 0.9$；

$\gamma_G$—— 墙后填土的荷载分项系数，可以取 $\gamma_G = 1.2$；

$\gamma_Q$—— 墙面均布活荷载的荷载分项系数，可以取 $\gamma_Q = 1.4$。

根据式(4-6-5) 计算出的弯矩 $M$ 为墙身底部的嵌固弯矩。由于沿墙身高度方向的弯矩从底部(嵌固弯矩) 向上逐渐变小，其顶部弯矩为零，故墙身厚度和配筋可以沿墙高由下到上逐渐减少。墙身面坡可以采用 1 : 0.02 ～ 1 : 0.05，墙身顶部最小宽度为 200mm。配筋方法：一般可以将底部钢筋的 $\frac{1}{3} \sim \frac{1}{2}$ 伸至顶部，其余的钢筋可以交替在墙高中部的一处或两处切断。受力钢筋应垂直配置于墙背受拉边，而水平分布钢筋则应与受力钢筋绑扎在一起形成一个钢筋网片，分布钢筋可以采用 $\phi$10@300。若墙身较厚，可以在墙外侧面(受压的一侧) 配置构造钢筋网片 $\phi$10@300(纵、横两个方向)，其配筋率不少于 0.2%。

受力钢筋的数量，可以按下列公式进行计算

$$A_s = \frac{M}{\gamma_s f_y h_0} \tag{4-6-6}$$

式中：$A_s$—— 受拉钢筋截面面积；

$\gamma_s$—— 系数(与受压区相对高度有关，可以预先计算出，列出表格)；

$f_y$—— 受拉钢筋设计强度；

$h_0$—— 截面有效高度。

3. 地基承载力验算

墙身截面尺寸及配筋确定后，可以假定基础底板截面尺寸，如图 4-6-3 所示，设底板宽度为 $b$，墙趾宽度为 $b_1$，墙纵板宽度为 $b_2$ 及底板厚度为 $h$，并设墙身自重 $G_1$、基础板自重 $G_2$、墙踵板在宽度 $b_2$ 内的土重 $G_3$、墙面的活荷载 $G_4$、土的侧压力 $E'_{a1}$ 及 $E'_{a2}$，由下式可以求得合力的偏心距 $e$ 值

$$e=\frac{b}{2}-\frac{(G_1a_1+G_2a_2+G_3a_3+G_4a_4)-E'_{a1}\dfrac{H}{3}-E'_{a2}\dfrac{H'}{2}}{G_1+G_2+G_3+G_4} \tag{4-6-7}$$

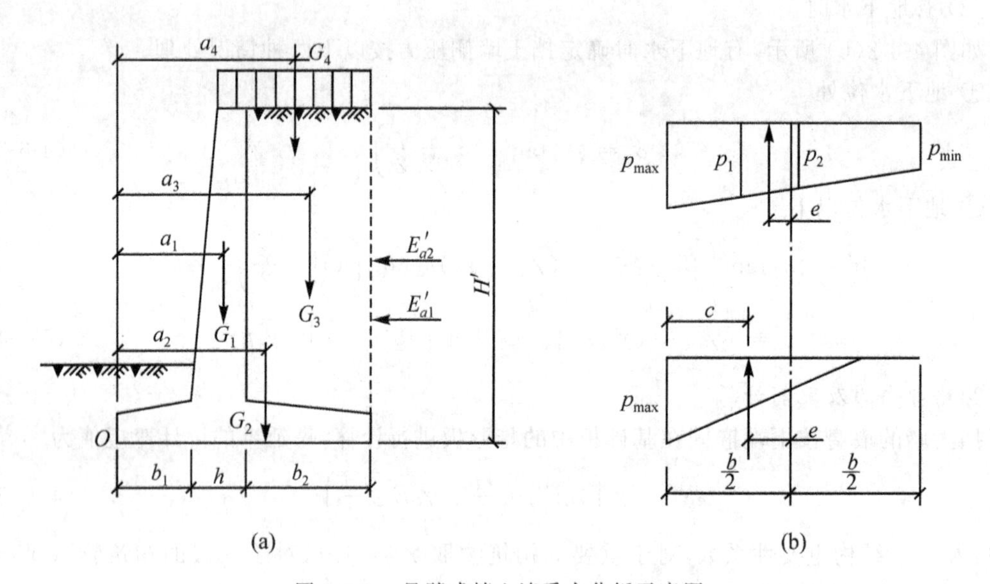


图 4-6-3　悬臂式挡土墙受力分析示意图

讨论：

(1) 当 $e\leqslant\dfrac{b}{6}$ 时，截面全部受压：

$$p_{\substack{\max\\\min}}=\frac{\sum G}{b}\left(1\pm\frac{6e}{b}\right) \tag{4-6-8}$$

(2) 当 $e>\dfrac{b}{6}$ 时，截面部分受压：

$$p_{\max}=\frac{2\sum G}{3c} \tag{4-6-9}$$

式中：$\sum G$—— 为 $G_1$、$G_2$、$G_3$、$G_4$ 之和；

$c$—— 合力作用点至 $O$ 点的距离。

(3) 要求满足条件：

$$p_{\substack{\max\\\min}}\leqslant 1.2f_a \tag{4-6-10}$$

$$\frac{p_{\max}+p_{\min}}{2}\leqslant f_a \tag{4-6-11}$$

式中：$f_a$—— 修正后的地基承载力特征值。

4. 基础板的内力及配筋计算

突出的墙趾：作用在墙趾上的力有基底反力、突出墙趾部分的自重及其上土体重量，墙趾截面上的弯矩 $M$ 可以由下式算出

$$M_1 = \frac{p_1 b_1^2}{2} + \frac{(p_{max} - p_1)b_1}{2} \cdot \frac{2b_1}{3} - M_a = \frac{1}{6}(2p_{max} + p_1)b_1^2 - M_a \tag{4-6-12}$$

式中：$M_a$—— 墙趾板自重及其上土体重量作用下产生的弯矩。

由于墙趾板自重很小，其上土体重量在使用过程中有可能被移走，因而一般可以忽略这两项力的作用，亦即 $M_a = 0$。上式可以写为

$$M_1 = \frac{1}{6}(2p_{max} + p_1)b_1^2 \tag{4-6-13}$$

按式(4-6-6) 计算求得的钢筋数量应配置在墙趾的下部。

突出的墙踵：作用在墙踵(墙身后的基础板)上的力有墙踵部分的自重(即 $G_2$ 的一部分，见图 4-6-3)及其上土体重量 $G_3$、均布活荷载 $G_4$、基底反力，在这些力的共同作用下，使突出的墙踵向下弯曲，产生弯矩 $M_2$ 可以由下式计算

$$M_2 = \frac{q_1 \cdot b_2^2}{2} - \frac{p_{min} \cdot b_2^2}{2} - \frac{(p_2 - p_{max})b_1^2}{3 \times 2} = \frac{1}{6}[3q_1 - 3p_{min} - (p_2 - p_{min})]b_2^2$$

$$= \frac{1}{6}[2(q_1 - p_{min}) + (q_1 - p_2)]b_2^2 \tag{4-6-14}$$

式中：$q_1$—— 墙踵自重及 $G_3$、$G_4$ 产生的均布荷载。

根据弯矩 $M_2$ 计算求得的钢筋应配置在基础板的上部。

5. 稳定性验算

(1) 抗倾覆稳定验算

$$K_t = \frac{G_1 a_1 + G_2 a_2 + G_3 a_3}{E'_{a1} \cdot \frac{H'}{3} + \cdot E'_{a2} \cdot \frac{H'}{2}} \geqslant 1.6 \tag{4-6-15}$$

式中：$G_1$、$G_2$—— 墙身自重及基础板自重；

$G_3$—— 墙踵上填土重。

(2) 抗滑移稳定验算

$$K_s = \frac{(G_1 + G_2 + G_3) \cdot \mu}{E'_{a1} + E'_{a2}} \geqslant 1.3 \tag{4-6-16}$$

式(4-6-16) 中不考虑活荷载 $G_4$。当有地下水浮力 $Q$ 时，$(G_1 + G_2 + G_3)$ 中要减去 $Q$ 值。

(3) 提高稳定性的措施。

当稳定性不够时，应采取相应措施。提高稳定性的常用措施有以下几种：

1) 减少土的侧压力。

墙后填土换成块石，增加内摩擦角 $\varphi$ 值，这样可以减少侧压力。或在挡土墙立壁中部设减压平台，平台宜伸出土体滑裂面以外，以提高减压效果，常用于扶壁式挡土墙，如图 4-6-4 所示。

2) 增加墙踵的悬臂长度。

① 在原基础底板墙踵后面加设抗滑拖板，如图 4-6-5(a) 所示，抗滑拖板与墙踵铰接连接。

② 在原基础底板墙踵部分加长，如图 4-6-5(b) 所示。墙背后面堆土重增加，使抗倾覆和抗滑移能力得到提高。

图 4-6-4 立壁中部设减压平台示意图

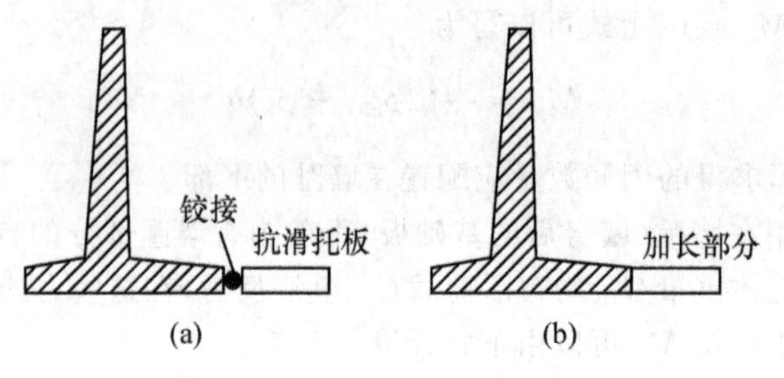


图 4-6-5 加设抗滑拖板示意图

3）提高基础抗滑能力。

① 基础底板作成倾斜面。倾斜角 $\alpha^{\circ} \leqslant 10^{\circ}$。

$$N = \sum G\cos\alpha_0 + E_a\sin\alpha_0$$

抗滑移力为

$$\mu N = \mu\left[\sum G\cos\alpha_0 + E_a\sin\alpha_0\right] \qquad (4\text{-}6\text{-}17)$$

滑移力为

$$E_a\cos\alpha_0 - \sum G\sin\alpha_0 \qquad (4\text{-}6\text{-}18)$$

如图 4-6-6 所示，如果倾斜坡度为 1∶6，则 $\cos\alpha_0 = 0.986$，$\sin\alpha_0 = 0.164$。由式(4-6-17)及式(4-6-18)可以看出，抗滑移力增加而滑移力却减少了。

② 设置防滑键。

如图 4-6-7 所示，防滑键设置于基础底板下端，键的高度 $h_j$ 与键距离墙趾端部 $A$ 点的距离 $\alpha_j$ 的比例，宜满足下列条件。

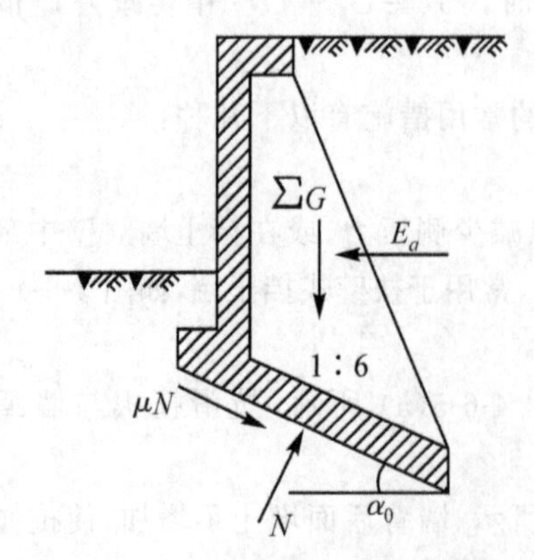


图 4-6-6 基底做成斜面示意图

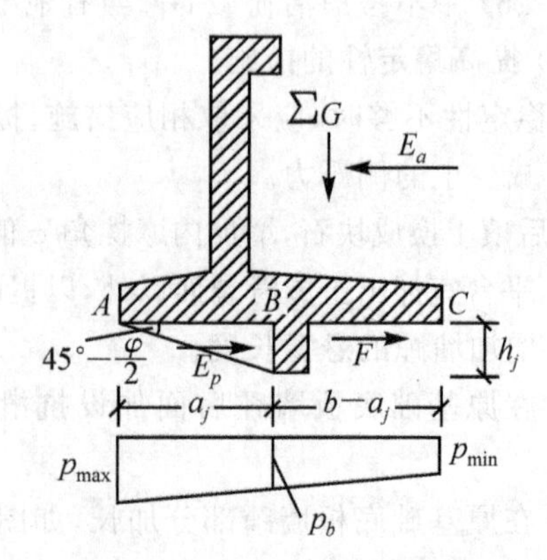


图 4-6-7 设置防滑键示意图

$$\frac{h_j}{a_j} = \tan\left(45° - \frac{\varphi}{2}\right) \quad (4\text{-}6\text{-}19)$$

被动土压力 $E_p$ 值为

$$E_p = \frac{p_{\max} + p_b}{2} \times \tan^2\left(45° + \frac{\varphi}{2}\right)h_j \quad (4\text{-}6\text{-}20)$$

当键的位置满足式(4-6-19)时，被动土压力 $E_p$ 最大。键后面土与底板之间的摩擦力 $F$ 为

$$F = \frac{p_b + p_{\min}}{2}(b - a_j)\mu \quad (4\text{-}6\text{-}21)$$

应满足条件

$$\frac{\psi_p E_p + F}{E_a} \geqslant 1.3 \quad (4\text{-}6\text{-}22)$$

式中的 $\psi_p$ 值是考虑被动土压力 $E_p$ 不能充分发挥一个影响系数，一般可以取 $\psi_p = 0.5$。

4）在基础底板底面夯填 300 ～ 500mm 厚的碎石，以增加摩擦系数 $\mu$ 值，提高挡土墙抗滑移力。

## §4.7　扶壁式挡土墙

扶壁式挡土墙为整体浇筑的钢筋混凝土结构，宜在石料缺乏或地基承载较低的填方区采用，墙高不宜超过 15m。

### 4.7.1　扶壁式挡土墙的构造

在墙高大于 8m 的情况下，如果采用悬臂式挡土墙，将使墙身弯矩过大，造成墙的厚度增加、配筋增多而不经济。为了增强悬臂式挡土墙墙身的抗弯性能，常采用扶壁式挡土墙，如图 4-7-1 所示。

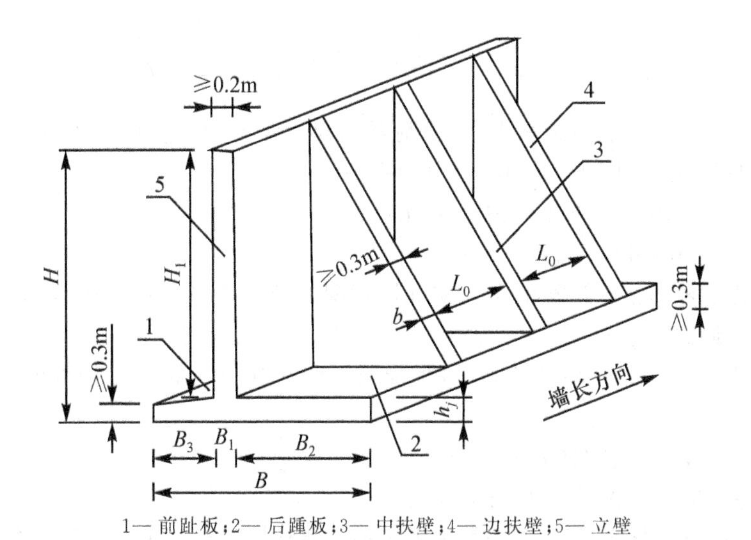


1— 前趾板；2— 后踵板；3— 中扶壁；4— 边扶壁；5— 立壁

图 4-7-1　扶壁式挡土墙

扶壁式挡土墙与悬臂式挡土墙相比较，仅增加扶壁这一部分。由于扶壁的存在，墙身和基础底板受力情况有所改变，计算方法也略有不同。

1. 扶壁式挡土墙由立壁、扶壁、底板(包括前趾板与后踵板)组成。

2. 立壁宜采用等厚的竖直板,顶宽不应小于0.2m。扶壁间距宜按经济性原则确定,常用值为墙高的$\frac{1}{3}\sim\frac{1}{2}$。扶壁的厚度宜为两扶壁间距的$\frac{1}{8}\sim\frac{1}{6}$,但不应小于0.3m,扶壁应随高度逐渐向墙后加宽。底板最小厚度不应小于0.3m。

3. 扶壁式挡土墙分段长度不宜超过20m。每一分段长度中,宜包含三个或三个以上的扶壁。在每一墙段两端,立壁悬出边扶壁外的净长宜为0.41倍扶壁之间的净距。

4. 扶壁式挡土墙的墙面排水、伸缩缝设置及与两端构造物的联结均与悬臂式挡土墙相同。

### 4.7.2 扶壁式挡土墙的设计计算

(1) 扶壁式挡土墙宜取墙的分段长度作为计算单元,近似将前趾板、后踵板、立壁、扶壁作为梁、板构件,分别进行计算。

(2) 扶壁式挡土墙上的荷载及土压力计算,参考本章§4.3。

(3) 宜按照相关规范的规定,验算扶壁式挡土墙的地基承载力、外部稳定性及地基整体深层滑动稳定性,并确定其前趾板、后踵板的宽度尺寸。

(4) 扶壁式挡土墙前趾板可以按固定在立壁与后踵板结合部的悬臂梁进行计算。

(5) 扶壁式挡土墙后踵板可以按支承在扶壁上的连续板计算,不计立壁对底板的约束作用,后踵板与立壁按铰支连接。后踵板上的作用(或荷载)计算、作用效应计算可以做以下简化:

① 后踵板上的计算荷载。

后踵板上的计算荷载,除与作用于悬臂式挡土墙后踵板上的荷载相同外,还应计入前趾板的弯矩在后踵板上引起的等代竖向荷载,迭加后的后踵板上组合竖向荷载分布图如图4-7-2所示。每延米挡土墙上,后踵处的竖向压力为

$$\sigma_w = \sigma_{a2} + \frac{G_3}{b_2} + \gamma_k h_j + \frac{2.4M_2}{b_2^2} - p_2 \tag{4-7-1}$$

$$\gamma_{QC} = \frac{\gamma_{Q1} \times \sigma_{a2} + \gamma_G\left(\frac{G_3}{b_2} + \gamma_k h_j + \frac{2.4M_2}{b_2^2} - p_2\right)}{\sigma_w} \tag{4-7-2}$$

式中:$\delta_w$—— 每延米挡土墙后踵板上,组合荷载引起后踵处的竖直压应力(kN/m);

$\gamma_{QC}$—— 后踵板上组合荷载的综合分项系数;

$\sigma_{a2}$—— 墙踵处的竖直土压应力(kN/m);

$p_2$—— 墙踵处的基底压力(kN/m);

$G_3$—— 每延米挡土墙计算墙背与实际墙背间的填土重及换算土层重(kN/m);

$b_2$—— 后踵板宽度(m);

$M_2$—— 未计入荷载分项系数时,每延米挡土墙前趾板与立壁连接处的悬臂梁固端弯矩(kN/m);

$h_j$—— 后踵板平均厚度(m);

$\gamma_k$—— 每延米后踵板的重度(kN/m);

$\gamma_G$—— 垂直恒载分项系数,按荷载增大对挡土墙结构起有利作用或不利作用分别采用;

$\gamma_{Q1}$—— 主动土压力分项系数。

立壁与后踵板连接处的组合荷载竖向压应力为0,其间各点的竖向压应力$\sigma_w$可按内插法求得。

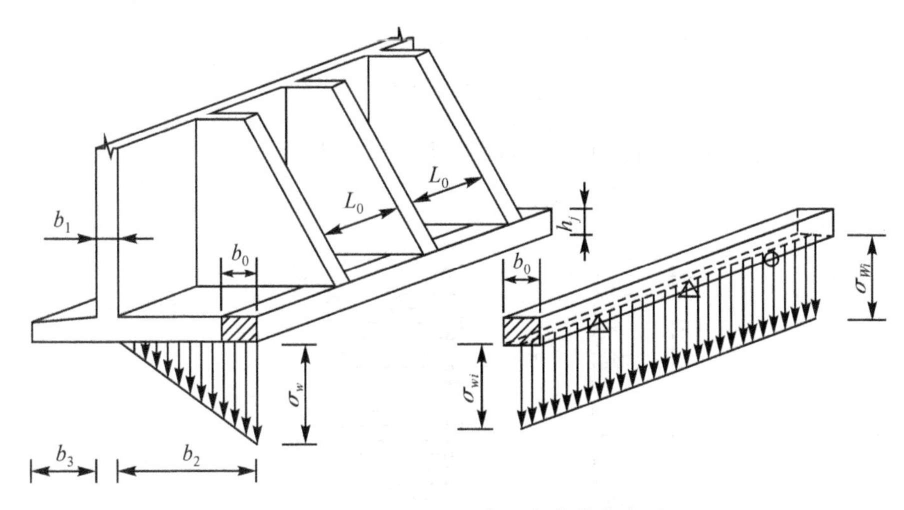


图 4-7-2　后踵板上组合竖向荷载分布图

② 在顺墙长方向，后踵板可作为支承于扶壁上的连续梁构件。

计算作用效应时，可以在踵板宽度上，取单位宽度为板宽，按水平板条进行计算，荷载沿板条长度方向均匀分布。计算点处，未计入重要性系数的作用效应组合设计值，可以按下列简化公式计算。

支点负弯矩组合设计值

$$M_{1i} = \frac{M_{0i}}{1.5} \tag{4-7-3}$$

跨中正弯矩组合设计值

$$M_{2i} = \frac{M_{0i}}{2.5} \tag{4-7-4}$$

支点剪力组合设计值

$$V_{1i} = \gamma_{QC} \cdot \sigma_{wi} \cdot L_0 \cdot \frac{b_0}{2} \tag{4-7-5}$$

式中：$M_{0i}$—— 后踵板宽度上的 i 单元计算点处，以相邻扶壁净距为跨径的单位宽度简支梁的跨中弯矩组合设计值；

$b_c$—— 后踵板板条的单位宽度(m)；

$\sigma_{wi}$—— 图 4-7-2 中后踵板计算点处对应的竖直压应力(kN/m)；

$L_0$—— 相邻扶壁间净距(m)。

③ 可以不作垂直于墙长方向后踵板的受力计算，依据立壁竖直板条固结端作用效应的组合设计值，配置后踵板垂直于墙长方向顶面所需水平钢筋。

(6) 立壁为固结在扶壁及底板上的三向固结板构件，可以简化为按竖直方向、沿墙长方向分别计算。作用于立壁上的作用(或荷载) 可以按以下简化方法进行计算：

① 立壁上的作用(或荷载) 仅计入墙后主动土压力的水平向分量，可不计入立壁自重、墙后土压力的竖向分量、墙前被动土压力等；

② 作用于立壁上的替代水平土压应力简化为梯形分布。图 4-7-3 中，$\frac{H}{4} \sim \frac{3H}{4}$ 高度区段

的替代水平土压应力 $\sigma_{pj}$，可以按下式计算

$$\sigma_{pj} = \frac{\sigma_S + \sigma_D}{2} \tag{4-7-6}$$

式中：$\sigma_S$、$\sigma_D$—— 作用于立壁顶面、底端的水平土压应力(kPa)。

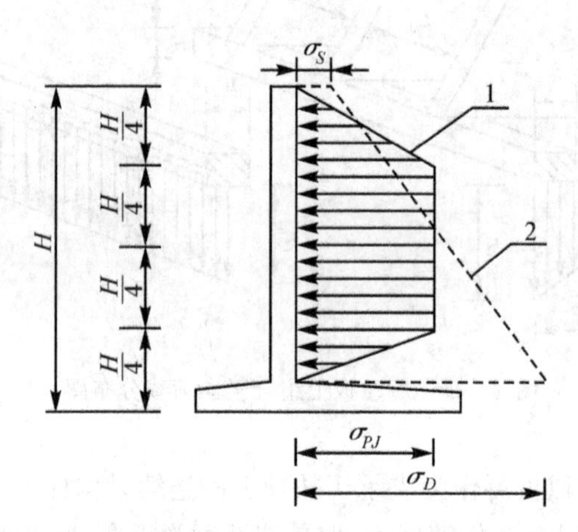


1— 替代水平土压应力；2— 计算水平土压应力

图 4-7-3　立壁上的替代水平土压应力图

(7) 计算立壁沿墙长方向的作用效应时，可以沿立壁高度方向，分段截取单位立壁高度为板宽的水平板条进行计算，并作如下简化：

① 单位宽度的立壁水平板条，可以按支承于扶壁上的连续梁进行计算。荷载沿板条长度方向均匀分布，其荷载值等于该板条所在立壁高度处的替代水平土压应力。

② 单位宽度立壁的水平板条按连续梁计算时，计算点处未计入重要性系数的作用效应组合设计值，可以按下列简化公式计算：

支点负弯矩组合设计值

$$M_{1j} = \frac{M_{0j}}{1.5} \tag{4-7-7}$$

跨中正弯矩组合设计值

$$M_{2j} = \frac{M_{0j}}{2.5} \tag{4-7-8}$$

支点剪力组合设计值

$$V_{1j} = \frac{\gamma_{Q1}\sigma_j L_0 b_H}{2} \tag{4-7-9}$$

式中：$M_{0j}$—— 立壁 $j$ 单元计算点处，以相邻扶壁间的净距为跨径、单位立壁高度为板宽的水平板条，按简支梁计算的跨中弯矩组合设计值(kN·m)；

$\gamma_{01}$—— 主动土压力分项系数；

$\sigma_j$—— 立壁 $j$ 单元计算点高度 $H_j$ 处(见图 4-7-4)，作用于水平板条上的替代水平土压应力(kPa)；

$b_H$—— 立壁的单位高度(1m)；

$L_0$—— 相邻扶壁间的净距(m)。

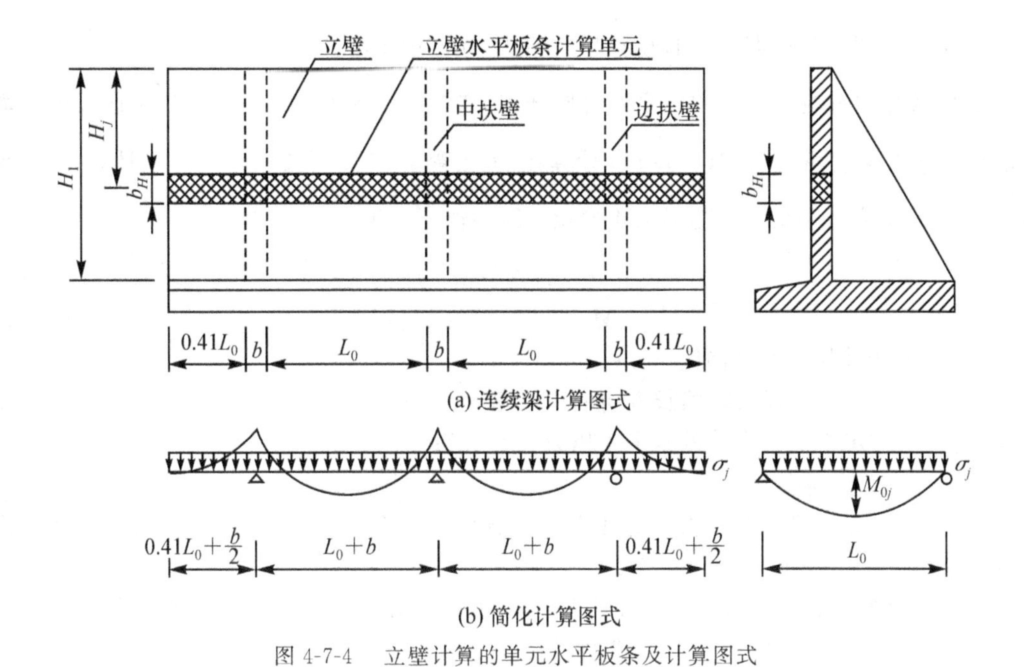

(a) 连续梁计算图式

(b) 简化计算图式

图 4-7-4　立壁计算的单元水平板条及计算图式

(8) 如图 4-7-5 所示，计算立壁竖直方向的作用效应时，可以沿挡土墙长度方向分段截取单位墙长为宽度的竖直板条进行计算，并作如下简化。

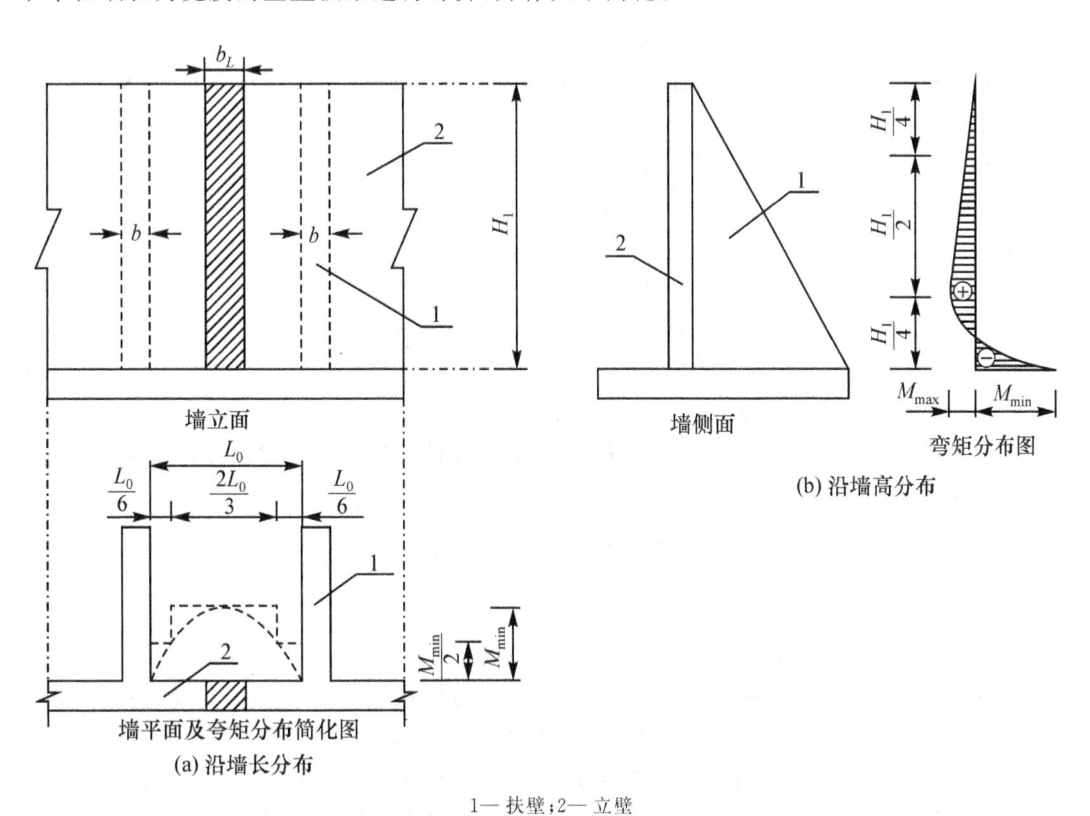

(a) 沿墙长分布

(b) 沿墙高分布

1— 扶壁；2— 立壁

图 4-7-5　立壁竖直向弯矩分布示意图

① 单位宽度立壁竖直板条的竖向弯矩，沿墙高的分布如图 4-7-5(a) 所示。

② 立壁竖向弯矩沿墙长方向呈台阶形分布，如图 4-7-5(b) 所示。跨中$\frac{2L_0}{3}$区段内的墙底最小负弯矩 $M_{min}$ 可以按式(4-7-11) 计算；最大正弯矩 $M_{max}$ 可按式(6-6-10) 计算；墙两端各$\frac{L_0}{6}$区段的墙底最小负弯矩与最大正弯矩为跨中值的一半。

$$M_{1max} = 0.0075\sigma_D H_1 L_0 b_L \tag{4-7-10}$$

$$M_{1min} = -4M_{1max} \tag{4-7-11}$$

式中：$L_0$—— 相邻扶壁间的净距(m)；

$b_L$—— 立壁竖向板条顺墙长方向的单位宽度(m)；

$\sigma_D$—— 作用于立壁底端的水平土压力(kN/m)；

$H_1$—— 立壁高度(m)。

(9) 扶壁可以按锚固在底板上的 T 形截面悬臂梁计算，立壁为梁截面的翼缘板，扶壁为腹板。其荷载与作用效应计算可以作如下简化。

① 扶壁计算仅计入墙背主动土压力的水平分量，可不计立壁与扶壁的自重及土压力的垂直分量，墙背土压力按立壁实际墙背进行计算。

② 当立壁高为 $H_1$ 时，扶壁承受作用在立壁 $B_E \times H_1$ 面积上的全部水平土压力，水平土压力的作用宽度 $B_E$ 应符合以下规定：

中扶壁：
$$B_{E中} = b + L_0 \tag{4-7-12}$$

边扶壁：
$$B_{E边} = b + 0.91L_0 \tag{4-7-13}$$

③ 沿扶壁高度选取的计算截面，可按钢筋混凝土 T 形截面受弯构件计算，并应符合相关规范规定。

④ 扶壁底端为计算截面时，T 形截面受压区的翼缘计算宽度 $B_k$，应符合以下规定：

中扶壁：
$$B_k = b + L_0 \tag{4-7-14}$$

当 $L_0 > 12B_1$ 时：
$$B_k = b + 12B_1 \tag{4-7-15}$$

边扶壁：
$$B_k = b + 0.91L_0 \tag{4-7-16}$$

当 $0.91L_0 > 12B_1$ 时，按式(4-7-15) 计算，即

$$B_k = b + 12B_1 \tag{4-7-17}$$

式中：$B_1$—— 立壁的厚度。

⑤ 如图 4-7-6 所示，扶壁上高度为 $H_i$ 处，T 形计算截面的受压区翼缘计算宽度 b′，可以按下式计算

$$b'_i = \frac{H_i(B_k - b)}{H_1} + b \tag{4-7-18}$$

式中：$H_i$—— 计算截面处的立壁高度。

(6) T 形计算截面的腹板宽度等于腹板的厚度 $b$。

(10) 扶壁式挡土墙钢筋混凝土构件的钢筋布置与构造要求，应符合《公路钢筋混凝土及预应力混凝土桥涵设计规范》(JTG D62—2004) 中的相关规定外，还应符合下列规定：

① 应根据后踵板水平板条与扶壁连接处的支点剪力组合设计值，配置扶壁与底板接合区段的竖向 U 形钢筋，其开口端朝上，由底板伸入扶壁两侧，埋入扶壁的长度不应小于钢筋的最小锚固长度。

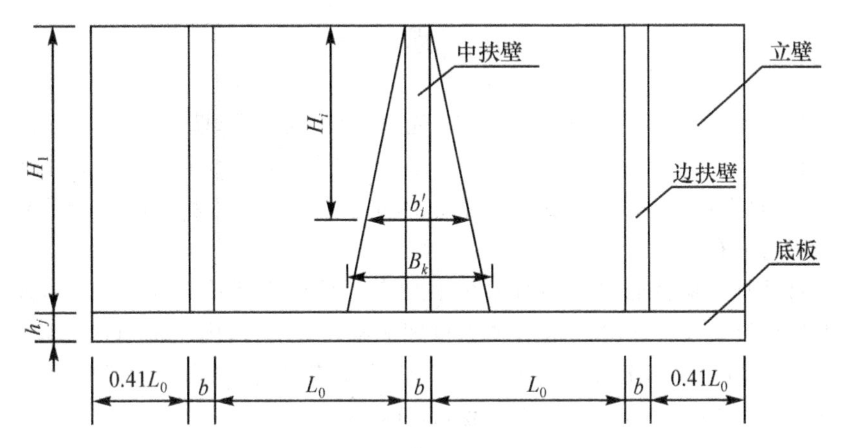


图 4-7-6 扶壁 T 形计算截面的翼缘计算宽度图

② 应根据立壁水平板条与扶壁联结处的支点剪力组合设计值，配置扶壁与立壁结合区段的水平向 U 形钢筋，由立壁外侧水平伸入扶壁两侧，开口端置于扶壁墙背中。

③ 应按与立壁内侧竖向受拉钢筋相对应的布置方式，在后踵板顶面设置垂直于立壁的通长水平钢筋，其一端伸入立壁区段后锚固，确定最小锚固长度时，应以立壁内侧竖向钢筋处为起点；水平钢筋的另一端延长至墙踵端部的混凝土保护层内。

(11) 如图 4-7-7 所示，扶壁中配置有三种钢筋：斜筋、水平筋和垂直筋。斜筋为悬臂 T 形梁的受拉钢筋，沿扶壁的斜边布置。水平筋作为悬臂 T 形梁的箍筋以承受肋中的主拉应力，保证肋(扶)壁的斜截面强度；同时，水平筋将扶壁和墙身(立壁)联系起来，以防止在侧压力作用下扶壁与墙身(立壁)的连接处被拉断。垂直筋承受着由于基础底板的局部弯曲作用在扶壁内产生的垂直方向上的拉力，并将扶壁和基础底板联系起来，以防止在竖向力作用下扶壁与基础底板的连接处被拉断。

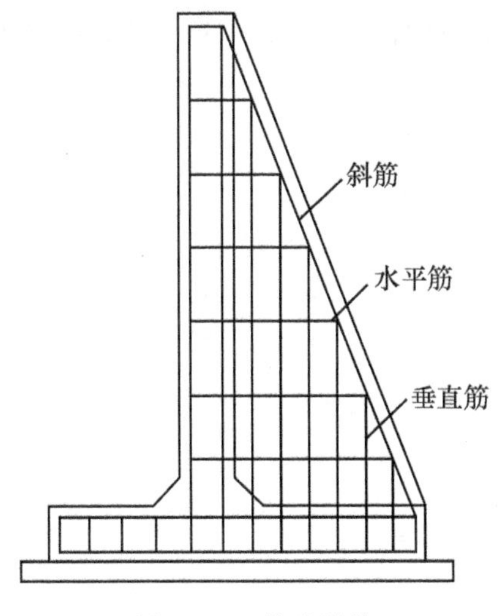


图 4-7-7 扶壁配筋

# 习　题　4

[4-1] 某挡土墙墙高 $H = 7\text{m}$，墙背直立、光滑，填土面水平，墙后填土为无粘性土，其物理力学性质指标：$c = 0$，$\varphi = 30°$，$e = 0.8$，$d_s = 2.7$。地下水位在填土表面下的深度 $h_1 = 3\text{m}$，水位以上填土的含水量 $\omega = 20\%$。试求墙后土体处于主动土压力状态时墙所受到的总侧压力，并绘出侧压力分布图。

[4-2] 悬臂式挡土墙截面尺寸如习题图 4-2 所示。墙面上活荷载 $q = 4\text{kPa}$，地基土为粘性土，承载力特征值 $f_a = 100\text{kPa}$。墙后填土重度 $\gamma = 18\text{kN/m}^3$，内摩擦角 $\varphi = 30°$。挡土墙底面处在地下水位以上。求挡土墙墙身及基础底板的配筋，进行稳定性验算和土的承载力验算，挡土墙材料采用 C25 级混凝土及 HPB235，HRB335 级钢筋。

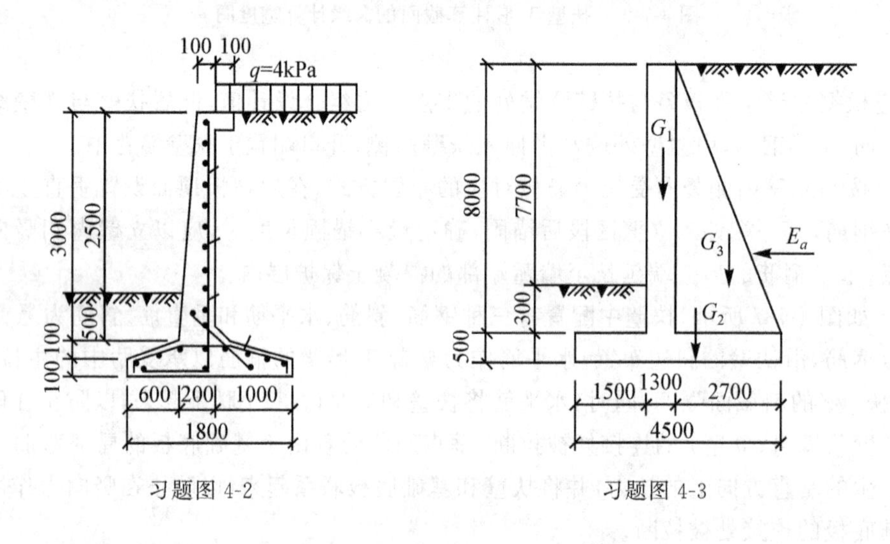


习题图 4-2　　　　习题图 4-3

[4-3] 试设计 8.5m 高的扶壁式挡土墙，截面尺寸如习题图 4-3 所示。扶壁间距为 3.5m。墙后填土重度 $\gamma = 18\text{kN/m}^3$，内摩擦角 $\varphi = 30°$，挡土墙材料采用 C25 级混凝土及 HRB335 级钢筋。

# 第5章　桩　基　础

## §5.1　概　　述

深基础是埋深较大、以下部坚实土层或岩层作为持力层的基础，其作用是把所承受的荷载相对集中地传递到地基的深层，而不像浅基础那样，是通过基础底面把所承受的荷载扩散分布于地基的浅层。因此，当建筑场地的浅层土质不能满足建筑物对地基承载力和变形的要求、而又不适宜采取地基处理措施时，则要考虑采用深基础方案了。深基础主要有桩基础、地下连续墙和沉井等若干种类型，其中桩基础是一种最为古老且应用最为广泛的基础形式。本章着重讨论桩基础的理论与实践。

### 5.1.1　桩基础的使用

桩是设置于土中的竖直或倾斜的柱形基础构件，其横截面尺寸比长度小得多，桩基础与连接桩顶和承接上部结构的承台组成深基础，简称桩基，如图5-1-1所示。承台将各桩连成一整体，把上部结构传来的荷载转换、调整分配于各桩，由穿过软弱土层或水的桩传递到深部较坚硬的、压缩性小的土层或岩层。桩所承受的轴向荷载是通过作用于桩周土层的桩侧摩阻力和桩端地层的桩端阻力来支承的；而水平荷载则依靠桩侧土层的侧向阻力来支承。

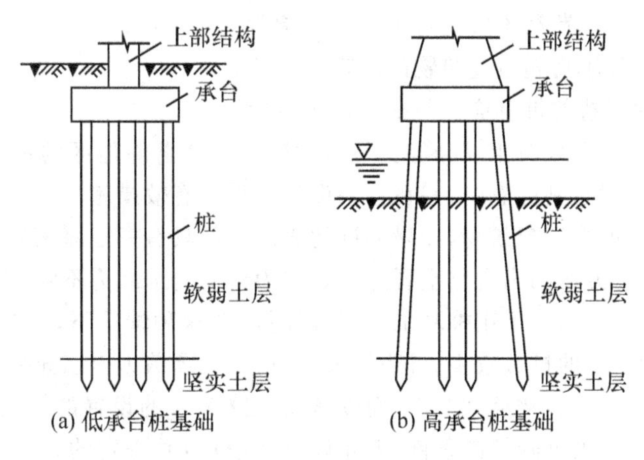


图5-1-1　桩基础示意图

桩基础的使用有着悠久的历史，早在史前的建筑活动中，人类远祖就已经在湖泊和沼泽地带采用木桩来支承房屋。随着近代工业技术和科学技术的发展，桩的材料、种类和桩基型式、桩的施工工艺和设备、桩基设计计算理论和方法、桩的原型试验和检测方法等各方面都有了很大的发展。由于桩基础具有承载力高、稳定性好、沉降量小而均匀等特点，因此，桩基础已成为在土质不良地区修建各种建筑物所普遍采用的基础形式，在高层建筑、桥梁、港口和近海结构等工程中，桩基础技术得到广泛应用。

一般说来，下列情况可以考虑采用桩基础方案：

(1) 天然地基承载力和变形不能满足要求的高重建筑物；

(2) 天然地基承载力基本满足要求、但沉降量过大，需利用桩基减少沉降的建筑物，如软土地基上的多层住宅建筑，或在使用上、生产上对沉降限制严格的建筑物；

(3) 重型工业厂房和荷载很大的建筑物，如仓库、料仓等；

(4) 软弱地基或某些特殊性土上的各类永久性建筑物；

(5) 作用有较大水平力和力矩的高耸结构物(如烟囱、水塔等)的基础，或需以桩承受水平力或上拔力的其他情况；

(6) 需要减弱其振动影响的动力机器基础，或以桩基作为地震区建筑物的抗震措施；

(7) 地基土有可能被水流冲刷的桥梁基础；

(8) 需穿越水体和软弱土层的港湾与海洋构筑物基础，发栈桥、码头、海上采油平台及输油、输气管道支架等。

### 5.1.2 桩基设计原则

桩基是由桩、土和承台共同组成的基础，设计时应结合地区经验考虑桩、土、承台的共同作用。由于相应于地基破坏时的桩基极限承载力甚高，同时桩基承载力的取值在一定范围内取决于桩基变形量控制值的大小，也就是说，大多数桩基的首要问题是在于控制其沉降量。因此，桩基设计应按变形控制设计。

桩基设计时，上部结构传至承台上的荷载效应组合与浅基础相同，详见第2章§2.1。

桩基设计应满足下列基本条件：

(1) 单桩承受的竖向荷载不宜超过单桩竖向承载力特征值；

(2) 桩基础的沉降不得超过建筑物的沉降允许值；

(3) 对位于坡地岸边的桩基应进行桩基稳定性验算。

此外，对于软土、湿陷性黄土、膨胀土、季节性冻土和岩溶等地区的桩基，应按相关规范的规定考虑特殊性土对桩基的影响，并在桩基设计中采取有效措施。

对于软土地基上的多层建筑物，如果邻近地表的土层具有一定厚度的所谓“硬壳层”，那么，有时决定采用桩基方案的出发点主要并不是因为地基的承载力不够，而是由于采用浅基础时的地基变形过大，因而需采用桩基来限制沉降量。在这种情况下，桩是作为减少沉降的措施而设置的，一般所需的桩数较少、桩距较大，以使桩的承载力得以充分的发挥。这种当天然地基承载力基本满足建筑物荷载要求、而以减少沉降为目的设置的桩，特称为“减沉桩”。减沉桩的用桩数量是根据沉降控制条件(即允许沉降量)计算确定的。

### 5.1.3 桩基设计内容

桩基设计包括下列基本内容：

(1) 桩的类型和几何尺寸的选择；

(2) 单桩竖向(和水平向)承载力的确定;
(3) 确定桩的数量、间距和平面布置;
(4) 桩基承载力和沉降验算;
(5) 桩身结构设计;
(6) 承台设计;
(7) 绘制桩基施工图。

**【本章主要学习目的】**学习完本章后,读者应能做到:

1. 了解我国现有的桩型体系;
2. 会确定单桩竖向承载力和单桩水平向承载力;
3. 掌握群桩效应概念、群桩承载力计算法及群桩沉降确定法;
4. 掌握桩基础设计步骤及设计中应注意的问题;
5. 了解承台设计原则。

## §5.2 桩的类型

### 5.2.1 桩的分类

桩可以按不同的方法进行分类,不同类型的桩基具有不同的承载性能,施工时对环境的不同影响,不同的造价指标,各适用于不同的条件。桩的综合分类如表5-2-1所示。

**表5-2-1** **桩的综合分类**

| 桩基础分类方法 | 桩的类型 | | | | |
|---|---|---|---|---|---|
| 按桩的制作工艺划分 | 预制桩 | | 灌注桩 | | |
| 按成桩或成孔工艺划分 | 打入桩 | 静压桩 | 沉管桩 | 钻孔桩 | 人工挖孔桩 |
| 按挤土效应划分 | 挤土 | 挤土 | 挤土 | 不挤土 | 不挤土 |
| 按桩身材料划分 | 钢、钢筋混凝土 | | 钢筋混凝土、素混凝土 | | |

1. 按承载状况分类

(1) 摩擦型桩。

摩擦型桩包括摩擦桩和端承摩擦桩两种:

① 摩擦桩是指桩端没有良好持力层的纯摩擦桩,在极限承载力状态下,桩顶荷载由桩侧阻力承受。

② 端承摩擦桩是指桩端具有比较好的持力层,有一些端阻力,但在极限承载力状态下,桩顶荷载主要由桩侧阻力承受;

(2) 端承型桩。

端承型桩包括端承桩和摩擦端承桩两种:

① 端承桩是指桩端有非常坚硬的持力层,且桩长不长的情况,在极限承载力状态下,桩

顶荷载由桩端阻力承受。

② 摩擦端承桩是指在极限承载力状态下，桩端荷载主要由桩端阻力承受。

2.按桩的使用功能分类

(1) 竖向抗压桩。

建筑物的荷载以竖向荷载为主，桩在轴向受压，由桩端阻力和桩侧摩阻力共同承受竖向荷载，由工作时的桩身强度验算轴心抗压强度。

(2) 竖向抗拔桩。

当地下室深度较深，地面建筑层数不多时，验算抗浮可能会不满足相关要求，此时需设置承受上拔力的桩。自重不大的高耸结构物在水平荷载作用下在基础的一侧会出现拉力，也需验算桩的抗拔力。承受上拔力的桩，其桩侧摩阻力的方向相反，单位面积的摩阻力小于抗压桩，钢筋应通长配置以抵抗上拔力。

(3) 水平受荷桩。

承受水平荷载为主的建筑物桩基础，或用于防止土体或岩体滑动的抗滑桩，桩的作用主要是抵抗水平力。水平受荷桩的承载力和桩基设计原则都不同于竖向承压桩，桩和桩侧土体共同承受水平荷载，桩的水平承载力与桩的水平刚度及土体的水平抗力有关。

(4) 复合受荷桩。

当建筑物传给桩基础的竖向荷载和水平荷载都较大时，桩的设计应同时验算竖向和水平向两个方向的承载力，同时应考虑竖向荷载和水平向荷载之间的相互影响。

3.按桩身材料分类

(1) 混凝土桩。

混凝土桩是指由素混凝土、钢筋混凝土或预应力钢筋混凝土制成的桩，这种桩的价格比较便宜，截面刚度大，且易于制成各种尺寸的桩，但桩身强度受到材料性能与施工条件的限制，用于超长桩时不能充分发挥地基土对桩的支承能力。

(2) 钢桩。

钢桩是指采用钢材制成的管桩和型钢桩，由于钢材的强度高，可以用于超长桩，钢桩还能承受比较大的锤击应力，可以进入比较密实或坚硬的持力层，获得很高的承载力，但钢桩的价格比较昂贵。

(3) 组合材料桩。

组合材料桩是指由两者材料组合而成的桩型，以发挥各种材料的特点，获得最佳的技术经济效果，如钢管混凝土桩就是一种组合材料桩。

4.按成桩对环境的影响分类

(1) 挤土桩。

挤土桩是指打入或压入土中的实体预制桩和闭口管桩(如钢管桩或预应力管桩)、沉管灌注桩。这类桩在沉桩过程中，或在沉入钢套管的过程中，周围土体受到桩体的挤压作用，土中超孔隙水压力增长，土体发生隆起，对周围环境造成严重的损害，如相邻建筑物的变形开裂，市政管线断裂造成水或煤气的泄漏等，在大中城市的建成区已严格限制挤土桩的施工。

(2) 部分挤土桩。

部分挤土桩是指沉管灌注桩、预钻孔打入式预制桩、打入式敞口桩。打入敞口桩管时，土可以进入桩管形成土塞，从而减少挤土的作用，但在土塞的长度不再增加时，如同闭口桩一样产生挤土的作用。打入实体桩时，为了减少挤土作用，可以采取预钻孔的措施，将部分土体取走，也属于部分挤土桩。

(3) 非挤土桩。

非挤土桩是指采用干作业法、泥浆护壁法、套管护壁法的钻(冲)孔桩，挖孔桩。非挤土桩在成孔与成桩的过程中对周围的桩间土没有挤压的作用，不会引起土体中超孔隙水压力的增长，因而桩的施工不会危及周围相邻建筑物的安全。

5. 按桩径大小分类

桩径大小不同的桩，其承载性能不同，设计的要求不同，更为重要的是施工工艺和施工设备不相同，这类桩各适用于不同的工程项目和不同的经济条件。

(1) 小直径桩：$d \leqslant 250\text{mm}$；

(2) 中等直径桩：$250\text{mm} < d < 800\text{mm}$；

(3) 大直径桩：$d \geqslant 800\text{mm}$。

6. 按成桩方法分类

(1) 预制桩。

预制桩是指在地面上制作桩身，然后采用锤击、振动或静压的方法将桩沉至设计标高的桩型。

(2) 灌注桩。

灌注桩是指在设计桩位用钻、冲或挖等方法成孔，然后在孔中灌注混凝土成桩的桩型。

### 5.2.2 我国现有的桩型体系

我国地域辽阔，各地自然地质条件差别极大，东部地区、西部地区经济发展水平很不平衡，施工技术水平也有很大差异，因此在桩基设计与施工上极为多元化，几乎所有的桩型都在使用。在有些地区已经否定的方法可能在别的地区还在发展，先进的现代化工艺设备和传统的比较陈旧的工艺设备并存，大直径桩与中、小直径桩并存，预制桩与灌注桩并存，挤土桩与非挤土桩并存，锤击、振动与静压的沉桩方法并存，钻孔、冲孔与人工挖孔的成孔方法并存。在我国各种桩型几乎都可以有其适合的土质、环境和需求，都有其应有的价值与地位。桩型上的这种特点主要是由两个原因造成的：其一是经济上的考虑；其二是技术发展的不同。要在全国推行一种或若干种桩型是不可能的，因地制宜，从实际出发选择桩型是桩基设计的重要指导思想。

我国在各类工程中所应用的主要桩型如表5-2-2所示。

近年来，我国海洋石油平台、超高层建筑物和大跨度桥梁的建造，对桩基的设计与施工提出了很高的要求，在这些工程建设中桩基工程得到了迅速的发展，我国主要桩型的实际应用范围如表5-2-3所示。

表5-2-3中的数字是我国实际应用的范围，但并不是最大的极限值，也不是最佳值。由于各地地质条件差别很大，在某一地方可以采用的方案，并不说明在其他地方也一定可以采用，这需要具体分析。

表 5-2-2 我国应用的主要桩型

<table>
<tr><th>成桩方法</th><th>制桩材料或工艺</th><th colspan="3">桩身与桩尖形状</th><th>施工工艺</th></tr>
<tr><td rowspan="7">预制桩</td><td rowspan="5">钢筋混凝土</td><td>方桩</td><td>传统桩尖<br>桩端型钢加强</td><td rowspan="7">三角形桩<br>传统桩尖<br>平底</td><td rowspan="11">锤击沉桩<br>振动沉桩<br>静力压桩</td></tr>
<tr><td colspan="2">三角形桩</td></tr>
<tr><td>空心方桩</td><td rowspan="2">传统桩尖<br>平底</td></tr>
<tr><td>管桩</td></tr>
<tr><td>预应力管桩</td><td>尖底<br>平底</td></tr>
<tr><td rowspan="2">钢材</td><td>钢管桩</td><td>开口<br>闭口</td></tr>
<tr><td colspan="2">H 形钢桩</td></tr>
<tr><td rowspan="5">灌注桩</td><td rowspan="4">沉管灌注桩</td><td colspan="3">直桩身-预制锥形桩尖</td></tr>
<tr><td rowspan="3">扩底</td><td colspan="2">内击式扩底</td></tr>
<tr><td colspan="2">无桩靴夯扩</td></tr>
<tr><td colspan="2">预制平底大头扩底</td></tr>
<tr><td>钻(冲、挖)孔<br>灌注桩</td><td colspan="2">直身桩<br>扩底桩<br>多分支承力盘桩<br>嵌岩桩</td><td>钻孔<br>冲孔<br>人工挖孔</td><td>压浆<br>不压浆</td></tr>
</table>

表 5-2-3 我国主要桩型实际应用范围

| 桩　型 | 适用建筑物层数 | 桥梁 | 码头 | 塔架 | 基坑围护(m) | 最大桩深(m) | 最大桩径(mm) |
|---|---|---|---|---|---|---|---|
| 钢管桩 | 23 ～ 90 | — | — | — | | 83 | 1300 |
| 预制混凝土桩 | 8 ～ 40 | — | — | — | 6 ～ 9 | 75 | 600 |
| 预应力管桩 | 8 ～ 40 | — | — | — | | 40 | 1300 |
| 钻(冲)孔桩 | 18 ～ 45 | — | — | — | 6 ～ 18 | 104 | 4000 |
| 人工挖孔桩 | 18 ～ 52 | — | — | — | 3 ～ 14 | 53 | 4000 |
| 沉管灌注桩 | 5 ～ 15 | — | | | 4 ～ 7 | 35 | 700 |

## §5.3 单桩竖向承载力

### 5.3.1 单桩轴向荷载的传递机理

在确定竖直单桩的轴向承载力时,有必要大致了解施加于桩顶的竖向荷载是如何通过桩、土的相互作用传递给地基以及单桩是怎样达到承载力极限状态等基本概念。

1. 桩身轴力和截面位移

逐级增加单桩桩顶荷载时，桩身上部受到压缩而产生相对于土的向下位移，从而使桩侧表面受到土的向上摩阻力。随着荷载的增加，桩身压缩和位移随之增大，遂使桩侧摩阻力从桩身上段向下渐次发挥；桩底持力层也因受压引起桩端反力，导致桩端下沉，桩身随之整体下移，这又加大了桩身各截面的位移，引发桩侧上下各处摩阻力的进一步发挥。当沿桩身全长的摩阻力都达到极限值之后，桩顶荷载增量就全归桩端阻力承担，直到桩底持力层破坏、无力支承更大的桩顶荷载为止。此时，桩顶所承受的荷载就是桩的极限承载力。

由上述可见，单桩轴向荷载的传递过程就是桩侧阻力与桩端阻力的发挥过程。桩顶荷载通过发挥出来的侧阻力传递到桩周土层中去，从而使桩身轴力与桩身压缩变形随深度递减，如图 5-3-1(e)，(c) 所示。一般说来，靠近桩身上部土层的侧阻力先于下部土层发挥，侧阻力先于端阻力发挥。

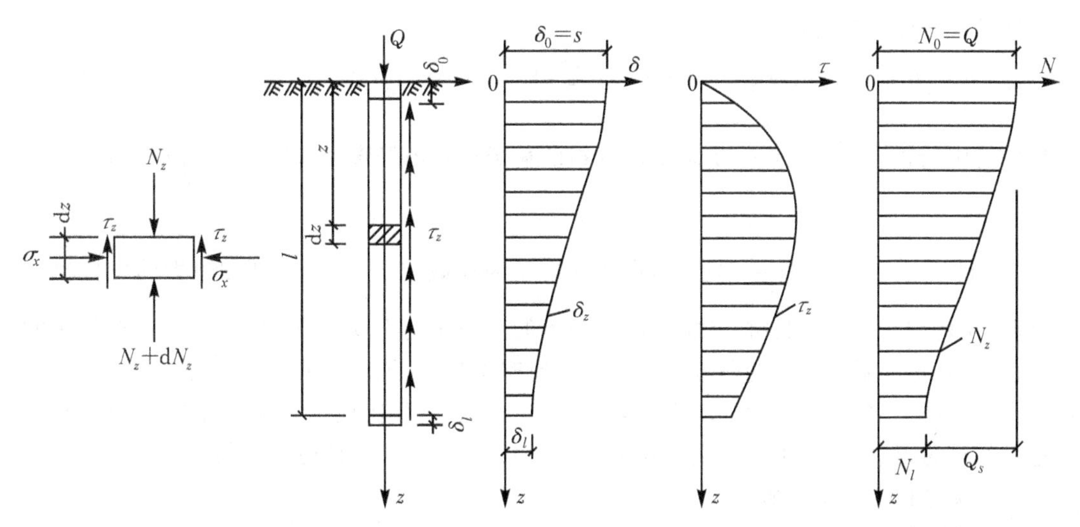


(a) 微桩段的作用力　(b) 轴向受压的单桩　(c) 截面位移曲线　(d) 摩阻力分布曲线　(d) 轴力分布曲线

图 5-3-1　单桩轴向荷载传递力学分析图

作单桩静荷载试验时，除了测定桩顶荷载 $Q$ 作用下的桩顶沉降 $S$ 外，还可以沿桩身若干截面预先埋设应力或位移量测元件（如钢筋应力计、应变片、应变杆等），获得桩身轴力分布图（见图 5-3-1(e)），还可以作出摩阻力和截面位移分布图（见图 5-3-1(c)、(d)）。

2. 影响荷载传递的因素

在任何情况下，桩的长径比 $\frac{l}{d}$（桩长与桩径之比）对荷载传递都有较大的影响。根据 $\frac{l}{d}$ 的大小，桩可以分为短桩 $\left(\frac{l}{d}<10\right)$、中长桩 $\left(\frac{l}{d}>10\right)$、长桩 $\left(\frac{l}{d}>40\right)$ 和超长桩 $\left(\frac{l}{d}>100\right)$。

N. S. 马特斯—H. G. 波洛斯（Mattes-Poulos，1969，1971）通过线弹性理论分析，得到影响单桩荷载传递的因素主要有：

(1) 桩端土与桩周土的刚度比 $\frac{E_b}{E_s}$∶$\frac{E_b}{E_s}$ 愈小，桩身轴力沿深度衰减愈快，即传递到桩端的荷载愈小。对于中长桩，当$\frac{E_b}{E_s}=1$(即均匀土层)时，桩侧摩阻力接近于均匀分布、几乎承担了全部荷载，桩端阻力仅占荷载的5%左右，即属于摩擦桩；当$\frac{E_b}{E_s}$增大到100时，桩身轴力上段随深度减小，下段近乎沿深度不变，即桩侧摩阻力上段可以得到发挥，下段则因桩土相对位移很小(桩端无位移)而无法发挥出来，桩端阻力分担了60%以上荷载，即属于端承型桩；$\frac{E_b}{E_s}$再继续增大，对桩端阻力分担荷载比的影响不大。

(2) 桩土刚度比$\frac{E_p}{E_s}$(桩身刚度与桩侧土刚度之比)：$\frac{E_p}{E_s}$愈大，传递到桩端的荷载愈大，但当$\frac{E_p}{E_s}$超过1000后，对桩端阻力分担荷载比的影响不大。而对于$\frac{E_p}{E_s}\leqslant 10$的中长桩，其桩端阻力分担的荷载几乎接近于零，这说明对于砂桩、碎石桩、灰土桩等低刚度桩组成的基础，应按复合地基工作原理进行设计。

(3) 桩端扩底直径与桩身直径之比$\frac{D}{d}$：$\frac{D}{d}$愈大，桩端阻力分担的荷载比愈大。对于均匀土层中的中长桩，当$\frac{D}{d}=3$时，桩端阻力分担的荷载比将由等直径桩$\left(\frac{D}{d}=1\right)$的约5%增至约35%；

(4) 桩的长径比$\frac{l}{d}$：随$\frac{l}{d}$的增大，传递到桩端的荷载减小，桩身下部侧阻力的发挥值相应降低。在均匀土层中的长桩，其桩端阻力分担的荷载比趋于零。对于超长桩，不论桩端土的刚度多大，其桩端阻力分担的荷载都小到可以忽略不计，即桩端土的性质对荷载传递不再有任何影响，且上述各种影响因素均失去实际意义。可见，长径比很大的桩都属于摩擦桩，在设计这样的桩时，试图采用扩大桩端直径来提高承载力，实际上是徒劳无益的。

3. 桩侧摩阻力和桩端阻力

(1) 桩侧摩阻力。

桩侧摩阻力$\tau$与桩—土界面相对位移$\delta$的函数关系，可以用图5-3-2中曲线$OCD$表示，且常简化为折线$OAB$。$OA$段表示桩—土界面相对位移$\delta$小于某一限值$\delta_u$时，摩阻力$\tau$随$\delta$线性增大；$AB$段则表示一旦桩—土界面相对滑移超过某一限值，摩阻力$\tau$将保持极限值$\tau_u$

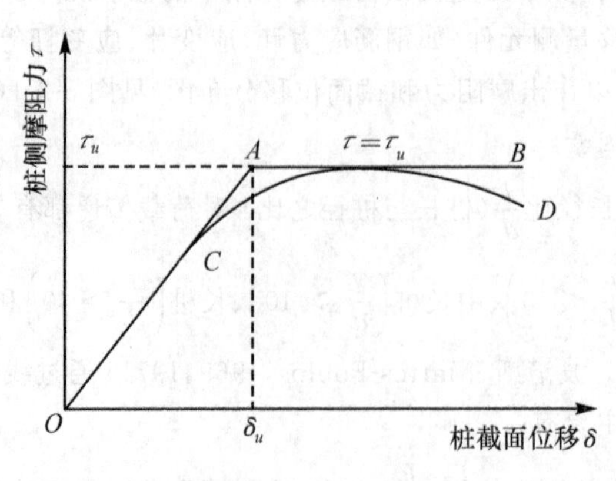


图5-3-2 τ—σ曲线

不变。按照传统经验，桩侧摩阻力达到极限值 $\tau_u$ 所需的桩 — 土相对滑移极限值 $\delta_u$ 基本上只与土的类别有关、而与桩径大小无关，根据相关试验资料 $\delta_u$ 大致为 4 ～ 6mm（对粘性土）或 6 ～ 10mm（对砂类土）。

砂土中的模型桩试验也表明，当桩入土深度达到某一临界深度后，侧阻力就不随深度增加了，这种现象称为侧阻力的深度效应。A. S. 维西克认为：这种现象表明邻近桩周的竖向有效应力未必等于覆盖应力，而是线性增加到临界深度（$z_c$）时达到一个限值，他将其归结于土的“拱作用”。

由上述可见，桩侧极限摩阻力与所在的深度、土的类别和性质、成桩方法等诸因素有关，即发挥极限桩侧摩阻力 $\tau_u$ 所需的桩 — 土相对滑移极限值 $\delta_u$ 不仅与土的类别有关，还与桩径大小、施工工艺、土层性质和分布位置有关。

（2）桩端阻力。

按土体极限平衡理论导得的、用于计算桩端阻力的极限平衡理论公式有许多，这些公式的计算结果均表明端阻将随桩端入土深度线性增大。然而，模型和原型桩试验研究都表明，与侧阻的深度效应类似，桩端阻也存在深度效应现象。当桩端入土深度小于某一临界值时，极限桩端阻随深度线性增加，而大于该深度后则保持恒值不变，这一深度称为桩端阻的临界深度，该值随持力层密度的提高、上覆荷载的减小而增大。不同的资料给出桩侧阻与桩端阻的临界深度之比的变动范围为 0.3 ～ 1.0。关于桩侧阻和桩端阻的深度效应问题有待进一步研究。此外，当桩端持力层下存在软弱下卧层，且桩端与软弱下卧层的距离小于某一厚度时，桩端阻力将受软弱下卧层的影响而降低。这一厚度称为桩端阻的临界厚度，该值随持力层密度的提高、桩径的增大而增大。

通常情况下，单桩受荷过程中桩端阻力的发挥不仅滞后于桩侧阻力，而且其充分发挥所需的桩底位移值比桩侧摩阻力达到极限值所需的桩身截面位移值大得多，根据小型桩试验所得的桩底极限位移 $\delta_u$ 值，对砂类土为$\frac{d}{12} \sim \frac{d}{10}$，对粘性土为$\frac{d}{10} \sim \frac{d}{4}$（$d$ 为桩径）；但对于粗短的支承于坚硬基岩的桩，一般清底好、且桩不太长，桩身压缩量小和桩端沉降小，在桩侧阻力尚未充分发挥时便因桩身材料强度的破坏而失效。因此，对工作状态下的单桩，除支承于坚硬基岩的粗短的桩外，桩端阻力的安全储备一般大于桩侧摩阻力的安全储备。

单桩静载荷试验所得的荷载 — 沉降（$Q$—$s$）关系曲线所呈现的沉降特征和破坏模式，是荷载作用下桩 — 土相互作用内在机制的宏观反映，大体分为陡降型（$A$）和缓变型（$B$）两类型态，如图 5-3-3 所示，桩的沉降特征和破坏模式随桩侧和桩端土层分布与性质、桩的形状和尺寸（桩径、桩长及其比值）、成桩工艺和成桩质量等诸多因素而变化。对桩底持力层不坚实、桩径不大、破坏时桩端刺入持力层的桩，其 $Q$—$s$ 曲线多呈“急进破坏”的陡降型，相应于破坏时的特征点明显，据此可以确定单桩极限承载力 $Q_u$。对桩底为非密实砂类土或粉土、清孔不净残留虚土、桩底面积大、桩底塑性区随荷载增长逐渐扩展的桩，则呈“渐进破坏”的缓变型，其 $Q$—$s$ 曲线不具有表示变形性质突变的明显特征点，因而较难确定极限承载力。为了发挥这类桩的潜力，其极限承载力 $Q'_u$ 宜按建筑物所能承受的最大沉降 $s_u$ 确定。事实上，对于 $Q$—$s$ 曲线呈缓变型的桩，在荷载达到极限承载力 $Q'_u$ 后再继续施加荷载，也不会导致桩的整体失稳和沉降的显著增大，因此这类桩的极限承载力并不取决于桩的最大承载能力或整体失稳，而受“不适于继续承载的变形”制约。

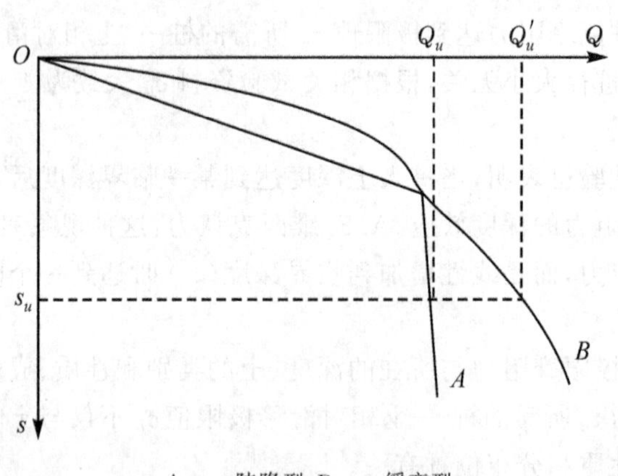


A—— 陡降型;B—— 缓变型

图 5-3-3 单桩荷载 — 沉降曲线

### 5.3.2 单桩竖向承载力的确定方法

单桩竖向承载力的计算是桩基设计的最主要内容,而单桩竖向承载力则是桩基设计的最重要的设计参数。单桩竖向承载力是指单桩所具有的承受竖向荷载的能力,其最大的承载能力称为单桩极限承载力,可以由单桩竖向静载荷试验测定,也可以用其他的方法(如规范经验参数法、静力触探法等)估算。

1. 原位测试法

(1) 单桩竖向静载荷试验。

单桩竖向静载荷试验是确定单桩竖向承载力的最基本的一种方法。试验时对桩逐级施加竖向荷载,测定桩在各级荷载作用下不同时刻的桩顶位移,求得桩的荷载 — 位移 — 时间关系,用以分析确定单桩的极限承载力。单桩竖向静载荷试验不仅可以测定单桩在荷载作用下的桩顶变形性状曲线,还可以测定桩的轴向力随深度的变化,根据试验结果能进行单桩荷载传递的分析、单桩破坏机理的分析和单桩承载力的分析。

1) 成果资料的整理。

常规试验可以根据观测资料绘制如图 5-3-4 所示的试桩的荷载 — 沉降($Q$—$S$)曲线、锚桩的上拔力 — 位移($N$—$\Delta$)曲线和试桩的沉降 — 时间($S$—$t$)或($S$—$\lg t$)曲线等;若为循环载荷试验,还可以绘制荷载 — 弹性沉降($Q$—$S_e$)曲线和荷载 — 塑性沉降($Q$—$S_P$)曲线。根据这些曲线可以确定单桩极限承载力和其他相关的参数。

2) 极限承载力的判定。

① $Q$—$S$ 曲线明显转折点法。

对于具有明显转折点的 $Q$—$S$ 曲线通常可以划分为三段:基本上呈直线的初始段、曲率逐渐增大的曲线段和斜率很大(甚至竖直)的末段直线。三段曲线的分界点分别称为第一与第二拐点如图 5-3-5 所示。三段曲线反映了桩的承载性状变化的三个阶段:以加荷至第一拐点 $A$ 为线性变形阶段,此时桩周土的变形处于弹性状态,$A$ 点对应的荷载称为临界荷载(临塑荷载);第一拐点后,桩周土出现塑性变形,沉降速率逐渐增大,直至第二拐点 $B$,此为塑性变形阶段,$B$ 点对应的荷载称为极限荷载;在第二拐点后,沉降急剧增大以至于无法停止,桩进入破坏阶段。

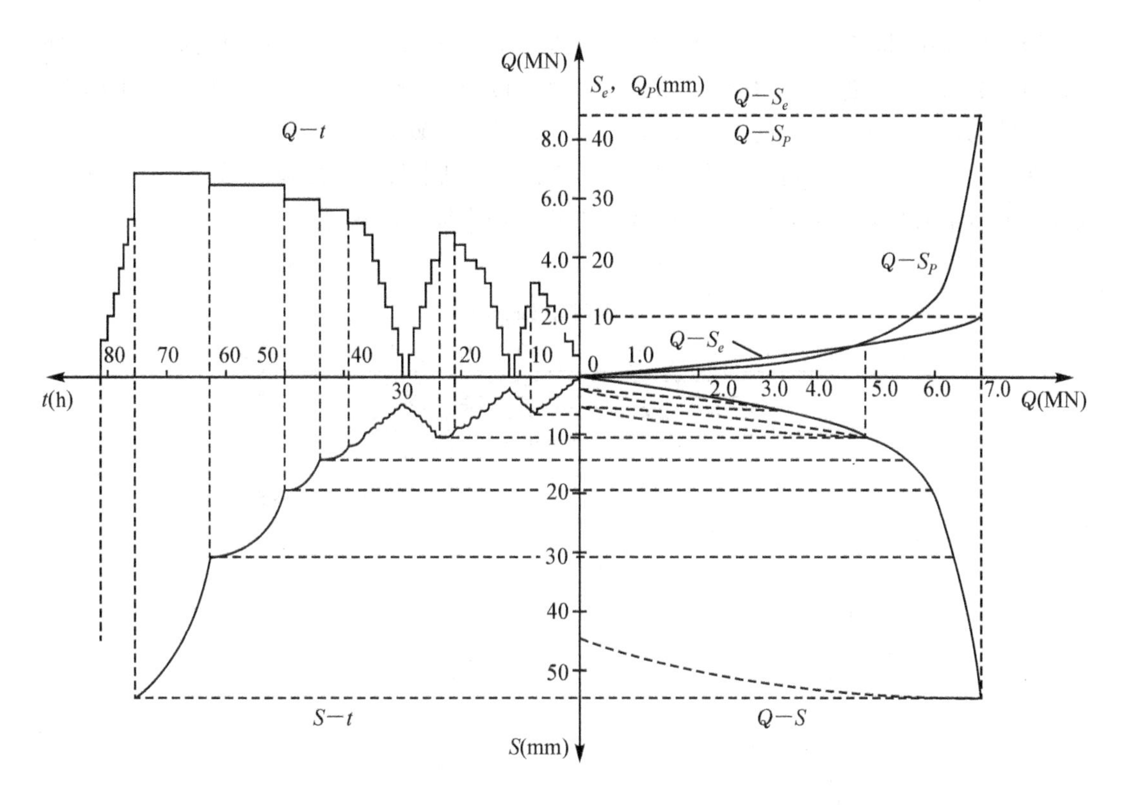


图 5-3-4　桩的静载荷试验成果图

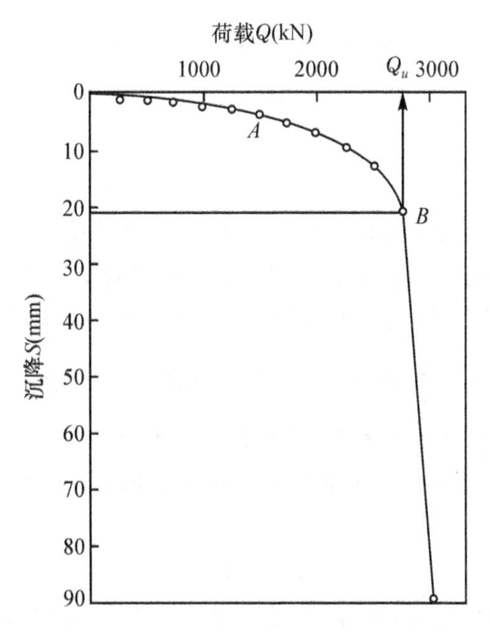


图 5-3-5　单桩荷载 — 沉降($Q$—$S$) 曲线

② 沉降速率法($S$—$\lg t$ 法)。

当荷载较小时,各级荷载下的 $S$—$\lg t$ 关系呈一条平坦的直线;超过屈服荷载,$S$—$\lg t$ 曲线的斜率逐级增大;超过极限荷载后,$S$—$\lg t$ 曲线的斜率急剧增大,且随着时间而向下曲折,表明桩的沉降速率在随着时间而增加,这标志着桩已处于破坏状态。因此,斜率急剧增大且向下曲折的曲线所对应的荷载应为破坏荷载,其前一级荷载即为极限荷载。如图 5-3-6 中曲线 $g$ 所对应的是破坏荷载,其前一级曲线 $f$ 对应的即为极限荷载 $Q_u$。

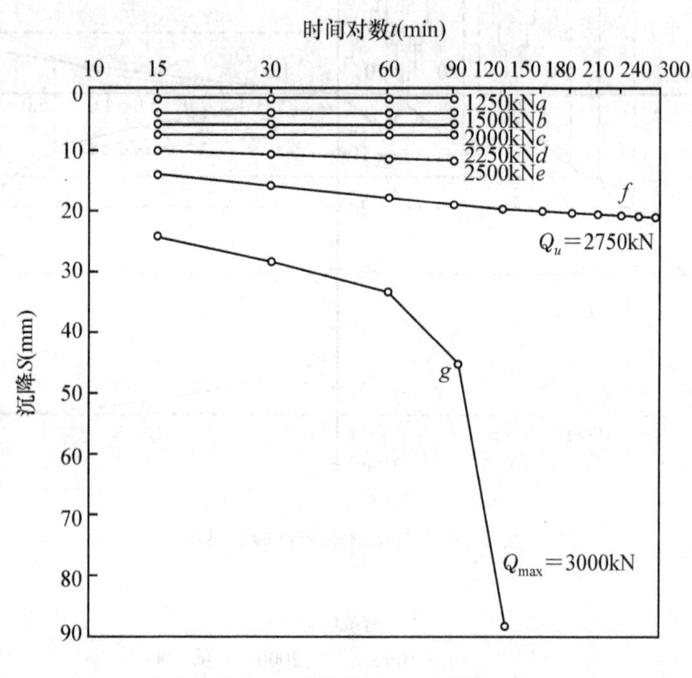


图 5-3-6　单桩 $S$—$\lg t$ 曲线

③ 相对变形标准。

当 $Q$—$S$ 曲线没有明显转折点时,表明该桩的破坏模式属于刺入型。这一类试桩的极限荷载的判定通常参照变形标准,例如我国《建筑桩基技术规范》(JDJ94—2008) 中推荐:一般取 $S=40\sim60$mm 对应的荷载;对于大直径桩($d>800$mm) 可以取 $S=0.03D\sim0.06D$($D$ 为桩端直径,大桩径取低值,小桩径取高值) 所对应的荷载;对于长桩$\left(\dfrac{l}{d}>80\right)$可以取 $S=60\sim80$mm 所对应的荷载为其极限荷载,即该试桩的极限承载力。采用变形标准确定极限承载力完全是基于对单桩的破坏变形规律性的分析得出的,而与群桩基础的沉降控制值无关。

(2) 静力触探法。

① 单桥探头。

当根据单桥探头静力触探资料确定混凝土预制桩单桩竖向极限承载力标准值时,若无当地经验,可以按下式计算

$$Q_{uk}=Q_{sk}+Q_{pk}=u\sum q_{sik}l_i+\alpha p_{sk}A_p \tag{5-3-1}$$

当 $p_{sk1} \leqslant p_{sk2}$ 时：

$$p_{sk} = \frac{1}{2}(p_{sk1} + \beta \cdot p_{sk2}) \tag{5-3-2}$$

当 $p_{sk1} > p_{sk2}$ 时：

$$p_{sk} = p_{sk2} \tag{5-3-3}$$

式中：$Q_{sk}$，$Q_{pk}$—— 分别为总极限侧阻力标准值和总极限端阻力标准值(kPa)；

$u$—— 桩身周长(m)；

$q_{sik}$—— 用静力触探比贯入阻力值估算的桩周第 $i$ 层土的极限侧阻力(kPa)，见图 5-3-7；

$l_i$—— 桩周第 $i$ 层土的厚度(m)；

$\alpha$—— 桩端阻力修正系数，可以按表 5-3-1 取值；

$p_{sk}$—— 桩端附近的静力触探比贯入阻力标准值(平均值)(kPa)；

$A_p$—— 桩端面积($m^2$)；

$p_{sk1}$—— 桩端全截面以上 8 倍桩径范围内的比贯入阻力平均值(kPa)；

$p_{sk2}$—— 桩端全截面以下 4 倍桩径范围内的比贯入阻力平均值，如桩端持力层为密实的砂土层，其比贯入阻力平均值超过 20MPa 时，则需乘以表 5-3-2 中系数 $c$ 予以折减后，再计算 $p_{sk}$；

$\beta$—— 折减系数，按表 5-3-3 选用。

**表 5-3-1　　桩端阻力修正系数 $\alpha$ 值**

| 桩长(m) | $l < 15$ | $15 \leqslant l \leqslant 30$ | $30 < l \leqslant 60$ |
|---|---|---|---|
| $\alpha$ | 0.75 | 0.75 ～ 0.90 | 0.90 |

**注**：桩长 $15m \leqslant l \leqslant 30m$，$\alpha$ 值按 $l$ 线性内插；$l$ 为桩长(不包括桩尖高度)。

**表 5-3-2　　系　数　$c$**

| $p_{sk}$(MPa) | 20 ～ 30 | 35 | > 40 |
|---|---|---|---|
| 系数 $c$ | $\frac{5}{6}$ | $\frac{2}{3}$ | $\frac{1}{2}$ |

**表 5-3-3　　折减系数 $\beta$**

| $\frac{p_{sk2}}{p_{sk1}}$ | $\leqslant 5$ | 7.5 | 12.5 | $\geqslant 15$ |
|---|---|---|---|---|
| $\beta$ | 1 | $\frac{5}{6}$ | $\frac{2}{3}$ | $\frac{1}{2}$ |

**注**：1　$q_{sik}$ 值应结合土工试验资料，依据土的类别、埋藏深度、排列次序，按图 5-3-7 折线取值；图 5-3-7 中，直线 Ⓐ(线段 $gh$) 适用于地表下 6m 范围内的土层；折线 Ⓑ(线段 $oabc$) 适用于粉土及砂土土层以上(或无粉土及砂土土层地区) 的粘性土；折线 Ⓒ(线段 $odef$) 适用于粉土及砂土土层以下的粘性土；折线 Ⓓ(线段 $oef$) 适用于粉土、粉砂、细砂及中砂。

2　$p_{sk}$ 为桩端穿过的中密～密实砂土、粉土的比贯入阻力平均值；$p_{sl}$ 为砂土、粉土的下卧软土层的比贯入阻力平均值。

3　采用的单桥探头，圆锥底面积为 15cm²，底部带 7cm 高滑套，锥角 60°。

4　当桩端穿过粉土、粉砂、细砂及中砂层底面时，折线 Ⓓ 估算的 $q_{sik}$ 值需乘以表 5-3-4 中系数 $\eta_s$ 值。

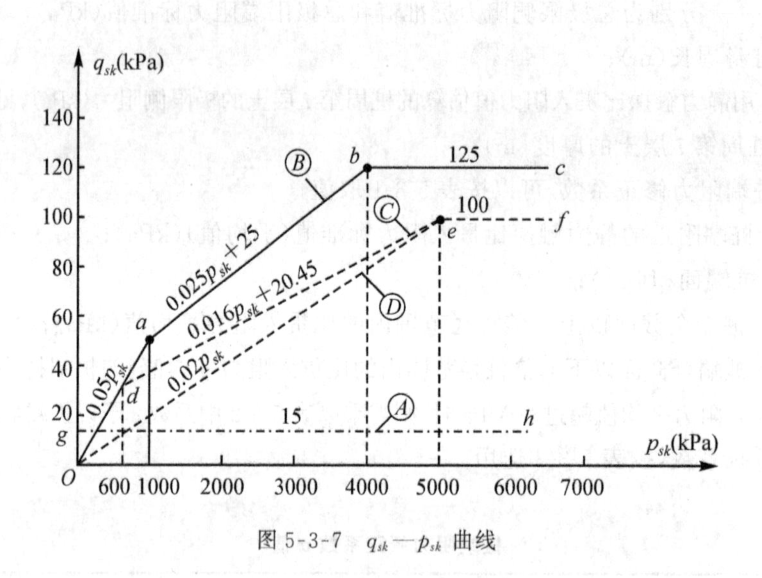


图 5-3-7　$q_{sk}$—$p_{sk}$ 曲线

**表 5-3-4**　　**系数 $\eta_s$ 值**

| $\frac{p_{sk}}{p_{sl}}$ | ≤5 | 7.5 | ≥10 |
|---|---|---|---|
| $\eta_s$ | 1.00 | 0.50 | 0.33 |

② 双桥探头。

当根据双桥探头静力触探资料确定混凝土预制桩单桩竖向极限承载力标准值时，对于粘性土、粉土和砂土，如无当地经验时可按下式计算：

$$Q_{uk} = Q_{sk} + Q_{pk} = u\sum l_i\beta_i f_{si} + \alpha q_c A_p \tag{5-3-4}$$

式中：$f_{si}$—— 第 $i$ 层土的平均探头侧阻力(kPa)；

$q_c$—— 桩端平面上、下探头阻力，取桩端平面以上 $4d$($d$ 为桩的直径或边长）范围内按土层厚度的探头阻力加权平均值(kPa)，然后再和桩端平面以下 $1d$ 范围内的探头阻力进行平均；

$\alpha$—— 桩端阻力修正系数，对于粘性土、粉土取$\frac{2}{3}$，饱和砂土取$\frac{1}{2}$；

$\beta_i$—— 第 $i$ 层土桩侧阻力综合修正系数，粘性土、粉土：$\beta_i = 0.04(f_{si})^{-0.55}$；砂土：$\beta_i = 5.05(f_{si})^{-0.45}$。

(3) 标准贯入法。

标准贯入试验结果用于确定单桩承载力的方法在日、美、加拿大等国应用广泛，主要适用于砂土中的桩，用于确定桩端极限阻力和桩侧极限摩阻力。

1) 桩端极限阻力 $q_{pu}$。

不同土类的桩端极限阻力 $q_{pu}$ 由下式求得：

粉土 $$q_{pu} = 0.3N \tag{5-3-5}$$

砂土 $$q_{pu} = 0.4N \tag{5-3-6}$$

砾土 $$q_{pu} = 0.6N \tag{5-3-7}$$

式中：$N$—— 桩端处标准贯入试验击数。

2) 桩侧极限摩阻力 $q_{su}$。

打入桩 $$q_{su} = 0.002\overline{N} \tag{5-3-8}$$

灌注桩 $$q_{su} = 0.006\overline{N} \tag{5-3-9}$$

式中：$\overline{N}$—— 桩侧相应的计算土层的标准贯入平均击数。

3) 标准贯入击数的修正。

① 杆长修正

$$N = N'\left(1 - \frac{1}{200x}\right) \tag{5-3-10}$$

式中：$N$—— 修正后的标准贯入击数；

$N'$—— 标准贯入试验的实测击数；

$x$—— 杆长(m)。

② 土质修正。

地下水位以下的极细砂或粉质砂

$$N = N' \quad (\text{当 } N' \leqslant 15) \tag{5-3-11}$$

$$N = 15 + 0.5(N' - 15) \quad (\text{当 } N' > 15) \tag{5-3-12}$$

③ 桩端地基土 $N$ 值修正

$$N = \frac{1}{2}(N_1 + \overline{N}_2) \tag{5-3-13}$$

式中：$N_1$—— 桩端处实测值，当桩端以下 $N$ 值随深度减少时，取桩端以下 $2d$ 范围内的平均值；

$\overline{N}_2$—— 桩端以上 $3.75d$ 范围内击数的平均值。

2. 经验参数法

(1) 一般规定。

当根据土的物理指标与承载力参数之间的经验关系确定单桩竖向极限承载力标准值时，宜按下式估算

$$Q_{uk} = Q_{sk} + Q_{pk} = u\sum q_{sik}l_i + q_{pk}A_p \tag{5-3-14}$$

式中：$q_{sik}$—— 桩侧第 $i$ 层土的极限侧阻力标准值，若无当地经验资料，可以按表 5-3-5 取值；

$q_{pk}$—— 极限端阻力标准值，若无当地经验资料，可以按表 5-3-6 取值。

表 5-3-5　　桩的极限侧阻力标准值 $q_{sik}$　　(单位:kPa)

| 土的名称 | 土的状态 | | 混凝土预制桩 | 泥浆护壁钻(冲)孔桩 | 干作业钻孔桩 |
|---|---|---|---|---|---|
| 填土 | — | | 22 ~ 30 | 20 ~ 28 | 20 ~ 28 |
| 淤泥 | — | | 14 ~ 20 | 12 ~ 18 | 12 ~ 18 |
| 淤泥质土 | — | | 22 ~ 30 | 20 ~ 28 | 20 ~ 28 |
| 黏性土 | 流塑 | $I_L > 1$ | 24 ~ 40 | 21 ~ 38 | 21 ~ 38 |
| | 软塑 | $0.75 < I_L \leqslant 1$ | 40 ~ 55 | 38 ~ 53 | 38 ~ 53 |
| | 可塑 | $0.50 < I_L \leqslant 0.75$ | 55 ~ 70 | 53 ~ 68 | 53 ~ 66 |
| | 硬可塑 | $0.25 < I_L \leqslant 0.50$ | 70 ~ 86 | 68 ~ 84 | 66 ~ 82 |
| | 硬塑 | $0 < I_L \leqslant 0.25$ | 86 ~ 98 | 84 ~ 96 | 82 ~ 94 |
| | 坚硬 | $I_L \leqslant 0$ | 98 ~ 105 | 96 ~ 102 | 94 ~ 104 |
| 红黏土 | $0.7 < a_w \leqslant 1$ | | 13 ~ 32 | 12 ~ 30 | 12 ~ 30 |
| | $0.5 < a_w \leqslant 0.7$ | | 32 ~ 74 | 30 ~ 70 | 30 ~ 70 |
| 粉土 | 稍密 | $e > 0.9$ | 26 ~ 46 | 24 ~ 42 | 24 ~ 42 |
| | 中密 | $0.75 \leqslant e \leqslant 0.9$ | 46 ~ 66 | 42 ~ 62 | 42 ~ 62 |
| | 密实 | $e < 0.75$ | 66 ~ 88 | 62 ~ 82 | 62 ~ 82 |
| 粉细砂 | 稍密 | $10 < N \leqslant 15$ | 26 ~ 48 | 22 ~ 46 | 22 ~ 46 |
| | 中密 | $15 < N \leqslant 30$ | 48 ~ 66 | 46 ~ 64 | 46 ~ 64 |
| | 密实 | $N > 30$ | 66 ~ 88 | 64 ~ 86 | 64 ~ 86 |
| 中砂 | 中密 | $15 < N \leqslant 30$ | 54 ~ 74 | 53 ~ 72 | 53 ~ 72 |
| | 密实 | $N > 30$ | 74 ~ 95 | 72 ~ 94 | 72 ~ 94 |
| 粗砂 | 中密 | $15 < N \leqslant 30$ | 74 ~ 95 | 74 ~ 95 | 76 ~ 98 |
| | 密实 | $N > 30$ | 95 ~ 116 | 95 ~ 116 | 98 ~ 120 |
| 砾砂 | 稍密 | $5 < N_{63.5} \leqslant 15$ | 70 ~ 110 | 50 ~ 90 | 60 ~ 100 |
| | 中密(密实) | $N_{63.5} > 15$ | 116 ~ 138 | 116 ~ 130 | 112 ~ 130 |
| 圆砾、角砾 | 中密、密实 | $N_{63.5} > 10$ | 160 ~ 200 | 135 ~ 150 | 135 ~ 150 |
| 碎石、卵石 | 中密、密实 | $N_{63.5} > 10$ | 200 ~ 300 | 140 ~ 170 | 150 ~ 170 |
| 全风化软质岩 | — | $30 < N \leqslant 50$ | 100 ~ 120 | 80 ~ 100 | 80 ~ 100 |
| 全风化硬质岩 | — | $30 < N \leqslant 50$ | 140 ~ 160 | 120 ~ 140 | 120 ~ 150 |
| 强风化软质岩 | — | $N_{63.5} > 10$ | 160 ~ 240 | 140 ~ 200 | 140 ~ 220 |
| 强风化硬质岩 | — | $N_{63.5} > 10$ | 220 ~ 300 | 160 ~ 240 | 160 ~ 260 |

**注:**1 对于尚未完成自重固结的填土和以生活垃圾为主的杂填土,不计算其侧阻力;

2 $a_w$ 为含水比,$a_w = \frac{\omega}{\omega_l}$,$\omega$ 为土的天然含水量,$\omega_l$ 为土的液限;

3 $N$ 为标准贯入击数;$N_{63.5}$ 为重型圆锥动力触探击数;

4 全风化、强风化软质岩和全风化、强风化硬质岩系指其母岩分别为 $f_{rk} \leqslant 15\text{MPa}$、$f_{rk} > 30\text{MPa}$ 的岩石。

**表 5-3-6　桩的极限端阻力标准值 $q_{Pk}$**　（单位：kPa）

| 土名称 | 土的状态 | 桩型 | 混凝土预制桩桩长 $l$/(m) | | | | 泥浆护壁钻(冲)孔桩桩长 $l$/(m) | | | | 干作业钻孔桩桩长 $l$/(m) | | |
|---|---|---|---|---|---|---|---|---|---|---|---|---|---|
| | | | $l\leqslant 9$ | $9<l\leqslant 16$ | $16<l\leqslant 30$ | $l>30$ | $5\leqslant l<10$ | $10\leqslant l<15$ | $15\leqslant l<30$ | $30\leqslant l$ | $5\leqslant l<10$ | $10\leqslant l<15$ | $15\leqslant l$ |
| 黏性土 | 软塑 | $0.75<I_L\leqslant 1$ | 210～850 | 650～1400 | 1200～1800 | 1300～1900 | 150～250 | 250～300 | 300～450 | 300～450 | 200～400 | 400～700 | 700～950 |
| | 可塑 | $0.50<I_L\leqslant 0.75$ | 850～1700 | 1400～2200 | 1900～2800 | 2300～3600 | 350～450 | 450～600 | 600～750 | 750～800 | 500～700 | 800～1100 | 1000～1600 |
| | 硬可塑 | $0.25<I_L\leqslant 0.50$ | 1500～2300 | 2300～3300 | 2700～3600 | 3600～4400 | 800～900 | 900～1000 | 1000～1200 | 1200～1400 | 850～1100 | 1500～1700 | 1700～1900 |
| | 硬塑 | $0<I_L\leqslant 0.25$ | 2500～3800 | 3800～5500 | 5500～6000 | 6000～6800 | 1100～1200 | 1200～1400 | 1400～1600 | 1600～1800 | 1600～1800 | 2200～2400 | 2600～2800 |
| 粉土 | 中密 | $0.75\leqslant e\leqslant 0.9$ | 950～1700 | 1400～2100 | 1900～2700 | 2500～3400 | 300～500 | 500～650 | 650～750 | 750～850 | 800～1200 | 1200～1400 | 1400～1600 |
| | 密实 | $e<0.75$ | 1500～2600 | 2100～3000 | 2700～3600 | 3600～4400 | 650～900 | 750～900 | 900～1100 | 1100～1200 | 1200～1700 | 1400～1900 | 1600～2100 |
| 粉砂 | 稍密 | $10<N\leqslant 15$ | 1000～1600 | 1500～2300 | 1900～2700 | 2100～3000 | 350～500 | 450～600 | 600～700 | 650～750 | 500～950 | 1300～1600 | 1500～1700 |
| | 中密、密实 | $N>15$ | 1400～2200 | 2100～3000 | 3000～4500 | 3800～5500 | 600～750 | 750～900 | 900～1100 | 1100～1200 | 900～1000 | 1700～1900 | 1700～1900 |
| 细砂 | 中密、密实 | $N>15$ | 2500～4000 | 3600～5000 | 4400～6000 | 5300～7000 | 650～850 | 900～1200 | 1200～1500 | 1500～1800 | 1200～1600 | 2000～2400 | 2400～2700 |
| 中砂 | | | 4000～6000 | 5500～7000 | 6500～8000 | 7500～9000 | 850～1050 | 1100～1500 | 1500～1900 | 1900～2100 | 1800～2400 | 2800～3800 | 3600～4400 |
| 粗砂 | | | 5700～7500 | 7500～8500 | 8500～10000 | 9500～11000 | 1500～1800 | 2100～2400 | 2400～2600 | 2600～2800 | 2900～3600 | 4000～4600 | 4600～5200 |

续表

| 土名称 | 桩型<br>土的状态 | | 混凝土预制桩桩长 $l$(m) | | | | 泥浆护壁钻(冲)孔桩桩长 $l$(m) | | | | 干作业钻孔桩桩长 $l$(m) | | |
|---|---|---|---|---|---|---|---|---|---|---|---|---|---|
| | | | $l\leqslant 9$ | $9<l\leqslant 16$ | $16<l\leqslant 30$ | $l>30$ | $5\leqslant l<10$ | $10\leqslant l<15$ | $15\leqslant l<30$ | $30\leqslant l$ | $5\leqslant l<10$ | $10\leqslant l<15$ | $15\leqslant l$ |
| 砾砂 | 中密、密实 | $N>15$ | 6000～9500 | | 9000～10500 | | 1400～2000 | | 2000～3200 | | 3500～5000 | | |
| 角砾、圆砾 | | $N_{63.5}>10$ | 7000～10000 | | 9500～11500 | | 1800～2200 | | 2200～3600 | | 4000～5500 | | |
| 碎石、卵石 | | $N_{63.5}>10$ | 8000～11000 | | 10500～13000 | | 2000～3000 | | 3000～4000 | | 4500～6500 | | |
| 全风化软质岩 | | $30<N\leqslant 50$ | 4000～6000 | | | | 1000～1600 | | | | 1200～2000 | | |
| 全风化硬质岩 | | $30<N\leqslant 50$ | 5000～8000 | | | | 1200～2000 | | | | 1400～2400 | | |
| 强风化软质岩 | | $N_{63.5}>10$ | 6000～9000 | | | | 1400～2200 | | | | 1600～2600 | | |
| 强风化硬质岩 | | $N_{63.5}>10$ | 7000～11000 | | | | 1800～2800 | | | | 2000～3000 | | |

**注：**1 砂土和碎石类土中桩的极限端阻力取值，宜综合考虑土的密实度，桩端进入持力层的深径比 $\frac{h_b}{d}$，土愈密实，$\frac{h_b}{d}$ 愈大，取值愈高；

2 预制桩的岩石极限端阻力指桩端支承于中、微风化基岩表面或进入强风化岩、软质岩一定深度条件下极限端阻力；

3 全风化、强风化软质岩和全风化、强风化硬质岩指其母岩分别为 $f_{rk}\leqslant 15$MPa、$f_{rk}>30$MPa 的岩石。

(2) 大直径桩。

确定大直径桩单桩极限承载力标准值时，可以按下式计算

$$Q_{uk} = Q_{sk} + Q_{pk} = u \sum \psi_{si} q_{sik} l_i + \psi_p q_{pk} A_p \tag{5-3-15}$$

式中：$q_{sik}$—— 桩侧第 $i$ 层土极限侧阻力标准值，如无当地经验值时，可按表 5-3-5 取值，对于扩底桩斜面及变截面以上 $2d$ 长度范围不计侧阻力；

$q_{pk}$—— 桩径为 800mm 的极限端阻力标准值，对于干作业挖孔（清底干净）可采用深层载荷板试验确定；当不能进行深层载荷板试验时，可按表 5-3-7 取值；

$\psi_{si}$、$\psi_p$—— 大直径桩侧阻力、端阻力尺寸效应系数，按表 5-3-8 取值；

$u$—— 桩身周长，当人工挖孔桩桩周护壁为振捣密实的混凝土时，桩身周长可按护壁外直径计算。

**表 5-3-7　干作业挖孔桩（清底干净，$D = 800$mm）极限端阻力标准值 $q_{pk}$**　（单位：kPa）

| 土名称 | | 状态 | | |
|---|---|---|---|---|
| 黏性土 | | $0.25 < I_L \leqslant 0.75$ | $0 < I_L \leqslant 0.25$ | $I_L \leqslant 0$ |
| | | $800 \sim 1800$ | $1800 \sim 2400$ | $2400 \sim 3000$ |
| 粉土 | | — | $0.75 \leqslant e \leqslant 0.9$ | $e < 0.75$ |
| | | — | $1000 \sim 1500$ | $1500 \sim 2000$ |
| 砂土、碎石类土 | | 稍密 | 中密 | 密实 |
| | 粉砂 | $500 \sim 700$ | $800 \sim 1100$ | $1200 \sim 2000$ |
| | 细砂 | $700 \sim 1100$ | $1200 \sim 1800$ | $2000 \sim 2500$ |
| | 中砂 | $1000 \sim 2000$ | $2200 \sim 3200$ | $3500 \sim 5000$ |
| | 粗砂 | $1200 \sim 2200$ | $2500 \sim 3500$ | $4000 \sim 5500$ |
| | 砾砂 | $1400 \sim 2400$ | $2600 \sim 4000$ | $5000 \sim 7000$ |
| | 圆砾、角砾 | $1600 \sim 3000$ | $3200 \sim 5000$ | $6000 \sim 9000$ |
| | 卵石、碎石 | $2000 \sim 3000$ | $3300 \sim 5000$ | $7000 \sim 11000$ |

**注**：1. 当桩进入持力层的深度 $h_b$ 分别为：$h_b \leqslant D$，$D < h_b \leqslant 4D$，$h_b > 4D$ 时，$q_{pk}$ 可相应取低、中、高值。

2. 砂土密实度可根据标贯击数判定，$N \leqslant 10$ 为松散，$10 < N \leqslant 15$ 为稍密，$15 < N \leqslant 30$ 为中密，$N > 30$ 为密实。

3. 当桩的长径比 $\dfrac{l}{d} \leqslant 8$ 时，$q_{pk}$ 宜取较低值。

4. 当对沉降要求不严时，$q_{pk}$ 可取高值。

**表 5-3-8　大直径灌注桩侧阻力尺寸效应系数 $\psi_{si}$、端阻力尺寸效应系数 $\psi_p$**

| 土类型 | 粘性土、粉土 | 砂土、碎石类土 |
|---|---|---|
| $\psi_{si}$ | $(0.8d)^{1/5}$ | $(0.8/d)^{1/3}$ |
| $\psi_p$ | $(0.8D)^{1/4}$ | $(0.8/D)^{1/3}$ |

**注**：当为等直径桩时，表中 $D = d$。

3. 钢管桩

当根据土的物理指标与承载力参数之间的经验关系确定钢管桩单桩竖向极限承载力标准值时，可以按下列公式计算

$$Q_{uk}=Q_{sk}+Q_{pk}=u\sum q_{sik}l_i+\lambda_p q_{pk}A_p \tag{5-3-16}$$

式中：$q_{sik}$、$q_{pk}$—— 分别按表 5-3-5、表 5-3-6 取与混凝土预制桩相同值；

$\lambda_p$—— 桩端土塞效应系数，对于闭口钢管桩 $\lambda_p=1$，对于敞口钢管桩按下式计算：

当 $\frac{h_b}{d}<5$ 时 $$\lambda_p=0.16\frac{h_b}{d} \tag{5-3-17}$$

当 $\frac{h_b}{d}\geqslant 5$ 时 $$\lambda_p=0.8 \tag{5-3-18}$$

$h_b$—— 桩端进入持力层深度(m)；

$d$—— 钢管桩外径(m)。

对于带隔板的半敞口铜管桩，应以等效直径 $d_e$ 代替 $d$ 确定 $\lambda_p$；$d_e=\frac{d}{\sqrt{n}}$；其中 $n$ 为桩端隔板分割数，如图 5-3-8 所示。

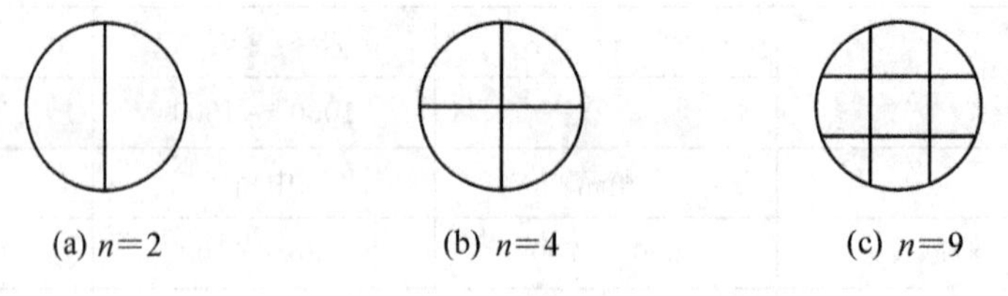


图 5-3-8 隔板分割

4. 混凝土空心桩

敞口预应力混凝土空心桩单桩竖向极限承载力标准值

$$Q_{uk}=Q_{sk}+Q_{pk}=u\sum q_{sik}l_i+q_{pk}(A_j+\lambda_p A_{p1}) \tag{5-3-19}$$

当 $\frac{h_b}{d_1}<5$ 时 $$\lambda_p=0.16\frac{h_b}{d_1} \tag{5-3-20}$$

当 $\frac{h_b}{d_1}\geqslant 5$ 时 $$\lambda_p=0.8 \tag{5-3-21}$$

式中：$q_{sik}$、$q_{pk}$—— 分别按表 5-3-5、表 5-3-6 取与混凝土预制桩相同值；

$A_j$—— 空心桩桩端净面积($m^2$)：

管桩 $$A_j=\frac{\pi}{4}(d^2-d_1^2) \tag{5-3-22}$$

空心方桩 $$A_j=b^2-\frac{\pi}{4}d_1^2 \tag{5-3-23}$$

$A_{p1}$—— 空心桩敞口面积： $A_{p1}=\frac{\pi}{4}d_1^2$($m^2$)；

$\lambda_p$—— 桩端土塞效应系数；

$d$、$b$—— 空心桩外径、边长(m)；

$d_1$—— 空心桩内径(m)。

5. 嵌岩桩

桩端置于完整、较完整基岩的嵌岩桩单桩竖向极限承载力,由桩周土总极限侧阻力和嵌岩段总极限阻力组成。当根据岩石单轴抗压强度确定单桩竖向极限承载力标准值时,可按下列公式计算:

$$Q_{uk}=Q_{sk}+Q_{rk}=u\sum q_{sik}l_i+\zeta_r f_{rk}A_p \tag{5-3-24}$$

式中:$Q_{sk}$、$Q_{rk}$—— 分别为土的总极限侧阻力标准值、嵌岩段总极限阻力标准值(kPa);

$q_{sik}$—— 桩周第 $i$ 层土的极限侧阻力,无当地经验时,可以根据成桩工艺按表 5-3-5 取值;

$f_{rk}$—— 岩石饱和单轴抗压强度标准值,粘土岩取天然湿度单轴抗压强度标准值(kPa);

$\zeta_r$—— 桩嵌岩段侧阻和端阻综合系数,与嵌岩深径比$\frac{h_r}{d}$、岩石软硬程度和成桩工艺有关,可以按表 5-3-9 采用;表中数值适用于泥浆护壁成桩,对于干作业成桩(清底干净)和泥浆护壁成桩后注浆、$\zeta_r$ 应取表 5-3-9 中所列数值的 1.2 倍。

**表 5-3-9** **桩嵌岩段侧阻和端阻综合系数 $\zeta_r$**

| 嵌岩深径比$\frac{h_r}{d}$ | 0 | 0.5 | 1.0 | 2.0 | 3.0 | 4.0 | 5.0 | 6.0 | 7.0 | 8.0 |
|---|---|---|---|---|---|---|---|---|---|---|
| 极软岩、软岩 | 0.60 | 0.80 | 0.95 | 1.18 | 1.35 | 1.48 | 1.57 | 1.63 | 1.66 | 1.70 |
| 较硬岩、坚硬岩 | 0.45 | 0.65 | 0.81 | 0.90 | 1.00 | 1.04 | — | — | — | — |

**注**:1 极软岩、软岩指 $f_{rk}\leqslant 15$MPa,软硬岩、坚硬岩指 $f_{rk}>30$MPa,介于二者之间可以内插取值。

2 $h_r$ 为桩身嵌岩深度,当岩面倾斜时,以坡下方嵌岩深度为准;当$\frac{h_r}{d}$为非表列值时,$\zeta_r$ 可以内插取值。

6. 后注浆灌注桩

后注浆灌注桩的单桩极限承载力,应通过静载试验确定,也可以按下式估算

$$Q_{uk}=Q_{sk}+Q_{gsk}+Q_{gpk}=u\sum q_{sjk}l_j+u\sum \beta_{si}q_{sik}l_{gi}+\beta_p q_{pk}A_p \tag{5-3-25}$$

式中:$Q_{sk}$—— 后注浆非竖向增强段的总极限侧阻力标准值(kPa);

$Q_{gsk}$—— 后注浆竖向增强段的总极限侧阻力标准值(kPa);

$Q_{gpk}$—— 后注浆总极限端阻力标准值(kPa);

$l_j$—— 后注浆非竖向增强段第 $j$ 层土厚度(m);

$l_{gi}$—— 后注浆竖向增强段内第 $i$ 层土厚度;对于泥浆护壁成孔灌注桩,当为单一桩端后注浆时,竖向增强段为桩端以上 12m;当为桩端、桩侧复式注浆时,竖向增强段为桩端以上 12m 及各桩侧注浆断面以上 12m,重叠部分应扣除;对于干作业灌注桩,竖向增强段为桩端以上,桩侧注浆断面上下各 6m;

$q_{sik}$、$q_{sjk}$、$q_{pk}$—— 分别为后注浆竖向增强段第 $i$ 层初始极限侧阻力标准值、非竖向增强段第 $j$ 土层初始极限侧阻力标准值、初始极限端阻力标准值,按表 5-3-5、表 5-3-6 确定;

$\beta_{si}$、$\beta_p$——分别为后注浆侧阻力、端阻力增强系数，无当地经验时，按表取值。对于桩径大于 800mm 的桩，按表 5-3-10 进行桩侧阻和桩端阻尺寸效应修正。

**表 5-3-10　　后注浆侧阻力增强系数 $\beta_{si}$，端阻力增强系数 $\beta_p$**

| 土层名称 | 淤泥<br>淤泥质土 | 黏性土<br>粉土 | 粉砂<br>细砂 | 中砂 | 粗砂<br>砾砂 | 砾石<br>卵石 | 全风化岩<br>强风化岩 |
|---|---|---|---|---|---|---|---|
| $\beta_{si}$ | 1.2～1.3 | 1.4～1.8 | 1.6～2.0 | 1.7～2.1 | 2.0～2.5 | 2.4～3.0 | 1.4～1.8 |
| $\beta_p$ | — | 2.2～2.5 | 2.4～2.8 | 2.6～3.0 | 3.0～3.5 | 3.2～4.0 | 2.0～2.4 |

注：干作业钻、挖孔桩，$\beta_p$ 按表列值乘以小于 1.0 的折减系数。当桩端持力层为黏性土或粉土时，折减系数取 0.6；为砂土或碎石土时，取 0.8。

7. 动力法

动力法是根据桩体被激振以后的动力响应特征来估计单桩承载能力的一种间接方法，包括打桩公式和动测法。

(1) 打桩公式。

打入桩凭借桩锤的锤击能量克服土阻力而贯入土中，贯入度(每一击使桩贯入土中的深度) 越小，意味着土阻力越大，因此可以通过能量分析来判定桩的承载力。就能量守恒的基本原理而言，可以用下式表述

$$QH = Re + Qh + \alpha QH \tag{5-3-26}$$

式中：$Q$—— 锤重(kg)；

$H$—— 落距(m)；

$R$—— 土阻力(kg)；

$e$—— 贯入度(m)；

$h$—— 桩锤回弹高度(m)；

$\alpha$—— 损耗系数，各种公式根据各自的经验和假定作出各自的规定。

(2) 动测法。

动测法是指桩的动力测试法，该方法是通过测定桩对所施加的动力作用的响应来分析桩的工作性状的方法。从桩的承载机理的角度出发，可以按照桩 — 土体系在动力作用下应变的大小，将桩的动测法分为高应变和低应变两大类，高应变动测法是指激振能量足以使桩、土之间发生相对位移，使桩产生永久贯入度的动测法。如以波动方程分析法为基础的史密斯(Smith) 法、凯司(CASE) 法、锤击贯入法等，低应变动测法则是指激振能量较小，只能激发桩土体系(甚至只有局部) 的某种弹性变形，而不能使桩、土之间产生相对位移的动测法，例如桩基参数动测法、机械阻抗法、共振法和水电效应法等。

### 5.3.3　单桩承载力的若干特殊问题

1. 抗拔极限承载力的确定

对于自重比较轻而水平荷载又比较大的高耸结构物，或地下室承受地下水的浮力作用而自重不足时，桩基可能承受上拔荷载。此时必须验算桩的抗拔承载能力，单桩抗拔极限承载力可以用抗拔试验测定或用经验方法确定。

(1) 桩的抗拔试验。

1) 试验装置与试验方法。抗拔试验的装置和试验方法与上述静载荷试验相仿，但作用于桩顶的荷载是向上的，测定不同上拔荷载作用下桩的上拔位移。加载分级、变形测读时间、变形稳定标准均与静载荷试验相似，但终止试验的条件与静载荷试验不同，具体规定如下：

① 桩顶荷载为桩的受拉钢筋总极限承载力的0.9倍；

② 某级荷载作用下，桩顶变形量为前一级荷载作用下的5倍；

③ 累计上拔量超过100mm。

2) 试验资料分析。根据试验结果可以绘制单桩抗拔试验荷载和上拔变形($U—\Delta$)的曲线图，对于陡变型的曲线可以取陡升起始点荷载为抗拔极限承载力；对于缓变型曲线，根据上拔量和$\Delta—\lg t$变化综合判定，即取$\Delta—\lg t$曲线尾部显著弯曲的前一级荷载为极限抗拔承载力。

(2) 经验方法。

《建筑桩基技术规范》(JGJ94—2008) 中采用经验方法确定单桩的抗拔极限承载力$U_{uk}$，其表达式为

$$U_{uk} = \sum \lambda_i q_{sik} u_i l_i \tag{5-3-27}$$

式中：$u_i$—— 桩周土剪切破坏面周长(m)，对于等直径桩取$u_i = \pi d$；对于扩底桩，桩底以上5$d$范围之内取$u_i = \pi D$；桩底向上算起5$d$以上，取$u_i = \pi d$；$D$为扩底直径；

$\lambda$—— 抗拔系数，砂土$\lambda = 0.50 \sim 0.70$；粘性土和粉土$\lambda = 0.70 \sim 0.80$；当桩长与桩径之比小于20时，$\lambda$取小值；

$q_{sik}$—— 桩侧抗压摩阻力(kPa)。

《架空送电线路基础设计技术规范》(DL/T5219—2005) 中规定抗拔系数取为0.6～0.8。

2. 单桩承载力随时间增长的效应

在软土地区发现，挤土型摩擦桩的承载力具有随时间增长的现象，如图5-3-9所示，研究其产生的原因与变化的规律具有重要的工程意义。

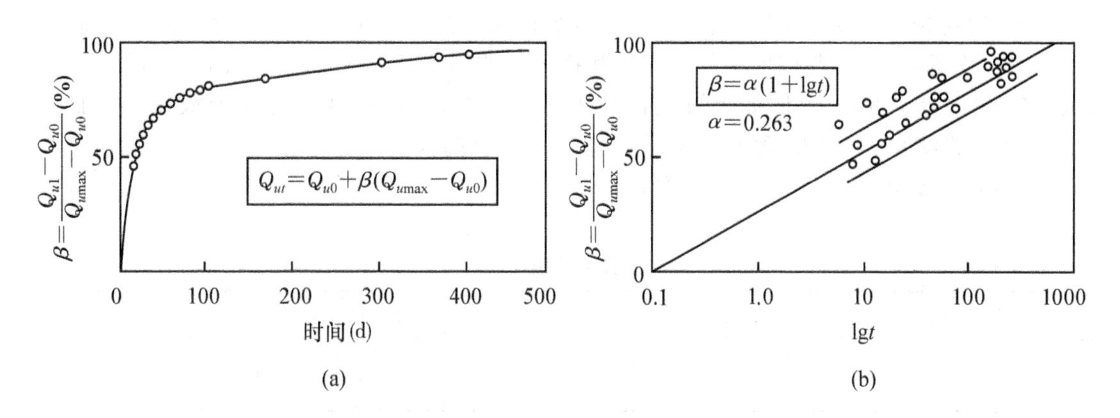


图5-3-9 软土中摩擦桩承载力随着时间增长的规律

软粘土中挤土型摩擦桩的承载力随时间增长的原因为：

(1) 粘性土具有触变性，受打(压)桩扰动而损失的强度随着时间得以逐渐恢复。

(2) 打(压)桩过程中在桩周积聚的超孔隙水压力随着时间逐渐消散，有效应力随之增

加;而且桩周土由于挤压亦使密度得以提高,这两个因素都将使土的强度增加;桩端土的强度由于压密与固结作用而逐渐恢复与增加,因此桩端总承载力亦有所增加。

3. 负摩阻力

负摩阻力是指桩周土层由于某种原因而产生超过桩身沉降量的下沉时,作用于桩身的向下的摩阻力。作用于一根桩上的负摩阻力之和称为下拉荷载,记为 $Q_n$,由于负摩阻力的作用可能导致基础和上部结构的沉降和破坏,不少建筑物桩基因负摩阻力而产生过大的沉降、倾斜或建筑物开裂等工程事故,需要花费大量资金进行加固,甚至无法使用而拆除。负摩阻力已成为基础工程界的一个技术热点,设计时必须予以充分注意。

(1) 负摩阻力发生的条件。

在下列条件下应注意研究负摩阻力对桩基的影响:

① 桩穿过欠压密的软粘土或新填土,而支承于坚硬土层(硬粘性土、中密以上砂土、卵石层或岩层)。

② 在桩周地面有大面积堆载或超填土。

③ 由于抽取地下水或桩周地下水位下降,使桩周土下沉。

④ 挤土桩群施工结束后,孔隙水消散,隆起的或扰动的土体逐渐固结下沉。

⑤ 自重湿陷性黄土浸水下沉或冻土融化下沉。

(2) 负摩阻力的机理与特性。

负摩阻力的发生发展的过程是桩与土的沉降相互协调的过程,图 5-3-10(b) 是一根支承于较硬土层的桩与其周围土体各个深度在某一时刻的下沉曲线,两条曲线在某一深度相交,该交点以上土的沉降大于桩的沉降,该点以下土的沉降小于桩的沉降。在该交点处,土与桩的沉降相等;图 5-3-10(c) 为桩侧摩阻力沿深度分布曲线,在 $M$ 点以上摩阻力方向向下,为负摩阻力;在 $M$ 点以下摩阻力向上,为正摩阻力;在 $M$ 点处摩阻力为零;$M$ 点称为中性点,$M$ 点是一个很重要的特征点;图 5-3-10(d) 为桩身轴力曲线图,在桩顶,轴力等于外荷载,然后由于负摩阻力的叠加,轴力随着深度逐渐增大,到中性点处达到最大值,往下则由于受到正摩阻力的作用而逐渐减小。

由上述讨论可以知道中性点有三个特征:所在断面处桩土位移相等、摩阻力为零、轴力最大;中性点的深度 $L_n$ 与桩周土的压缩性和持力层的刚度等因素有关;且在桩、土沉降稳定之前,$L_n$ 始终处于变动中。例如上海宝钢支承于砂层的钢管桩,随着地面堆载从 2m 加到 8m,中性点的深度从 $0.22L$ 逐渐下移至 $0.85L$($L$ 为桩的入土深度)。

中性点深度可以按表 5-3-11 选取。

**表 5-3-11　　中性点深度 $L_n$**

| 持力层性质 | 粘性土、粉土 | 中密砂以上 | 砾石、卵石 | 基　岩 |
|---|---|---|---|---|
| 中性点深度比 $\frac{L_n}{L_0}$ | 0.5～0.6 | 0.7～0.8 | 0.9 | 1.0 |

桩的负摩阻力对基础是一种附加荷载,负摩阻力的影响主要表现在两方面:当持力层刚硬时,负摩阻力将使桩身轴力增大,甚至导致桩身压曲、断裂,这时应计算负摩阻力引起的下拉荷载,并验算桩的承载力(桩身和土);当桩持力层为可压缩性土时,负摩阻力将使沉降增大,这时应将负摩阻力引起的下拉荷载计入附加荷载,验算桩基沉降。

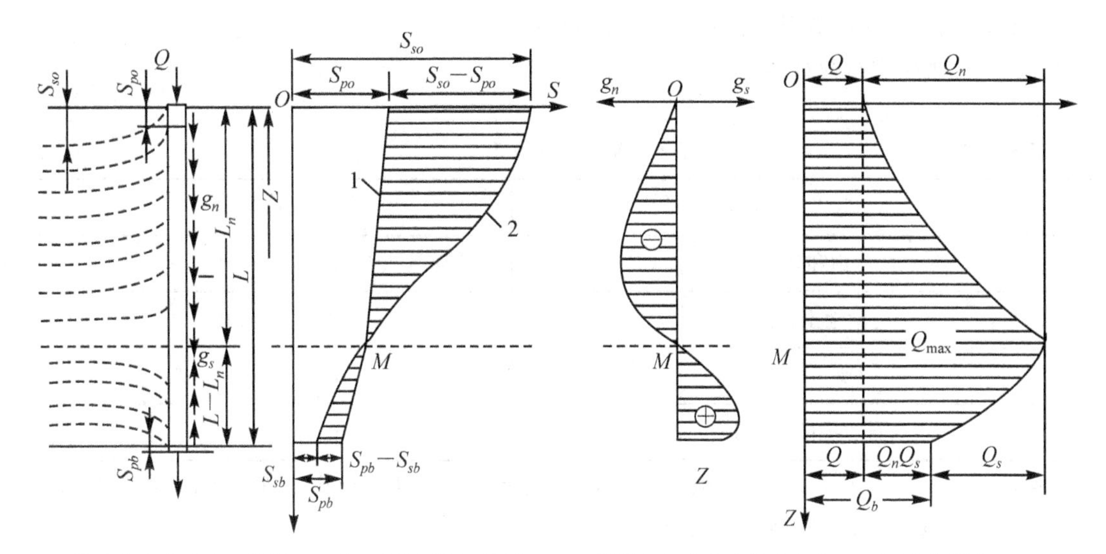


(a) 桩及桩周土受力、沉降　(b) 各断面深度的桩、土沉降及相对位移　(c) 摩阻力分布及中性点(M)　(d) 桩身轴力

1— 桩身各断面的沉降 $S_p$；2— 各深度桩周土的沉降 $S_s$

$Q_s$— 正摩阻力产生的轴力；$Q_n$— 下拉力；$Q_b$— 端阻力

图 5-3-10　负摩阻力分析原理图

(3) 负摩阻力标准值的计算。

① 中性点以上单桩桩周负摩阻力标准值。

影响负摩阻力的因素很多，例如桩侧土与桩端土的性质、土层的应力历史、地面堆载的大小与范围、降低地下水位的深度与范围、桩顶荷载施加时间与发生负摩阻力时间之间的关系、桩的类型和成桩工艺等，要精确地计算负摩阻力是十分困难的，国内外大多采用近似的经验公式估算。根据实测结果分析，认为采用有效应力方法比较符合实际。反映有效应力影响的单桩负摩阻力的标准值可以按下式计算

$$q_{si}^{n} = \xi_{ni}\sigma_i' \tag{5-3-28}$$

当填土、自重湿陷性黄土湿陷、欠固结土层产生固结和地下水降低时：$\sigma_i' = \sigma_{\gamma i}'$

当地面分布大面积荷载时：$\sigma_i' = p + \sigma_{\gamma i}'$

$$\sigma_{\gamma i}' = \sum_{e=1}^{i-1} \gamma_e \Delta z_e + \frac{1}{2}\gamma_i \Delta z_i \tag{5-3-29}$$

式中：$q_{si}^{n}$—— 第 $i$ 层土侧负摩阻力标准值(kPa)；当计算值大于正摩阻力标准值时，取正摩阻力标准值进行设计；

$\xi_{ni}$—— 桩周第 $i$ 层土负摩阻力系数，可按表 5-3-12 取值；

$\sigma_{\gamma i}'$—— 由土自重引起的桩周第 $i$ 层土平均竖向有效应力(kPa)；桩群外围桩自地面算起，桩群内部桩自承台底算起；

$\sigma_i'$—— 桩周第 $i$ 层土平均竖向有效应力(kPa)；

$\gamma_i$、$\gamma_e$—— 分别为第 $i$ 计算土层和其上第 $e$ 土层的重度，地下水位以下取浮重度(kN/m³)；

$\Delta z_i$、$\Delta z_e$—— 第 $i$ 层土、第 $e$ 层土厚度(m)；

$p$—— 地面均布荷载(kPa)。

表 5-3-12 负摩阻力系数 $\xi_n$

| 土　类 | $\xi_n$ |
|---|---|
| 饱和软土 | 0.15 ～ 0.25 |
| 粘性土、粉土 | 0.25 ～ 0.40 |
| 砂　土 | 0.35 ～ 0.50 |
| 自重湿陷性黄土 | 0.20 ～ 0.35 |

注：1. 在同一类土中，对于打入桩或沉管灌注桩，取表中较大值，对于钻(冲)孔灌注桩，取表中较小值。

2. 填土按其组成取表中同类土的较大值。

3. 当计算得到的负摩阻力标准值大于正摩阻力时，取正摩阻力值。

② 对于砂类土，也可以按下式估算负摩阻力标准值

$$q_{si}^n = \frac{N_i}{5} + 3 \tag{5-3-30}$$

式中：$N_i$—— 桩周第 $i$ 层土经钻杆长度修正的平均标准贯入试验击数。

③ 考虑群桩效应的基桩下拉荷载

$$Q_g^n = \eta_n \cdot u \sum q_{si}^n l_i \tag{5-3-31}$$

$$\eta_n = \frac{s_{ax} \cdot s_{ay}}{\left[\pi d\left(\dfrac{q_s^n}{\gamma_m} + \dfrac{d}{4}\right)\right]} \tag{5-3-32}$$

式中：$n$—— 中性点以上土层数；

$l_i$—— 中性点以上第 $i$ 土层的厚度(m)；

$\eta_n$—— 负摩阻力群桩效应系数；

$s_{ax}$、$s_{ay}$—— 分别为纵、横向桩的中心距(m)；

$q_s^n$—— 中性点以上桩周土层厚度加权平均负摩阻力标准值(kPa)；

$\gamma_m$—— 中性点以上桩周土层厚度加权平均重度(kN/m³)。

对于单桩基础或按式(5-3-32) 计算的群桩效应系数 $\eta_n > 1$ 时，取 $\eta_n = 1$。

(4) 减小负摩阻力的工程措施。

① 预制混凝土桩和钢桩。

对位于欠固结土层、湿陷性土层、冻融土层、液化土层、地下水位变动范围，以及受地面堆载影响发生沉降的土层中的预制混凝土桩和钢桩，一般采用涂以软沥青涂层的办法来减小负摩阻力，涂层施工时应注意不要将涂层扩展到需利用桩侧正摩阻力的桩身部分。涂层宜采用软化点较低的沥青，一般为 50 ～ 65℃，在 25℃ 时的针入度为 40 ～ 70mm。在涂层施工前，应先将桩表面清洗干净；然后将沥青加热至 150 ～ 180℃，喷射或浇淋在桩表面，喷浇厚度为 6 ～ 10mm。一般来说，沥青涂层越软越厚，减小的负摩阻力也越大。

② 灌注桩。

对穿过欠固结等土层支承于坚硬持力层上的灌注桩，可以采用下列措施来减小负摩阻力：① 在沉降土层范围内插入比钻孔直径小50～100mm的预制混凝土桩段，然后用高稠度膨润土泥浆填充预制桩段外围形成隔离层。对泥浆护壁成孔的灌注桩，可在浇筑完下段混凝土后，填入高稠度膨润土泥浆，然后再插入预制混凝土桩段；② 对干作业成孔灌注桩，可以在沉降土层范围内的孔壁先铺设双层筒形塑料薄膜，然后再浇筑混凝土，从而在桩身与孔壁之间形成可自由滑动的塑料薄膜隔离层。

# §5.4　单桩水平承载力

## 5.4.1　确定单桩水平承载力的方法

桩的水平静载荷试验是分析桩在水平荷载作用下的性状的重要手段，也是确定单桩水平承载力最可靠的方法。该试验是在现场条件下进行的，影响桩的承载力的各种因素都将在试验过程中真实反映出来，由此得到的承载力值和地基土水平抗力系数最符合实际情况。如果预先在桩身上埋设量测元件，则试验资料还能反映出加荷过程中桩身截面的应力和位移，并可以由此求出桩身弯矩，据以检验理论分析结果。

1. 按单桩水平静载荷试验确定单桩承载力

(1) 试验装置。

进行单桩静载荷试验时，常采用一台水平放置的千斤顶同时对两根桩进行加荷，如图5-4-1所示。为了不影响桩顶的转动，在朝向千斤顶的桩侧应对中放置半球形支座。量测桩的位移的大量程百分表，应放置在桩的另一侧（外侧），并应成对对称布置。有可能时宜在上方500mm处再对称布置一对百分表，以便从上、下百分表的位移差求出地面以上的桩轴转角。固定百分表的基准桩宜打设在试验桩的侧面，与试验桩的净距不应少于一倍桩径。

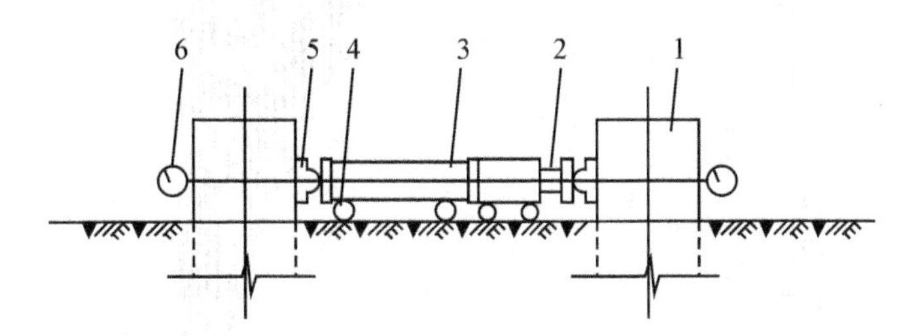


1— 桩；2— 千斤顶及测力计；3— 传力杆；4— 滚轴；
5— 球支座；6— 量测桩顶水平位移的百分表

图5-4-1　单桩水平静载荷试验装置示意图

(2) 加荷方法。

对于承受反复作用的水平荷载的桩基，其单桩试验宜采用多循环加卸载方式。每级荷载的增量为预估水平极限承载力的$\frac{1}{15}\sim\frac{1}{10}$，或取2.5～20kN（当桩径为300～1000mm时）。

每级各加卸载5次，即每次施加不变的水平荷载4min(用千斤顶加荷时，达到预计的荷载值所需要的时间很短，不另外计算)，卸载2min；或者加载、卸载各10min，并按上述时间间隔记录百分表读数，每次卸载都将该级荷载全部卸除。承受长期作用的水平荷载的桩基，宜采用分级连续的加载方式，各级荷载的增量同上，各级荷载维持10min并记录百分表读数后即进行下一级荷载的试验。若在加载过程中观测到10min时的水平位移还未稳定，则应延长该级荷载的维持时间，直至稳定为止。其稳定标准可以参照竖向静载荷试验。

(3) 终止加荷的条件。

当出现下列情况之一时，即可终止试验：

① 桩身已断裂；

② 桩侧地表出现明显裂缝或隆起；

③ 桩顶水平位移超过30～40mm(软土取40mm)；

④ 所加的水平荷载已超过按上述方法所确定的极限荷载。

(4) 资料整理。

由试验记录可以绘制桩顶水平荷载—时间—桩顶水平位移($H_0$—$t$—$u_0$)曲线及水平荷载—位移梯度$\left(H_0—\dfrac{\Delta u_0}{\Delta H_0}\right)$曲线(图5-4-3)。当具有桩身应力量测资料时，尚可绘制桩身应力分布图以及水平荷载与最大弯矩截面钢筋应力($H_0$—$\sigma_g$)曲线，如图5-4-2～图5-4-4所示。

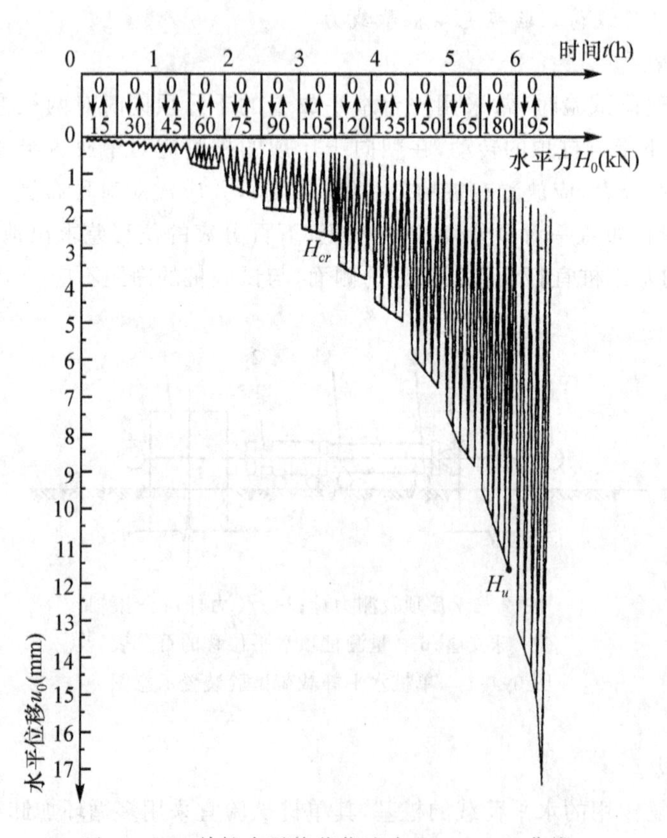


图5-4-2 单桩水平静载荷试验$H_0$—$t$—$u_0$曲线

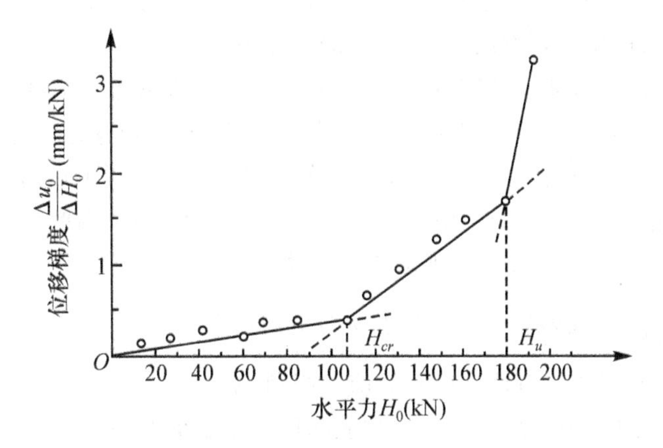


图 5-4-3　单桩 $H_0$—$\frac{\Delta u_0}{\Delta H_0}$ 曲线

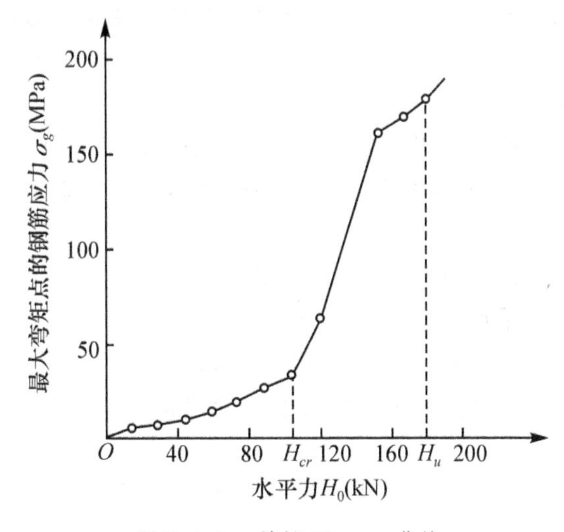


图 5-4-4　单桩 $H_0$—$\sigma_g$ 曲线

（5）水平临界荷载的确定。

根据一些试验成果分析，在上列各种曲线中常发现两个特征点，这两个特征点所对应的桩顶水平荷载，可以称为临界荷载和极限荷载。

水平临界荷载（$H_{cr}$）是相当于桩身开裂、受拉区混凝土不参加工作时的桩顶水平力。其数值可以按下列方法综合确定：

① 取 $H_0$—$t$—$u_0$ 曲线出现突变点（在荷载增量相同的条件下出现比前一级明显增大的位移增量）的前一级荷载。

② 取 $H_0$—$\frac{\Delta u_0}{\Delta H_0}$ 曲线的第一直线段的终点所对应的荷载。

③ 取 $H_0$—$\sigma_g$ 曲线第一突变点对应的荷载。

（6）水平极限荷载的确定。

水平极限荷载（$H_u$）是相当于桩身应力达到强度极限时的桩顶水平力，此外，使得桩顶水平位移超过 30 ~ 40mm 或者使得桩侧土体破坏的前一级水平荷载，宜作为极限荷载看待。确定 $H_u$ 时，可以根据下列方法，并取其中的较小值。

① 取 $H_0—t—u_0$ 曲线明显陡降的第一级荷载，或按该曲线各级荷载下水平位移包络线的凹向确定。若包络线向上方凹曲，则表明在该级荷载下，桩的位移逐渐趋于稳定。若包络线向下方凹曲（如图 5-4-2 中当 $H_0 = 195$kN 时的水平位移包络线所示），则表明在该级荷载作用下，随着加卸荷循环次数的增加，水平位移仍在增加，且不稳定。因此可以认为该级水平力为桩的破坏荷载，而其前一级水平力则为极限荷载。

② 取 $H_0—\dfrac{\Delta u_0}{\Delta H_0}$ 曲线第二直线段终点所对应的荷载。

③ 取桩身断裂或钢筋应力达到极限的前一级荷载。

由水平极限荷载 $H_u$ 确定允许承载力时应除以安全系数 2.0。

*2. 其他方法确定单桩水平承载力特征值*

影响桩的水平承载力的因素较多，如桩的材料强度、截面刚度、入土深度、土质条件、桩顶水平位移允许值和桩顶嵌固情况等。显然，材料强度高和截面抗弯刚度大的桩，当桩侧土质良好而桩又有一定的入土深度时，其水平承载力也较高。桩顶嵌固（刚接）于承台中的桩，其抗弯性能好，因而其水平承载力大于桩顶自由的桩。

确定单桩水平承载力的方法，以水平静载荷试验最能反映实际情况。此外，也可以根据理论计算，从桩顶水平位移限值、材料强度或抗裂验算出发加以确定。有可能时还应参考当地相关经验。

(1) 单桩的水平承载力特征值应通过现场单桩水平载荷试验确定，必要时可以进行带承台桩的载荷试验，试验宜采用慢速维持荷载法。

(2) 对于混凝土预制桩、钢桩、桩身全截面配筋率大于 0.65% 的灌注桩，根据静载试验结果取地面处水平位移 10mm（对于水平位移敏感的建筑物取水平位移 6mm）所对应的荷载为单桩水平承载力特征值。

(3) 对于桩身配筋率小于 0.65% 的灌注桩，取单桩水平静载试验的临界荷载为单桩水平承载力特征值。

(4) 当缺少单桩水平静载试验资料时，可以按下列公式估算桩身配筋率小于 0.65% 的灌注桩的单桩水平承载力特征值，即

$$R_{Ha} = \frac{\alpha\gamma_m f_t W_0}{\upsilon_m}(1.25 + 22\rho_g)\left(1 \pm \frac{\zeta_N \cdot N}{\gamma_m f_t A_n}\right) \tag{5-4-1}$$

式中：± —— 根据桩顶竖向力性质确定，压力取"+"，拉力取"−"

$\alpha$ —— 桩的水平变形系数；

$$\alpha = \sqrt[5]{\frac{mb_0}{EI}} \tag{5-4-2}$$

其中 $m$ 为地基土水平抗力系数的比例常数 $m$；$b_0$ 为桩截面计算宽 $EI$ 为桩身抗弯刚度

$R_{Ha}$ —— 单桩水平承载力设计值；

$\gamma_m$ —— 桩截面抵抗矩塑性系数，圆形截面下 $\gamma_m = 2$，矩形截面 $\gamma_m = 1.75$；

$f_t$ —— 桩身混凝土抗拉强度设计值；

$W_0$ —— 桩身换算截面受拉边缘的弹性抵抗矩，圆形截面为

$$W_0=\frac{\pi d}{32}[d^2+2(\alpha_E-1)\rho_g d_0^2] \quad (5\text{-}4\text{-}3)$$

式中：$d_0$—— 为扣除保护层的桩直径；

$\alpha_E$—— 钢筋弹性模量与混凝土弹性模量的比值；

$\upsilon_m$—— 桩身最大弯矩系数，按表5-4-1取值，单桩基础和单排桩基纵向轴线与水平力方向相垂直的情况，按桩顶铰接考虑；

$\rho_g$—— 桩身配筋率；

$A_n$—— 桩身换算截面面积，对圆形截面为

$$A_n=\frac{\pi d^2}{4}[1+(\alpha_E-1)\rho_g] \quad (5\text{-}4\text{-}4)$$

$\zeta_N$—— 桩顶竖向力影响系数，竖向压力取 $\zeta_N=0.5$；竖向拉力取 $\zeta_N=1.0$。

(5) 当缺少单桩水平静载试验资料时，可以按下式估算预制桩、钢桩、桩身配筋率大于0.65%的灌注桩等的单桩水平承载力特征值，即

$$R_{Ha}=\frac{\alpha^3 EI}{\upsilon_x}\chi_{\underline{0a}}\downarrow \quad (5\text{-}4\text{-}5)$$

式中：$EI$—— 桩身抗弯刚度，对于混凝土桩，$EI=0.85E_cI_0$；其中，$I_0$ 为桩身换算截面惯性矩，对圆形截面，$I_0=\frac{W_0 d}{2}$；

$\chi_{\underline{0a}}\downarrow$ —— 桩顶允许水平位移；

$\upsilon_x$—— 桩顶水平位移系数，按表5-4-1取值，取值方法同 $\upsilon_m$。

**表5-4-1　　桩顶(身)最大弯矩系数 $\upsilon_m$ 和桩顶水平位移系数 $\upsilon_x$**

| 桩顶约束情况 | 桩的换算埋深($\alpha h$) | $\upsilon_m$ | $\upsilon_x$ | 桩顶约束情况 | 桩的换算埋深($\alpha h$) | $\upsilon_m$ | $\upsilon_x$ |
|---|---|---|---|---|---|---|---|
| 铰接、自由 | 4.0 | 0.768 | 2.441 | 固接 | 4.0 | 0.926 | 0.940 |
| | 3.5 | 0.750 | 2.502 | | 3.5 | 0.934 | 0.970 |
| | 3.0 | 0.703 | 2.727 | | 3.0 | 0.967 | 1.028 |
| | 2.8 | 0.675 | 2.905 | | 2.8 | 0.990 | 1.055 |
| | 2.6 | 0.639 | 3.163 | | 2.6 | 1.018 | 1.079 |
| | 2.4 | 0.601 | 3.526 | | 2.4 | 1.045 | 1.095 |

**注**：1. 铰接(自由)的 $\upsilon_m$ 系桩身的最大弯矩系数，固接 $\upsilon_m$ 系桩顶的最大弯矩系数；

2. 当 $\alpha h>4$ 时取 $\alpha h=4.0$。$h$ 为桩的入土深度。

当作用于桩基上的外力主要为水平力时，应根据使用要求对桩顶变位的限制，对桩基的水平承载力进行验算。当外力作用面的桩距较大时，桩基的水平承载力可以视为各单桩的水平承载力的总和。当承台侧面的土未经扰动或回填密实时，应计算土抗力的作用。

水平荷载作用下桩的水平位移和水平极限承载力主要受地面以下深度为3～4倍桩直径范围内的土性决定。因而设桩方法和加载方式(静力的、动力的或循环的等)都是有关的因素，水平位移受到这些因素的影响比桩中弯矩或极限承载力所受到的影响更大。设计时应特别注意这一深度范围内的土性调查、评定和沉桩以及加载方式等的影响。

### 5.4.2 单桩在水平荷载下的性状

1.水平荷载作用下桩的破坏性状

在水平荷载作用下，桩产生变形并挤压桩周土，促使桩周土发生相应的变形而产生水平抗力。当水平荷载较小时，桩周土的变形是弹性的，水平抗力主要由靠近地面的表层土提供；随着水平荷载的增大，桩的变形加大，表层土逐渐产生塑性屈服，水平荷载将向更深的土层传递；当桩周土失去稳定、或桩体发生破坏（低配筋率的灌注桩常常桩身首先出现裂缝，然后断裂破坏）、或桩的变形超过建筑物的允许值（抗弯性能好的混凝土预制桩和钢桩，桩身虽未断裂但桩周土若已明显开裂和隆起，桩的水平位移一般已超限）时，水平荷载也就达到极限。由此可见，水平荷载下桩的工作性状取决于桩 — 土之间的相互作用。

依据桩、土相对刚度的不同，水平荷载作用下的桩可以分为：刚性桩、半刚性桩和柔性桩，其划分界限与各种计算方法中所采用的地基水平反力系数分布图式有关，若采用“$m$”法计算，当换算深度 $\bar{h} \leqslant 2.5$ 时为刚性桩，当 $2.5 < \bar{h} < 4.0$ 时为半刚性桩，当 $\bar{h} \geqslant 4.0$ 时为柔性桩（$\bar{h} = \alpha z$，$\alpha$ 为桩的水平变形系数）。半刚性桩和柔性桩统称为弹性桩。

(1) 刚性桩。

当桩很短或桩周土很软弱时，桩、土的相对刚度很大，属刚性桩。由于刚性桩的桩身不发生挠曲变形且桩的下段得不到充分的嵌制，因而桩顶自由的刚性桩发生绕曲，靠近桩端的一点作全桩长的刚体转动，如图 5-4-5(a) 所示，而桩顶嵌固的刚性桩则发生平移，如图 5-4-5(a′) 所示。刚性桩的破坏一般只发生于桩周土中，桩体本身不发生破坏。刚性桩常用 B. B. 布诺姆斯（Broms，1964）的极限平衡法计算。

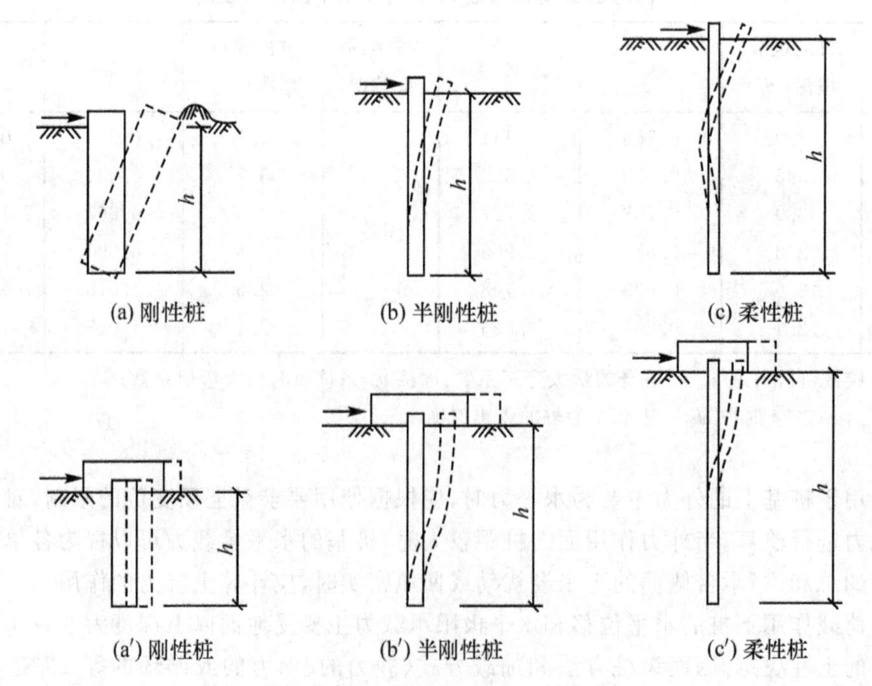


(a)、(b)、(c) 桩顶自由；(a′)、(b′)、(c′) 桩顶嵌固

图 5-4-5　水平荷载作用下桩的破坏性状示意图

(2) 弹性桩。

半刚性桩(中长桩)和柔性桩(长桩)的桩、土相对刚度较低,在水平荷载作用下桩身发生挠曲变形,桩的下段可以视为嵌固于土中而不能转动,随着水平荷载的增大,桩周土的屈服区逐步向下扩展,桩身最大弯矩截面也因上部土抗力减小而向下部转移,一般半刚性桩的桩身位移曲线只出现一个位移零点,如图 5-4-5(b)、(b′) 所示,柔性桩则出现两个以上位移零点和弯矩零点,如图 5-4-5(c)、(c′) 所示。当桩周土失去稳定、或桩身最大弯矩处(桩顶嵌固时可以在嵌固处和桩身最大弯矩处) 出现塑性屈服、或桩的水平位移过大时,弹性桩便趋于破坏。

2. 单桩在水平荷载作用下的工作性状

综合试验研究结果,单桩在水平荷载下的工作性状可以简要归纳为以下几点:

(1) 桩在一定水平荷载范围内($0 < H < H_{cr}$),经受任一级水平荷载反复作用时,桩身变位逐渐趋于某一稳定值;而且卸荷后,变形大部分可以恢复,说明这时桩、土处于弹性状态。

(2) 临界荷载 $H_{cr}$ 是一个标志点,当水平力 $H > H_{cr}$ 后,在相同的增量荷载作用下,桩的位移增量比前一级明显增大;而且在同一级荷载下,桩的位移随着加、卸荷循环次数的增加而增大;不过在水平力小于极限水平荷载 $H_u$ 范围内,每次循环引起的位移增量仍呈现减小趋势,使得位移包络线呈现微向上弯曲的形状。

(3) $H_u$ 是一个突变点,当 $H > H_u$ 时,桩的位移速率突然增大(连续加荷时),或同一级荷载的每一次循环都使位移增量加大(循环加荷时)。位移曲线的曲率突然增大(连续加荷时) 或位移的包络线变成向下弯曲的形状(循环加荷时);同时桩周土出现裂缝,明显破坏。

(4) 水平荷载试验的 $H—u_0$ 关系曲线形状类似于竖向荷载试验的 $Q—S$ 曲线,被特征点 $H_{cr}$ 和 $H_u$ 划分为三段:直线变形阶段、弹塑性变形阶段和破坏阶段;处于直线变形阶段,桩的工作状态是安全的。也只有在小变形条件下,土体的抗力才能有效发挥出来。

(5) 在水平荷载作用下,桩与土的变形主要发生在上部。土中应力区和塑性区的主要范围也在上部浅土层,一般在地面下 5 ~ 10m 深度以内。因此,桩周土对桩的水平工作性状影响最大的是地表土和浅层土。

### 5.4.3 水平荷载作用下弹性桩的分析计算

水平荷载作用下弹性桩的分析计算方法主要有地基反力系数法、弹性理论法和有限元法等,这里只介绍国内目前常用的地基反力系数法。

地基反力系数法是应用 E. 文克勒(Winkler,1867) 地基模型,把承受水平荷载的单桩视做弹性地基(由水平向弹簧组成) 中的竖直梁,通过求解梁的挠曲微分方程来计算桩身的弯矩、剪力以及桩的水平承载力。

1. 基本假设

单桩承受水平荷载作用时,可以把土体视为线性变形体,假定深度 $z$ 处的水平抗力 $\sigma_x$ 等于该点的水平抗力系数 $k_x$ 与该点的水平位移 $x$ 的乘积,即

$$\sigma_x = k_x x \tag{5-4-6}$$

此时忽略桩土之间的摩阻力对水平抗力的影响以及邻桩的影响。

地基水平抗力系数的分布和大小,将直接影响挠曲微分方程的求解和桩身截面内力的

变化。图 5-4-6 表示地基反力系数法所假定的 4 种较为常用的 $k_x$ 分布图式。

(1) 常数法:假定地基水平抗力系数沿深度为均匀分布,即 $k_x = k_h$。这是我国学者张有龄在 20 世纪 30 年代提出的方法,日本等国常按该方法计算,我国也常用该方法来分析基坑支护结构。

(2)"$k$"方法:假定在桩身第一挠曲零点(深度 $t$ 处)以上按抛物线变化,以下为常数。

(3)"$m$"方法:假定 $k_x$ 随深度成正比地增加,即是 $k_x = mz$。我国铁道部门首先采用这一方法,近年来也在建筑工程和公路桥涵的桩基设计中逐渐推广。

(4)"$C$值"方法;假定 $k_x$ 随深度按 $cz^{0.5}$ 的规律分布,即 $k_x = cz^{0.5}$($c$ 为比例常数,随土类不同而异)。这是我国交通部门在试验研究的基础上提出的方法。

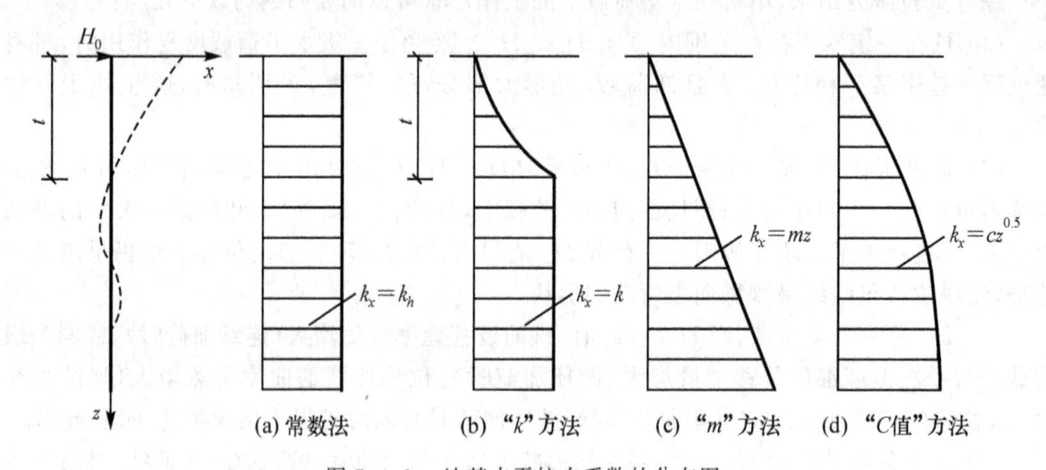


图 5-4-6 地基水平抗力系数的分布图

实测资料表明,"$m$"方法(当桩的水平位移较大时)和"$C$值"方法(当桩的水平位移较小时)比较接近实际。本节只简单介绍 $m$ 方法。

2. 计算参数

单桩在水平荷载作用下所引起的桩周土的抗力不仅分布于荷载作用平面内,而且桩的截面形状对抗力也有影响。计算时简化为平面受力,因此,取桩的截面计算宽度 $b_0$(单位为m)如下:

方形截面桩:当实际宽度 $b > 1\text{m}$ 时,$b_0 = b + 1$;当 $b \leqslant 1\text{m}$ 时,$b_0 = 1.5b + 0.5$

圆形截面桩:当桩径 $d > 1\text{m}$ 时,$b_0 = 0.9(d + 1)$;$d \leqslant 1\text{m}$ 时,$b_0 = 0.9(1.5d + 0.5)$

计算桩身抗弯刚度时,混凝土桩的 $E = 0.85E_c$($E_c$ 为混凝土的弹性模量)。

3. 单桩计算

(1) 确定桩顶荷载 $N_0$,$H_0$,$M_0$。单桩的桩顶荷载计算

$$N_0 = \frac{F + G}{n} \tag{5-4-7}$$

$$H_0 = \frac{H}{n} \tag{5-4-8}$$

$$M_0 = \frac{M}{n} \tag{5-4-9}$$

式中：$n$—— 同一承台中的桩数。

(2) 桩的挠曲微分方程。单桩在 $H_0$、$M_0$ 和地基水平抗力 $\sigma_x$ 作用下产生挠曲，取图5-4-6中的坐标系统，根据材料力学中梁的挠曲微分方程得到

$$\frac{d^4x}{dz^4}+\frac{k_x b_0}{EI}x=0 \tag{5-4-10}$$

在上式方程中，按不同的 $k_x$ 图式(见图5-4-6)求解。

若采用"$m$"方法的 $k_x$ 图式，即 $k_x=mz$，则梁的挠曲微分方程为

$$\frac{d^4x}{dz^4}+\alpha^5 zx=0 \tag{5-4-11}$$

式中：$\alpha$—— 桩的水平变形系数，$\frac{1}{m}$。

注意到梁的挠度 $x$ 与转角 $\varphi$、弯矩 $M$ 和剪力 $V$ 的微分关系，利用幂级数积分后可以得到"$m$"方法微分方程(5-4-11)的解答，从而求出桩身各截面的内力 $M$、$V$ 和位移 $x$、$\varphi$ 以及土的水平抗力 $\sigma_x$。计算这些项目时，可查用已编制的系数表。图5-4-7表示一单桩的 $x$、$M$、$V$ 和 $\sigma_x$ 的分布图形。

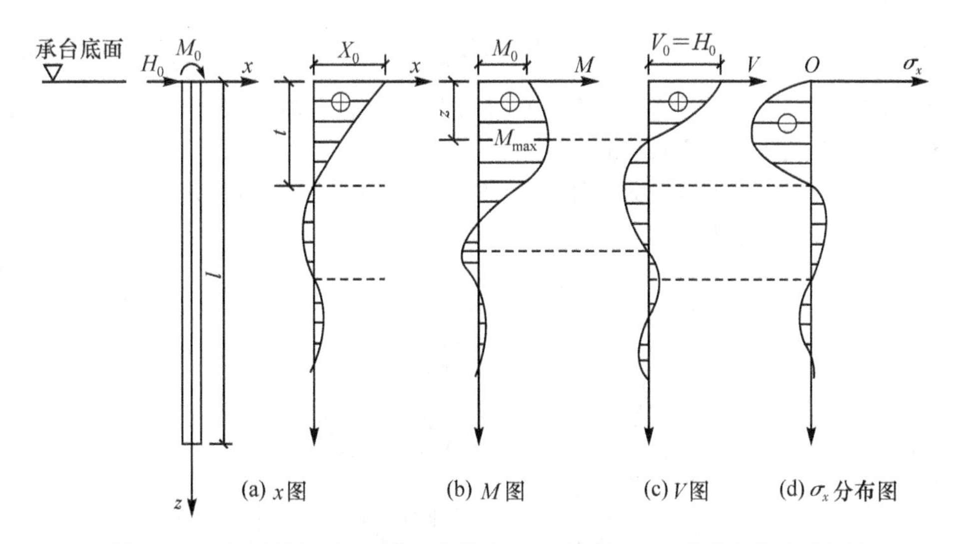


图5-4-7 单桩的挠度 $x$、弯矩 $M$、剪力 $V$ 和水平抗力 $\sigma_x$ 的分布曲线示意图

### 5.4.4 水平荷载作用下单桩性状分布的若干问题

1. 桩侧水平抗力系数的比例系数 $m$ 值

我国工程界普遍采用 $m$ 法计算桩在水平荷载作用下的性状，$m$ 值不仅与桩侧土的工程性质有关，还与桩的刚度有关，当桩的容许位移不同时，其值也不同。

$m$ 值宜通过桩的水平载荷试验确定。但由于试验费用和时间等原因，也可按规范给出的经验值取用。

如有单桩水平载荷试验结果，$m$ 取值可按下式计算。

$$m=\frac{\left(\frac{H_{cr}}{x_{cr}}\upsilon_x\right)^{\frac{5}{3}}}{b_0(EI)^{\frac{5}{3}}} \tag{5-4-12}$$

式中：$H_{cr}$—— 单桩水平临界荷载(kPa)；

$\upsilon_x$—— 桩顶位移系数；

$x_{cr}$—— 单桩水平临界荷载对应的位移(mm)；

$b_0$—— 桩身计算宽度(m)。

2. 关于地基土水平抗力系数的试验资料

我国曾经进行过几次大规模的现场桩的水平荷载试验，得到了许多宝贵的资料，从数据分析可知，用实测位移反算变形系数所求得的理论弯矩以"$k$"法为最大，"$m$"法、"$c$"法及常数法则依次减小；最大弯矩的深度的理论计算值比实测值小，其中"$k$"法计算的结果比较接近于实测值。

3. 填土水平抗力系数的非线性特性

模型与现场的试验研究均证明，地基土的水平抗力系数 $k_x$ 或水平向变形模量 $E_x$ 均随着水平位移的增大而呈非线性衰减，如图 5-4-8 所示，该图以无量纲指标表示，以桩顶位移 $x=0.005d$ 时的 $k_x(z)$ 值与 $k_{x0.005}(z)$ 为基准，则$\frac{k_x}{k_{x0.005}}$与桩顶相对位移$\frac{x}{d}$之间呈明显的非线性关系。地基抗力的这一特性说明，在分析桩的大位移时，必须慎重选用土的抗力系数值。

4. 桩顶竖向荷载对水平承载力的影响

大多数工程的桩顶除了水平荷载外，还同时承受竖向荷载。试验结果表明，竖向荷载确实可以有效提高桩的水平承载能力，但这方面的研究还不是非常充分，有待深化。

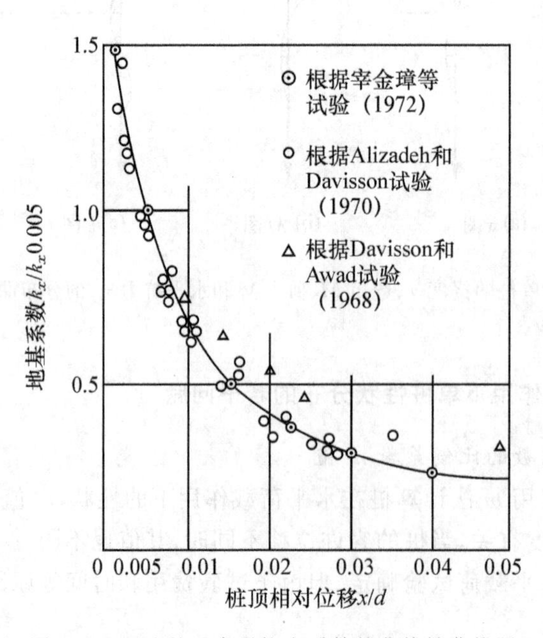


图 5-4-8　地基土水平抗力系数的非线性曲线图

# §5.5 群桩竖向承载力与沉降

## 5.5.1 群桩的荷载传递机理

由多根桩通过承台联成一体所构成的群桩基础，与单桩相比较，在竖向荷载作用下，不仅桩直接承受荷载，而且在一定条件下桩间土也可能通过承台底面参与承载；同时各个桩之间通过桩间土产生相互影响；来自桩和承台的竖向力最终在桩端平面形成了应力的叠加，从而使桩端平面的应力水平大大超过单桩，应力扩散的范围也远大于单桩，这些方面影响的综合结果使群桩的工作性状与单桩的工作性状有很大的差别。这种桩与土和承台的共同作用的结果称为群桩效应。正确认识和分析群桩的工作性状是搞好桩基设计的前提。

群桩效应主要表现在承载性能和沉降特性两方面，研究群桩效应的实质就是研究群桩荷载传递的特性。

1. 群桩的荷载传递特性

群桩的荷载传递是指通过承台和桩，在土体中扩散应力，将外荷载沿不同的路径传到地基的不同部位，从而引起不同的变形，表现为群桩的不同承载性能。

(1) 荷载传递两类基本模式。

群桩的荷载传递路径受到许多因素的影响而显得复杂且多变。但从群桩效应的角度，荷载传递模式主要有两类：端承桩型和摩擦桩型。

① 端承桩型的荷载传递。由于桩端持力层比较坚硬，桩底的沉降极小，更不会发生刺入变形，桩顶的沉降主要为桩身压缩量引起的，其数值比较小，一般都小于承台下土的压缩量，以致承台下土不会受力；除了很长的桩以外，桩土相对位移很小，桩侧摩阻力难以发挥出来，以致桩间和桩端以下土中应力叠加不明显，即端承桩群的群桩效应十分微弱，可以忽略不计，因此端承群桩中的每一根桩仍像单桩一样工作。

② 摩擦桩型的荷载传递。摩擦桩群的情况和端承桩相反，由于荷载主要通过桩的侧面，通过桩侧摩阻力向周围土体中传递，应力随着深度逐渐扩散，在常规桩距下，桩与桩之间必然相互影响；桩周和桩端平面以下土中的应力互相叠加，所以群桩效应十分显著。由此可见，只有摩擦桩群才有群桩效应问题，才需要考虑群桩问题。因此，以下关于群桩的讨论均指非端承桩群。

(2) 群桩地基的应力状态。

群桩地基包括桩间土、桩群外承台下土体以及桩端以下土体三部分；群桩地基中的应力包含三部分：自重应力、附加应力和施工应力。

① 附加应力。附加应力来自承台底面的接触压力和桩侧摩阻力以及桩底压力；在一般桩距（$3 \sim 4d$，$d$ 为桩直径）下应力互相叠加，使群桩桩周土与桩底土中的应力都大大超过单桩，且影响深度和压缩层厚度均成倍增加，从而使群桩的承载力低于单桩承载力之和、群桩的沉降与单桩沉降相比较，不仅数值增大，而且机理也不相同。

② 施工应力。施工应力是指挤土桩沉桩过程中对土体产生的挤压应力和超静孔隙水压力。在施工结束以后，挤压应力将随着土体的压密而逐步松弛消失；超静水压力也会随着固结排水而逐渐消散。因此施工应力是暂时的，但施工应力对群桩的工作性状有一定影响；土

体压密和孔压消散使有效应力增大，使土的强度随之增长，从而使桩的承载力提高，但桩间土固结下沉对桩会产生负摩阻力，并可能使承台底面脱空。

③ 应力的影响范围。群桩应力的影响深度和宽度大大超过单桩，桩群的平面尺寸越大，影响深度亦越大，且应力随着深度而收敛得越慢，这是群桩沉降大大超过单桩的根本原因。

④ 桩身摩阻力与桩端阻力的分配。由于应力的叠加，群桩桩端平面处的竖向应力比单桩明显增大，因此群桩中每根桩的单位端阻力也较单桩有所增大。此外，桩间土体由于受到承台底面的压力而产生一定沉降，从而使桩侧摩阻力有所削弱，因此使得群桩中的桩端阻力占桩顶总荷载的比例亦高于单桩。桩越短，这种情况越显著。群桩荷载传递的这一特性，为采用实体深基础模式计算群桩的承载力和沉降提供了一定的理论依据。

2.群桩的变形特性

摩擦群桩的变形特性主要是指作为群桩沉降($s$)组成部分的桩间土的压缩($s_1$)和桩下土的压缩($s_2$)之间的关系及其影响因素。模型试验揭示，群桩的变形依桩基支承条件的不同而分为两类：

(1) 纯摩擦桩群。

纯摩擦桩群的沉降特性与桩数。桩距以及荷载水平密切相关。

① 在常规桩距($3\sim4d$，$d$为桩直径)下，桩数是决定性的因素，随着桩数的增加，主要压缩层逐渐下移。较小的群桩(桩数$n\leqslant9$)，其沉降主要表现为桩间土的压缩；对于较大的群桩($n>9$)，其沉降主要压缩区移到桩尖平面以下。

② 桩距增大时，桩间土压缩量所占比例上升。

③ 荷载水平的影响表现为：当荷载由$\frac{Q_u}{2}$增至$1.2Q_u$时，在常规桩距下，小群桩($n\leqslant9$)沉降量的增加主要是桩间土压缩量的增大，且主要压缩层上移；大群桩则主要是桩下土压缩量的增加；在较大桩距下，即使是大群桩，沉降亦主要表现为桩间土的压缩。

(2) 支承摩擦桩群。

由于桩端持力层比较硬，在通常设计荷载下不会发生刺入变形，其沉降主要表现为桩下土的压缩变形$s_2$。若桩间土为欠固结状态，亦可能发生固结变形，但这种变形并不反映到群桩沉降中去。仅当荷载水平接近极限荷载，桩端发生刺入变形时，桩间土才会受到压缩，此时群桩沉降包含两部分，即$s=s_1+s_2$。

3.群桩效应的评价

群桩效应主要表现在承载力和沉降两个方面，由于群桩影响而使承载力降低可以用群桩效应系数表示，而群桩沉降的增大可以用沉降比表示。采用这两个系数将群桩与单桩的性状作定量的比较，并以此来评价群桩的工作性能。

群桩效应系数$\eta$是指群桩竖向极限承载力$P_u$与群桩中所有单桩竖向极限承载力$Q_u$之和的比值，即

$$\eta=\frac{P_u}{nQ_u} \tag{5-5-1}$$

沉降比$\zeta$是指在每根桩承担相同荷载条件下，群桩沉降量$s_n$与单桩沉降量$s$之比，即

$$\zeta=\frac{s_n}{s} \tag{5-5-2}$$

群桩效应系数 $\eta$ 越小、沉降比 $\zeta$ 越大，则表示群桩效应越强，也就意味着群桩承载力越低、沉降越大。

群桩效应系数 $\eta$ 和沉降比 $\zeta$ 的定量评价是一个复杂的问题，受多种因素的影响。模型试验表明，$\eta$、$\zeta$ 主要取决于桩距和桩数，其次与土质、土层构造、桩径、桩的类型及排列方式等因素有关。就一般情况而言，在常规桩距（$3 \sim 4d$，$d$ 为桩直径）下，粘性土中小群桩（桩数 $n \leqslant 9$）的群桩效应系数 $\eta$ 和沉降比 $\zeta$ 并不很大；但大群桩（桩数 $n > 9$）则不同，群桩效率随着桩数的增加而明显下降，且 $\eta < 1$，同时沉降比迅速增大，$\zeta$ 可以从2增大到10以上；砂土中的挤土桩群，有可能 $\eta > 1$；而沉降比则除了端承桩 $\zeta = 1$ 外，均为 $\zeta > 1$。

综上可知，在设计中，对于常规桩距下的小群桩，可以不考虑群桩效应；但对于大群桩则不可忽视群桩效应问题，在满足承载力要求的同时，还必须验算群桩的沉降。

### 5.5.2 群桩的承载力计算

1. 群桩竖向承载力标准值

考虑桩群、土和承台的相互作用效应的桩基称为复合桩基，以区别于不考虑承台作用的桩基础，复合桩基竖向承载力标准值可以表示为

$$Q_k = \eta_s Q_{sk} + \eta_p Q_{pk} + \eta_c Q_c \tag{5-5-3}$$

当单桩极限承载力标准值根据静载试验确定时，其复合桩基的竖向承载力标准值表达式则简化为

$$Q_k = \eta_{sp} Q_{uk} + \eta_c Q_{ck} \tag{5-5-4}$$

$$Q_{ck} = \frac{q_{ck} A_c}{n} \tag{5-5-5}$$

$$Q_k = \eta_{sp} Q_{uk} + \eta_c Q_{ck} \tag{5-5-6}$$

$$Q_{ck} = \frac{q_{ck} A_c}{n} \tag{5-5-7}$$

若不考虑承台底土阻力的作用，则桩基的竖向承载力标准值表达式为

$$Q_k = \eta_s Q_{sk} + \eta_p Q_{pk} \tag{5-5-8}$$

同理，由静载试验确定的单桩承载力标准值时，桩基的竖向承载力标准值表达式为

$$Q_k = \eta_{sp} Q_{uk} \tag{5-5-9}$$

式中：$Q_{sk}$、$Q_{pk}$—— 分别为单桩总极限侧阻力和总极限端阻力标准值(kN)；

$Q_{ck}$—— 承台底地基土总极限阻力标准值(kN)；

$q_{ck}$—— 承台底$\frac{1}{2}$承台宽度的深度范围（$\leqslant 5$）内地基土极限阻力标准值(kPa)；

$A_c$—— 承台底面扣除桩的面积以后的净面积($m^2$)；

$Q_{uk}$—— 单桩竖向极限承载力标准值(kN)；

$\eta_s$、$\eta_p$、$\eta_{sp}$、$\eta_c$—— 分别为桩侧阻群桩效应系数、桩端阻群桩效应系数、桩侧阻桩端阻综合群桩效应系数和承台底土阻力群桩效应系数。可以根据桩的中心距 $S_a$ 与桩的直径 $d$ 的比值 $\left(\frac{S_a}{d}\right)$、承台宽度 $B_c$ 与桩的入土深度 $l$ 的比值 $\left(\frac{B_c}{l}\right)$ 查《建筑桩基技术规范》(JGJ94—2008)。

2. 承台底土的承载作用的发挥条件

复合桩基与一般桩基的区别在于是否考虑承台效应，在设计时将桩基承台底土的阻力

作为桩基抗力的一部分，无疑是有经济价值的，但承台底土阻力的发挥是有条件的。在端承桩条件下，由于桩和桩端土层的刚度远大于桩间土的刚度，承台底土将很难发挥其承载作用；对于摩擦桩，一般情况下可以考虑承台底土的作用，但若桩间土因固结下沉而与承台底面脱开，则不能计算其承载作用，此外，若因降低地下水位、动荷载作用等使承台底面与土体脱开，均不考虑承台底土的承载作用。

承台底土阻力的发挥值与桩距、桩长、承台宽度、桩的排列、承台内外区面积比等因素有关。承台底土阻力群桩效应系数可以按下式计算

$$\eta_c = \eta_c^i \frac{A_c^i}{A_c} + \eta_c^e \frac{A_c^e}{A_c} \tag{5-5-10}$$

式中：$A_c^i$、$A_c^e$—— 承台内区(即外围桩的外边缘包络区的面积)、外区净面积；

$\eta_c^i$、$\eta_c^e$—— 承台内区、外区土阻力群桩效应系数，查《建筑桩基技术规范》(JGJ94—2008)。

3. 群桩基础的两种极限状态

群桩基础的极限状态包括承载力极限状态和正常使用极限状态，为了满足桩基承载力极限状态设计的要求，需进行桩基承载力和稳定性的验算，桩基沉降计算则是为了保证建筑物的沉降不超过容许量。

(1) 桩基承载能力极限状态。

按桩距大小和桩数的多少，可以分为两种情况考虑：

① 表现为单桩承载力达到极限状态。桩距较大($S_a > 6d$) 的小群桩($n \leqslant 9$) 或不超过两排的条形承台桩基的承载能力极限状态常为这种形式。桩基极限承载力等于单桩极限承载力之和。

② 表现为群桩整体失稳。常规桩距($S_a > 4d$) 的大群桩($n > 9$) 或多排条形桩基的承载能力极限状态常为这种形式。其极限承载力最终取决于桩底持力层土或下卧层土是否达到极限承载力。

(2) 桩基正常使用极限状态。

① 桩基的承载能力尚未达到极限，但其基础沉降值已达到建筑物的允许变形值。

② 桩基的承载能力并未达到极限值，但考虑材料的耐久性，桩基的极限承载力不得超过材料所能提供的极限承载力(如钢桩，扣除腐蚀深度后)。

(3) 群桩竖向极限承载力的计算方法。

① 单桩极限承载力叠加法

$$P_u = nQ_u \tag{5-5-11}$$

式中：$P_u$—— 群桩基础的极限承载力(kN)；

$Q_u$—— 群桩中任一根桩的单桩极限承载力(kN)；

$n$—— 群桩中的桩数。

上式适用于群桩效应极弱的桩基，例如：端承桩基础、桩数较少(例如 $n \leqslant 9$) 的桩基础、排数较少(例如不超过两排) 的条形布置桩基础。

② 实体深基础法。对于群桩效应较强的桩基，例如上述范围以外的桩基，可以把桩群连同所围土体作为一个实体深基础来分析。其计算图式如图 5-5-1 所示。假定群桩基础的极限承载力 $P_u$ 等于沿桩群外侧倾角 $\alpha = \frac{\varphi_m}{4}$ 扩散至桩端平面所围面积内地基土的极限承载力 $f_u$ 的总和 $R_u$，按下式计算

$$P_u = R_{pu} = ab \cdot q_{pu} \tag{5-5-12}$$

在中心竖直荷载作用时，可以按下式验算桩底土的地基强度

$$\sigma_{l+h} = \gamma(l+h) + \frac{N+G+W}{ab} \leqslant f_{l+h} \tag{5-5-13}$$

式中：$q_{pu}$、$R_{pu}$—— 桩端持力层土的单位极限承载力(kPa) 和总极限承载力(kN)；

$\sigma_{l+h}$—— 桩端平面处地基土的总压应力(kPa)；

$l$、$h$—— 桩长和承台的埋置深度(m)；

$N$—— 桩基承受的总荷载(标高 ±0.00 以上部分)(kN)；

$G$—— 桩承台的超重(指超过原来土重的部分)(kN)；

$W$—— 桩体的超重(指超过被其取代的土重的部分)(kN)；

$f_{l+h}$—— 桩端持力层土的承载力(kPa)；

$a$、$b$—— 桩尖平面计算受力面积的边长(m)

$$a = a_0 + 2l\tan\frac{\varphi_m}{4}, \quad b = b_0 + 2l\tan\frac{\varphi_m}{4} \tag{5-5-14}$$

$\varphi_m$—— 桩端平面以上各层土的内摩擦角平均值(°)。

在计算 $\gamma$、$G$、$W$ 时，地下水位以下应扣除浮力，但若桩端持力层为不透水层，则不应扣除浮力。

③ 考虑桩与桩间土共同承载的方法。摩擦桩基的桩底土为可压缩土层，如其承受荷载可能使桩端产生刺入变形，以致承台底面与土能保持接触，则桩间土将直接从承台底面分担一定的荷载。近年来已将这种原理运用到桩基设计中来，并称之为复合桩基，以区别于仅由桩承受荷载的传统设计方法。这类方法的基本思路是：设计时让桩承受接近其极限承载力的荷载，使之产生一定的刺入变形，从而使桩间土分担一定的荷载。这样一来，桩所承受的荷载有所减小，与此同时，桩间土亦开始其沉降过程，这两个相互交错进行的过程，其实质是变形相互协调的过程，最终达到荷载分担，沉降稳定。

④ 桩基软弱下卧层的强度验算。当桩端持力层下存在软弱下卧层时，必须验算其强度是否满足相关要求。此时桩基作为实体深基础，假设作用于桩基的竖向荷载全部传到持力层顶面并作用于桩群外包线所围的面积上，该荷载以 $\alpha$ 角扩散到软弱下卧层顶面，按图 5-5-2 和下式进行验算

$$\sigma_{z_2} + \sigma_{cz_2} \leqslant f_{z_2} \tag{5-5-15}$$

式中：$\sigma_{cz_2}$—— 软弱下卧层顶面处地基土的自重应力(kPa)；

$f_{z_2}$—— 软弱下卧层顶面处地基土承载力设计值(kPa)；

$\sigma_{z_2}$—— 作用于软弱下卧层顶面处的附加应力(kPa)；

$$\sigma_{z_2} = \sigma_{z_1}\frac{a_0 b_0}{ab} \tag{5-5-16}$$

$$a = a_0 + 2(z_2 - z_1)\tan\alpha, \quad b = b_0 + 2(z_2 - z_1)\tan\alpha \tag{5-5-17}$$

$\alpha$—— 压力扩散角，对密实的砾砂、粗砂、中砂以及老粘性土($Q_3$)，取 $\alpha = 30°$

$$\sigma_{z_1} = \gamma(l+h) + \frac{N+G+W-2l(a+b)\tau}{ab} \tag{5-5-18}$$

$\sigma_{cz_1}$—— 桩端平面处土的自重应力(kPa)。

$$\sigma_{cz_1} = \gamma(l+h) \tag{5-5-19}$$

$\tau$—— 桩周各层土抗剪强度的平均值(kPa)；

$N$、$G$、$W$ 意义同前。

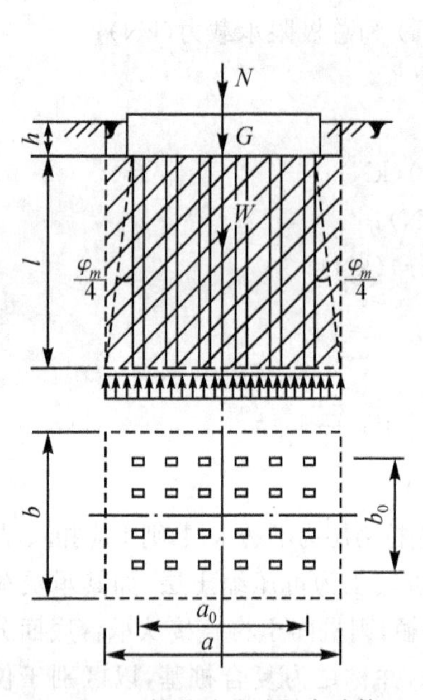

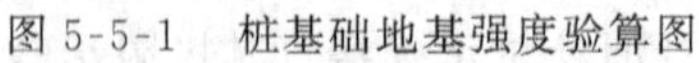


图 5-5-1　桩基础地基强度验算图

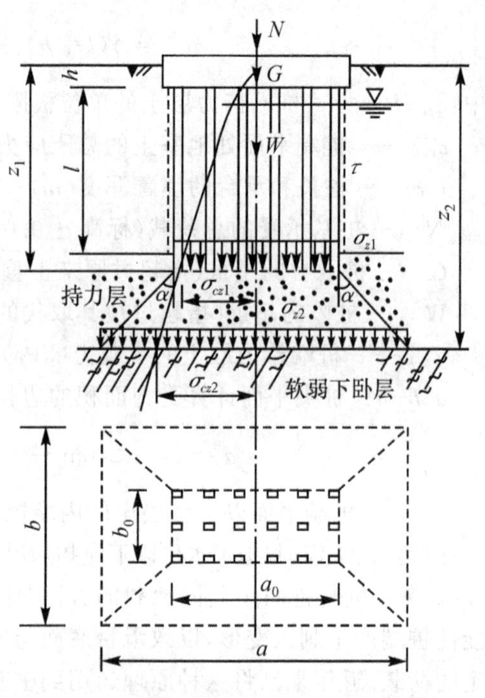


图 5-5-2　桩基软弱下卧层的强度验算图

《建筑桩基技术规范》(JGJ94—2008) 中认为，对于桩距不超过 $6d$($d$ 为桩直径) 的群桩基础，桩端持力层下存在承载力低于桩端持力层承载力 $\frac{1}{3}$ 的软弱下卧层时，也可以按下式验算软弱下卧层的承载力，如图 5-5-3 所示。

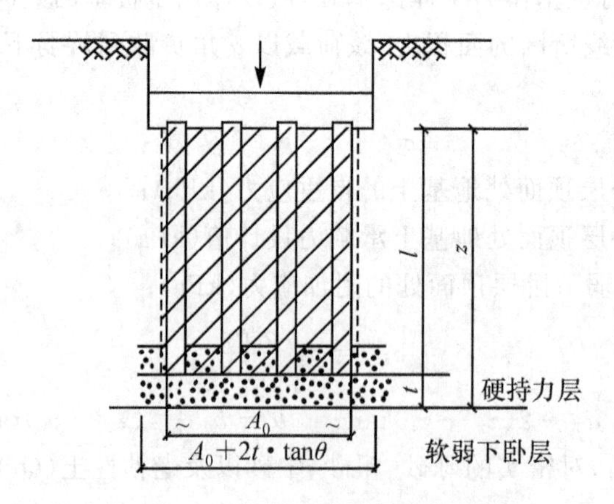


图 5-5-3　软弱下卧层承载力验算

$$\sigma_z+\gamma_m z\leqslant f_{az} \tag{5-5-20}$$

$$\sigma_z=\frac{(F_k+G_k)-\frac{3}{2}(A_0+B_0)\cdot\sum q_{sik}l_i}{(A_0+2t\tan\theta)(B_0+2t\cdot\tan\theta)} \tag{5-5-21}$$

式中：$\sigma_z$—— 作用于软弱下卧层顶面的附加应力(kPa)；

$\gamma_m$—— 软弱层顶面以上各土层加权平均重度($kN/m^3$)；

$t$—— 硬持力层厚度(m)；

$f_{az}$—— 软弱下卧层经深度修正的地基承载力特征值(kPa)；

$A_0$、$B_0$—— 桩群外缘矩形底面的长、短边边长(m)；

$q_{sik}$—— 桩周第 $i$ 层土的极限侧阻力标准值(kPa)；

$\theta$—— 桩端硬持力层压力扩散角，按表 5-5-1 取值。

**表 5-5-1　　桩端硬持力层压力扩散角 $\theta$**

| $\frac{E_{s1}}{E_{s2}}$ | $t = 0.25B_0$ | $t \geqslant 0.50B_0$ |
|---|---|---|
| 1 | 4° | 12° |
| 3 | 6° | 23° |
| 5 | 10° | 25° |
| 10 | 20° | 30° |

**注**：$t < 0.25B_0$ 时，取 $\theta = 0°$；可内插取值。

### 5.5.3　群桩的沉降计算

群桩的沉降与桩距、桩长、桩数、桩底土和桩间土的刚度比、承台刚度以及荷载水平等许多因素有关，实质上是桩 — 土 — 承台共同作用的问题。目前的作法是以某种假定将问题加以简化，同时按实际经验，特别是地区性经验对计算结果加以适当的修正，以求较好地符合实际。现有群桩沉降计算方法主要有以下两类。

1. 半经验实体深基础法

半经验实体深基础法的思路是借鉴浅基础沉降计算的方法，将桩群连同桩间土与承台一起作为一个深基础，如图 5-5-4 所示。作用于桩端平面的荷载为均匀分布。土中附加应力按集中力作用于半无限弹性体表面的布西奈斯克(Boussinesq) 解计算。压缩层下限按附加应力等于土自重应力 20% 的深度划界。以分层总和法按式(5-5-22) 计算桩基沉降量。

群桩基础的最终沉降量按下式计算

$$s = \Psi_s \sum_{i=1}^{n} \frac{\sigma_{zi} H_i}{E_{si}} \tag{5-5-22}$$

式中：$\sigma_{zi}$—— 地基第 $i$ 分层的平均附加应力(kPa)；

$E_{si}$—— 地基第 $i$ 分层的压缩模量，相应于从该分层的平均自重应力变化到平均总应力(自重应力与附加应力之和，包括相邻桩基的影响) 的应力状态下的压缩模量，可由固结试验的 $e$—$p$ 曲线求算(kPa)；

$n$—— 地基压缩层范围内的计算分层数；

$H_i$—— 地基第 $i$ 分层的厚度，按分层总和法的规定划取(m)；

$\Psi_s$—— 桩基沉降计算的经验修正系数，以当地的规范或经验为准。

计算附加应力时，根据经验可以采取下列不同的简化计算图式：

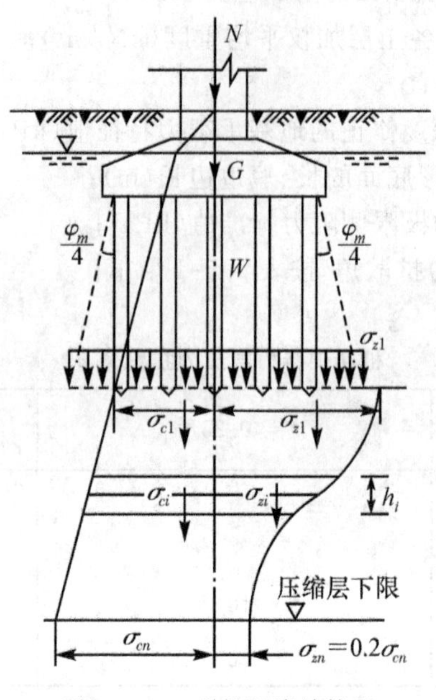


图 5-5-4 群桩沉降计算图

(1) 假定荷载沿桩群外侧面扩散，扩散角等于桩所穿过土层的内摩擦角 $\varphi$ 的加权平均值 $\varphi_m$ 的 $\frac{1}{4}$，桩端平面的荷载面积 $A_k$ 为扩散角锥面所包范围；桩端平面处的总压力 $p$ 等于上部结构的荷载 $F$、承台和台阶上的土体自重 $G$、桩群范围内的桩和土的自重 $G_p$ 之总和除以扩散后的荷载面积 $A_k$，再减去桩端平面处的土体自重应力 $\sigma_c$，得到附加压力 $p_0$，采用 Boussinesq 课题的应力解结果得到沿深度分布的土中附加应力 $\sigma_{zi}$。

(2) 假定荷载不沿桩群外侧面扩散，用上述方法计算桩端平面处的附加压力 $p_0$，也采用 Boussinesq 课题的应力解结果得到沿深度分布的土中附加应力 $\sigma_{zi}$。

桩基沉降计算的经验修正系数 $\Psi_s$ 是根据建筑物沉降观测得到的实测平均沉降与计算中点沉降的比值，经统计方法得到的。上海市地基基础设计规范规定的桩基沉降计算经验修正系数如表 5-5-2 所示。从表 5-5-2 中的数据可以看出，桩越长，实测沉降比计算沉降小得越多。桩基计算沉降量偏大的原因很多，按实体基础假定计算沉降的方法是一种经验的简化，与实际情况有比较大的出入，其中计算土中附加应力采用 Boussinesq 课题的应力解方法与桩基下土体应力条件有比较大的差异，桩越长，差异越大。

表 5-5-2 桩基沉降计算经验修正系数

| 桩端入土深度(m) | ＜20 | 30 | 40 | 50 |
|---|---|---|---|---|
| 修正系数 | 1.10 | 0.90 | 0.60 | 0.50 |

2. 建筑桩基技术规范的方法

考虑到明德林－盖得斯法计算桩基沉降在技术上的合理性和具体计算时的复杂性，《建筑桩基技术规范》(JGJ94—2008) 中提出了一种等效的方法，以便可以采用手算的方法按明德林 - 盖得斯法计算桩基沉降。

上述规范方法的思路是在编制规范时经过大量试算求得实体基础法与明德林 - 盖得斯法的经验关系，编制了一些系数表可供查用。在工程计算时仍采用已经熟悉的实体基础方法，将计算的结果乘以等效系数就得到明德林 - 盖得斯法计算桩基沉降的结果。

上述规范规定对于桩中心距小于或等于 6 倍桩径的桩基，其最终沉降量计算可以采用等效作用分层总和法。等效作用面位于桩端平面，等效作用面积为桩承台投影面积，等效作用附加压力近似取承台底平均附加压力。

等效作用面以下的应力分布采用各向同性均质直线变形体理论的 Boussinesq 课题的应力解。计算图式如图 5-5-5 所示，桩基内任意点的最终沉降量可以用角点法按下式计算

$$s = \Psi\Psi_e s' = \Psi\Psi_e \sum_{j=1}^{m} p_{0j} \sum_{i=1}^{n} \frac{z_{ij}\alpha_{ij} - z_{(i-1)j}\alpha_{(i-1)j}}{E_{si}} \tag{5-5-23}$$

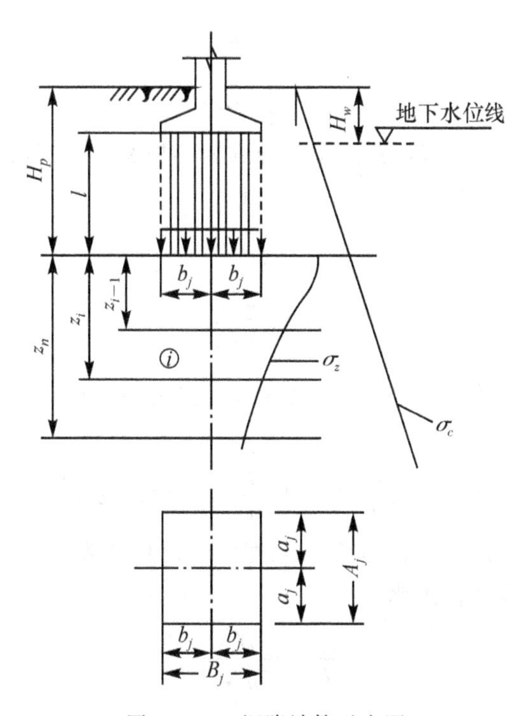


图 5-5-5　沉降计算示意图

式中：$s$—— 桩基最终沉降量(mm)；

$s'$—— 按规范推荐应力面积法计算的桩基沉降量(mm)；

$\Psi$—— 桩基沉降计算经验系数；

$\Psi_e$—— 桩基等效沉降系数；

$m$—— 角点法计算点对应的矩形荷载分块数；

$p_{0j}$—— 角点法计算点对应的第 $j$ 块矩形底面长期效应组合的附加压力；

$n$—— 桩基沉降计算深度范围内所划分的土层数；

$E_{si}$—— 等效作用底面以下第 $i$ 层土的压缩模量(MPa)，采用地基土在自重压力至自重

压力加附加压力作用时的压缩模量；

$z_{ij}$、$z_{(i-1)j}$—— 桩端平面第 $j$ 块荷载至第 $i$ 层土、第 $i-1$ 层土底面的距离(m)；

$\alpha_{ij}$、$\alpha_{(i-1)j}$—— 桩端平面第 $j$ 块荷载计算点至第 $i$ 层土、第 $i-1$ 层土底面深度范围内平均附加应力系数。

(1) 计算矩形桩基中点沉降。

$$s = \Psi \cdot \Psi_e \cdot s' = 4 \cdot \Psi \cdot \Psi_e \cdot p_0 \sum_{i=1}^{n} \frac{z_i \overline{\alpha_i} - z_{i-1} \overline{\alpha}_{i-1}}{E_{si}} \tag{5-5-24}$$

式中：$p_0$—— 在荷载效应标准永久组合下承台底的平均附加应力(kPa)；

$\overline{\alpha}_i$、$\overline{\alpha}_{i-1}$—— 平均附加应力系数，根据矩形长宽比 $\frac{a}{b}$ 及深宽比 $\frac{z_i}{b}$ 查规范表格。

(2) 桩基沉降计算深度 $z_n$。

桩基沉降计算深度 $z_n$ 应按应力比法确定，即计算深度处的附加应力 $\sigma_z$ 与土的自重应力 $\sigma_c$ 应符合下列公式要求

$$\sigma_z = 0.2\sigma_c \tag{5-5-25}$$

$$\sigma_z = \sum_{j=1}^{m} a_j p_{0j} \tag{5-5-26}$$

式中：$a_j$—— 附加应力系数，可根据角点法划分的矩形长宽比及深宽比确定。

(3) 桩基等效沉降系数 $\Psi_e$。

$$\Psi_e = c_0 + \frac{n_{b-1}}{c_1(n_b - 1) + c_2} \tag{5-5-27}$$

$$n_b = \sqrt{n \cdot \frac{B_c}{L_c}} \tag{5-5-28}$$

式中：$n_b$—— 矩形布桩时的短边布桩数，当布桩不规则时可以按式(5-5-28) 近似计算，$n_b > 1$；$n_b < 1$ 时，取 $n_b = 1$；

$c_0$、$c_1$、$c_2$—— 根据群桩距径比 $\frac{s_a}{d}$、长径比 $\frac{l}{d}$ 及基础长宽比 $\frac{h_c}{B_c}$ 确定；

$L_c$、$B_c$、$n$—— 分别为矩形承台的长(m)、宽(m) 及总桩数。

(4) 布桩不规则时，等效径距比。

圆形桩
$$\frac{s_a}{d} = \frac{\sqrt{A}}{\sqrt{n} \cdot d} \tag{5-5-29}$$

方形桩
$$\frac{s_a}{d} = \frac{0.886\sqrt{A}}{\sqrt{n} \cdot b} \tag{5-5-30}$$

式中：$A$—— 桩基承台总面积($m^2$)；

$b$—— 方形桩截面边长(m)。

(5) 桩基沉降计算经验系数 $\Psi$。

当无当地可靠经验时，桩基沉降计算经验系数 $\Psi$ 可以按表 5-5-3 选用。对于后压浆灌注桩，$\Psi$ 应根据桩端持力土层类别，乘以 0.7(砂、砾、卵石) ～ 0.8(粘性土、粉土) 折减系数；饱和土中采用预制桩(不含复打、复压、引孔深桩) 时，应根据桩距、土质、沉桩速率和顺序等因素，乘以 1.3 ～ 1.8 的挤土效应系数，土的渗透性低、桩距小、桩数多、沉桩速率快时取大值。

表 5-5-3　　桩基沉降计算经验系数 $\Psi$

| $\bar{E}_s$(MPa) | ≤10 | 15 | 20 | 35 | ≥50 |
|---|---|---|---|---|---|
| $\Psi$ | 1.2 | 0.9 | 0.65 | 0.50 | 0.40 |

(6) 计算桩基沉降时,应考虑相邻基础的影响。

(7) 当桩基形状不规则时,可以采用等效矩形面积计算。

3. 建筑桩基技术规范关于单排桩、疏桩基础的沉降

(1) 对于单桩、单排桩、桩中心距大于 6 倍桩径的疏桩基础。

① 承台底地基土不分担荷载的桩基。

桩端平面以下地基中由基桩引起的附加应力,按考虑桩径影响的明德林解计算确定。将沉降计算点水平面影响范围内各基桩对应力计算点产生的附加应力叠加,采用单向压缩分层总和法计算土层沉降,并计入桩身压缩量 $s_e$:

$$s = \Psi \sum_{i=1}^{n} \frac{\sigma_{zi}}{E_{si}} \Delta z_i + s_e \tag{5-5-31}$$

$$\sigma_{zi} = \sum_{j=1}^{m} \frac{Q_j}{l_j^2} [\alpha_j I_{p,ij} + (1 - \alpha_j) I_{s,ij}] \tag{5-5-32}$$

$$s_e = \xi_e \frac{Q_j l_j}{E_c A_{ps}} \tag{5-5-33}$$

② 承台底地基土分担荷载时复合桩基。

将承台底土压力对地基中某点产生的附加应力按 Boussinesq 解计算。与基桩产生的附加应力叠加,可以按下式估算

$$s = \Psi \sum_{i=1}^{n} \frac{\sigma_{zi} + \sigma_{zci}}{E_{si}} \Delta_{z_i} + s_e \tag{5-5-34}$$

$$\sigma_{zci} = \sum_{k=1}^{u} \alpha_{ki} \cdot p_{c,k} \tag{5-5-35}$$

式中:$m$—— 以沉降计算点为圆心,0.6 倍桩长为半径的水平面影响范围内的基桩数;

$n$—— 沉降计算范围内土层的计算分层数;

$\sigma_{zi}$—— 水平面影响范围内各基桩对应力计算点桩端平面以下第 $i$ 层土 $\frac{1}{2}$ 厚度处产生的附加竖向应力之和(kPa);

$\sigma_{zci}$—— 承台压力对应力计算点桩端平面以下第 $i$ 计算土层 $\frac{1}{2}$ 厚度处产生的应力(kPa);

$\Delta_{z_i}$—— 第 $i$ 计算土层厚度(m);

$E_{si}$—— 第 $i$ 计算土层的压缩模量(MPa);

$Q_j$—— 第 $j$ 桩在荷载效应准永久组合作用下,桩顶的附加荷载(kN);

$l_j$—— 第 $j$ 桩桩长(m);

$A_{ps}$—— 桩身截面面积($m^2$);

$\alpha_j$—— 第 $j$ 桩总桩端阻力与桩顶荷载之比,近似取极限总端阻力与单桩极限承载力之比;

$I_{p,ij}$、$I_{s,ij}$—— 分别为第 $j$ 桩的桩端阻力和桩侧阻力对计算轴线第 $i$ 计算土层 $\frac{1}{2}$ 厚度处的应力影响系数；

$E_c$—— 桩身混凝土的弹性模量(MPa)；

$p_{c,k}$—— 第 $k$ 块承台底均布压力，可按 $p_{c,k} = \eta_{c,k} \cdot f_{ak}$ 取值，其中 $\eta_{c,k}$ 为第 $k$ 块承台底板的承台效应系数；$f_{ak}$ 为承台底地基承载力特征值；

$\alpha_{ki}$—— 第 $k$ 块承台底角点处，桩端平面以下第 $i$ 计算土层 $\frac{1}{2}$ 厚度处的附加应力系数；

$s_e$—— 计算桩身压缩；

$\xi_e$—— 桩身压缩系数。端承型桩，取 $\xi_e = 1.0$；摩擦型桩，当 $\frac{l}{d} \leqslant 30$ 时，取 $\xi_e = \frac{2}{3}$；$\frac{l}{d} \geqslant 50$ 时，取 $\xi_e = \frac{1}{2}$；介于两者之间可线性插值；

$\Psi$—— 沉降计算经验系数，无当地经验时，可以取 1.0。

(2) 沉降计算深度 $z_n$。

对于单桩、单排桩、疏桩复合桩基础的最终沉降计算深度 $z_n$，可以按应力比法确定，即 $z_n$ 处由桩引起的附加应力 $\sigma_z$、由承台土压力引起的附加应力 $\sigma_{zc}$ 与土的自重应力 $\sigma_c$ 应符合

$$\sigma_z + \sigma_{zc} = 0.2\sigma_c \tag{5-5-36}$$

### 5.5.4 负摩阻力对群桩桩基承载力和沉降的影响

1. 建筑桩基技术规范提出的方法

负摩阻力对于桩基承载力和沉降的影响随桩侧阻力和桩端阻力分担荷载比、建筑物各桩基周围土层沉降的均匀性、建筑物对不均匀沉降的敏感程度而异，因此，应区别不同情况，分别处理：

(1) 对于摩擦型桩基，当出现负摩阻力对桩基施加下拉荷载时，由于桩端持力层的压缩性较大，随之引起桩的下沉，这种沉降有减小相对位移、降低负摩阻力的作用，直至负摩阻力降为零。因此，一般情况下对于摩擦型桩基，可以近似将理论中性点以上的桩侧阻力作为零近似计算桩基承载力。

(2) 对于端承型桩基，由于其桩端持力层比较坚硬，受负摩阻力引起的下拉荷载后不致产生沉降或沉降量较小，负摩阻力将长期作用于桩身中性点以上侧表面。因此，应计算中性点以上负摩阻力形成的下拉荷载，并以下拉荷载作为外荷载的一部分验算其承载力。

群桩中任一基桩的下拉荷载标准值可以按下式计算

$$Q_g^n = \eta_n u \sum_{i=1}^{n} q_{si}^n l_i \tag{5-5-37}$$

$$\eta_n = \frac{s_{ax} s_{ay}}{\pi d\left(\frac{q_s^n}{\gamma'_m} + \frac{d}{4}\right)} \tag{5-5-38}$$

式中：$n$—— 中性点以上的土层数；

$l_i$—— 中性点以上各土层的厚度；

$\eta_n$—— 负摩阻力桩群效应系数；

$s_{ax}$，$s_{ay}$—— 分别为纵、横向桩的中心距；

$q_s^n$—— 中性点以上桩的平均负摩阻力标准值，按公式(5-5-39)计算；

$\gamma'_m$—— 中性点以上桩周土的加权平均有效重度。

对于单桩基础或按公式(5-5-38)计算群桩基础的 $\eta_n > 1$ 时，取 $\eta_n = 1$。

单桩负摩阻力标准值可以按下式计算

$$q_{si}^n = \zeta_n \sigma'_i \tag{5-5-39}$$

当降低地下水位时

$$\sigma'_i = \gamma'_i z_i \tag{5-5-40}$$

当地面有满布荷载时

$$\sigma'_i = p + \gamma_i z_i \tag{5-5-41}$$

式中：$q_{si}^n$—— 第 $i$ 层土桩侧负摩阻力标准值；

$\zeta_n$—— 桩周土负摩阻力系数，可以按表5-5-4取值；

$\sigma'_i$—— 桩周第 $i$ 层土平均竖向有效应力；

$\gamma'_i$—— 第 $i$ 层土层底面以上桩周土按厚度计算的加权平均有效重度；

$z_i$—— 自地面算起的第 $i$ 层土中点深度；

$p$—— 地面均布荷载。

**表 5-5-4　　负摩阻力系数**

| 土　类 | $\zeta_n$ |
|---|---|
| 饱和软土 | 0.15 ～ 0.25 |
| 粘性土、粉土 | 0.25 ～ 0.40 |
| 砂　土 | 0.35 ～ 0.50 |
| 自重湿陷性黄土 | 0.20 ～ 0.35 |

**注**：1. 在同一类土中，对于打入桩或沉管灌注桩，取表中较大值，对于钻(冲)挖孔灌注桩，取表中较小值。

2. 填土按其组成取表中同类土的较大值。

3. 当 $q_{si}^n$ 计算值大于正摩阻力时，取正摩阻力值。

### 2. 消减下拉荷载的措施

当求得作用于桩的下拉荷载过大，不能满足实际要求时，可以选用下列消减下拉荷载的措施：

(1) 电渗法。在相邻两根桩中，以一根为阴极，以另一根为阳极，通以直流电，使土中水流向阴极的桩，从而降低该桩的负摩阻力。但该方法只适用于钢桩，且费用比较贵。

(2) 扩大桩端以减少桩身摩阻力，但该方法将正、负摩阻力都降低，只适用于端承桩。

(3) 套管法。在中性点以上桩段的外面，套上尺寸较大的套管，隔离负摩阻力，但该方法需多用钢材，费用较高。

(4) 涂层法。在桩的中性点以上部分涂以薄层涂料，以降低负摩阻力，常用沥青涂层，价格便宜，效果比较好。

影响沥青涂层降低负摩阻力功效的因素有：

(1) 桩型、桩长、桩截面和埋设方法。

(2) 所用沥青的种类、涂敷方法及涂层厚度。

(3) 地基土的性质、地下水位、地温条件。

为了保证涂层的质量，对于预制桩涂层的沥青应具有如下性能：

(1) 涂抹时，沥青要在高温下成为一种稀薄的便于涂敷的流体。

(2) 存放时，沥青在现场温度下成为一种流动很慢的粘性体。

(3) 打桩时，沥青在现场温度下，受短暂荷载作用下，其性能近似于弹性体。

(4) 桩埋入地下后，在地温和长期荷载作用下，具有低粘滞性。

## §5.6 桩基础设计

### 5.6.1 桩基础设计方法

1. 桩基础设计控制的极限状态

桩基础设计的目的是为了使建筑物安全、可靠地使用，设计时通过控制桩基础的两种极限状态达到这一目的。这两种极限状态是承载力极限状态和正常使用极限状态。

(1) 桩基础承载力极限状态验算。

桩基础承载力极限状态是指桩基达到最大的承载能力或相应于桩基整体失稳或发生不适于继续承载的变形。所有的桩基均应进行承载力极限状态的计算，其内容包括：

① 根据桩基的使用功能和受力特征进行桩基的竖向抗压或抗拔承载力的计算和水平承载力的计算；对于某些条件下的群桩基础还需要考虑由桩群、土和承台相互作用产生的承载力群桩效应。

② 对桩身强度和承台的承载力进行验算。

③ 当桩端平面以下存在软弱下卧层时，应验算软弱下卧层的承载力。

④ 对位于斜坡、岸边的桩基需要验算其整体稳定性。

⑤ 在地震区，按《建筑抗震设计规范》(GB50011—2001) 中的规定应进行抗震验算的桩基，应验算抗震承载力。

(2) 桩基础正常使用极限状态验算。

桩基础正常使用极限状态是对应于桩基达到建筑物正常使用所规定的变形限值或达到耐久性要求的某项限值。为了验算正常使用极限状态，需要计算下列的变形或裂缝：

① 桩端持力层为软弱土的一、二级建筑桩基以及桩端持力层为粘性土、粉土或存在软弱下卧层的一级建筑桩基，应验算桩基沉降，并在需要时考虑上部结构与基础的共同作用。

② 受水平荷载较大或对水平变位要求严格的一级建筑桩基应验算桩基水平变位。

③ 根据使用条件，要求混凝土不得出现裂缝的桩基应进行桩基抗裂验算；对使用上需限制裂缝宽度的桩基应进行桩基裂缝宽度验算。

2. 荷载规定

(1) 桩基承载力极限状态计算时，荷载应按基本组合和地震作用效应组合。

(2) 按正常使用极限状态验算桩基沉降时，应采用荷载的长期效应组合。

(3) 验算桩基的水平变位、抗裂、裂缝宽度时，根据使用要求和裂缝控制等级应分别采用作用效应的短期效应组合或短期效应组合考虑长期荷载的影响。

3.设计方法

桩基设计主要包括承载力设计和沉降验算两个方面。桩基承载力设计通过设置合理的桩长、桩径、桩数和桩位以保证桩基具有足够的强度和稳定性;沉降验算则为了防止过大变形引起建筑物的结构损坏或影响建筑物的正常使用。此外,桩身配筋和桩基的承台设计是桩基结构设计的主要内容,以保证桩基具有足够的结构强度,有时尚需进行桩身和承台的抗裂和裂缝宽度验算。

目前,我国桩基础的设计方法正处在变革时期,在不同的设计规范中,可以看到不同的设计规定,有容许承载力设计方法、总安全系数设计方法和分项系数设计方法,等等。对此,读者务必充分注意其区别,以免误用。

### 5.6.2　桩型选择与桩端持力层的选择

1.桩型选择

一旦确定采用桩基础方案后,合理地选择桩型和桩端持力层是桩基设计的重要环节。选择桩型包括选择桩的材料、成桩和沉桩工艺、桩的长度(结合持力层选择)、桩的截面尺寸等内容,选择桩型时应考虑上部结构的要求、地质条件、环境要求、施工条件、质量控制以及工程造价等因素。主要桩型的比较如表5-6-1所示。

**表5-6-1　主要桩型比较**

| 桩的类型 | 桩的特点 | 施工中的问题 |
|---|---|---|
| 预制钢筋混凝土方桩 | 施工质量易于控制,沉桩工期短,单方混凝土的承载力高,工地比较文明。 | 有挤土、振动和噪声影响环境;挤土会造成相邻建筑或市政设施损坏;接桩焊接质量如果不好,挤土可能会使邻桩上浮时拔断;穿越砂层时可能发生沉桩困难;当砂持力层比较密实时难以打到设计标高,有时会打坏桩头。 |
| 钻孔灌注桩 | 无挤土作用,用钢量比较省,进入持力层的深度不受限制,桩长可随持力层的埋深而调整,可做成大直径的桩。 | 施工时易发生塌孔、缩径、沉渣,以及水下浇捣混凝土的质量都不易控制,影响工程质量;大量泥浆外运和堆放都会污染环境;钻孔、泥浆沉淀及浇筑等工序相互干扰大;单方混凝土的承载力低于预制桩。 |
| 人工挖孔桩 | 具有钻孔灌注桩的特点,且可检查桩侧土层,桩径不受设备条件限制,造价比较低。 | 劳动条件差、劳动强度大,需降水才能人工挖孔,但降水会引起相邻地面沉降。 |
| 沉管灌注桩 | 造价便宜,桩径和桩长均受设备条件限制。 | 有挤土作用,下管时易挤断相邻桩;拔管过快容易形成缩径、断桩。 |
| 钢管桩 | 施工方便,工期短,可用于超长桩,单桩承载力高。 | 造价贵,有部分挤土作用。 |

桩基设计首先应把握住总体方案。桩基方案拟定的主要内容则是桩型和桩基类型的选择。这需要通过多种方案的技术经济分析来进行。

桩型选择的主要依据是上部结构的型式、荷载、地质条件和环境条件以及当地的桩基施工技术能力与经验等。例如,一般高层建筑荷载大而集中,对控制沉降要求较严,水平荷载(风荷载或地震荷载)很大,故应采用大直径桩,且支承于岩层(嵌岩桩)或坚实而稳定的砂层、卵砾石层或硬粘土层(端承桩或摩擦端承桩)。可以根据环境条件和技术条件选用钢筋混凝土预制桩、大直径预应力混凝土管桩；亦可以选用钻孔桩或人工挖孔桩，特别是周围环境不允许打桩时，当要穿过较厚砂层时则宜选用钢桩。又如多层建筑，只能选用较短的小直径桩，且宜选用廉价的桩型，如小桩、沉管灌注桩。当浅层有较好持力层时，夯扩桩则更优越。对于基岩面起伏变化的地质条件，各种灌注桩则应是首先考虑的桩型。

桩基础的类型则主要根据地质条件、上部结构的型式和对基础刚度的要求来决定。例如对沉降敏感的框架结构，当由摩擦桩支承时，则应采用刚度较大的筏板将桩群连成一个刚度较大的基础，甚至采用箱型承台来弥补上部结构刚度的不足。若上部为刚度很大的剪力墙结构，则筏板的厚度可以适当减小。当由端承桩支承时，则基础承台可以简化为由连系梁拉结的独立承台，甚至可以采用一柱一桩亦能满足要求。总之，必须综合全面考虑地质条件、上部结构类型及对基础刚度的要求，选择最佳的桩基础。

除了上述结构的因素外，施工和经济的因素对于桩型方案的抉择具有重要的影响，在结构性能相似的条件下，起决定性作用的因素就是施工条件的可能性和经济的合理性。

下面通过一些实例分析不同桩基方案的经济分析。

(1) 桩底压浆技术的经济性分析。表 5-6-2 给出了短桩基础三种方案的造价比较，可以看出采用桩底压浆技术的方案比较经济。当然，这是短桩的情况，桩端阻力占的比例比较高；如果是长桩，桩侧摩阻力的比例提高以后，造价比也会有所不同。

**表 5-6-2　　不同方案的经济比较**

| 基础类型 | 桩长 /(m) | 桩径 /(mm) | 单桩承载力 /(kN) | 单桩承载面积 /($m^2$) | 造价比 /(%) |
|---|---|---|---|---|---|
| 钻孔桩底压浆 | 6.0 | 400 | 400 | 20.25 | 100 |
| 钻孔灌注桩 | 6.0 | 400 | 200 | 10.0 | 130 |
| 预制桩 | 6.5 | 300 | 360 | 16.43 | 172 |

(2) 高强度嵌岩桩和其他桩型的经济比较。高强度嵌岩桩是一种能提高单桩承载力的新桩型，其施工方法是用高强度无缝钢管作为沉管，并配以强穿透能力的破岩刀，以大能量锤击沉管；拔管时用大能量激振器，既能顺利拔管，又能振密桩体混凝土。

2. 桩基持力层的选择

桩基持力层的选择和桩长的确定是密切相关的，选择桩基持力层必须满足承载力和沉降两方面的要求。就承载力而言，应既考虑单桩又考虑群桩，例如，倘若存在软弱下卧层，可能单桩承载力满足了，而群桩承载力不一定能满足，这时往往必须向深部寻找新的持力层。

从沉降的角度看，一般情况下，在所选持力层和压缩层范围内不宜存在高压缩性土层；当存在可压缩性土层时，则应验算群桩基础的沉降。

根据土层构造特点桩基持力层的选择可以分为以下几种情况来讨论：

(1) 松软土覆盖层不很深厚，例如 $H<30<50$m，则可以选择基岩作为桩基的持力层。桩可以根据需要和施工能力，确定支承于岩层的强风化层、中风化层或微风化层以及嵌岩的深度。

(2) 中等强度的第四纪沉积层土深厚且土层构造较均匀，随深度变化不大，这时桩长可以根据单桩承载力的要求，通过计算确定。这种桩的持力层土与桩周土性质相近，没有明确的层面。

(3) 软硬交互沉积层状构造，第四纪覆盖层深厚，这是沿海地区最常见的地质构造。基岩的埋藏深度甚至可达300m以上。因此，桩基只能在各层沉积土中选择满足承载力与沉降要求的硬土层、砂层或比较好的土层作为持力层。

(4) 在深厚软土地区可能面临这样的情况：在满足技术与经济要求的深度范围内不存在合适的桩基持力层。这时，则宜按照复合桩基的原理进行设计。

一般来说，同一个基础或同一幢建筑物常选用相同的桩基持力层，以求沉降均匀。但有两点应当指出：一是同一幢建筑物若有高层与低层两部分，合理的设计应是按沉降协调的原则，选用不同深度的桩端持力层，或选用同一持力层，但所用荷载水平不同，以使它们的沉降接近。例如高层建筑的塔楼与裙房，前者数十层，后者仅三、五层，二者荷载悬殊，若用同样持力层和一样的桩长，势必加剧不均匀沉降或结构内力，除非采用刚度极大的箱基或厚筏强制调整不均匀沉降。反之，若裙房改用短桩或较小直径的桩或减少其桩数，使其沉降量与塔楼接近，则底板内力会大大减小，造价大幅度下降。因此，持力层的合理选用是很重要的；在同一个较大的基础下采用不同长度的桩，以使基础各点沉降均匀。

### 5.6.3 桩数的确定及桩的平面布置

1. 桩的根数

初步估定桩数时，可以先按前述的方法(见本章§5.3)确定单桩承载力特征值$R_a$后，可以估算桩数如下。当桩基为轴心受压时，桩数$n$应满足下式的要求

$$n \geqslant \frac{F_k + G_k}{R_a} \tag{5-6-1}$$

式中：$F_k$—— 相应于荷载效应标准组合时，作用于桩基承台顶面的竖向力；

$G_k$—— 桩基承台及承台上土自重标准值。

偏心受压时，对于偏心距固定的桩基，如果桩的布置使得群桩横截面的重心与荷载合力作用点重合，则仍可按上式估定桩数，否则，桩的根数应按上式确定的增加10%～20%，即

$$n \geqslant (1.1 \sim 1.2)\frac{F_k + G_k}{R_a} \tag{5-6-2}$$

所选的桩数是否合适，尚待各桩受力验算后确定。如有必要，还要通过桩基软弱下卧层承载力和桩基沉降验算才能最终确定。

承受水平荷载的桩基，在确定桩数时，还应满足对桩的水平承载力的要求。此时，可以取各单桩水平承载力之和，作为桩基的水平承载力，这样做通常是偏于安全的。

2. 桩的布置

桩的布置包括桩的中心距、桩的合理排列以及桩端进入持力层的深度等内容。

(1) 桩的中心距。

为了避免桩基施工可能引起土的松弛效应和挤土效应对相邻桩基的不利影响，以及群桩效应对桩基承载力的不利影响，布桩时应该根据土类、成桩工艺和桩端排列按表5-6-3和表5-6-4确定桩的最小中心距。布置过密的桩群，施工时相互干扰很大，灌注桩成孔可能会相互打通，锤击法打预制桩时会使相邻桩上抬。当荷载比较大且单桩承载力不足时，可以采用放大底板尺寸的方法布桩，例如上海商城采用了扩大底板面积的方法以使用较短的桩，取得很好的效果。

**表 5-6-3　　　　桩的最小中心距**

| 土类与成桩工艺 | | 排数不少于 3 排且桩数不少于 9 根的摩擦桩型桩基 | 其他情况 |
|---|---|---|---|
| 非挤土和部分挤土灌注桩 | | 3.0$d$ | 3.0$d$ |
| 挤土灌注桩 | 穿越非饱和土 | 3.5$d$ | 3.0$d$ |
| | 穿越饱和软土 | 4.0$d$ | 3.5$d$ |
| 挤土预制桩 | | 3.5$d$ | 3.0$d$ |
| 打入式敞口管桩和 H 型钢桩 | | 3.5$d$ | 3.0$d$ |

**注**：$d$— 圆桩直径或方桩边长。

**表 5-6-4　　　　灌注桩扩底端最小中心距**

| 成　桩　方　法 | 最 小 中 心 距 |
|---|---|
| 钻、挖孔灌注桩 | 1.5$D$ 或 $D$ + 1m(当 $D$ > 2m 时) |
| 沉管夯扩灌注桩 | 2.0$D$ |

**注**：$D$— 扩大端设计直径。

(2) 桩的排列。

布桩时，应尽量使群桩合力点与长期荷载重心重合，并使桩基受水平力和力矩较大方向有较大的截面模量，同一结构单元宜尽量避免采用不同类型的桩基。

对于箱形承台基础，宜将桩布置在墙下；对于带梁或肋的筏板承台基础，宜将桩布置在梁和肋的下面；对于大直径桩，宜将桩布置在柱下，一柱一桩。

桩的排列方法举例如图 5-6-1 所示。

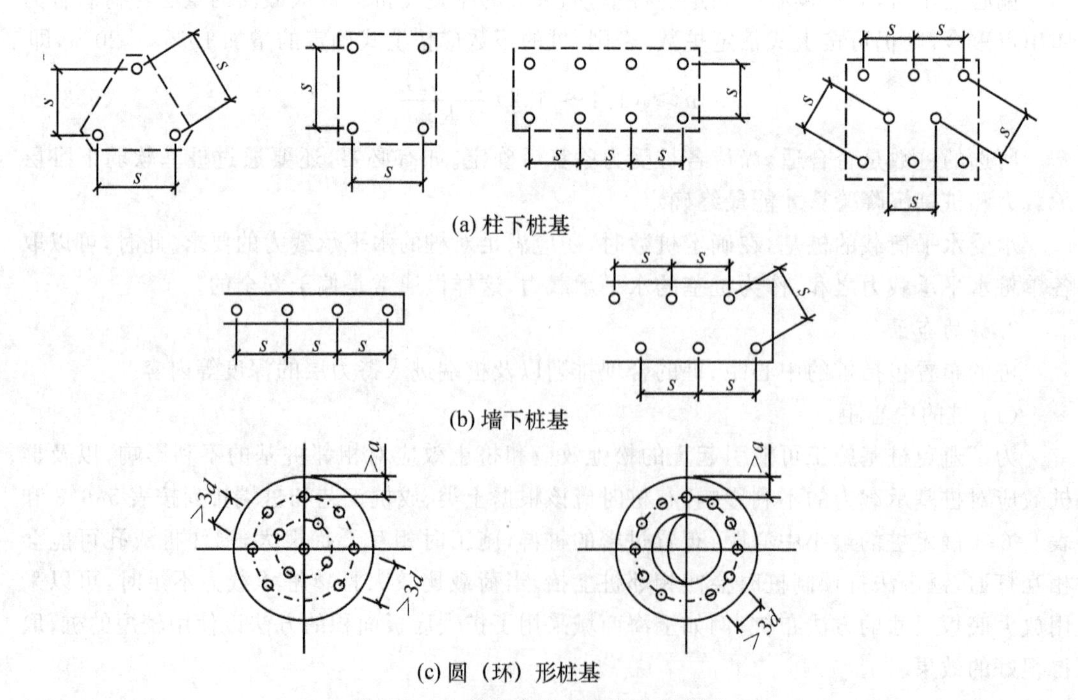

(a) 柱下桩基

(b) 墙下桩基

(c) 圆（环）形桩基

图 5-6-1　桩的常用布置形式示意图

3. 桩进入持力层的深度

一般应选择较硬土层作为桩端持力层，桩端全截面进入持力层的深度应按不同土层采用不同的深度规定。对于粘性土、粉土进入持力层的深度不宜小于 $2d$，对于砂土，不宜小于 $1.5d$，对于碎石类土，不宜小于 $1d$（$d$ 为桩直径）。

从进入持力层的深度对承载力的影响来看，进入持力层的深度愈深，桩端阻力愈大。但受两个条件的制约，一是施工条件的限制，进入持力层过深，将给施工带来困难；二是临界深度的限制。所谓临界深度是指桩端阻力随深度增加的界限深度值，当桩端进入持力层的深度超过临界深度以后，桩端阻力则不再显著增加或不再增加。

砂与碎石类土的临界深度为 $(3\sim10)d$，随其密度提高而增大，粉土、粘性土的临界深度为 $(2\sim6)d$，随土的孔隙比和液性指数的减少而增大。

当在桩端持力层以下存在软弱下卧层时，桩端距软弱下卧层的距离不宜小于 $4d$。否则，桩端阻力将随着进入持力层深度的增大则降低。

### 5.6.4 桩基承载力验算

1. 桩基竖向承载力验算

(1) 建筑桩基技术规范的方法。

1) 桩顶作用效应计算。

轴心竖向力作用下

$$N_k=\frac{F_k+G_k}{n} \tag{5-6-3}$$

偏心竖向力作用下

$$N_{ik}=\frac{F_k+G_k}{n}\pm\frac{M_{xk}y_i}{\sum y_j^2}+\frac{M_{yk}x_i}{\sum x_j^2} \tag{5-6-4}$$

式中：$F_k$—— 荷载效应标准组合下，作用于承台顶面的竖向力(kN)；

$G_k$—— 桩基承台和承台上土自重标准值(kN)；

$N_k$—— 荷载效应标准组合轴心竖向力作用下，基桩或复合基桩的平均竖向力(kN)；

$N_{ik}$—— 荷载效应标准组合偏心竖向力作用下，第 $i$ 基桩或复合基桩的竖向力(kN)；

$M_{xk}$，$M_{yk}$—— 荷载效应标准组合下，作用于承台底面，绕通过桩群形心的 $x$ 轴、$y$ 轴的力矩(kN·m)；

$x_i$、$x_j$、$y_i$、$y_j$—— 第 $i$、$j$ 基桩或复合基桩至 $y$、$x$ 轴的距离(m)；

$n$—— 桩基中的桩数。

2) 桩基竖向承载力验算。

① 荷载效应标准组合。

轴心竖向力作用下

$$N_k\leqslant R \tag{5-6-5}$$

偏心竖向力作用下

$$\begin{cases}N_k\leqslant R\\ N_{k\max}\leqslant 1.2R\end{cases} \tag{5-6-6}$$

② 地震作用效应和荷载效应标准组合。

轴心竖向力作用下

$$N_{Ek}\leqslant 1.25R \tag{5-6-7}$$

偏心竖向力作用下

$$\begin{cases}N_{Ek}\leqslant 1.25R\\ N_{Ek\max}\leqslant 1.5R\end{cases} \tag{5-6-8}$$

式中：$R$—— 基桩或复合基桩竖向承载力特征值(kN)。

3）基桩或复合基桩竖向承载力特征值 $R$ 的确定。

不考虑地震作用

$$R = R_a + \eta_c f_{ak} A_c \tag{5-6-9}$$

考虑地震作用

$$R = R_a + \frac{\zeta_a}{1.25} \eta_c f_{ak} A_c \tag{5-6-10}$$

$$R_a = \frac{1}{k} Q_{uk} \tag{5-6-11}$$

$$A_c = \frac{(A - nA_{ps})}{n} \tag{5-6-12}$$

式中：$\eta_c$—— 承台效应系数，按表 5-6-5 取值；

$f_{ak}$—— 承台下$\frac{1}{2}$承台宽度且不超过 5m 深度范围内各层土的地基承载力特征值按厚度加权平均值(kPa)；

$A_c$—— 计算基桩所对应的承台底净面积($m^2$)；

$A_{ps}$—— 桩身截面面积($m^2$)；

$A$—— 承台计算域面积($m^2$)。对于柱下独立桩基，$A$ 为承台总面积；对于桩筏基础，$A$ 为柱、墙筏板的$\frac{1}{2}$跨距和悬臂边 2.5 倍筏板厚度所围成的面积；桩集中布置于单片墙下的桩筏基础，取墙两边各$\frac{1}{2}$跨距围成的面积，按条形承台计算 $\eta_c$；

$\zeta_a$—— 地基抗震承载力调整系数，按《建筑抗震设计规范》(GB50011—2001) 采用；

$R_a$—— 单桩竖向承载力特征值(kN)；

$k$—— 安全系数，取 $k = 2$；

$Q_{uk}$—— 单桩竖向极限承载力标准值(kN)。

**表 5-6-5　　承台效应系数 $\eta_c$**

| $\frac{B_c}{l}$ \ $\frac{s_a}{d}$ | 3 | 4 | 5 | 6 | >6 |
|---|---|---|---|---|---|
| ≤0.4 | 0.06～0.08 | 0.14～0.17 | 0.22～0.26 | 0.32～0.38 | 0.50～0.80 |
| 0.4～0.8 | 0.08～0.10 | 0.17～0.20 | 0.26～0.30 | 0.38～0.44 | |
| >0.8 | 0.10～0.12 | 0.20～0.22 | 0.30～0.34 | 0.44～0.50 | |
| 单排桩条形承台 | 0.15～0.18 | 0.25～0.30 | 0.38～0.45 | 0.50～0.60 | |

**注：**1. 表中$\frac{s_a}{d}$为桩中心距与桩径之比；$\frac{B_c}{l}$为承台宽度与桩长之比。当计算基桩为非正方形排列时，$s_a = \sqrt{\frac{A}{n}}$，$A$ 为承台计算域面积，$n$ 为总桩数。

2. 对于桩布置于墙下的箱、筏承台，$\eta_c$ 可按单排桩条形承台取值。

3. 对于单排桩条形承台，当承台宽度小于 $1.5d$ 时，$\eta_c$ 按非条形承台取值。

4. 对于采用后注浆灌注桩的承台，$\eta_c$ 宜取低值。

5. 对于饱和黏性土中的挤土桩基、软土地基上的桩基承台，$\eta_c$ 宜取低值的 0.8。

(2)《上海地基基础设计规范》中的方法。

《上海地基基础设计规范》(DGJ08—11—1999)是一本典型的总安全系数法的设计规范,其单桩承载力的验算公式如下:

当承受中心荷载时

$$Q_i \leqslant N_d \tag{5-6-13}$$

这一公式和公式(5-6-5)相似,但不仅符号不同,意义也不相同。这里的 $Q$ 是单桩竖向力的标准值,不是设计值,而且也不乘重要性系数。公式(5-6-5)中的 $N$ 是单桩极限承载力的设计值,而公式(5-6-13)中的右端项 $N_d$ 是单桩容许承载力的标准值,由公式(5-6-17)求得。单桩竖向力的标准值由公式(5-6-14)求得

$$Q_i = \frac{F+G}{n} \tag{5-6-14}$$

公式(5-6-14)和公式(5-6-3)相似,但意义也不相同,式中的 $F$ 和 $G$ 均为相应荷载的标准值。

当承受偏心荷载时,除满足公式(5-6-13)外,尚应满足下式

$$Q_{\max} \leqslant 1.2N_d \tag{5-6-15}$$

$$Q_i = \frac{F+G}{n} + \frac{M_x y_i}{\sum y_i^2} + \frac{M_y x_i}{\sum x_i^2} \tag{5-6-16}$$

公式(5-6-16)中的物理量除为标准值外均与公式(5-6-4)一致。

单桩容许承载力在没有进行静载荷试验时,可以由下式估计

$$N_d = \frac{1}{K}\left(U_p \sum f_i l_i + f_p A_p\right) \tag{5-6-17}$$

式中:$N_d$—— 单桩容许承载力(kN);

$K$—— 安全系数;

$U_p$—— 桩身截面周长(m);

$f_i$—— 桩周第 $i$ 层土的极限摩阻力(kPa);

$l_i$—— 第 $i$ 层土的厚度(m);

$f_p$—— 桩端处土的极限端阻力(kPa);

$A_p$—— 桩端横截面面积($m^2$)。

(3)《建筑地基基础设计规范》中的方法

《建筑地基基础设计规范》(GB50007—2002)中规定,桩基中单桩所承受的外力,应按下列公式验算,当轴心受压时

$$Q \leqslant R \tag{5-6-18}$$

$$Q = \frac{F+G}{n} \tag{5-6-19}$$

$$R = 1.2R_k \tag{5-6-20}$$

对于桩数为3根及3根以下的柱下桩台,取 $R = 1.1R_k$。

单桩竖向承载力标准值由单桩竖向极限承载力除以安全系数2求得;如采用规范经验方法估计,《建筑地基基础设计规范》(GB50007—2002)规范所给出的经验参数都是容许值,即桩侧摩阻力的容许值和桩端阻力的容许值。可见《建筑地基基础设计规范》(GB50007—2002)中

所规定的单桩竖向承载力按其力学特征当属允许承载力设计的范畴。

当偏心受压时，除满足公式(5-6-18)外，尚应满足下式要求

$$Q_{\max} \leqslant 1.2R \tag{5-6-21}$$

$$Q_i = \frac{F+G}{n} + \frac{M_x y_i}{\sum y_i^2} + \frac{M_y x_i}{\sum x_i^2} \tag{5-6-22}$$

**【例题5-6-1】** 有一宽为7m的条形基础，其上作用有1800kN/m的偏心竖向荷载(包括承台及其上的土重)，每延米基础上布置5根直径为300mm的桩，中心距1.6m，如图5-6-2所示，试计算各桩所受荷载。

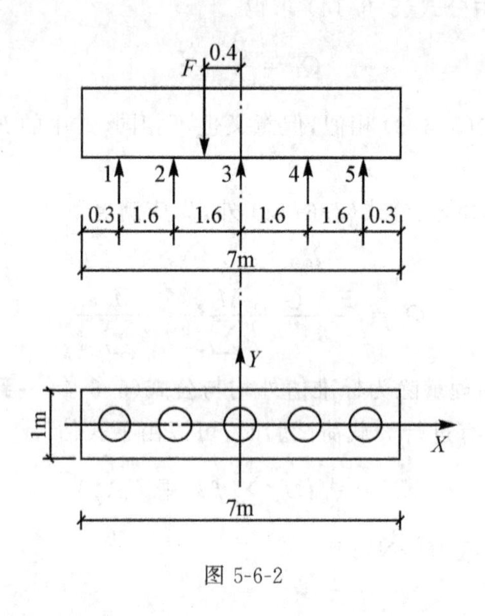


图 5-6-2

**解** 沿条形基础的长度方向取1m进行计算。建立坐标系如图5-6-2所示，则可以采用以下公式计算各桩所受的竖向力

$$N_i = \frac{F}{n} \pm \frac{M_y x_i}{\sum x_i^2}$$

$$M_y = 1800 \times 0.4 = 720\text{kN} \cdot \text{m}$$

3号桩所受的竖向荷载为

$$N_3 = \frac{F}{n} + \frac{M_y \cdot O}{\sum x_i^2} = \frac{1800}{5} = 360\text{kN}$$

2号和4号桩所受的竖向荷载为

$$\frac{N_2}{N_4} = \frac{F}{n} \pm \frac{M_y x_{2,4}}{\sum x_i^2} = 360 \pm \frac{720 \times 1.6}{2 \times 1.6^2 + 2 \times 3.2^2} = 360 \pm 46 = \frac{405}{315}\text{kN}$$

1号和5号桩所受的竖向荷载为

$$\frac{N_1}{N_2} = \frac{F}{n} \pm \frac{M_y x_{1,5}}{\sum x_i^2} = 360 \pm \frac{720 \times 3.2}{2 \times 1.6^2 + 2 \times 3.2^2} = 360 \pm 90 = \frac{450}{270}\text{kN}$$

故各桩所受力分别为

$$\begin{cases} N_1 = 450\text{kN} \\ N_2 = 405\text{kN} \\ N_3 = 360\text{kN} \\ N_4 = 315\text{kN} \\ N_5 = 270\text{kN} \end{cases}$$

**【例题 5-6-2】**　某工程钢筋混凝土桩的截面为 350mm × 350mm，作用在柱基顶面的荷载值 $F = 2000\text{kN}$，$M_y = 250\text{kN} \cdot \text{m}$。地基表层为杂填土，厚 1.5m；第二层为软塑粘土，厚 9m，$q_{s2} = 16.6\text{kPa}$；第三层为可塑粉质粘土，厚 5m，$q_{s3} = 35\text{kPa}$，$q_p = 870\text{kPa}$，试求所需钢筋混凝土预制桩的截面尺寸、桩长及桩数，确定单桩的竖向承载力值。

**解**　(1) 选取钢筋混凝土预制桩的截面边长为 300mm × 300mm。

(2) 确定桩长 $l$，由题中所给地质资料，可以选取承台埋深 $d = 1.5\text{m}$，承台厚度 1.2m，承台底面尺寸 2.5m × 3.5m，选第三层可塑粉质粘土为桩端持力层。桩进入第三层的深度取 3 倍桩宽，$3 \times 0.3 = 0.9\text{m}$，则桩长为

$$l = 0.05 + 9 + 0.9 = 9.95\text{m}, \quad 取\ l = 10\text{m}。$$

(3) 确定单桩的竖向承载力(预估该桩基的桩数 $n > 3$)，由经验公式

$$R_a = q_p A_p + u_p \sum q_{si} l_i$$

单桩竖向承载力标准值为

$$R_a = 870 \times 0.3^2 + 4 \times 0.3 \times (9 \times 16.6 \times 0.9 \times 35) = 295.38\text{kN}$$

故单桩竖向承载力设计值为：

$$R = 1.2R_a = 1.2 \times 295.38 = 354.5\text{kN}。$$

(4) 确定桩数 $n$，因为存在有弯矩的作用，故桩数为

$$n \geqslant (1.1 \sim 1.2)\frac{F+G}{R} = (1.1 \sim 1.2)\frac{2000 + 20 \times 2.5 \times 3.0 \times 1.5}{354.5} = 6.9 \sim 7.5\ 根$$

为方便桩的平面布置，取 $n = 8$ 根。

**【例题 5-6-3】**某框架结构办公楼柱下采用预制钢筋混凝土桩基。建筑物安全等级为二级。桩的截面为 300mm×300mm，柱的截面尺寸为 500mm×500mm，承台底标高 −1.70m，作用于室内地面标高 ±0.00 处的竖向力设计值 $F = 1800\text{kN}$，作用于承台顶标高的水平剪力设计值 $V = 40\text{kN}$，弯矩设计值 $M = 200\text{kN} \cdot \text{m}$，如例图 5-6-3 所示。基础承载力设计值 $R = 230\text{kN}$ ($f_c = 10\text{N/mm}^2$，$f_t = 1.1\text{N/mm}^2$)，承台配筋采用 Ⅰ 级钢筋($f_y = 210\text{N/mm}^2$)。试设计该桩基。

**解**　(1) 桩数的确定和位置，按试算法，偏心受压时所需的桩数 $n$ 可以按中心受压计算，并乘以增大系数 $\mu = 1.2 \sim 1.4$，即

$$n = \frac{F}{R} \cdot \mu = \frac{1800}{230} \times 1.2 = 9.39$$

取 $n = 9$ 根，设桩的中心距 $s = 3d = 3 \times 300 = 900\text{mm}$。根据布桩原则，采用图 5-6-3 所示的布桩形式。

(2) 基桩承载力验算，取 $\gamma_0 = 1.0$，则

$$\gamma_0 N_{\max} = \gamma_0 \left[\frac{F+G}{n} + \frac{M_0 x_{\max}}{\sum x_i^2}\right] = 1.0 \times \left[226 + \frac{(200 + 40 \times 0.9) \times 0.9}{2 \times 3 \times 0.9^2}\right]$$

$$= 226 + 43.7 = 269.7\text{kN} < 1.2R = 276\text{kN}$$

$$\gamma_0 N_{\min} = (226 - 43.7) \times 1.0 = 182.3\text{kN} > 0。$$

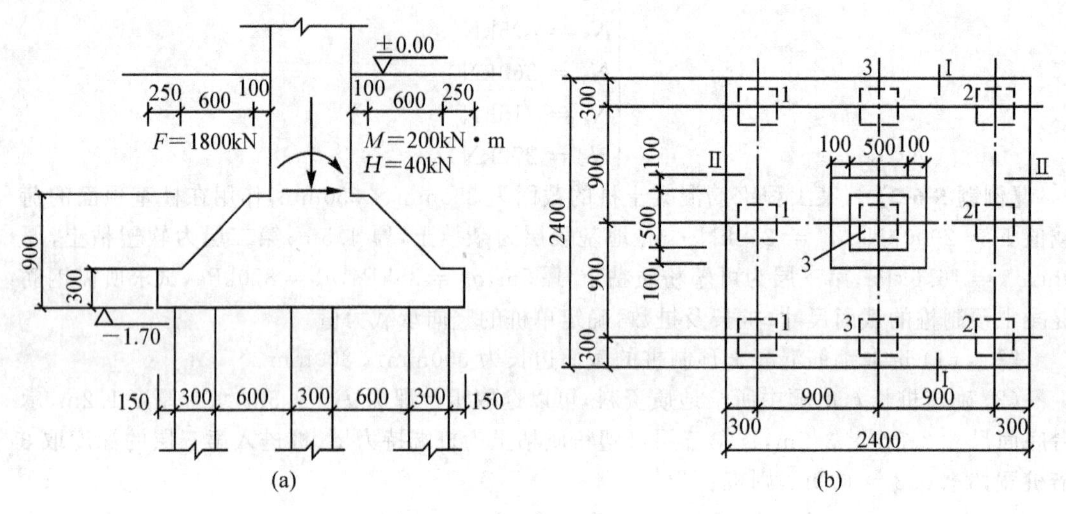


图 5-6-3

(3) 承台计算。

1) 冲动承载力验算。

① 柱冲切验算。设承台高度 $h=900\text{mm}$,则承台有效高度

$$h_0=900-75=825\text{mm}$$

$$F_1=F-\sum Q_i=1800-\frac{1800}{9}=1600\text{kN}$$

$$a_{0x}=a_{0y}=900-\frac{500}{2}-\frac{300}{2}=500\text{mm}>0.2h_0=165\text{mm},\text{且}<h_0=825\text{mm}$$

$$\lambda_{0x}=\lambda_{0y}=\frac{a_{0x}}{h_0}=\frac{a_{0y}}{h_0}=\frac{500}{825}=0.606$$

而 $$a_{0x}=a_{0y}=\frac{0.72}{\lambda_{0x}+0.2}=\frac{0.72}{0.606+0.2}=0.893$$

则

$$2[a_{0x}(b_c+a_{0y})+a_{0y}(b_c+a_{0x})]f_t x h_0=3242\text{kN}>\gamma_0 F_1=1600\text{kN}$$

故满足相关设计要求。

② 角桩冲切验算。

$$N_1=N_{\max}=\frac{F}{n}+\frac{M_0 x_{\max}}{\sum x_i^2}=\frac{1800}{9}+43.7=243.7\text{kN}$$

$$a_{1x}=a_{1y}=\frac{F}{n}+\frac{M_0 x_{\max}}{\sum x_i^2}=243.7\text{kN}$$

$$\lambda_{1x}=\lambda_{1y}=\frac{a_{1x}}{h_0}=\frac{a_{1y}}{h_0}=\frac{500}{825}=0.606$$

而 $$a_{1x}=a_{1y}=\frac{0.48}{\lambda_{1x}+0.2}=0.60$$

所以对角桩的冲切验算为

$$2\left[a_{1x}\left(c_2+\frac{a_{1y}}{2}\right)+a_{1y}\left(c_1+\frac{a_{1x}}{2}\right)\right]f_t h_0=2\times0.60\left(450+\frac{500}{2}\right)\times1.1\times825$$
$$=762.3\text{kN}>\gamma_0 N_1=243.7\text{kN}$$

故满足相关设计要求。

2）斜截面受剪承载力验算

$$V=3N_{\max}=3\times243.7=731\text{kN}$$

$$a_x=a_y=500\text{mm}$$

$$\lambda_x=\lambda_y=\frac{a_x}{h_0}=\frac{a_y}{h_0}=\frac{500}{825}=0.606$$

而
$$\beta=\frac{0.12}{\lambda_x+0.3}=0.133$$

则截面计算宽度为

$$b_0=b_{y0}=\left[1-0.5\frac{h_1}{h_0}\left(1-\frac{b_{y2}}{b_{y1}}\right)\right]b_{y1}=\left[1-0.5\times\frac{600}{825}\times\left(1-\frac{700}{2400}\right)\right]\times2400=1782\text{mm}$$

验算斜截面受剪承载力

$\beta f_c b_0 h_0=0.133\times9.6\times1782\times825=1877.1\text{kN}>\gamma_0 V=731\text{kN}$

故满足相关设计要求。

2. 桩基水平承载力验算

承受水平力作用的桩基，相应于荷载效应标准组合时作用于单桩的水平力 $H_{ik}$ 应符合

$$H_{ik}\leqslant R_{ha} \tag{5-6-23}$$

$$H_{ik}=\frac{H_k}{n} \tag{5-6-24}$$

式中：$H_{ik}$—— 荷载效应标准组合下，作用于第 $i$ 基桩或复合基桩的水平力(kN)；

$H_k$—— 荷载效应标准组合下，作用于桩基承台底面的水平力(kN)；

$R_{ha}$—— 单桩水平承载力特征值(kN)。

3. 桩基负摩阻力验算

(1) 对于摩擦型桩基可以取桩身计算中性点以上侧阻力为零，并可以按下式验算桩基承载力

$$N_k\leqslant R_a \tag{5-6-25}$$

(2) 对于端承型桩基除应满足上式要求外，尚应考虑负摩阻力引起桩基的下拉荷载 $Q_g^n$，并可以按下式验算：

$$N_k+Q_g^n\leqslant R_a \tag{5-6-26}$$

(3) 当土层不均匀或建筑物对不均匀沉降较敏感时，尚应将负摩阻力引起的下拉荷载计入附加荷载验算桩基沉降。

(4) 上式中竖向承载力特征值 $R_a$ 只计中性点以下部分侧阻值及端阻值。

4. 抗拔桩基承载力验算

承受上拔力的桩基，应按下列公式同时验算群桩基础呈整体破坏和呈非整体破坏时桩基的抗拔承载力

$$N_k\leqslant\frac{T_{gk}}{2}+G_{gp} \tag{5-6-27}$$

$$N_k \leqslant \frac{T_{uk}}{2} + G_p \qquad (5\text{-}6\text{-}28)$$

式中：$N_k$—— 按荷载效应标准组合计算的基桩上拔力(kN)；

$T_{gk}$—— 群桩呈整体破坏时基桩的抗拔极限承载力标准值(kN)；

$T_{uk}$—— 群桩呈非整体破坏时基桩的抗拔极限承载力标准值(kN)；

$G_{gp}$—— 群桩基础所包围体积的桩土总自重除以总桩数，地下水位下取浮重度；

$G_p$—— 基桩自重(kN)。

5. 计算时群桩效应的考虑

群桩效应是指由于桩群的相互作用以及桩基承台的作用，使桩基的承载力大于或小于全部单桩承载力之和。对于群桩效应和承台的作用的考虑，各规范的规定并不完全一样，使用时务必注意，详细内容参见本章 §5.5。

6. 关于设计安全度的考虑

桩基设计时，若所采用的单桩承载力是极限承载力，则在设计表达式中应包含表征安全度的系数，如安全系数、分项系数(即分项安全系数)或隐含在容许承载力中的安全度。在我国不同的设计规范中，所采取的设计方法不完全相同，安全度的控制标准和表达方法也不相同。

《建筑地基基础设计规范》(GB50007—2002) 采用容许承载力设计方法，在设计公式中不出现安全系数，因此在规定推荐的参数表中，桩侧摩阻力和桩端阻力都是容许值，在这容许值中隐含了相应的安全度控制值；当采用单桩静载荷试验确定单桩承载力时，从试桩曲线上选取单桩极限承载力，然后除以安全系数 2 得到单桩容许承载力(相关规范称为标准值)代入设计表达式计算。

《上海地基基础设计规范》(DGJ08—11—1999) 中则采用单桩极限承载力设计方法，规范推荐的参数表中所提供的是桩侧极限摩阻力和极限桩端阻力；当采用单桩静载荷试验确定单桩承载力时，从试桩曲线上选取单桩极限承载力后直接代入计算公式；采用静力触探方法预估的也是单桩极限承载力。在计算公式中再除以安全系数，这种方法也可以称为总安全系数法，以与分项系数法区别。

《建筑桩基技术规范》(JGJ94—2008) 中则采用分项系数设计方法，规范推荐的参数表中所提供的是桩侧极限摩阻力和极限桩端阻力；当采用单桩静载荷试验确定单桩承载力时，从试桩曲线上选取单桩极限承载力后直接代入计算公式，采用静力触探方法预估的也是单桩极限承载力，在计算公式中再除以分项系数。

《建筑桩基技术规范》(JGJ94—2008) 采用单桩极限承载力标准值计算方法，然后再除以安全系数 $k$ 可以得到单桩竖向承载力特征值 $R_a$ 用于计算验算。

### 5.6.5 桩基沉降验算

桩端持力层为软弱土的一、二级建筑桩基以及桩端持力层为粘性土、粉土或存在软弱下卧层的一级建筑桩基，应验算沉降，其桩基计算变形值不应大于桩基变形允许值。

桩基沉降计算可以采用本章 §5.5 中介绍的方法。桩基沉降计算是比较复杂的，各种沉降计算方法都作了一定的假定，其计算结果和实测的建筑物沉降之间存在一定的差别，在桩基设计时应根据建筑经验对计算结果的可靠性进行判别，并加以经验修正。

桩基变形计算的一些经验值：

由于土层厚度与性质不均匀、荷载差异、体型复杂等因素引起的地基变形，对于框架结构应由相邻桩基的沉降差控制；对于高层建筑和高耸结构物都应由倾斜值控制。

由于在许多情况下不易求得倾斜，对高耸结构物的倾斜可以按桩基平均沉降用经验公式估计，倾斜与平均沉降的经验关系如下

$$K_p = (2.3 \sim 2.5) \times 10^{-5} s_a \tag{5-6-29}$$

式中：$K_p$—— 高耸结构物的倾斜；

$s_a$—— 高耸结构物的平均沉降(mm)。

上式中的系数根据实测资料的统计结果，其中，由上海地区10个烟囱的沉降观测资料分析得到的系数为2.3，由我国化工系统38座石油化工塔架的沉降观测资料分析得到的系数是2.5，两者非常接近。

影响建筑物桩基沉降的因素是各方面的，主要因素是桩端持力层的性质以及下卧层的情况，桩基的面积和桩数对沉降也有一定的影响。

如桩端持力层选择深层的粉细砂，沉降一般小于50mm，最终沉降速率也比较小，不超过0.003mm/$d$，个别工程的桩数比较多，沉降比较大，沉降速率也比较大；但支承在浅层粉细砂上的桩基沉降就比较大，这是因为浅层砂的年代比较短，结构性差，下卧层为淤泥质粘土层，压缩变形很大，导致建筑物的沉降超过了300mm，但平均沉降与最大沉降之比不大，说明采用桩基的建筑物沉降比较均匀，没有给建筑物带来损害。

以褐黄色粉质粘土为桩端持力层的建筑物桩基的沉降一般在100mm左右，最终沉降速率也不大；但支承在灰色土层上的建筑物的沉降明显地大于褐黄色粉质粘土，最终沉降速率也相当大，这是因为褐黄色土层是在上更新世形成的，年代久远，土的结构性强，其下卧层是粉土和砂土，故沉降比较小；而灰色土层是全新世形成的土层，年代比较短，这些地区的褐黄色土层一般已被古河道切割，沉积比较厚的全新世土层，故沉降量和沉降速率一般毅比较大。

以砂层为桩基持力层的建筑物沉降稳定比较快，若以0.01mm/d作为控制值，大部分很快小于0.01mm/d，但支承在粘性土上的桩基沉降就稳定得很慢，甚至在10年以后的沉降速率仍大于0.01mm/d。

### 5.6.6 承台计算

桩基承台的受力十分复杂，桩基承台作为上部结构墙、柱和下部桩群之间的力的转换结构，桩基承台可能承受弯矩作用而破坏，亦可能承受冲切或剪切作用而破坏。因此，承台计算包括受弯计算、受冲剪计算和受剪计算三种验算。当承台的混凝土强度等级低于柱子的强度等级时，还要验算承台的局部受压承载力。

桩基承台的计算可以按我国《混凝土结构设计规范》(GB50010—2002)中的相关规定进行。

### 5.6.7 桩与承台的构造与配筋

1. 灌注桩的构造与配筋

(1) 灌注桩按构造配筋的条件。

符合下列条件的灌注桩，其桩身可以按构造配筋，即

$$\gamma_0 N \leqslant f_{cA} \tag{5-6-30}$$

$$\gamma_0 H_1 \leqslant \alpha_h d^2 \left(1 + \frac{0.5 N_G}{\gamma_m f_t A}\right) \sqrt[5]{1.5d^2 + 0.5d} \tag{5-6-31}$$

式中：$f_c$—— 混凝土轴心抗压强度设计值($N/mm^2$)，并考虑灌注桩的使用条件予以折减；

$A$—— 桩身截面面积(m)；

$H_1$—— 桩顶水平力设计值(kN)；

$\alpha_h$—— 综合系数，按表 5-6-6 采用；

$d$—— 桩身设计直径(m)；

$N_G$—— 按基本组合计算的桩顶永久荷载产生的轴向力设计值(kN)；

$f_t$—— 混凝土轴心抗拉强度设计值($N/mm^2$)；

$\gamma_m$—— 桩身截面模量的塑性系数，圆截面取为 2，矩形截面取为 1.75。

**表 5-6-6　　综合系数 $\alpha_h$**

| 类别 | 承台下 $2(d+1)$(m) 深度范围内土层名称性状 | 桩身混凝土强度等级 | | |
|---|---|---|---|---|
| | | C15 | C20 | C25 |
| Ⅰ | 淤泥、淤泥质土、饱和湿陷性黄土 | 32 ～ 37 | 39 ～ 44 | 46 ～ 52 |
| Ⅱ | 流塑、软塑状粘性土，高压缩性粉土、松散粉细砂，松散填土 | 37 ～ 44 | 44 ～ 52 | 52 ～ 62 |
| Ⅲ | 可塑状粘性土，中压缩性粉土，稍密砂土，稍密、中密填土 | 44 ～ 53 | 52 ～ 64 | 62 ～ 76 |
| Ⅳ | 硬塑、坚硬状粘性土，低压缩性粉土，中密中、粗砂，密实老粘土 | 53 ～ 65 | 64 ～ 79 | 76 ～ 94 |
| Ⅴ | 中密、密实砾砂，碎石类土 | 65 ～ 81 | 79 ～ 98 | 94 ～ 116 |

**注：**当桩基受长期或经常出现的水平荷载时，按表中土层分类顺序降低一类取值，如 Ⅲ 类按 Ⅱ 类取值。

(2) 配筋要求。

符合上述规定的灌注桩，桩身构造配筋的要求如下：

① 一级建筑桩基，应配置桩顶与承台的连接钢筋笼，其主筋采用 6 ～ 10 根 $\phi$12 ～ $\phi$14mm，配筋率不小于 0.20%，锚入承台 30 倍主筋直径，伸入桩身的长度不小于 10 倍桩身直径，且不小于承台下软弱土层层底深度。

② 二级建筑桩基，根据桩径大小配置 4 ～ 8 根 $\phi$10 ～ $\phi$12mm 的桩顶与承台连接钢筋，锚入承台至少 30 倍主筋直径且伸入桩身的长度不小于 5 倍桩身直径；对于沉管灌注桩，配筋长度不应小于承台下软弱土层层底深度。

③ 三级建筑桩基可不配构造钢筋。

不符合上述规定的灌注桩，应按下列规定配筋：

① 当桩身直径为 300 ～ 2000mm 时，截面配筋率可取 0.65% ～ 0.20%(小桩径取高值，大桩径取低值)。

② 对于受水平荷载的桩，主筋不宜小于8根$\phi$10mm的钢筋；对于抗压桩和抗拔桩，主筋不应小于6根$\phi$10mm的钢筋，纵向主筋应沿桩身周边均匀布置，其净距不应小于60mm，并应尽量减少钢筋接头。

③ 对受水平荷载特别大的桩、抗拔桩和嵌岩端承桩，应计算确定配筋率。

④ 箍筋采用$\phi$6mm的箍筋，间距为200～300mm，宜采用螺旋式箍筋；受水平荷载较大的桩基和抗震桩基，桩顶3～5倍桩身直径范围内箍筋应适当加密；当钢筋笼长度超过4m时，每隔2m左右设一道$\phi$12～$\phi$18mm焊接加劲箍筋。

(3) 配筋长度。

① 端承桩沿桩身通长配筋。

② 受水平荷载的摩擦型桩(包括受地震作用的桩基)配筋长度宜采用$4.0/\alpha$，$\alpha$为桩的水平变形系数，由下式确定

$$\alpha=\sqrt[5]{\frac{mb_0}{EI}} \tag{5-6-32}$$

③ 对于单桩竖向承载力较高的摩擦端承桩，宜沿深度分段变截面配通长或局部长度筋；对于承受负摩阻力和位于坡地岸边的桩基应通长配筋。

④ 专用抗拔桩应通长配筋。

⑤ 因地震作用、冻胀力或膨胀力作用而受拔力的桩，按计算配置通长或局部长度的抗拉钢筋。

(4) 桩身混凝土及混凝土保护层。

① 混凝土强度等级不得低于C15，水下灌注混凝土时不得低于C20，混凝土预制桩尖不得低于C30。

② 主筋混凝土的保护层厚度不应小于35mm，水下灌注混凝土时不得小于50mm。

(5) 扩底灌注桩的扩底尺寸。

① 扩底端直径与桩身直径之比应根据承载力要求以及扩底端侧面和持力层土性确定，最大不超过3。

② 扩底端侧面的斜率(外扩尺寸与扩底端高度之比)根据实际成孔及支护条件确定，一般取$\frac{1}{3}\sim\frac{1}{2}$，砂土取约$\frac{1}{3}$，粘性土取约$\frac{1}{2}$。

③ 扩底端底部呈锅底形，矢高取0.10～0.15倍的扩底端设计直径。

2. 承台构造与配筋

(1) 承台构造的最小尺寸。

① 承台最小宽度不应小于500mm，承台边缘至桩中心的距离不宜小于桩的直径或边长，且边缘的挑出部分不应小于150mm，对于条形承台梁边缘挑出部分不应小于75mm。

② 条形承台和柱下独立桩基承台的厚度不应小于300mm。

③ 筏形、箱形承台板的厚度，对于桩布置于墙下或基础梁下的情况不宜小于250mm，且板厚与计算区段最小跨度之比不宜小于$\frac{1}{20}$。

(2) 承台混凝土。

① 承台混凝土强度等级不宜小于C15，采用Ⅱ级钢筋时，混凝土强度等级不宜小

于 C20。

② 承台底面钢筋的混凝土保护层厚度不宜小于70mm，当设素混凝土垫层时，保护层厚度可适当减小。

③ 垫层厚度宜为 100mm，强度等级宜为 C7.5。

(3) 承台的钢筋配置。

① 承台梁的纵向主筋直径不宜小于 $\phi$12mm，架立筋直径不宜小于 $\phi$10mm。钢箍直径不宜小于 $\phi$6mm。

② 柱下独立桩基承台的受力钢筋应通长配置。

③ 矩形承台板配筋宜按双向均匀布置，钢筋直径不宜小于 $\phi$10mm，间距应满足 100 ~ 200mm。

④ 对于三桩承台，应按三向板带均匀配置，最里面三根钢筋相交围成的三角形应位于桩截面范围内。

⑤ 筏形承台板的分布构造钢筋，可采用 $\phi10 \sim \phi12$mm，间距 150 ~ 200mm；当考虑局部弯曲作用按倒楼盖法计算内力时，考虑到整体弯曲的影响，纵横两方向尚应有$\frac{1}{3} \sim \frac{1}{2}$的支座钢筋，且配筋率不小于 0.15%，贯通全跨配置；跨中钢筋应按计算配筋率全部通过。

⑥ 箱形承台的顶面与底面的配筋，应综合考虑承受整体弯曲钢筋的配置部位，以充分发挥各截面钢筋的作用；当仅按局部弯曲作用计算内力时，考虑到整体弯曲的影响，钢筋配置量除符合局部弯曲计算要求外，纵横两方向支座钢筋尚应有$\frac{1}{3} \sim \frac{1}{2}$且配筋率分别不小于 0.15%、0.10% 贯通全跨配置，跨中钢筋应按实际配筋率全部通过。

(4) 桩与承台的连接。

① 桩顶嵌入承台的长度对于大直径桩，不宜小于 100mm；对于中等直径桩不宜小于 50mm。

② 混凝土桩的桩顶主筋应伸入承台内，其锚固长度不宜小于 30 倍主筋直径，对于抗拔桩基不应小于 40 倍主筋直径。

③ 预应力混凝土桩可采用钢筋与桩头钢钣焊接的连接方法。

④ 钢桩宜在桩头加焊锅形钣或钢筋的连接方法。

(5) 承台之间的连接。

① 柱下单桩宜在桩顶两个互相垂直方向上设置连系梁以传递、分配柱底的剪力和弯矩，增强整个建筑物桩基的协同工作能力，也符合结构内力分析时假定为固端的计算模式。如桩径大于 2 倍的柱直径时，桩的抗弯刚度约为柱的 16 倍以上，在柱底剪力和弯矩不很大的情况下，单桩基础抗压实现自身的平衡而不致有大的变位，就不需增设桩顶横向连系梁。

② 两桩直径的承台，在承台的短边方向的抗弯刚度较小，宜设置承台间的连系梁，如柱底的剪力和弯矩不大，也不需设置连系梁。

③ 对于有抗震要求的柱下单桩基础，宜设置纵横向连系梁，这是由于在单桩荷载作用下，建筑物下各单桩基础之间所受剪力、弯矩是非同步的，设置连系梁有利于剪力和弯矩的传递与分配。

④ 连系梁顶面与承台顶面宜位于同一标高，以利于直接传递柱底剪力和弯矩。确定连

系梁的截面尺寸时，一般将柱底剪力作用于梁的端部，按受压确定其截面尺寸，按受拉确定配筋。连系梁的宽度不宜小于200mm，其高度可取承台中心距的$\frac{1}{15}\sim\frac{1}{10}$。

⑤ 连系梁的配筋应根据计算确定，不宜小于4$\phi$12mm；

## 习 题 5

[5-1] 某场区从天然地面起往下的土层分布是：粉质粘土，厚度$l_1=3$m，$q_{s1a}=24$kPa；粉土，厚度$l_2=6$m，$q_{s2a}=20$kPa；中密的中砂，$q_{s3a}=30$kPa，$q_{pa}=2600$kPa。现采用截面边长为350mm×350mm的预制桩，承台底面在天然地面以下1.0m，桩端进入中密中砂的深度为1.0m，试确定单桩承载力特征值。

[5-2] 截面边长为350mm的钢筋混凝土实心方桩，打入12m深的软土层后，支承在微风化硬岩层上，若作用在桩顶的轴心竖向压力为600kN，桩身的弹性模量为$3\times10^4$MPa，则试估计桩顶的下沉量。

[5-3] 某群桩基础的平面，剖面和地基土层分布情况如习图5-3所示，已知作用于桩基承台顶面的竖向力设计值$F=3600$kN，桩基承台和承台上土自重设计值$G=480$kN，桩基安全等级为二级，地质情况如下：

第一层：杂填土，厚1.5m，重度$\gamma=17.8\text{kN/m}^3$；

第二层：淤泥质土，厚15m，重度$\gamma=17.8\text{kN/m}^3$，桩的极限侧阻力标准值$q_{s2k}=20$kPa，属高灵敏度软土，地下水位在地面以下2.5m处；

第三层：粘土，厚3.2m，重度$\gamma=19.5\text{kN/m}^3$，桩的极限侧阻力标准值$q_{s3k}=50$kPa，极限端阻力标准值$q_{pk}=2700$kPa，土的压缩模量$E_{s3}=8.0$MPa；

第四层：软土，厚度较大，地基承载力标准值$f_k=70$kPa，压缩模量$E_{s4}=1.6$MPa，在此范围内平均极限摩阻力$q_s=22.2$kPa。

计算基桩竖向承载力设计值$R$并验算桩端平面下软弱下卧层的承载力设计值$f_z$。

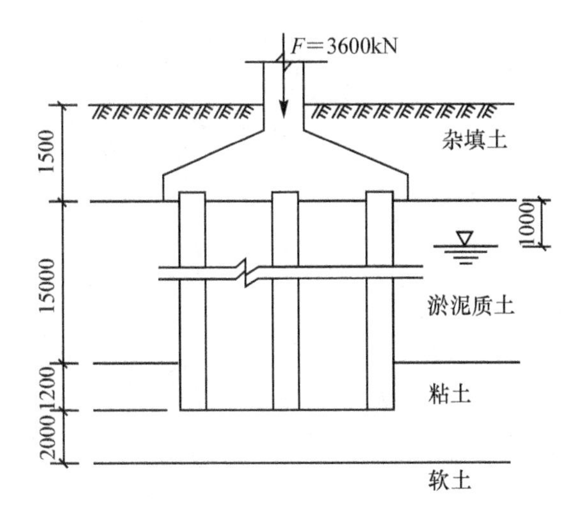


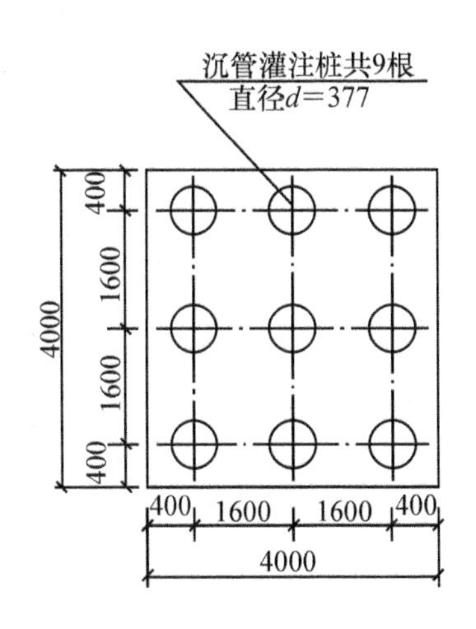


习图5-3(单位：mm)

[5-4] 如习图 5-4 所示，某厂房作用在某柱下桩基承台顶面的荷载设计值 $F = 2000\text{kN}$，$M_y = 300\text{kN} \cdot \text{m}$，地基表层为杂填土，厚 1.8m；第二层为软粘土，厚为 7.5m，$q_{s2} = 14\text{kPa}$；第三层为粉质粘土，厚度超过 5m，$q_{s3} = 30\text{kPa}$，$q_p = 800\text{kPa}$，若选取承台埋深 $d = 1.8\text{m}$，承台厚度 1.5m，承台底面积取 $2.4\text{m} \times 3.0\text{m}$。选用截面为 $300\text{mm} \times 300\text{mm}$ 的钢筋混凝土预制桩，试确定桩长 $L$ 及桩数 $n$，并进行桩位布置和群桩中单桩受力验算。

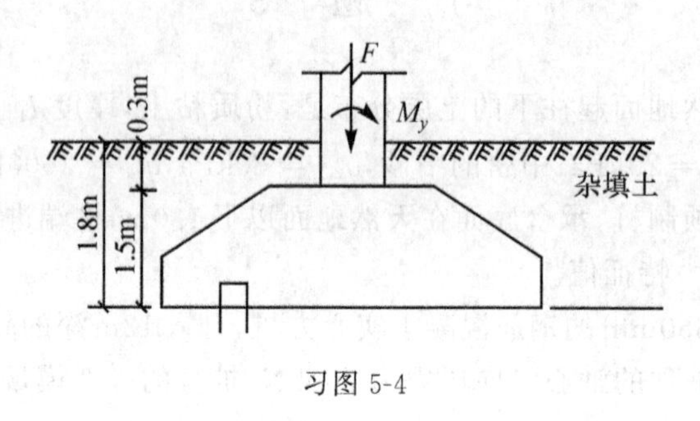


习图 5-4

[5-5] 某场地土层情况（自上而下）为：第一层杂填土，厚度 1.0m；第二层为淤泥，软塑状态，厚度 6.50m，$q_{sa} = 6\text{kPa}$；第三层为粉质粘土，厚度较大，$q_{sa} = 40\text{kPa}$，$q_{pa} = 1800\text{kPa}$。现需设计一框架内柱（截面为 $300\text{mm} \times 450\text{mm}$）的预制桩基础。柱底在地面处的荷载为：竖向力 $F_k = 1850\text{kN}$，弯矩 $M_k = 135\text{kN} \cdot \text{m}$，水平力 $H_k = 75\text{kN}$，初选预制桩截面为 $350\text{mm} \times 350\text{mm}$。试设计该桩基础。

# 第 6 章　深基坑工程

## §6.1　概　　述

### 6.1.1　概述

工业与民用建筑与市政地下工程中的深基坑工程技术近十年来在工程实践和理论研究上都取得了新的进展。目前,在我国应用较多的支护技术有钢板桩、预制混凝土桩、钻孔灌注桩、挖孔桩、深层搅拌桩、旋喷桩、地下连续墙、钢筋混凝土支撑、型钢支撑、土层锚杆以及诸如逆筑法、沉井等特种基坑支护新工艺、新方法。选择深基坑工程技术方案主要考虑工程的"安全"和"经济"效果。深基坑开挖产生的土体位移引起周围建筑物、构筑物、管线的变形和危害,对此必须在设计阶段提出预测和治理对策,并在施工过程中采用监测、监控手段及必需的应变措施来确保基坑的安全和周围环境的安全。今后,随着城市建设发展,建筑、市政行业在利用地下空间的深基础施工中对相邻建筑设施影响的控制越来越严格,而对深基坑的施工技术必然提出更高要求,因此完善基坑工程的计算理论和施工技术已是建筑、市政、水利等行业地下工程中的一个亟待解决的工程技术问题。

### 6.1.2　基坑工程特点

1.基坑工程施工方法

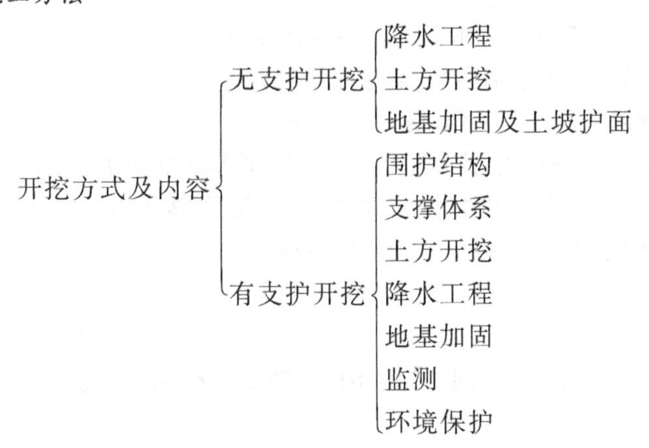


2.支护结构类型

(1) 深层搅拌水泥土挡墙:将土和水泥强制拌和成水泥土桩,结硬后成为具有一定强度的整体壁状挡墙,用于开挖深度 3 ～ 6m 的基坑。

(2) 钢板桩:用槽钢正反扣搭接组成,或用 U 形和 Z 形截面的锁口钢板桩。用打入法打入土中，完成支挡任务后，可以回收重复使用，用于开挖深度 3 ～ 10m 的基坑。

(3) 钢筋混凝土板桩，桩长 6 ～ 12m，打至地下后，顶部浇筑钢筋混凝土圈梁后，设置一道支撑或拉锚，用于开挖深度 3 ～ 6m 的基坑。

(4) 钻孔灌注桩挡墙：直径 600 ～ 1000mm，桩长 15 ～ 30m，组成排桩式挡墙，顶部浇筑钢筋混凝土圈梁，用于开挖深度为 6 ～ 13m 的基坑。

(5) 地下连续墙，在地下成槽后，浇筑混凝土，建造具有较高强度的钢筋混凝土挡墙，用于开挖深度达 10m 以上的基坑或施工条件较困难的情况。

3. 基坑工程特点

(1) 与自然地质及环境条件密切相关。

基坑工程与自然条件的关系较为密切，设计施工中必须全面考虑气象、工程地质及水文地质条件及其在施工中的变化，充分了解工程所处的工程地质及水文地质、周围环境与基坑开挖的关系及相互影响。

(2) 与主体结构地下室的施工密切相关

基坑支护开挖所提供的空间是为主体结构的地下室施工所用，因此任何基坑设计，在满足基坑安全及周围环境保护的前提下，要合理地满足施工的易操作性和工期要求。

(3) 技术综合性强

从事基坑工程事业的人员要具备及综合运用以下各方面知识：① 岩土工程知识和经验；② 建筑结构和力学知识；③ 施工经验；④ 工程所在地的施工条件和经验。

### 6.1.3 基坑工程的基本技术要求

1. 安全可靠性：确保基坑工程的安全以及周围环境的安全。

2. 经济合理性：基坑工程在支护结构安全可靠的前提下，要从工期、材料、设备、人工以及环境保护等多方面综合研究经济合理性。

3. 施工便利性和工期保证性：在安全可靠经济合理的原则下，最大限度地满足便利施工和缩短工期的要求。

**【本章主要学习目的】**学习完本章后，读者应能做到：

1. 了解我国常用的围护结构类型、支撑结构类型；
2. 会进行围护结构上土压力的计算；
3. 明了深层搅拌桩挡墙支护的概念、主要特点，并掌握验算方法；
4. 明了柱列式挡土墙支护的概念、主要类型、特点，并掌握验算方法；
5. 了解支撑结构中的内支撑和土层锚杆支撑；
6. 掌握地下水控制的基本方法。

## §6.2 围护结构的型式及适用范围

### 6.2.1 围护结构的类型

1. 围护结构的类型

基坑的围护结构主要承受基坑开挖卸荷所产生的土压力和水压力并将这类压力传递到

支撑，是稳定基坑的一种施工临时挡墙结构。

围护结构的类型可以归纳为表 6-2-1 所列的六大类。

- 围护结构
  - 板桩式
    - 钢板桩
    - 钢管桩
    - 钢筋混凝土板桩
    - 主桩横挡板
  - 柱列式
    - 钻孔灌注桩
    - 挖孔灌注桩
  - 地下连续墙
    - 可兼做永久结构
    - 适于逆筑法、半逆筑法
  - 自立式水泥土挡墙
    - 深层搅拌桩挡墙
    - 高压旋喷桩挡墙
  - 组合式
    - SMWI 法
    - 灌注桩与搅拌桩结合
  - 沉井(箱)法

**表 6-2-1　围护结构的类型和特点**

| 类型 | 形式 | 图　例 | 特　点 |
| --- | --- | --- | --- |
| 板桩式 | 钢板桩 | (1) U形钢板<br>(2) H形钢板<br>(3) Z形钢板<br>(4) 钢管<br>(a) | 1. 钢板桩系工厂成品、强度、品质、接缝精度等质量保证、可靠性高；<br>2. 具有耐久性，可回拔修正再行使用；<br>3. 与多道钢支撑结合，适合软土地区的较深基坑；<br>4. 施工方便、工期短；<br>5. 施工中须注意接头防水，以防止桩缝水土流失所引起的地层塌陷及失稳问题；<br>6. 钢板桩刚度比排桩和地下连续墙小，开挖后挠度变形较大；<br>7. 打拔桩振动噪声大、容易引起土体移动，导致周围地基较大沉陷。 |
|  | 预制混凝土板桩 | (b) | 1. 施工方便、快捷、造价低、工期短；<br>2. 可与主体结构结合；<br>3. 打桩振动及挤土对周围环境影响较大，不适合在建筑密集城市市区使用；<br>4. 接头防水性差；<br>5. 不适合在硬土层中施工。 |

续表

| 类型 | 形式 | 图例 | 特点 |
|---|---|---|---|
| 板桩式 | 主桩横列板 | 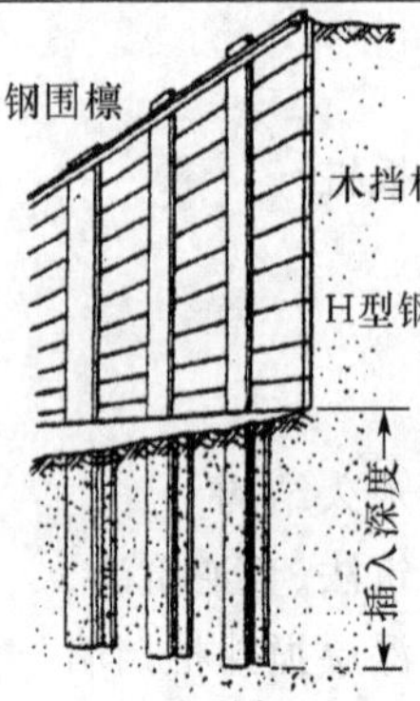 钢围檩<br>木挡板<br>H型钢<br>插入深度<br>(c) | 1.施工方便、造价低、适合开挖宽度较窄深度较浅的市政排管工程；<br>2.止水性较差，软弱地基施工容易产生坑底隆起和覆土后的沉降；<br>3.容易引起周围地基沉降。 |
| 柱列式 | 钻孔灌注桩 | 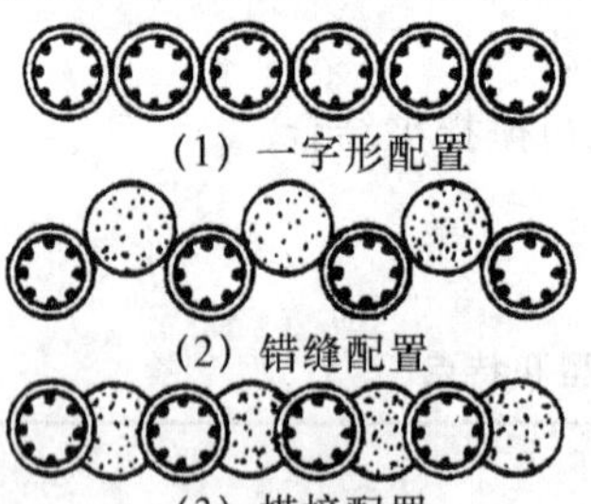 (1) 一字形配置<br>(2) 错缝配置<br>(3) 搭接配置<br>(d) | 1.噪声和振动小，刚度较大，就地浇制施工，对周围环境影响小；<br>2.适合软弱地层使用，接头防水性差，要根据地质条件从注浆、搅拌桩、旋喷桩等方法中选用适当方法解决防水问题；<br>3.在砂砾层和卵石中施工慎用；<br>4.整体刚度较差，不适合兼作主体结构；<br>5.桩质量取决于施工工艺及施工技术水平，施工时需作排污处理。 |
| | 挖孔灌注桩 | 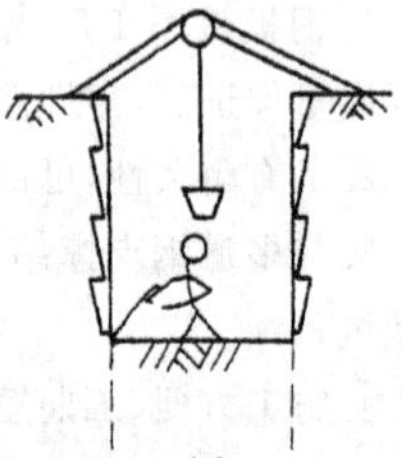 (e) | 1.施工方便、造价较低廉、成桩质量容易保证；<br>2.施工、劳动保护条件较差；<br>3.不能用于地下水位以下不稳定地层。 |
| 地下连续墙 | | 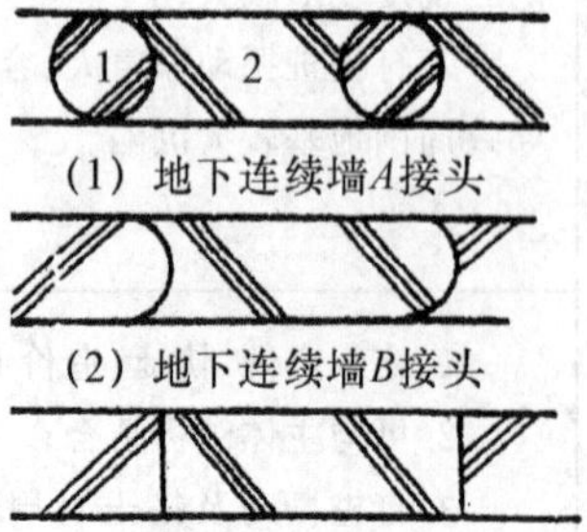 1 2<br>(1) 地下连续墙A接头<br>(2) 地下连续墙B接头<br>(3) 地下连续墙C接头<br>(f) | 1.施工噪声低，振动小，就地浇制、墙接头止水效果较好、整体刚度大，对周围环境影响小；<br>2.适合于软弱地层和建筑设施密集城市市区的深基坑；<br>3.墙接头构造有刚性和柔性两种类型，并有多种形式。高质量的刚性接头的地下连续墙可作永久性结构；还可施工成T型、∏型等，以增加抗弯刚度作自立式结构；<br>4.施工的基坑范围可达基地红线，可提高基地建筑物的使用面积，若建筑物工期紧、施工场地小，可将地下连续墙作主体结构并可采用逆筑法、半逆筑法施工；<br>5.泥浆处理、水下钢筋混凝土浇制的施工工艺较复杂、造价较高；<br>6.为保证地下连续墙质量，要求较高的施工技术和管理水平。 |

续表

| 类型 | 形式 | 图例 | 特点 |
| --- | --- | --- | --- |
| 自立式 | 水泥土搅拌桩挡土墙 | 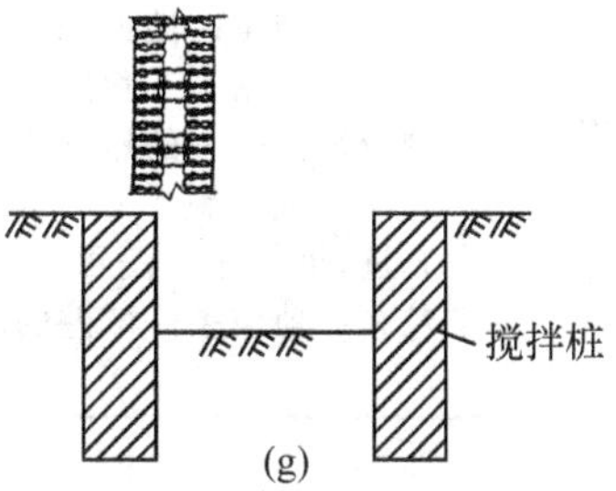 搅拌桩<br>(g) | 1. 适合于软土地区、环境保护要求不高，深度 ≤ 7m 的基坑工程；<br>2. 施工低噪声，低振动，结构止水性较好，造价经济；<br>3. 围护挡墙较宽，一般需 3 ～ 4m，需占用基地红线内一部分面积； |
| 水泥土挡墙 | 高压旋喷桩挡墙 | 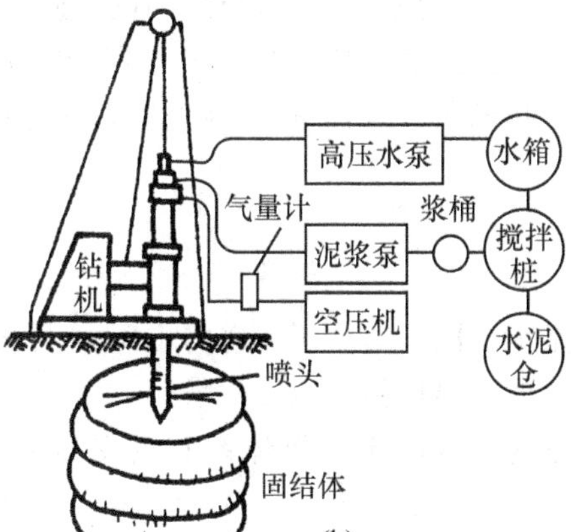 高压水泵 水箱 气量计 浆桶 搅拌桩 泥浆泵 钻机 空压机 水泥仓 喷头 固结体<br>(h) | 1. 适合于软土地区环境要求不很高的基坑挖深 ≤ 7m 的基坑；<br>2. 施工低噪声、低振动，对周围环境影响小，止水性好；<br>3. 如作自立式水泥土挡墙，墙体较厚需占用基坑红线内一部分面积；<br>4. 施工需作排污处理，工艺复杂，造价高；<br>5. 作为围护结构的止水加固措施、旋喷桩深度可达 30m。 |
| 组合式 | SMW 工法 | 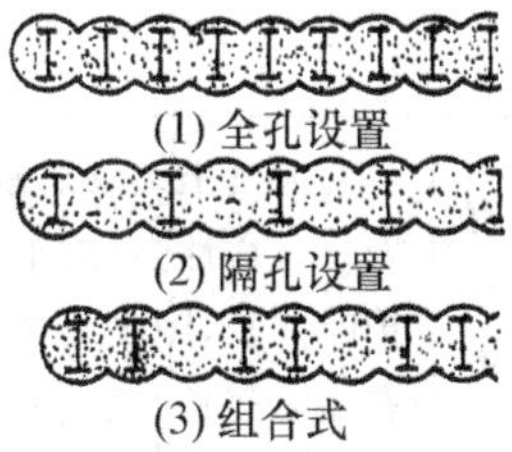 (1) 全孔设置<br>(2) 隔孔设置<br>(3) 组合式<br>(i) | 1. 施工低噪声，对周围环境影响小；<br>2. 结构止水性好结构强度可靠，适合于各种土层，配以多道支撑，可适用于深基坑；<br>3. 此施工方法在一定条件下可取代作为围护的地下连续墙，具有较大发展前景。 |
| | 灌注桩与搅拌桩结合 | 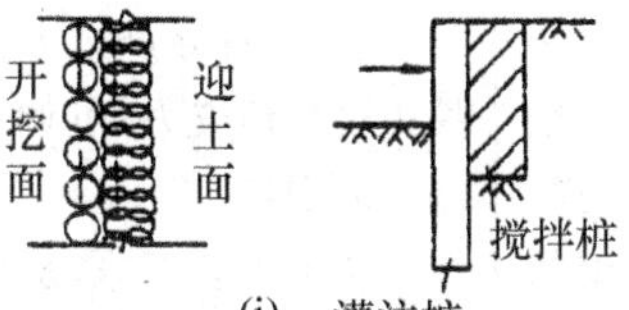 开挖面 迎土面 搅拌桩 灌注桩<br>(j) | 1. 灌注桩作受力结构，搅拌桩作止水结构；<br>2. 适用于软弱地层中的挖深 ≤ 12m 的深基坑，当开挖深度超过 12m 且地层可能发生流砂时，要慎用；<br>3. 施工低噪声，低振动，施工方便，造价经济，止水效果较好；<br>4. 搅拌桩与灌注桩结合可以形成连拱型结构，搅拌桩作受力拱，灌注桩作支承拱脚，沿灌注桩竖向设置道数适量的支撑，这种组合式结构可以因地制宜取得较好的技术经济效果。 |

续表

| 类型 | 形式 | 图　例 | 特　点 |
| --- | --- | --- | --- |
| 沉井法 | 沉井 | (k) | 1. 施工占地面积小，挖土量少；<br>2. 应用于工程用地与环境条件受到限制或埋深较大的地下构筑施工中；<br>3. 沉井施工只要措施选择恰当，技术先进，沉井施工法可适用于环境保护要求较高和地质条件较差的基坑工程。 |

2. 围护结构的选型

我国幅员辽阔，对于围护结构的施工工艺、各地不一，有传统的，有引进国外技术又结合当地情况改进的。因此如何合理地选择围护结构的类型应根据地质情况、周围环境要求、工程功能、当地的常用施工工艺设备以及经济技术条件综合考虑，因地制宜地选择围护结构的类型。

### 6.2.2　支撑结构类型

在软弱地层的基坑工程中，支撑结构是承受围护结构所传递的土压力、水压力的结构体系。支撑结构体系包括围檩、支撑、立柱及其他附属构件。

支撑按材料种类的不同可以分为现浇钢筋混凝土支撑体系和钢支撑体系两类，如表 6-2-2 所示。

表 6-2-2　　两类支撑体系的形式和特点

| 材料 | 截面形式 | 布置形式 | 特点 |
| --- | --- | --- | --- |
| 现浇钢筋混凝土 | 可根据设计要求确定断面形状和尺寸 | 竖向布置有水平撑、斜撑；平面布置有对撑、边桁架、环梁结合边桁架等，形式灵活多样 | 混凝土结硬后刚度大，变形小，强度的安全可靠性强，施工方便，但支撑浇制和养护时间长，围护结构处于无支撑的暴露状态的时间长、软土中被动区土体位移大，如对控制变形有较高要求时，需对被动区软土加固。施工工期长，拆除困难，爆破拆除对周围环境有影响。 |
| 钢结构 | 单钢管、双钢管、单工字钢、双工字钢、H 型钢、槽钢及以上钢材的组合 | 竖向布置有水平撑、斜撑；平面布置形式一般为对撑、井字撑、角撑，亦有与钢筋混凝土支撑结合使用，但要谨慎处理变形协调问题 | 安装、拆除施工方便，可周转使用，支撑中可加预应力，可调整轴力而有效控制围护墙变形；<br>施工工艺要求较高，如节点和支撑结构处理不当，施工支撑不及时不准确，会造成失稳。 |

## §6.3　挡土结构的内力分析

### 6.3.1　计算依据

1. 作用于挡土结构上的土压力

作用于挡土结构上的土压力是挡土结构一个重要的设计参数。土压力值的取用标准将直接关系到整个挡土结构及基坑周围建筑物、管线、电线、电缆及道路等的安全和整个工程的造价。

土压力的计算参见第 6 章 §6.4 有关内容及相关文献资料。

2. 土的水平向基床系数

对单道及多道支撑挡土结构，其内力计算方法宜采用竖向弹性地基梁(或板）的基床系数法。挡土结构一侧随着基坑开挖面的降低，逐层设置支撑，计算时沿挡土结构纵向取单位宽度或标准段，以支撑及基底下土体为支撑的竖向弹性地基梁(或板）计算。挡土结构后迎土面的侧压力根据外荷载，并根据挡土结构后地基允许位移和支撑是否预加应力等条件按主动状态或静止状态计算土压力。挡土结构前开挖面以下，可以按弹性抗力状态以基床系数法计算，基床系数采用水平向基床系数。水平向基床系数可以通过现场试验确定，其变化规律等可以参见本教材第 3 章。

3. 作用在挡土结构上的超载

挡土结构设计中应充分考虑施工荷载及地面超载的影响，一般将这些荷载视为连续均布荷载，高出挡土结构面的填土亦可以当做超载来处理。

4. 挡土结构的入土深度

挡土结构的入土深度直接影响到挡土结构的强度、弯矩和稳定，过小的入土深度会导致挡土结构强度不足，变形过大及稳定性不足。轻则导致变形过大，影响正常施工，重则导致“踢脚”、挡土结构破坏、基坑失稳危及周围环境。过大的入土深度使得工程造价提高。所以合理的入土深度应是挡土结构设计最应关注的问题之一。确定挡土结构的入土深度时，必须首先对挡土结构的抗滑移、抗倾覆、抗隆起和抗管涌进行验算，在满足上述各项要求的前提下决定经济合理的入土深度。

### 6.3.2　挡土结构内力分析的古典方法

1. 平衡法(自由端法)

平衡法适用于底端自由支承的单锚式挡土结构和悬臂式挡土结构，即挡土结构后的压力作用形成极限平衡的单跨简支梁(上端带悬臂或不带悬臂)，按力矩平衡计算。

2. 弹性曲线法

弹性曲线法适用于底部嵌固的单锚式挡土结构，对底端自由支承的单锚和无锚挡土结构，按图解法的原理同样适用。

3. 假想铰法(等值梁法)

假想铰法是先找出挡土结构弹性曲线反弯点 $Q$ 的位置，认为该点的弯矩为零，于是可以把挡土结构划分为两段假想梁，上部为简支梁，下部为一次超静定结构，这样就可以求得挡土结构的内力。

### 6.3.3 挡土结构内力分析的解析方法

挡土结构内力分析的解析方法主要有三种方法：山肩邦男法、弹性法和弹塑性法。前两种方法都假定土压力已知且横撑轴力及挡土结构弯矩在下道支撑设置以后均不变化，考虑了挡土结构的变形，但未考虑支撑的变形。横撑轴力和挡土结构弯矩不变化可以作如下理解：

(1) 下道横撑设置以后，上道横撑的轴力不变；

(2) 下道横撑支点以上的挡土结构变位是在下道横撑设置前产生的；

(3) 下道横撑支点以上的挡土结构弯矩是在下道横撑设置前产生的。

所以这两种方法都假定挡土结构的内力及支撑轴力与开挖过程无关。弹塑性法假定土压力已知，但横撑轴力和挡土结构弯矩随开挖过程变化，弹塑性法考虑了挡土结构和支撑的变形。

### 6.3.4 挡土结构的有限元分析

由于古典法以及山肩邦男法、弹性法等这类计算方法不能有效地计入基坑开挖时挡土结构及支撑轴力的变化过程，采用这些计算方法所得到的计算结果用于多道支撑的深基坑挡土结构分析时内力较实际情况的误差较大，有的甚至达 3 倍以上。随着计算机技术的普及，有限单元法作为一种计算方法具有灵活、多样、限制少，易于模拟等优点而在挡土结构分析中具有优势。在使用有限元对挡土结构分析时，可以有效地计入基坑开挖过程中的多种因素，例如作用在挡土结构上被动侧和主动侧的水土压力的变化，支撑随开挖深度的增加，其架设数量的变化，支撑架设前的挡土结构位移以及架设后支撑轴力也会随后次开挖过程而逐渐得到调整，支撑预加轴力对挡土结构内力变化的影响，以及空间作用下挡土结构的空间效应问题，等等。这样可以为有效、安全、经济地优化挡土结构形式和开挖过程的信息化开辟了新的方向。

挡土结构有限元分析法有两类，即现行规范推荐的“竖向平面弹性地基梁法”和“连续介质有限元法”，其中前者现也称为“弹性杆系有限元法”，而“连续介质有限元法”由于计算参数难以准确确定以及计算机容量和速度的限制等，目前还没有得到广泛的应用。

## §6.4 土压力计算

### 6.4.1 朗肯土压力理论

朗肯(W. J. M. Rankine，1857) 土压力理论，属古典土力学理论之一，因其概念明确，方法简便，故沿用至今。这一理论研究了半无限弹性土体中处于极限平衡条件的区域内的应力状态，继而导出极限应力的理论解。

为了满足土体的极限平衡条件，朗肯在其基本理论推导中，作出了如下的一些假定：(1) 挡土墙是刚性的，墙背铅直；(2) 墙背填土表面是水平的；(3) 墙背光滑与填土之间没有摩擦力。因此，墙背土体中的应力状态可以视为与一个半无限体中的情况相同，而墙背可以假想为半无限土体内部的一个铅直平面。

当墙背土体处于弹性平衡状态时，土体中任一点处的应力状态，可以用摩尔应力圆表示。

视墙的移动方向与大小，可以设想半无限土体中产生水平向的伸长和压缩，以致发生主动的和被动的两种极限平衡状态和相应的土压力，主动土压力在工程中非常常见，而被动土压力少见，所以我们在此主要介绍主动土压力的计算方法。

### 6.4.2　主动土压力

1. 无粘性土

当铅直墙背被土推离土体时，随着位移渐增，土体在一定范围内可以逐渐达到主动极限平衡状态(见图 6-4-1(a)、(c))。即在该区域内的土体各点，都产生了两组相互呈 $90°-\varphi$ 角的剪破面。由于墙背是铅直而光滑的，所以，墙后土体各点的铅直面与水平面都是主平面。在这两个面上剪应力都为 0。在主动极限平衡状态时，土的自重压力 $p_z(=\gamma z)$ 是大主应力 $\sigma_1$，而水平方向作用的土压力 $p_a$ 是小主应力 $\sigma_3$。因此，求解主动土压力就是根据铅直方向的大主应力(土重)，去求解水平方向的小主应力(土压力)。可以应用极限平衡条件下 $\sigma_1$ 与 $\sigma_3$ 的关系式求解。即

$$\begin{cases}\sigma_1=\sigma_3\tan^2\left(45°+\dfrac{\varphi}{2}\right)+2c\ \tan\left(45°+\dfrac{\varphi}{2}\right)\\ \sigma_3=\sigma_1\tan^2\left(45°-\dfrac{\varphi}{2}\right)-2c\ \tan\left(45°-\dfrac{\varphi}{2}\right)\end{cases}\tag{6-4-1}$$

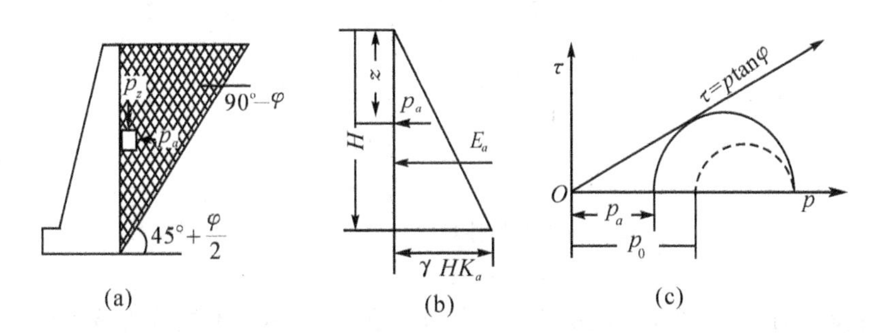


图 6-4-1　无粘性土主动土压力

已知垂直方向的压力 $p_z=\gamma z$。在主动极限平衡状态时，$p_z$ 是大主应力$\sigma_1$，而水平方向的土压力则是小主应为 $\sigma_3$。无粘性土的 $c=0$。因此，按式(6-4-1)，可得

$$p_a=p_z\tan^2\left(45°-\frac{\varphi}{2}\right)=\gamma z\cdot K_a\tag{6-4-2}$$

式中：$K_a$—— 主动土压力系数，无因次。$K_a=\tan^2\left(45°-\dfrac{\varphi}{2}\right)$；

$\gamma$—— 墙后填土的重度，$\mathrm{kN/m^3}$。

墙后填土为均质的，土的 $\varphi$ 值与 $\gamma$ 值都为定值，因此主动土压力与深度成正比。压力分布图形是三角形(见图 6-4-1(b))，若墙高为 $H$，填土面与墙高齐平，则作用于墙背的总主动土压力为

$$E_a = \frac{1}{2}\gamma H^2 K_a \tag{6-4-3}$$

$E_a$ 的作用点在距墙底的$\frac{H}{3}$处，作用方向水平。

2. 粘性土

对于墙后土体是粘性土的情况，除了考虑前述各项条件之外，还应考虑土的粘聚力 $c$，如仍按式(6-4-1)，可得

$$p_a = p_z K_a - 2c \times \sqrt{K_a} \tag{6-4-4}$$

从上式可见，粘性土的主动土压力是由两个部分组成的，对给定的土，上式右侧的第一项取决于土的重度与所在深度，即 $p_z = \gamma z$，分布为三角形分布，而与土的粘聚力无关(见图 6-4-2(b))。第二项为粘聚力因素所造成的，第二项起到降低土压力的作用(故为负值)，随深度成矩形分布(见图 6-4-2(c))。将这两个图形叠加起来，便可以看出，在某一深度 $z_0$ 处的土压力值为零，即令式(6-4-4) 为零而得

$$p_a = p_z K_a - 2c \times \sqrt{K_a} = 0$$

而在 $z_0$ 处的 $p_z = \gamma z_0$，故

$$z_0 = \frac{2c}{\gamma \sqrt{K_a}} \tag{6-4-5}$$

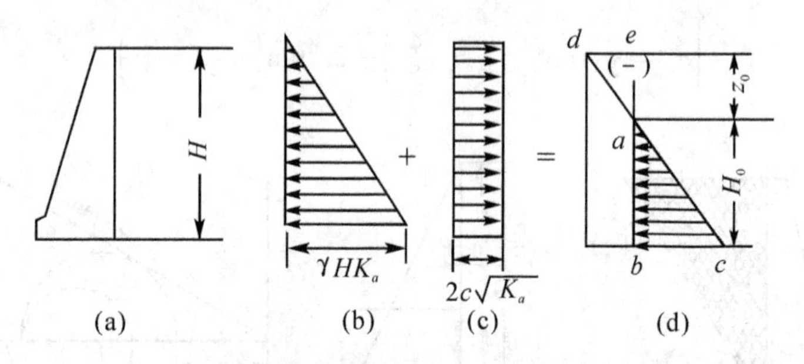


图 6-4-2 粘性填土的主动土压力

在 $z_0$ 深度内，图 6-4-2(d) 虽出现土压力为负值，但实际上不能认为该深度内会产生土与墙之间的拉力。因为土的抗拉强度很低，稍微超过，即会开裂。所以，该值只能起到抵消该部分土压力的作用。即 $z_0$ 以内三角形部分不再对墙产生主动土压力。于是，作用于墙背 $H - z_0$ 高度内的总土压力如图 6-4-2(d) 的 $\triangle abc$ 所示，即

$$E_a = \frac{1}{2}\gamma H^2 K_a - 2cH\sqrt{K_a} + \frac{z_0}{2} 2c\sqrt{K_a}$$

简化得

$$E_a = \frac{1}{2}\gamma H^2 K_a - 2cH\sqrt{K_a} + \frac{2c^2}{\gamma} \tag{6-4-6}$$

该力的作用点在墙底以上$\frac{1}{3}(H - z_0)$处。

以上是朗肯主动土压力的基本计算公式，下面将讨论实际工程中常会遇到的一些特殊条件下的主动土压力的计算方法。

（1）墙后填土表面有连续均布荷载的情况（填上为砂土）。

由于连续均布荷载的作用，将对墙背产生附加的土压力，如图 6-4-3 所示。可以考虑将均布荷载强度 $q$(kPa) 变换为等效填土高度 $H'$(m)。即

$$H' = \frac{q}{\gamma} \tag{6-4-7}$$

式中：$\gamma$ —— 墙后填土的重度，$kN/m^3$。

则作用于墙背深度为 $z$ 处的土压力强度为

$$p_a = \gamma(z + H')K_a \tag{6-4-8}$$

而在墙顶处的土压力强度为

$$p_{a0} = \gamma H' K_a = qK_a \tag{6-4-9}$$

因此，在墙背上的土压力呈梯形分布，于是作用于墙背的总土压力可以按如下方法计算。

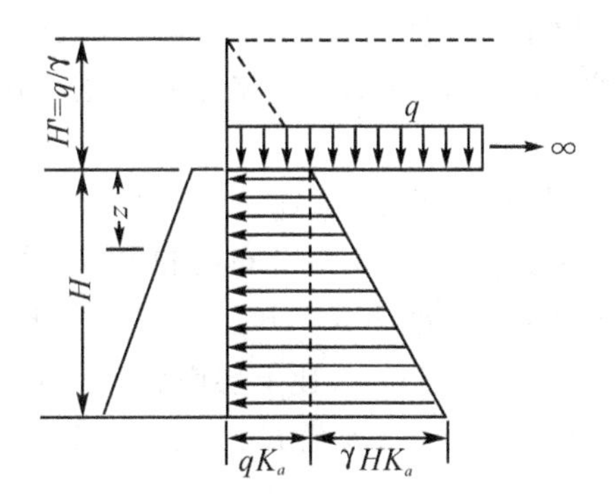


图 6-4-3　填土表面有连续均布荷载时的主动土压力

即作用在墙背上的总土压力由两部分构成：一部分是由土体自重产生的土压力，另一部分是由超载产生的土压力组成。

$$E_a = qHK_a + \frac{1}{2}\gamma H^2 K_a \tag{6-4-10}$$

（2）填土内有地下水位的情况（填土为砂土）。

当填土中存在地下水时，将对土压力有三种影响。

① 地下水位以下的填土重度减小而成为浮重度；

② 地下水位以下填土的抗剪强度将会改变；

③ 地下水对墙背施加静水压力。

一般实际工程中，可以不计地下水对砂土抗剪强度的影响。但地下水会使粘性土的粘聚力与内摩擦角明显降低，这将使主动土压力增大，必须引起注意。

以上各项影响，应分别予以考虑。例如图 6-4-4 中，填土为砂土，则水位上下的 $\varphi_1 = \varphi_2$，水位以上为湿重度 $\gamma_1$，以下为浮重度 $\gamma'$。故在地下水位处的土压力强度为

$$p_{a1} = \gamma_1 h_1 K_a \tag{6-4-11}$$

而在墙底处为

$$p_{a2} = (\gamma_1 h_1 + \gamma' h_2)K_a \tag{6-4-12}$$

因此，土压力分布呈折线，总土压力由上、下两部分求出。作用于墙背除有土压力外，还有在

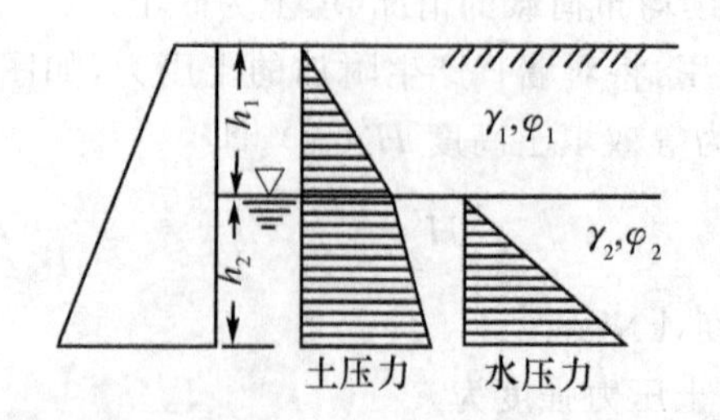


图 6-4-4 填土内有地下水时的主动土压力

$h_2$ 深度内的静水压力

$$E_w = \frac{1}{2}\gamma_w h_2^2 \tag{6-4-13}$$

(3) 填土为成层的情况(填土均为砂土)。

当填土有明显分层,则按各层土质情况,分别确定每一层土作用于墙背的土压力,下面以图 6-4-5 为例,加以说明:

图 6-4-5(a) 的条件是 $\gamma_1$ 大于 $\gamma_2$ 而 $\varphi_1 = \varphi_2$。所以,在 $h_2$ 深度内,沿深度土压力增量减小,而土压力的分布直线的斜率就变大(斜率以分布线和水平线的夹角为准)。

图 6-4-5(b) 的条件是 $\varphi_1 < \varphi_2$。因此,$K_{a2} < K_{a1}$。下层中土压力分布线的斜率也变大了。所以下层顶面的土压力强度为$\overline{bd} = \gamma_1 h_1 K_{a2}$,比上层底面的土压力强度$\overline{bc} = \gamma_1 h_1 K_{a1}$ 小。

同理在图 6-4-5(c) 中,由于 $\varphi_1 > \varphi_2$,因此 $K_{a1} < K_{a2}$,故 $\gamma_1 h_1 K_{a1} < \gamma_1 h_1 K_{a2}$。

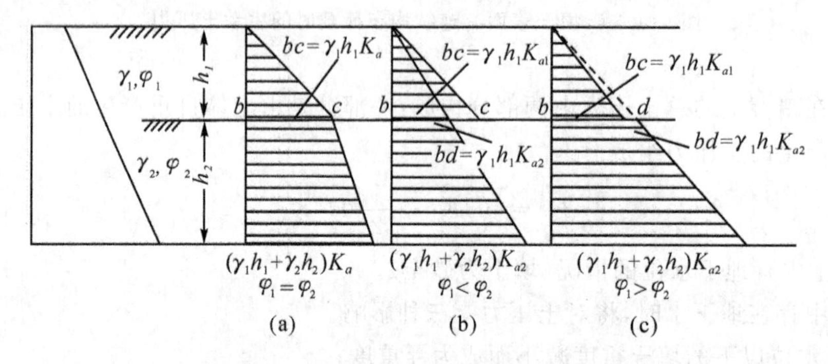


图 6-4-5 填土为成层土的主动土压力

(4) 填土表面受局部均布荷载情况(填土为砂土)。

当墙背填土的水平表面上承受局部均布荷载(其强度为 $q$) 时,这一荷载对墙背土压力强度的附加值 $p_q$,可以按朗肯理论求得

$$p_q = qK_a \tag{6-4-14}$$

但其分布范围难以从理论上严格规定。如图6-4-6(a) 所示为一种近似处理方法,即从局部均布荷载的两个端点 $m$、$n$ 各作一条直线,都与水平表面交成 $45° + \frac{\varphi}{2}$ 角,与墙背相交于 $C$、$D$ 点,则墙背 $CD$ 一段范围内受 $qK_a$ 的作用。这时,作用于整个墙背的土压力分布图形如图 6-4-6(b) 所示。

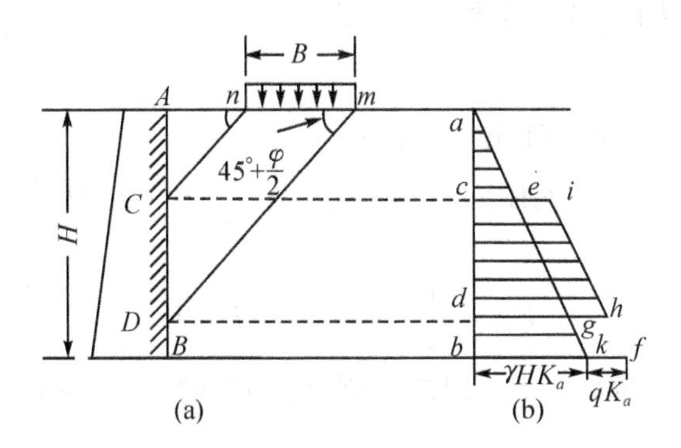


图 6-4-6　局部均布荷载的主动土压力

### 6.4.3　被动土压力

1. 无粘性土

当铅直墙背受外力作用被推向填土时，填土在水平向受到挤压发生位移，土体在一定范围内可以达到被动极限平衡状态，如图 6-4-7 所示。在该区域内的土体各点，将产生两组相互交成 $90°+\varphi$ 角的剪破面。这时铅直方向的压力(土重)$p_z = \gamma z$ 成了小主应力 $\sigma_3$。所以是在 $\sigma_3$ 不变，而在加大 $\sigma_1$ 的条件下使土剪破的。即被动土压力 $p_p$ 相当于大主应力 $\sigma_1$。按式(6-4-1)，考虑当 $c = 0$ 时可得

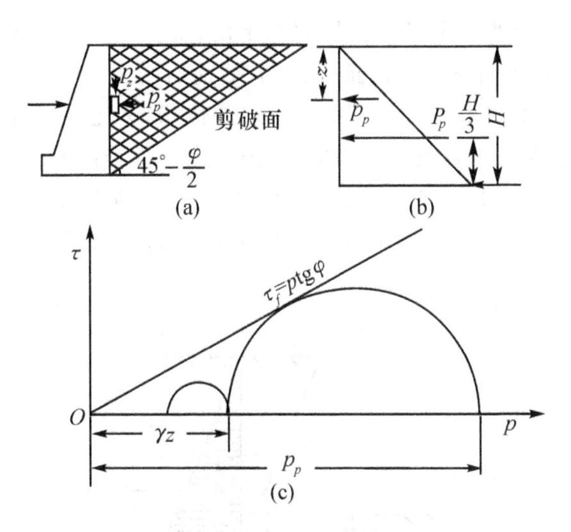


图 6-4-7　无粘性土的被动土压力

$$p_p = p_z K_p = \gamma z \cdot K_p \tag{6-4-15}$$

式中：$K_p$—— 被动土压力系数，无因次，$K_p = \tan^2\left(45° + \dfrac{\varphi}{2}\right)$。

被动土压力仍为三角形分布。总土压力为

$$E_p = \frac{1}{2}\gamma H^2 K_p \tag{6-4-16}$$

其作用点在墙底以上$\frac{H}{3}$处，作用方向水平。

2. 粘性土

按式(6-4-1)，当$c > 0$(粘性土)时可得

$$p_p = p_z K_p + 2c\sqrt{K_p} = \gamma z \times K_p + 2c\sqrt{K_p} \tag{6-4-17}$$

总被动土压力为

$$E_p = \frac{1}{2}\gamma H^2 K_p + 2cH\sqrt{K_p} \tag{6-4-18}$$

由上式可见，被动土压力也由两部分组成，把它们叠加起来即呈梯形分布，如图6-4-8所示。

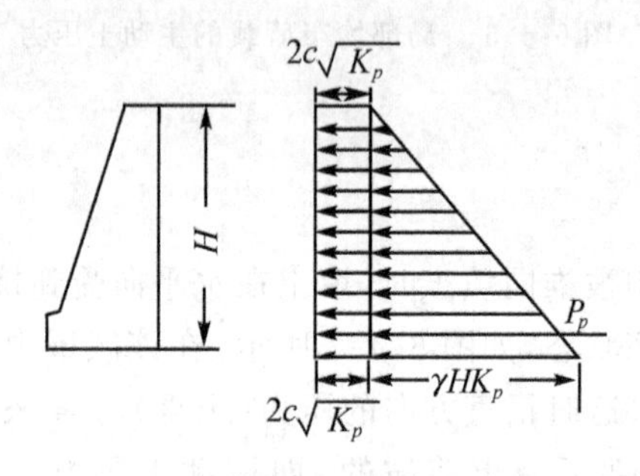


图6-4-8 被动土压力的分布

在实际工程中，挡土墙的下部是埋在地面以下的，如图6-4-9所示，当墙背受土的推力(主动土压力)作用时，其前面将受土的抗力作用。墙前所受土的抗力大小，要看墙的向前位移多少而定。由于使墙受主动土压力作用所要求墙的位移，远比使墙受到被动土压力所需的小。所以，墙前的抗力常达不到被动土压力值，抗力的大小就难以确定。实际工程中常假定作用于墙前的土压力系数等于1.0，亦即假定墙前土抗力为土重与墙埋入土下深度的乘积。但如果墙前的土有可能被破坏时(如人、畜活动，水的冲淘、冻胀和干裂等)，则为安全计，常忽略墙前土的抗力。

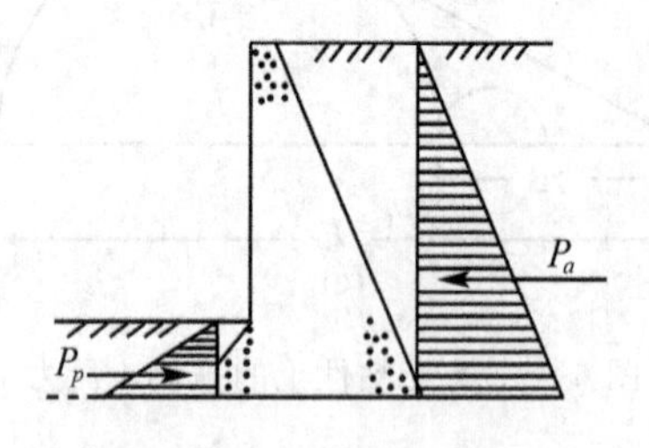


图6-4-9 墙前土压力

### 6.4.4 库仑土压力理论

早在1776年，法国工程师库仑(Coulomb, C. A.)就根据城堡中挡土墙设计的经验，研究在挡土墙背后土体滑动楔块上的静力平衡，从而提出了一种土压力计算理论。由于概念简明，且在一定条件下较符合实际，故这一古典土力学理论也沿用至今。以下主要介绍库仑主

动土压力计算理论。

库仑理论假定挡土墙是刚性的，墙背填土是无粘性土。当墙背受土推力前移达到某个数值时，土体中一部分有沿着某一滑动面发生整体滑动的趋势，以致达到主动极限平衡状态，如图 6-4-10 所示。这时，墙背上所受的是主动土压力。

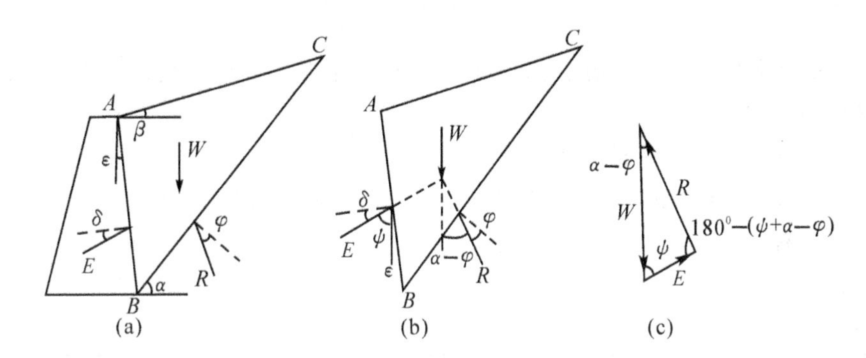


图 6-4-10　库仑主动土压力

除此以外，库仑理论在分析主动土压力时，还有三个基本假定：

(1) 挡土墙受土推力前移，使三角形土楔 $ABC$ 沿着墙背 $AB$ 和滑动面 $BC$ 下滑；

(2) 滑动面 $BC$ 是一个平面(垂直于纸面)；

(3) 土楔 $ABC$ 整个处于极限平衡状态。墙对土楔的反力 $E$ 与墙身法线成 $\delta$ 角而向上作用。但不考虑楔体本身的变形。

取土楔 $ABC$ 为脱离体，土楔在下述三个力的作用下达到静力平衡。其一是墙对土楔的反力 $E$，其作用方向与墙背面的法线呈 $\delta$ 角($\delta$ 角为墙与土之间的外摩擦角，称为墙摩擦角)；其二是滑动面 $BC$ 上的反力 $R$，其方向与 $BC$ 面的法线呈 $\varphi$ 角($\varphi$ 为土的内摩擦角)；其三是土楔 $ABC$ 的重力 $W$，重力的大小和方向均为已知。因土的重度 $\gamma$ 及墙背倾角 $\varepsilon$、填土表面与水平面夹角 $\beta$ 都已给定，所以，只要假设滑动面与水平面的夹角为 $\alpha$，便可以根据 $W$、$E$、$R$ 三力构成力的平衡三角形(见图 6-4-10(c))。利用正弦定理，得

$$\frac{E}{\sin(\alpha-\varphi)}=\frac{W}{\sin[180^\circ-(\psi+\alpha-\varphi)]}$$

所以

$$E=\frac{W\sin(\alpha-\varphi)}{\sin(\psi+\alpha-\varphi)} \tag{6-4-19}$$

其中

$$\psi=90^\circ-(\delta+\varepsilon)$$

假定不同的 $\alpha$ 角可以画出不同的滑动面，就可以得出不同的 $E$ 值。但是，计算的最终目的是为了寻求最不利的滑动面位置，故只有相应于某个特定 $\alpha$ 值的最危险的假设滑动面，才能产生最大的 $E$ 值。而与其大小相等、方向相反的力，即为作用于墙背的主动土压力，以 $E_a$ 表示。

由于 $E$ 是 $\alpha$ 的函数，按 $\frac{\mathrm{d}E}{\mathrm{d}\alpha}=0$ 的条件，用数值解法可以求出 $E$ 为最大值时的 $\alpha$ 角。然后代入式(6-4-19)求得主动土压力为

$$E_a=\frac{1}{2}\gamma H^2\frac{\cos^2(\varphi-\varepsilon)}{\cos^2\varepsilon\cos(\varepsilon+\delta)\left[1+\sqrt{\dfrac{\sin(\varphi+\delta)\sin(\varphi-\beta)}{\cos(\delta+\varepsilon)\cos(\varepsilon-\beta)}}\right]^2}=\frac{1}{2}\gamma H^2K_a \tag{6-4-20}$$

式中：$\gamma$、$\varphi$ —— 分别为填土的重度(kN/m³)与内摩擦角(°)；

$\varepsilon$ —— 墙背与铅直线的夹角(°)。以铅直线为准，顺时针为负，称仰斜；反时针为正，称俯斜；

$\delta$ —— 墙摩擦角(°)，由试验或按规范确定。《建筑地基基础设计规范》(GB50007—2002)中的规定列于表 6-4-1；

$\beta$ —— 填土表面与水平面所夹坡角(°)；

$K_a$ —— 主动土压力系数，无因次，为 $\varphi$、$\varepsilon$、$\beta$、$\delta$ 的函数。可以从表 6-4-2 查得(更详细的 $K_a$ 表可以参阅有关著作)。

**表 6-4-1　　土对挡土墙墙背的摩擦角 $\delta$**

| 挡土墙情况 | 摩擦角 $\delta$ |
|---|---|
| 墙背平滑，排水不良 | $(0\sim0.33)\varphi_k$ |
| 墙背粗糙，排水良好 | $(0.33\sim0.50)\varphi_k$ |
| 墙背很粗糙，排水良好 | $(0.50\sim0.67)\varphi_k$ |
| 墙背与填土间不可能滑动 | $(0.67\sim1.00)\varphi_k$ |

**注**：$\varphi_k$ 为墙背填土的内摩擦角标准值。

必须注意，库仑理论是从分析土楔的平衡条件出发，其所得 $E_a$ 是作用在墙背上的总土压力。但由式(6-4-20)可知，$E_a$ 的大小与墙高的平方成正比，所以土压力强度是按三角形分布的。$E_a$ 的作用点距墙底为墙高的$\frac{1}{3}$。按库仑理论得出的土压力 $E_a$ 分布如图 6-4-11 所示。土压力的方向与水平面交成$(\varepsilon+\delta)$角。深度 $z$ 处的土压力强度为

$$p_{az}=\frac{\mathrm{d}E_a}{\mathrm{d}z}=\frac{\mathrm{d}}{\mathrm{d}z}\left(\frac{1}{2}\gamma z^2K_a\right)=\gamma zK_a \tag{6-4-21}$$

还应注意，上式是 $E_a$ 对铅直深度 $z$ 微分得来的，$p_{az}$ 只能代表作用在墙背的铅直投影高度上的某一点的土压力强度。

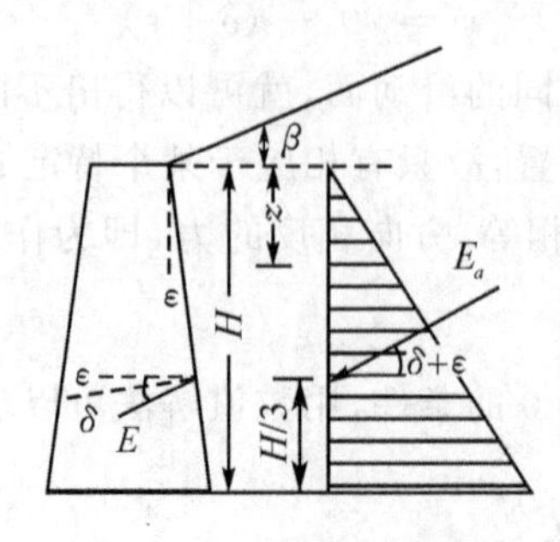


图 6-4-11　主动土压力强度

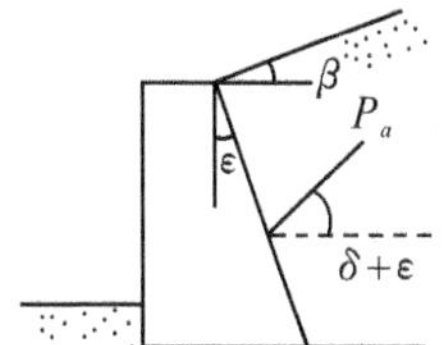


表 6-4-2　俯斜墙背的库仑主动土压力系数 $K_a$ 值

| ε | β \ φ | 20° | 25° | 30° | 35° | 40° | 45° |
|---|---|---|---|---|---|---|---|
| | | | | δ = 15° | | | |
| 0° | 0° | 0.434 | 0.363 | 0.301 | 0.248 | 0.201 | 0.160 |
| | 10° | 0.522 | 0.423 | 0.343 | 0.277 | 0.222 | 0.174 |
| | 20° | 0.914 | 0.546 | 0.415 | 0.323 | 0.251 | 0.194 |
| | 30° | | | 0.777 | 0.422 | 0.305 | 0.225 |
| 10° | 0° | 0.511 | 0.411 | 0.378 | 0.323 | 0.273 | 0.228 |
| | 10° | 0.623 | 0.526 | 0.473 | 0.366 | 0.305 | 0.252 |
| | 20° | 1.103 | 0.679 | 0.535 | 0.432 | 0.351 | 0.284 |
| | 30° | | | 1.005 | 0.571 | 0.430 | 0.334 |
| 20° | 0° | 0.611 | 0.540 | 0.476 | 0.419 | 0.366 | 0.317 |
| | 10° | 0.757 | 0.649 | 0.560 | 0.484 | 0.416 | 0.357 |
| | 20° | 1.383 | 0.862 | 0.697 | 0.579 | 0.486 | 0.408 |
| | 30° | | | 1.341 | 0.778 | 0.606 | 0.487 |
| | | | | δ = 20° | | | |
| 0° | 0° | | 0.357 | 0.297 | 0.245 | 0.199 | 0.160 |
| | 10° | | 0.419 | 0.340 | 0.275 | 0.220 | 0.174 |
| | 20° | | 0.547 | 0.414 | 0.322 | 0.251 | 0.193 |
| | 30° | | | 0.798 | 0.425 | 0.306 | 0.225 |
| 10° | 0° | | 0.438 | 0.377 | 0.322 | 0.273 | 0.229 |
| | 10° | | 0.521 | 0.438 | 0.367 | 0.306 | 0.254 |
| | 20° | | 0.690 | 0.540 | 0.436 | 0.354 | 0.286 |
| | 30° | | | 1.051 | 0.582 | 0.437 | 0.338 |
| 20° | 0° | | 0.543 | 0.479 | 0.422 | 0.370 | 0.321 |
| | 10° | | 0.659 | 0.568 | 0.490 | 0.423 | 0.363 |
| | 20° | | 0.891 | 0.715 | 0.592 | 0.496 | 0.417 |
| | 30° | | | 1.434 | 0.807 | 0.624 | 0.501 |

### 6.4.5　挡土墙背上几种典型土压力的计算方法

1. 挡土墙墙后破坏楔体上，作用附加均布荷载时的主动土压力，可以按下式计算：

(1) 附加均布荷载作用于破坏楔体坡面上(图 6-4-12)，主动土压力为：

$$E = \frac{1}{2}\gamma LH(H + 2h_0)K_a \tag{6-4-22}$$

土压力作用点至计算土层底边的距离(图 6-4-12) 为：

$$Z = \frac{H}{3}\left(1 + \frac{h_0}{H + 2h_0}\right) \tag{6-4-23}$$

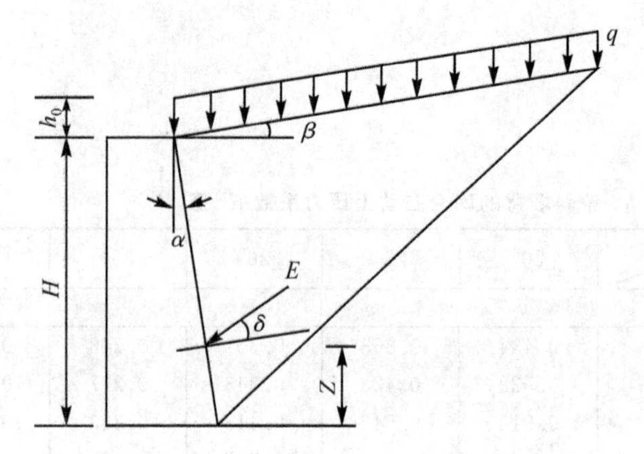


图 6-4-12　墙后破棱体坡面上作用附加均布荷载时，主动土压力计算

附加均布荷载 $q$ 换算为等代均布土层厚度 $h_0$(m)，可以按下式计算

$$h_0 = \frac{q}{\gamma(1+\tan\alpha\tan\beta)L} \tag{6-4-24}$$

库仑理论主动土压力系数 $K_a$ 按下列公式计算：

砂性填料

$$K_a = \frac{\cos^2(\varphi-\alpha)}{\cos^2\alpha\cos(\alpha+\delta)\left[1+\sqrt{\dfrac{\sin(\varphi+\delta)\sin(\varphi-\beta)}{\cos(\alpha+\delta)\cos(\alpha-\beta)}}\right]^2} \tag{6-4-25}$$

粘性土填料

$$K_a = \frac{\cos^2(\varphi-\alpha)}{\cos^2\alpha\cos(\alpha+\delta)\left[1+\sqrt{\dfrac{\sin(\varphi_0+\delta)\sin(\varphi_0-\beta)}{\cos(\alpha+\delta)\cos(\alpha-\beta)}}\right]^2} \tag{6-4-26}$$

式中：$E$—— 作用于挡土墙墙背上的主动土压力(kN)；

$Z$—— 土压力作用点至所计算土层底边的距离(m)；

$L$—— 挡土墙计算长度(m)，可取单位长度计算，以下主动土压力计算公式均按单位长度列出；

$\gamma$—— 墙后填料的重度(kN/m$^3$)；

$h_0$—— 附加均布荷载的换算土层厚度(m)；

$\varphi$—— 墙后砂性填料的内摩擦角(°)；

$\varphi_0$—— 墙后粘性土填料的综合内摩擦角(°)；

$\alpha$—— 过墙背顶点的竖直面与墙背的夹角，竖直面位于墙背内为正，竖直面在墙背外为负；

$\beta$—— 填土表面与墙顶水平面的夹角(°)(见图 6-4-12)，填土表面位于墙顶水平面之上为正，填土表面位于墙顶水平面之下为负；

$\delta$—— 墙背与填土间的摩擦角(°)。

(2) 附加均布荷载作用于破坏楔体顶面的路堤式挡土墙(图 6-4-13)，可按下式计算：

$$
\begin{cases}
\tan\theta = -\tan\psi \pm \sqrt{(\cot\varphi + \tan\psi)(\tan\psi + A)} \\
\psi = \alpha + \varphi + \delta \\
A = \dfrac{ab + 2h_0(b+d) - H(H + 2a + 2h_0)\tan\alpha}{(H+a)(H+a+2h_0)} \\
E = \dfrac{1}{2}\gamma H^2 KK_1, E_x = E\cos(\alpha+\delta), E_y = E\sin(\alpha+\delta) \\
K = \dfrac{\cos(\theta+\varphi)}{\sin(\theta+\psi)}(\tan\theta + \tan\alpha), K_1 = 1 + \dfrac{2a}{H}\left(1 - \dfrac{h_3}{2H}\right) + \dfrac{2h_0 h_4}{H^2} \\
h_1 = \dfrac{d}{\tan\theta + \tan\alpha}, h_3 = \dfrac{b - a\tan\theta}{\tan\theta + \tan\alpha}, h_4 = H - h_1 - h_3 \\
Z_y = \dfrac{H}{3} + \dfrac{a(H-h_3)^2 + h_0 h_4(3h_4 - 2H)}{3H^2 K_1}, Z_x = B - Z_y\tan\alpha
\end{cases}
\tag{6-4-27}
$$

式中：$h_0$—— 作用于破坏棱体顶面附加荷载的换算土层厚度(m)；

$a$—— 挡土墙顶面填土高度(m)；

$b$—— 墙顶后缘至路基边缘的水平投影长度(m)；

其余符号意义同上述的公式符号注释，同时标注于图 6-4-13 上。

破裂角 $\theta$ 计算公式中的 $\pm\sqrt{(\cot\varphi + \tan\psi)(\tan\psi + A)}$ 项，当 $\psi < 90°$ 时，取正号；当 $\psi > 90°$ 时，取负号。

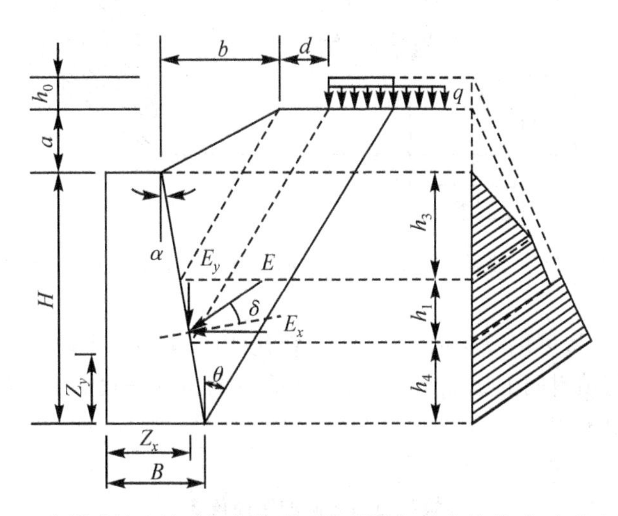


图 6-4-13　路堤式挡土墙破坏楔体顶面作用附加均布荷载时，主动土压力计算

当为粘性土填料时，可以用综合内摩擦角 $\varphi_0$ 替代公式(6-4-27)中的内摩擦角 $\varphi$ 进行计算。

2. 墙顶填土表面为水平面($\beta = 0$)且无附加荷载作用时，墙后破坏楔体的破裂面与竖直面夹角 $\theta$ 的正切值，可按下式计算：

$$\tan\theta = -\tan\psi \pm \sqrt{(\cot\varphi + \tan\psi)(\tan\psi - \tan\alpha)} \tag{6-4-28}$$

$$\psi = \alpha + \delta + \varphi \tag{6-4-29}$$

根号前的正负号取法：$\psi < 90°$ 时，取正号；$\psi > 90°$ 时，取负号。

当为粘性土填料时，可采用综合内摩擦角 $\varphi_0$ 替代上式中的内摩擦角 $\varphi$，进行计算。

3.破裂面交于附加均布荷载之内的路肩式挡土墙，其主动土压力可以按下列公式计算

$$\begin{cases}\tan\theta=-\tan\psi\pm\sqrt{(\cot\varphi+\tan\psi)(\tan\psi+A)},\psi=\alpha+\varphi+\delta\\ A=\dfrac{2dh_0}{H(H+2h_0)}-\tan\alpha\\ E=\dfrac{1}{2}\gamma H^2KK_1,E_x=E\cos(\alpha+\delta),E_y=E\sin(\alpha+\delta)\\ K=\dfrac{\cos(\theta+\varphi)}{\sin(\theta+\psi)}(\tan\theta+\tan\alpha),K_1=1+\dfrac{2h_0}{H}\left(1-\dfrac{h_1}{H}\right)\\ h_1=\dfrac{d}{\tan\theta+\tan\alpha},Z_y=\dfrac{H}{3}+\dfrac{h_0(H-2h_1)^2-h_0h_1^2}{3K_1H^2},Z_x=B-Z_y\tan\alpha\end{cases}\tag{6-4-30}$$

式中：$h_0$—— 附加均布荷载换算土层厚度(m)；

其余符号意义同上并标注于图 6-4-14 中。

破裂角计算公式中，根号前的正负号取法与式(6-4-27) 相同。

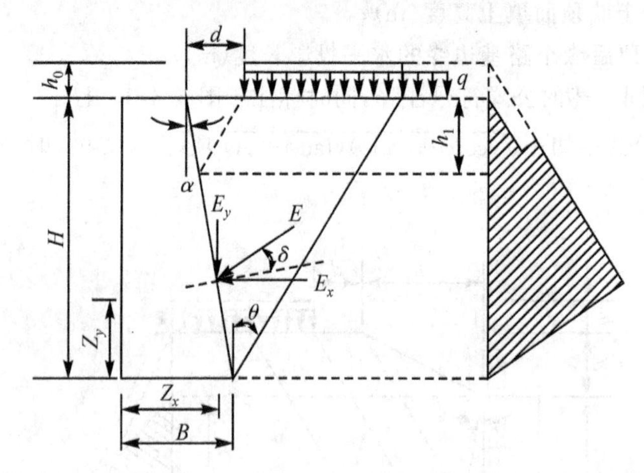


图 6-4-14 破裂面交于荷载之内的路肩式挡土墙的土压力计算

当为粘性土填料时，可用综合内摩擦角 $\varphi_0$ 替代式(6-4-30) 中的内摩擦角 $\varphi$，进行计算。

4.挡土墙墙背与填料间的摩擦角，可以根据墙背的粗糙程度、填料的性质和排水条件，按表 6-4-3 所列数值采用。

**表 6-4-3 填料与墙背间的摩擦角 δ**

| 墙身材料 | 墙背填料 | |
|---|---|---|
| | 渗水填料 | 非渗水土填料 |
| 混凝土，钢筋混凝土 | $\frac{1}{2}\varphi$ | $\frac{2}{3}\varphi$ 或 $\frac{1}{2}\varphi_0$ |
| 片、块石砌体，墙背粗糙 | $\frac{1}{2}\varphi\sim\frac{2}{3}\varphi$ | $\frac{2}{3}\varphi\sim\varphi$ 或 $\frac{1}{2}\varphi_0\sim\frac{2}{3}\varphi_0$ |
| 干砌或浆砌片、块石砌体，墙背很粗糙 | $\frac{2}{3}\varphi$ | $\varphi$ 或 $\frac{2}{3}\varphi_0$ |
| 第二破裂面土体 | $\varphi$ | $\varphi_0$ |

注：① $\varphi$ 为填料的内摩擦角，$\varphi_0$ 为黏性土填料的综合内摩擦角；

② 按本表计算的墙背摩擦角 $\delta>30°$ 时，仍采用 $\delta=30°$。

5. 粘性土填料可按《公路土工试验规程》(JTG E40—2007)、《土工试验方法标准》(GB/T 50123—1999)、《土工试验规程》(SL237—1999) 取样测定重度 $\gamma$、粘聚力 $c$、内摩擦角 $\varphi$ 值，可以采用下式计算综合内摩擦角 $\varphi_0$

$$\varphi_0 = \arctan\left[\tan\varphi + \frac{c}{\gamma H}\right] \tag{6-4-31}$$

式中：$\gamma$—— 填料试件的重度(kN/m³)；

$\varphi$—— 试验所测定的内摩擦角(°)；

$c$—— 试验所测定的粘聚力(kN/m²)；

$H$—— 挡土墙高度(m)。

当填土内摩擦角 $\varphi$ 较小，粘聚力 $c$ 较大或墙高 $H$ 较大时，应按工程经验对上式计算结果作适当调整。

6. 当墙后填料的物理力学特性有变化或受水位影响，需分层计算作用于墙背上的主动土压力时，仍可采用库仑公式计算，并假定上、下填料层面相平行，将上层填料重量作为附加均布荷载，作用于下层填料顶面上，其计算公式如下

$$E_2 = \left(\gamma_1 H_1 H_2 + \frac{1}{2}\gamma_2 H_2^2\right)K_{2a} \tag{6-4-32}$$

$$Z_2 = \frac{H_2}{3}\left(1 + \frac{\gamma_1 H_1}{2\gamma_1 H_1 + \gamma_2 H_2}\right) \tag{6-4-33}$$

式中：$\gamma_1$—— 上层填料的平均重度(kN/m³)；

$\gamma_2$—— 计算填料层的重度，如在水中，应为计入水浮力的重度(kN/m³)；

$H_1$—— 上层填料的计算厚度(包括上层顶面附加均布荷载换算土层厚度)(m)；

$H_2$—— 计算填料层的实际厚度(m)；

$K_{2a}$—— 计算填料层的土压力系数，可参照 A. 0. 1 条、A. 0. 3 条的规定计算；

其余符号意义同前并标注于图 6-4-15 中。

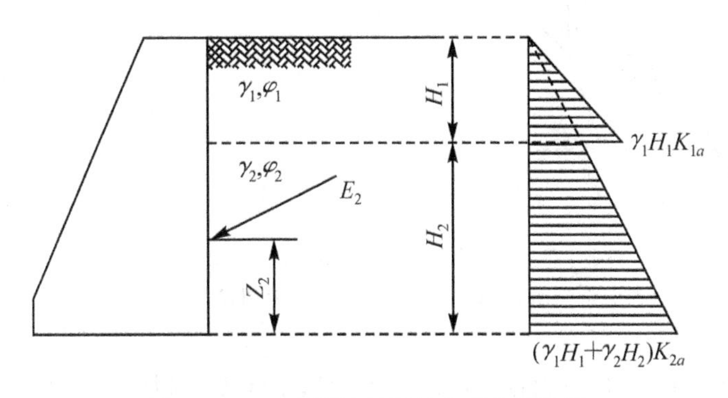


图 6-4-15　不同填料层的土压力计算图

7. 第二破裂面的土压力计算，可按以下规定：

(1) 判定第二破裂面产生的条件：

① 墙背倾角 $\alpha$ 大于第二破裂面产生的临界角 $\alpha_i$ 即：$\alpha > \alpha_i$；

② 作用于墙背上的下滑力，小于墙背处的抗滑力。

(2) 第二破裂面临界破裂角，应根据墙背倾角、墙后填料的物理力学参数及边界条件进行计算。

对于填土表面有坡度的挡土墙

$$\alpha_i = \frac{(90^\circ - \varphi)}{2} + \frac{(\beta - \varepsilon)}{2} \tag{6-4-34}$$

$$\theta_i = \frac{(90^\circ - \varphi)}{2} - \frac{(\beta - \varepsilon)}{2} \tag{6-4-35}$$

$$\varepsilon = \sin^{-1}\left(\frac{\sin\beta}{\sin\varphi}\right) \tag{6-4-36}$$

式中：$\alpha_i$—— 第二破裂面与竖直面间的夹角；

$\theta_i$—— 第一破裂面与竖直面间的夹角；

$\alpha$—— 墙背的倾角，当为L形墙背时，为假想墙背(计算截面后踵点与墙背顶点的连线面)与竖直面之间的夹角；

$\varphi$—— 填料的内摩擦角，当为黏性土填料时，应以综合内摩擦角 $\varphi_0$ 替代内摩擦角 $\varphi$ 值；

其余符号意义见图 6-4-16。

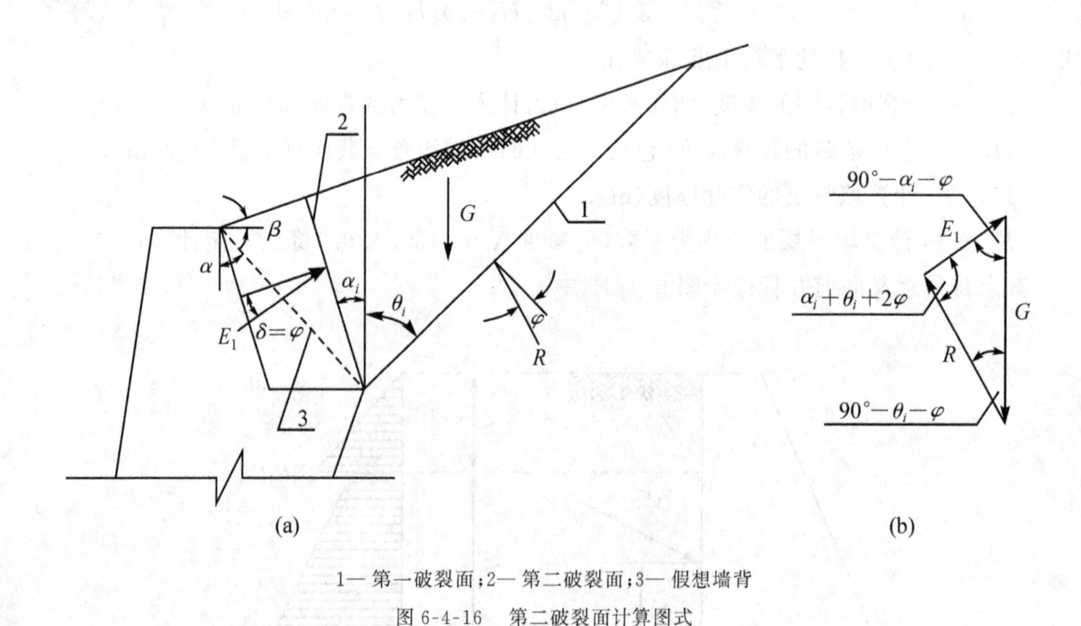


1— 第一破裂面；2— 第二破裂面；3— 假想墙背

图 6-4-16 第二破裂面计算图式

(3) 第二破裂面土压力，可根据折线墙背上的填土高度，附加荷载的位置等条件分类计算，常用类型的计算公式如下：

① 路堤式挡土墙，第一破裂面交于附加荷载之内，可按下列公式(6-4-37)计算：

$$\begin{cases}\tan\theta_i = -Q \pm \sqrt{Q^2 - R}, h'' = H_1 \sec\alpha\cos(\alpha-\beta) \\ Q = \csc(2\varphi+\beta)\dfrac{h''}{H_0\sqrt{1+\dfrac{2h_0}{H_0}}} - \cot(2\varphi+\beta) \\ R = \cot\varphi\cot(2\varphi+\beta) + \dfrac{1}{1+\dfrac{2h_0}{H_0}}\dfrac{\cos(\varphi+\beta)}{\sin\varphi\sin(2\varphi+\beta)}\left\{\dfrac{h''^2}{H_0^2} + \tan(\varphi+\beta)\times\right. \\ \quad \left[\dfrac{2h''}{H_0\sin B} - \cot\beta\left(1+\dfrac{h''2}{H_0^2}\right) - \dfrac{2h_0}{H_0}\left(\cot\beta - \dfrac{h''}{H_0\sin\beta} + \dfrac{d}{H_0}\right)\right] - \\ \quad \left.\dfrac{2h''}{H_0}\sqrt{1+\dfrac{2h_0}{H_0}}\dfrac{\cos\varphi}{\cos(\varphi+\beta)}\right\} \\ \tan(\alpha_i-\beta) = \cot(\varphi+\beta) - \dfrac{\cos\varphi}{\sin(\varphi+\beta)}\dfrac{H_0}{h''}\sqrt{1+\dfrac{2h_0}{H_0}}(1-\tan\varphi\tan\theta_i) \\ E_{1x} = \dfrac{1}{2}\gamma H_0^2\left(1+\dfrac{2h_0}{H_0}\right)(1-\tan\varphi\tan\theta_i)^2\cos^2\varphi \\ E_1 = E_{1x}\sec(\alpha_i+\delta), E_{1y} = E_x\tan(\alpha_i+\delta) \\ Z_{1y} = \dfrac{h^3 + a'(3h^2 - 3hh_1 + h_1^2) + 3h_0h_3^2}{3[h^2 + a'(2h-h_1) + 2h_0h_3]}, \\ Z_{1x} = B - Z_{1y}\cdot\tan\alpha_i \\ h = h''\sec(\alpha_i-\beta)\cos\alpha_i, \\ \alpha' = H_0 - h, b' = a'\cot\beta \\ h_1 = \dfrac{b' - a'\tan\theta_i}{\tan\theta_i + \tan\alpha_i}, h_2 = \dfrac{d}{\tan\theta_i + \tan\alpha_i}, h_3 = h - h_1 - h_2\end{cases} \tag{6-4-37}$$

式中符号意义见图 6-4-17。$\tan\theta_i$ 的有效根，取正值中较小者。

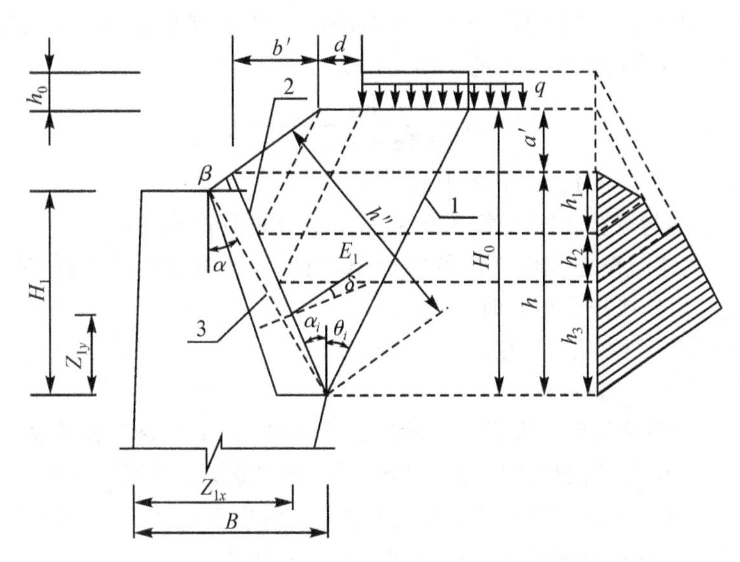


1— 第一破裂面；2— 第二破裂面；3— 假想墙背

图 6-4-17 路堤式挡土墙第二破裂面土压力计算图式

② 路肩式挡土墙的第一破裂面、第二破裂面均交于附加荷载之内时，可以按下列公式计算

$$\begin{cases}\alpha_i=\theta_i=45^\circ-\dfrac{\varphi}{2},K_a=\tan\left(45^\circ-\dfrac{\varphi}{2}\right)\cdot\sec\left(45^\circ-\dfrac{\varphi}{2}\right)\\E_1=\dfrac{1}{2}\gamma H_1(H_1+2h_0)K_a\\E_{1x}=E_1\sin\left(45^\circ-\dfrac{\varphi}{2}\right),E_{1y}=E_1\cos\left(45^\circ-\dfrac{\varphi}{2}\right)\\Z_{1y}=\dfrac{H_1}{3}\left(1+\dfrac{h_0}{H_1+2h_0}\right),Z_{1x}=B-Z_{1y}\tan\alpha_i\end{cases}\tag{6-4-38}$$

公式中，符号意义见图 6-4-18。

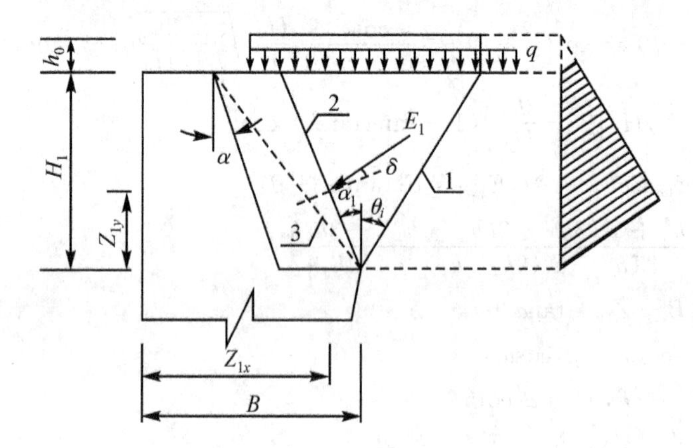


1— 第一破裂面；2— 第二破裂面；3— 假想墙背

图 6-4-18　路肩式挡土墙第二破裂面土压力计算图示

8. 位于挖方地段，墙后仅有限范围填筑填料的挡土墙，当填料破裂面为沿挖方界而面滑动时，可以按下式计算作用于墙背上的主动土压力

$$E=G\frac{\sin(\theta-\delta_1)}{\cos(\alpha+\delta+\delta_1-\theta)}\tag{6-4-39}$$

式中：$\theta$—— 坚硬坡面的坡度角，一般大于或等于 45°；

$\delta$—— 滑动楔体与墙背之间的摩擦角，按表 6-4-3 的规定采用；

$\delta_1$—— 滑动楔体与挖方坡面之间的摩擦角，当挖方坡面为软质岩石，坡面较光滑时：$\delta_1=2\varphi/3$；当坡面粗糙或作成台阶时：$\delta_1=\varphi$；

$G$—— 有限范围破棱体的重力。

其余符号意义见图 6-4-19。

9. 当墙后填料表面倾斜度较大或地表面形状不规则，采用库仑公式计算土压力有困难时，可以采用图 6-4-20 所示的楔体试算法试解。即先任意假定滑动面，由各个滑动面上土楔的力的平衡关系，试求各个面的土压力，找出其中最大值作为主动土压力的合力 $E$，其作用点距计算截面的距离，近似取墙顶至计算截面高度的三分之一。

10. 作用于墙背上的静止土压力与墙背形式无关，作用在墙背深度为 $H$ 处的静止土压应力，可以按下列公式计算

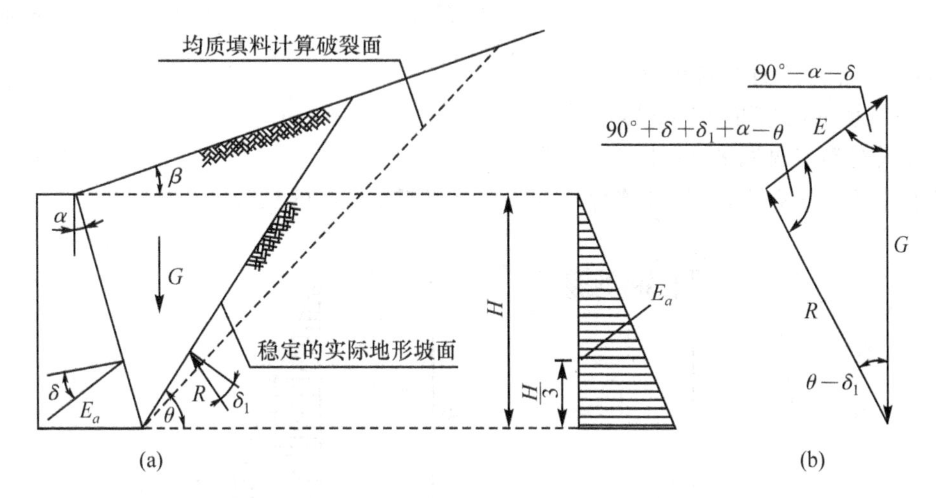


图 6-4-19　有限范围填土的土压力计算

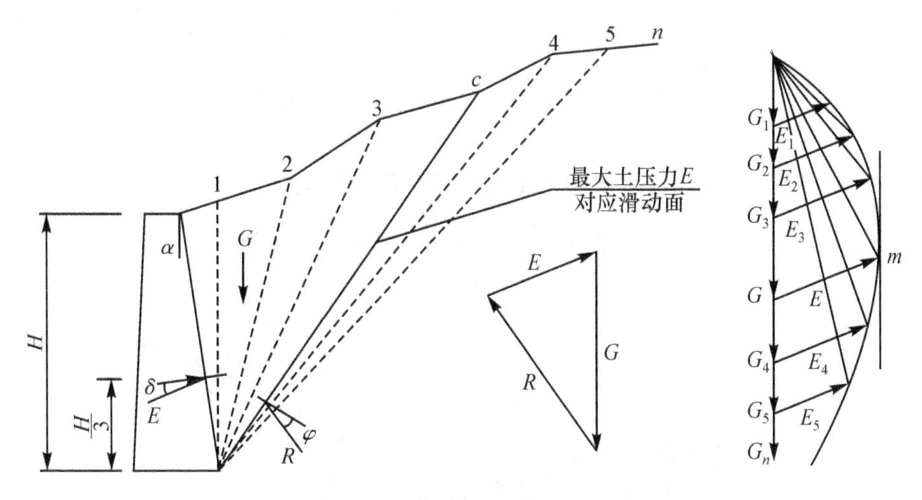


图 6-4-20　楔体试算法的土压力图解法

$$\sigma_j = K_j H \tag{6-4-40}$$

砂性填料

$$K_j = 1 - \sin\varphi \tag{6-4-41}$$

黏性土填料

$$K_j = 1 - \sin\varphi_0 \tag{6-4-42}$$

式中：$\sigma_j$—— 距填土表面深度为 $H$ 处墙背的静止土压应为($kN/m^2$)

$H$—— 计算点距填土表面的深度(m)；

$K_j$—— 静止土压力系数；

$\varphi$—— 砂性填料的内摩擦角(°)；

$\varphi_0$—— 黏性土填料的综合内摩擦角(°)。

当墙后地面为平面时，作用于墙背单位长度上的静止土压力合力 $E_j$，可以按下式计算

$$E_j = \frac{1}{2}\gamma H^2 K_j \tag{6-4-43}$$

式中：$H$—— 挡土墙计算高度(m)；

$\gamma$—— 填料的重度(kN/m³)；

其余符号意义见图 6-4-21。

静止土压力之合力，作用在墙背计算截面至墙底面高度的三分之一处。

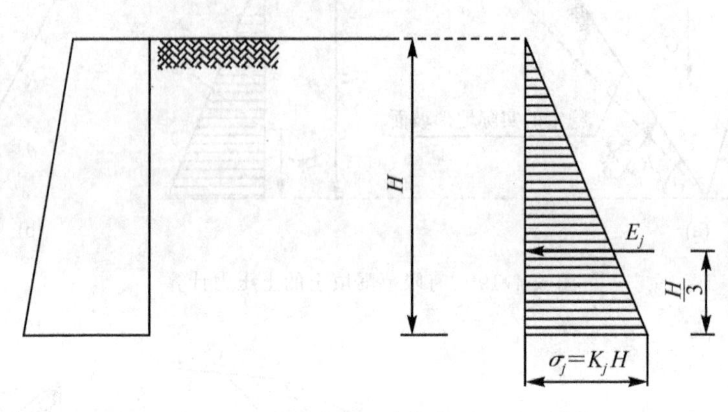


图 6-4-21　路肩式挡土墙的静止土压力计算

11. 挡土墙单位长度上，墙前被动土压力可以按朗肯理论计算(图 6-4-22)：

$$E_p = \frac{1}{2}\gamma h_2(h_2 + 2d)\tan^2\left(45° + \frac{\varphi}{2}\right) \tag{6-4-44}$$

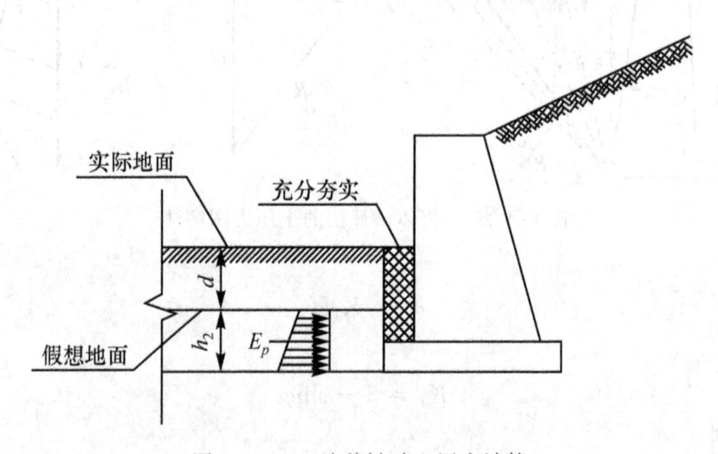


图 6-4-22　墙前被动土压力计算

式中：$E_p$—— 被动土压力(kN；

$\gamma$—— 墙前土体的重度(kN/m³)；

$d$—— 地面至假想地面的高度(m)；

$h_2$—— 计算截面至假想地面的高度(m)；

$\varphi$—— 墙前土体的内摩擦角(°)。

其余符号意义见图 6-4-22。

# §6.5　深层搅拌桩挡墙支护

## 6.5.1　搅拌桩的分类与特性

1. 搅拌桩的分类

搅拌桩按其所采用的固化剂材料的不同，目前主要分为水泥搅拌桩和石灰搅拌桩两类；按固化剂物理状态的不同，则分为粉体搅拌桩和浆体搅拌桩两类。

根据搅拌机械的类型，由于其搅拌轴数目的不同，搅拌桩的单桩（或单体）截面有圆形和 ∞ 字形两类，前者由单搅拌轴形成，后者由双搅拌轴形成，如图 6-5-1(a)、(b) 所示。国外尚有用 3、4、6、8 搅拌轴等形成的块状大型截面，以及由单搅拌轴同时作垂直向和横向移动而形成的长度不受限制的连续一字形大型截面，如图 6-5-1(c)、(d) 和(e) 所示。

搅拌桩还有加筋和非加筋，或加劲和非加劲之分。目前在我国除 SMW 工法为加筋(劲)工法外，其余各种工法均为非加筋(劲) 工法。

2. 搅拌桩的适用性

(1) 土质与环境条件。国内外相关试验研究和工程实践表明，搅拌桩适宜于加固淤泥、淤泥质土和含水量较高且地基承载力小于 120kPa 的粘土、粉质粘土、粉土等软土地基。当土中含高岭石、多水高岭石、蒙脱石等矿物时，加固效果较好；土中含伊里石、氯化物和水铝英石等矿物时，加固效果较差，土的原始抗剪强度小于 20 ～ 30kPa 时，加固效果也较差。

搅拌桩当用于泥炭土或土中有机质含量较高，酸碱度较低(pH 值 $<7$) 及地下水有侵蚀性时，宜通过试验确定其适用性。

当地表杂填土层厚度大且含直径大于 100mm 的石块时，一般不宜采用搅拌桩。

搅拌桩由于施工时无振动、无噪声、无泥浆废水污染、无土体隆起或侧移、无土方外运，故尤其适合于旧城改造或建筑物密集之场地。

(2) 加固深度。搅拌桩的加固深度取决于施工机械的钻架高度、电机功率等技术参数。国外最大加固深度已达 60m 以上。我国最大深度一般为 12m(粉体桩) 至 18m(浆体桩)。若因特殊需要，亦有请施工单位采取措施，改装相应机械设备，以增加加固深度的实例。

(3) 主要用途。搅拌桩在基坑工程中主要有以下用途：

① 直接作为高层建筑深基坑开挖或各种地下沟槽开挖的侧向支挡结构；

② 用于稳定或加固基坑(或沟槽) 底部，以防止土体隆起，增加支挡结构的被动土压力和减小变形；

③ 用于河岸或天然边坡抗滑稳定，并作为止水帷幕；

④ 配合柱列式钻孔灌注桩或钢板桩等支护结构，作为止水帷幕；

⑤ 加固锚碇板桩墙，以减小土锚应力，并止水防渗。

(4) 布桩形式。搅拌桩的平面布置可以视地质条件和基坑围护要求，结合施工设备条件，分别先用柱式、块式、壁式、格栅式或拱式等，如图 6-5-2 所示。布桩形式在深度方向，可以采取长短结合形式。

3. 若干特殊应用的搅拌桩

(1) 组合式支护结构。

在特殊情况下，例如当基坑开挖深度较大，而搅拌桩的施工深度不能满足要求时，或在

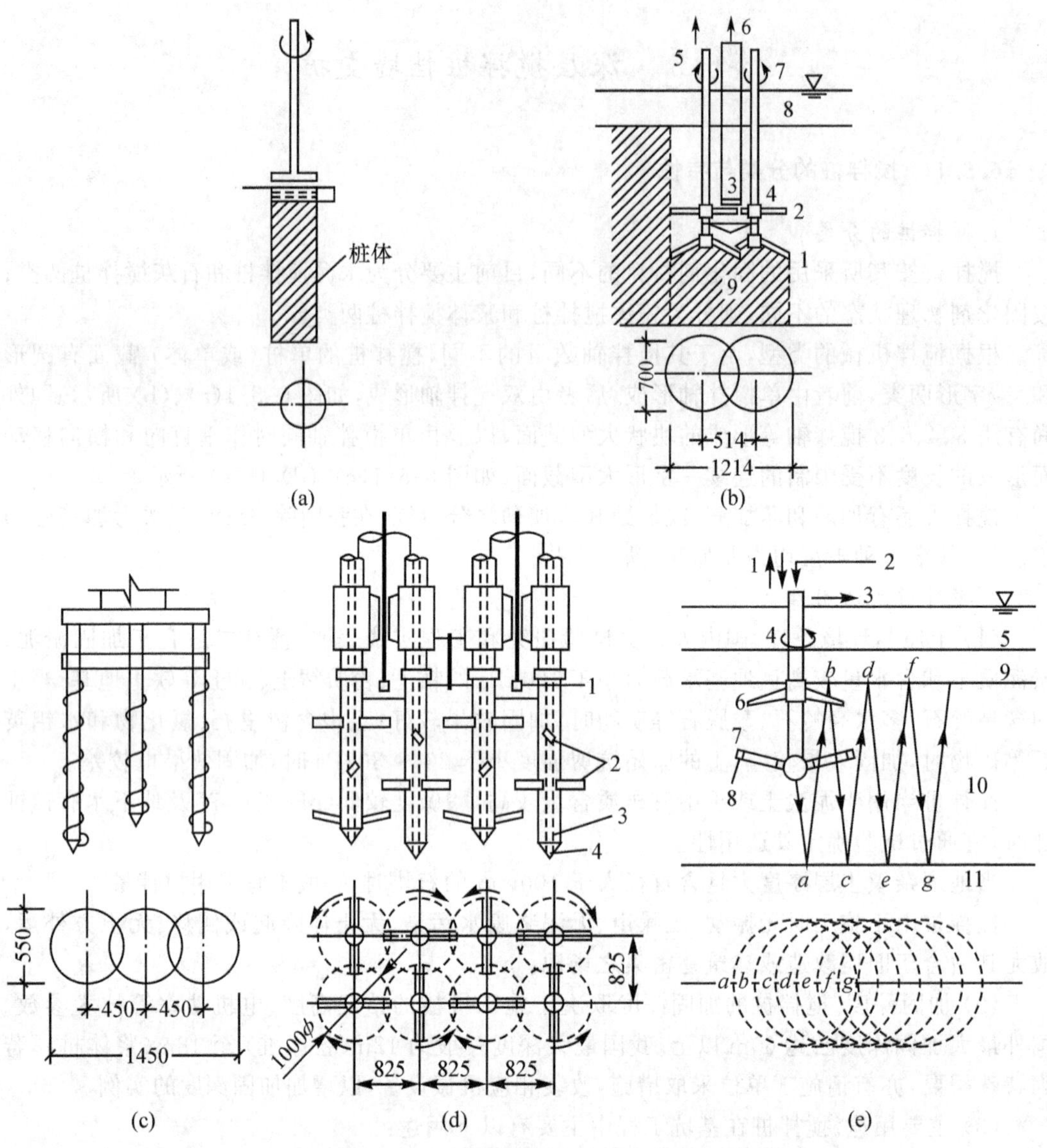


(b)1,2— 搅拌翼片;3— 固化剂输出口;4— 搅拌轴;5— 上提;
6— 压送固化剂;7— 回转;8— 水位下;9— 加固体
(d)1— 上部输浆口;2— 搅拌翼片;3— 切削钻进翼片;4— 下部输浆口
(e)1— 升降;2— 供给水泥浆;3— 移动;4— 回转;5— 水位下;
6— 辅助搅拌翼片;7— 搅拌翼片;8— 水泥浆喷出口;9— 未加固土层;10— 加固土层;
11— 持力层;a,b,c,…,g— 搅拌翼片运动轨迹,竖直向及水平向

图 6-5-1 搅拌桩单桩(或单体)截面形状图

某一深度存在承载力大于100kPa的土层或夹有碎石、块石的土层,以致一般的搅拌机械难以钻进时,常采用搅拌桩与混凝土灌注桩或预制桩相组合的支护形式。也可以采用搅拌桩与钢梁或钢板桩相组合的形式,如图6-5-3所示,此时,搅拌桩主要起隔水防渗作用。或采用SMW工法搅拌桩,如图6-5-4、图6-5-5所示。这些组合式支护结构主要按受弯构件考虑,其锚固深度、截面尺寸、配筋计算或型钢选取及挡墙整体稳定等,可以分别参考相关文献和资料。

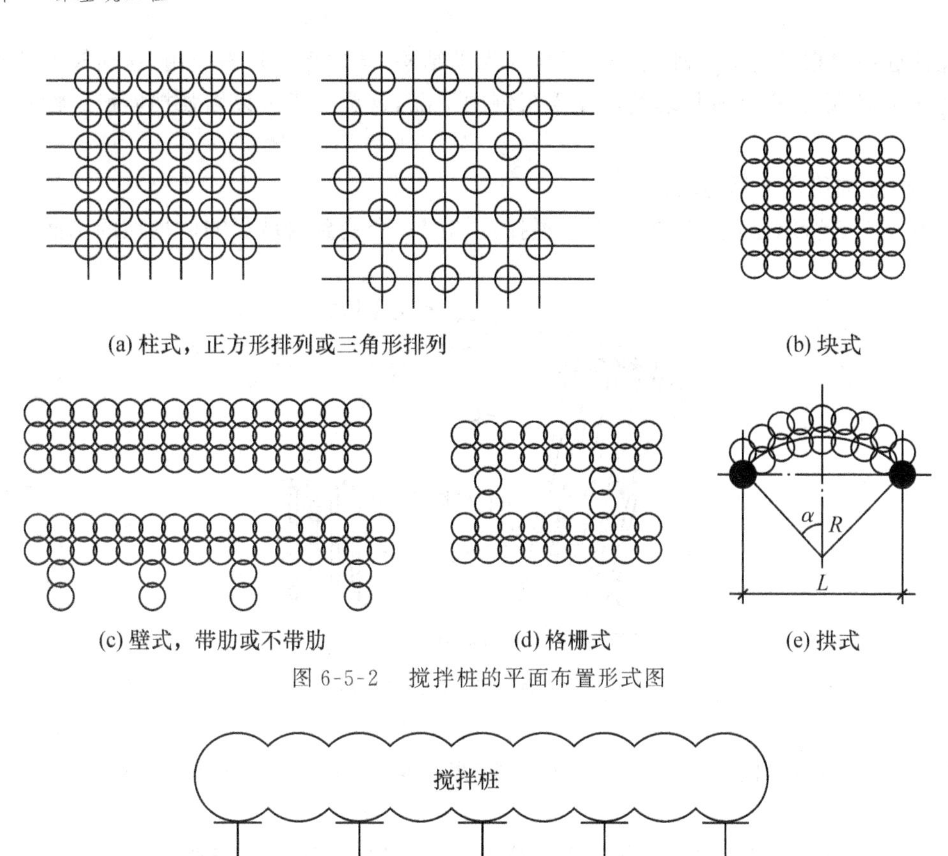


图 6-5-2　搅拌桩的平面布置形式图

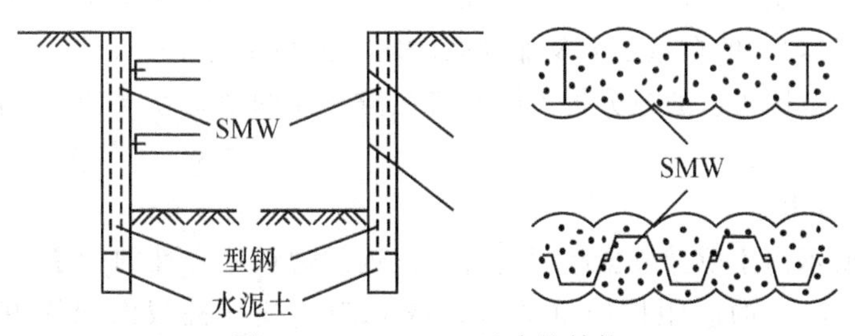


图 6-5-3　搅拌桩与钢梁或钢板桩组成的挡墙

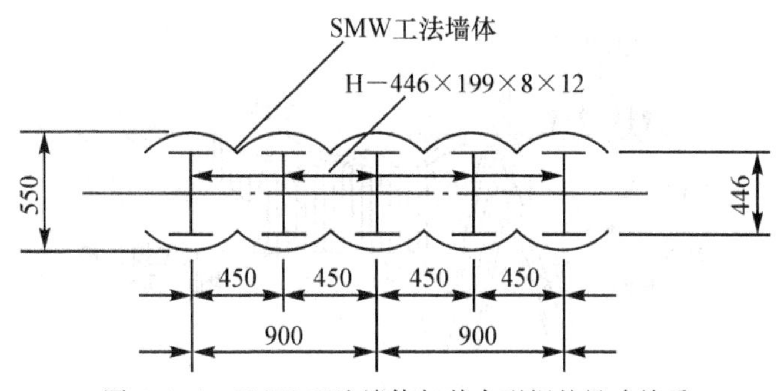


图 6-5-4　SMW 工法支护结构



图 6-5-5　SMW 工法墙体与其中型钢的尺寸关系

搅拌桩加树根桩是另一种良好的组合式支护结构,国内已有较多应用。这项技术特别适合于场地狭窄,设置搅拌桩挡墙的厚度受限制的情况,这项技术可以增强挡墙稳定性和提高其安全度。

(2) 搅拌桩稳定天然边坡。

如图 6-5-6 所示是用石灰或水泥土搅拌桩加固一个受到滑坡影响的场地的剖面。

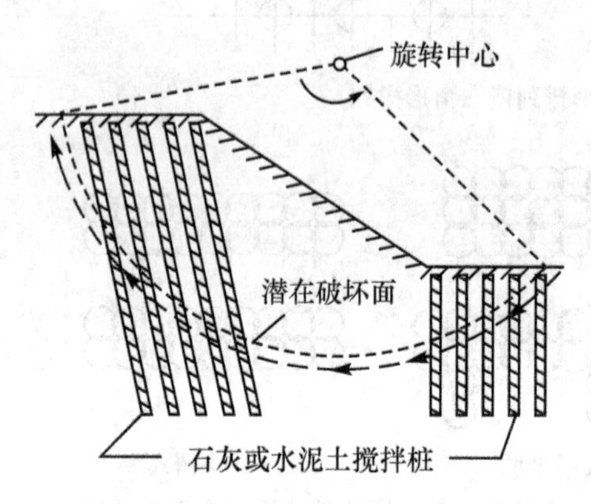


图 6-5-6 搅拌桩稳定天然边坡

沿土中潜在的破坏面或滑裂面上的平均抗剪强度$\overline{c_u}$ (kPa) 可以依下式估得

$$\overline{c_u} = c_u(1-a_c) + c_{up} \cdot a_c \tag{6-5-1}$$

式中:$\overline{c_u}$—— 土的原有抗剪强度,例如由原位十字板试验测定的值(kPa);

$c_{up}$—— 搅拌桩的平均抗剪强度(kPa);

$a_c$—— 搅拌桩的置换率,即搅拌桩的总截面积与其所包围的加固区面积之比。

搅拌桩的抗剪强度 $c_{up}$ 取决于桩自身的法向压力,并且和周围未加固土相比较的相对刚度有关。计算中可以取总的自重压力及加固区的内摩擦角 $\varphi$ 为 30°。

边坡需加固的范围可以通过分析不同的潜在滑裂面的稳定性来计算。分析中安全系数至少应为 1.5。

(3) 搅拌桩稳定桥台。

如图 6-5-7 所示为用搅拌桩提高距离桥台很近的边坡稳定性的例子。搅拌桩设置在桥台与相邻小河之间,桩的间距按照桩的直径取 0.5m。搅拌桩截面积约占加固区总面积的 80%。

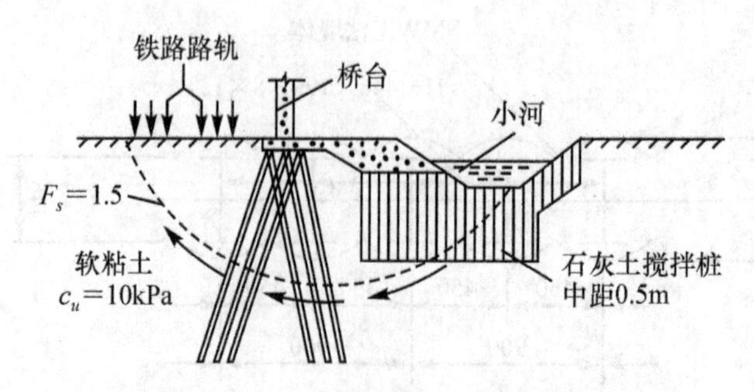


图 6-5-7 搅拌桩稳定桥台示意图

采用该方法有可能将用圆弧滑动法计算的安全系数提高到1.5。例如未加固软粘土的原始不排水抗剪强度较低，约为10kPa，含水量约60%。则用石灰搅拌法加固后，粘土的平均抗剪强度按室内试验估计至少可达45kPa，相当于加固区的平均抗剪强度为36kPa(0.8×45)。该方法比其他方案例如采用大直径灌注桩的方案或不用桩而直接使小河流经涵洞的方案更为经济。

(4) 搅拌桩加固锚碇板桩墙。

如图6-5-8所示是用搅拌桩增加锚碇板桩墙的稳定性。墙前所设搅拌桩有双重作用，即在开挖施工时可以增大作用于墙上的横向被动土压力，而将来在基坑内搅拌桩上建筑的基础，其沉降将会减小。墙后所设置的搅拌桩，则可以减小主动土压力，从而减小土锚中的应力。

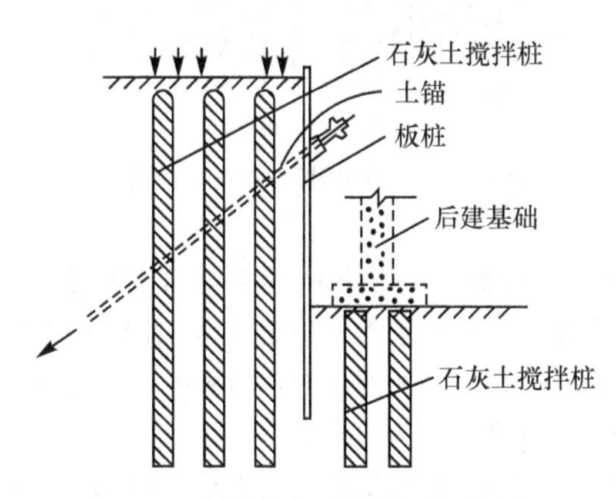


图6-5-8 搅拌桩加固锚碇板桩墙示意图

### 6.5.2 搅拌桩挡墙的设计计算

我国《建筑地基处理技术规范》(JGJ79—2002)中规定，搅拌桩采用壁状加固用于地下临时挡土结构时可以按重力式挡土墙设计。

搅拌桩挡墙的平面形状除了简单的连续壁状或肋状外，从安全和经济角度考虑，目前较多地采用空腹封闭式格栅状布置。如图6-5-9所示。为加强挡墙的整体性，相邻搅拌桩的搭接宜大于100mm，常规设计中搭接为200mm。

搅拌桩挡墙宽度的选取，一般可以按开挖深度的0.6～0.8进行试算。鉴于加固土的重度与天然土的重度相近似，当采用格栅状布置时，按桩体与其所包围的土体共同作用考虑，通常取格栅状外包线宽度作为挡墙宽度。

搅拌桩的加固深度，亦即桩的长度，与开挖深度及土层分布等因素有关，一般取开挖深度的1.8～2.2倍进行试算。

搅拌桩墙体强度的选取与施工质量密切相关。由于基坑开挖时墙体要承受剪切力和弯矩，墙体的质量显得特别重要。国内外均报道，搅拌桩强度的离散性很大，标准差可以达30%～70%。基于这一实际情况，目前设计中一般要求搅拌桩的无侧限抗压强度不低于0.8MPa，以留有充裕的安全储备，使墙体强度不成为设计的控制条件，而以结构和边坡的整体稳定控制设计。

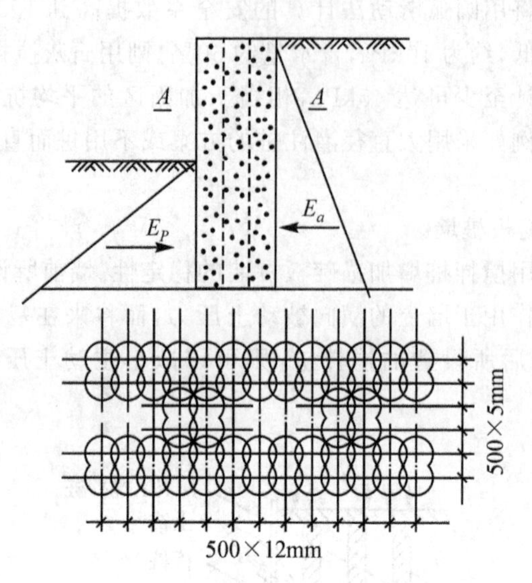


图 6-5-9　空腹封闭式格栅状挡墙

搅拌桩挡墙的土压力可以按朗肯理论计算。然后对挡墙进行抗倾覆验算、抗滑动验算和墙身强度验算，并按圆弧滑动法进行边坡整体稳定验算。当基坑底涉及流砂或管涌问题时，尚须进行抗渗流验算。在验算中若发现所选用的挡墙截面尺寸或强度不足或富余，应作调整后再进行验算，以满足一定的安全系数为原则。

搅拌桩挡墙各项安全系数的选用，与地基土强度指标的试验方法、桩的施工质量、基坑开挖暴露期的长短、设计阶段是否已作了有限元分析或离心模拟试验，以及开挖过程是否实施现场监测等条件有关。应从各方面综合创造条件，避免采用过高的安全系数，以求经济合理。

1. 土压力计算

搅拌桩挡墙的设计计算图如图 6-5-10 所示。

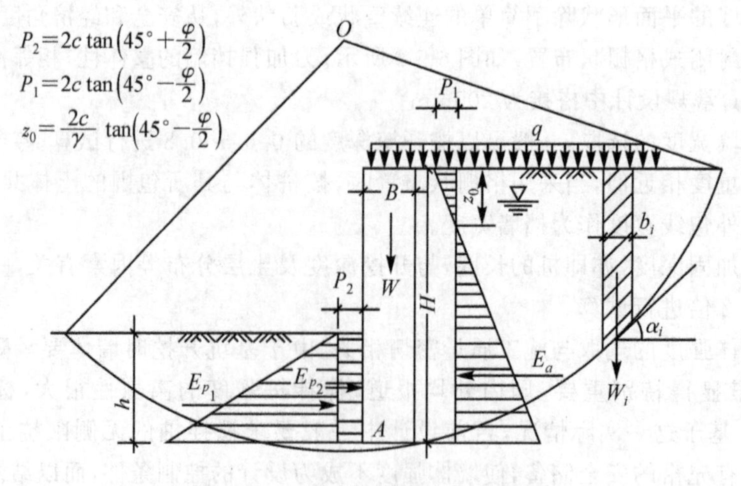


图 6-5-10　搅拌桩挡墙的设计计算图

计算中通常考虑粘性土的内摩擦角 $\varphi$ 和粘聚力 $c$ 的影响。为简化计算，对成层构造的土，墙底以上各层土的物理力学性质指标按各层土的厚度进行加权平均，即

$$\gamma = \frac{\sum_{i=1}^{n} \gamma_i h_i}{H} \tag{6-5-2}$$

$$\varphi = \frac{\sum_{i=1}^{n} \varphi_i h_i}{H} \tag{6-5-3}$$

$$c = \frac{\sum_{i=1}^{n} c_i h_i}{H} \tag{6-5-4}$$

式中：$\gamma_i$—— 墙底以上各层土的天然重度（$kN/m^3$）；

$\varphi_i$—— 墙底以上各层土的内摩擦角（°）；

$c_i$—— 墙底以上各层土的粘聚力（kPa）；

$h_i$—— 墙底以上各层土的厚度（m）；

$H$—— 墙的高度（m），$H = \sum_{i=1}^{n} h_i$。

墙后主动土压力 $E_a$ 的计算为

$$E_a = \left(\frac{1}{2}\gamma H^2 + qH\right)\tan^2\left(45° - \frac{\varphi}{2}\right) - 2cH\tan\left(45° - \frac{\varphi}{2}\right) + \frac{2c^2}{\gamma} \tag{6-5-5}$$

式中：$q$—— 地面分布荷载（kPa）。

墙前被动土压力 $E_p$ 的计算为

$$E_p = E_{p1} + E_{p2} = \frac{1}{2}\gamma_0 h^2 \tan^2\left(45° + \frac{\varphi_0}{2}\right) + 2c_0 h\tan\left(45° + \frac{\varphi_0}{2}\right) \tag{6-5-6}$$

式中：$\gamma_0$、$\varphi_0$、$c_0$—— 分别为坑底以下墙底以上各层土的天然重度、内摩擦角和粘聚力按土层厚度的加权平均值，计算方法如前。

当墙高范围内的土体透水性较强（渗透系数 $k > 10^6$ m/s）时，应单独计算作用于挡土墙上的水压力，同时按浮重度计算土压力，即所谓"水土分算"。

式(6-5-5)与式(6-5-6)是将土孔隙中的水作为土体的一部分，而与土体重量合为一体计算土压力的，即所谓"水土合算"。

2. 抗倾覆与抗滑动稳定验算

(1) 按重力式挡土墙验算抗倾覆稳定性。

$$F_t = \frac{M_R}{M_c} = \frac{\frac{1}{3}hE_{p1} + \frac{1}{2}hE_{p2} + \frac{1}{2}BW}{\frac{1}{3}(H - Z_0)E_a} \tag{6-5-7}$$

式中：$M_R$、$M_c$—— 分别为抗倾覆力矩、倾覆力矩（kN·m）；

$W$—— 墙体自重（kN）；

$F_t$—— 抗倾覆安全系数。

其余符号意义同前。

(2) 按重力式挡土墙验算抗滑稳定性。

$$F_s = \frac{W \cdot \tan\varphi_0 + c_0 B}{E_a - E_p} \tag{6-5-8}$$

式中：$\varphi_0$、$c_0$—— 分别为墙底土层的内摩擦角(°) 和粘聚力(kPa)；由于成桩时水泥浆液与墙体土层拌和，$\varphi_0$ 和 $c_0$ 可取该土层试验指标的限值；

$F_s$—— 抗滑动安全系数。

为了提高搅拌桩墙的抗滑动稳定性，可以将组成挡墙的桩的入土深度设计成有深有浅，即“长短结合”或“齿形”底部，计算时取其平均深度作为墙体的底面标高。

3. 墙体应力验算

墙体所验算截面处的法向应力 $\sigma$(kPa)

$$\sigma = \frac{W_1}{B} < \frac{q_u}{F_c} \tag{6-5-9}$$

墙体所验算截面处的剪切应力 $\tau$(kPa)

$$\tau = \frac{E_{a1} - W_1 \tan\varphi}{B} < \frac{\bar{\sigma}\tan\varphi + c}{F_c} \tag{6-5-10}$$

式中：$E_{a1}$—— 验算截面上部的土压力值(kN)；

$W_1$—— 验算截面上部的墙重(kN)；

$q_u$、$\varphi$、$c$—— 加固土的无侧限抗压强度(kPa)、内摩擦角(°) 和粘聚力(kPa)；

$\bar{\sigma}$—— 验算截面处的墙体平均法向应力(kPa)，$\bar{\sigma} = \frac{W_1}{B}$；

$F_c$—— 加固土强度的安全系数，$F_c \geqslant 1.5$。

4. 边坡整体稳定验算

搅拌桩挡墙通常应用于软土地基，验算边坡整体稳定是设计中的一项重要内容。验算采用圆弧滑动法，对渗流力的作用采用替代法，土体抗剪强度采用总应力法，计算图如图 6-5-10 所示，稳定安全系数采用简单条分法（瑞典法）计算，即计算滑动力矩时，浸润浅以下、下游水位以上部分的土体用饱和重度；计算抗滑力矩时用浮重度。

$$F = \frac{\sum_{i=1}^{n} c_i l_i + \sum_{i=1}^{n} (q_i b_i + W_i)\cos\alpha_i \tan\varphi_i}{\sum_{i=1}^{n} (q_i b_i + W_i)\sin\alpha_i} \tag{6-5-11}$$

式中：$l_i$—— 第 $i$ 条土条顺滑动面的弧长(m)，$l_i = \frac{b_i}{\cos\alpha_i}$；

$q_i$—— 第 $i$ 条土条顶部和地面荷载(kPa)；

$b_i$—— 第 $i$ 条土条宽度(m)；

$W_i$—— 第 $i$ 条土条重量(kN)；

$\alpha_i$—— 第 $i$ 条滑弧中点的切线与水平线的夹角(°)；

$c_i$、$\varphi_i$—— 第 $i$ 条土条滑动面上土的粘聚力(kPa)、内摩擦角(°)；

$F$—— 整体稳定安全系数，上海市标准《地基基础设计规范》(DGJ08—11—1999) 规定，当土的抗剪强度指标采用固结快剪或快剪的峰值（或最大值）时，最小安全系数可取 $F \geqslant 1.25$（复核验算时）或 1.30（设计时）；对于重要工程（包括邻近工程）应提高 10%，即复核验算时取 1.375，进行设计时取 1.43。

通常最危险滑弧在墙底以下 0.5～1.0m 处。当墙底下面的土层性质很差时，危险滑弧的位置还可能深一些，当墙体无侧限抗压强度不小于 1MPa 时，一般不必计算切墙体滑弧的安全系数；当墙体无侧限抗压强度小于 1MPa 时，可取 $c=\left(\frac{1}{10}\sim\frac{1}{15}\right)q_u$，$\varphi=0$，作为墙体的指标来计算切墙体滑弧的安全系数。

5. 抗渗验算

由于基坑开挖时要求坑底无积水，坑内外将存在明显的水头差。当坑底下为砂土时，需验算墙角渗流向上溢出处的渗流坡降，以防出现流砂现象；坑底为粘性土层而其下有砂土透水层时，也须进行渗流验算。

抗渗验算可采用 R. N. Daridenkoff 和 O. L. Franke 的方法进行。

对一般地下沟槽开挖工程要求临界坡降 $J_E$ 与安全系数 $F_s$ 之比取 $\frac{1}{3}$，或按同类工程选取允许坡降值。

圆形基坑临界坡降 $J_{E1}=1.3J_E$；方形基坑每边中点处 $J_{E2}=1.3J_E$，角点处 $J_{E3}=1.7J_E$；长方形基坑可以按方形基坑考虑，当长宽比接近或大于 2 时，长边中点的 $J_{E4}=J_E$；对多边形基坑，可近似按圆形基坑计算。

6. 变形估算

(1) 挡墙顶面水平位移 $y$。

基坑变形估算可以采用以下半经验公式

$$y_0=\frac{1}{EI}\left\{\frac{\xi}{30}h^5+l\left\{\frac{BGh}{2}+l\left[\frac{BG-\mu Gh}{2}+l\left[\frac{n_2h-\mu G}{6}+l\left(\frac{n_1h}{30}+\frac{3n_1h+n_2}{24}\right)\right]\right]\right\}\right\} \tag{6-5-12}$$

$$n_1=\gamma+(\gamma-\xi)\frac{h}{l}-\eta \tag{6-5-13}$$

$$n_2=\xi h-2c\cdot\tan\left(45^\circ+\frac{\varphi}{2}\right) \tag{6-5-14}$$

式中：$\gamma$、$c$、$\varphi$—— 分别为土的重度($kN/m^3$)、粘聚力(kPa) 和内摩擦角(°)；

$\xi$、$\eta$—— 分别为挡墙主动侧、被动侧综合水土压力系数($kN/m^3$)；

$G$—— 挡墙每延米的总重量(kN/m)；

$E$—— 挡墙的平均弹性模量(kPa)；

$I$—— 挡墙横截面对其中心轴的惯性矩($m^4$)；

$B$—— 挡墙横截面宽度(m)；

$h$—— 基坑开挖深度(m)；

$l$—— 挡墙自基坑底部起算的平均入土深度(m)。

(2) 挡墙在基坑底部处的水平位移 $y_h$。

$$y_h=\frac{l^2}{EI}\left\{\frac{BG}{2}-l\left[\frac{\mu G}{6}-l\left(\frac{n\cdot l}{30}+\frac{n_2}{24}\right)\right]\right\} \tag{6-5-15}$$

式中符号意义同前。

软土地区水泥搅拌桩挡墙变形的实测资料表明，尽管这种水泥土挡墙厚度较大，其变形仍具有弹性挠曲特征。因此有人建议按弹性桩的原理估算水泥土挡墙的变形。

### 6.5.3 搅拌桩挡墙的施工技术

1. SJB 系列深层搅拌机

施工工艺顺序如图 6-5-11 所示。

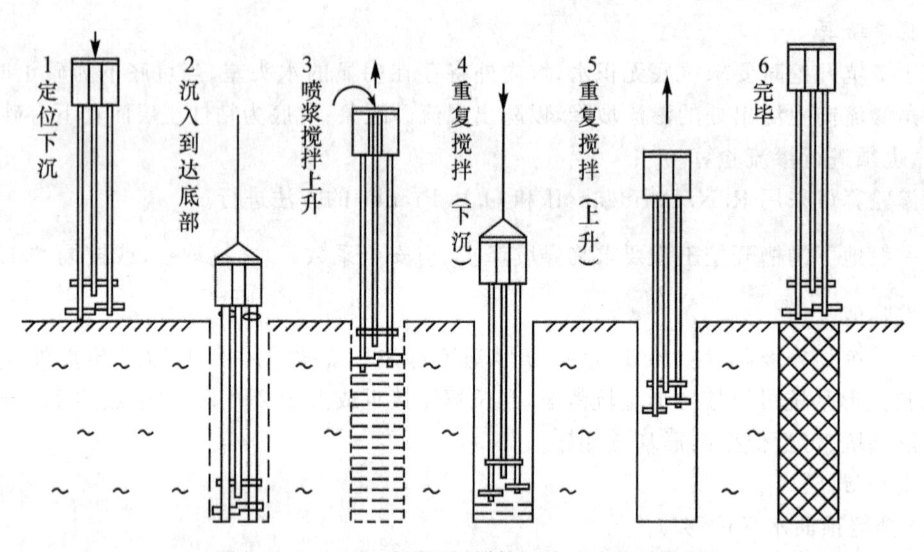


图 6-5-11 SJB 系列深层搅拌机施工工艺示意图

(1) 定位。

用履带起重机悬吊深层搅拌机到达桩位并对中,当地面高低不平时应使起重机保持平稳。若用桩架在轨道上就位,轨道应不断按要求移动调整。

(2) 搅拌下沉。

搅拌机冷却水循环正常后,启动搅拌机电机,放松起重机或桩架的钢丝绳,使搅拌机沿导向架切土搅拌下沉,使土搅松,下沉速度由电机的电流监测表控制,工作电流不应大于10A。若下沉速度太慢,可以从输浆系统补给清水以利钻进。

当搅拌机下沉至一定深度时,即开始按预定掺入比和水灰比拌制水泥浆,并将水泥浆倒入集料斗备喷。

(3) 喷浆搅拌提升。

搅拌机下沉到设计深度后,开启灰浆泵,其出口压力保持在 0.4 ~ 0.6MPa,使水泥浆自动连续喷入地基,搅拌机边喷浆边旋转边严格按已确定的速度提升,直至设计要求桩顶标高,集料斗中的水泥浆正好排空。

(4) 重复搅拌下沉。

为使已喷入土中的水泥浆与土充分搅拌均匀,再次将搅拌机边旋转边沉入土中,直至设计要求深度。

(5) 重复搅拌提升一般情况下即将搅拌机边旋转边提升,再次回至设计桩顶标高,并上升至地面,制桩完毕。当水泥浆掺量较大时也可以留一部分水泥浆在重复搅拌提升时喷用。对桩顶以下 2 ~ 3m 范围内或其他需要加强的部位,可以在重复搅拌提升时增喷水泥浆。

(6) 清洗。

向已排空的集料斗注入适量清水，开启灰浆泵，清洗管道中残留水泥浆，直至基本干净，同时将粘附于搅拌头的土清洗干净。

(7) 移位。

按重复上述(1) ~ (6) 步骤，进行下一根桩的施工。

2. GZB—600 型深层搅拌机

GZB—600 型深层搅拌机也用水泥浆为固化剂，其工艺顺序与 SJB 系列大致相似，所不同之处在于 SJB 系列采用中心管输浆，而 GZB—600 型深层搅拌机则用叶片喷浆。如图 6-5-12 所示。

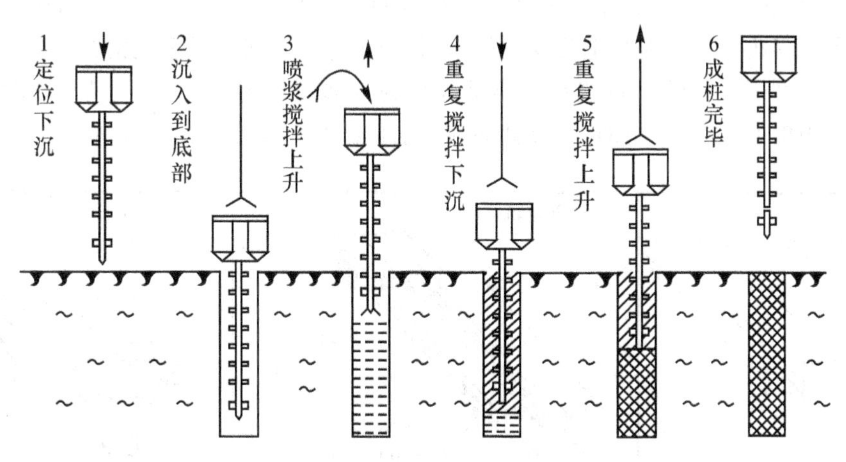


图 6-5-12　GZB—600 型深层搅拌机施工工艺示意图

3. GPP—5 型深层喷射搅拌机

GPP—5 型深层喷射搅拌机与前两种机型不同，该机具以干法施工为主，且行走系统为液压步履式，移动转向都很方便，其施工工艺顺序如图 6-5-13 所示。

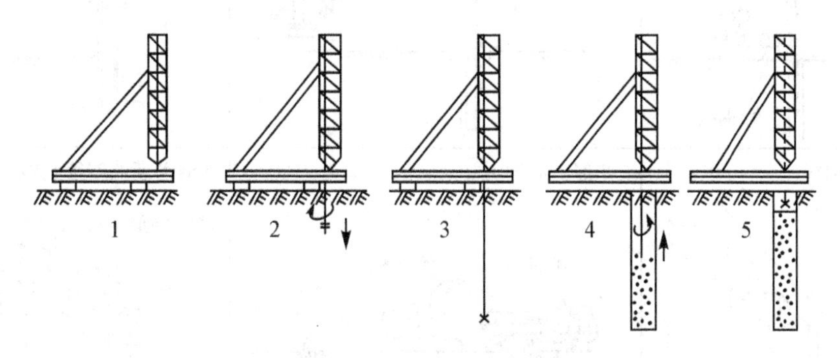


图 6-5-13　GPP—5 型深层喷射搅拌机施工工艺示意图

(1) 驱动液压步履机构，前后左右移动钻机，使钻头正确对准桩位，并保持垂直。

(2) 开启主空压机，打开送灰管道，调整风量、风压后送风，钻机正转给进，风压控制在 100 ~ 150kPa。

(3) 钻头钻进至设计加固深度，钻机换档，反向转动。

(4) 开启副空压机，待料灌压力和送灰管压力已调试至正常(前者略大于后者 20 ～ 50kPa)后，开启发送器阀门进行喷粉及提升。

(5) 钻头提升至设计桩顶标高后停止送粉，钻头换向旋转提升至地面，成桩完毕，钻机移至另一桩位。

在上述成桩作业过程中，一方面应根据地质条件合理选择钻机旋转速度、提升速度及喷粉流量，以保证喷粉均匀和搅拌充分，另一方面对桩顶 2 ～ 3m 以及其他需要加强的部位还可以实施局部复搅、复喷，以满足设计要求。

4. SMW 工法搅拌机施工工艺

SMW 工法是以前述的三轴型或多轴型搅拌机在现场向一定深度进行钻掘，同时在钻头处喷出水泥固化剂而与地基土反复搅拌，在各施工单元之间采取重叠搭接施工，然后在水泥土混合体未结硬之前插入 H 型钢或钢筋笼作为其加劲材料，至水泥土结硬，便形成一道有定强度和刚度的、连续完整的、无接缝的地下墙体。SMW 工法施工顺序如图 6-5-14 所示。

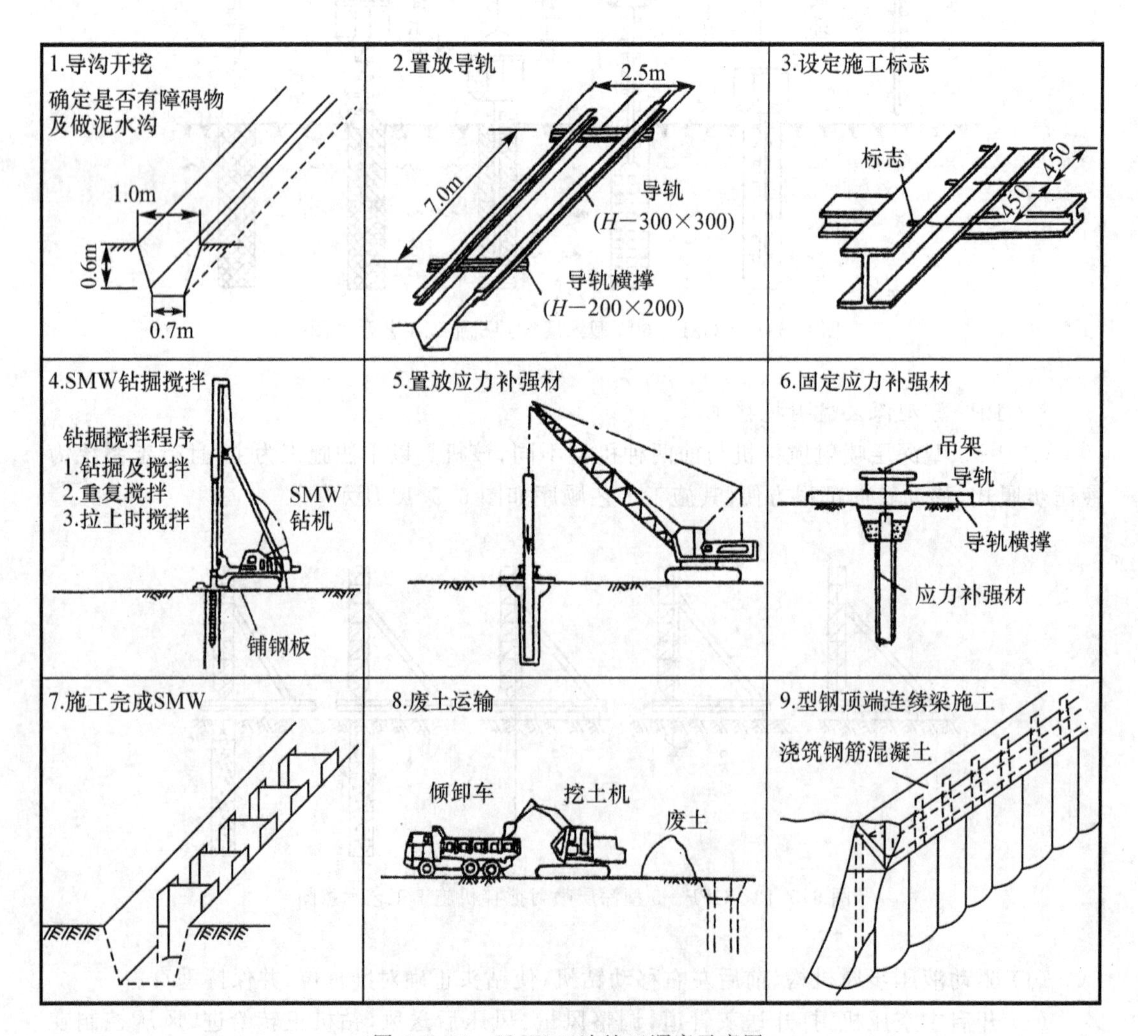


图 6-5-14　SMW 工法施工顺序示意图

SMW 工法重叠搭缝施工有 3 种方式，可以视地质条件选用，如图 6-5-15 所示。

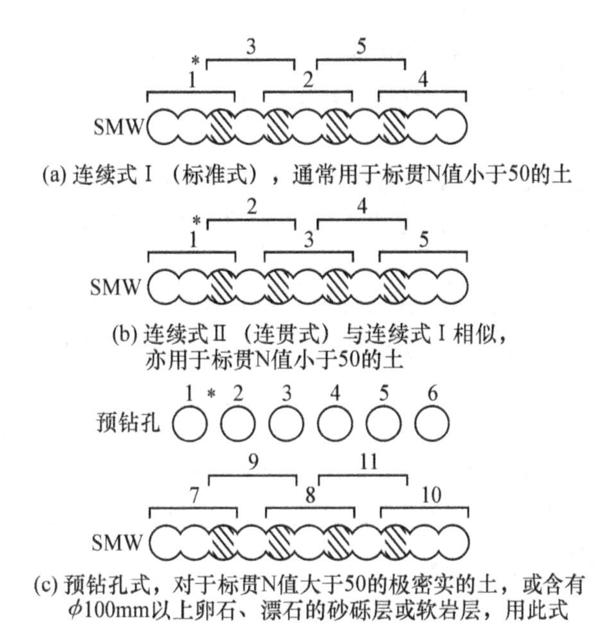


注：① 图上数字表示钻掘顺序；② 图中阴影表示完全重叠搭接部分

图 6-5-15　SMW 工法重叠搭接施工方式示意图

图 6-5-16 表示砂土条件下典型的钻掘搅拌施工周期。

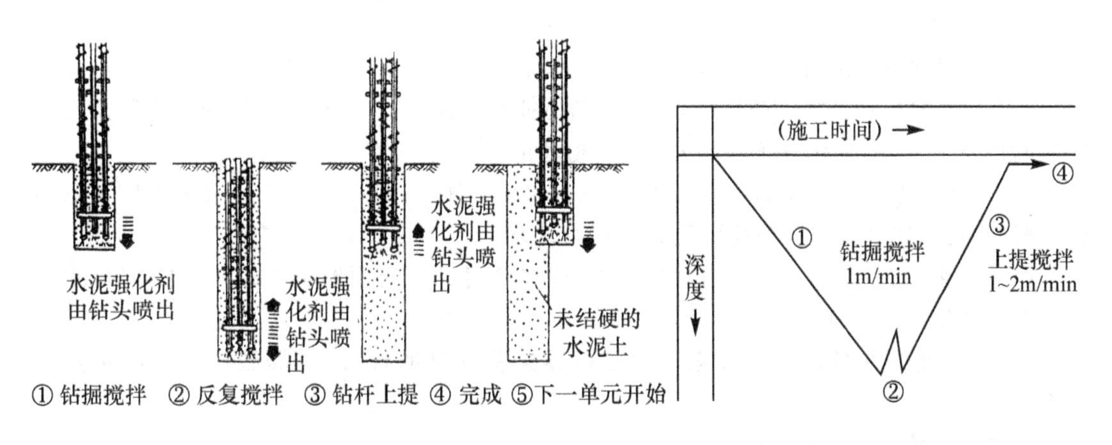


图 6-5-16　砂土条件下典型的施工周期图

### 6.5.4　搅拌桩挡墙施工管理

现场施工管理包括劳动组织、生产效率、安全技术和质量保证措施等内容。尤其要注意确保安全和施工质量。要建立和健全质量保证体系，制定各项质量保证措施；并切实注意以下事项：

1. 施工停浆(粉)面必须高出桩顶设计标高 0.5m,在开挖基坑时,则将该高出部分先行挖除。

2. 桩的垂直偏差不得超过 1%,桩位偏差不得大于 50mm,桩径偏差不得大于 4%。

3. 预搅下沉时一般不宜冲水,只有遇较硬土层而下沉太慢时,方可适量冲水,但必须考虑冲水对桩身强度的影响。

4. 以水泥浆作固化剂时,拌制后应有防止浆液离析的措施。

5. 施工中因故停浆(粉),宜将搅拌机下沉至停浆(粉)点以下 0.5m,待恢复供浆(粉)时,再搅拌提升。

6. 喷浆(粉)口到达桩顶设计标高时,宜停止提升,搅拌数秒,以保证桩头均匀密实。

7. 桩与桩搭接时间不应大于 24h,若间歇时间太长,搭接质量无保证时,应采取局部补桩或注浆措施。

8. 做好每根桩的施工记录,深度记录误差不大于 10mm,时间记录误差不大于 5s。

9. 当设计要求桩体插筋时,必须在成桩后 2 ~ 4h 内插毕。

10. 作为挡墙的桩体顶面若设计要求铺筑路面,应尽早铺筑,并使路面筋与锚固筋连成一体。路面未完成前,基坑不得开挖。

### 6.5.5 质量检验

1. 及时检查施工记录,从中发现问题,采取补救措施

在搅拌桩挡墙施工过程中,相关人员应经常检查施工记录,根据每一根桩的水泥(或石灰)用量、成桩时间、成桩深度等对其质量进行评价,若发现缺陷,应视其所在部位和影响程度,分别采取补桩、注浆或其他加强措施。

2. 对已完成的桩进行抽检测试

对已完成的桩,我国上海等地一般在成桩后 7 天内抽取 2% 的桩数,用轻便触探器($N_{10}$)连续钻取桩身芯样,以观察其连续性和搅拌均匀程度等,并根据轻便触探击数用对比法判断桩身强度。也有利用静力触探法进行检验的。

我国《建筑地基处理技术规范》(JGJ79—2002)中规定,搅拌桩在下列情况下应钻取芯样,测试其抗压强度或作静载荷试验测定其承载力。

(1) 经触探检验对桩身强度有怀疑的桩,应在龄期 28 天时用地质钻机钻取芯样($\phi$100 左右),制成试块测定其强度。

(2) 对场地地质条件复杂或施工中已暴露某些问题的桩,应用静载荷试验测定其承载力。

3. 施工质量实时监控

水泥搅拌桩施工质量实时监控技术,是中国计量学院等单位得到浙江省自然科学基金资助,于 1995 年完成的一项科研成果。这项科研成果突破了搅拌桩迄今只限于在成桩后进行检测的局面,可以有效地消除这种桩的隐患。

水泥搅拌桩施工质量实时监控技术是利用流量传感器、密度传感器、桩深光电测量仪和微机系统,对搅拌桩在施工过程中的水泥掺入量、水泥浆喷注均匀程度直接进行实时监控,并经微机系统处理而直接显示各个桩段的水泥用量与桩体深度的关系。其结果可以与桩体水泥用量设计值进行比较,以便对不合格桩段立即进行补充注浆。若设计时根据地质条件要

求在某些深度给以较多注浆量时，该系统亦随即进行补充。从而圆满地达到直观地、定量地检测监控，实时确保桩体质量。最后由打印机输出监控结果，可以作为该根桩的施工实录，存档备查。

图 6-5-17 是水泥搅拌桩施工质量实时监控系统的框图，所示密度传感器和桩深测量仪均为特别研制。该技术已在浙江等地若干工程中开始应用，取得了良好的效果。

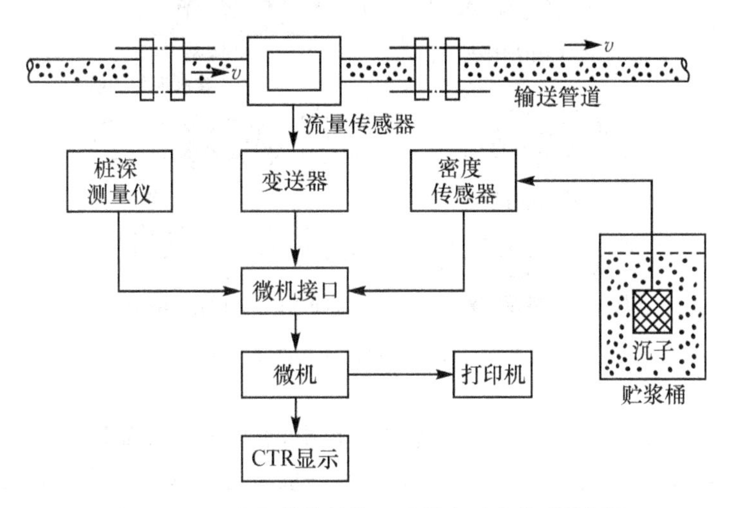


图 6-5-17　水泥搅拌桩施工质量实时监控系统框图

## §6.6　柱列式挡土墙的设计与施工

### 6.6.1　概述

柱列式挡土墙又称为桩排式地下墙，属板式支护体系。这类支护体系是把单个桩体如钻孔灌注桩、挖孔桩及其他混合式桩等并排连续起来形成的地下挡土结构。

1. 柱列式挡土墙的种类与形式

按照单个桩体成桩工艺的不同，柱列式挡土墙桩型大致有以下若干种：钻孔灌注桩、预制混凝土桩、挖孔桩、压浆桩、SMW（劲性水泥土搅拌桩）等。这些单个桩体可以在平面布置上采取不同的排列形式形成连续的板式挡土结构，来支挡不同地质和施工技术条件下基坑开挖时的侧向水土压力。图 6-6-1 中列举了几种常用柱列式挡土墙形式。

其中，间隔排列式适用于无地下水或地下水位较深，土质较好的情况。在地下水位较高时应与其他防水措施结合使用。一字形相切或搭接排列式，往往因在施工中桩的垂直度不能保证及桩体扩颈等原因影响桩体搭接施工，从而达不到防水要求。因此除具有自身防水的 SMW 桩型挡墙外，常采用间隔排列与防水措施结合，具有施工方便，防水可靠，成为地下水位较高软土地层中最常用的柱列式挡土墙形式。如图 6-6-1(e) 所示。

2. 柱列式挡土墙的特点与应用

柱列式挡土墙与壁式地下连续墙相比较，其优点在于施工工艺简单，成本低，平面布置灵活；其缺点是防渗和整体性较差，一般适用于中等深度(6 ～ 10m) 的基坑围护。其中压浆

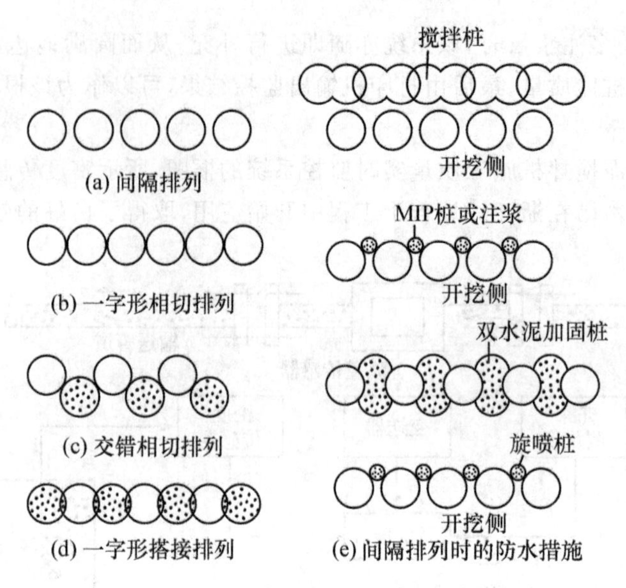


图 6-6-1 几种常用的柱列式挡土墙形式图

桩适用的开挖深度一般在 6m 以下，在深基坑工程中，有时与钻孔灌注桩结合，作为防水抗渗措施，见图 6-6-1(e)。采用间隔排列形式布桩时一般应与防水墙等结合形成混合式桩墙，这是柱列式挡土墙的一个重要特点，在这种情况下，防水效果的好坏，直接关系到基坑工程的成败，必须认真对待。

非打入式柱列式挡土墙与预制式板桩围护相比较，具有无噪声、无震害、无挤土等许多优点，从而日益成为国内城区软弱地层中中等深度基坑(6 ～ 10m) 围护的主要形式。

钻孔灌注桩柱列式挡土墙最早在北京、广州、武汉等地使用，以后逐渐推广到沿海软土地区。近年来，通过上海等地的大量基坑工程实践，以及随着防渗技术的提高，钻孔灌注桩柱列式挡土墙适用的深度范围已逐渐被突破。如上海港汇广场基坑工程，开挖最深达 15m 之多，采用 $\phi$1000 钻孔围护桩及两排深层搅拌桩止水的复合式围护，取得了较好的效果。

SMW(Soil Mixing Wall) 工法在日本东京、大阪等软弱地层中的应用非常普遍，适用的开挖深度已达数十米，与装配式钢结构支撑体系相结合，工效较高。但该工法由于钻机深度所限($<$ 20m) 所以在国内应用较少。1994 年，同济大学会同上海基础工程公司把该工法首次应用于上海软弱地层(上海环球世界广场，基坑深 8.65m，桩长 18m)，取得了成功的经验，随着施工机械的发展，该工法正逐渐被推广使用。

挖孔桩常用于软土层不厚的地区，由于常用的挖孔桩桩直径较大，在基坑开挖时往往不设支撑。当桩下部有坚硬基岩时，常采用在挖孔桩底部加设岩石锚杆使基岩受力为一体，这类工程实例在我国东南沿海地区也有报道。

压浆桩也称为树根桩，其直径常常小于 400mm，有时也称为小口径混凝土灌注桩，这类桩除了具有一定的强度外，还具有一定的抗渗漏能力。

### 6.6.2 柱列式挡土墙的设计计算

1. 稳定性验算

(1) 整体抗滑移稳定性分析。

柱列式挡土墙和地基的整体滑动稳定性验算，通常采用通过墙底土层的圆弧滑动面计算；当墙底以下地基土有软弱层时，尚应考虑可能发生的非圆弧滑动面情况；有渗流时，计及渗流力的作用。

采用圆弧滑动面验算柱列式挡土墙时，其滑动面的圆心一般在坑壁墙面上方、靠坑内侧附近，宜通过试算确定最危险滑动面和最小安全系数，当不计支撑或锚拉力的作用，且考虑渗流力作用时，整体抗滑动稳定性的允许最小安全系数应不小于 1.25。考虑支撑或拉锚拉力作用时，整体稳定可不验算。

如图 6-6-2 所示，对于悬臂式支护结构，稳定安全系数 $k$ 验算，按下式计算

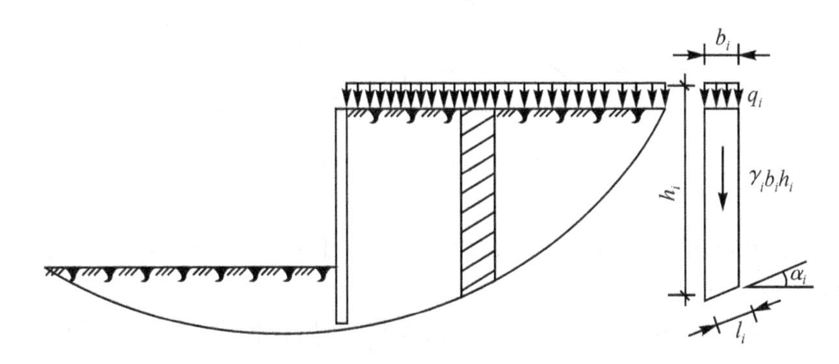


图 6-6-2　圆弧条分法计算悬臂式支护结构整体滑动失稳

$$k=\frac{\sum_{i=1}^{n}c_i l_i+\sum_{i=1}^{n}(q_i b_i+\gamma_i b_i h_i)\cos\alpha_i\tan\varphi_i}{\sum_{i=1}^{n}(q_i b_i+\gamma_i b_i h_i)\sin\alpha_i}\tag{6-6-1}$$

式中：$c_i$、$\varphi_i$—— 第 $i$ 土条的粘聚力(kPa)、内摩擦角(°)；

$b_i$、$h_i$—— 第 $i$ 土条的宽度和高度(m)；

$q_i$—— 第 $i$ 土条的地面荷载(kPa)；

$l_i$—— 第 $i$ 土条的圆弧长度(m)；

$\alpha_i$—— 第 $i$ 土条弧线中点切线与水平线夹角(°)。

$k$ 值的选取根据建筑物的重要程度、土体性质、$c$ 和 $\varphi$ 值的可靠程度及地区经验，一般取 1.1 ～ 1.5。

(2) 抗倾覆稳定性分析。

柱列式支护结构的抗倾覆稳定性又称踢脚稳定性，是验算最下道支撑以下的主动，被动土压力绕最下道支撑(拉锚)点的转动力矩是否平衡。计算简图如图 6-6-3 所示。

在确定了外荷载(土压力，水压力等)以后，柱列式挡土墙的抗倾覆稳定式可以按下式验算

$$k_Q=\frac{M_{RC}}{M_{\alpha c}}\tag{6-6-2}$$

式中：$k_Q$—— 抗倾覆稳定性安全系数，根据基坑重要性等级，一级基坑取 1.20；二级基坑取 1.10；三级基坑取 1.05；

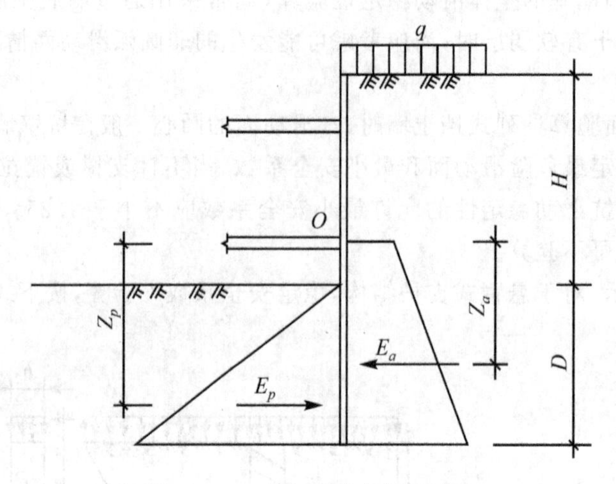


图 6-6-3　抗倾覆稳定计算简图

$M_{RC}$—— 抗倾覆力矩，取基坑开挖面以下墙体入土部分坑内侧压力对最下一道支撑或拉锚点的力矩(kN·m)；

$M_{\infty}$—— 倾覆力矩，取最小一道支撑(拉锚)以下墙外侧压力对支撑(拉锚)点的力矩(kN·m)。

(3) 基底抗隆起稳定性分析。

假定土体内摩擦角 $\varphi = 0°$，滑动面由圆弧和直线组成，考虑基坑宽度的影响，适用于粘性土质条件，若基底以下 $D$ 处有硬土层时，滑动面深度应改为 $D$。

如图 6-6-4 所示，滑动线通过支护墙底端，挡墙入土深度考虑为 $D = \frac{B}{\sqrt{2}}$。作用在 $ab$ 面上的分布荷载 $p_u$ 为

$$p_u = (\gamma H + q) - \frac{\sqrt{2}cH}{B} \tag{6-6-3}$$

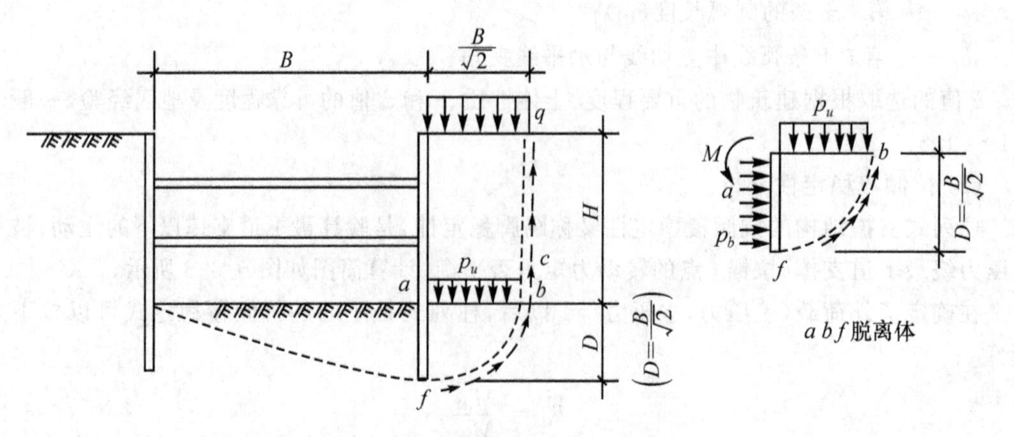


图 6-6-4　验算基坑稳定的计算简图

取 $abf$ 为脱离体，图中 $M$ 为挡墙墙体的抵抗弯矩。如果基坑是稳定的，则脱离体必须是平衡的。$p_h$ 为保证基坑稳定，需要墙体入土部分 $af$ 前面提供的分布反力。

取静力平衡 $\sum M_a = 0$，得

$$p_h = p_u - c\pi - \frac{4M}{B^2} \tag{6-6-4}$$

如果求出的 $p_h$ 接近作用在 $af$ 面上的静止土压力值，表明基坑不会失稳；如果求出的 $p_h$ 值接近被动土压力值，则基坑会失稳。

本方法适用于窄基坑，宽大基坑不适用。

(4) 抗渗流或抗管涌验算。

如图 6-6-5 所示，可以通过下式验算基坑底部稳定性

$$k_s = \frac{i_c}{i} \tag{6-6-5}$$

式中：$i_c$—— 坑底土体临界水力坡度，根据坑底土的特性计算：$i_c = \frac{\rho - 1}{1 + e}$；

$\rho$、$e$—— 坑底土体的密度(g/cm$^3$)，孔隙比；

$i$—— 坑底土体渗流水力坡度：$i = \frac{h_w}{L}$；

$h_w$—— 基坑内外土体的渗流水头(m)，取坑内外地下水位差，如图 6-6-5 所示；

$L$—— 最短渗径流线总长度(m)，$L = \sum L_h + m\sum L_v$；

$\sum L_h$—— 渗径水平段总长度(m)；

$\sum L_v$—— 渗径垂直段总长度(m)；

$m$—— 渗径垂直段换算成水平段的换算系数，单排小帷幕墙 $m = 1.50$；多排帷幕墙 m = 2.0；

$k_s$—— 抗渗流或抗管涌稳定安全系数，取 1.5 ～ 2.0。

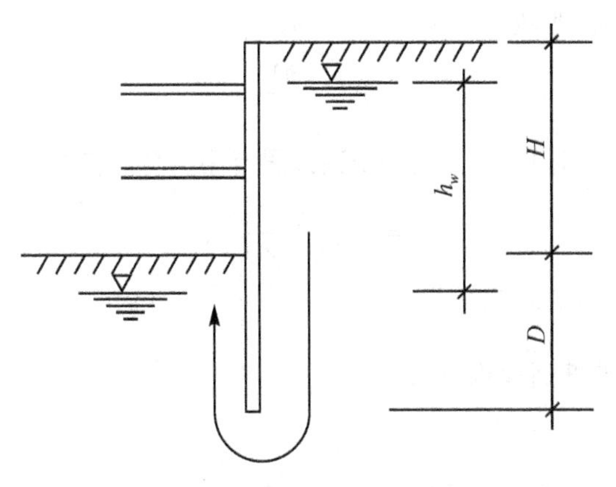


图 6-6-5　坑底土体渗透计算简图

2. 变形估算

如图 6-6-6 所示，利用抛物线函数估算公式估算基坑周围土体的沉陷步骤如下

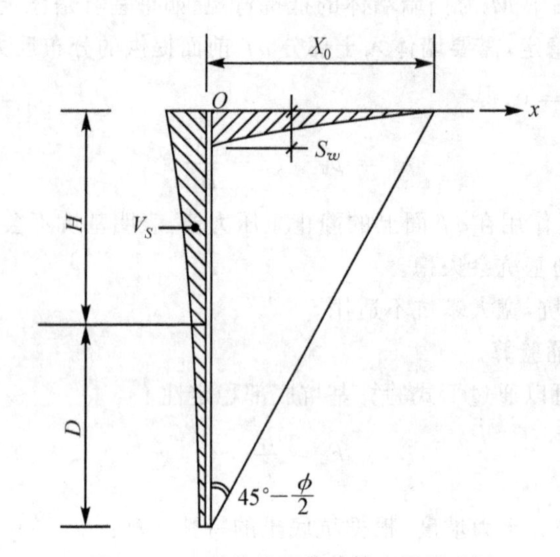


图 6-6-6 抛物线函数估算变形示意图

(1) 利用有限元法或其他计算方法求出墙体横向挠度值。

(2) 将墙体挠度数值积分得到挠出部分体积 $V_s$。

(3) 估算沉降影响的侧向距离,其算法如下:

① 计算挖土线以下距离 $H_p$,$H_p = B(\varphi = 0°$ 的土),其中 $B$ 为基坑宽度;对于 $\varphi > 0°$ 的土,$H_p = 0.5B\tan\left(45° + \frac{\varphi}{2}\right)$

$$H_t = H_p + H \tag{6-6-6}$$

② 计算沉陷影响的侧向距离 $\chi_0$

$$\chi_0 = H_t\tan(45° - \frac{\varphi}{2}) \tag{6-6-7}$$

(4) 计算墙边的沉陷,即最大沉陷 $S_w$

$$S_w = \frac{4V_s}{\chi_0} \tag{6-6-8}$$

(5) 计算沉陷影响范围内其余各点的沉陷,假定距离墙各点的 $S_i$ 按抛物线变化:

$$S_i = S_w\left(\frac{\chi_0 - \chi}{\chi_0}\right)^2 \tag{6-6-9}$$

式中:$\chi$—— 计算点到墙边的距离(m)。

### 6.6.3 钻孔灌注排桩挡墙设计

1. 桩体材料

钻孔灌注桩采用水下混凝土浇筑,混凝土强度等级不宜低于 C20(常取 C30),所用水泥通常为 425# 和 525# 普通硅酸盐水泥。

钢筋采用 Ⅰ 级($f_y = 210\text{kN/mm}^2$)和 Ⅱ 级($f_y = 310\text{kN/mm}^2$)。主筋常用螺纹钢筋,螺旋箍筋常用圆钢。

2. 桩体布置

当基坑不考虑防水(或已采取了降水措施)时,钻孔桩可按一字形间隔排列或相切排列。间隔排列的间距常为 2.5 ～ 3.5 倍的桩径,土质较好时,可以利用桩侧"土拱"作用适当扩大桩距。

当基坑需考虑防水时,可以按一字形搭接排列,也可按间隔或相切排列,外加防水墙。搭接排列时,搭接长度通常为保护层厚度;当按间隔或相切排列,需另设防渗措施时,桩体净距可根据桩径、桩长、开挖深度、垂直度,以及扩颈情况来确定,一般为 100 ～ 150mm。桩径和桩长应根据地质和环境条件由计算确定,常用桩径为 500 ～ 1000mm。

3. 桩的入土深度

桩的入土深度需考虑围护结构的抗隆起、抗滑移、抗倾覆及整体稳定性,这些稳定的计算方法见本书第四章有关内容。

由于柱列式挡土墙的整体性不及壁式地下连续墙,所以,在同等条件下,其入土深度的确定,应保障其安全度略高于壁式地下墙。在初步设计时,沿海软土地区通常取入土深度为开挖深度的 1.0 ～ 1.2 倍为预估值。

为了减小入土深度,应尽可能减小最下道支撑(或锚撑)至开挖面的距离,增强该道支撑(或锚撑)的刚度,充分利用时空效应,尽快及时浇筑坑底垫层作底撑,以及对桩脚与被动侧土体进行地基加固或坑内降水固结。

4. 桩墙受力计算的特点和计算步骤

(1) 内力计算特点。

柱列式挡墙虽由单个桩体并成,但其受力形式与壁式地下墙是类似的。

在设计中,一般可以通过对桩墙和支撑体系采取一定的构造和加强措施,以提高其整体刚度,使其受力模式与壁式地下连续墙相近似,从而在具体计算中便可以将桩墙按抗弯刚度相等的原则等价为一定厚度的壁式地下墙进行内力分析。该方法称之为等刚度法。

可以证明,按等价的壁式地下墙设计,其结果是偏于安全的、合理的。

(2) 计算步骤

① 计算等刚度壁式地下连续墙折算厚度 $h$。

设钻孔桩桩径为 $D$,桩净距为 $t$,如图 6-6-7 所示,则单根桩应等价为长 $D+t$ 的壁式地下连续墙,令等价后的地下连续墙厚为 $h$,按二者刚度相等的原则可得

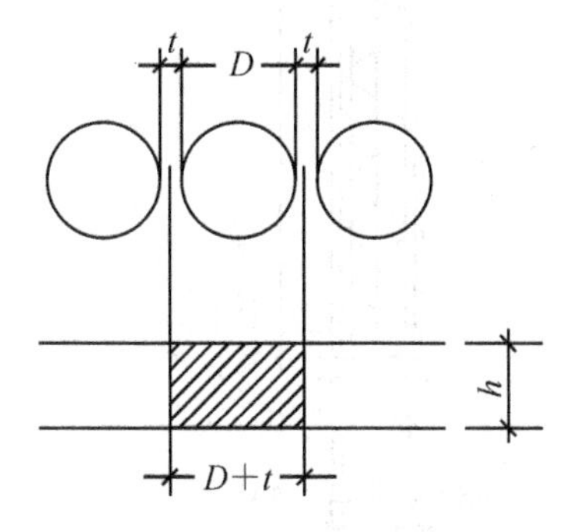


图 6-6-7　钻孔桩与等刚度壁式地下连续墙厚度折算简图

$$\frac{1}{12}(D+t)h^3=\frac{1}{64}\pi D^4 \tag{6-6-10}$$

$$h=0.838D\sqrt[3]{\frac{1}{1+\frac{t}{D}}} \tag{6-6-11}$$

若采用一字相切排列，$t \ll D$，则 $h \approx 0.838D$。

② 按厚度为 $h$ 的壁式地下连续墙，计算出每延米墙的内力 $M_w$、$Q_w$ 及位移 $u_w$。

③ 换算得相应单桩的内力 $M_p$、$Q_p$ 及位移 $u_p$。

$$M_p=(D+t)M_w \tag{6-6-12}$$

$$Q_p=(D+t)Q_w \tag{6-6-13}$$

$$u_p=u_w \tag{6-6-14}$$

式中：$M_p$、$M_w$—— 分别为单桩的弯矩、每延米地下连续墙的弯矩(kN·m)；

$Q_p$、$Q_w$—— 分别为单桩的剪力、每延米地下连续墙的剪力(kN)；

$u_p$、$u_w$—— 分别为单桩的位移、每延米地下连续墙的位移(m)。

5. 桩体配筋与构造

(1) 配筋构造。

钻孔灌注桩的配筋构造如图 6-6-8 所示，最小配筋率为 0.42%，主筋保护层厚度不应小于 50mm。

箍筋宜采用 $\phi6 \sim \phi8$ 的螺旋筋，间距一般为 200 ～ 300mm，每隔 1500 ～ 2000mm 应布置一根直径不小于 12mm 的焊接加强箍筋，以增加钢筋笼的整体刚度，有利于钢筋笼吊放和水下混凝土浇灌时保持整体性。

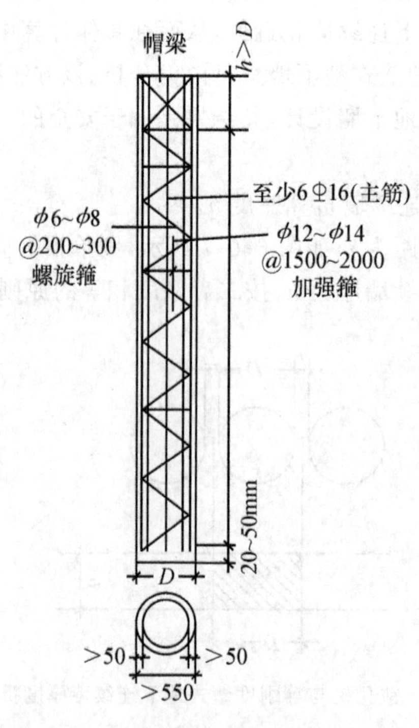


图 6-6-8 钻孔灌注桩配筋构造示意图

钢筋笼的配筋量由计算确定，钢筋笼一般放置在距孔底 200 ～ 500mm 处。

(2) 桩体配筋计算。

钻孔灌注桩作为挡土结构受力时，可以按钢筋混凝土圆形截面受弯构件进行配筋计算。

钻孔灌注桩的纵向受力钢筋一般要求沿圆截面周边均匀布置，且不小于 6 根。此时圆形截面受弯承载力的公式为

$$M_c = \frac{2}{3} f_{cm} \cdot r^3 \cdot \sin^3 \pi\alpha + f_y \cdot A_s \cdot r_s \cdot \frac{\sin\pi\alpha + \sin\pi\alpha_t}{\pi} \tag{6-6-15}$$

且

$$\alpha \cdot f_{cm} \cdot A\left(1 - \frac{\sin 2\pi\alpha}{2\pi\alpha}\right) + (\alpha - \alpha_t) f_y \cdot A_s = 0 \tag{6-6-16}$$

$$\alpha_t = 1.25 - 2\alpha \tag{6-6-17}$$

式中：$M_c$—— 桩的抗弯承载力(N · mm)；

$A$—— 桩的横截面积($mm^2$)；

$r$—— 桩体半径(mm)；

$r_s$—— 纵向钢筋所在圆周半径(mm)；$r_s = r - a$，$a$ 为保护厚度(mm)；

$\alpha$—— 对应于受压区混凝土截面面积的圆心角(rad) 与 $2\pi$ 的比值；

$\alpha_t$—— 纵向抗拉钢筋截面面积与全部纵向钢筋截面面积的比值；

$f_y$—— 钢筋强度设计值($N/mm^2$)；

$f_{cm}$—— 混凝土强度设计值($N/mm^2$)。

具体计算步骤如下：

(1) 根据经验先预估灌注桩配筋量 $A_s$；

(2) 求出系数 $k = \dfrac{f_y \cdot A_s}{f_{cm} \cdot A}$；

(3) 由式(6-6-16) 求得 $\alpha$ 值；

(4) 将 $\alpha$ 代入由式(6-6-15) 求出桩的抗弯承载力 $M_c$；

(5) 调整配筋量 $A_s$，重复步骤(2)、(3)、(4) 直到弯矩设计值 $M_d$ 小于抗弯承载力 $M_c$，此时，$A_s$ 就是灌注桩设计配筋量。

有时，为了充分发挥钢筋的受拉作用，钻孔灌注桩的纵向受力钢筋采用单边配筋，此时圆形截面受弯承载力的公式为

$$M_c = A_s f_y (y_1 + y_2) \tag{6-6-18}$$

$$y_1 = \frac{r \cdot \sin^3\alpha}{1.5\alpha - 0.75\sin 2\alpha} \tag{6-6-19}$$

$$y_2 = \frac{2\sqrt{2} \cdot r_s}{\pi} \tag{6-6-20}$$

6. 墙体防渗

墙体渗漏是围护结构对环境造成影响的重要因素，在对变形控制严格的地区，墙体防渗尤其应有可靠的保证。

钻孔灌注排桩墙体防渗可以采取两种方式：一种是将钻孔桩体相互搭接；另一种是另增设挡水抗渗结构。前一种方式对施工要求较高，且由于桩位、桩垂直度等的偏差所引起的墙体渗漏仍难以完全避免。所以在水位较高的软土地区，一般采用后一种方式。此时，桩体间可留 100 ～ 150mm 施工间隙。

用钻孔桩围护的基坑工程，防水时主要采用以下几种形式：

(1) 桩间压密注浆；

(2) 桩间高压旋喷，如图 6-6-9 所示；

(3) 水泥搅拌桩墙，如图 6-6-10 所示；

(4) 注浆帷幕，如图 6-6-11 所示。

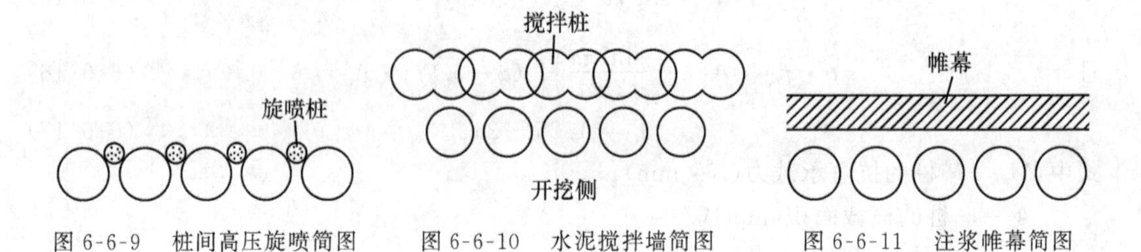


图 6-6-9 桩间高压旋喷简图　图 6-6-10 水泥搅拌墙简图　图 6-6-11 注浆帷幕简图

其中第一种方式比较经济，一般适用于环境要求不太严格的小型基坑工程；后两种方式主要用于体型大、开挖深的基坑工程，其中水泥土搅拌桩止水，在上海等软土地区普遍采用，按一般的工程经验，该方法在基坑深度为 9 ～ 10m 以内时，通常只需设一排搅拌桩墙止水，当深度超过 10m 或环境条件有特殊要求时，可以增至两排搅拌桩，甚至在钻孔桩之间再补以压密注浆。应该说明的是，目前深层搅拌桩钻孔深度一般为 18 ～ 20m，所以，对于防渗深度超过该施工限制时，需另外选择止水措施，如第二种方式，其止水深度可达数十米。

抗渗墙的深度应根据抗渗流或抗管涌稳定性计算确定，墙底通常应进入不透水层 3 ～ 4m。防渗墙应贴近围护墙，其净距不宜大于 150mm，帷幕墙顶面及与围护墙之间的地表面应设置混凝土封闭面层，防止地表水渗入，当土层的渗透性较大且环境要求严格时，宜在防渗墙与围护墙之间注浆，防渗墙的渗透系数不宜大于 $10^{-6}$cm/s。渗透系数应根据不同的地层条件采用不同的水泥含量，经相关试验确定。常用的水泥含量为 10% ～ 14%。

7. 环境影响与措施

钻孔桩基坑工程对环境的影响主要由三个方面引起：

(1) 墙体渗漏水。

墙体渗漏水会引起周围地层水位下降和土体流失，使周围地层下沉，当水土流失严重时，甚至会导致地面突然塌陷，其影响严重，因此在设计中应采取可靠的防渗漏措施。并在施工中加强监理，如发现成桩问题，应即时补桩或争取注浆等措施补救。对环境条件有特殊要求的地段应加强监测，尤其是对地下水位变化的监测；为预防渗漏往往准备应急措施，例如可以在墙后预埋单向阀注浆管等。

(2) 桩墙整体性。

单根钻孔桩形成的挡墙其水平整体刚度不如壁式地下墙，其变形对环境的影响相对不易控制。

在设计中，一般应在支撑体系上来保障桩墙整体刚度。主要技术措施有：

① 在桩顶设置钢筋混凝土顶圈梁，使桩头连成一体，该措施可以有效减小桩顶位移及地表变形。

② 围檩(纵梁) 宜选用刚度大，整体性好，能与桩体可靠连接的形式和材料，保证桩墙受

力的整体性。在位移限制较严的地区,可以采用钢筋混凝土支撑体系或能预加轴力的网状形 H 型钢支撑体系。

③ 当桩前被动土压力区为软弱地基而不能提供有效的地基坑力时,应对桩前被动区土体进行加固,并尽可能落低最下道支撑位置以改善墙体的受力状况。

(3) 桩身质量。

桩墙施工中,易出现桩身夹泥,断桩以及桩位偏移过大,垂直度偏差过大等现象,使桩墙在开挖过程中漏泥漏水,对周围环境造成不利影响。因此在设计文件中,应对桩身施工质量及垂直度有明确规定。通常钻孔灌注桩中心轴线允许偏差为 ± 50mm,垂直度不大于 $1/150H$($H$ 为桩长)。

基于以上因素,钻孔桩围护结构的设计应特别注意结构的施工因素,在具体设计时,应取比壁式地下墙更高的安全度。

### 6.6.4　SMW 工法柱列式挡土墙设计

用钻孔灌注桩和挖孔桩组成的柱列式挡土结构因其有较高的承载力,而被广泛采用。但桩与桩之间密封性能差,很难做到防渗,因此在地下水位高的软土地区多与压密注浆、高压旋喷和搅拌桩结合使用,形成复合结构的围护形式,灌注桩和挖孔桩组成支挡承力结构,注浆、旋喷桩体或搅拌桩组成防渗帷幕。该支护形式需要较大的基地且必须具两种以上工艺,工期较长。将支承荷载与防渗结合起来,使之同时具有支承力与防渗两种功能的支护形式即劲性水泥土搅拌桩法,日本称为 SMW 工法。即在水泥土搅拌桩内插入 H 型钢或其他种类的受拉材料,形成支承力和防水的复合结构,如图 6-6-12 所示。

图 6-6-12　劲性桩示意图

1. 适用条件

劲性水泥土搅拌桩以水泥土搅拌桩法为基础,凡是适合应用水泥土搅拌桩的场合都可以使用劲性桩法。特别适合于以粘土和粉细砂为主的松软地层,对于含砂卵石的地层要经过适当处理后方可采用。

劲性桩适宜的基坑深度与施工机械有关,国内目前一般以基坑开挖深度 6 ～ 10m,国外尤其是日本由于施工钻孔机械先进,基坑开挖深度达到 20m 以上时也采用 SMW 工法,劲性桩法可以取得较好的环境和经济效果。

2. 劲性桩的受力分析

劲性桩是在水泥土搅拌桩中插入受拉材料构成的,常插入 H 型钢。目前对水泥土与型钢之间的粘结强度的研究还不充分。很难想象,水泥土与型钢之间的粘结力可以与混凝土与钢筋的粘结强度相比较,也就很难认为水泥土与型钢是共同工作的。通常认为:水土侧压力全部由型钢单独承担;水泥土桩的作用在于抗渗止水。相关试验表明,水泥土对型钢的包裹作用提高了型钢的刚度，可以起到减小位移的作用。此外，水泥土起到套箍作用，可以防止型钢失稳，对 H 型钢还可以防止翼缘失稳，这样可以使翼缘厚度减小到很薄(甚至可以小于 10mm)。

日本材料协会曾进行过 H 型钢与水泥土共同作用的试验研究。试件在现场养护 70d 后进行压弯试验，为了对比，同时用相同尺寸的 H 型钢进行压弯试验，如图 6-6-13 所示。图中曲线 1 反映水泥土与 H 型钢结合体的荷载与挠度之间的关系；曲线 2 对应于 H 型钢梁。对比可见：同一般荷载作用下水泥土与 H 型钢的组合体挠度要小一些，其抗弯刚度比相应 H 型钢的刚度大 20%。刚度的提高可以用刚度提高系数 $\alpha$ 表示，即

$$\alpha = \frac{E_{cs} I_{cs}}{E_s I_s} \tag{6-6-21}$$

式中：$E_{cs}$、$E_s$—— 分别为水泥土搅拌桩 H 型钢混合体与 H 型钢的弹性模量。

$I_{cs}$、$I_s$—— 分别为水泥土搅拌桩 H 型钢混合体与 H 型钢的惯性矩。

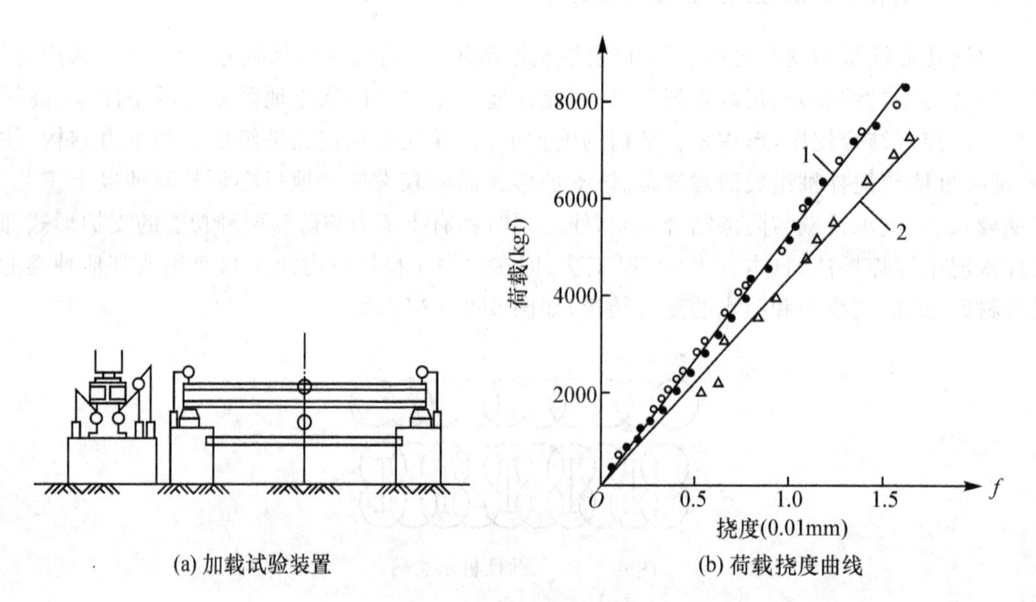


(a) 加载试验装置　　(b) 荷载挠度曲线

1— 表示劲性桩的荷载 - 挠度曲线；

2— 表示 H 型钢梁的荷载 - 挠度曲线

图 6-6-13　劲性桩与 H 型钢压弯比较

用上式计算出的提高系数 $\alpha$ 值与实测 $\alpha$ 值相差较远，其原因是实际工程中的构件很难达到理想化的状态。而准确确定提高系数 $\alpha$ 值，对于计算墙体变位具有重要意义。目前，由于试验数据及工程经验还很有限，准确确定 $\alpha$ 值有一定困难，所以设计中受力计算一般仅考虑由 H 型钢独立承受作用在挡墙上的内力。水泥土搅拌体仅作为一种安全储备加以考虑。

3. 内力计算步骤

SMW 挡墙内力计算模式与壁式地下连续墙类似，具体计算步骤如下：

(1) 等刚度的混凝土壁式地下连续墙折算厚度 $h$。

设型钢宽度为 $w$，净距为 $t$，如图 6-6-14 所示。分以下两种情况计算：

① 不考虑刚度提高系数 $\alpha$。

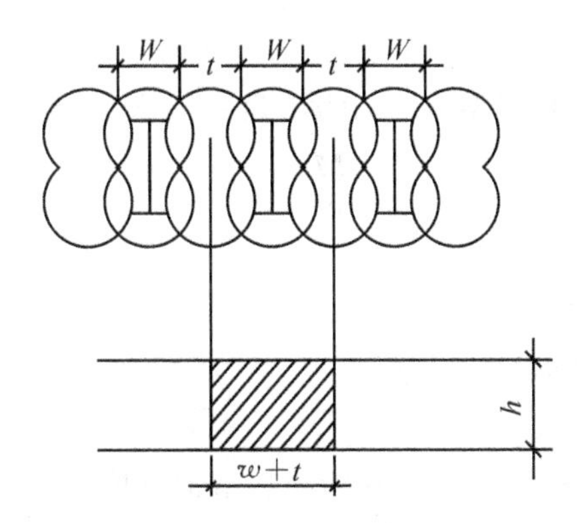


图 6-6-14　劲性桩等刚度壁式地下连续墙厚度折算简图

挡墙刚度仅考虑型钢刚度，则每根型钢应等价为宽度为 $w+t$、厚度为 $h$ 的混凝土壁式地下连续墙。

按两者刚度相等的原则可得

$$E_sI_s = \frac{1}{12}E_c(w+t)h^3 \tag{6-6-22}$$

$$h = \sqrt[3]{\frac{12E_sI_s}{E_c(w+t)}} \tag{6-6-23}$$

式中：$E_s$、$I_s$—— 型钢的弹性模量（$N/mm^2$）和惯性矩（$mm^4$）；

$E_c$—— 混凝土的弹性模量（$N/mm^2$）。

② 考虑刚度提高系数 $\alpha$

墙体整体刚度由式(6-6-21)得：$E_{cs} \cdot I_{cs} = \alpha \cdot E_sI_s$。

则墙体内力计算可直接按整体壁式地下连续墙进行。为了计算方便，也可以等价为单位长度的一定厚度的混凝土壁式地下连续墙进行计算。

$$E_{cs} \cdot I_{cs} = \frac{1}{12}E_ch^3 \tag{6-6-24}$$

$$h = \sqrt[3]{\frac{12\alpha E_sI_s}{E_c}} \tag{6-6-25}$$

(2) 按厚度为 $h$ 的混凝土壁式地下连续墙，计算出每延米墙的弯矩 $M_w$、剪力 $Q_w$、位移 $u_w$。

(3) 换算得每根型钢承受的弯矩 $M_p$、剪力 $Q_p$ 和位移 $u_p$。

$$M_p = (w+t)M_w \tag{6-6-26}$$

$$Q_p = (w+t)Q_w \tag{6-6-27}$$

$$u_p = u_w \tag{6-6-28}$$

应当指出，当按第一种情况（不考虑刚度提高系数 $\alpha$）计算时，由于仅考虑型钢的作用，势必使计算位移较大，弯矩较小，设计不尽合理。当按第二种情况（考虑刚度提高系数 $\alpha$）计算时，位移较小，弯矩较大，与实际情况比较吻合。故在有足够可靠的试验资料和工程经验的前提下，建议按第二种情况进行型钢强度验算。

4.强度验算

(1) 抗弯验算。

考虑弯矩全部由型钢承担,则型钢应力需满足

$$\sigma = \frac{M}{W} \leqslant [\sigma] \tag{6-6-29}$$

式中:$W$—— 型钢抵抗矩($mm^3$);

$M$—— 计算弯矩(N・mm);

$[\sigma]$—— 型钢允许拉应力(N・$mm^2$)。

(2) 抗剪验算。

SMW 挡墙的抗剪验算分为两部分,一部分是型钢抗剪验算;一部分是水泥土局部抗剪验算。

① 型钢抗剪验算。型钢剪应力需满足下式

$$\tau = \frac{QS}{I\delta} \leqslant [\tau] \tag{6-6-30}$$

式中:$\tau$—— 计算剪力(N);

$S$—— 型钢面积矩($mm^3$);

$I$—— 型钢惯性矩($mm^4$);

$\delta$—— 所验算点处的钢板厚度(mm);

$[\tau]$—— 型钢允许剪应力(N/$mm^2$)。

② 水泥土局部抗剪验算。水泥土局部抗剪,仅指型钢与水泥土之间的错动剪应力而言,如图 6-6-15 所示。

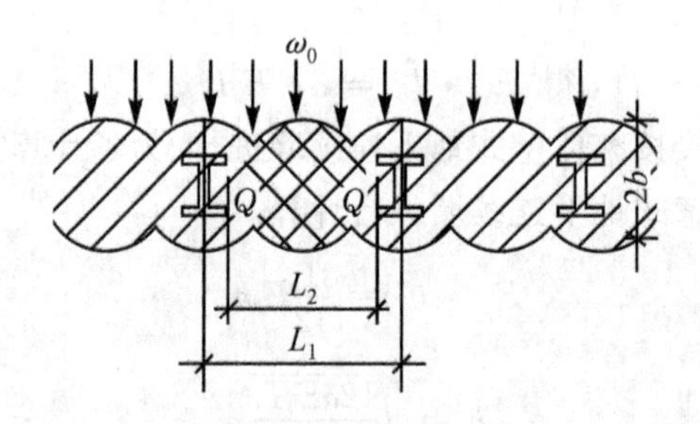


图 6-6-15 型钢与水泥土之间的错动剪力 Q 示意图

设型钢之间的平均侧压力为 $q$,则型钢与水泥土之间的错动剪力为

$$Q_1 = q \times \frac{L_2}{2} \tag{6-6-31}$$

则水泥土局部抗剪需满足下式:

$$\tau = \frac{Q}{2b} \leqslant \frac{\sigma\tan\varphi + c}{k} \tag{6-6-32}$$

式中:$Q$—— 型钢与水泥土之间的错动剪力(kN);

$\sigma$—— 验算截面处的法向应力(kPa)

$\varphi$、$c$—— 水泥土的内摩擦角(°) 和粘聚力(kPa);

$k$—— 安全系数,一般取 1.5;

$\tau$—— 验算截面处的剪切应力(kPa)。

图 6-6-15 中,$L_1$ 为型钢中心距,$L_2$ 为型钢净距,$2b$ 为水泥土宽度。

# §6.7　支锚工程

## 6.7.1　支撑结构概述

深基坑的支护体系由两部分组成,一是围护壁,二是基坑内的支撑系统。为施工需要而构筑的深基坑各类支撑系统,既要轻巧又需具有足够的强度、刚度和稳定性,以保证施工的安全、经济和方便,因此支撑结构的设计是目前施工方案技术设计的一项十分重要的内容。

1. 支撑的种类和结构形式

在深基坑的施工支护结构中,常用的支撑系统按其材料可以分为钢管支撑、型钢支撑、钢筋混凝土支撑、钢和钢筋混凝土的组合支撑等;按其受力形式可以分为单跨压杆式支撑、多跨压杆式支撑、双向多跨压杆式支撑、水平桁架式支撑、水平框架式支撑、大直径环梁及边桁架相结合的支撑、斜撑等。这些支撑系统在实践中都有各自的特点和不足之处,以其材料种类分析,钢支撑便于安装和拆除,材料的消耗量小,可以施加预紧力以合理地控制基坑变形,钢支撑的架设速度较快,有利于缩短工期。但是钢支撑系统的整体刚度较弱,由于要在两个方向上施加预紧力,所以纵、横杆件之间的连接始终处于铰接状态,不能形成整体刚接。钢筋混凝土支撑结构整体刚度好,变形小,安全可靠、施工制作时间长于钢支撑,但拆除工作比较繁重,材料的回收利用率低,钢筋混凝土支撑因其现场浇筑的可行性和高可靠度而目前在国内较广泛地被采用,但就支撑结构的发展方向而言还是应该推广使用钢支撑,应努力实现钢支撑杆件的标准化、工具化,建立钢支撑制作、安装、维修一体化的施工技术力量,提高支撑结构的施工水平。但还需强调指出,支撑系统应因地制宜,在特定条件下,钢筋混凝土支撑仍有其存在和优化的必要。

支撑系统的结构形式种类繁多,支撑系统取决于基坑所处的地质及环境条件、平面尺寸、深度和基坑内结构物的层高尺寸和施工要求等诸多因素,常见的有下述几种形式:

(1) 单跨压杆式支撑。

当基坑平面呈窄长条状、短边的长度不很大时,所用支撑杆件在该长度下的极限承载力尚能满足围护系统的需要,则采用这种形式的支撑,具有受力特点明确,设计简洁,施工安装灵活方便等优点。图 6-7-1 是这种形式支撑的示意图。

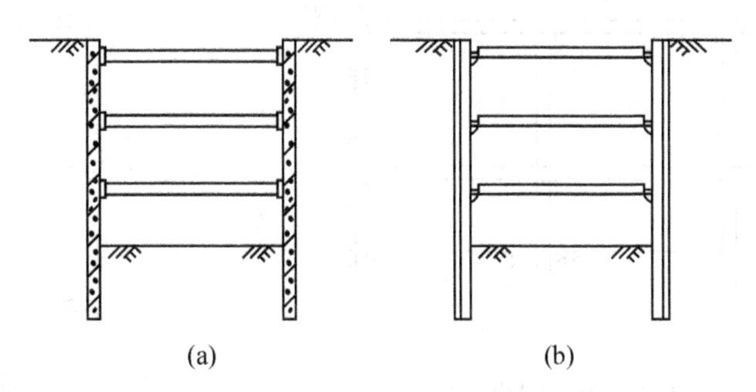


图 6-7-1　单跨压杆式支撑示意图

支撑与围护系统的连接节点如图 6-7-2 所示。

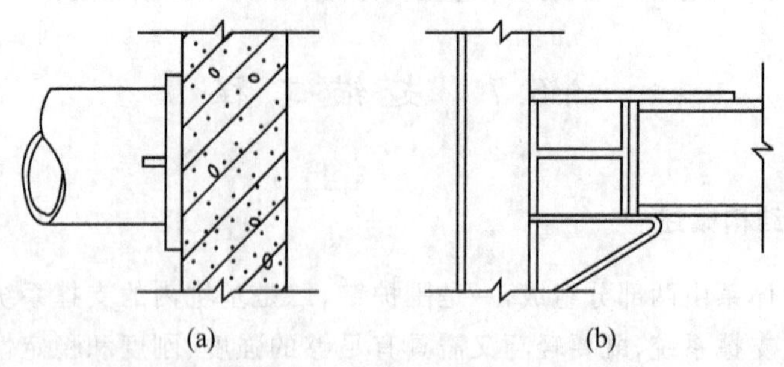


图 6-7-2 支撑与围护系统的连接节点示意图

各种支撑杆件的压杆极限承载力和压杆计算长度的关系曲线如图 6-7-3 所示。

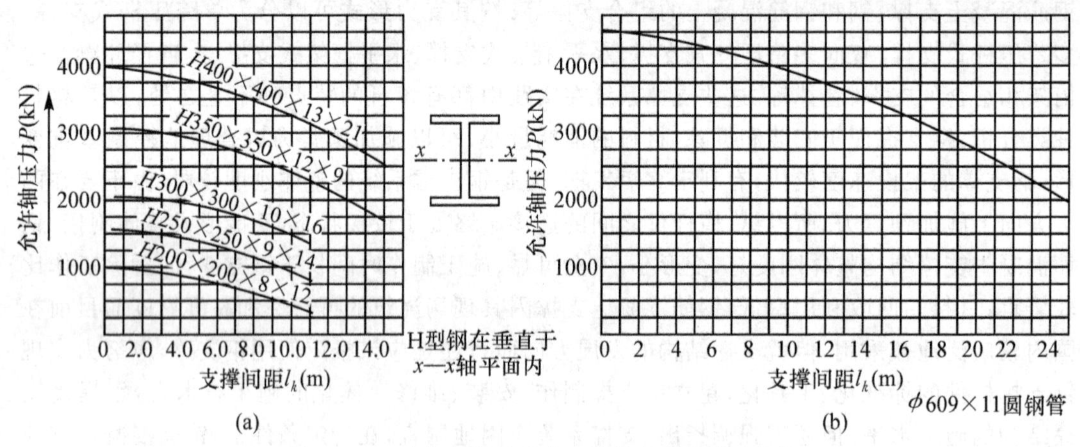


图 6-7-3 直杆极限承载力和计算长度的关系曲线

(2) 多跨压杆式支撑。

当基坑平面尺寸较大,所用支撑杆件在基坑短边长度下的极限承载力尚不能满足围护系统的要求时。就需要在支撑杆件中部加设若干支点,给水平支撑杆加设垂直支点,组成多跨压杆式的支撑系统,如图 6-7-4 所示。这种形式的支撑系统与围护系统的连接节点如图 6-7-2 所示,这种形式的支撑受力也较明确,施工安装较单跨压杆式来得复杂。

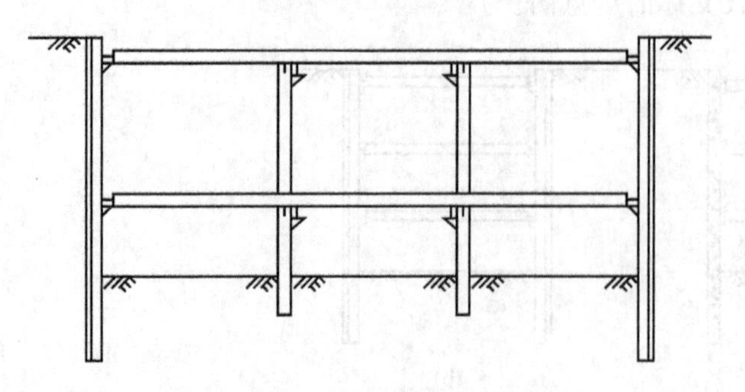

图 6-7-4 多跨压杆式支撑示意图

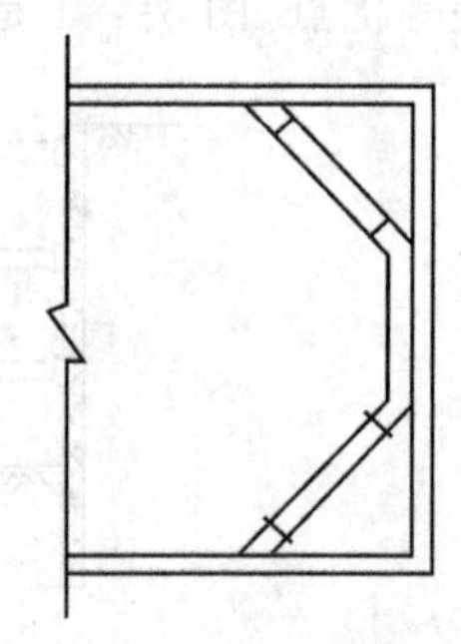

图 6-7-5 搭角斜撑示意图

多跨压杆式支撑系统与单跨压杆式支撑系统均存在着短边方向两个侧面的围护系统如何支撑的问题，对于短边长度较小的基坑，可以采用搭角斜撑的方法，如图6-7-5所示。但如果短边长度并不太短，则这两个支撑系统就暴露出其明显的缺陷，要解决短边侧面的支撑，必须在与长边平行的方向上也建立框架支撑系统。因此就有了支撑系统的第三种形式。

(3) 对撑式双向多跨压杆式支撑。

当基坑平面的长、宽尺寸都很大而又对坑周土体位移有较严格控制要求时，为对四边的围护系统迅速加以支撑以减少围护墙体无支撑暴露时间，必须在基坑内建立对撑式可施加预加支撑轴力的空间钢结构杆件系统，这种空间结构受力情况较为复杂，施工中对各个节点的安装、焊接都有较高的要求，如图6-7-6所示。该结构两方向上支撑的连接节点如图6-7-7所示。

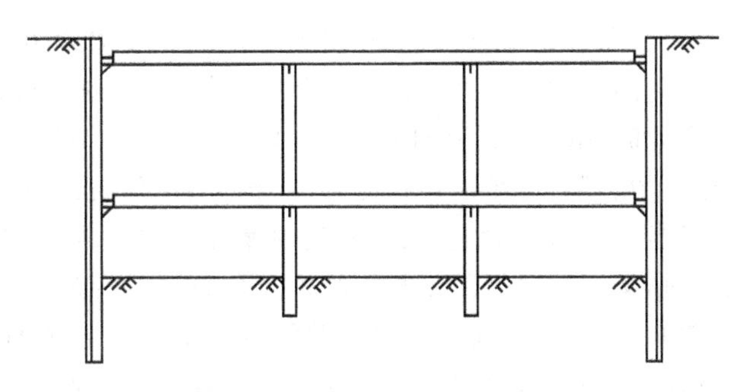

图6-7-6　双向多跨压杆式钢支撑示意图

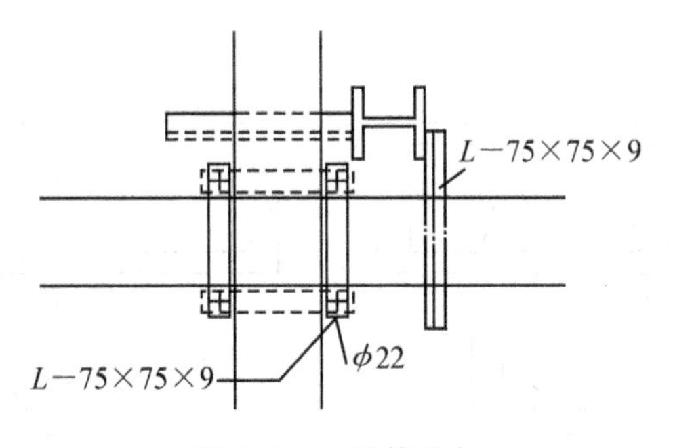


图6-7-7　连接节点

这种形式的钢筋混凝土支撑系统因利于采用分层分部开挖的施工工艺，以减少围护墙体无支撑暴露时间，因此在控制基坑变形要求较高时，亦可以采用之，但要根据地质条件和具体基坑变形控制要求，在围护墙被动区进行地基加固。

(4) 钢筋混凝土的水平封闭框架支撑。

若围护结构在开挖支撑施工中，允许较长的无支撑暴露时间，基坑中采用钢筋混凝土水平封闭框架支撑结构，现浇钢筋混凝土封闭桁架达到强度后，具有较高的整体刚度和稳定性。由于基坑支撑是一种临时结构，在满足强度，刚度和稳定性的前提下，可以尽可能地优化支撑结构形式，以求节省投资，方便开挖施工的目的。钢筋混凝土水平框架支撑结构的平面布置和该结构与围护壁之间的连接节点如图6-7-8所示。

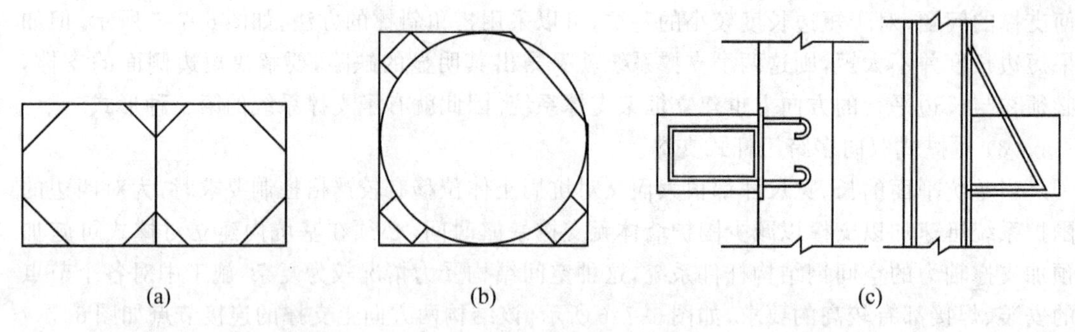

图 6-7-8 钢筋混凝土水平框架支撑和节点详图

最近在一定环境和地质条件下成功采用的 92m 大直径环梁加边桁钢筋混凝土支撑系统,显示出这种新型水平封闭框架支撑在保证稳定条件下便于快速挖方出土的优点。

(5) 钢筋混凝土、或钢筋混凝土与钢结构混合的水平桁架支撑结构。

由于现在深基坑施工中、基坑的平面形状复杂、面积大、给传统的支撑结构布置带来了一定的困难,所以为了满足大型基坑对支撑的强度、刚度和稳定要求,同时又能方便基坑施工,我们采用钢筋混凝土桁架或钢筋混凝土与钢结构混合的水平桁架结构,用桁架结构作围檩,增大了围檩的跨度和刚度,扩大了施工空间、并能有效地控制基坑的变形。在混合结构中,钢杆件用于拉杆、钢筋混凝土杆件用做压杆、这样可以减少拆除的工作量。这种形式的支撑如图 6-7-9 所示。

这种支撑与围护壁连接节点同水平框架支撑。

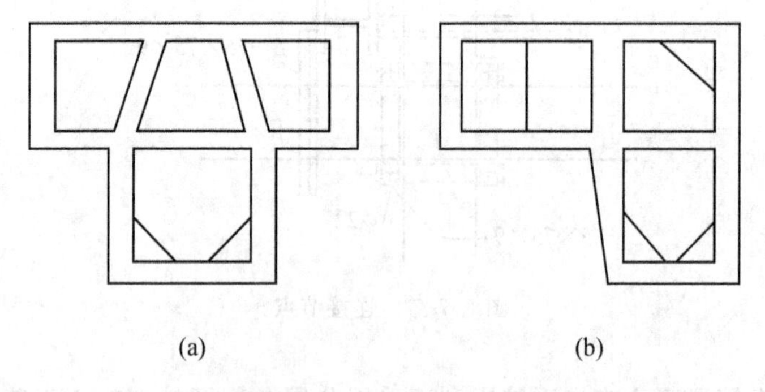

图 6-7-9 钢筋混凝土水平桁架支撑结构布置图

2. 支撑结构体系的组成分析和构造要求

支撑结构体系由围檩、支撑杆或支撑桁架、立柱、立柱桩等杆件组成,支撑结构的围檩直接与围护壁相连接,围护壁上的力通过围檩传递给支撑结构体系,围檩的刚度对整个支撑结构的刚度影响很大,所以一般情况下在设计中应十分注意围檩杆件的加强。支撑杆是支撑结构中的主要受压杆件,支撑杆相对于受荷面来说有垂直于荷载面和倾斜于荷载面两种,对于斜支撑杆应注意支撑杆和围檩连接节点的力的平衡,支撑杆由于受自重和施工荷载的作用,是一种压弯杆件,这种力学上的非线性问题,在施工实践中常将其简化为线性问题来解决,但必须考虑到这种因素降低安全度。在各受压支撑杆件中增设三向束节点构造以减短压弯支撑杆件的计算长度，或将支撑杆设计成支撑桁架，将加强支撑杆件的刚度和稳定性。当设计成桁架支撑时，桁架的腹杆应按其受力情况合理地选择断面尺寸和杆件材料，以求节省费用，方便施工。支撑杆和支撑桁架需要有立柱来支承，立柱通常采用 H 型钢或钢格构柱，在这些钢立柱与钢筋混凝土底板的连接处应设止水带，止水带通常采用钢板，钢板满焊在钢立柱的杆件四周。这种钢立柱下应有立柱桩支承，立柱桩可以借用工程桩、也可以单独设计用于支承立柱。若用 H 型钢立柱，可以直接将 H 型钢打入土中要求的沉桩深度。若用钢格构柱，一般将格构柱坐落在钢筋混凝土钻孔灌注桩上。钻孔灌注桩的入土深度由立柱的承荷情况确定。

支撑结构各杆件之间的连接，按照传力明确、刚度足够、方便装拆的原则进行设计，对于围檩和围护壁的连接节点在前面已作了叙述。对于钢支撑结构体系，支撑杆和支撑杆之间的连接节点，已示于图 6-7-7，这个连接节点的受力特点是，两交叉相连的支撑杆为了能在各自方向上施加预紧力，它们的连接既有三向约束作用，又能使支撑在各自轴线方向上可以进行无约束的运动。这是钢支撑结构中必须保持的一个特点，也正是这个特点使钢支撑结构的整体刚度逊色于钢筋混凝土支撑。钢支撑结构中支撑杆和立柱的连接，支撑杆中的油压千斤顶及压力计等构造节点需按现行的相关规范和规程来设计。对于钢筋混凝土支撑结构，支撑杆件之间的连接需要按现行的相关规范和构造要求来设计，支撑和立柱的连接一般将钢立柱锚入钢筋混凝土支撑。钢立柱与立柱桩连接时其下端锚入钢筋混凝土钻孔灌注桩，锚入长度一般取 $\frac{1}{3}$ 的柱高。钢筋混凝土支撑结构体系详细设计参见相关文献资料。

### 6.7.2　土层锚杆支撑

1. 概述

土层锚杆技术是在岩石锚杆技术基础上发展起来的，在 20 世纪 50 年代前岩石锚杆就在隧道衬砌结构中应用。1958 年德国首先在深基坑开挖中用于挡土墙支护，锚杆进入非粘性土层。

锚杆是一种新型的受拉杆件，锚杆的一端与工程结构物或挡土桩墙连接，另一端锚固在地基的土层或岩层中，以承受结构物的上托力、拉拔力、倾侧力或挡土墙的土压力、水压力，锚杆利用地层的锚固力维持结构物的稳定。

使用锚杆技术的优点有：

(1) 用锚杆代替内支撑，锚杆设置在围护墙背后，因而在基坑内有较大的空间，有利于挖土施工。

(2) 锚杆施工机械及设备的作业空间不大，因此可以为各种地形及场地所选用。

(3) 锚杆的设计拉力可以由抗拔试验来获得，因此可以保证设计有足够的安全度。

(4) 锚杆可以采用预加拉力，以控制结构的变形量。

(5) 施工时的噪声和振动均很小。

土层锚杆技术我国最早用于地铁工程，20 世纪 80 年代初开始用于高层建筑深基坑支护。在天然土层中，锚固方法以钻孔灌浆为主，一般称为灌浆锚杆。受拉杆件有粗钢筋、高强钢丝束和钢铰线等不同的类型，锚杆层数从一层发展到深坑中的四层锚杆。

2.锚杆的构造

锚杆支护体系由挡土结构物与土层锚杆系统两部分组成,如图 6-7-10 所示。

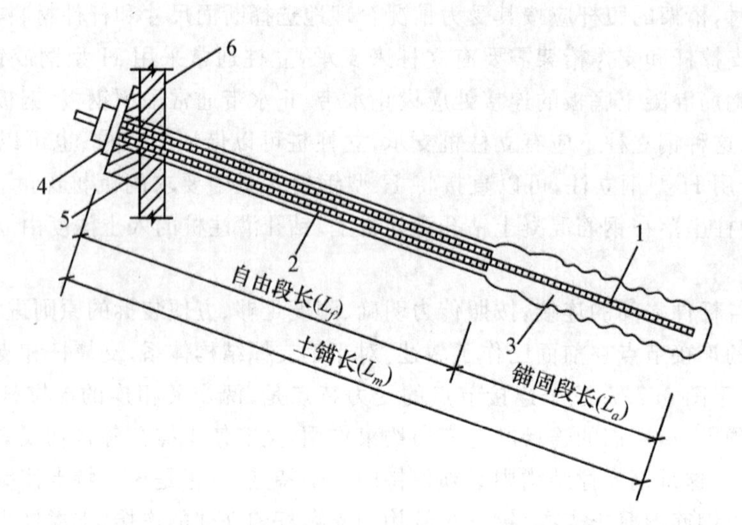


1— 锚杆(索);2— 自由段;3— 锚固段;4— 锚头;5— 垫块;6— 挡土结构

图 6-7-10 灌浆土层锚杆系统的构造示意图

挡土结构物包括地下连续墙、灌注桩、挖孔桩及各种类型的板桩等。

灌浆土层锚杆系统由锚杆(索)、自由段、锚固段及锚头、垫块等组成。

锚固段的型式有圆柱型、扩大端部型及连续球型,如图 6-7-11 所示。对于拉力不高,临时性挡土结构可以采用圆柱型锚固体;锚固于砂质土、硬粘土层并要求较高承载力的锚杆,可以采用端部扩大头型锚固体;锚固于淤泥质土层并要求较高承载力的锚杆,可以采用连续球体型锚固体。

3.锚杆的设计

(1) 设计步骤。

在进行土锚设计前,应进行场地调查及工程地质勘察。查明附近建筑物(基础构造、有无地下室、地下室的结构、形状)、地下公用设施(地铁、上下水管道、煤气管道等) 的位置、周围道路、河道等,以免在施工时发生意外事故。

① 确定基坑支护方案,根据基坑开挖深度和土的参数,确定锚杆的层数、间距、倾角等。

② 计算挡墙单位长度所受各层锚杆的水平力。

③ 根据锚杆的倾角、间距,计算锚杆轴力。

④ 计算锚杆锚固段长度。

⑤ 计算锚杆自由段长度。

⑥ 计算桩、墙与锚杆的整体稳定。

⑦ 计算锚杆锚索(粗钢筋或钢绞线) 的断面尺寸。

⑧ 计算锚杆腰梁断面尺寸。

⑨ 绘制锚杆施工图。

(2) 锚杆布置。

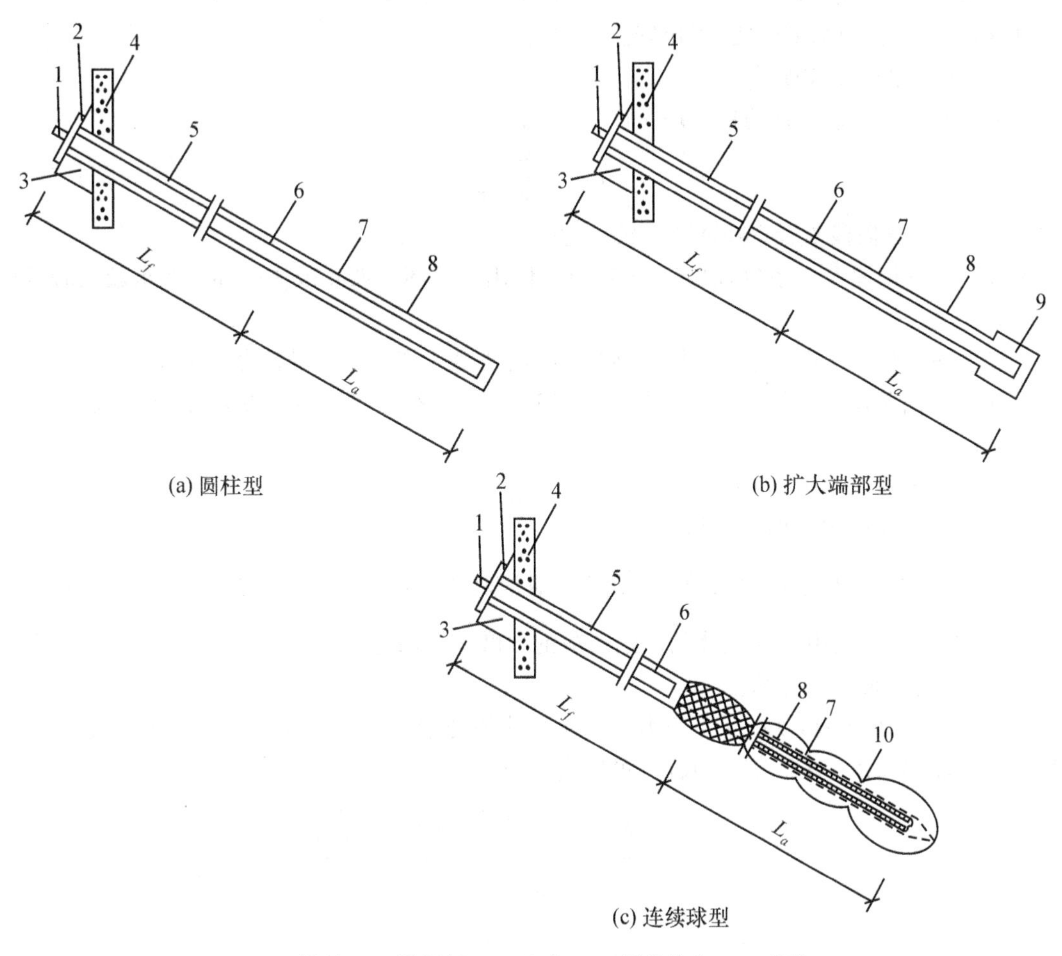


(a) 圆柱型

(b) 扩大端部型

(c) 连续球型

1— 锚具；2— 承压板；3— 台座；4— 围护结构；5— 钻孔

6— 注浆防腐处理；7— 预应力筋；8— 圆柱型锚固体

9— 端部扩大头；10— 连续球体；$L_f$— 自由段长度；$L_a$— 锚固段长度

图 6-7-11 锚固段的型式

① 锚杆层数。一般在基坑施工中，必须先挖到锚杆标高，然后进行锚杆施工，待锚杆预应力张拉后，方可挖下一层土。因此，多一层锚杆，就会增加一次施工循环。在可能情况下，以少设锚杆层数为好。

② 锚杆间距。锚杆间距大，增大锚杆承载力，间距过小易于产生群锚效应。

③ 倾角。倾角是锚杆与水平线的夹角，倾角与施工机械性能有关，与地层土质有关。一般来说，倾角大时，锚杆可以进入较好的土层，但垂直分力大，对支护桩及腰梁受力大，可能造成挡土结构和周围地基的沉降。一般采用的倾角在 15° ～ 35° 之间。

(3) 锚杆抗拔安全系数。

土层锚杆的抗拔安全系数是指土层锚杆的极限抗拔力与锚杆的设计允许荷载的比值。

我国土层锚杆技术已取得了丰富的实践经验，国家铁道部科学研究院根据土层原型拉拔试验提出当以现场试验的屈服拉力作为设计依据时，应采用不小于 1.5 的安全系数，若以极限拉力作为设计依据，临时性土锚采用 2.0，永久性土锚采用 2.5；同济大学对上海土层情况，根据土层锚杆的蠕变性能，提出安全系数为 1.54。

(4) 土锚锚固段长度的计算。

圆柱型水泥压浆锚杆的锚固段长度 $L_a$ 按下式计算

$$L_a = \frac{K_m N_t}{\pi d_m \tau} \tag{6-7-1}$$

式中：$d_m$—— 锚固段直径(m)，可以取钻头直径的 1.2 倍；

$K_m$—— 锚固安全系数，取 $K_m = 1.5$；当使用年限超过两年或周围环境要求较高时，可以取 $K_m = 2.0$；

$N_t$—— 土层锚杆设计轴向拉力(kN)，即按挡墙计算得到的锚拉力(kN)；

$\tau$—— 锚固体与土层之间的剪切强度(kPa)，可按各地积累的经验取用，或者按式 $\tau = c + \sigma\tan\delta$ 确定；

$c$—— 土体内聚力(kPa)；

$\sigma$—— 锚固段中点的上覆压力(kPa)；

$\delta$—— 锚固段与土体之间的摩擦角(°)，通常取 $\delta = \left(\frac{1}{3} \sim \frac{1}{2}\right)\varphi$。当采用二次压力注浆工艺时，取 $\delta = \varphi$，其中 $\varphi$ 为土体的固结块剪的内摩擦角峰值。

(5) 自由段长度的计算。

如图 6-7-12 所示，$O$ 点为土压力零点，$OE$ 为假想滑裂面，$\alpha$ 为锚杆 $AD$ 与水平线 $AC$ 夹角，$AB$ 为非锚固段(即自由段) 长度，可以由几何关系求得

$$AB = \frac{AO\tan\left(45° - \frac{\varphi}{2}\right)\sin\left(45° + \frac{\varphi}{2}\right)}{\sin\left(135° - \frac{\varphi}{2} - \alpha\right)} \tag{6-7-2}$$

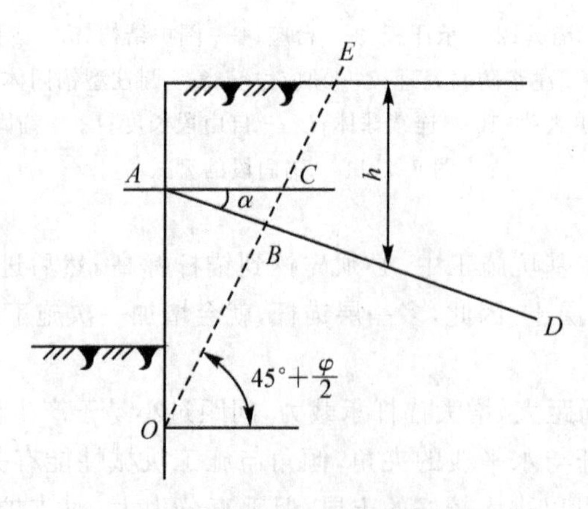


图 6-7-12 锚杆自由端长度计算简图

(6) 土层锚杆总长度的计算。

土层锚杆总长度可以按下式计算：

$$L_m = L_a + L_f \tag{6-7-3}$$

式中：$L_m$—— 锚杆(索)总长度(m)；

$L_a$—— 锚固段长度(m)，由式(6-7-1)计算确定；

$L_f$—— 自由变形段长度(m)应取超过滑裂面 0.5～1.0m 的长度，即按式(6-7-2)确定的 $AB$ 长度再加 0.5～1.0m。

(7) 锚杆(索)截面积计算。

土层锚杆(索)截面积可以按下式计算

$$A = \frac{K_{mj} N_t}{f_{ptk}} \tag{6-7-4}$$

式中：$A$—— 锚杆(索)的截面积($m^2$)；

$N_t$—— 土层锚杆(索)设计轴向拉力(kN)；

$f_{ptk}$—— 锚杆(索)材料的设计标准强度值(kPa)；

$K_{mj}$—— 安全系数，取 1.3。

(8) 锚杆整体稳定性计算。

1) 整体破坏模式。

锚杆抗拔力虽已有安全系数，但是挡土桩、墙、锚杆、土体组成的结构，有可能出现整体性破坏。一种是从桩脚向外推移，整个体系沿着一条假定的滑缝下滑，造成土体破坏，如图 6-7-13 所示；另一种是桩、墙，锚杆的共同作用超过土的安全范围，因而从桩脚处剪力面开始向墙拉结的方向形成一条深层滑缝，造成倾覆，如图 6-7-14 所示。

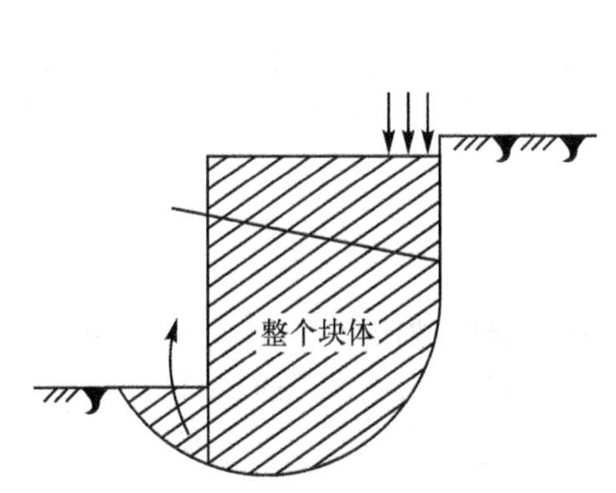


图 6-7-13　土体破坏下滑示意图

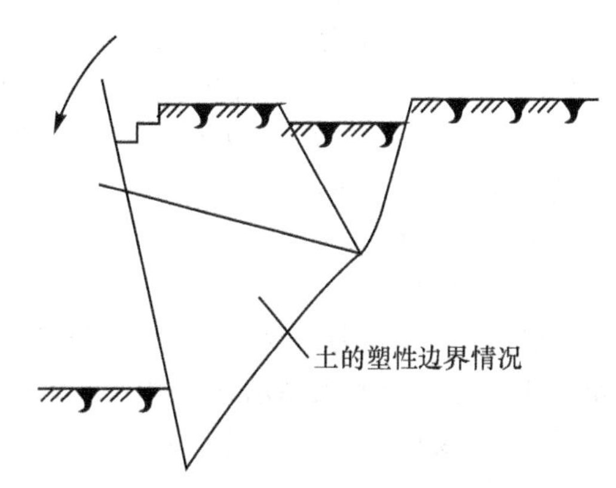


图 6-7-14　深层滑动破坏示意图

2) 稳定性验算。

土层锚杆围护墙整体稳定性验算，通常采用通过墙底土层的圆弧滑动面计算。

深层滑移稳定性验算，可以按德国学者克兰茨(E. Kranz)方法进行。对于单层锚杆围护墙的深层滑移稳定性验算如图 6-7-15 所示，采用作图分析法，具体步骤如下：

① 通过锚固段中点 $c$ 与围护墙的假想支承点 $b$ 连接一直线，再过 $c$ 点作竖直线交地面于 $d$ 点，确定土体稳定性验算的范围。

② 力系验算，包括土体自重及地面超载 $G$，围护墙主动土压力的合力 $F_a$，$cd$ 面上土体主动土压力以合力 $F_{ad}$，$bc$ 面上以合力 $F_{bc}$。

③ 作力多边形，求出力多边形以平衡力，即锚杆拉力 $R_{t\max}$。

④ 按下式计算深层滑移稳定性安全系数 $K_{ms}$

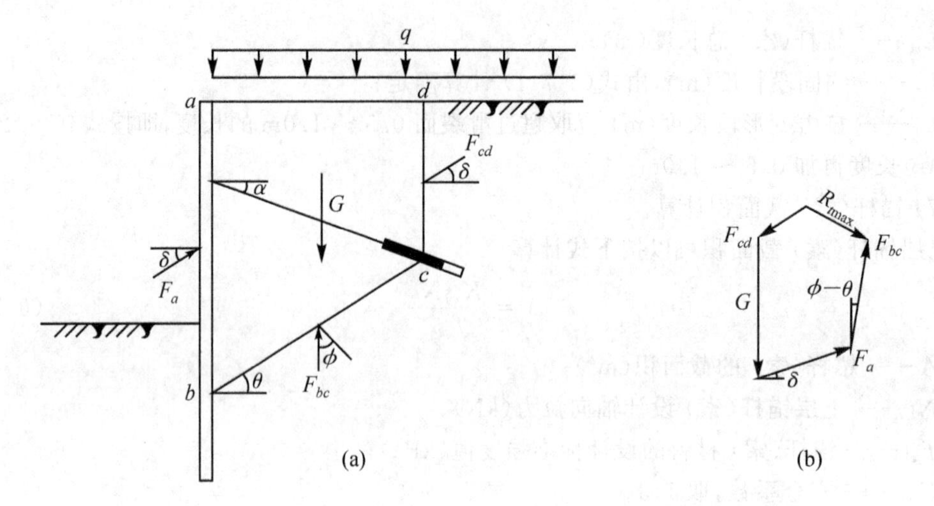


$G$— 滑动土体的重量(包括地面超载);$F_a$— 作用于围护墙上的主动土压力合力

$F_{cd}$— 作用于 $cd$ 面上的主动土压力合力;$F_{bc}$—$bc$ 面上的反力的合力

图 6-7-15 单层锚杆深层滑移稳定性验算示意图

$$\frac{R_{t\max}}{N_t} \geqslant K_{ms} \tag{6-7-5}$$

式中:$N_t$—— 土层锚杆设计轴向拉力(kN);

$K_{ms}$—— 深层滑移稳定安全系数,$K_{ms} = 1.2 \sim 1.5$。

二层及二层以上土层锚杆挡墙的稳定性,其验算方法与单层锚杆相同。所不同的是滑动楔体中,存在与锚杆排数相同的多个滑裂面,需对每一个滑裂面进行验算,确保每一个滑裂面都满足规定的安全度要求。

4. 土层锚杆的施工

(1) 施工工艺。

土层锚杆施工过程,包括钻孔、安放拉杆,灌浆和张拉锚固,如图 6-7-16 所示。在基坑开挖至锚杆埋设标高时,按图示施工顺序进行,然后循环进行第二层及以下的施工。

(2) 施工要点。

1) 钻孔。

土层锚杆的钻孔工艺,直接影响土层锚杆的承载能力、施工效率和整个支护工程的成本。

土层锚杆钻孔用的钻孔机械,有旋转式钻孔机、冲击式钻孔机和旋转冲击式钻孔机三类。

我国目前在土层锚杆钻孔工程中常用的钻孔机械,一部分是从国外引进的土层锚杆专用钻机,一部分是利用我国常用的地质钻机和工程钻机加以改装用来进行土层锚杆钻孔,如 XU—300 型、XU—600 型、XJ—100 型和 SH—30 型钻机等。

2) 锚拉杆的制作与安放。

作用于支护结构(钢板桩、地下连续墙等)上的荷载是通过拉杆传递给锚固体,再传递给锚固土层的。土层锚杆用的拉杆有:粗钢筋、钢丝束和钢绞线。当土层锚杆承载能力较小时,一般采用粗钢筋;当承载能力较大时,一般选用钢丝束和钢绞线。

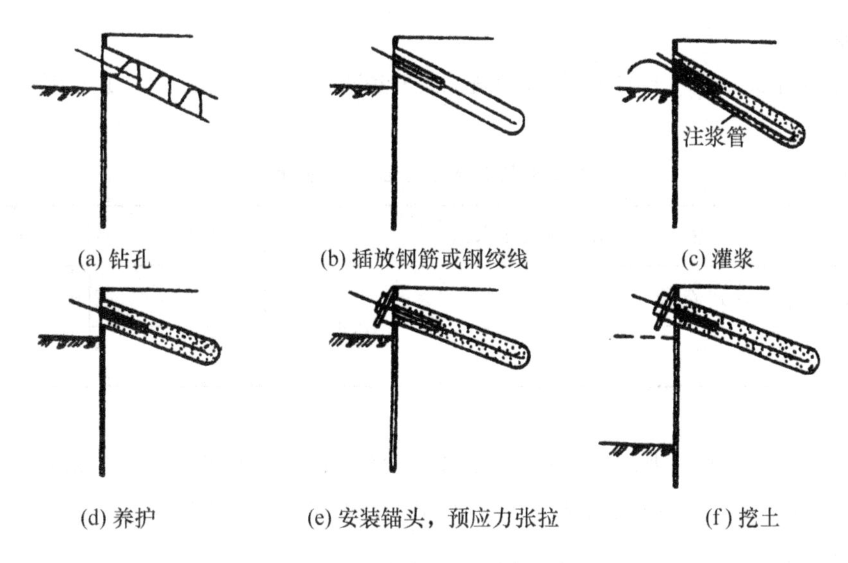


图 6-7-16　锚杆施工顺序示意图

制作锚拉杆需要用切断机、电焊机或对焊机等。

用粗钢筋制作锚拉杆时，若为了承受荷载需要采用的拉杆是两根以上组成的钢筋束，应将所需长度的拉杆点焊成束，间隔 2 ～ 3m 点焊一点。为了使拉杆钢筋能放置在钻孔的中心以便插入，可以在拉杆下部焊船形支架，间距 1.5 ～ 2.0m 一个。为了插入钻孔时不致于从孔壁带入大量的土体到孔底，可以在拉杆尾端放置圆形锚靴。

在孔口附近的拉杆应事先涂一层防锈漆并用两层沥青玻璃布包扎做好防锈层。

国内常用钢绞线锚索，一般钢绞线由 3、5、7、9 根成索。钢绞线的制作是通过分割器(隔离件) 组成，其距离为 1.0 ～ 1.5m，如图 6-7-17 所示。

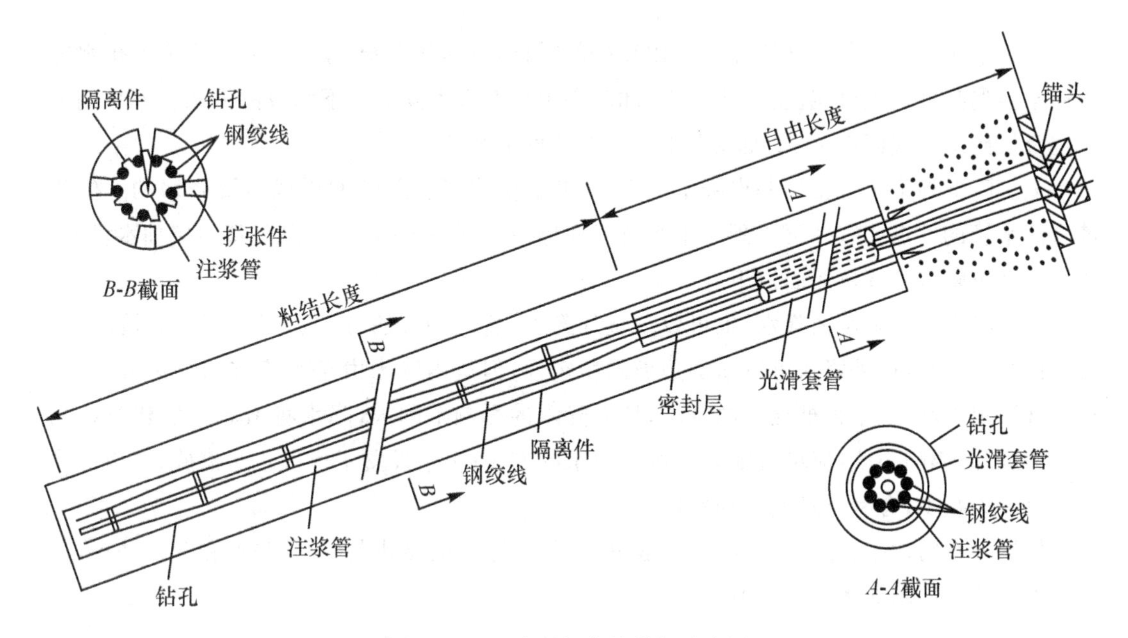


图 6-7-17　多股钢绞线锚杆示意图

3）灌浆。

灌浆材料用325号以上的水泥，浆液配合比（重量比），可以按表6-7-1采用。

**表6-7-1　土层锚杆注浆浆液配合比（重量比）**

| 注浆次序 | 浆液 | 425硅酸盐水泥 | 水 | 砂（$d<0.5$mm） | 早强剂 |
|---|---|---|---|---|---|
| 第一次 | 水泥砂浆 | 1 | 0.4 | 0.3 | 0.035 |
| 第二次 | 水泥浆 | | | — | |

锚固段注浆应分两次进行，第一次灌注水泥砂浆，第二次应在第一次注浆初凝后进行，压注纯水泥浆，注浆压力不大于上覆压力的2倍，也不大于8.0MPa。

4）预应力张拉。

当锚固体强度达到75％的水泥砂浆设计强度时，可以进行预应力张拉。

① 为避免相邻锚杆张拉的应力损失，可以采用"跳张法"即隔一拉一的方法。

② 正式张拉前，应取设计拉力的10％～20％，对锚杆预张1～2次，使各部位接触紧密，杆体与土层紧密，产生初剪。

③ 正式张拉应分级加载，每级加载后恒载3min记录其伸长值。张拉到设计荷载（不超过轴力），恒载10min，若再无变化可以锁定。

④ 锁定预应力以设计轴力的75％为宜。

## §6.8　地下水的控制

当地下水位较高基坑开挖深度又比较深的时候，采用浅基础基坑中所用的坑内排水方法通常会遇到许多困难，甚至无法施工，此时必须采取人工降低地下水位的方法将基坑内的水位降低到基坑底面以下，以便在无水干燥的条件下开挖。

人工降低地下水位常用井点降水的方法。井点降水是在基坑四周或需要降水的一侧将带有滤水管的井点或管井沉入到深于基坑底面标高以下一定的深度，以总管连接抽水设备，使地下水位降低到基坑底面以下0.5～1.0m。

井点降水可以是坑内降水，也可以是坑外降水，这两种方法分别适用于不同的情况，对放坡的基坑而言，坑外降水可以增加边坡的稳定性；但坑内降水由于水流方向与边坡一致，对边坡稳定不利；对于板桩支护的基坑，坑外降水的影响范围大，降水将引起相邻建筑物的不均匀沉降，影响环境，应尽可能采取坑内降水的方法；由于设置了板桩止水措施，坑内的涌水量也大为减少，有利于降低工程费用。

根据降水的设备特点，井点降水一般分为轻型井点、电渗井点、管井井点和深井井点，各类井点的适用范围如表6-8-1所示。

表 6-8-1　各类井点的适用范围

| 项次 | 井点类别 | 土层渗透系数(m/d) | 井点降水深度(m) |
|---|---|---|---|
| 1 | 单层轻型井点 | 0.1 ～ 50 | 3 ～ 6 |
| 2 | 多层轻型井点 | 0.1 ～ 50 | 6 ～ 12<br>取决于井点层数 |
| 3 | 喷射井点 | 0.1 ～ 2.0 | 8 ～ 20 |
| 4 | 电渗井点 | ＜0.1 | 取决于选用的井点 |
| 5 | 管井井点 | 20 ～ 200 | 3 ～ 5 |
| 6 | 深井井点 | 10 ～ 150 | ＞15 |

### 6.8.1　轻型井点

轻型井点按抽水机组类型分为干式真空泵井点、射流泵井点和隔膜泵井点三种，其配用功率、井点根数和集水总管长度如表 6-8-2 所示。

表 6-8-2　轻型井点选用参数

| 轻型井点类别 | 配用功率(kW) | 井点根数 | 总管长度 /m |
|---|---|---|---|
| 干式真空泵井点 | 18.5 ～ 22 | 80 ～ 100 | 96 ～ 120 |
| 射流泵井点 | 7.5 | 30 ～ 50 | 40 ～ 60 |
| 隔膜泵井点 | 3 | 50 | 60 |

1. 轻型井点系统的主要设备

轻型井点系统由井点管、连接管、集水总管和抽水设备等组成，如图 6-8-1 所示。

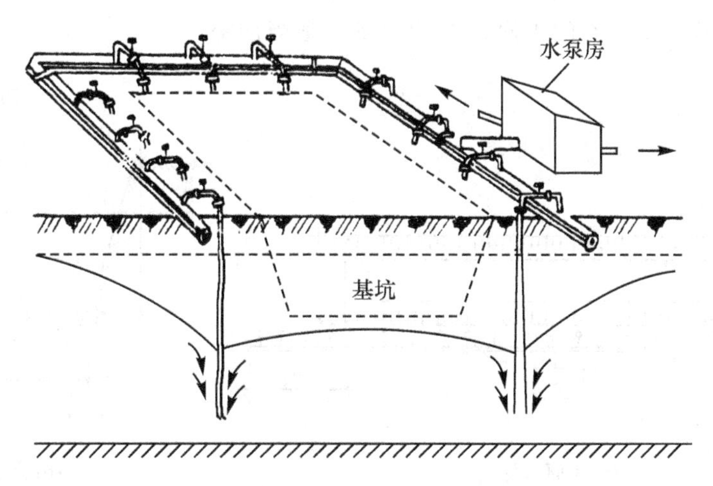


图 6-8-1　轻型井点降低地下水位全貌图

(1) 井点管是用直径为 38 ～ 55mm 的钢管做成，管的下端配有滤管和管尖。滤管的长度一般为 0.9 ～ 1.7m，管壁上按梅花形钻有直径为 12 ～ 18mm 的小孔，管壁外包两层滤网，内层为网眼 30 ～ 50 孔 /cm 的黄铜丝布、生丝布或尼龙丝布组成的细滤网，外层为用网眼 3 ～ 10 孔 /cm 的铁丝布、尼龙丝布或棕皮组成的粗滤网。为了避免淤塞滤孔，在滤网与钢管之间用螺旋状的铁丝隔开，滤网外再围一层 8 号粗铁丝的保护层。滤管下端放一个锥形的铸铁头。井点管的上端用弯管与总管连接。

(2) 连接管用塑料透明管、胶皮管或钢管制成，其直径为 38 ～ 55mm。每个连接管均应安装阀门，以便检修井点。

(3) 集水总管一般用直径为 75 ～ 100mm 的钢管分节连接，每节长 4m，一般每隔 0.8 ～ 1.6m 设一个连接井点管的接头。

(4) 真空泵轻型井点的抽水设备通常由真空泵、离心泵和气水分离器组成一套抽水机组。

(5) 射流泵轻型井点的抽水设备由离心泵、射流器和循环水箱组成。

2. 井点布置

井点的布置随基坑的平面形状、土质条件、地下水位、降水的技术要求等因素而异。

(1) 平面布置。

轻型井点系统的平面布置，主要取决于基坑的平面形状和要求降低水位的深度。应尽可能将要施工的建筑物基坑面积内各主要部分都包围在井点系统之内。开挖窄而长的沟槽时，可按线状井点布置。如沟槽宽度不大于 6m，且降水深度不超过 5m 时，可用单排线状井点，布置在地下水流的上游一侧，两端适当加以延伸，延伸宽度以不小于槽宽为宜，如图 6-8-2 所示。如开挖宽度大于 6m 或土质不良，则可以用双排线状井点。当基坑面积较大时宜采用环状井点，有时亦可布置成“U”形，以利挖土机和运土车辆出入基坑，如图 6-8-3 所示。井点管距离基坑壁一般可取 0.7 ～ 1m，以防局部漏气。井点管间距一般用 0.8 ～ 1.6m，由计算或经验确定。为了充分利用泵的抽水能力，集水总管标高宜尽量接近地下水位线，并沿抽水水流方向留有 0.25% ～ 0.5% 的土仰坡角，并在四角适当加密。

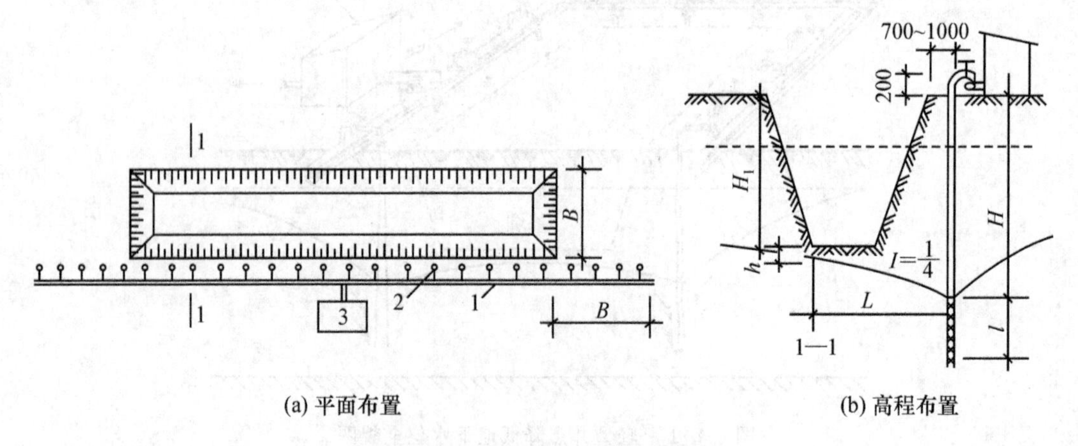


(a) 平面布置　　(b) 高程布置

1— 总管；2— 井点管；3— 抽水设备

图 6-8-2　单排线状井点的布置图

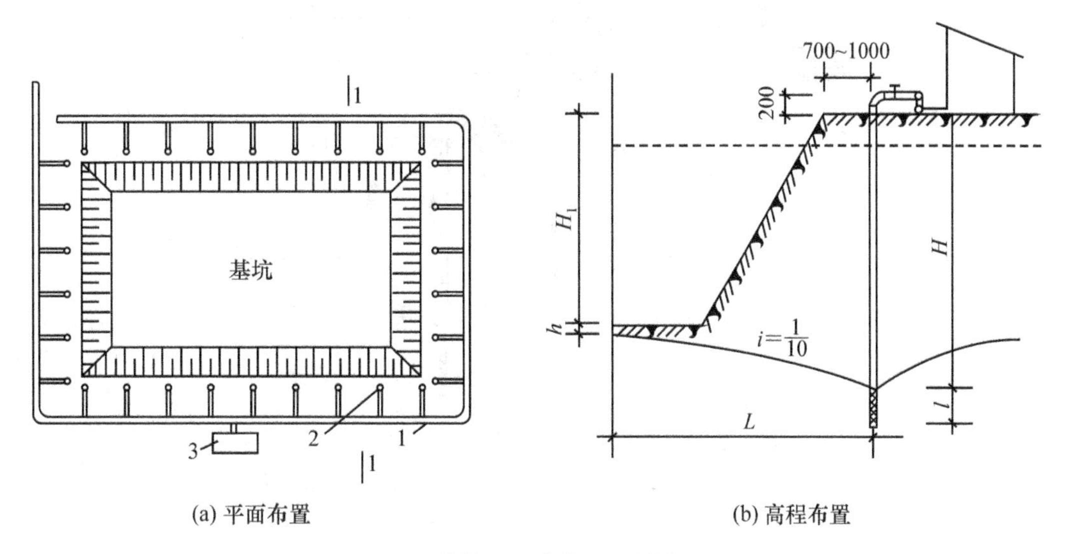


(a) 平面布置　　(b) 高程布置

1— 总管；2— 井管；3— 泵站

图 6-8-3　环状井点

(2) 高程布置。

轻型井点的降水深度，在管壁处一般可达 6 ～ 7m。井点管需要的埋设深度 $H$(不包括滤管)，可按下式计算(见图 6-8-3(b))：

$$H \geqslant H_1 + h + iL + l \tag{6-8-1}$$

式中：$H_1$—— 井点管埋设面至基坑底的距离(m)；

$h$—— 降低后的地下水位至基坑中心底的距离(m)，一般不应小于 0.5m；

$i$—— 地下水水力坡降，环状井点为 1/10，单排井点为$\frac{1}{5} \sim \frac{1}{4}$；

$L$—— 井点管至群井中心的水平距离(m)；

$l$—— 滤管长度(m)。

计算所得的井点管埋置深度还应再加滤管长度的一半作为实际使用深度。

根据式(6-8-1) 算出的 $H$，如果小于降水深度(6m) 时，则可用一级轻型井点；$H$ 值稍大于 6m 时，如果设法降低井点总管的埋设面后可满足降水要求，仍可采用一级井点。当一级井点系统达不到降水深度要求时，可采用二级井点，即先挖去第一级井点所疏干的土，然后在其底部装置二级井点，如图 6-8-4 所示。

3. 轻型井点设计计算

(1) 总涌水量 $Q$。

井点系统的计算是以水井理论为依据的。水井根据其井底是否达到不透水层分为完整井和非完整井，井底达到不透水层的称为完整井，否则为非完整井，如图 6-8-5 所示；根据地下水有无压力，水井又有承压井和无压井(潜水井) 之分，凡水井布置在两层不透水层之间充满水的含水层内，因地下水具有一定的压力，故称承压井；若水井布置在潜水层内，地下水无压力，该种井称为无压井，如图 6-8-5 所示。各种类型井的涌水量计算方法不同。

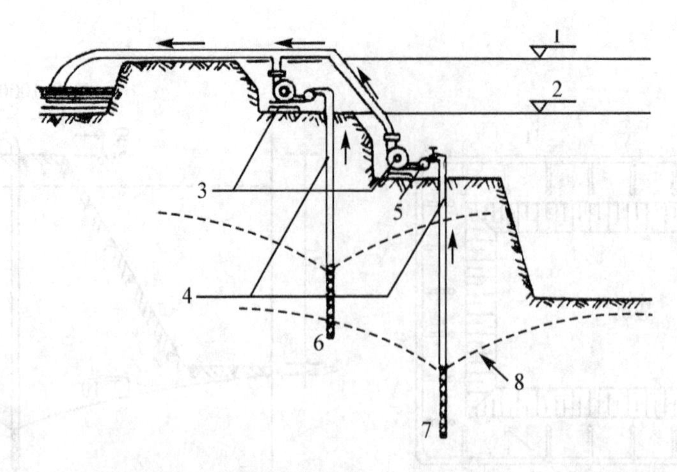


1— 原地面线；2— 原地下水位线；3— 抽水设备；4— 井点管；
5— 总管；6— 第一级井点；7— 第二级井点；8— 降低水位线

图 6-8-4 二级轻型井点降水

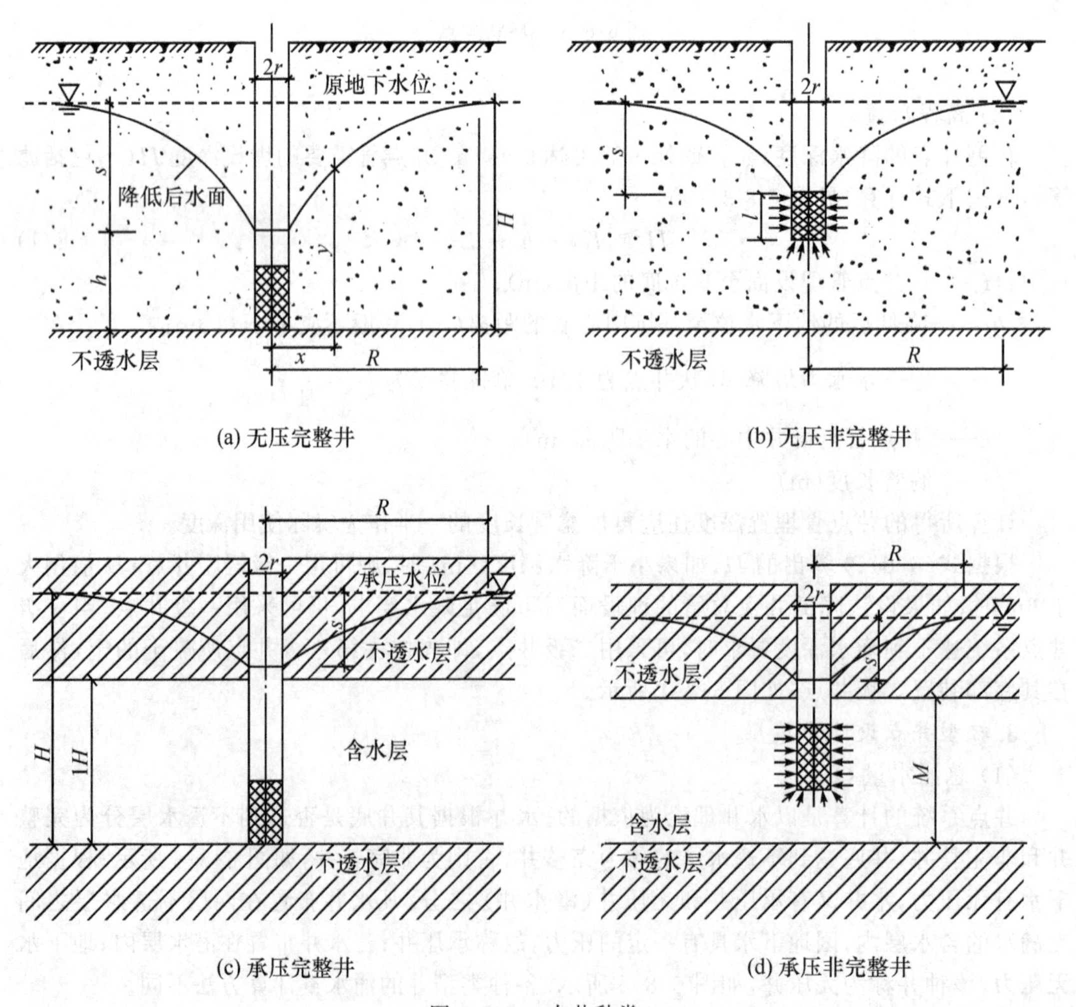


图 6-8-5 水井种类

工程中根据具体的地质条件、地下分布及基坑周边环境情况，选用以上介绍的相应井的类型计算涌水量。

(2) 单根井点管出水量 $q$

$$q = 120\pi rl\sqrt[3]{k} \tag{6-8-2}$$

式中：$r$—— 滤管半径(cm)；

$l$—— 滤管长度(cm)；

$k$—— 渗透系数(cm/s).

(3) 确定井点管数量 $n$

$$n = 1.1\frac{Q}{q} \tag{6-8-3}$$

式中：$Q$—— 总涌水量。

(4) 井点管间距 $D$

$$D = \frac{L}{n} \tag{6-8-4}$$

式中：$h$—— 总管长度。

求出的井点管距应大于15倍滤管直径，以防由于井管太密而影响抽水效果，并应尽可能符合总管接头的间距模数(0.8m、1.2m、1.6m等)。

当计算出的井管间距与总管接头间距模数值相差较大(处于两种间距模数中间)时，可在施工时采用"跳隔接管，均匀布置"的方法，即间隔几个接头跳空一个，但井点管仍然均匀布置，如图6-8-6所示。

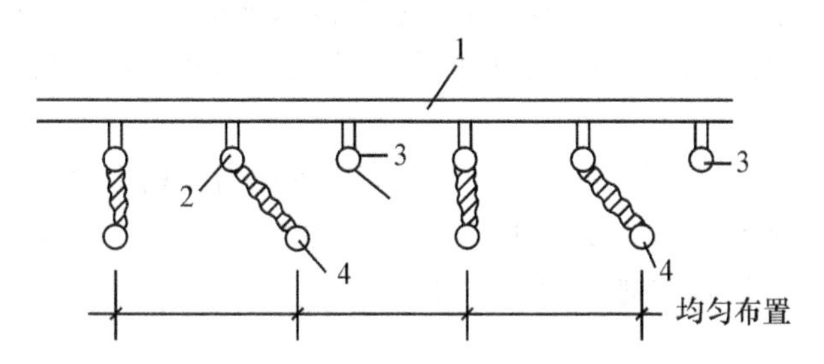


1— 总管；2— 接头；3— 跳空的接头；4— 井点管(均匀布置)

图6-8-6　总管与井点管布置示意图

(5) 复核。

确定井点管及总管的布置后，可以进行基坑降水水位的计算，以复核其降深能否满足降水设计要求。

若计算出的降深不能满足降水设计要求，则应重新调整井数及井点布置方式。

当井点降水出水能力大于基坑涌水量的一倍以上时，可以不进行基坑降水水位计算。

(6) 选择抽水设备。

定型的轻型井点设备配有相应的真空泵、水泵和动力机组。

真空泵的规格主要根据所需要的总管长度、井点管根数及降水深度而定，水泵的流量主要根据基坑井点系统涌水量而定。所需水泵功率可以用下式计算

$$N=\frac{kQH_s}{102\cdot\eta_1\eta_2} \tag{6-8-5}$$

式中：$N$—— 水泵所需功率；

$k$—— 安全系数，一般取 2.0；

$H_s$—— 包括扬水、吸水及各种阻力所造成的水头损失在内的总高度；

$\eta_1$—— 水泵效率，一般取 0.4 ～ 0.5；

$\eta_2$—— 动力机械效率，取 0.75 ～ 0.85。

4.轻型井点的施工

(1) 井点系统的埋设。

1) 井点管沉没。

根据设备条件和土质条件选用以下方法埋设井点：

① 射水法　利用井点管端部的球阀装置，沉管时球阀开放，水向下冲射，冲刷土层，井点管随之下沉，直至设计标高，抽水时球阀自动关闭。射水压力一般为 0.4 ～ 0.6MPa(在砂土中为 0.4 ～ 0.5MPa，粘性土中为 0.5 ～ 0.6MPa)，当为粗粒砂时，应为 0.9 ～ 1.0MPa。冲孔直径应不小于 300mm，冲孔深度应比滤管底深 0.5m 左右，以利沉泥，井点管与孔壁间及时用洁净粗砂灌实。灌砂时管内水位应同时上升，否则可以注水于管内，水如很快下降，则认为埋管合格。良好的砂井是保证井点质量的关键。

② 冲孔或钻孔法　用直径 50 ～ 70mm 的冲水管或套管式高压水冲枪冲孔，或用机械、人工钻孔后再埋设井点管。孔径一般为 300 ～ 400mm，深度比滤管深 0.5 ～ 1.0m。冲孔的水压力一般为 0.6 ～ 1.2MPa。灌砂的要求与射水法相同。

③ 套管法　用直径 150 ～ 200mm 的套管，借助水冲法或振动水冲法下沉至设计深度后，先在孔底填一层砂砾，然后将井点管居中插入，在套管与井点管之间分层填入粗砂，并逐步拔出套管。

所有井点管在地面以下 0.5 ～ 1.0m 的深度范围内应当用粘土填实以防止漏气。井点埋设完毕，接通总管与抽水设备进行试抽水，检查是否漏水、漏气，出水是否正常，有无淤塞等现象，如有异常情况，应检查、修理好以后方可使用。

2) 井点的使用。

在使用井点管降水的过程中，应保证连续不断地抽水。因为一旦停止抽水，若地下水回灌，将会造成事故，故必须准备两路电源。正常出水规律应当是“先大后小”，“先混后清”。若不出水，或水一直浑浊，或出现清后又浑等情况，应立即检查纠正。真空度是判断井点系统工作是否良好的标志，应经常观察，一般应不低于55.3 ～ 66.7kPa，如真空度不够，通常是由于管路漏气，应及时修理。井点管淤塞可以通过简便方法进行检查，如听管内水流声，手扶管壁检查是否振动，夏冬时期可手摸管子冷热、潮干等。如井点淤塞过多，严重影响降水效果时，应逐个用高压水反复冲洗井点管或拔出重新埋设。

在坑外降水过程中，应注意降水对相邻建筑物的影响。由于地下水位降低以后，土层的有效应力增大，产生附加的沉降，这种不均匀的沉降使建筑物产生倾斜、开裂等事故。应对邻近建筑物进行沉降观测，如发现不均匀沉降过大，可立即采取必要的工程技术措施，如回灌、纠偏等。

(2) 井点运转与监测。

① 井点运转管理。

真空度是判断井点系统是否良好的尺度，应通过真空表经常观测，一般真空度应不低于55.3kPa～66.7kPa。如真空度不够，通常是由于管路漏气，应及时修复。

除测定真空度外，还可通过听、摸、看等方法检查。

② 井点监测。

监测项目为：流量观测、地下水位观测、孔隙水压力观测、沉降观测。

(3) 井点拆除。

地下室或地下结构物竣工后并将基坑进行回填后，方可拆除井点系统。拔出井点管后，所留孔洞用砂或土填塞密实。

### 6.8.2　喷射井点

喷射井点的降水深度可以达 8～20m。当基坑开挖深度比较深，降水深度大于6m时，采用轻型井点便不能满足要求，若采用二级或多级轻型井点则需要增加机具设备，增加开挖土方量，对工期和造价都是不利的。此时适宜于采用喷射井点，在渗透系数为 3～50m/d 的砂土中最为有效，在渗透系数为 0.1～3m/d 的粉砂、淤泥质土中也有显著效果，如图 6-8-7 所示。

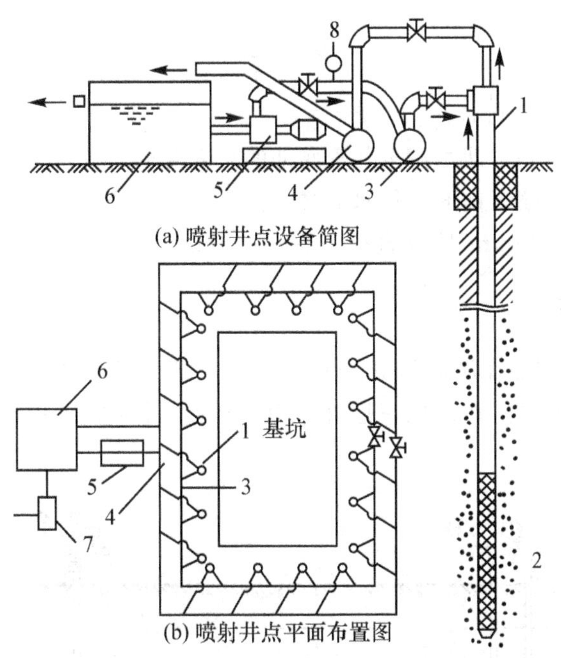


1— 喷射井管；2— 滤管；3— 供水总管；4— 排水总管；
5— 高压离心水泵；6— 水池；7— 排水泵；8— 压力表

图 6-8-7　喷射井点布置图

1. 喷射井点设备

根据其工作时使用液体或气体的不同，分为喷水井点和喷气井点两种。喷射井点管由内管和外管两部分组成，内管下端装有喷射器，并与滤管相接。喷射器由喷嘴、混合管、扩散管组成。喷射井点工作时，用高压水泵将0.7～0.8MPa的高压水经过总管进入各井点管，在井点管中由内、外管之间的环形间隙自下而上进入喷嘴；由于喷嘴处截面突然缩小，高压水的流速突然增大，以高速进入混合管，在混合管内压力突然降低，形成瞬时真空；在真空吸力作用下，地下水经滤管进入混合管，与高压水混合后进入扩散管；由于扩散管的截面顺着水流逐渐扩大，水的流速减小，水的压力相应逐渐增高，强迫地下水沿着井管上升到循环水箱。其中一部分水重新由高压水泵压入井点管作为工作水，其余用低压水排走。如此循环作业，将地下水不断地从井点管中抽走，使地下水位不断下降，达到设计要求。

为了防止突然停电时的倒流现象，在滤管的芯管下端设置一个逆止球阀，水只能单向自下而上地抽走，而工作水不能自上而下地进入土层。

高压水泵一般采用流量为 50 ～ 80$m^3$/h 的多级高压水泵，每套能带动 20 ～ 30 根井点管。

2.喷射井点的布置

喷射井点的布置与轻型井点基本相同。喷射井点管的间距一般为 2 ～ 3m，冲孔直径为400 ～ 600mm，孔深应比滤管底深 1m 以上。

3.喷射井点计算

喷射井点的涌水量、井点管根数及间距的计算均与轻型井点相同。水泵工作水需用压力按下式计算

$$P = \frac{P_0}{\alpha} \tag{6-8-6}$$

式中：$P$—— 水泵工作压力(m)；

$P_0$—— 扬水高度(m)，即水箱至井管底部的总高度；

$\alpha$—— 扬水高度与喷嘴前面工作水头之比。

混合管直径一般取 14mm，喷嘴直径一般取 6.5mm。

### 6.8.3　电渗井点

在饱和粘土中，特别是在淤泥和淤泥质粘土中，由于土的渗透性差，其渗透系数一般小于 0.1m/d，采用重力或真空作用的一般井点效果很差，此时宜采用电渗井点法降水，如图6-8-8 所示。

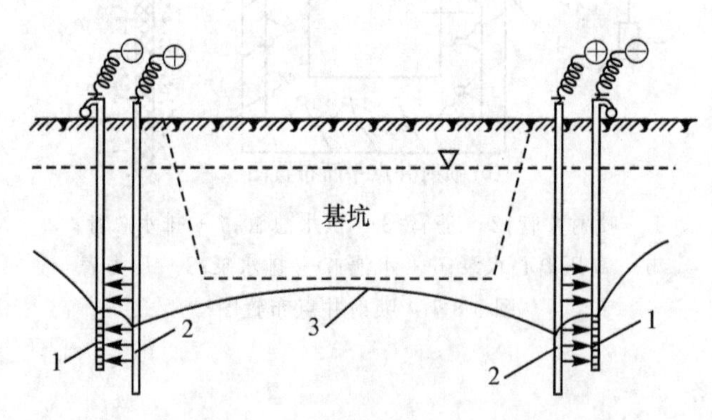


1— 井点管；2— 金属棒；3— 地下水降落曲线

图 6-8-8　电渗井点示意图

由于土颗粒的带电性和土中水的极性，粘土具有电渗和电泳特性。在电场作用下，带正电的水化离子从阳极向阴极转移的现象称为电渗；带负电的粘土颗粒从阴极向阳极转移的现象称为电泳。利用粘土的这一特性，可将井点管作为阴极，布置在基坑的外围，采用套管冲枪成孔埋设；以钢管（直径 50 ～ 70mm）或钢筋（直径 25mm 以上）作阳极，埋设在井点管的内侧。阳极的埋设应垂直，外露在地面约 20 ～ 40cm，其入土深度应比井点管深 50cm，以保证水位能降低到所要求的深度。阳极和阴极的间距一般为 0.8 ～ 1.0m（采用轻型井点时）或 1.2 ～ 1.5m（采用喷射井点时），并成平行交错排列。埋设时应严禁阴极与阳极相碰，阳极和阴极的数量宜相等，必要时阳极可多于阴极。采用直流发电机（通常采用 9.6 ～ 55kW 直流电焊机代替）与阴极和阳极连接成通路。

电渗井点工作时，在电压比降作用下，土中孔隙水向阴极方向集中，产生电渗效应，在电渗和真空双重作用下，强制粘土中的水在井点管附近聚集，由井点管快速排出，达到降水的目的。通电时，电压不宜大于 65V，土中的电流密度宜为 0.5 ～ 1.0A/m²。

避免电流从土层表面通过，应将地面的导电物处理干净，有条件时在阴极和阳极之间的地面涂以一层沥青绝缘。为了消除电解质作用产生的气体附在电极附近，使土体电阻增大，应采用间歇停电的方法。即通电一昼夜后，停电 2 ～ 3h 再通电。

直流电焊机的功率由下式计算

$$P = \frac{UJF}{1000} \tag{6-8-7}$$

式中：$P$—— 电焊机功率（kW）；

$U$—— 电渗电压，一般为 45 ～ 65V；

$J$—— 电流密度，宜为 0.5 ～ 1.0A/m²；

$F$—— 电渗面积（m²），$F = H \times L$；

$H$—— 导电深度（m）；

$L$—— 井点周长（m）。

### 6.8.4　管井井点

管井井点适用于土的渗透系数大、地下水丰富的土层。管井井点系统的主要设备由滤水井管、吸水管和水泵组成。滤水井管的井管用直径 200mm 以上的钢管或其他竹、木、混凝土、塑料等材料制成。过滤部分可以用钢筋焊接成骨架，外缠镀锌铁丝，并包孔眼为 1 ～ 2mm 的滤网，长 2 ～ 3m。吸水管可用直径 50 ～ 100mm 的胶皮管或钢管，其底部装有逆止阀，吸水管插入滤水井管中，沉入抽水时的最低水位以下，其长度应大于抽水机抽吸高度。水泵采用离心式水泵，一般每个井管装置一台。如水泵排水量远大于单井涌水量，也可设置集水总管，共用一台水泵。

### 6.8.5　深井井点

深井井点适用于涌水量大、降水较深的土层中。深井井点系统的设备包括井管和水泵，井管用钢管、塑料管或混凝土管制成，管径一般为 300mm，井管内径一般应大于水泵外径 50mm。井管下部过滤部分带孔，外面包裹两层 10 孔 /cm² 镀锌铁丝及 41 孔 /cm² 镀锌铁丝或尼龙网。水泵用型号 QY-25 型或 QJ50-52 型油浸式潜水电泵或深井泵。深井井点系统总涌水量也可按无压完整井环形井点系统公式计算。一般沿工程周围，每隔 15 ～ 30m 设一个深井井点。

深井的成孔方法可以根据土质条件和孔深要求，采用冲击钻孔、回转钻孔、潜水电钻钻孔或水冲法成孔，孔径应比井管直径大 300mm 以上，钻孔深度根据抽水期间可能沉积的高度适当加深。

## 习　题　6

[6-1] 围护结构的主要类型有哪些？各有什么特点？

[6-2] 支撑体系的形式和特点是什么？

[6-3] 搅拌桩挡墙围护的验算包括哪些内容？各有什么要求？

[6-4] 柱列式挡墙的验算包括哪些内容？各要满足什么条件？

[6-5] 试简述土层锚杆的设计计算方法。

[6-6] 试简述轻型井点的设计计算方法。

[6-7] 试简述各类井点的适用范围及井点降水的类型。

# 第 7 章　托换技术

## § 7.1　概　述

### 7.1.1　概述

托换技术(或称为基础托换)是指解决原有建筑物的地基需要处理,基础需要加固或改建的问题的技术;也是处理原有建筑物基础下需要修建地下工程以及邻近建造新工程而影响到原有建筑的安全等问题的技术总称。

已有建筑物的原有基础不符合要求,而需增加该基础的深度或原有基础加宽的托换,称为补救性托换。

由于邻近要修筑较深的新建筑物基础,因而需将已有建筑物的基础加深或扩大的托换,称为预防性托换。

在平行于已有建筑物基础的旁边,修筑比较深的板桩墙、树根桩或地下连续墙等的方法,称为侧向托换。

有时在建筑物基础下,设计时预先设置好顶升的措施,以适应预估地基沉降的需要,称为维持性托换。

另外,"建筑物的迁移",国外认为它是托换技术的另一种型式。

### 7.1.2　补救性托换的原因

补救性托换的原因有:

(1) 地基承受过大荷载;

(2) 地基勘察工作不当;

(3) 荷载偏心;

(4) 邻近开挖所引起结构物的沉降;

(5) 打桩的振动引起疏松土的固结;

(6) 忽略了放置在建筑物底层的荷载,而造成了地板的沉降;

(7) 树木使结构物附近土中的水分迁移,而造成下沉;

(8) 抽取地下水;

(9) 桩没有打至合适的深度。桩只打入至阻力达到打桩公式所确定的数值的土层,而未考虑到桩尖持力层下有软土层,于是建筑物建成后,软土层压缩产生沉降;

(10) 由于地下水的降低而使土桩腐烂;

(11) 由于化学或电解作用使钢桩锈蚀;

(12) 过分强力的打桩；

(13) 桩的设置不当，桩壳破坏，灌注到桩中的混凝土有缺陷；

(14) 由于填土下沉引起负摩阻力，对桩产生下拉荷载。

### 7.1.3 托换工程施工流程

托换技术一般可以分为两个阶段进行：

1. 采取适当而稳妥的方法，支托住原有建筑物的全部和部分荷载。

2. 根据工程需要对原有建筑物的地基和基础进行加固，改建或在原有建筑物下，进行其他地下工程的施工。

一般每一项托换技术是按图 7-1-1 的顺序进行的。

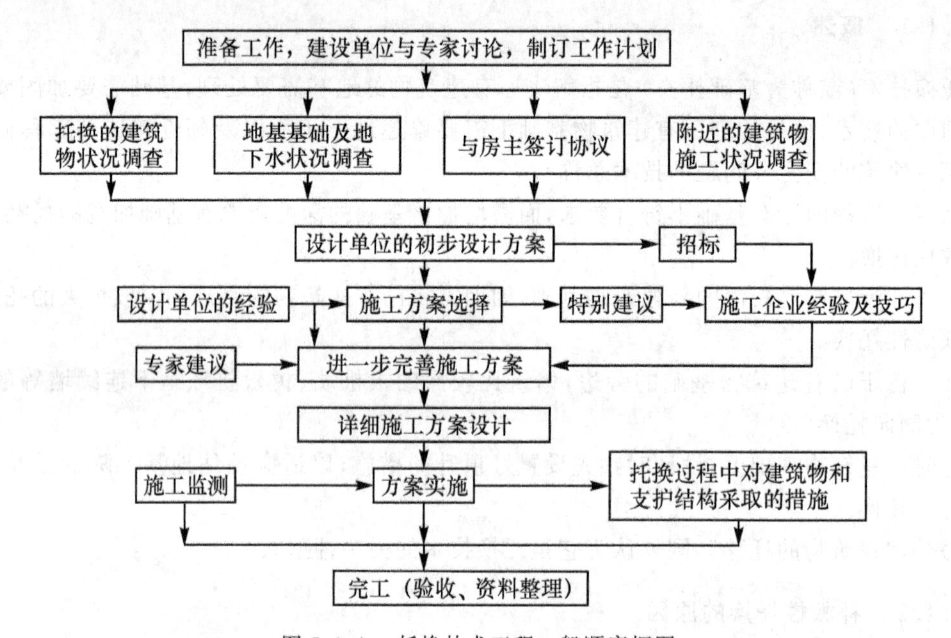


图 7-1-1　托换技术工程一般顺序框图

通常在制定托换技术方案前，应进行周密的调查研究。首先应搜集下列资料：

(1) 现场的工程地质和水文地质条件；

(2) 被托换建筑物的结构、构造和受力特性，以及沉降和破损情况的原因分析；

(3) 施工期内季节性温度变化、对基坑排水和支撑等的影响。

设计时应极为慎重，每一项托换技术的情况都是不一样的，因而一定要根据具体条件确定最佳方案。

**【本章主要学习目的】**学习完本章后，读者应能做到：

1. 了解什么叫基础托换及托换技术工程的一般顺序；

2. 了解托换技术分类，及坑式托换、桩式托换、特殊托换、建筑物迁移的基本原理；

3. 明了树根桩、锚杆静压桩的设计计算方法；

4. 明了综合托换的重要性。

## §7.2　坑式托换

坑式托换是直接在被托换建筑物的基础下挖坑后浇筑混凝土的托换加固方法，也称墩式托换。

如图7-2-1所示，坑式托换的施工步骤为：

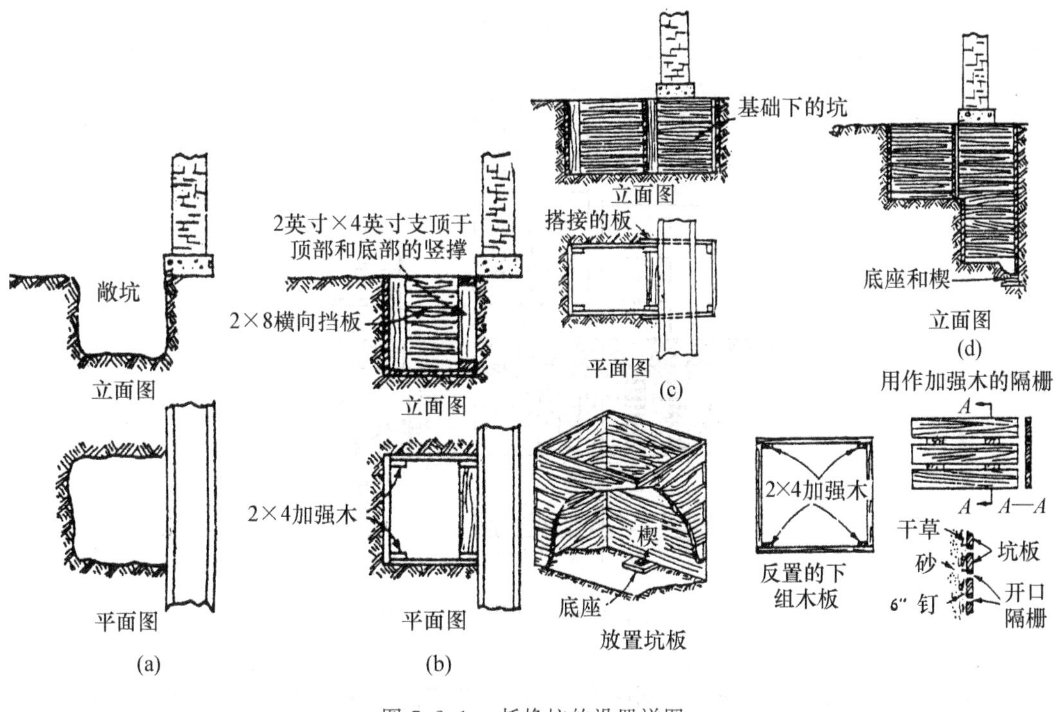


图7-2-1　托换坑的设置详图

(1) 在贴近被托换的基础前面，开挖一个长×宽为1.2m×0.9m的导坑，挖到比原有基础底面下再深1.5m处。

(2) 然后，再将导坑横向扩展到直接的基础下面，并继续在基础下面开挖到要求的持力层标高。

(3) 继后，采用现浇混凝土浇筑已被开挖出来的基础下的挖坑体积，但在距离原有基础底面8cm处停止浇筑，养护一天后，再将水泥砂浆放进8cm的空隙内，并用铁锤锤击短木，使砂浆在填塞位置充分捣实(称为干填)，成为密实的填充层。由于该填充层厚度较小，实际上可以视为不收缩层，因而建筑物不会因此而产生附加沉降。如采用早强水泥，则可以加快施工速度。

(4) 同样，再分段分批地挖坑和修筑墩子，直至全部托换基础的工作完成为止。

对许多大型建筑物进行托换基础时，由于墙身内应力的重分布，有可能在要求托换的基础下直接开挖小坑，而不需在原有基础下加临时支撑，亦即在托换支承构件设置之前，局部基础下短时间内是没有支承的，在工程施工过程中短时间内被认为是容许的。

在开挖过程中，所有坑壁都应用5cm×20cm的横向挡板，由于土的拱作用，使作用在挡板上的荷载大为减少，且土压力的数值将不随深度而增加。因此，5cm厚的横向挡板也可以适用于深坑的支挡，并可以边挖边建立支撑。横向挡板之间还可以相互顶紧，再在坑角处用5cm×10cm的嵌条钉牢。

如图7-2-2所示，混凝土墩可以是间断的或连续的(图7-2-2)，主要是取决于被托换加固结构物的荷载和墩下地基土的承载力。间断墩应以满足建筑物荷载条件对坑底土层的地基承载力的要求。当间断墩的底面积不能对建筑物提供足够的支承时，则可以设置连续墩式基础。

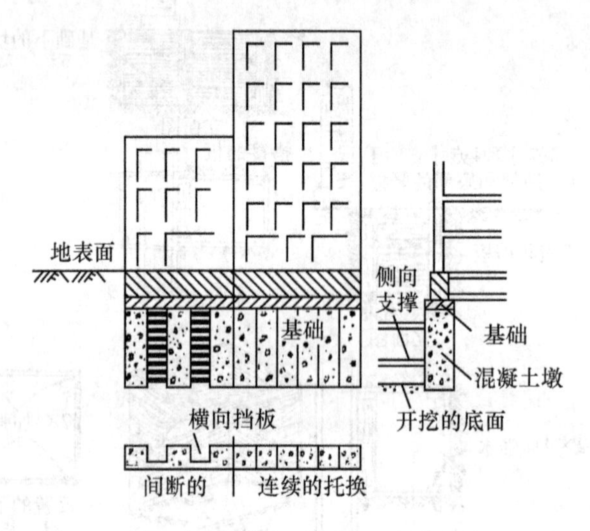


图7-2-2　间断的和连续的混凝土墩式托换示意图

连续墩基础施工时应首先设置间断墩以提供临时支承。当开挖间断墩之间的土时，可以先将坑侧板拆除，再在挖掉墩间土的坑内灌注混凝土，同样再进行干填砂浆后就形成了连续的混凝土墩式基础。由于拆除了坑侧板后坑的侧面很粗糙，可以起楔键的作用，故坑之间不需另作楔键。

如果间断的或连续的墩式基础都不能提供足够的承载力，则在坑底最下部的1m左右处加以扩大断面，借以获得较大的承载力。此时，地基土质应是较好的粘性土，不然修筑扩大头是有困难的。

若基础墙为承重的砖石砌体或钢筋混凝土基础梁，对间断的墩式基础而言，则该墙可以从这一墩跨越至另一墩。如发现原有基础的结构构件的抗弯强度不足以在间断的墩之间跨越，则有必要在坑之间设置过梁以支承基础。此时在间隔墩的坑边作一凹槽，这一凹槽可以作为从这一墩跨越至另一墩的钢筋混凝土梁(或钢梁和混凝土梁)的支座，并在原来的基础底面下进行干填，如图7-2-3所示。

对大的柱基用坑式托换，可以将柱基面积划分成好几个单坑进行逐坑托换，单坑尺寸视基础尺寸大小而异。但对托换柱子而不加临时支撑的情况，通常一次托换不宜超过基础支承面积的20%。这样做是完全有可能的，因为建筑物的活载实际上并不都存在，所以设计荷载一般都是保守的。由于柱子的中心处荷载最为集中，这就有可能首先从角端处开挖托换的

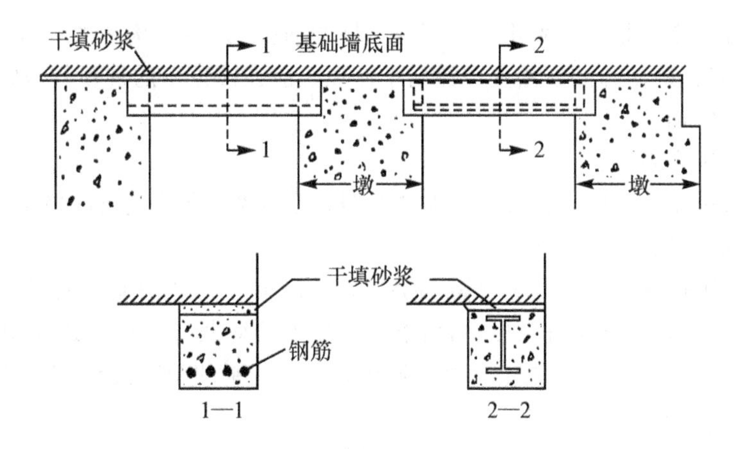


图 7-2-3 托换坑之间的过梁类型示意图

墩。在框架结构中，上部各层的柱子荷载可以传递给相邻柱子，所以理论上的荷载不会全部作用在被托换的基础上，因而决不要在相邻柱基上同时进行托换工作。尤其需要注意，一旦在一根柱子处开始托换工作后，就要不间断地进行到施工结束为止。

混凝土墩式基础是用于支承上部结构荷载的，但在基础施工过程中，墩式基础内外两侧土体的高差形成的土压力，可能足以使基础产生侧向移动，故需提供类似挖土时的横撑或对角撑，这种支撑是非常重要的，因为墩式基础不能承受水平荷载，墩式基础的侧向移动将会导致建筑物的严重开裂。

如果在混凝土墩式基础修筑后，预计附近会有打桩或开挖深坑，则在混凝土敦式基础施工时，可以预留安装千斤顶的凹槽，使今后有可能安装千斤顶来支承建筑物，从而调整不均匀沉降。设置千斤顶凹槽所费无几，但一旦被托换的基础在上述原因下发生不均匀沉降时，凹槽所发挥的作用就很大了。

墩式基础托换适用于地下水位较低的情况，不然施工时会发生邻近土的流失。当地下水位较高时应采取相应施工技术措施，或改用其他的托换方法。

## §7.3 桩式托换

桩式托换的内容，应包括所有采用桩基的型式进行托换的一切方法。因而其内容十分广泛，本节着重介绍预试桩、压入桩、打入桩、灌注桩、灰土桩、树根桩、锚杆静压桩、石灰桩和石灰砂桩等托换的内容。

### 7.3.1 预试桩及压入桩托换

坑式托换的缺点是难以解决在地下水位以下开挖会产生土的流失问题，尤其是通过细颗粒的饱和土层时施工将更为困难，而预试桩的优点之一，就是能在水下或地下水位较高的情况下施工。

预试桩托换是由美国 White 和 Prentis 在纽约市修建威廉街地下铁道时所发明的。并于 1917 年这项技术取得专利。

预试桩的设计意图是在于阻止千斤顶压入桩的回弹，并将结构物的荷载传递至桩上而又不发生沉降。阻止桩回弹的方法是在撤出千斤顶之前在被顶压的桩顶与基础底面之间，加进一个楔紧的工字钢柱。

预试桩的施工步骤是：

(1) 在柱基和墙基下要求仔细开挖和支护导坑的坑壁，有关挖坑的施工方法如同上节坑式托换所述的一样。

(2) 根据设计的桩所需承受的荷载，使用 30 ～ 45cm 直径的开口钢管，用设置在基础底面下的液压千斤顶，将钢管压进土层中，而滚压千斤顶的荷载反力即为建筑物的重量，钢管可以截成约 1.2m 长的若干段，在钢管之间连接处设置特制的套筒接头。当桩很长或土中有障碍物时，这些接头才需焊接。

(3) 当桩身顶入土中时，每隔一定时间可以根据土质的不同，用合适的取土工具把土取出。也可以用射水和吸泥办法来挖除桩管中的土，但使用时应极为小心，以免使坑周的土软化，且不应在低于管端处射水，以免使土流失。若遇漂石，必须用锤来破碎或用冲击钻头钻除，而决不应进行爆破。

预试桩经交替顶进、清孔和接高后，直至桩尖到达预期深度为止。桩尖应进入能够提供所需承载力的土层中，因为预试桩基本上是属于端承桩，而所决定的单桩承载力并不考虑表面摩阻力。若在被托换建筑物的邻近将有新开挖的基坑，桩尖应在新建筑物的基底下具有足够的深度，以免受新基础的基坑开挖的扰动。

(4) 当桩已达到要求的深度，并已清孔到管底时，若管中无水，便可以在管中直接灌注混凝土。若管中有水，则管底可以用一个“砂浆塞”加以封闭，待砂浆结硬后再将管中的水抽干，并把钢管接长到距离基础底面以下的钢板不到 60cm 处才灌注混凝土。

(5) 桩的预试(或预压) 工作是在混凝土结硬后才可以进行，一般用两个并排设置的液压千斤顶放在基础底和钢管顶之间，如图 7-3-1 所示，两个千斤顶之间要有足够的空位，以便将来安放楔紧的工字钢柱。

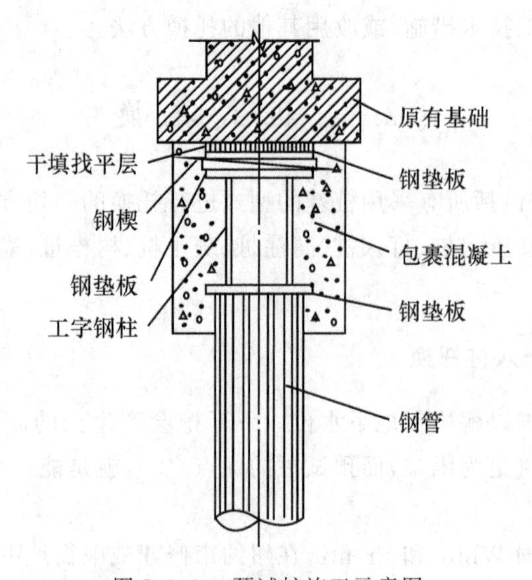


图 7-3-1 预试桩施工示意图

液压千斤顶可以由小液压泵或手摇驱动，荷载应施加到桩的设计荷载的150%为止。在荷载保持不变的情况下，一小时内沉降不再增加时才被认为是稳定的。然后，再截取一段工字钢竖放在两个千斤顶之间，再将铁锤打紧钢楔。相关经验表明，只要转移10%～15%的荷载，就可以有效地对桩进行预压(可以从千斤顶的压力表中的压力降低而显示出来)，从而阻止桩的回弹，亦即使千斤顶停止工作，并将千斤顶取出。然后采用干填法或在压力不大的情况下将混凝土灌注到基础底面，再将桩顶和工字钢用混凝土包起来，此时施工才告结束。

由于通常施加在预试桩上的荷载很大，所以大型柱基需用多根预试桩进行托换以承受柱荷载。施工时要注意每一根桩设置时所挖的坑的空间，应小到仅够在其中工作，在所要求设置的桩全部完成后，再将桩顶和顶紧用的工字钢都用混凝土包起来。

在对预试桩的托换中，一般不希望采用闭口的或实体的桩，因为顶进钢管的压力过高，或因桩端下遇到障碍时，则桩管就无法顶进了。

压入桩托换与预试桩托换的基本施工方法相同，而前者只是在撤出千斤顶前没有放进楔紧的工字钢，所以在撤出千斤顶后，在桩顶仍有回弹的缺点。因而当建筑物的正式荷载传递到压入桩上时，将仍会有一定的沉降量，但这个沉降量一般是比较小的，而在施工方法上则较为简便，对一般建筑物的托换应该是能满足要求的。

### 7.3.2　打入桩、灌注桩及灰土桩托换

预试桩和压入桩的托换，在适用范围上有局限性，特别是桩管必须穿过存在障碍物的地层时；或当被托换的建筑物较轻及上部结构条件较差，而不能提供合适的千斤顶反力时；或当桩必须设置得很深，而费用又很贵时，在这些情况下应考虑采用打入桩、灌注桩及灰土桩托换。

打入桩和灌注桩托换常用于隔墙或设备不多的建筑物；且沉桩时虽有一定的振动但对上部结构和邻近建筑物无多大危害时才能采用；另外，建筑物尚需能提供专门沉桩设备所需的净空条件。

当将设计所要求的桩如数施工完成后，就可用搁置在桩上的托梁或承台系统来支承被托换的柱或墙了。其荷载的传递是靠楔或千斤顶来转移的。这类桩的另一个优点是钢管的桩端是开口的，因而对桩周围的土排挤得较少，且不产生像闭口桩端那样大的振动，这对托换工程施工是十分重要的优点。

灌注桩托换与打入桩托换的功能完全一样，它同样靠搁置在桩上的托梁或承台系统来支承被托换的柱和墙，它与打入桩托换的不同点仅在于沉桩的方法不一样。

如采用钻孔灌注桩进行托换，其技术经济效果，一般有以下三个方面：

(1) 施工时无冲击荷载，因而振动很小，对被托换的建筑物及其邻近建筑物都无重大影响；

(2) 能在密集建筑群而又不搬迁的条件下进行施工；

(3) 占地较小，操作灵活，根据实际需要可变动桩径和桩长。

其缺点是如何发挥桩端支承力和改善泥浆的处理和回收工作。

### 7.3.3　树根桩托换

树根桩实际上是一种小直径的就地灌注钢筋混凝土桩，于20世纪30年代由意大利的Lizzi所首创。图7-3-2表示这种基础托换的典型设计。

1. 树根桩的施工步骤

(1) 在钢套管的导向下用旋转法钻进，钻孔直径一般为7.5～25cm，穿过原有建筑物进

入到下面地基土中去。

(2) 当钻进到设计标高时,清孔后下放钢筋,钢筋数量从一根到数根,视桩孔直径而定。

(3) 再用压力灌注水泥砂浆或细石混凝土,应边灌、边振、边拔管,最后成桩。

制桩时可以竖向也可以斜向,并在各个方向上可以倾斜任意角度,因为所形成的桩基形状如同"树根"而得名。

2. 树根桩的应用

由于地基产生问题而要修复的古建筑的基础托换方法很多,而选用树根桩进行托换有其独特的优点。但相关设计人员对托换方案存在以下不同意见:

有些设计人员把他们设想的荷载传递体系强加于古建筑和地基土上,这样改变原来的应力平衡状态是带有风险的。因为经历了多次事故后能保存下来的古建筑静力传递状态的一个特点,就是不存在超静定的约束。对地基土更是这样,扰动建筑物的地基土,也就是对于经历几个世纪的地基土平衡状态的扰动,这会妨碍建筑物的安全。

另外一些设计人员企图加做金属或预应力钢筋混凝土的辅助结构,与原有建筑物联系起来,形成一个整体。这种方法有时会对地基土增加不容忽视的荷载。而且从考古和艺术的观点,也是不能完全接受的。

最好的方法是在加固原有建筑物和地基土的同时,尽量不改变原有静力平衡状态。这种原有静力平衡状态有时仅有一个很小的(但不会小于1) 安全系数。加固的目的是要使已丧失了的安全度得到补偿和增加,所以不能把原来的静力平衡状态抛弃不管,要想尽一切方法来严格地维持原有静力平衡状态。另外还要尊重古代建筑师智慧的创造和艺术风格,达到修旧如旧的目的。

下面列举国外几个典型的工程实例以说明树根桩在托换工程中独树一帜和巧妙之事:

(1) 房屋建筑基础下用树根桩托换,如图 7-3-2 所示。

(2) 桥墩基础下建造树根桩的托换,如图 7-3-3 所示。

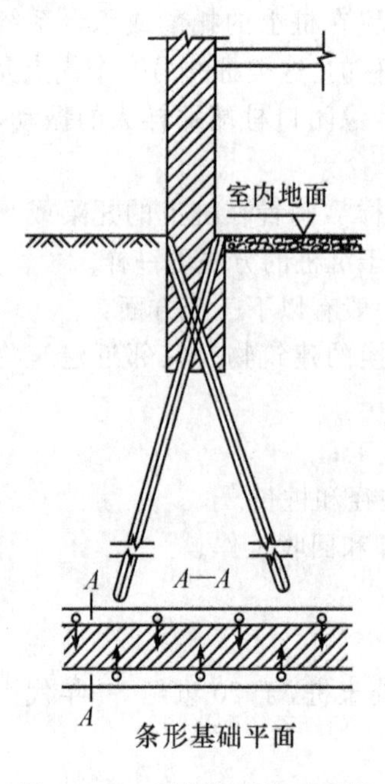


图 7-3-2 树根桩托换示意图

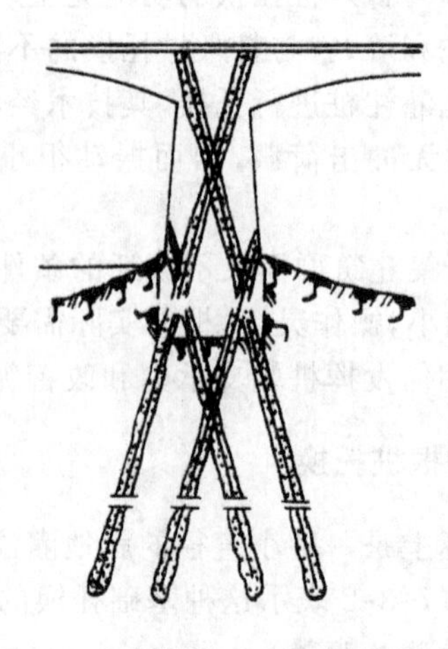

图 7-3-3 桥墩基础下用树根桩托换

(3) 采用树根桩对土坡进行加固,如图7-3-4所示。

(4) 应用树根桩稳定岩坡,如图7-3-5所示。

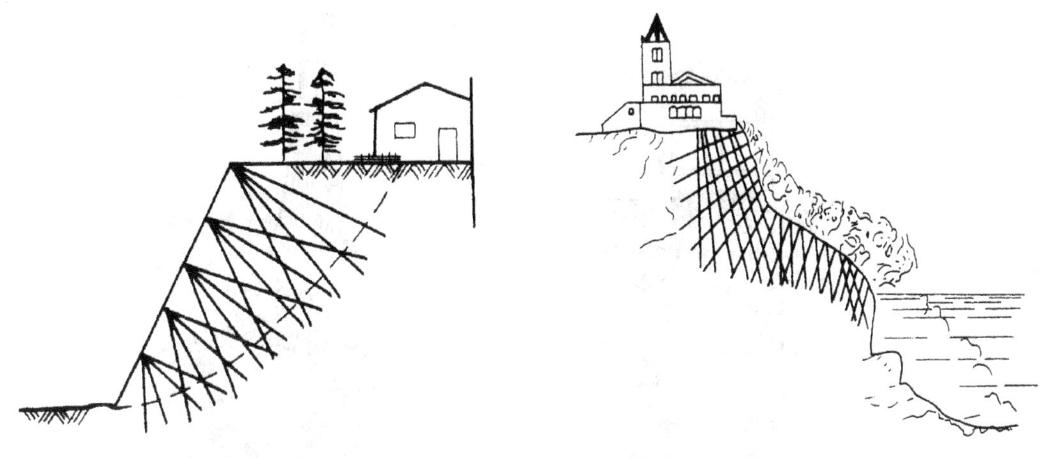

图7-3-4　采用树根桩稳定土坡　　图7-3-5　岩石峰的加固

(5) 修建地下铁道时应用树根桩,如图7-3-6所示。

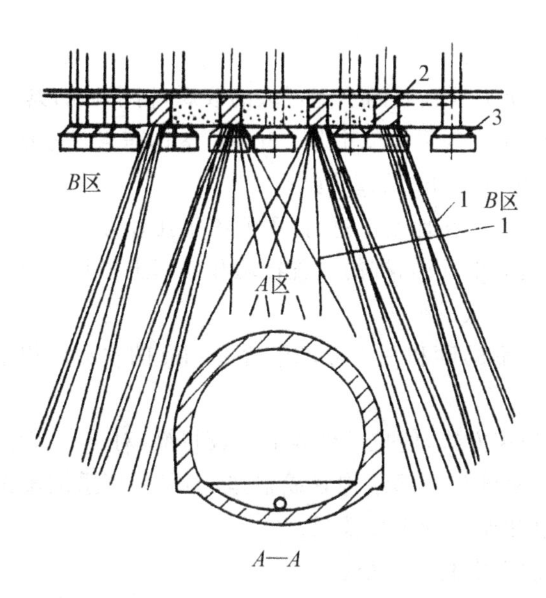


1— 网状结构树根桩;2— 在树根桩上加十字交叉基础梁与原有基础联系起来;3— 原有基础

图7-3-6　意大利S. Lucia地下铁道的修建

(6) 意大利罗马某教堂的托换加固,如图7-3-7所示。

(7) 东京瞭望塔基础托换加固,如图7-3-8所示。

(8) 办公楼的加层托换。

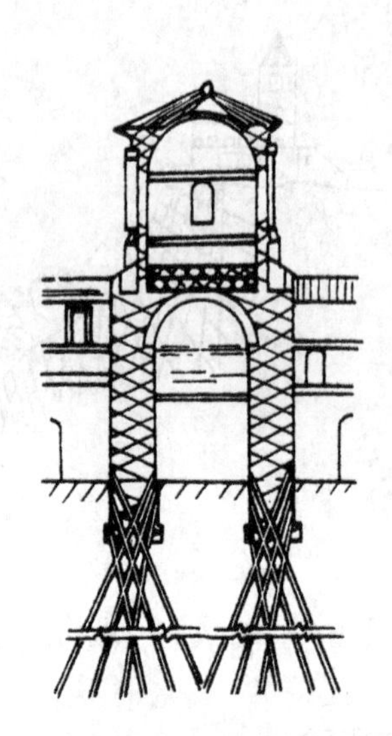

图 7-3-7 意大利罗马某教堂托换加固

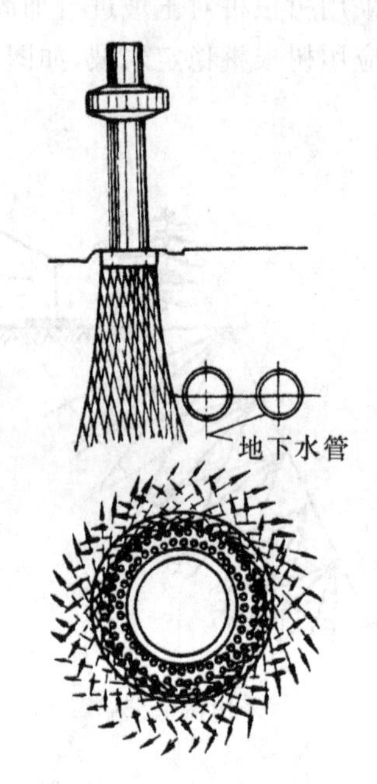


图 7-3-8 日本东京瞭望塔

3. 树根桩的优点

树根桩的产生，在托换工程领域内引起很大的改观，树根桩的具体优点有以下几方面：

(1) 所需施工场地较小，一般平面尺寸为 0.6m×1.8m，净空高度为 2.1～2.7m 即可施工。

(2) 施工时噪音小，机具操作时振动也小。

(3) 所有施工操作都可以在地面上进行，因而施工比较方便。

(4) 由于施工时桩孔很小，所以桩的设置在墙和地基土中几乎没有产生任何应力。仅仅是在灌注水泥砂浆时使用不大的压力。

(5) 水泥砂浆是由过筛的砂和每立方米中含 660kg 的水泥所组成，因而能制做成高强度的桩体。

(6) 树根桩特殊的浇筑方式，使桩的外表面比较粗糙，对土具有显著的附着力。

(7) 灌注水泥砂浆，使桩与上部结构联成整体，不需要繁重的辅助结构，不需要对墙身进行危险的切割，不干扰建筑物的工作情况。

(8) 可在各种类型的土中制做树根桩。

4. 树根桩的使用在托换工程中的基本特点

(1) 用树根桩进行托换时，可认为在施工时树根桩尚未受力，暂不起作用。

(2) 此后，当建筑物即使产生极小的沉降时，树根桩的反应是迅速的，桩将承受建筑物的部分荷载，同时使基底下土反力相应地减少。若建筑物继续下沉，则树根桩将继续分担荷载，直至全部荷载由树根桩来承担为止。

新建的建筑物下桩基的使用荷载，只是桩的极限荷载的一部分，其安全系数取决于许多因素，尤其必须考虑新建的建筑物所能容许的沉降值。控制建筑物的容许沉降是桩基设计的基本要求，而这一点对基础托换则更为重要，即基础托换过程中沉降控制要尤其重视。

当前国内外常用的是“网状结构树根桩”，这是一个修筑在土体中的三维结构，如图7-3-9所示，它表示在建筑物附近开挖时，对原有建筑物防护的侧向托换方案，此时，树根桩与土围起来的部分，其受力犹如一个重力式挡土结构一样工作。

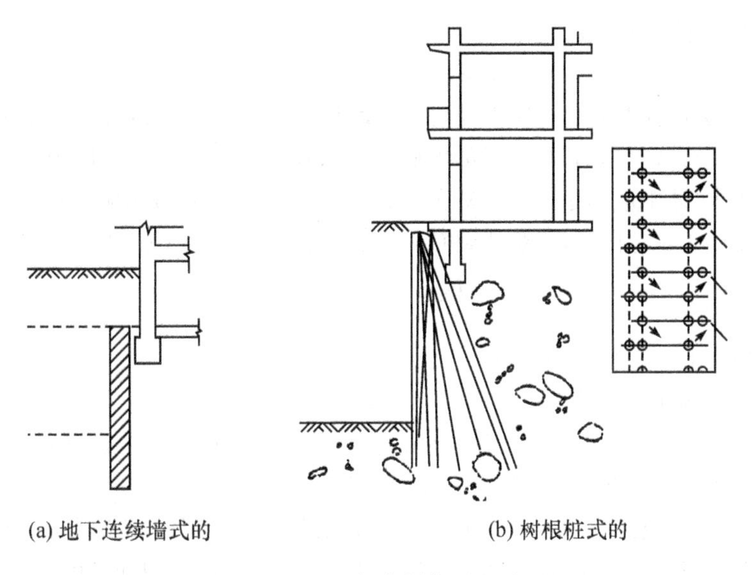

(a) 地下连续墙式的　　(b) 树根桩式的

图7-3-9　侧向托换示意图

5. 树根桩的设计计算

单根树根桩设计是极为容易的，只要具有单根树根桩的载荷试验资料就可设计。也就是采用被托换的建筑物的容许沉降值进行控制，而在载荷试验资料 $p \sim s$ 曲线值中找出与该容许沉降值相应的单桩承载力后，按一般桩基设计方法进行。

网状结构的断面设计问题是一个很复杂的问题，目前还较难准确分析。

(1) 单桩承载力的确定。

采用或借鉴同类工程的静载荷试验来确定单桩承载力，是一个可靠的途径。无条件进行静载荷试验时，可按地区规范或采用静力触探资料来确定单桩容许承载力：

1) 单桩静载荷试验：请参考相关原位测试技术。

2) 按桩基规范和地基处理规范确定单桩承载力。

① 按上海《地基处理技术规范》(DBJ08—40—94) 计算法

单桩容许承载力

$$P_a = P_{ab} + P_{as} \tag{7-3-1}$$

一般按摩擦桩设计，即不计桩端支承力 $P_{as}$，桩侧容许摩阻力 $P_{ab}$ 按下式计算：

$$P_{ab} = \frac{u_p}{k}\sum_{i=1}^{n} q_{si} l_i \tag{7-3-2}$$

式中：$u_p$—— 桩周长(m)；

$q_{si}$—— 第 $i$ 层土层摩阻力(kPa)，可参照规范中相关表格；当采用二次注浆工艺时，可再提高30%；

$l_i$—— 第 $i$ 层土层中的桩长(m)；

$k$—— 安全系数，一般取2，对沉降有特殊要求的托换工程，可以适当增大。

当桩尖进入硬土层且进行端部扩径时，可以计入桩端承载力

$$P_{as} = \frac{A'_p \cdot q_p}{k} \tag{7-3-3}$$

式中：$A'_p$—— 桩端扩径面积($m^2$)；

$q_p$—— 桩端土层极限端承力(kPa)。

桩端扩径长度应不小于2.5倍扩径，扩径段且应进入硬土层，以确保端承力发挥。

由于桩顶承受最大轴向力，扩径后的单桩容许承载力是受桩身混凝土强度限制的，即桩端直径不能任意扩大，通常应不超过树根桩直径的两倍，桩端容许承载力限制在$P_a/3$之内。树根桩的桩身强度受施工工艺限制，很难达到C30以上，因此桩身强度应进行验算，要求满足下式

$$\frac{P_a}{A_p} \leqslant 250 f_{cu,k} \tag{7-3-4}$$

式中：$P_a$—— 单桩容许承载力(kN)；

$A_p$—— 桩身截面积($m^2$)；

$f_{cu,k}$—— 桩身混凝土立方体抗压强度的标准值，桩身混凝土强度等级不低于C15。

② 按《建筑桩基技术规范》(JGJ94—2008)计算

《建筑桩基技术规范》是以可靠度理论为基础的概率极限状态设计方法。由于上部结构设计已普遍采用基于概率统计和可靠度分析的设计方法，桩基采用同样的方法进行设计，可以使上部结构和基础衔接良好，使整个工程设计成为一个整体。由于各地土质特性差异很大，桩型又繁多，用于概率统计的资料有限，在使用这种计算方法时，宜按当地工程经验合理选择有关参数。

(3) 采用静力触探方法确定单桩承载力

我国《建筑桩基技术规范》(JGJ94—2008)和上海市《地基基础设计规范》(DGJ08—11—1999)中均列入了静力触探确定单桩承载力的方法。

① 单桥探头

$$Q_{uk} = Q_{sk} + Q_{pk} = u\sum q_{sik} l_i + \alpha p_{sk} \cdot A_p \tag{7-3-5}$$

式中：$u$—— 桩身周长(m)；

$q_{sik}$—— 用静力触探比贯入阻力值估算的桩周第$i$层土的极限侧阻力标准值(kPa)，计算方法见规范；

$l_i$—— 桩穿越第$i$层土的厚度(m)；

$\alpha$—— 桩端阻力修正系数，查表7-3-1；

$p_{sk}$—— 桩端附近的静力触探比贯入阻力标准值(平均值)(kPa)，计算方法见规范；

$A_p$—— 桩端面积($m^2$)。

表7-3-1 桩端阻力修正系数 $\alpha$

| 桩入土深度(m) | $h < 15$ | $15 \leqslant h \leqslant 30$ | $30 < h \leqslant 60$ |
|---|---|---|---|
| $\alpha$ | 0.75 | 0.75 ～ 0.90 | 0.90 |

② 双桥探头

$$Q_{uk} = u\sum l_i \beta_i f_{si} + \alpha q_c A_p \tag{7-3-6}$$

式中：$f_{si}$—— 第 $i$ 层土的探头平均侧阻力(kPa)；

$q_c$—— 桩端平面上、下探头阻力，取桩端平面以上 $4d$($d$ 为桩的直径或边长) 范围内按土层厚度的探头阻力加权平均值，然后再和桩端平面以下 $1d$ 范围内的探头阻力进行平均(kPa)；

$\alpha$—— 桩端阻力修正系数，对粘性土、粉土取 $\frac{2}{3}$，饱和砂土取 $\frac{1}{2}$；

$\beta_i$—— 第 $i$ 层土桩侧阻力综合修正系数，按下式估算

粘性土、粉土：
$$\beta_i = 10.04(f_{si})^{-0.55} \tag{7-3-7}$$

砂土：
$$\beta_i = 5.05(f_{si})^{-0.45} \tag{7-3-8}$$

(2) 桩土荷载分担。

许多实例资料表明，对摩擦型桩基，承台下土体分担一定比例的荷载。树根桩的工程实践和试验研究资料也表明了这种规律。

桩土荷载的分担取决于承台下桩和土的沉降差 $\Delta s$。桩的沉降包括桩的弹性压缩量 $s_{p1}$，桩尖的刺入量 $s_{p2}$ 和桩尖下土层的沉降量 $s_0$；土的沉降包括桩间土的固结沉降 $s_1$，桩侧土体的剪切变形沉降 $s_2$ 和桩尖下的沉降 $s_0$。承台下土体的压缩沉降量即为 $\Delta s$，可以表达为

$$\Delta s = s_{p1} + s_{p2} - s_1 - s_2 \tag{7-3-9}$$

其中桩的弹性压缩量 $s_{p1}$ 通常较小，在一定荷载下基本上是一个常量。桩的刺入量 $s_{p2}$ 是和桩侧土体的剪切变形 $s_2$ 同步发展的，而且 $s_2$ 是随着离桩的距离的增大而迅速减小的，在桩的极限荷载范围内，$s_{p2} - s_2$ 不会有很大的增长。因此，引起桩土荷载分担变化的主要因素是桩间土的固结沉降量 $s_1$，而 $s_1$ 的产生又取决于由承台分担给土体的荷载，其变化机理为：

① 在施加第一级荷载时，荷载分配取决于承台下桩、土的刚度和面积，桩分配的荷载显然是随着桩径增大、桩长增长、桩距减小而增加的。由于饱和土体在 $t = 0$ 时具有不可压缩性，因此承台下的土体分担相当可观的一部分荷载。

② 在荷载维持期，桩间土的固结速率取决于土层特性和排水条件，固结变形使 $\Delta s$ 减小，从而使土体分担的荷载呈减小趋势。

③ 当施加第二级荷载时，鉴于桩间土体已发生的固结变形，承台下土体分担的荷载比例是减小的。

综上所述，桩土荷载的分担涉及桩的布置、土层特性、荷载施加程序等因素，迄今尚无实用的理论计算方法。实际工程所采用的大多是经验公式，上海地区常用的最简单的形式是 $\frac{3}{10} \sim \frac{1}{3}$ 的荷载由土分担。也有不少微型桩工程采用沉降控制复合桩基的计算方法，设土承担外荷载与桩极限荷载的差值。

(3) 网状结构树根桩。

1) 受拉网状结构树根桩的设计和计算。

在没有抗拉强度的土中设置树根桩，就是要使树根桩具有抗拉构件的功能。

网状结构树根桩用于保护土坡则不需任何开挖。如图 7-3-10 所示，在实际工程中受拉树根桩可以布置在与预测滑面成 $45° + \frac{\varphi}{2}$ 角度的受拉变形方向；另外，由于滑动面可能有多

种方向，而树根桩的布置也可能有多种方向，因此必须考虑树根桩与受拉变形间的角度误差，故可将树根桩布置在与土的受拉变形成 0°～20° 的角度范围内。

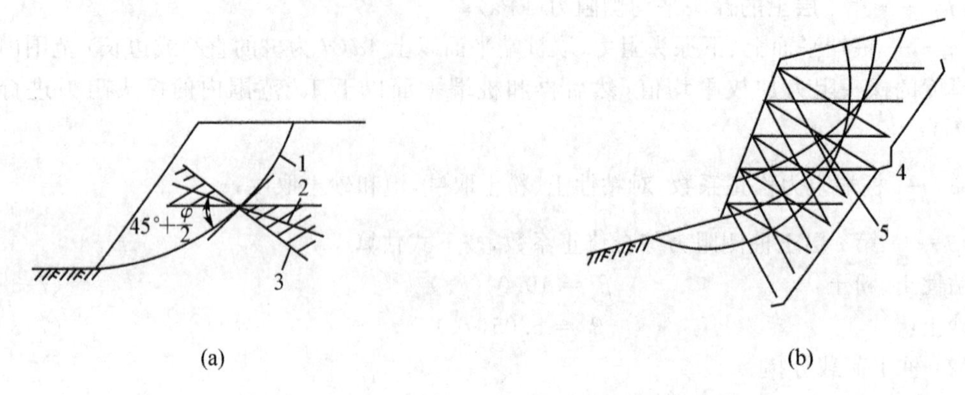


1— 假想滑动面；2— 受拉变形方向；3— 树根桩布置范围；
4— 网状结构树根桩；5— 各种可能的滑动面
图 7-3-10 滑动面与网状结构布置的关系

① 内力计算。

如图 7-3-11 所示，受拉网状结构树根桩设计时，有两种情况的内力需要计算：一个是压顶梁背面的主动土压力计算；另一个是抗滑力计算。

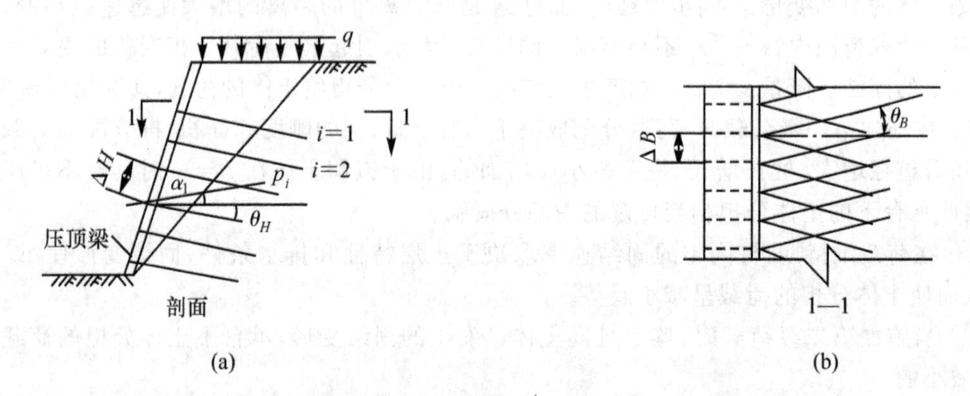


图 7-3-11 压顶梁背面的作用力为主动土压力时树根桩拉力计算

情况 1：当压顶梁背面的作用力为主动土压力时，作用于树根桩的拉力按下式计算：

$$T_{Ri}=p_i\cdot\Delta H\cdot\Delta B\cdot\cos\alpha_1\cdot\frac{1}{\cos\theta_H}\cdot\frac{1}{\cos\theta_B}\tag{7-3-10}$$

式中：$T_{Ri}$—— 第 $i$ 根树根桩上作用的拉力(kN)；

$p_i$—— 第 $i$ 根树根桩上作用的土压力(kPa)；

$\Delta H$—— 树根桩的纵向间距(m)；

$\Delta B$—— 树根桩的横向间距(m)；

$\alpha_1$—— 土压力作用方向与水平线所夹的角(°)；

$\theta_H$—— 树根桩布置方向与水平线所成的投影角(°)；

$\theta_B$—— 树根桩水平方向的角度(°)。

$$p_i = k_a(\gamma_{sat} \cdot H_i + q) \tag{7-3-11}$$

式中:$k_a$—— 主动土压力系数;

$\gamma_{sat}$—— 土的饱和重度(kN/m³);

$H_i$—— 由上覆荷载作用面至第 $i$ 根树根桩的深度(m);

$q$—— 上覆荷载(kPa)。

情况 2:如图 7-3-12 所示,按抗滑力分析时,作用于树根桩的拉力按下式计算

$$T_R = \frac{p_R}{s_1} \cdot \cos\alpha_2 \cdot \frac{1}{\cos\theta_H} \cdot \frac{1}{\cos\theta_B} \tag{7-3-12}$$

式中:$T_R$—— 每根树根桩上作用的拉力(kN);

$p_R$—— 为避免发生圆弧滑动而需增加的抵抗力(kPa);

$s_1$—— 单位宽度 1m 中树根桩根数;

$\alpha_2$—— 滑动力作用方向与水平线所成的角度(°)。

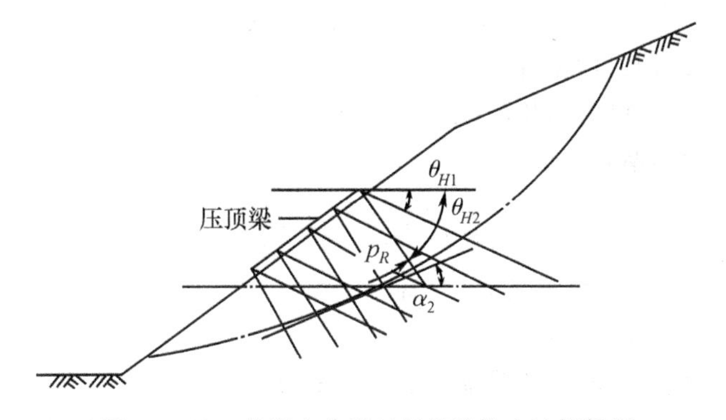


图 7-3-12　抗滑力分析时树根桩拉力计算简图

② 钢筋拉应力计算

$$\sigma_{st} = \frac{T_{R\max}}{A_s} \leqslant \sigma_{sa} \tag{7-3-13}$$

式中:$\sigma_{st}$—— 钢筋的拉应力(kN/cm²);

$T_{R\max}$—— 树根桩所受的最大拉力(kN);

$\sigma_{sa}$—— 钢筋的容许拉应力(kN/cm²);

$A_s$—— 钢筋的截面积(cm²)。

③ 树根桩设计长度

图 7-3-13 所示的滑动面,其锚固区内的树根桩可视为起抵抗拉力作用,主动区内则不予考虑抵抗拉力的能力。

$$L_{ro} = \frac{T_{R\max}}{\pi D \tau_{ro}} \cdot F_{sp} \tag{7-3-14}$$

式中:$L_{ro}$—— 树根桩锚固长度(m);

$D$—— 树根桩直径(cm);

$\tau_{ro}$—— 树根桩与桩间土的粘着应力(N/cm²);

$F_{sp}$—— 树根桩与桩间土的粘着安全系数。

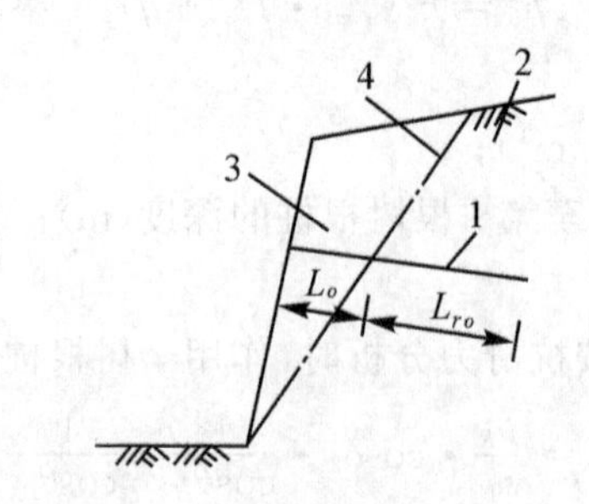


1— 树根桩；2— 锚固区；3— 主动区；4— 滑动面

图 7-3-13　树根桩设计长度

树根桩的设计长度等于树根桩的锚固长度加主动区内的树根桩长度，但其总长不应小于 4m，亦即：

$$L = (L_{ro} + L_o) \geqslant 4.0 \tag{7-3-15}$$

式中：$L$—— 树根桩设计长度(m)；

$L_o$—— 主动区内树根桩的长度(m)。

④ 钢筋与压顶梁的粘着长度

$$L_{mo} = \frac{T_{R\max}}{\pi \cdot d \cdot \tau_{ca}} \tag{7-3-16}$$

式中：$L_{mo}$—— 钢筋与压顶梁的粘着长度(m)；

$d$—— 钢筋直径(cm)；

$\tau_{ca}$—— 钢筋与压顶梁的容许粘着应力(N/cm$^2$)。

当压顶梁的构造不能满足此粘着长度的要求时，应在钢筋顶部加承压板。

⑤ 压顶梁计算

一般压顶梁是采用钢筋混凝土结构，对作用于树根桩的拉力所引起的应力，压顶梁应具有足够的承受能力。

⑥ 网状结构树根桩在内的土整体稳定性计算

由于网状结构树根桩的布置与滑动方向成 $45° + \frac{\varphi}{2}$ 角，这可约束土的受拉变形，其加固效果可看作是使土体的粘聚力增大，而非内摩擦角增加(类似于加筋土)，增大了小主应力就可使其与大主应力的比值增大，从而提高土体的强度和增加其稳定性。

$$\Delta c = \frac{R_t}{\Delta H \cdot \Delta B} \cdot \frac{\sqrt{K_p}}{2} \tag{7-3-17}$$

式中：$\Delta c$—— 增加的粘聚力(kPa)；

$R_t$—— 树根桩的抗拉破坏强度(kPa)；

$K_p$—— 朗肯被动土压力系数。

考虑到滑弧可能有多种方向，而树根桩的布置也可有多种方向，所以树根桩和受拉变形方向实际上存在着角度误差，为此要修正粘聚力增量 $\Delta c$：

$$\Delta c' = \cos\theta \cdot \cos\theta_B \cdot \Delta c \tag{7-3-18}$$

式中：$\Delta c'$—— 近似修正后的粘聚力增量(kPa)；

$\theta$—— 推算所得土的拉伸变形方向与树根桩布置方向所成的角度(°)。

2) 受压网状结构树根桩的设计计算。

如图 7-3-14 所示，受压网状结构树根桩可以用于深基坑开挖时的重力式挡土墙，要设计这种侧向结构(图 7-3-14)，需要先根据预计滑动面位置确定计算基准面，再计算基准面上作用的垂直力 $N$、水平力 $H$ 和弯矩 $M$ 并计算结构内力，再进行抗滑动、抗倾覆、整体稳定性验算，可采用常规重力式挡土墙计算方法进行设计计算。

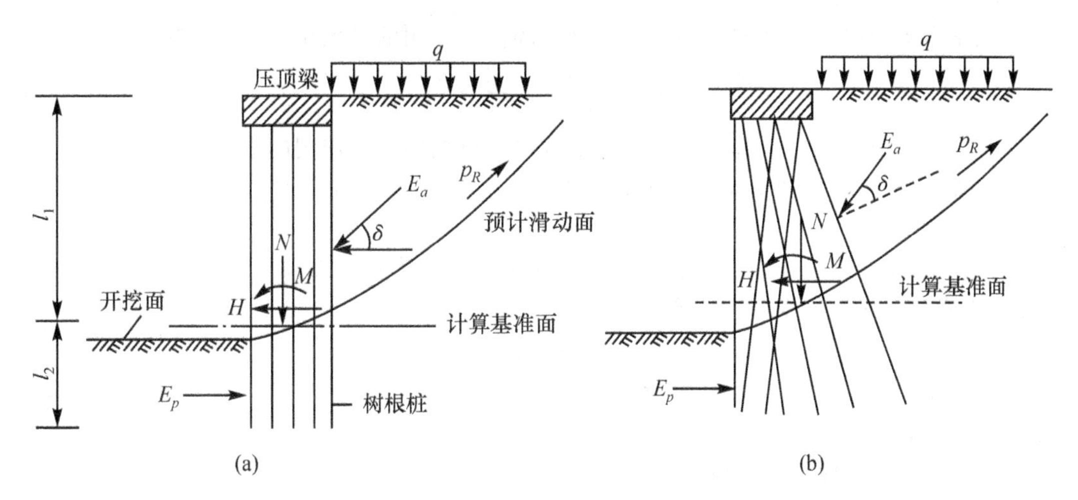


图 7-3-14　树根桩挡土结构设计简图

① 内力计算。

如图 7-3-15 所示，计算基准面处的网状结构树根桩加固体的等值换算截面惯性矩

$$A_{Rp} = m \cdot A_p \cdot s_2 + b \cdot h \tag{7-3-19}$$

$$A_p = (n-1)A_s + A_c \tag{7-3-20}$$

$$I_{Rp} = m \cdot A_p \cdot \sum x^2 + \frac{b \cdot h^3}{12} \tag{7-3-21}$$

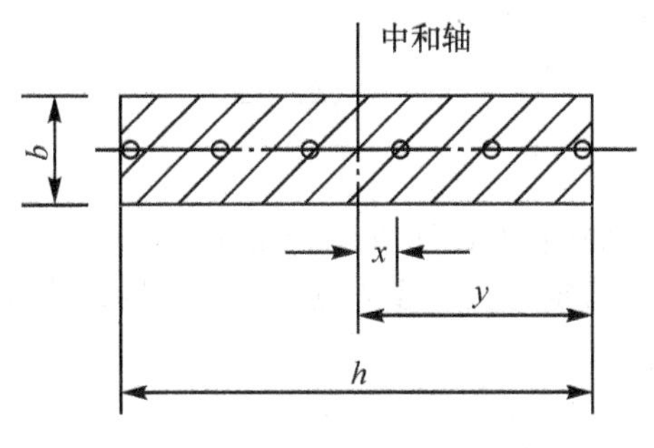


图 7-3-15　计算基准面示意图

式中：$A_{Rp}$—— 计算基准面处，网状结构树根桩加固体的等值换算截面积(cm²)；

$I_{Rp}$—— 计算基准面处，网状结构树根桩加固体的等值截面惯性矩(cm⁴)；

$m$—— 树根桩与其周围土的弹性模量比(一般为200);

$n$—— 钢筋与砂浆的弹性模量比(一般为15);

$s_2$—— 计算基准面内包括的树根桩根数;

$b$、$h$—— 树根桩布置的单位宽度及长度(cm);

$x$—— 计算基准面中和轴至各树根桩的距离(cm);

$y$—— 计算基准面中和轴至计算基准面边缘的距离(cm);

$A_c$—— 树根桩截面积($cm^2$);

$A_s$—— 钢筋的截面积($cm^2$)。

由此求得计算基准面处网状结构树根桩加固体上作用的最大压应力 $\sigma_{Rp}$ 为:

$$\sigma_{Rp} = \frac{N}{A_{Rp}} + \frac{M}{I_{Rp}} \cdot y \tag{7-3-22}$$

式中:$N$、$M$—— 分别为计算基准面处网状结构树根桩加固体上作用的垂直力、弯矩。

② 网状结构树根桩加固体中的压应力条件

$$\sigma_{Rp} < f \tag{7-3-23}$$

式中:$f$—— 计算基准面处经修正后得到的地基承载力设计值(kPa)。

③ 砂浆与钢筋上的压应力计算

$$\sigma_R = m \cdot \sigma_{Rp} < \sigma_{ca} \tag{7-3-24}$$

$$\sigma_{sc} = n \cdot \sigma_R < \sigma_{sa} \tag{7-3-25}$$

式中:$\sigma_R$—— 作用于砂浆上的压应力($N/cm^2$);

$\sigma_{ca}$—— 砂浆压应力设计值($N/cm^2$);

$\sigma_{sc}$—— 作用于钢筋上的压应力($N/cm^2$);

$\sigma_{sa}$—— 钢筋压应力设计值($N/cm^2$)。

④ 树根桩设计长度 $L$ 的确定

$$L = L_{ro} + L_o \tag{7-3-26}$$

$$L_{ro} = \frac{A_c \cdot \sigma_R}{\pi \cdot D \cdot \tau_{ro}} \tag{7-3-27}$$

式中:$L_{ro}$—— 计算基准面以下必要固着长度(cm);

$L_o$—— 计算基准面以上长度(cm);

$\tau_{ro}$—— 树根桩与计算基准面以下土间粘结力设计值($N/cm^2$);

⑤ 钢筋与压顶梁间的粘着长度 $L_{mo}$ 计算

$$L_{mo} = \frac{A_s \cdot \sigma_{sc}}{\pi d \tau_{ca}} \tag{7-3-28}$$

式中:$d$—— 钢筋直径(cm);

$\tau_{ca}$—— 钢筋与压顶梁间粘着力设计值($N/cm^2$)。

⑥ 抗滑动、抗倾覆、整体稳定性验算参考重力式挡土墙计算方法。

### 7.3.4 锚杆静压桩托换

1. 概述

(1) 锚杆静压桩的定义。

锚杆静压桩是锚杆和静力压桩两项技术巧妙结合而形成的一种桩基施工新工艺,是一项地基加固处理新技术。加固机理类同于打入桩及大型静力压桩,受力直接、清晰,但施工工艺既不同于打入桩，也不同于大型静力压桩，明显优越于打入桩及大型静力压桩。锚杆静压桩的施工工艺是先在新建的建(构)筑物基础上预留压桩的桩位孔，并预埋好锚杆，或在已建的建(构)筑物基础上开凿压桩孔和锚杆孔，用粘结剂埋好锚杆，然后安装压桩架，用锚杆作媒介，把压桩架与建筑物基础连为一体，并利用建(构)筑物自重作反力(必要时可以加配重)，用千斤顶将预制桩段逐段压入土中，当压桩力及压入深度达到设计要求后，将桩与基础浇筑在一起，桩即可受力，从而达到提高地基承载力和控制沉降的目的。

(2) 锚杆静压桩的优点。

工程实践表明，锚杆静压桩施工法具有以下优点：

① 施工设备轻便、简单，移动灵活，操作方便，可以在狭小的空间 1.5m × 2m × (2 ～ 4.5)m 进行压桩作业，特别适用于大型地基加固机械无法进入施工现场的地基加固工程。

② 压桩施工过程中无振动、无噪音、无污染，对周围环境无影响，做到文明施工，适用于密集的居民区内的地基加固施工，尤其适用于老城区改造和在密集建筑群内新建多层建筑时，不允许污染环境的地基加固工程。

③ 对于新建工程施工时可以采用逆作法，即与上部建筑同步施工，不另占用桩基施工工期，可以缩短工程的总工期，具有良好的综合经济效益。

④ 可以在车间不停产、居民不搬迁情况下进行基础托换加固，特别适用于老厂技术改造、建筑物加层、倾斜和开裂建(构)筑物的托换加固、缺陷桩的补桩加固工程。

⑤ 锚杆静压桩配合掏土或冲水，可以成功地应用于倾斜的建(构)筑物的纠偏工程中。

⑥ 采用锚杆静压桩施工，传递荷载过程和受力性能非常明确，可以直接测得每根桩的实际压桩力和桩的入土深度，对施工质量检验有可靠保证。

⑦ 设备投资少，能耗低，材料消耗少，所以加固费用低，具有明显的技术经济效果。

⑧ 锚杆静压桩无需施工工期，无环境污染，故具有良好的综合效益。

(3) 锚杆静压桩的适用工程。

锚杆静压桩适用于以下工程：

① 天然地基上的 6 ～ 7 层住宅基础的托换加固。

② 天然地基上多层建筑沉降尚未稳定，(适度)倾斜仍在发展的基础托换止倾加固。

③ 建筑物沉降缝接头处的基础托换加固。

④ 加层工程的基础托换加固。

⑤ 设备基础的托换加固。

⑥ 电梯井基础补桩加固。

⑦ 基坑周围的相邻建筑的基础托换加固。

⑧ 在抗拔桩工程中应用。

⑨ 锚杆静压桩应用于纠倾加固工程。

⑩ 锚杆静压桩应用于新建工程。

⑪ 大型锚杆静压钢管桩应用于高层建筑补桩工程。

2. 锚杆静压桩的设计

锚杆静压桩设计应包括的内容为：确定单桩垂直容许承载力、桩断面及桩数设计、桩位布置设计、桩身强度及桩段构造设计、锚杆构造与设计、下卧层强度及地基变形验算、承台设计等。

(1) 单桩垂直容许承载力的确定。

单桩垂直容许承载力一般可以由现场桩的荷载试验确定，也可以根据静力触探资料确定；当无试验资料时，可以根据《建筑地基基础设计规范》(GB50007—2002) 有关规定估算；或参照当地的经验并形成地方规范，如上海市标准《地基基础设计规范》(DBJ08—11—1999) 来确定。

(2) 桩断面及桩数设计。

桩断面根据上部荷载、地质条件、压桩设备加以初选，一般的断面为 200mm×200mm、220mm×220mm、250mm×250mm、280mm×280mm、300mm×300mm，初步选定桩断面尺寸后，就可以按上一节确定单桩垂直容许承载力。大量相关试验表明，带桩承台的承载力比单桩的承载力要大得多，桩土共同工作是客观存在的事实。故计算桩数时可以考虑桩土共同工作。桩土共同工作是一个比较复杂的问题，与诸多可变因素有关，为了既合理又方便地考虑桩土共同工作，建议在新建工程的逆作法施工中，平衡压桩反力的三层建筑物自重可以由桩间土承受(不宜超过 40kPa)；加层托换工程中原有建筑物荷载可以考虑由桩间土承受；一般桩土共同作用可以取 3∶7，即 30% 荷载由土承受，70% 荷载由桩承受，扣除桩间土承载后的荷载值除以单桩垂直容许承载力，就为桩数。若确定的桩数过多，使桩距过小，宜在初选断面基础上重选大一级断面，重新计算桩数，直到合理为止。一般控制桩距为不小于 $3b$($b$——桩边长) 为宜。

(3) 桩位布置设计。

桩位布置应遵守的准则是：

① 基础托换加固时，桩位孔尽量靠近受力点两侧布置，使之在刚性角范围内，以减小底板弯矩。

② 条形基础应布置在靠近墙体的两侧，如图 7-3-16 所示。

③ 独立柱基可以围着柱子对称布置，如图 7-3-17 所示。

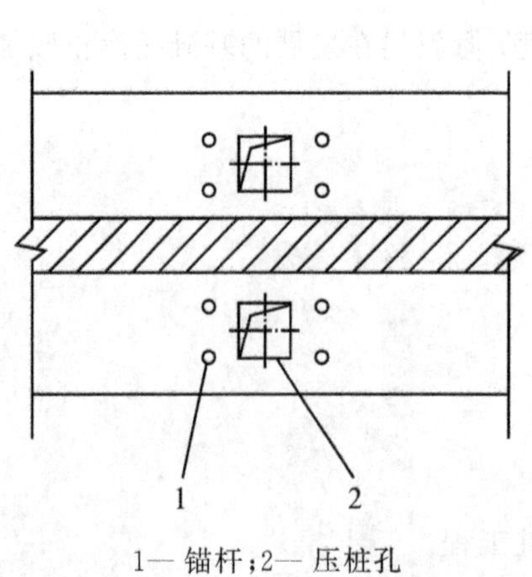

1— 锚杆；2— 压桩孔

图 7-3-16 条形基础布桩示意图

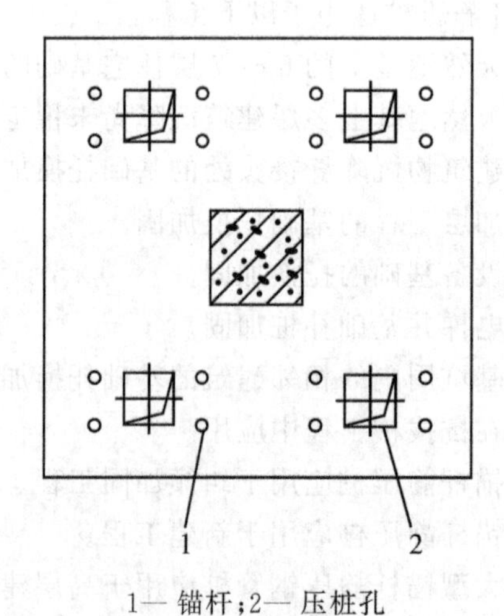

1— 锚杆；2— 压桩孔

图 7-3-17 独立柱基布桩示意图

④ 板基、筏基、箱基应首先布置在靠近荷载大(如柱子四周) 的部位以及基础边缘，尤其角部的部位(刚性基础边缘、角部部位基底接触应力大，呈马鞍形)。余下的可均布。

⑤ 桩与桩的间距不宜小于3倍桩的边长。

(4) 当既有建筑基础承载力不满足压桩要求时，应对基础进行加固补强。

(5) 桩身制作。

① 桩身材料可以采用钢筋混凝土、钢材。除补大吨位缺陷桩选用钢管桩外，一般都采用钢筋混凝土方桩。桩身强度可以根据压桩过程中的最大压桩力并按钢筋混凝土受压构件设计，其桩身结构强度应略高于地基土对桩的承载能力，桩段混凝土的强度等级一般为C30，保护层厚度为5cm，按桩身结构强度计算时，由于桩身受到周围土的约束，可以不考虑失稳及长细比对强度的折减。

② 桩段长度由施工条件决定(如压桩处的净空高、运输及起重能力等等)，一般宜为1.0～2.5m。从经济及施工速度出发，宜尽量采用较长的桩段，这样可减少桩的接头。此外，尚需考虑桩段长度组合要尽量与总桩长(单根桩)吻合，避免过多截桩造成浪费。为此，可适当制作一些较短的标准桩段，以便匹配组合使用。

③ 桩内主筋应按计算确定。当方桩截面边长为200mm时，配筋不宜少于4$\phi$10；当边长为250mm时，配筋不宜少于4$\phi$12；当边长为300mm时，配筋不宜少于4$\phi$16。

(6) 桩段连接。

桩段连接一般有两种，一种是焊接接头，一种是硫磺胶泥接头。前者用于承受水平推力、侧向挤压力和拔力；后者用于承受垂直力。采用硫磺胶泥连接的钢筋混凝土桩段，两端必须设置2～3层焊接钢筋网片。在桩的一端必须预埋插筋，另一端必须预留插筋孔和吊装孔。采用焊接接头的钢筋混凝土桩段，在桩段两端应设置钢板套。为了满足抗震需要，对承受垂直荷载的桩，桩上部三节应为焊接桩，下部均可为胶泥接桩。

(7) 锚杆构造与设计。

① 锚杆可用光面直杆镦粗螺栓或焊箍螺栓。

② 锚杆直径可根据压桩力大小选定，一般当压桩力小于400kN时可采用M24锚杆；压桩力为400～500kN时采用M27锚杆；再大的压桩力可采用M30锚杆。

③ 锚杆数量可根据压桩力除以单根锚杆抗拉强度确定。

④ 锚杆螺栓按其埋设形式可分预埋和后成孔埋设两种，新建工程采用预埋式较多，预埋式螺栓为爪式或锚板等形式，如图7-3-18所示。并在基础混凝土整浇施工时定位；已建工程的基础托换只有采用后成孔埋设法，可采用镦粗锚杆螺栓或焊箍锚杆螺栓等形式，如图7-3-19所示，并在孔内采用硫磺胶泥粘结剂或环氧砂浆粘结施工定位。

⑤ 锚杆的有效埋设深度，通过现场抗拔试验和轴对称问题的有限元计算，都表明了锚杆的埋设深度可采用$10d$～$12d$($d$为螺栓直径)，并不应小于300mm，这样便可满足使用要求，锚杆埋设构造如图7-3-20所示。

⑥ 锚杆与压桩孔的间距要求、锚杆与周围结构的最小间距及锚杆或压桩孔边缘至基础承台边缘的最小间距，如图7-3-21所示。

⑦ 锚杆露出承台顶面长度应满足压桩机具要求，一般不应小于120mm。

(8) 承台设计。

桩基承台设计可按现行《钢筋混凝土结构设计规范》(GB50010—2002)进行抗冲切、抗剪切以及抗弯强度的验算，当不满足要求时，应适当加厚承台和增加配筋。

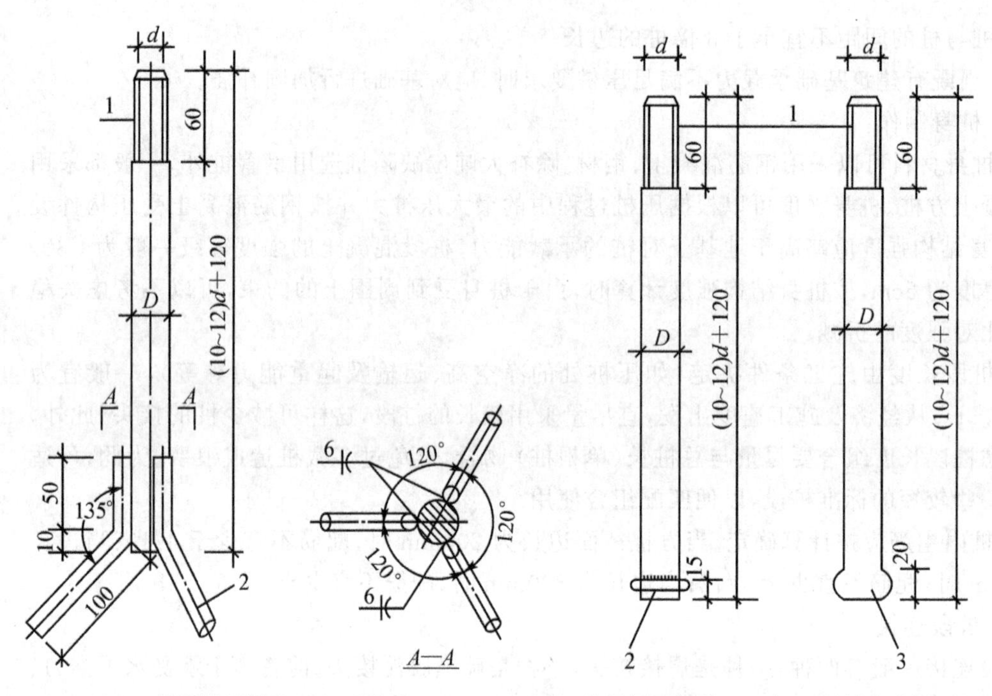


1— 普通粗牙螺纹；2— 爪肢 $\phi14$

图 7-3-18 预埋式锚杆螺栓示意图

1— 普通粗牙螺纹；2—$\phi6.5$ 钢筋弯成圆环；3— 镦粗

图 7-3-19 后埋式锚杆螺栓示意图

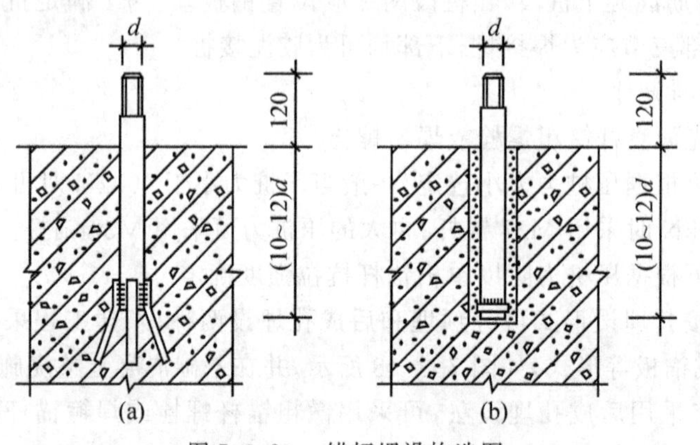


图 7-3-20 锚杆埋设构造图

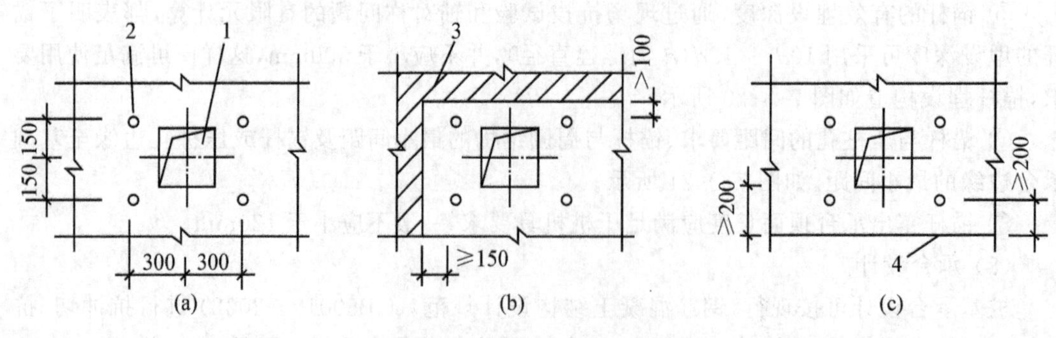


1— 压桩孔；2— 锚杆；3— 高出基础承台表面的结构；4— 基础承台边缘

图 7-3-21 锚杆埋设相对位置

在基础下部受力钢筋被压桩孔切断时，应在孔口边缘增加等量的加强筋，若压桩孔在基础边缘转角处，压桩力较大时，应设置受拉构造钢筋。

对已有建(构)筑物基础进行托换加固时，当基础底板厚度小于350mm时，应设置桩帽梁，桩帽梁通过抗冲切、抗剪计算确定，桩帽梁主要利用压桩用的抗拔锚杆，加焊交叉钢筋，并与外露锚杆焊牢，然后围上模板，浇筑混凝土，便形成桩帽梁，如图7-3-22所示。

桩头与基础承台连接必须可靠，桩头伸入承台的长度，一般为100mm。当压桩孔较深，在满足抗冲切要求后，桩头伸入承台长度可适当放宽到300～500mm。若有特殊要求，桩头应有4根长为350mm的主筋伸入压桩孔内。桩与基础连接，采用C35微膨胀早强混凝土浇筑密实。桩与基础连接构造，如图7-3-22所示。

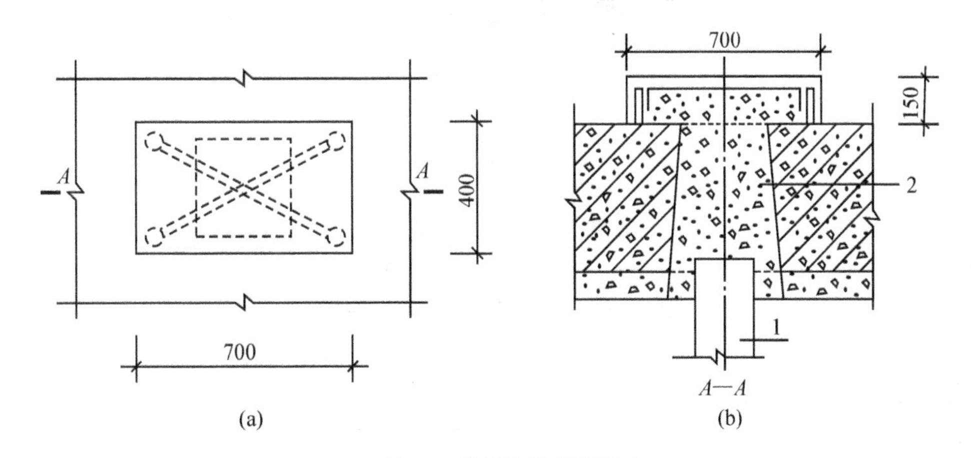


1—桩；2—微膨胀早强混凝土

图7-3-22　桩与基础连接构造示意图

承台周边至边桩的净距不宜小于200mm。

承台厚度不宜小于350mm。

(9) 下卧层强度及地基变形验算。

大量工程实践表明；凡采用锚杆静压桩的工程，其桩尖进入持力层者，建筑物沉降量是比较小的，不会超过8cm，故一般情况下不需要进行这部分内容的验算，只有当持力层下不太深处还存在较厚的软土层时，才需验算下卧层强度及地基变形。下卧层强度验算和地基变形计算可参照国家标准《建筑桩基技术规范》(JGJ94—2008)中有关条款进行。当验算不满足要求时，应修改原方案。

3. 锚杆静压桩施工技术

(1) 压桩设备及锚杆直径确定。

对触变性土，压桩力可取1.3～1.5倍的单桩容许承载力；对非触变性土，压桩力可取2倍的单桩容许承载力；压桩力 $p_p$ 与比贯入阻力 $p_s$ 还存在如下关系：$p_p=(0.06\sim0.07)p_s$。压桩力应取上述两种压桩力中的大值；并据此来选压桩设备及锚杆直径的大小，锚杆静压桩装置示意图如图7-3-23所示。

(2) 编制施工组织设计。

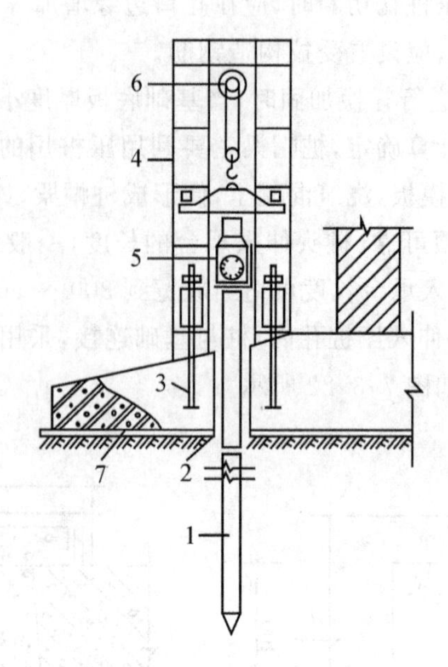


1— 桩；2— 压桩孔；3— 锚杆；4— 反力架；5— 千斤顶

6— 手动或电动葫芦；7— 基础

图 7-3-23 锚杆静压桩装置示意图

施工组织设计应包括的内容有：

① 针对设计压桩力所采用的施工机具与相应的技术组织与劳动组织。

② 在设计桩位平面图上标清桩号及分批压桩、封桩的标记。对大吨位的工程，由于锚杆数量增多，尚需标明锚杆与压桩孔的相对位置，以便遇障碍物或标高差异，可以调整压桩孔与锚杆的位置，同时在图中也标出沉降观测点，加强施工期间观测，必要时便于调整压桩和封桩的次序。

③ 施工中的安全防范措施。

④ 针对工程拟定压桩施工流程。

⑤ 针对工程的压桩施工，应该遵守的技术操作规定。

⑥ 为工程验收所需必备的资料与记录。

(3) 施工前应做好下列准备工作。

① 清理压桩孔和锚杆孔施工工作面。

② 制作锚杆螺栓和桩节的准备工作。

③ 开凿压桩孔，并应将孔壁凿毛，清理干净压桩孔，将原承台钢筋割断后弯起，待压桩后再焊接。

④ 开凿锚杆孔，应确保锚杆孔内清洁干燥后再埋设锚杆，并以粘结剂加以封固。

(4) 压桩施工流程。

一般压桩施工流程框图如图 7-3-24 所示。

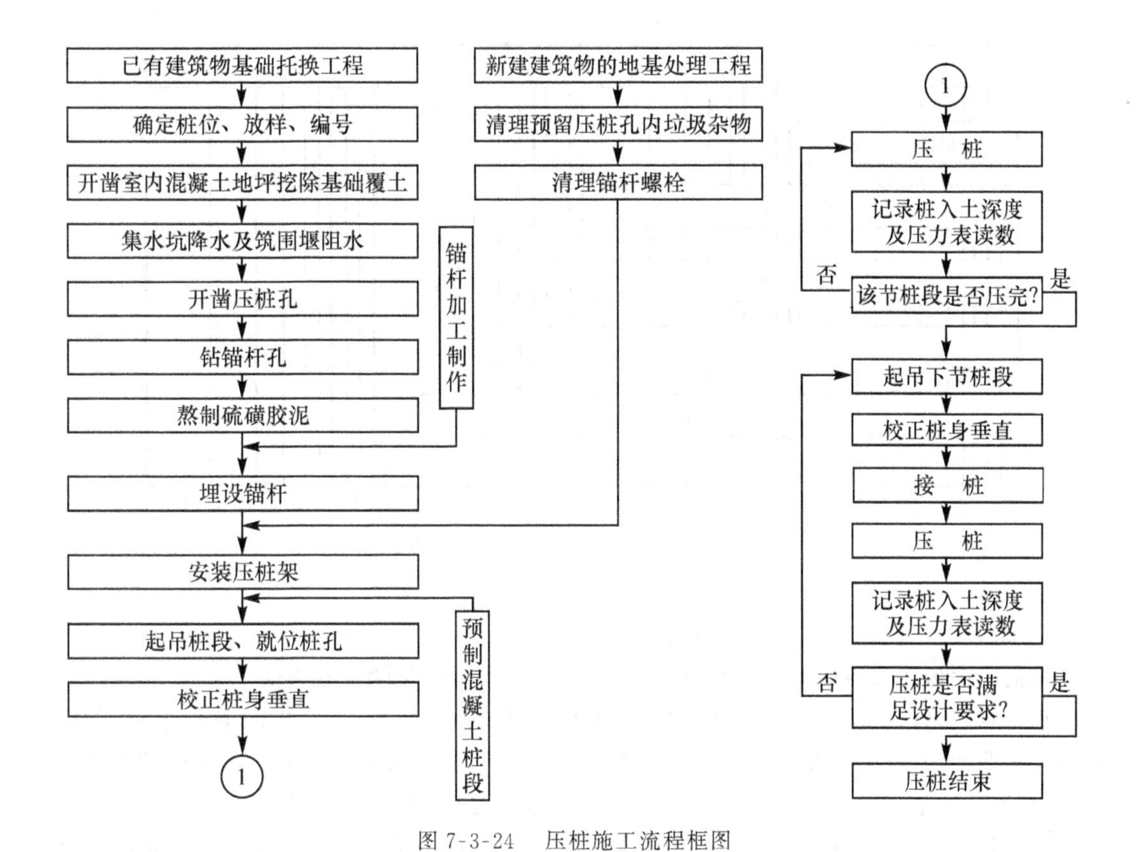


图 7-3-24　压桩施工流程框图

## §7.4　特殊托换

### 7.4.1　灌浆法

压力灌浆加固的方法，是用机械(泵或压缩空气）把浆液通过注浆管，均匀地注入地层中，浆液以填充和渗透等方式，排出土颗粒之间或岩石裂隙中的水分和空气，并占据其位置，经人工控制一定时间后，浆液便凝固，把原来松散的土粒或裂缝胶结为一整体，形成一种结构新的、强度大的、防水防渗性能高的和化学稳定性良好的“人造石”。

从注浆的材料进行分类时，可以分为颗粒状浆液(水泥、土或粘土以及这类材料的混合物制成）和化学浆液两种。自 1802 年法国工程师 Charles Beriguy 在一座水闸下面采用压力灌浆(粘土和水硬石灰浆）的方法修复了水闸后，迄今灌浆法已发展到适用于新旧建筑物的地基加固和托换技术。各种浆液适用于土粒粒径的范围，如图 7-4-1 所示。

化学浆液与颗粒状浆液相比较，其优点是能灌入于较小的孔隙，由于稠度较小，就能较好地控制凝固时间。另一方面，这类施工方法的工艺较复杂，成本也高。因此，灌浆法通常只限于在用其他方法不能解决的一些特殊问题的托换技术中使用。

碱液加固法是化学浆液中的一种，适用于在湿陷性黄土地基上浸水湿陷后的事故处理，

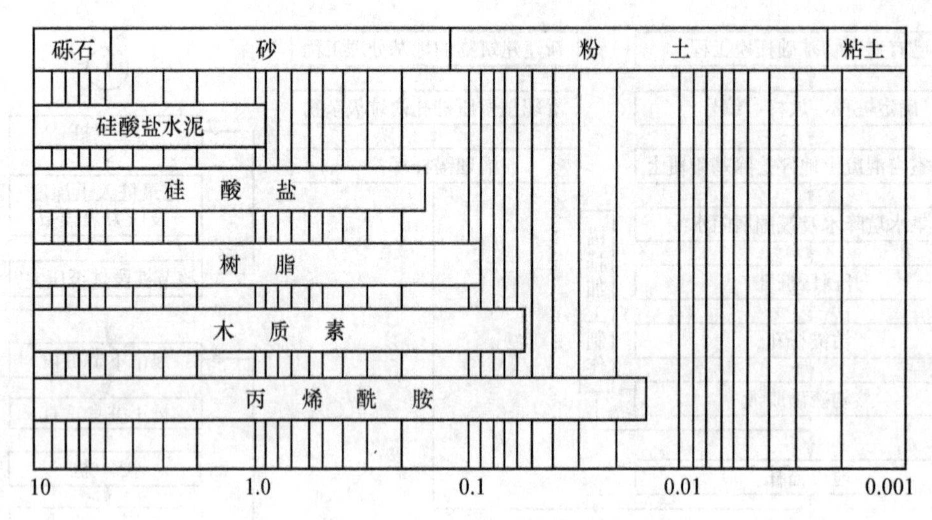

图 7-4-1 各种浆液适用于土粒粒径的范围

这是我国在加固地基和托换技术方面有一定创新的内容。

灌浆法中最为简便的是使用水泥灌浆的方法，成本也较化学浆液为低。

水泥浆液是以水泥为主的浆液，它是一种悬浊液，强度高，材料来源多，价格便宜，但由于带有水泥颗粒，土中孔隙小者就不易灌进去，故一般常用在砂卵石及岩石大裂隙的地质条件中，水泥浆的水灰比一般是 0.8 ～ 1.0，为了调节水泥浆的性能可加入各种掺和剂。

为了防止水泥浆随地下水流失，常在水泥浆中掺入水泥重量的 2% ～ 5% 的水泥速凝剂或 5% 的水玻璃，凝固时间大约为 5 分钟，主要随着温度而变化，温度高，凝固快；温度低，凝固慢，强度一般可达 5000kPa。

水泥品种以普通硅酸盐为最好，矿渣水泥次之，使用的水泥必须新鲜，标号不小于 400 号。

### 7.4.2 后压浆桩法

后压浆桩法是将土体加固与桩基技术相结合，大幅提高桩基承载力，减少沉降的有效方法。

1. 后压浆法施工流程

后压浆法施工流程如图 7-4-2 所示。

其一般做法是在灌注桩施工中将钢管沿钢筋笼外壁埋设，待桩体混凝土强度满足要求后，将水泥浆液通过钢管用压力注入桩端的地基土层孔隙中，使得原本松散的沉渣、碎石、土粒和裂隙胶结成一个高强度的结合体。水泥浆液在压力作用下由桩端通过地基土孔隙，向四周扩散。对于单桩区域，向四周扩散相当于增加了端部直径，向下扩散相当于增加了桩长；群桩区域所有的浆液连成一片，所加固的地基土层成为一个整体，使得原来不满足要求的地基土层满足了上部结构承载力的要求。

2. 后压浆桩的加固效应

(1) 充填胶结效应：土体孔隙部分被浆液充填、胶结在一起。

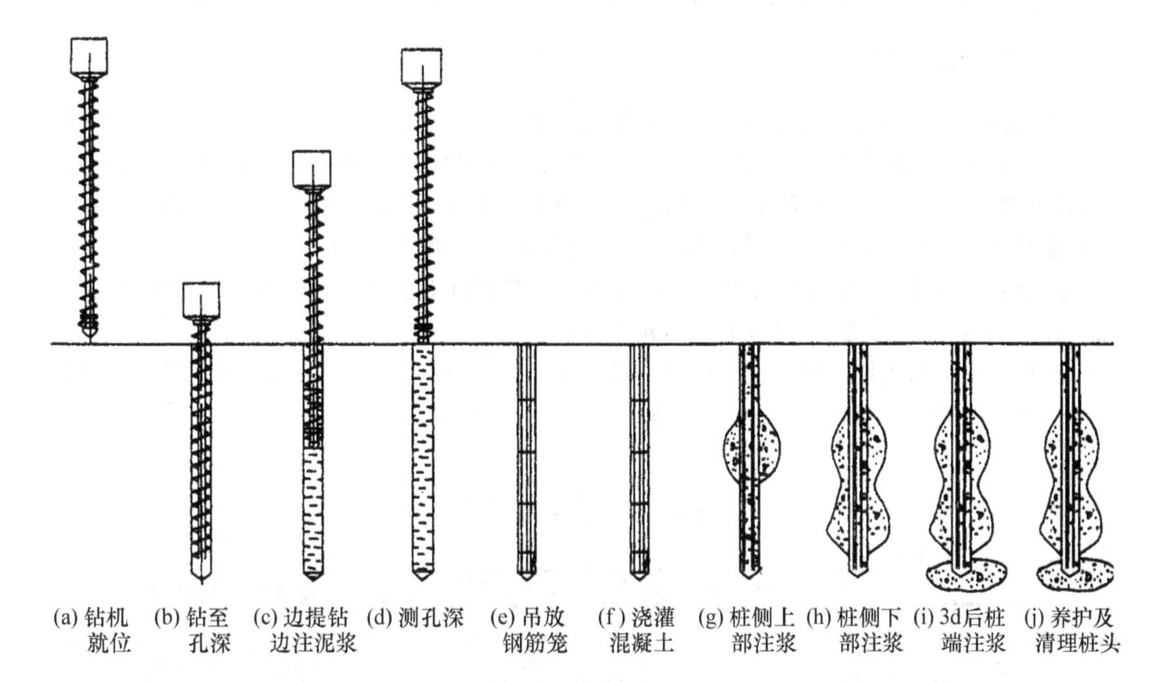


图 7-4-2　螺旋钻孔灌注桩后压浆桩施工流程示意图

(2) 加筋效应：单一介质土体被网状结石分割加筋成复合土体。

(3) 固化效应：桩底沉渣与桩侧泥皮与浆液发生物理化学反应而固化。

3. 后压浆桩法设计

(1) 桩端持力层的选择。

(2) 布桩。

由于后压浆法使得灌注桩单桩承载力大幅度提高。如果桩长不变，则可以适当增加桩距，减少桩数。若单桩承载力提高 35% ～ 127%，则相应桩数可减少至 44% ～ 74%。

(3) 后压浆桩单桩承载力。

一般应通过载荷试验确定单桩承载力，也可按下式预估。

$$Q_{uk} = Q_{sk} + Q_{pk} = \left(u\sum \xi_{ski} q_{ski} l_i + \xi_{pk} q_{pk} A_p\right)\lambda_Q \tag{7-4-1}$$

式中：$q_{ski}$，$q_{pk}$—— 桩端、桩侧阻力标准值(kPa)，查规范表格；

$l_i$—— 桩侧第 $i$ 层土厚度(m)；

$u$、$A_p$—— 桩身周长(m) 和桩的截面积($m^2$)；

$\xi_{ski}$—— 侧限增强系数，可查相关规范；

$\xi_{pk}$—— 端阻力增强系数，可查相关规范；

$\lambda_Q$—— 修正系数。

(4) 后压浆桩沉降。

可按桩基沉降计算方法计算。

(5) 后压浆群桩承台分担比。

由于后压浆桩法使得桩底、桩间土强度和刚度提高，群桩桩土整体工作性能增强，承载力大幅提高，使得基桩刺入变形减少，承台底土反力比非压浆群桩降低25%～50%。

### 7.4.3 抬墙梁法

采用抬墙梁法对建筑物进行托换加固常用以下三种做法：

1. 抬墙梁(预制钢筋混凝土梁或钢梁)穿过原有建筑物的地圈梁下，支撑于砖砌、毛石或钢筋混凝土新基础上，浇筑抬墙梁时，应充分振捣密实，保证其与地圈梁紧密结合。有时也将抬墙梁做成微膨胀混凝土梁，与地圈梁挤密效果更好，如图7-4-3(a)所示。

2. 抬墙梁穿过原有建筑物的地圈梁下，支撑于钢筋混凝土小桩上。小桩直径一般为150～250mm，深度通过计算确定。如图7-4-3(b)所示。

3. 抬墙梁下部支座支撑于钢筋混凝土爆破桩上。爆破桩直径200～250mm，扩大头直径500～600mm，桩长一般为2.5m左右。如图7-4-3(c)所示。

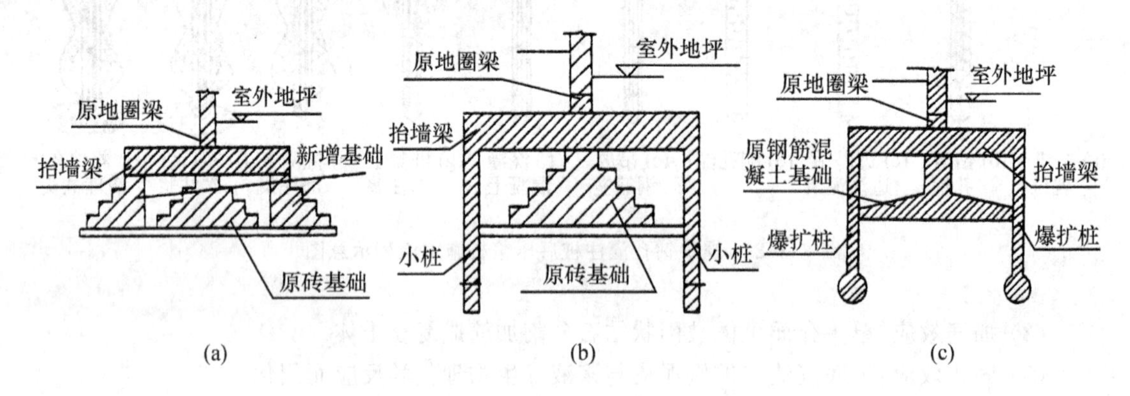


图7-4-3 抬墙梁法托换示意图

### 7.4.4 沉井托换加固法

沉井托换加固法也是建筑物增层、纠偏时常用的方法。

图7-4-4(a)为柱下条形基础，由于地基不均匀沉降造成基础开裂，采用沉井托换加固法支撑已经开裂的条形基础，用千斤顶和挖土法支撑条基并使沉井下沉，达到设计标高后封底或全部灌填低强度等级的素混凝土，然后将正开裂的基础进行灌浆加固修复。

图7-4-4(b)是采用沉井托换加固桩基础。由于单桩承载力不足，造成建筑物下沉，或在增层荷载作用下，厚桩基础承载力已不能满足要求时，可在承台下开挖施工坑，并现场浇筑沉井，分节下沉，用挖土法和千斤顶加压法，至计算标高后，清底并封底或全部充填低强度等级素混凝土。

图7-4-4(c)是采用沉井托换加固法修复已断的桩基础。

### 7.4.5 基础加压纠偏法

1. 方法简介

有许多建筑工程常建于地质条件较差、承载力低、土层厚度变化大的填土、软土、冲沟、河塘或特殊土地区，往往造成建(构)筑物或工业设备基础过大的沉降或不均匀沉降，另外，

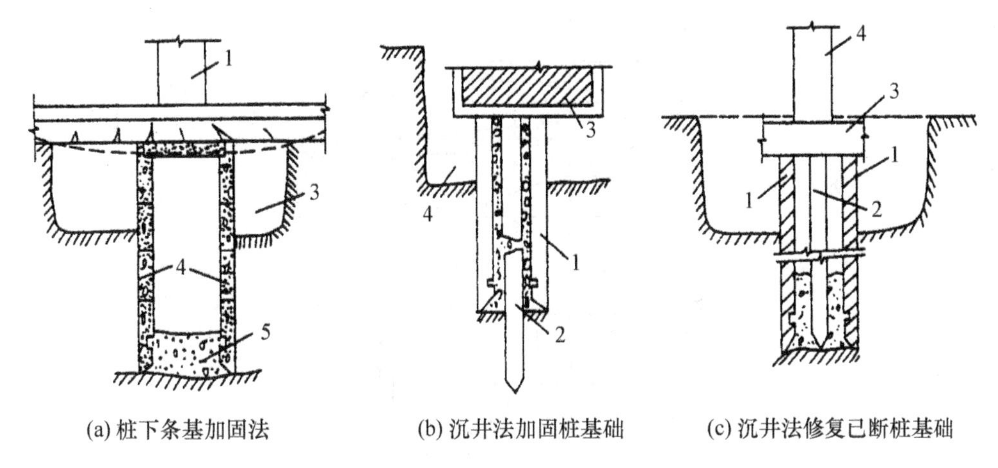

(a) 桩下条基加固法　(b) 沉井法加固桩基础　(c) 沉井法修复已断桩基础

(a)1— 墙体；2— 条基；3— 挖坑；4— 沉井；5— 填混凝土

(b)1— 沉井；2— 原桩；3— 基础；4— 挖坑　(c)1— 沉井；2— 原桩；3— 基础；4— 墙体

图 7-4-4　沉井托换加固法示意图

在有大面积堆料的厂房，还会引起柱基倾斜和吊车卡轨等现象。通常处理的方法，如加大加深基础、加固地基、调整吊车梁及其轨道、凿开基础矫正柱子等方法，但一般耗资太多，效果欠佳。武汉地基处理中心提出“基础加压纠偏法”，用以解决减小不均匀沉降（汪益基等，1983）。

2. 纠倾机理

该法采取人为地改变荷载条件，迫使地基土产生不均匀变形，从而调整基础不均匀沉降，使有害变形成为无害变形。其表达式为：

$$\frac{\Delta S - S_w}{b} \leqslant [\tan\theta] \tag{7-4-2}$$

式中：$\Delta S$—— 计算或实际沉降差，(cm)；

$S_w$—— 纠偏或超纠偏沉降量，(cm)；

$b$—— 倾斜方向宽度尺寸，(cm)；

$[\tan\theta]$—— 容许倾斜值。

3. 基础加压纠偏法工艺

如图 7-4-5 所示，基础加压的过程就是地基应力重分布、地基变形和基础纠偏的过程。利用锚桩和加荷机具，按工程需要一次或多次加荷，直至达到预期目的，并能长期保持。

4. 实施步骤

(1) 根据建筑物倾斜情况确定纠倾沉降量，并按照建筑物倾斜力矩值和土层压缩性质估计所需要的地基附加应力增量，从而确定堆载量或加压荷载值。

(2) 将预计的堆载量分配在基础合适的部位，使其合力对基础形成的力矩等于纠倾力矩，布置堆载时还应考虑有关结构或基础底板的刚度和承受能力，必要时作适当补强。当使用加压法时，应设置可靠的锚固系统和传力杆件。

(3) 根据地基土的强度指标确定分级堆载加压数量和时间，在堆载加压过程中，应及时

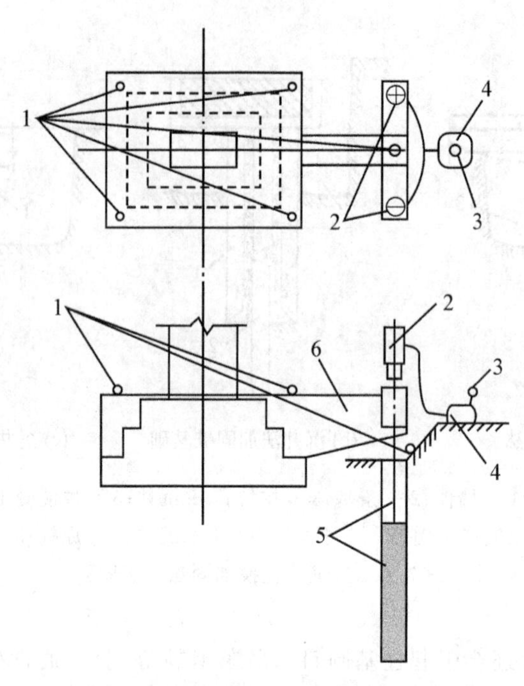


1— 百分表；2— 加荷机具；3— 压力表；4— 油压泵；5— 锚固系统；6— 施力构件

图 7-4-5 基础加压纠偏法工艺示意图

绘制荷载 — 沉降 — 时间曲线，并根据监测结果调整堆载或加压过程。地基土强度指标可以考虑建筑物预压产生的增量。

(4) 根据预估的卸载时间和监测结果分析卸除堆载或压力，应充分估计卸载后建筑物回倾的可能性，必要时辅以地基加固措施。

对不均匀沉降敏感且又要求严格控制倾斜的建(构) 筑物，则可以在设计与施工中预先设置纠偏装置，以后根据情况随时进行调整。这是一种治理和防止建(构) 筑物倾斜的治本方法，与其他地基处理方法比较，既可减少土体原有结构的破坏，又能达到改善地基土性能的目的。

### 7.4.6 基础减压和加强刚度法

在软弱地基上建造建(构) 筑物时，上部结构往往需要采取某些加强建(构) 筑物的刚度和强度以及减少结构自重的结构措施，如选用轻质材料、轻型结构和补偿性基础等。对由于地基的强度和变形问题而使建(构) 筑物结构开裂的某些特定情况，在建(构) 筑物建造后，同样可采取以上两个措施进行基础托换和加固。如将原基础改建成箍形基础，则通过挖除土重可抵消一部分作用在地基上的附加压力，从而减少建筑物的沉降。同时由于加强了基础的整体刚度，还能起到调整地基不均匀变形的作用。

### 7.4.7 套筒法

套筒法是指在原桥梁的桥墩水下部分的若干钢筋混凝土柱基础外包以套筒(实际上是

一种沉井结构)，再在套筒内灌筑混凝土，从而将分散的若干钢筋混凝土柱基础形成一个重力式桥墩。

如图7-4-6所示，套筒法施工步骤如下：

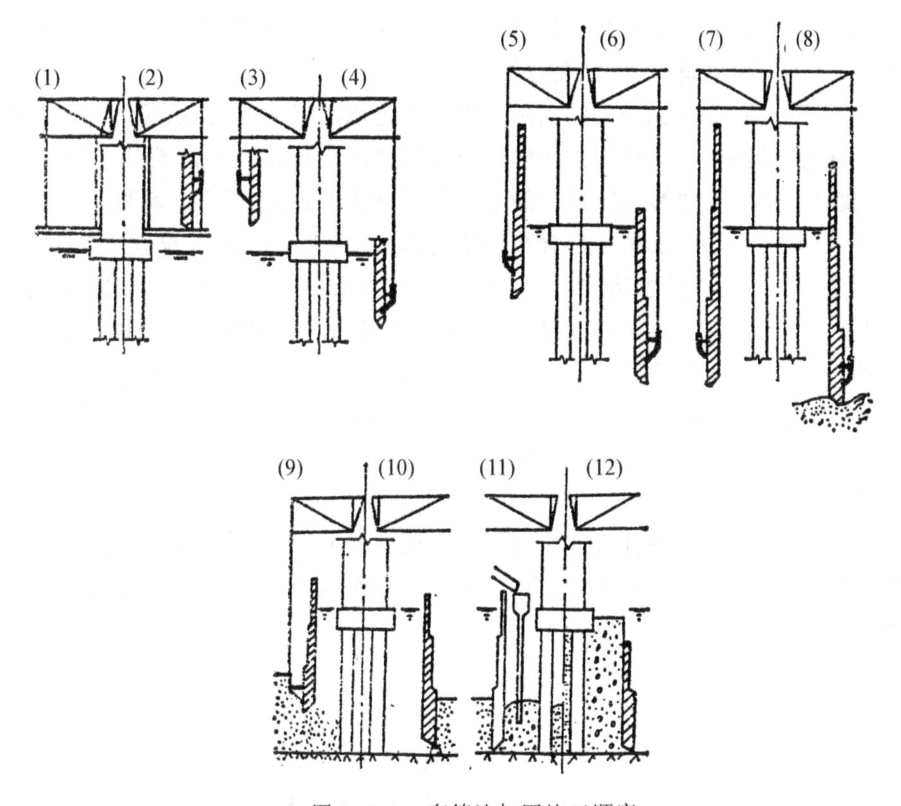


图7-4-6　套筒法加固施工顺序

(1) 在原桥钢桁架及墩顶设置新的桁梁，并在桁梁上悬挂固定的钢托架。

(2) 在托架上制作沉井。

(3) 待混凝土养护达到要求强度后，用设置在钢梁上的起重装置起吊沉井，使其与托架分离，然后在水上拆除托架。

(4) 接着将沉井向水中沉放至要求标高，而沉井顶面必须露出水面。

(5) 接高钢筋混凝土井壁。

(6) 第二次沉放沉井。

(7) 再次接高钢筋混凝土井壁。

(8) 第三次沉放至沉井。

(9) 沉井内吸泥下沉，消除覆盖层。

(10) 最后下沉到基岩，清基及刃脚塞缝。

(11) 灌注水下混凝土，将原墩柱围护在内。

(12) 完成加固基础工作，形成一个重力式桥墩。

### 7.4.8 浸水与加压矫正法

1.方法简介

建于湿陷性黄土地基上的一些高耸构筑物如烟囱、水塔等，由于地基局部浸水，往往使基础产生不均匀沉陷，从而导致构筑物的倾斜。当倾斜超过地基规范容许值(5‰～8‰)时，为了防止意外，一般应对构筑物进行倾斜矫正。

在高耸构筑物的倾斜矫正中，可以利用湿陷性黄土遇水湿陷的特性，采用浸水、加压或浸水加压的方法进行矫正。具体加固方法的选择应根据沉降量较小一侧地基土的含水量决定。当地基主要受力层范围内湿陷性黄土的平均含水量低于16%，而湿陷系数$\delta_s>0.05$时，宜采用浸水矫正的方法，当黄土的平均含水量超过23%，而$\delta_s<0.03$或没有湿陷性时，宜采用在基础一侧进行加压矫正的方法；当黄土的含水量或湿陷性介于上述二者之间，或倾斜率较大，而单用浸水法不易恢复垂直位置时，可以考虑采用浸水和加压相结合的矫正方法。这种矫正方法施工简单，费用较低，且矫正效果好。我国当前不但已将这些方法成功地应用于烟囱、水塔等高耸构筑物的倾斜矫正，也用于刚度较大的建筑物的整体倾斜矫正，都取得了较好的技术经济效果，并积累了丰富的实践经验。

2.适用范围

地基土是有一定厚度的湿陷性黄土。当黄土含水量小于16%，湿陷系数大于0.05时可以采用浸水纠倾法；当黄土含水量在17%～23%、湿陷系数为0.03～0.05时，可以采用浸水和加压相结合的方法。

3.纠倾方法

(1) 浸水矫正法。

在浸水矫正法施工前，要根据主要受力层范围内土的含水量及饱和度，预估所需的浸水量，然后分阶段地将水注入地基。注水可以通过注水孔或注水槽进行。注水孔一般可以用洛阳铲成孔，孔径10～30cm，深度应达基底以下0.5～1.0m，然后用卵石填至基础底部，再插入注水管。根据基底下各土层湿陷性质的不同以及倾斜值大小，各注水孔底部可以设在同一标高上，也可以设在2～3个不同标高处。注水孔间距可以取0.5～1.0m，一般沿基础周围布置一排，有时也可以布置2～3排。注水槽适用于刚度较大的建筑物整体倾斜矫正，可以沿基础两侧对称布置，槽宽40～50cm，槽底与基础底标高一致，根据需要矫正范围，注水槽可以分段设置，中间可以用隔板隔断。

为了避免矫枉过正，防止意外事故发生，施工中应采取相应安全措施。对于高耸构筑物，可以在构筑物顶部或三分之二高度处设置3～6根钢丝缆绳，缆绳与地面成25°～30°角，采用花篮螺丝连接，根据矫正速率，逐渐将倾斜一侧缆绳放松，另一侧则收紧。

矫正过程中要用仪器或自顶部向下呈垂球进行监测，防止矫正速度过快。矫正初期浸水量可稍大，矫正速率通过构筑物顶部位移控制，一般不宜超过2～4cm/d。当倾斜值矫正50%后即应减少注水量，降低矫正速率，后期不宜超过1～2cm/d。

施工中应逐日测定各孔注水量，并作好记录。结合构筑物顶部位移及基础沉降速率，随时调整各孔注水量，使基础底部能均衡地恢复水平位置。

(2) 实施步骤。

① 根据主要受力土层的含水量、饱和度以及建筑物的纠倾目标预估所需要的浸水量。必要时进行浸水试验，确定浸水影响半径，注水量与渗透速度的关系。

② 在沉降较小的一侧布置浸水点，条形基础可以布置在基础两侧。按预定的次序开挖浸水坑（槽）或钻孔。

③ 根据浸水坑（槽）或钻孔所在位置所需要的纠倾量分配注水量，然后有控制地分批注水。注水过程中严格进行监测工作，并根据监测结果调整注水次序和注水量。

④ 当纠倾达到目标时，停止注水，继续监测一段时间，在建筑物沉降趋于稳定后，回填各浸水坑（槽）或钻孔，做好地坪，防止地基再度浸水。

（3）注意事项。

① 浸水坑（槽）、孔的深度应达到基础底面以下 0.5 ～ 1.0m，可以设置在同一深度，也可以设置在 2 ～ 3 个不同深度上。

② 试坑（槽）与被纠倾建筑物的距离不小于 5m，一幢建筑物的试坑（槽）数不宜少于 2 个。

③ 注意滞后沉降量、条形基础和筏板基础在注水停止后需要 15 ～ 30 天沉陷才会稳定，其滞后变形占总变形量的 10% ～ 20%，在确定停止注水时间时应考虑这一点。

（4）加压矫正法。

在湿陷性黄土或软弱地基上，当建（构）筑物产生不均匀沉降后，在时可以采用加压矫正法用以调整不均匀沉降。

选用加压矫正法，要求事先查明基底压力大小及压缩层范围内土的压缩性质，根据纠偏量的大小估算地基所需的压缩量值，然后结合地基土的压缩性，计算完成上述压缩量所需的附加应力增量，从而得出应增加的荷载量。

荷载一般宜采用铸铁块或钢锭，应直接压在沉降较小一侧的基础上。加压前，应验算建（构）筑物基础的强度，当强度不足时应对基础加固后方可加压。荷载可以分成 20 ～ 30 级施加。初期每天加 1 ～ 2 级，以后每 1 ～ 2 天施加 1 级，后期可 3 ～ 5 天加 1 级，加荷速率可根据纠偏速率进行调正。

（5）浸水与加压矫正法。

当地基土含水量介于 17% ～ 23% 之间，平均湿陷系数在 0.03 ～ 0.05 之间时，可以只采用浸水或加压方法进行构筑物倾斜矫正。但有时为了加速矫正速度，提高纠偏效果，或当倾斜率较大，单独采用浸水法难以使构筑物恢复垂直位置时，可采用浸水与加压相结合的方法进行矫正。

### 7.4.9 掏土纠倾法

1. 概述

此处所述的掏土纠倾法是指用特定的工具和方法，从建筑物沉降较小一侧的基底以下或基础外侧掏出适量的土，以达到纠倾的目的，掏土纠倾法是应用较多的纠倾方法，运作方法也较为多样，表 7-4-1 是考虑不同掏土方式的分类方法。

表 7-4-1 掏土纠倾法的分类

| 掏土方式 | 常用方法 | 方法简介 |
| --- | --- | --- |
| 基底下浅层掏土 | 基底人工掏土 | 直接在基底下用人工或水冲方法掏土 |
| | 基底水冲掏土 | |
| 基础下深层掏土 | 深层钻孔取土 | 从基础板底往下钻孔至深处取土 |
| | 沉井深层冲孔排土 | 在基础外侧设置沉井，以沉井壁上的射水孔往基础内辐射向冲水，泥水从沉井中排出 |
| 基础外深层掏土 | 基础外钻孔取土 | 在基础外缘布设钻孔，从孔内深层取土 |
| | 沉井内深层掏土 | 从基础外缘设置沉井，从井内人工掏土 |

2. 基底下浅层掏土

(1) 适用范围。

基底下浅层掏土可以有抽砂、水平向人工掏土、水平钻孔抽水掏土等不同方法。适用于匀质粘性土和砂土上的浅埋的体型较简单、结构完好、具有较大的整体刚度的建筑物，一般用于钢筋混凝土条形基础、片筏基础和箱形基础。抽砂法适用于有砂垫层的情况。

(2) 纠倾机理。

掏土基础以下一定数量的土，削弱原有的支承面积，加大浅层土中附加应力，从而促使沉降较小一侧的地基土下沉。

本法应该以沉降变形为主控制施工，有时也可以预先估计掏土量作为施工参考，掏土量 $V$($m^3$) 可以按下式估计：

$$V = \frac{1}{2}(s_{\max}F) \tag{7-4-3}$$

式中：$s_{\max}$—— 基础边缘纠倾需要的沉降量(m)；

$F$—— 基础底面积($m^2$)。

此外，为了顺利促沉同时避免沉降过快，减少的基础面积应满足下式要求：

$$f < p < 1.2f \tag{7-4-4}$$

式中：$f$—— 地基承载力设计值(kPa)；

$p$—— 基础面积减少后的基底附加应力(kPa)。

(3) 实施步骤。

① 在需要掏土的基础两边或一边开挖工作坑，坑宽应满足施工操作要求，坑底至少比基础底面低 10 ～ 15cm，以方便掏土，如果地下水位较高，则应采取措施保证坑内干燥。

② 按设计要求分区(分层) 分批进行掏土，掏土一般用小铲、铁钩、通条、钢管等手工进行，也有用平孔钻机的，有时还辅以水冲方法。

③ 根据监测资料调整掏土的数量和次序。当掏出块石、混凝土块等较大物体时，应及时向孔中回填粗砂或碎石，避免沉降不均。

(4) 注意事项。

① 本法直接从基础下掏土，纠倾较为激烈，特别需要加强监测工作；

② 对于较硬的地基土，建筑物的回倾可能不均匀，具有突变性，应充分注意。

(5) 抽砂纠倾法简介。

抽砂纠倾施工方法如下：

在建筑物基底预先做一层 70 ～ 100cm 厚的砂垫层，如图 7-4-7 所示，砂垫层材料可以用中、粗砂，除需满足一般砂垫层的技术要求外，其最大粒径宜小于 3 ～ 4mm。

在可能发生沉降量较小的部位，按平面交叉布置，每隔一定距离(约 1m) 预留取砂孔一个，取砂孔可以由预埋斜放的 $\phi$200 瓦管做成。

当建筑物出现不均匀沉降时，可以在沉降量较少的部位，用铁管在预留孔中取一定数量的砂体。

当取砂孔四周的砂体如没有能在自重作用下挤入孔洞，则应在砂孔中冲水，促使孔周围的砂体下陷，从而使建筑物强迫下沉，达到沉降均匀的目的。

施工时注意事项：

① 要求严格控制取砂的体积和取砂孔的位置，力求取砂均匀。

② 有时向取砂孔冲水是强迫基础下沉的关键，可以单排也可以并排进行，每孔的冲水量不宜过多，水压不宜过大，一般以取砂孔能自行闭合为限。

③ 抽砂的深度不宜过大，至少应小于垫层厚度 10cm，以免扰动砂垫层下面的软粘土地基。

④ 为谨慎计，取砂可以分阶段进行，每阶段沉降可以定为 2cm，待下沉稳定后再进行下阶段的抽砂。

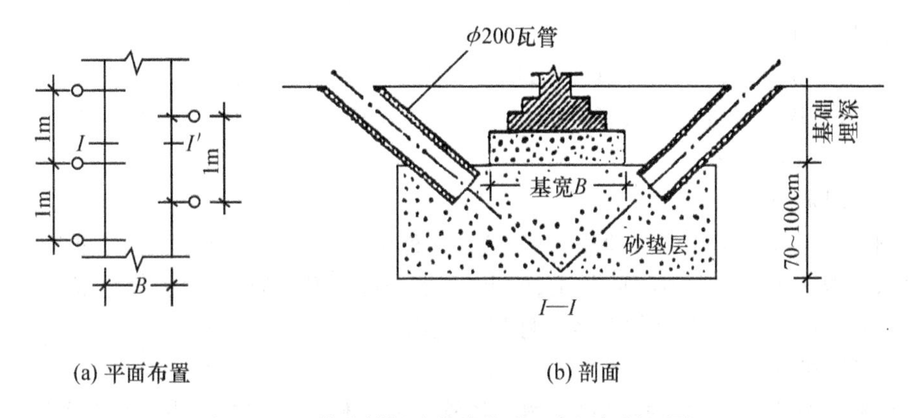


(a) 平面布置　　(b) 剖面

图 7-4-7　抽砂纠倾法抽砂孔平面布置与剖面图

3. 基础外深层掏土

(1) 适用范围。

基础外深层掏土主要有钻孔取土和沉井掏土两类，适用于淤泥、淤泥质土等软土地基，在经粉喷、注浆等方法处理的软土中也有成功的实例。对较硬的地基土，由于难以侧向挤出，不宜采用。

(2) 纠偏机理。

当孔或井中的土被取出后，孔壁应力被解除，基础以下的深层土朝孔内挤出，带动基础下沉。由于取土是在沉降较小的一侧进行，在纠倾过程中地基内的附加应力不断调整，基础中心部位应力增大,更有利于软土的侧向挤出。刘祖德教授等把钻孔取土纠倾法称为应力解除法,以"五解除""二均化" 概括了上述纠倾机理。

(3) 纠倾步骤。

① 根据纠倾目标按(7-4-3)式估计总掏土量;

② 布置钻孔或沉井平面位置,原则是既满足纠倾目标要求,又考虑纠倾过程中变形恢复的均衡性;

③ 对钻孔取土法:钻孔,下套管;对沉井掏土法:沉井制作、挖土下沉;

④ 将总掏土量分配至各个钻孔或沉井,在监测工作的指导下,分期分批掏土。

⑤ 当接近纠倾目标时,减少掏土量。根据监测结果调整掏土部位、次序和数量,实行微调;

⑥ 达到纠倾目标后,间隔式拔除套管,并回填适宜土料封孔,沉井也要用合适土料回填。

(4) 注意事项。

① 钻孔直径和孔深应根据建筑物的底面尺寸和附加应力的影响范围确定,一般孔径为 300～500mm,取土深度水小于 3m;沉井可以用混凝土材料或砖砌制成,井的直径以方便操作为度,一般不小于 80cm。

② 钻孔或沉井距建筑物基础的距离宜在被纠基础的应力扩散角范围内。

③ 钻孔顶部 3m 加套管,确保挤出的是深层软土。沉井井筒也应有足够的刚度和强度。这样做可以使接近基底的土免受扰动,并保护基础下的人工垫层或硬壳持力层,防止变形不均影响上部结构。

④ 尽量不扰动沉降较大一侧的地基土。如无必要该侧土不采用地基加固处理。

⑤ 注意对周围环境的影响,如果钻孔或沉井距相邻建筑物过近,应采取保护措施。

4. 基础内深层掏土

(1) 适用范围。

基础内深层掏土常用深层冲孔排土方法(又称辐射井纠倾方法),也有从基础板底往下钻孔从深层取土的。适用于粘性、粉土、砂土、黄土、淤泥、淤泥质土、填土等地基上的(或经浅层处理后) 浅基础、且上部结构刚度较好的建筑物。

(2) 纠倾机理。

深层冲孔排土纠倾法是指在建筑物沉降较小的一侧布置工作沉井,通过设在沉井壁上的射水孔,用高压水枪在建筑物深部地基中水平向冲孔。冲孔解除了部分地基应力,使地基土向孔内坍落变形,通过控制冲孔的数量、布置以及冲水的压力和流量,可以调整建筑物的纠倾沉降量和速率,从而达到平衡纠倾的目的。

(3) 实施要点。

① 一般采用圆形砖砌沉井,粘土砖强度不小于 MU7.5,水泥砂浆标号不低于 M5;也可以采用混凝土沉井,混凝土标号不低于 C15。

② 沉井应布置在沉降较小的一侧,其数量、深度、中心距应根据建筑物倾斜情况、荷载特征、基础类型、场地环境和工程地层条件确定。

③ 沉井的直径应便于操作,一般不小于 0.8m,沉井与建筑物的净距不小于 1.0m,沉井可以封底也可以不封底。

④ 射水孔直径宜为150～200mm,位置应根据纠倾需要确定,但一般应高于井底面1.0～12m,以利操作,井壁上还应设置回水孔,位置宜在射水孔下交错布置,直径宜为$\phi$40。

⑤ 高压水枪的工作压力和流量,应根据需要冲孔的土层性质,经试验确定。

⑥ 纠倾过程中最大沉降速率宜控制在5～10mm/d以内,对于软土地基和房屋整体刚度较弱的,应按下限控制。当监测到沉降速率过大时,应停止冲水施工,必要时采取抢险措施。

⑦ 注意防止纠倾过程中对周围建筑物和设施的影响,必要时先对其进行加固处理。

⑧ 纠倾完成后,应用素土或灰土等将沉井填实;并继续进行沉降观测,一般不少于半年。

## §7.5　综合托换

当前托换工程趋向大型和综合性,托换工程是和城市建设的发展以及科学技术的进步紧密相关联的。随着城市的大型化和现代化,相继出现了大型高层建筑。城市人口的高度集中,对交通、通风、商业及其生活服务设施,提出了更高的要求,而本已显得拥挤的市区空间,唯一的出路只能开拓地下空间。建造地下铁道、商场和通风管沟,这些地下建(构)筑物往往要穿越部分高层建筑或重要的具有历史价值的建筑物,为使这些建筑物能在地下工程施工期间保持正常使用或尽量减少损坏,这就需对原有建筑物的基础进行托换。这种托换的措施,无论在规模上、技术难度上或是采用方法的技巧上,都远远超过一般的托换工程。

综合托换工程的特点:

(1) 根据不同的条件,因地制宜地选定切合实际的方法。每项托换工程的方案都是在特定的条件下提出来的。

(2) 被托换的面积和重量都比较大。范围往往达数百平方米,重量达数万吨,有时托换对象甚至是十多层的高层建筑。

(3) 难度大。有些工程要求施工期内维持使用,同时要保证将建筑物因施工造成的损坏降低到最低限度。有些工程地处闹市区,场地狭窄,必须要保证施工期间周围建筑物的安全,有些古建筑整体性差,材料强度弱,已濒临倒塌,因而托换施工时必须谨慎小心。

(4) 各种基础托换技术的综合使用。由于其难度大,就不可能用单纯的一种托换方法解决问题。常用的方法有大小口径钻孔灌注桩、钢桩、地下连续墙、锚杆、顶管技术、冻结法、喷射混凝土和化学加固法等。

(5) 托换范围由小到大,逐步扩大。任何情况下都是一部分被托换后,才可以开始另一部分的托换工作,否则难以保证工程的可靠性。

(6) 工期长。一般都要一年半载,有的甚至需数年。由此必须充分估计到可能遇到的各种问题。如季节变化而引起的温度变化、雨雪影响、挖土后土层卸载和基坑排水引起的影响,以及一些临时性的支护结构的可靠性等。

(7) 加强施工监测在很大程度上决定了工程的成败。施工监测对确保工程质量与安全,加快工程进度有重要的作用。

# §7.6 建筑物移位工程

## 7.6.1 概述

移位工程是通过一定的工程技术手段，在保持建筑物整体性的条件下，改变建(构)筑物的空间位置，包括平移、爬升、升降、旋转、转向等单项移位或组合移位。

建筑物移位技术的起步始于20世纪初的欧美国家，而我国20世纪80年代才开始尝试建筑物移位。但是这项技术在我国的发展速度非常迅猛，势头良好，其理论与技术处于世界领先地位。

## 7.6.2 移位工程分类

1. 根据移位装置分类

(1) 流动式：其移位装置采用辊轴，依靠辊轴的转动来实现建筑物的移位。

(2) 滑动式：其移位装置的滑移面是滑动摩擦，通常下轨道为钢轨或钢板，上轨道为钢板或槽钢，是一种新型的移位装置。

(3) 轮动式：在托盘梁体系下布置一系列的转轮(通常为橡胶轮胎)，底盘结构体系为能满足移位要求的轨道梁系或道路，其移位方式类似于一个特大型的载重汽车。

(4) 组合式：在同一建筑物移位工程中采用两种或两种以上的移位方式，进行组合式移位。

2. 根据基础处置方式分类

(1) 切断式：指在基础的某一水平位置将基础切断，上部移走，在新的就位位置施作新基础，然后再将上部结构与新基础连接起来。

(2) 连同式：将建筑物结构立体与基础一同移走，适用于浅埋基础。

3. 根据结构处理方式分类

(1) 整体式移位：是指在移位过程中建筑物结构整体性保持不变的移位。

(2) 分体式移位：将建筑物的主体结构分成两部分或三部分分别移位，在新址基础上再连接起来或永久分开的移位工程。

4. 根据移位方式分类

(1) 水平式移位(平移)：是指整个移位过程在同一水平面内完成，移位过程中建筑物的标高不变。主要包括直线移位、折线移位(转向移位)、曲线移位和旋转移位。

(2) 升降式移位：是指在移位过程中建筑物的标高发生变化的移位。它又包括两种类型：一种是原地升降移位，即建筑物保持原地不动，进行竖向抬升或下降；一种是爬式升降移位，即建筑物在水平移位过程中同时完成升降移位。

(3) 组合式移位：两种或两种以上移位方式的组合。

5. 根据施工方式分类

(1) 顶推式：沿着移位方向在建筑物的一侧采用千斤顶或其他动力设备顶推建筑物。

(2) 牵拉式：沿着移位方向，用千斤顶及钢铰线等对移位建筑物进行牵拉。

(3) 组合式:即顶推又牵拉的组合移位。

6. 按托盘结构形式分类

(1) 十字交叉梁结构体系。

(2) 拱形结构体系。

(3) 梁板结合结构体系。

7. 按偏移控制方式分类

(1) 有侧限控制方式。

(2) 无侧限控制方式。

### 7.6.3　移位工程设计

1. 概述

建筑物移位的基本原理就是在建筑物基础的顶部或底部设置托换结构,在地基上设置行走轨道,利用托换结构来承担建筑物的上部荷载。然后在托换结构下将建筑物的上部结构与原基础分离,在水平牵引力或顶升力作用下,使建筑物通过设置在托换结构上的托换梁沿底盘梁相对移动,因此建筑物平移工程的设计,包括托换结构的设计、基础与下轨道的设计、牵引系统的设计及建筑物到位后的连接设计等四方面的内容。

对于建筑物的平移设计,为确保建筑物平移时结构的安全性,在进行设计前必须首先对建筑物进行检测鉴定和复核验算,确保原建筑物能满足结构的各项功能要求;若不能满足,需采取措施进行修补加固后再进行平移。

2. 平移牵引系统设计

牵引系统设计主要包括牵引力的计算和牵引动力施加方式的设计,目前,许多平移工程中牵引力的确定主要靠实验和经验,缺少简单实用的计算公式;而牵引力的施加方法也在不断改进完善中。

如图7-6-1～图7-6-3所示,常用的动力施加方法有推力式、拉力式和推拉结合式三种方式,目前还有利用预应力张拉技术的新型推力式移位。

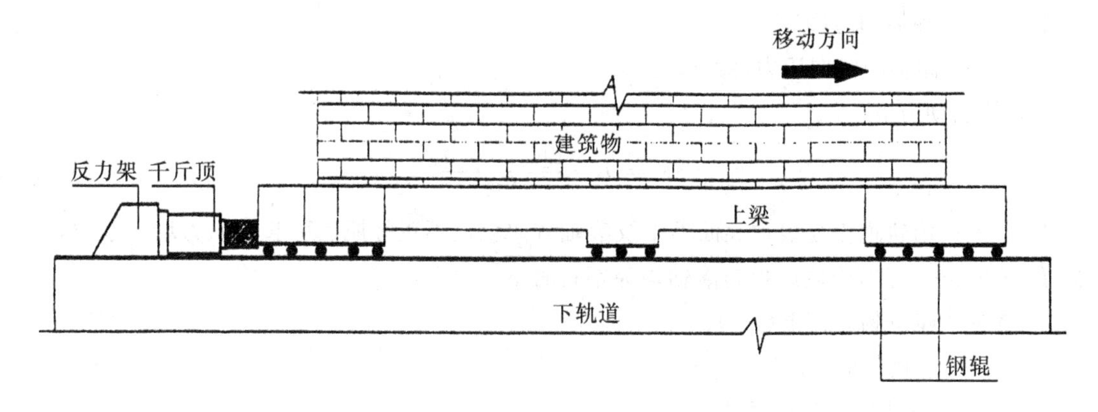


图7-6-1　推力式移动示意图

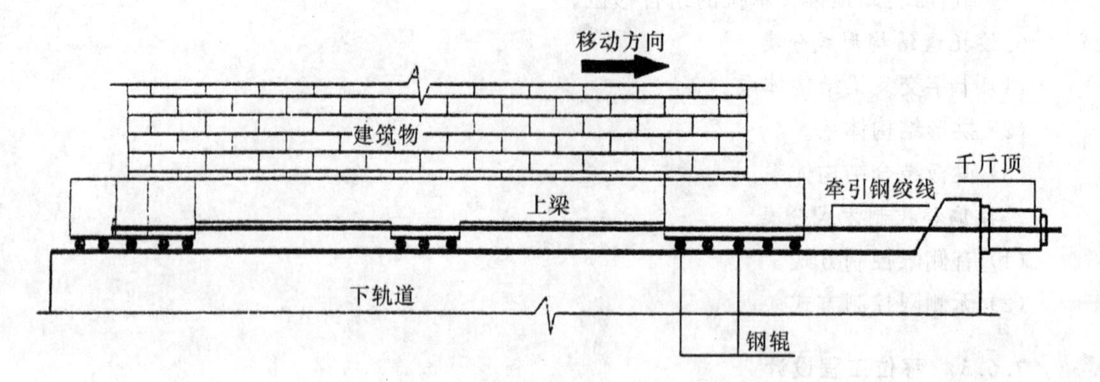


图 7-6-2　拉力式移动示意图

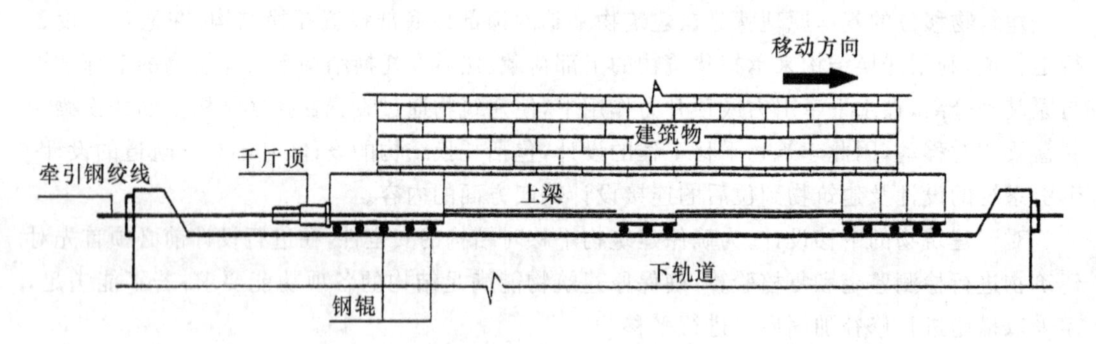


图 7-6-3　新型推力式移动示意图

(1) 外加动力的计算确定。

外加动力包括顶推力或牵拉力,其大小与建筑物荷重、平移机构材料等有关,其计算可以按下式进行

$$T = \frac{p(f + f')}{2R} \tag{7-6-1}$$

式中:$T$—— 外加动力(kN);

$p$—— 滚轴的竖向压力(kN);

总外加动力 $N$

$$N = K \cdot \frac{Q(f + f')}{2R} \tag{7-6-2}$$

式中:$K$—— 因轨道板与滚轴表面不平及滚轴方向偏位不正等原因引起的阻力增大系数,一般 $K = 2.5 \sim 5.0$,当轨道板与滚轴均为钢材时 $K = 2.5$;

$Q$—— 建筑物总荷重(kN);

$f$—— 上轨道板摩擦系数;

$f'$—— 下轨道板摩擦系数;

$R$—— 滚轴半径(cm)。

(2) 滚轴设计。

① 滚轴长度。

滚轴长度一般比轨道板宽度大 150 ~ 200mm，这样出现偏位时，便于调整，另外也便于矫正。

② 滚轴直径。

滚轴直径与外加动力有关，从式(7-6-2) 中可见，直径越大外加动力 $N$ 越小，但直径太大费用增加且移动时稳定性难以控制，建议：钢管滚轴直径采用 100 ~ 150mm；圆钢滚轴直径采用 50 ~ 100mm。

③ 钢滚轴允许荷载值。

荷载过大钢滚轴将产生变形，难以继续施工。因此

$$W = 42D \sim 53D \tag{7-6-3}$$

式中：$W$—— 滚轴与轨道板接触的每厘米长度的允许荷载(kN/m)；

$D$—— 滚轴直径(cm)。

式中已包括可能的压力不均匀系数 1.2。

④ 钢滚轴间距。

每根轨道板上的钢滚轴数量 $M$：

$$M \geqslant \frac{Q_L}{W \cdot L_o} \cdot K_1 \tag{7-6-4}$$

式中：$Q_L$—— 该轨道板承受的荷载(kN)；

$L_o$—— 每根滚轴与轨道的有效接触长度(取上、下轨道板宽度中的小值)；

$K_1$—— 轨道板不平引起的增大系数，取 1.2 ~ 1.5。

则平移时滚轴间距 $s$ 为

$$s = \frac{L}{M} \tag{7-6-5}$$

式中：$L$—— 平移方向托换梁有效长度(cm)。

⑤ 滚轴最小间距。

为避免滚轴相互卡住，利于正常滚动：

$$s_{\min} \geqslant 2.5D \tag{7-6-6}$$

(3) 轨道板设计。

轨道板的作用是扩散滚轴压力和减少滚轴摩擦，轨道板一般通长布置，采用钢结构。轨道板根据位于滚轴上下的位置分为上轨道板和下轨道板。

上轨道板可选用型钢，如槽钢、工字钢、H 形钢，组合钢轨或者普通钢板，下轨道板当不需要提供动力支座时可用钢板，否则同上轨道板。

3. 托盘结构设计

为保证托盘结构具有足够的整体性和稳定性，既能有效地传递牵引或顶升荷载，又能适应各托盘节点可能产生的不均匀位移，通常将各托盘结构彼此进行连接，设计成沿水平方向的桁架体系。该体系包括，柱下的托换节点或墙下的托换梁，水平连梁和斜撑，如图 7-6-4 所示。

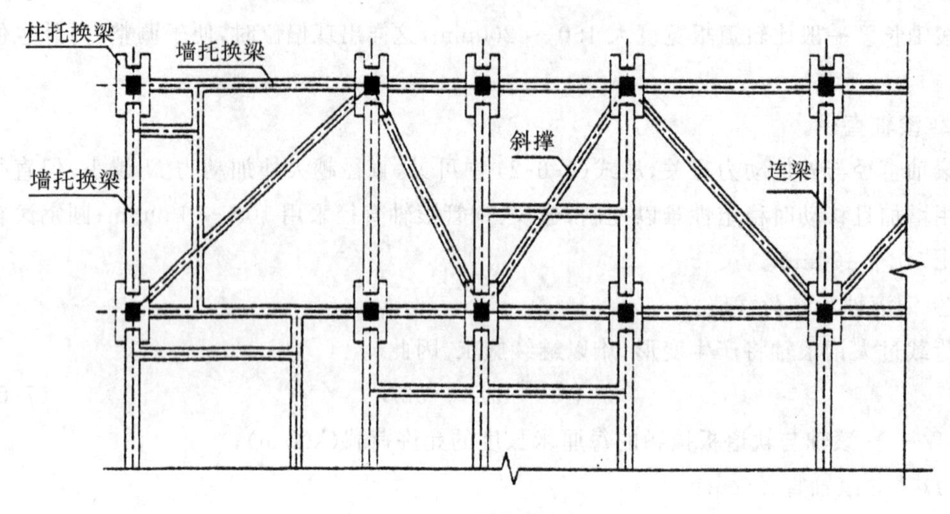


图 7-6-4　托盘结构图

4. 底盘结构及地基基础

底盘基础的设计可分为三部分，即建筑物新址处的基础，移动过程中的中间基础和建筑物原位处的基础，如图 7-6-5 所示。底盘梁应该对应托盘梁采用单梁或双梁，底盘梁的宽度宜大于托盘梁的宽度。

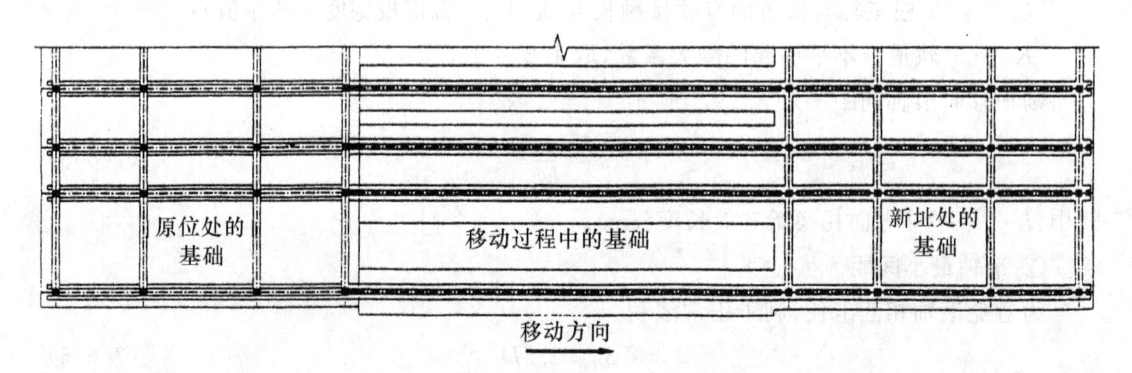


图 7-6-5　建筑物平移基础示意图

建筑物移动过程中的基础，其设计方法和新基础一样，不过由于移动过程中荷载并未达到最不利数值且作用时间短，因此可按移位时的实际荷载状况设计。

5. 连接设计

建筑就位后的连接，应满足稳定性和抗震要求。

计算时，应根据基础对建筑物上部结构的实际支承情况，对建筑物进行整体分析，确定承重墙或基础的连接方式与配筋。目前，框架柱固结连接常采用的连接方式为在托盘梁和底盘梁上分别预埋钢筋或设置预埋件等建筑物到达新址时，用钢板或短钢筋将托盘梁和底盘梁的预埋钢筋或预埋件进行连接。如图 7-6-6 所示。

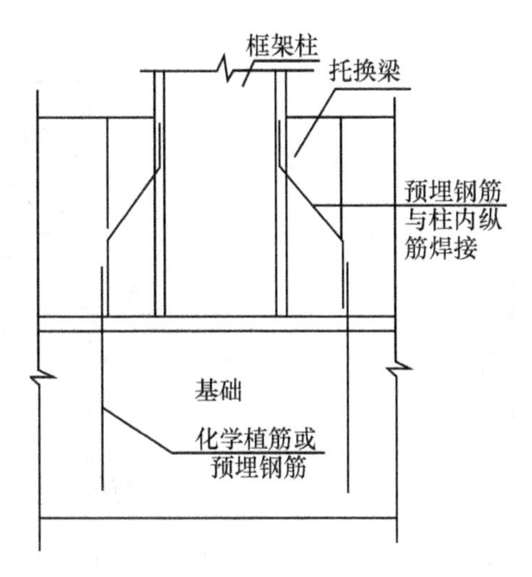


图 7-6-6　框架柱连接图

### 7.6.4　移位工程施工工艺流程

移位工程施工工艺流程如图 7-6-7 ～ 图 7-6-9 所示。

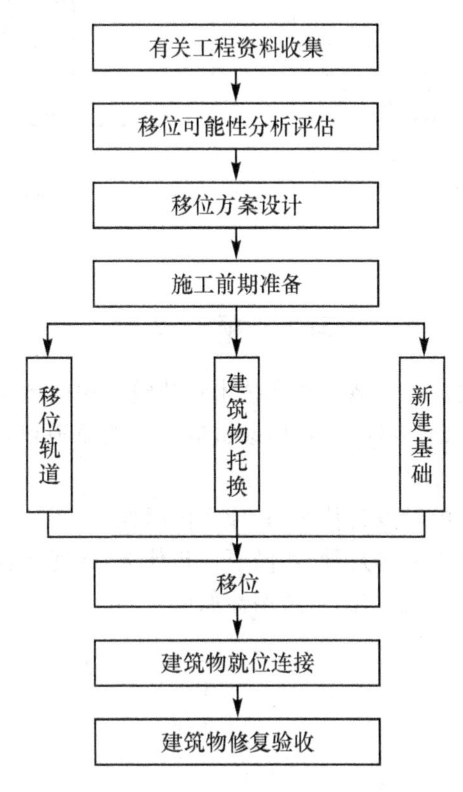


图 7-6-7　移位流程图

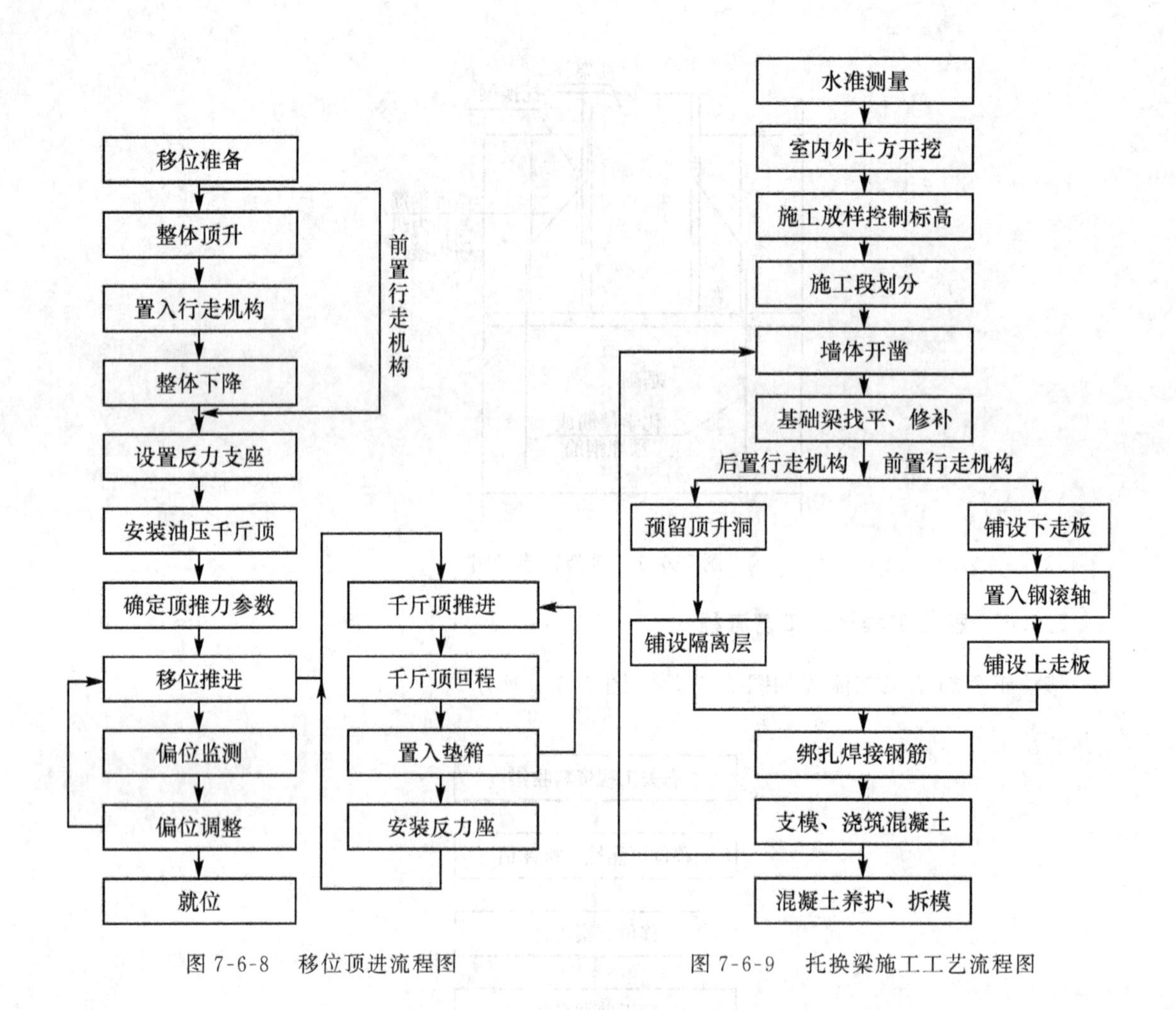


图 7-6-8 移位顶进流程图

图 7-6-9 托换梁施工工艺流程图

## 习 题 7

[7-1] 既有建筑基础的加固改造和托换技术在建筑业中的地位如何？

[7-2] 既有建筑地基基础的托换与加固改造应遵循的原则和规定是什么？

[7-3] 树根桩的优点是什么？

[7-4] 锚杆静压桩工法的特点是什么？有什么优越性？

[7-5] 掏土纠倾法的分类有哪几种？纠倾原理是什么？如何计算掏土量？

[7-6] 既有建筑移位的原理是什么？适用性如何？

# 参 考 文 献

[1] 华南理工大学，东南大学，浙江大学，湖南大学编. 地基及基础(第三版). 北京：中国建筑工业出版社，1998.7.
[2] 赵志缙，应惠清主编. 简明深基坑工程设计施工手册. 北京：中国建筑工业出版社，2000.4.
[3] 唐业清主编. 建筑物移位纠倾与增层改造. 北京：中国建筑工业出版社，2008.3.
[4] 建筑地基基础设计规范(GB50007—2002). 北京：中国建筑工业出版社，2002.
[5] 岩土工程勘察规范(EB50021—2001). 北京：中国建筑工业出版社，2001.
[6] 建筑地基基础工程施工质量验收规范(GB50202—2002). 北京：中国计划出版社，2002.
[7] 建筑地基处理技术规范(JGJ79—2002). 北京：中国建筑工业出版社，2002.
[8] 既有建筑物地基基础加固技术规范(GBJ123—2000). 北京：中国建筑工业出版社，2000.
[9] 建筑基坑支护技术规程(JGJ120—1999). 北京：中国建筑工业出版社，1999.
[10] 上海市标准. 基坑工程设计规程(DBJ08—61—97).
[11] 深圳市标准. 深圳地区建筑深基坑支护技术规范(SJG05—96).
[12] 建筑桩基技术规范(JGJ94—2008). 北京：中国建筑工业出版社，2008.
[13] 上海市标准. 上海地基基础设计规范(DGJ08—11—1999).
[14] 刘建航，侯学渊主编. 基坑工程手册. 北京：中国建筑工业出版社，1997.
[15] [美]H.F. 温特科恩，方晓阳主编，钱鸿缙，叶书麟等译. 基础工程手册. 北京：中国建筑工业出版社，1983.
[16]《地基处理手册》编写委员会. 地基处理手册. 北京：中国建筑工业出版社，1988.
[17] 华南理工大学，浙江大学，湖南大学编. 基础工程. 北京：中国建筑工业出版社，2003.
[18] 高层建筑箱形与筏形基础技术规范(JGJ6—1999). 北京：中国建筑工业出版社，1999.
[19] 陈忠汉，程丽萍编著. 深基坑工程. 北京：机械工业出版社，1999.
[20] 土工试验方法标准(GB/T 50123—1999). 北京：中国计划出版社，1999.
[21] 钱力航主编. 高层建筑箱形与筏形基础的设计计算. 北京：中国建筑工业出版社，2003.
[22] 侍倩编. 高层建筑基础工程. 北京：化学工业出版社，2005.
[23] 岩土工程手册编写委员会. 岩土工程手册. 北京：中国建筑工业出版社，1994.
[24] 林宗元等. 岩土工程勘察设计手册. 沈阳：辽宁科学技术出版社，1996.
[25] 建筑抗震设计规范(GB50011—2001). 北京：中国建筑工业出版社，2002.
[26] 膨胀土地区建筑技术规范(GBJ112—87). 北京：中国建筑工业出版社，1987.
[27] 土工试验规程(SL237—1999). 北京：中国建筑工业出版社，1999.
[28] 高大钊，赵春冈，徐斌编著. 桩基础的设计方法与施工技术. 北京：机械工业出版社，1999.

[29] 高大钊,徐超,熊启东编著.天然地基上的浅基础.北京:机械工业出版社,1999.
[30] 陈仲颐,叶书麟主编.基础工程学.北京:中国建筑工业出版社,1990.
[31] 钱家欢,殷宗泽主编.土工原理与计算.北京:中国水利水电出版社,1996.
[32] 黄文熙主编.土的工程性质.北京:中国水利水电出版社,1983.
[33] 刘金砺主编.桩基工程技术.北京:中国建材工业出版社,1996.
[34] 黄强.深基坑支护工程设计技术.北京:中国建材工业出版社,1995.
[35] 俞调梅.上海地区的基础工程.上海:同济大学出版社,1991.
[36] 顾晓鲁等.地基与基础.北京:中国建筑工业出版社,1993.
[37]《桩基工程手册》编委会,桩基工程手册.北京:中国建筑工业出版社,1997.
[38] 湿陷性黄土地区建筑规范(GBJ25—90).北京:中国计划出版社,1991.
[39] 林宗元主编.岩土工程治理手册.沈阳:辽宁科学技术出版社,1993.
[40] 叶书麟,汪益基,涂光祉,程润鑫编著.基础托换技术.北京:中国铁道出版社,1991.
[41] 中交第二公路勘察设计研究院有限公司主编.公路挡土墙设计与施工技术细则.北京:人民交通出版社,2008.